대한민국 완전정복 가이드북

구석구석 대한민국을 100% 여행하는 방법

태원준 지음

대한민국 완전정복 가이드북

지은이 태원준
초판 1쇄 발행일 2023년 10월 5일
초판 2쇄 발행일 2023년 11월 20일

기획 및 발행 유명종
편집 이지혜
디자인 이다혜, 이민, 강주희
조판 신우인쇄
용지 에스에이치페이퍼
인쇄 신우인쇄

발행처 디스커버리미디어
출판등록 제 2021-000025(2004. 02. 11)
주소 서울시 마포구 연남로5길 32, 202호
전화 02-587-5558

ISBN 979-11-88829-37-8 13980

대한민국 완전정복 가이드북

구석구석 대한민국을 100% 여행하는 방법

태원준 지음

디스커버리미디어

작가의 말

몇 년 전, 여행작가로서 큰 어려움에 직면했습니다. 유럽을 여행하는 중에 갑작스레 몹쓸 전염병이 전 세계를 휩쓸기 시작했습니다. 긴급히 귀국길에 오를 수밖에 없었죠. 얼마 지나지 않아 세계 각국은 국경을 걸어 잠갔고 여행이란 단어는 희미해져 갔습니다.
해외여행은 언감생심임을 깨닫고 국내로 눈을 돌렸습니다. 하루가 멀다 하고 길을 나서던 제게 '여행 중단'은 너무나 가혹한 일이었으니까요. 방역 완화 시기에 맞춰 우리나라를 누볐습니다. 그간 많은 곳을 다녔다고 자부했는데도 발 디뎌보지 못한 곳이 수두룩했습니다. 숨겨진 명소를 찾아다니는 건 재미 이상이었습니다. 대한민국이 내어주는 멋진 풍광은 아름다운 위로가 되었습니다.

내친김에 제대로 된 전국 일주를 해보자는 계획을 세웠습니다. 해외로 나가기 힘든 시기를 오히려 기회 삼아 '대한민국'을 차근차근 둘러보자는 생각도 한몫 거들었습니다. 곧바로 작은 차를 한 대 구매해 1인용 캠핑카로 개조한 뒤 서울을 벗어났습니다. 움직이는 작은 집이 생겼으니 정처 없이 팔도강산을 떠돌기에 그만이었죠.
전국을 무대로 한 곳이라도 더 눈에 담기 위해 해 뜰 때부터 해 질 때까지 바지런히 돌아다녔습니다. 그날의 마지막 여행지에 작은 캠핑카를 세워둔 채 잠을 청했고 일어나자마자 다음 여행지로 향했으니 비유적 표현이 아닌 실제로 삶이 여행이 된 날들이었습니다.

그런 하루가 쌓이고 쌓여 2년 반이 흘렀습니다. 대한민국에 존재하는 161개 모든 시군에 발자국을 찍었습니다. 동시에 각 도시에 흩뿌려진 수많은 보석을 눈에 쓸어 담았습니다. 사람들의 관심을 받지 못하는 도시에도, 여행작가인 저에게조차 생소한 도시에도 소개하고픈 여행 명소가 최소 10곳은 있었습니다. 바로 이 사실이 이 책을 탄생시킨 배경이 되었습니다. 여러분이 대한민국의 어떤 도시를 선택하든 해당 도시를 알차게 둘러보실 수 있도록 저의 20년 여행 노하우를 쏟아부어 전국 161개 시군별 여행지 베스트 10을 선정했습니다.

이 방대한 정보를 담은 굵직한 책이 세상에 나올 수 있도록 기회를 주신 유명종 편집장님과 깔끔한 편집 능력을 보여주신 디스커버리미디어 편집부 모든 분께 감사를 전합니다. 아울러 아주 오랫동안 전국을 떠도는 내내 큰 힘과 용기를 불어넣어 준 어머니와 누나에게도 고마움을 표합니다. 이 책의 모든 글과 사진이 대한민국 구석구석을 여행하고자 하는 분들의 이정표가 되길 바랍니다.

2023년 10월

여행작가 태원준 드림

일러두기

이 책의 특징

① 이 책은 국내 최초로 대한민국에 존재하는 161개 모든 시군(2023년 기준)의 여행 정보를 담았으며 2,500개 이상의 여행지와 맛집을 소개합니다.
② 세부적으로 161개 시군마다 10개의 여행지와 5개의 맛집을 선정해 소개합니다.
③ 예외로, 도시의 규모가 큰 서울특별시와 부산광역시, 인천광역시와 대구광역시는 각각 20개의 여행지를 담았습니다.
④ 책에 실린 모든 사진은 저자가 직접 촬영했으며 국내 가이드북 중 가장 많은 드론 사진이 실려있습니다.
⑤ 동선을 파악하기 쉽도록 여행지와 맛집이 표시된 상세한 지도를 덧붙였습니다.
⑥ 일부 시군은 특정 테마 여행지를 모은 'Special Info' 페이지를 추가했습니다.

주의사항

① 입장료와 영업시간 등 각 여행지의 정보는 가장 최신의 자료를 확인한 후 표기했으나 업체의 사정에 의해, 혹은 계절별로 변동될 가능성이 있습니다.
② 대부분의 여행지는 폐장 시간 1시간 전에 입장이 마감됩니다.
③ 군인과 65세 이상 어르신, 장애인과 지역민의 경우 입장료가 할인되거나 면제되는 곳이 많으니 사전에 확인하시기 바랍니다.
④ 일부 맛집은 혼잡시간대에 대기하는 상황이 잦으며 재료 소진 시 조기 마감됩니다.
⑤ 새로운 쇄를 발행할 때마다 정보가 새롭게 갱신될 수 있습니다.

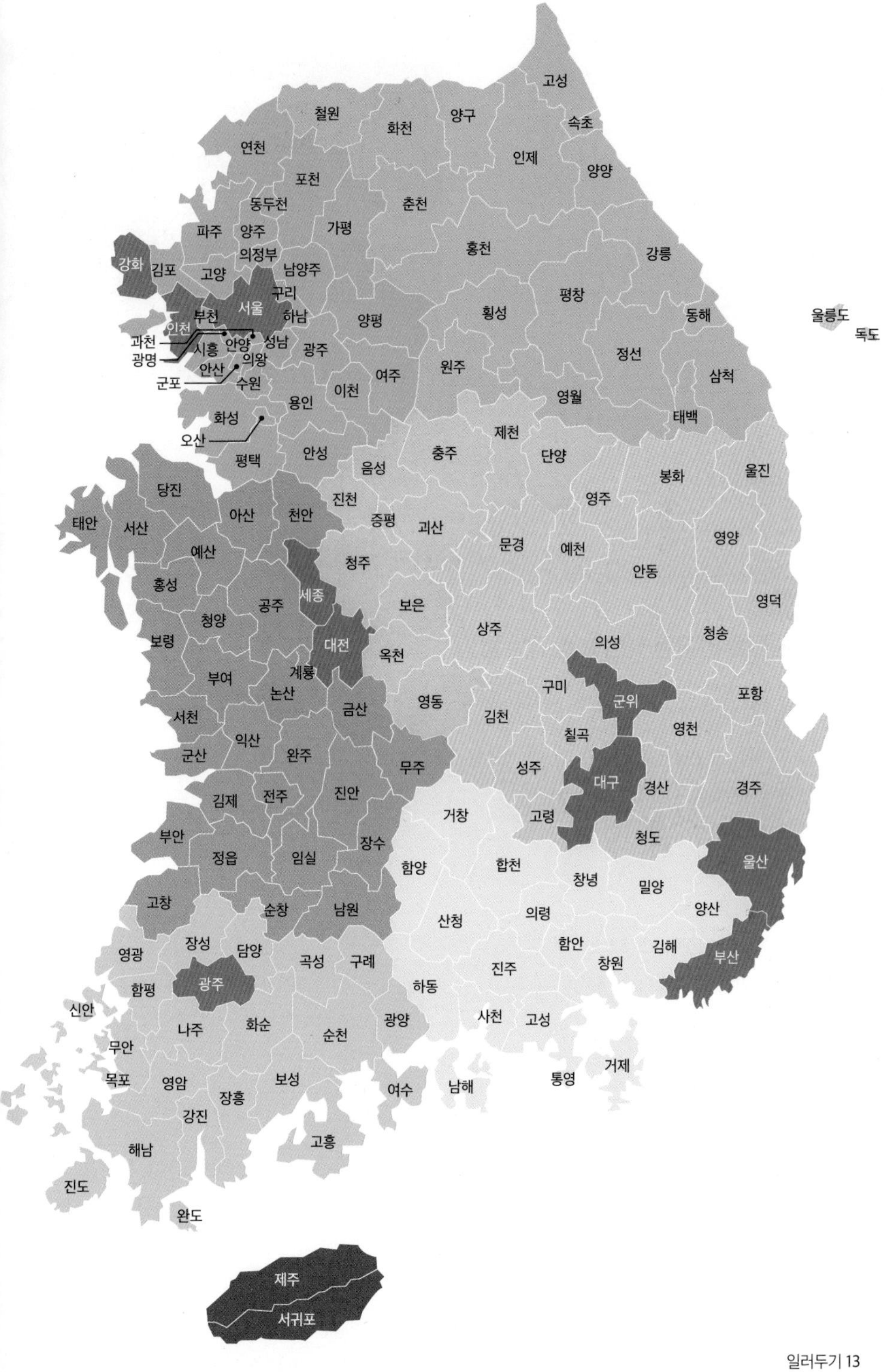
고성
철원
양구
화천
속초
연천
인제
양양
포천
동두천
춘천
파주
양주
가평
의정부
홍천
강릉
강화
김포
고양
남양주
서울
구리
평창
부천
하남
인천
양평
횡성
동해
울릉도
독도
과천
안양
성남
시흥
광명
의왕
광주
안산
정선
군포
수원
원주
여주
삼척
이천
용인
영월
화성
태백
오산
제천
안성
충주
평택
음성
단양
울진
봉화
당진
영주
진천
아산
천안
태안
서산
증평
괴산
영양
문경
예산
예천
청주
안동
홍성
세종
공주
보은
영덕
청양
상주
청송
대전
의성
보령
옥천
부여
계룡
구미
군위
포항
논산
금산
영동
서천
김천
영천
칠곡
익산
완주
군산
무주
성주
대구
경산
경주
김제
전주
진안
거창
고령
부안
청도
장수
울산
정읍
임실
함양
합천
창녕
밀양
고창
양산
순창
남원
산청
의령
장성
담양
함안
김해
영광
곡성
구례
창원
부산
광주
진주
함평
하동
신안
광양
사천
고성
나주
화순
순천
무안
거제
목포
영암
보성
통영
여수
남해
장흥
강진
고흥
해남
진도
완도
제주
서귀포

목차

PART 1

오늘의 대한민국을 100% 즐기는 방법

PART 2 특별시·광역시·제주도

PART 3 강원특별자치도

PART 4 경기도

PART 9 경상북도

PART 10 경상남도

PART 1

오늘의 대한민국을 100% 즐기는 방법

알고 가면 더 재밌고, 더 즐겁다!

대한민국 한눈에 보기

우리나라는 크게 6개의 도 안에 160개가 넘는 시군이 옹기종기 모여있다. 그 덕에 이동의 부담 없이 조금만 위치를 옮겨도 이전과는 다른 풍경과 문화를 가진 도시가 끊임없이 등장한다. 그래서 준비했다. 대한민국 한눈에 보기! 알고 가면 여행의 즐거움이 한껏 높아질 것이다.

가장 완벽한 자연을 품었다!

강원특별자치도

2023년 6월 11일 '강원특별자치도'가 본격 출범했다. 600년이 넘게 사용되던 강원도라는 지명은 이제 역사 속으로 사라졌다. 맑고 푸른 바다와 웅장한 산군이 동서에 걸쳐 균형을 이루고, 그 사이로는 청정한 계곡이 넘쳐나 국내에서 가장 완벽한 자연이 펼쳐지는 지역으로 꼽힌다.

안보와 레저, 지질 여행의 중심

경기도

오랜 시간 우리나라 역사의 중심이었던 곳이기에 찬란한 역사 유적이 경기도 전역에 산재해 있다. 수도권 2,000만 인구를 만족시킬 만한 문화와 예술, 쇼핑과 레저 시설도 풍부하다. 경기도 북부는 안보 여행과 지질 탐사가 뼈대를 이루고 남부는 도심과 자연이 어우러진 이름난 관광 도시를 많이 가졌다.

호수와 바다와 문화유산의 향연

충청도

충청북도는 바다와 맞닿은 시군이 없는 국내 유일의 내륙도다. 그러나 바다처럼 넓은 충주호와 남한강과 금강이 내륙을 적시며 수려한 산수풍경을 완성한다. 충청남도는 백제의 뛰어난 문화유산과 서해 낙조의 낭만이 공존한다. 바다 못지않게 큰 인기를 누리는 갯벌도 여행의 핵심이다.

한국의 미, 한국의 맛의 절정
전라도

한옥이 물결치고 전통 누각과 한국식 정원이 여기저기서 반짝이는 전라북도는 한국의 미를 유감없이 뽐낸다. 근대 문화유산도 여행의 재미를 더한다. 전라남도는 맛의 일번지다. 어느 도시로 향하든 풍성하고 맛깔난 밥상을 내어준다. 차밭과 대숲도 빼놓을 수 없으며 다도해에 흩어진 수많은 섬도 각자의 매력을 가졌다.

북도는 정신수도, 남도는 한려수도
경상도

경상북도엔 선비정신과 유교 사상을 필두로 우리 고유의 전통문화가 짙게 새겨져 있다. 신라와 가야의 발자취를 좇는 문화재 답사도 큰 즐거움이다. 남해안의 한려수도를 앞세우는 경상남도는 해상 관광의 중심이다. 짙푸른 바다와 싱싱한 해산물이 여행자를 유혹한다. 명산도 즐비하고 꽃놀이로 이름난 고장도 줄을 잇는다.

신비롭고 이국적인 여행 천국
제주특별자치도

제주시와 서귀포시, 단 2개의 도시만 존재하는 섬이지만 여행지로선 국내 절정의 인기를 누리는 여행 천국이다. 화산 폭발로 인해 탄생한 신비로운 대자연이 섬 전체에 꿈틀대고 동서남북 에메랄드빛 바다가 눈부시다. 흥미롭고 이색적인 박물관과 넉넉한 문화 시설도 한몫 거든다.

대한민국 버킷 리스트
한국 관광 100선

한국관광공사에선 2년에 한 번씩, 홀수 해마다 국내 여행 활성화를 위해 '한국 관광 100선'을 선정해 발표한다. 말 그대로 한국인이라면 꼭 가봐야 할 대표 여행지이자 해당 시기에 가장 인기가 좋은 여행지를 모아놓은 것이니 어디로 떠날지 고민된다면 활용해보자. 2023-2024 한국 관광 100선은 다음과 같다.

서울특별시(9곳)

- 5대고궁
- 홍대거리
- 서울숲
- 동대문디자인플라자
- 롯데월드&서울스카이
- 남산N서울타워
- 청와대앞길&서촌마을
- 익선동
- 코엑스(스타필드)

인천광역시(4곳)

- 개항장문화지구-인천차이나타운(송월동동화마을)
- 고려도성여행(강화원도심스토리워크)
- 백령도·대청도
- 송도센트럴파크

경기도(11곳)

- 수원화성
- 한국민속촌
- 용인에버랜드
- 서울랜드
- 광명동굴
- 임진각과 파주DMZ
- 안성팜랜드
- 두물머리
- 헤이리예술마을
- 자라섬
- 재인폭포공원

강원특별자치도(10곳)

- 남이섬
- 도째비골스카이밸리&해랑전망대
- 무릉계곡
- 삼악산호수케이블카
- 강릉커피거리
- 대관령
- 한탄강유네스코세계지질공원
- 간현관광지(소금산그랜드밸리)
- 뮤지엄산
- 원대리자작나무숲

대전광역시(1곳)

- 한밭수목원

세종특별자치시(1곳)

- 국립세종수목원

충청북도(5곳)

- 중앙탑사적공원&탄금호무지개길
- 속리산법주사&속리산테마파크
- 도담삼봉
- 청풍호반케이블카
- 만천하스카이워크&단양강잔도

충청남도(6곳)

- 수덕사
- 대천해수욕장
- 안면도꽃지해변
- 부여백제유적지(부소산성, 궁남지)
- 공주백제유적지(공산성, 무령왕릉과 왕릉원)
- 서산해미읍성

광주광역시(4곳)

- 무등산국립공원
- 국립아시아문화전당
- 양림역사문화마을
- 5.18기념공원

전라북도(7곳)

- 전주한옥마을
- 마이산도립공원
- 내장산국립공원
- 반디랜드&태권도원
- 고창고인돌운곡습지마을
- 고군산군도
- 왕궁리유적

전라남도(6곳)

- 죽녹원
- 곡성섬진강기차마을
- 근대역사문화공간&목포해상케이블카
- 여수세계박람회장&여수해상케이블카
- 천은사상생의길&소나무숲길
- 순천만습지&순천만국가정원

부산광역시(8곳)

- 태종대유원지
- 해운대&송정해수욕장
- 용두산·자갈치관광특구
- 감천문화마을
- 오시리아관광단지
- 엑스더스카이&해운대그린레일웨이
- 광안리해변&SUP존
- 송도용궁구름다리&해수욕장

대구광역시(3곳)

- 수성못
- 서문시장&동성로
- 앞산공원

울산광역시(4곳)

- 태화강국가정원
- 영남알프스
- 대왕암공원
- 장생포고래문화특구

경상북도(8곳)

- 경주대릉원(동궁과 월지, 첨성대)&황리단길
- 불국사&석굴암
- 울릉도&독도
- 죽변해안스카이레일
- 문경단산모노레일
- 스페이스워크
- 소수서원
- 주왕산&주산지

경상남도(7곳)

- 김해가야테마파크
- 통영동피랑
- 고성당항포
- 여좌천(벚꽃)
- 거창항노화힐링랜드
- 황매산군립공원
- 진주성

제주특별자치도(6곳)

- 성산일출봉
- 한라산국립공원
- 제주올레길
- 우도
- 비자림
- 제주돌문화공원

두 발로 걷는 즐거움

코리아 둘레길 4,500킬로미터

도심, 들판, 산골, 바닷가 할 것 없이 걷기길마저 잘 조성된 곳이 대한민국이다. 그 정점을 찍은 사업이 바로 '코리아 둘레길'이다. 동해안과 남해안, 서해안과 DMZ 접경 지역을 연결해 무려 4,500여 킬로미터에 이르는 초장거리 도보 여행 코스를 구축했다. 걷기를 통해 그야말로 전국 구석구석을 누빌 수 있다. 10개의 광역지자체와 78개 기초 지자체가 함께한다.

해파랑길

2016년에 가장 먼저 개통된 길로 동해안을 모두 아우른다. 동해 위로 뜨는 해와 바다의 푸른 물결을 이름에 담았다. 부산 오륙도 해맞이공원에서 시작해 강원 고성의 통일전망대까지, 50개의 코스가 750킬로미터에 걸쳐 이어진다. 국내 대표 일출 명소와 시원스러운 해변, 관동팔경의 운치가 차례로 눈에 담긴다.

남파랑길

남해안이 자랑하는 한려수도와 다도해의 절경이 계속되는 길로 역시 부산 오륙도 해맞이공원에서 출발해 전남 해남 땅끝마을에서 여정이 끝난다. 90개 코스, 1,470킬로미터 구간으로 이루어져 있다. 거제와 통영, 여수와 보성 등 경남권과 전남권의 주요 관광 도시를 지나며 환상적인 섬 풍경을 마주하게 된다.

서해랑길

전남 해남 땅끝마을부터 인천 강화도까지 서해안을 따라 이어진다. 2022년 6월에 정식 개통했다. 해안선의 형태가 복잡한 서해의 특성상 코리아 둘레길 구간 중 가장 길다. 총 길이가 1,800킬로미터에 이르며 109개의 코스를 가졌다. 다양한 생태가 꿈틀대는 드넓은 갯벌이 펼쳐지고 하루의 여정을 마칠 때면 근사한 일몰을 선물한다.

DMZ평화의길

2023년 9월 현재 주 노선은 조성 중이다. 곧 개통된다면 인천 강화부터 강원 고성까지 발걸음을 이어갈 수 있다. 11개 코스로 구성될 예정이며 길이는 약 520킬로미터다. 분단의 아픔을 평화를 향한 염원으로 승화시킨 구간으로 강화, 파주, 철원, 고성 등 안보 관광지를 훑는다. 일부 코스엔 북녘땅을 관찰할 수 있는 전망대가 위치한다.

코리아 둘레길 이용 팁

* 도보 여행은 안전이 최우선이다. 한국관광공사에서 제공하는 '두루누비' 앱을 통해 난이도와 특이사항을 확인한 후 각자의 체력을 고려해 코스를 선택하는 것이 좋다. 앱에 있는 '따라가기' 기능을 이용하면 여정이 더욱 수월하고 안전해진다.
* 코스 전역에 방향 지시 표식이나 로고 스티커 등의 안내 체계가 잘 갖춰져 있다. 이를 참고해 코스를 이탈하지 않도록 한다. 일부 도시에선 코리아 둘레길 쉼터를 운영하니 잠시 쉬어가거나 정보를 수집하기 좋다.
* 온라인으로 제공되는 '코리아 둘레길 스탬프 투어'를 참여해 걷는 재미를 높이자. 앱을 설치한 뒤 GPS 기능을 켜고 각 코스를 일정 길이 이상 완보하면 스탬프가 주어진다.

세계가 인정한 우리의 보물

유네스코 세계문화유산

국내뿐 아니라 세계가 주목하는 우리의 귀중한 보물이 우리나라 전역에 흩어져 있다. 유네스코가 지정한 세계유산이 바로 그것이다. 대한민국엔 14건의 문화유산과 2건의 자연유산이 있다. 그중 아래의 세계유산은 하나의 주제로 묶여 차례차례 답사하는 재미를 안긴다.

조선 왕릉 Royal Tombs of the Joseon Dynasty

519년간 조선을 다스렸던, 27대에 이르는 조선 왕과 왕비, 사후에 왕으로 추대된 추존왕의 무덤을 칭한다. 총 44기의 무덤 중 북한에 있는 2기와 반정으로 인해 축출된 연산군, 광해군의 무덤을 제외하고 40기의 무덤이 '조선 왕릉'이란 이름으로 세계문화유산에 지정되었다. 수도가 한양이었던 까닭에 대부분 수도권에 있다. 조선의 첫째 왕 태조 이성계를 비롯 총 17명의 왕과 왕비가 묻힌 구리의 동구릉과 세종대왕이 잠든 여주의 영릉, 서울 강남에 있는 선정릉 등이 주요 왕릉으로 꼽힌다.

산사, 한국의 산지 승원 Sansa, Buddhist Mountain Monasteries in Korea

우리나라엔 셀 수 없이 많은 불교 사찰이 있다. 유네스코는 그중 깊은 산중에 있는 천년 고찰에 주목했다. 7세기에서 9세기 사이에 창건된 뒤 현재까지 역사를 이어오며 긴 시간 신성한 종교의 중심이 되었던 7개의 산사를 세계문화유산으로 묶었다. 양산의 통도사, 영주의 부석사, 안동의 봉정사, 보은의 법주사, 공주의 마곡사, 순천의 선암사, 해남의 대흥사가 주인공이다. 세계유산에 앞서 모두 대한민국의 간판 사찰이니 차근차근 순례해보는 것을 추천한다.

한국의 서원 Seowon, Korean Neo-Confucian Academies

성리학을 나라의 근간으로 여겼던 조선 왕조 시절, 전국 곳곳엔 성리학 교육기관인 서원이 들어섰다. 서원은 학업의 중심지로 수많은 학자를 배출했고 선조에게 예를 다하는 사당의 역할도 했다. 유네스코는 조선 중기에 건설된 9개의 주요 서원이 조선의 문화와 역사를 잘 담고 있다고 판단해 세계문화유산에 기재했다. 우리나라 최초의 사액 서원인 영주의 소수서원을 포함해 함양의 남계서원, 경주의 옥산서원, 안동의 도산서원과 병산서원, 장성의 필암서원, 대구의 도동서원, 정읍의 무성서원, 논산의 돈암서원이 영예를 안았다.

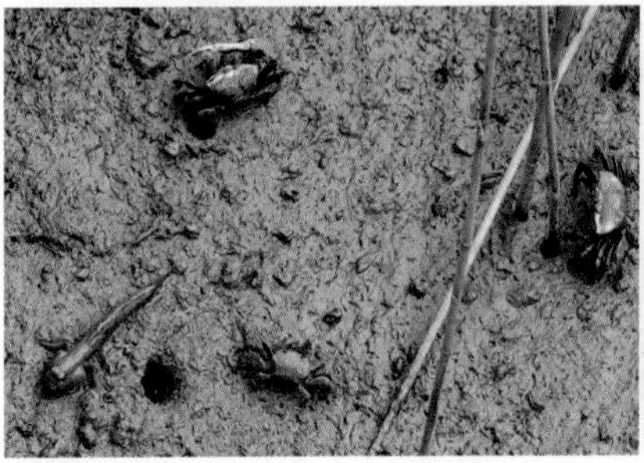

갯벌, 한국의 조간대 Getbol, Korean Tidal Flats

2021년에 낭보가 날아들었다. 우리에겐 친숙한 서해와 남해의 갯벌이 '제주 화산섬과 용암 동굴'에 이어 국내에선 두 번째로 유네스코 '세계자연유산' 목록에 오른 것이다. 해양학적, 기후학적 가치가 뛰어나고 멸종 위기종을 포함해 2,000종이 넘는 생물이 서식하는 풍부한 생물 다양성을 인정받았다. 수많은 희귀 철새가 몰려드는 서천의 하구형 갯벌, 물새와 고유종의 보금자리 고창의 개방형 갯벌, 두터운 뻘 퇴적층을 가진 신안의 다도해형 갯벌, 염습지가 발달한 보성-순천의 반폐쇄형 갯벌이 이름을 올렸다.

입이 즐거워지는 시간

대한민국 맛 지도

어느 순간부터 식도락은 여행을 구성하는 가장 중요한 요소가 되었다. 아예 먹기 위해 방랑을 하는 사람도 있을 정도이다. 이름난 맛집이 전국에 넘쳐나기에 모두 다 가볼 순 없는 법. 그래도 각 지역을 대표하는 음식 만큼은 맛봐야 하지 않을까?

고기국수
갈치요리
고사리육개장
돔베고기
모듬회
몸국
성게미역국
전복김밥
해물뚝배기
흑돼지

전국 빵지순례지

대전 성심당
서울 태극당
부산 백구당
대구 삼송빵집
광주 궁전제과
군산 이성당
전주 PNB풍년제과
안동 맘모스베이커리
천안 뚜쥬루빵돌가마마을
군포 홍종흔베이커리

방방곡곡 꽃놀이 가자

사계절 꽃 여행 명소

국내 여행의 최고 장점은 사계절이 뚜렷하다는 점. 국토 전역에 걸쳐 우리나라처럼 사계절이 완벽하게 구분되는 나라는 세계적으로도 드물다. 그 덕에 시기마다 피어나는 꽃을 찾아 떠나는 여정은 국내 여행의 하이라이트다.

봄

만천하에 봄꽃이 만개하는 눈부신 계절이다. 창원 진해구의 여좌천과 하동의 십리벚꽃길엔 벚꽃비가 쏟아진다. 구례에선 노란 산수유가 춤을 추고 광양에선 매화 꽃망울이 터진다. 황매산과 지리산 바래봉에선 분홍빛 철쭉이 장관을 이룬다.

여름

날이 슬슬 더워질 때면 우아한 연꽃이 고개를 내밀기 시작한다. 무안의 회산 백련지와 함안의 연꽃테마파크, 시흥의 관곡지 일대는 연꽃으로 뒤덮인다. 경남 고성의 그레이스정원에선 수국이, 강원 고성의 하늬라벤더팜에선 라벤더가 하늘거린다.

가을

단풍놀이의 계절이 찾아왔다. 국내의 단풍 명소 중 으뜸은 정읍의 내장산이다. 수도권에선 광주의 화담숲이 가을의 아름다움을 압축했다. 서천의 신성리 갈대밭은 황금색으로 물결치고 태안 청산수목원에선 팜파스와 핑크뮬리가 화려함을 과시한다.

겨울

하얀 눈꽃이 금수강산에 소복소복 내려앉는다. 무주 덕유산의 설경은 강추위 속에서 뜨거운 감동을 안긴다. 겨울에 피어나는 붉은 보석, 동백꽃이 여수의 오동도와 강진의 백련사, 제주도 전역에서 채도를 진하게 덧입힌다.

섬섬섬, 그곳에 가고 싶다

우리나라 섬 여행 버킷리스트

동해와 서해, 남해 위엔 약 3,400개의 크고 작은 섬이 콕콕 박혀있다. 육지와는 또 다른 매력을 가진 많은 섬이 언제나 여행자를 향해 손짓한다.

독도

말이 필요 없는, 우리 섬의 상징과도 같은 존재다. 대한민국 최동단을 지키고 있는 이 바위섬을 마주하는 건 모든 국민이 마음속에 간직한 소망 중 하나다.

홍도

국내에서 가장 많은 섬을 보유하고 있는, 신안군에서도 최고의 인기를 누리는 섬이다. 남문바위를 시작으로 '홍도33경'이라 불리는 바다 위의 기암 군락이 압도적이다.

청산도

느림의 미학을 가진 '슬로시티'로 지정된, 완도 앞바다에 뜬 섬이다. 유채꽃의 노란빛이 가장 진해질 때쯤이면 '슬로걷기 축제'가 벌어져 도보 여행자가 몰려든다.

외도

섬 전체가 형형색색의 꽃밭이다. 1970년대부터 척박한 섬을 일구고 가꾼 부부의 작품으로 지중해의 정원을 연상케 하는 조각과 열대 식물이 한려해상을 배경으로 늘어섰다.

함께 가면 더 좋아요

폴폴 사랑이 피어나는 낭만 스폿

여행의 동행 중 큰 비중을 차지하는 존재는 역시 연인이다. 사랑하는 이와 함께라면 어디든 좋겠으나 그곳이 낭만이 폴폴 피어오르는 곳이라면 금상첨화일 것이다.

수원 방화수류정

수원 화성에 속한 정자와 그 앞의 연못이 만들어내는 낭만 수치가 무척 높아 연인들이 많이 찾는다. 피크닉 세트를 대여하는 노점도 있는 덕에 데이트 장소로 더할 나위 없다.

부여 성흥산성

제법 힘들여 산행을 해야 하지만 끊임없이 젊은 연인이 밀려드는 건 '사랑 나무' 때문이다. 하트 반쪽 모양으로 가지가 늘어져 반전 합성을 통해 완벽한 하트를 만들 수 있다.

논산 선샤인스튜디오

드라마 <미스터 선샤인>의 세트장이다. 드라마에 애틋한 사랑 이야기가 등장하기도 하거니와 근대 개화기의 풍경이 잘 조성되어 있어 그 당시의 복장을 입고 근사한 사진을 남길 수 있다.

경산 반곡지

아담한 저수지 주변에 왕버들이 늘어섰고 핑크빛 복사꽃도 장단을 맞춰 감미로운 풍경을 이룬다. 주변으로 분위기 좋은 카페도 여럿 있어 데이트 코스로 완벽하다.

심장이 쫄깃해진다

짜릿한 액티비티 여행 명소

일상에선 경험하기 힘든 스릴 만점 액티비티를 즐기는 건 여행의 목적이 되기도 한다. 오감을 자극하는 다양한 체험이 용감한 여행자를 기다린다.

통영 스카이라인루지

루지 열풍의 원조가 통영이다. 3.8킬로미터에 이르는 커브 구간을 사계절 썰매 루지를 타고 달리는 기분은 말로 표현하기 어렵다. 속도감이 대단하다.

가평 탑랜드

담력이 강하다면 북한강을 향해 번지점프에 도전해보자. 55미터 높이의 점프대 위에서 자유낙하를 하는 짧은 시간 동안 비명을 참기는 힘들 것이다.

단양 패러마을

국내 패러글라이딩의 성지다. 커다란 낙하산을 짊어지고 창공을 가르는 내내 단양의 빼어난 산수 풍광이 시야를 가득 채운다. 스릴은 보너스다.

순창 채계산출렁다리와 용궐산하늘길

비녀를 꽂은 여인을 닮았다는 채계산 두 봉우리를 새빨간 출렁다리가 잇고 있다. 곳곳에 구멍이 뻥뻥 뚫려있어 더 아찔하다. 절벽에 선반처럼 아슬아슬하게 길을 놓은 용궐산 하늘길에도 도전해보자.

그 영화 여기서 찍었어?

영화 속 그곳이 바로 여기

영화나 드라마의 배경이 되었던 장소를 찾는 것도 여행의 주요 콘셉트가 되었다. 내가 좋아하는 배우가 스쳤던 공간을 방문하는 것 또한 행복한 일 아닌가!

부산 흰여울문화마을

피난민이 모여 살던 산비탈 마을에 알록달록한 색을 입힌 흰여울문화마을은 부산 배경의 영화 <범죄와의 전쟁>과 <변호인>의 촬영지다. 관련 자료를 한 건물에 전시한다.

대구 군위군 <리틀 포레스트>촬영지

많은 이에게 소소한 감동을 안겼던 영화 <리틀 포레스트>의 세트장을 철거하지 않고 대중에게 개방했다. 김태리, 류준열, 진기주 배우가 추억을 쌓던 집이 남아 있다.

속초 영랑호

박찬욱 감독에게 칸 영화제 감독상을 안긴 <헤어질 결심>이 영랑호 바위 위에서 일부 촬영되었다. 탕웨이 배우가 남편 뒤를 몰래 쫓던 바위산이 이곳이다.

군산 초원사진관

개봉한 지 한참 지났어도 여전히 멜로 영화의 정석으로 평가받는 <8월의 크리스마스>의 주요 무대로 한석규, 심은하 배우가 알콩달콩 대화를 나눴던 사진관이다.

밤이 되면 더 화려해진다

꼭 가야 할 야경 명소

낮에만 여행하란 법은 없다. 해가 지고 나면 휘황찬란한 불빛과 레이저를 쏘아 올리며 반짝이는 야경 명소는 우리의 여행을 연장시켜 준다.

이천 별빛정원우주

빛을 주제 삼아 조성한 일루미네이션 테마파크로 해가 지고 나면 낮과는 전혀 다른 모습으로 변신한다. 엄청난 숫자의 전구가 불을 밝히고 야외 미디어 아트가 펼쳐진다.

예산 예당호출렁다리

국내 최대 저수지인 예당호 위를 402미터 길이의 출렁다리가 가로지른다. 밤이면 다리에 무지갯빛 조명이 들어오며 시원스런 음악 분수쇼가 시작된다.

단양 수양개빛터널

오랫동안 방치되었던 폐터널 안을 빛으로 밝혔다. 어둡던 공간이 조명과 레이저쇼의 무대가 되었다. 야외 정원엔 5만 개의 LED 꽃이 빼곡하다.

경주 동궁과 월지

나라의 경사에 맞춰 잔치를 벌이던 유적지는 낮보다 밤에 더 많은 사람이 몰린다. 은은한 조명이 들어온 옛 건물이 너른 연못 위에 반사되면 마음에 황홀함이 깃든다.

감탄사가 절로 나온다

황홀한 드라이브 여행지

자연이 건네는 멋진 풍광을 눈에 담으며 도로 위를 달리는 일. 생각만 해도 시원스럽다. 바닷가를 따라 쭉 뻗은 해안도로, 꽃비가 내리는 벚꽃길은 운전마저 즐거운 행위로 만든다.

강릉 헌화로

정말 바다와 도로가 딱 붙어있다. 우리나라에서 바다와 가장 가까운 찻길로 차창을 여는 순간 청록빛 동해 바다가 차 안으로 밀려들 듯하다.

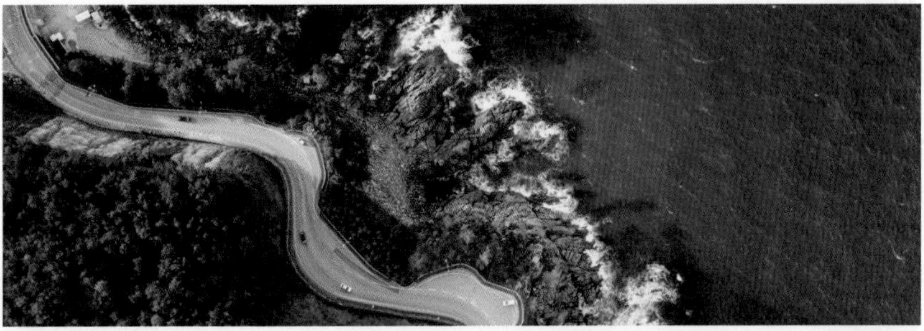

삼척 새천년해안도로

이름처럼 새천년인 2000년에 조성되었다. 삼척항에서 삼척해변까지 5킬로미터 남짓 이어진다. 차창 밖으로 보이는 바다 풍경과 해안 절벽이 아찔하다.

영광 백수해안도로

서해에도 훌륭한 해안도로가 있단 사실을 몸소 증명한다. 바다와 갯벌이 번갈아 가며 배경이 되어주고 일몰 시간에 맞춰 가면 환상적인 노을을 감상할 수 있다.

하동 십리벚꽃길

화개장터에서 쌍계사까지 수 킬로미터에 걸쳐 벚꽃이 정말 비가 쏟아지듯 흩날린다. 그 아래서 낭만을 즐기며 이야기꽃도 함께 피운다. 야경 역시 황홀하다.

이국적인, 너무나 이국적인

국내에서 떠나는 세계여행

시간이 없어서 혹은 당장 주머니 사정이 넉넉지 않아 해외여행을 갈 수 없다면 국내에서 세계여행을 해보면 어떨까? 아시아는 물론 유럽과 아메리카 대륙까지 숨어 있다.

가평 쁘띠프랑스-이탈리아마을

프랑스의 풍경을 그대로 옮겨온 쁘띠프랑스와 이탈리아의 문화를 주제로 꾸민 이탈리아 마을이 나란히 붙어 있다. 두어 시간이면 유럽을 대표하는 두 국가를 오갈 수 있다.

동두천 니지모리스튜디오

일본의 모습을 본뜬 게 아니라 그냥 한국 속 작은 일본이다. 한 촬영감독이 고증을 통해 에도 시대의 마을을 완벽히 구현했다. 숙박 가능한 료칸까지 있다.

평택 송탄관광특구

간혹 들리는 한국어가 없다면 잠시 미국이라는 착각을 하게 될 정도다. 미군 부대 앞에 위치해 건물의 모든 간판이 영어다. 오가는 사람 역시 미군과 외국인이 대부분이다.

고양 중남미문화원

외교관 출신의 수집가가 중남미에서 공수한 민속품과 예술품을 전시한다. 이채로운 가면과 조각작품이 방문객을 태평양 건너 중남미로 인도한다.

스릴과 재미를 한곳에서

아이와 함께라면 테마파크

아이와 여행을 계획 중이라면 여행 목록에 테마파크를 넣는 건 필수다. 흥미로운 놀이기구에 계속 올라타다 보면 아이보다 부모 세대가 더 신이 날 수도 있겠다.

용인 에버랜드

국내 테마파크 중 가장 넓은 면적을 자랑한다. 수많은 놀이기구와 동물원, 사파리까지 갖췄다. 이곳의 인기 스타, 푸바오의 판다 가족까지 만나보자.

서울 롯데월드어드벤처

실내에 이토록 드넓은 테마파크가 들어서 있다는 사실이 놀랍다. 50여 개의 놀이시설이 실내외에 산재해있고 사계절 아이스링크도 널찍하게 자리한다.

대구 이월드

30여 년간 대구 지역 어린이에게 즐거운 추억을 선사해준 곳이다. 케이블카를 타고 상공을 누빌 수도 있고 83타워에 올라 대구 전경을 파노라마로 눈에 담을 수도 있다.

경주 경주월드

남부권에서 가장 큰 테마파크다. 보문관광단지 중심에 30여 개의 놀이기구를 담았다. 공포스러운 롤러코스터 '드라켄'은 늘 비명을 유발한다.

미술관으로 떠나는 감성 여행

예술에 관심이 많은 여행자라면 방문 지역의 미술관과 문화 시설을 그냥 지나칠 리 없다. 예술의 향이 짙게 배어있는 최고의 미술관을 모아 봤다.

원주 뮤지엄산

저명한 건축가 안도 다다오의 손길이 닿은 건물마저 커다란 예술품이다. 붉은 빛 아치웨이를 지나면 수준 높은 작품을 소장한 전시관이 여럿 이어진다.

강릉 하슬라아트월드

예술의 경계가 없다. 설치미술과 회화, 조각, 영상까지 한눈팔 시간도 없다. 조각 공원과 바닷가로 난 전망대도 환상이다. 하슬라는 강릉의 옛 이름이다.

안산 유리섬박물관

섬세하게 다듬어진 유리 조각이 실내외 가리지 않고 끝없이 쏟아진다. 바닷속 풍경도 동화 속 이야기도 모두 유리로 재현했다. 벌어진 입을 다물기 힘들다.

당진 아미미술관

프랑스어로 친구란 뜻을 붙인 것처럼 친근한 미술관을 표방한다. 상설전시실에 꾸며진 현란한 설치미술품 덕에 사진 명소가 되었다. 실력파 작가의 특별전도 자주 열린다.

PART 2

특별시 광역시 제주도

001 Seoul

서울특별시

세계가 주목하는 대한민국 여행 1번지

강북권

❶ 서울5대궁궐

서울에 위치한 조선의 다섯 궁궐은 우리의 귀한 보물이다. 그 중심이 되는 경복궁은 조선의 건국과 함께 왕의 거처로 지어졌다. 국가 행사를 주관하던 근정전은 중후하고 연못 위의 누각 경회루와 향원정은 아름답다. 태종이 별궁으로 지은 창덕궁은 원형이 잘 보존되어 있어 다섯 궁 중 유일하게 유네스코 세계문화유산이다. 왕의 정원, 후원의 풍경이 곱다. 창덕궁 곁에 지어진 창경궁은 국보 명정전을 품었다. 돌담길로 유명한 덕수궁은 고종이 거처했으며 서양식 건물을 받아들였다. 일제 강점기에 훼손된 경희궁은 비교적 최근에 일부 복원되었다. 경복궁 정보 ◎ 서울 종로구 사직로 161 ◷ 11월~2월 09:00~17:00, 3월~5월, 9월~10월 09:00~18:00, 6월~8월 09:00~18:30 (화 휴무) ₩ 대인(만 25세 이상) 3,000원, 소인(만 24세 이하) 무료

❷ 국립중앙박물관

대한민국 주요 문화재를 다수 소장한 국내 최고의 박물관이다. 지하 1층, 지상 6층 규모로 선사·고대관, 중·근세관, 서화관, 조각·공예관, 세계문화관, 기증관으로 나눠진 상설전시실에만 약 1만 점의 유물을 전시한다. 국보와 보물급 유물마저 너무 많아 하루에 다 둘러보기도 힘들 정도니 박물관 홈페이지에 안내된 큐레이터의 추천 소장품을 참고하는 것이 좋다. 국보 반가사유상 두 점만 나란히 전시된 '사유의 방'은 신비로운 분위기를 풍긴다. 박물관에서 가장 주목받는 전시실이다. 세계적인 해외 박물관과 협력해 진행되는 특별전도 자주 열린다.

◎ 서울 용산구 서빙고로 137

◷ 매일 10:00~18:00 (수·토는 21시까지 야간 개장)

₩ 무료

❸ 동대문디자인플라자

서울 강북 한복판에 외계인의 우주선이 불시착한 듯하다. 지금은 세상을 떠난 전설적인 건축가 자하 하디드가 설계한 복합문화공간이다. 2014년 개관하자마자 그 특별한 모습 덕에 서울의 명소가 되었다. 화려한 패션쇼와 시사회가 개최되고 콘서트와 공연, 전시도 열린다.

◎ 서울 중구 을지로 281

◷ 공간별 상이

₩ 무료

❹ 서울숲

서울 도심권에선 녹색의 채도가 가장 높은 곳이다. 서울 시민의 삶의 질을 향상시키기 위해 50여만 제곱미터의 대지 위에 40만 그루 이상의 나무를 심었다. 그 사이를 누비다 보면 잠시 도시의 복잡함은 사라진다. 다양한 테마 공간과 함께 사슴이 뛰노는 공간도 자리한다.

◎ 서울 성동구 뚝섬로 273

◷ 생태숲 매일 05:30~21:30

₩ 무료

❺ 광화문광장

허리춤에 칼을 차고 늠름한 모습으로 세종대로를 굽어보는 이순신 장군의 모습은 서울의 명물이 되었다. 광화문 앞에 조성된 광장엔 늘 외국인 관광객이 거닐고 시민들이 바삐 오간다. 세종문화회관을 품었으며 2022년에 한쪽 차로가 광장에 흡수되면서 면적이 더 늘어났다.

◎ 서울 종로구 세종대로 175

◷ 24시간

₩ 무료

❻ 남산서울타워

세계 주요 도시마다 그곳을 대표하는 타워가 있듯 서울에도 남산에 서울타워가 우뚝 솟아있다. 원래 1975년, 방송용 전파탑으로 건설되었다. 현재는 상업 시설과 문화공간이 어우러져 있다. 전망대에선 서울시의 광대한 전경이 360도 파노라마로 펼쳐져 절로 감탄이 나온다.

◎ 서울 용산구 남산공원길 105

◷ 월~금 10:30~22:30, 토~일 10:00~23:00

₩ 성인·청소년 21,000원, 어린이 16,000원

❼ 북촌한옥마을

현대적인 마천루 사이로 낮고 고풍스러운 옛 가옥이 밀집되어 있다. 경복궁과 창덕궁 사이 가회동과 삼청동 일대에 조성된 한옥마을은 풍수지리가 뛰어나 조선 시대부터 양반과 왕족이 살던 지역이다. 오랜 세월을 간직한 한옥의 물결 사이를 거닐며 과거로의 여행을 떠나보자.

◎ 서울 종로구 계동길 37

◷ 24시간

₩ 무료

❽ 청계천

오래전부터 서울 곳곳을 적시던 청계천이 복원 공사를 통해 2005년 새롭게 다시 태어났다. 총 5.8킬로미터 구간으로 수표교 등 20여 개의 옛 다리도 함께 복원되어 운치를 더했다. 빌딩 사이로 졸졸 흐르는 청계천의 물길을 따라 이어진 산책로는 훌륭한 휴식처가 되어준다.

◎ 서울 종로구 창신동

◷ 24시간

₩ 무료

❾ 서울시립미술관

이곳에서 열리는 특별전만 꼼꼼히 챙겨보아도 해외 유명 미술관에 갈 필요 없다. 서울시립미술관이 국내외 유명 작가들의 명작을 공수해오기 때문이다. 새로운 작가들 발굴하는 데에도 힘을 쏟고 있으며 서소문 본관 외에도 노원구와 관악구에 각각 북서울, 남서울 분관이 있다.

◎ 서울 중구 덕수궁길 61

◷ 화~금 10:00~20:00, 토~일 10:00~19:00(월 휴무)

₩ 무료(특별전은 유료)

❿ 서대문형무소역사관

우리 근대 역사에 있어 가장 아픈 상처가 새겨져 있다. 일제 강점기 당시 수많은 독립투사가 투옥당해 모진 고문을 당하고 순국했던 장소다. 유관순 열사 역시 여기서 생을 마감했다. 이 아픔의 장소가 1998년 역사관으로 탈바꿈하여 잊혀선 안 될 역사를 후세에게 전한다.

◎ 서울 서대문구 통일로 251

◷ 화~일 09:30~18:00(11월~2월은 17시까지, 월 휴무)

₩ 성인 3,000원, 청소년 1,500원, 어린이 1,000원

강남권

❶ 여의도한강공원

서울의 허리를 가로지르며 도시의 상징으로 통하는 한강 곁으로 많은 강변 공원이 가꾸어져 있다. 여의도한강공원은 그중 으뜸으로 봄에서 가을 사이, 청명한 날이면 잔디밭에서 도심 속 피크닉을 즐기는 이들로 꽉 찬다. 아예 돗자리와 테이블 세트를 대여해주는 노점도 있다. 강바람을 맞으며 돗자리에 누운 채 파란 하늘을 바라보면 그곳이 잠시 천국이다. 군것질거리도 많이 팔아 입도 즐겁고 한강을 누비는 유람선도 운영되어 눈도 더 즐거워진다. 서울의 대표 축제로 자리매김한 여의도 불꽃축제의 중심이 되기도 한다. 최대 100만 명이 몰려든다.

◎ 서울 영등포구 여의동로 330

◷ 24시간

₩ 무료

❷ 롯데월드어드벤처

실내 테마파크가 대도시 중심에 들어선 건 세계적으로도 매우 드문 일이다. 규모마저 어마어마해 운영되는 놀이 시설만 50여 개에 달한다. 안으로 들어서자마자 별천지가 펼쳐지고 거대함에 압도당한다. 석촌 호수 위에 뜬 야외 시설, 매직 아일랜드에도 인기 있는 놀이 기구가 많다. 자이로드롭과 자이로스윙은 구경만 해도 등골이 서늘해진다. 계절마다 주제가 바뀌는 축제도 큰 볼거리다. 공연단의 현란한 행진은 모두의 시선을 잡아끈다. 민속박물관도 숨겨져 있고 사계절 내내 운영되는 아이스링크까지 갖추고 있어 이곳에선 하루가 모자라다.

◎ 서울 송파구 올림픽로 240

◷ 매일 10:00~21:00

₩ 종합이용권 성인 62,000원, 청소년 54,000원, 어린이 47,000원

❸ 올림픽공원

송파구의 제법 큰 부분을 차지하는 공원이다. 86 서울아시안게임과 88 서울올림픽의 보조 경기장으로 쓰인 뒤 현재는 시민의 체육 공간과 휴식처로 이용된다. 올림픽 상징물 평화의 문이 입구 격이고 '나홀로나무'가 있는 산책로가 이어진다. 백제의 몽촌토성도 함께 있다.

◎ 서울 송파구 올림픽로 424

◷ 24시간

₩ 무료

❹ 코엑스

강남구에 위치한 초대형 종합 전시시설이다. 태평양홀, 대서양홀 등의 전시관에서 여러 분야를 아우르는 전시회와 박람회, 행사가 1년 내내 쉴 틈 없이 개최된다. 동시에 커다란 몰과 쇼핑 센터, 음식점과 아쿠아리움, 압도적 규모의 도서관이 이어져 여행지로도 무척 훌륭하다.

◎ 서울 강남구 영동대로 513

◷ 업체별, 행시별 상이

₩ 무료

❺ 서울식물원

들숨에 맑은 공기가 날숨엔 밝은 미소가 깃든다. 너른 녹지가 모두를 그렇게 만든다. 열린숲과 호수원, 습지원과 주제원 네 구역으로 나뉜다. 주제원 내의 온실엔 세계 12개 도시의 자생식물이 자리해 기후대별 식물을 만날 수 있다. 씨앗을 공유하는 씨앗도서관도 이색적이다.

◎ 서울 강서구 마곡동로 161

◷ 화~일 09:30~18:00(월 휴무)

₩ 성인 5,000원, 청소년 3,000원, 어린이 2,000원

❻ 서울스카이

세계 고층 빌딩 순위에서도 열 손가락 안에 꼽히는 국내 최고층 롯데월드타워에 들어선 전망대다. 무려 123층까지 올라가 그야말로 서울의 가장 높은 곳에서 거대 도시를 내려다볼 수 있다. 담력이 강하다면 상공 541미터 위를 거니는 스카이 브릿지 투어에 도전해보자.

◎ 서울 송파구 올림픽로 300

◷ 매일 10:30~22:00 (금~토는 23시까지)

₩ 성인·청소년 29,000원, 어린이 25,000원

❼ 윤중로벚꽃길

매년 봄이면 여의도 한강변의 윤중로엔 하얀 벚꽃잎이 흩날린다. 오랫동안 서울 최고의 벚꽃 명소로 군림하며 3월 말이면 여의도가 마비될 정도로 많은 상춘객을 불러 모은다. 1,500여 그루의 왕벚나무가 만드는 풍경이 황홀해 수많은 인파를 뚫고 방문할 가치가 충분하다.

◎ 서울 영등포구 여의도동

◷ 24시간

₩ 무료

❽ 봉은사

794년 신라 시대에 창건된 고찰이 서울에서도 가장 복잡한 강남구 복판에 남아 역사를 이어가고 있다. 조선 시대엔 승과 시험이 열리는 장소였고 서산대사와 사명대사를 배출한 명사찰이다. 대웅전과 판전의 편액은 추사 선생의 작품이다. 기도를 올리는 신자로 늘 붐빈다.

◎ 서울 강남구 봉은사로 531

◷ 매일 05:00~22:00

₩ 무료

❾ 세빛섬 반포대교

반포대교 옆으로 이름도 예쁜 세빛섬이 등장한다. 물에 뜨는 부체 위에 건물을 얹은 독특한 방식으로 건설됐고 3개의 섬이 반짝인다. 분위기 좋은 레스토랑과 카페, 공연장과 수상 레저 시설을 갖췄다. 야경이 특히 아름다우며 여름밤엔 반포대교에서 무지개 분수가 쏟아진다.

◎ 서울 서초구 올림픽대로 2085-14

◷ 24시간

₩ 무료

❿ 선정릉

조선 9대 왕 성종과 그의 계비 정현왕후의 무덤인 선릉과 11대 왕 중종의 무덤 정릉이 빽빽한 빌딩 숲 사이에 고요하게 자리한다. 두 릉 모두 임진왜란 때 일본에 의해 도굴되고 훼손된 아픈 역사가 있다. 조선왕릉 중 드물게 서울에 위치해 한적한 산책 장소가 되어준다. ◎ 서울 강남구 선릉로100길 1

◷ 3월~10월 06:00~21:00, 11월~1월 06:30~17:30, 2월 06:30~18:00

₩ 대인(만 25세 이상) 1,000원, 청소년·어린이 무료

서울의 맛집과 카페

명동교자본점

서관면옥 교대본점

굴다리식당

명동교자본점 1966년에 개업한 이후 지금까지 서울 최고의 맛집으로 꼽힌다. 칼국수와 만두가 환상적이다 ◎ 서울 중구 명동10길 29 ◷ 매일 10:30~21:00(라스트 오더 20:30)

삼청동수제비 수제비가 얼마나 대단하겠냐는 생각을 가졌다면 이곳에 반드시 방문해보기 바란다. ◎ 서울 종로구 삼청로 101-1 ◷ 매일 11:00~20:00

토속촌삼계탕 점심시간이면 긴 줄이 늘어선다. 가격대가 조금 있지만 그 이상의 맛과 품질을 자랑한다. ◎ 서울 종로구 자하문로5길 5 ◷ 매일 10:00~22:00(라스트 오더 21:00)

을밀대평양냉면 서울 최고 냉면을 꼽을 때면 늘 거론된다. 메밀이 많이 함유된 면이 구수하며 육수도 깊다. ◎ 서울 마포구 숭문길 24 ◷ 매일 11:00~22:00

창신육회본점 광장 시장에서 질 좋고 푸짐한 육회를 저렴하게 팔아 오랜 시간 서민의 벗이 되어준 육회집이다. ◎ 서울 종로구 종로 200-8 ◷ 수~월 09:00~21:50(라스트 오더 21:20, 화 휴무)

중앙해장 얼큰한 곱창전골로 까다로운 강남 미식가들의 입을 사로잡았다. 곱창이 정말 고소하다. ◎ 서울 강남구 영동대로86길 17 ◷ 매일 07:00~23:00(라스트 오더 22:00)

서관면옥교대본점 평양냉면도 나무랄 것 없지만 쉽게 맛보기 힘든 평안도식 어복쟁반을 완벽하게 구현한다. ◎ 서울 서초구 서초대로56길 11 ◷ 매일 11:00~21:00(브레이크 타임 15:00~21:00, 라스트 오더 20:30)

굴다리식당 묵은지와 생고기로 끓여낸 김치찌개의 내공이 엄청나다. 알찬 계란말이까지 곁들이면 좋다. ◎ 서울 마포구 새창로 8-1 ◷ 매일 08:00~22:00

마복림떡볶이 한국인에게 떡볶이는 떼려야 뗄 수 없는 존재다. 신당동 떡볶이 타운의 전설이 이곳이다. ◎ 서울 중구 다산로35길 5 ◷ 매일 09:00~22:50(매달 2·4번째 월요일 휴무)

오레노라멘본점 진한 닭육수로 맛을 낸 토리빠이탄 라멘이 일본에 온 듯한 착각을 안겨준다. 면이 리필된다. ◎ 서울 마포구 독막로6길 14 ◷ 매일 11:00~21:00

런던베이글뮤지엄 안국점

블루보틀 성수카페

태극당

런던베이글뮤지엄안국점 오픈 런을 해도 베이글 구입이 어려울 때가 있다. 과열된 인기만큼 베이글 맛이 뛰어나다. 서울 종로구 북촌로4길 20 매일 08:00~18:00

블루보틀성수카페 미국의 커피 체인 블루보틀 열풍을 일으켰던 국내 1호점. 커피의 맛과 향이 나무랄 데 없다. 서울 성동구 아차산로 7 매일 08:00~20:30

몰또이탈리안에스프레소바 명동 성당을 바라보며 진한 이탈리아식 에스프레소를 맛보자. 앉은 자리가 유럽이 된다. 서울 중구 명동길 73 월~토 12:00~20:00(라스트 오더 19:30, 일 휴무)

성수동대림창고갤러리 물류 창고를 개조해 대형 갤러리 카페로 탈바꿈시켰다. 공간이 주는 묘한 감동이 있다. 서울 성동구 성수이로 78 매일 11:00~22:00

태극당 이곳의 역사가 서울 빵집의 역사다. 1945년 해방 이후 문을 연 서울 최초의 빵집이다. 서울 중구 동호로24길 7 매일 08:00~21:00

Special Info 서울의 전통시장

서울은 워낙 여행 콘텐츠가 풍성해 주요 명소와 맛집만 탐방해도 벅차지만 그렇다고 전통시장을 건너뛰기엔 무척 아쉽다. 이렇게나 흥미진진한 시장이 많으니 말이다. 꼭 가야 할 서울의 대표 시장을 모았다.

❶ 남대문시장

서울은 물론이고 대한민국을 대표하는 국내 최대의 재래시장이다. 조선 후기에 생긴 이현 시장(동대문 시장)과 쌍벽을 이루던 칠패 시장이 남대문시장으로 발전했다. 조선 후기엔 어물 시장 중심이었으나 지금은 모든 물품이 오가는 '없는 게 없는' 시장으로 외국 관광객 포함 하루 방문객이 10만 명 단위에 이른다.

◎중구 남대문시장4길 21

☏02-753-2805

❷ 광장시장

서울 최고의 먹을거리 장터이다. 빈대떡과 육회, 마약 김밥, 찹쌀꽈배기 등을 파는 맛집이 너무 많아 무엇을 먼저 먹어야 할지 고민에 빠진다. 청계천을 연결하는 광교와 장교 두 다리 사이에 있어서 광장이라는 이름을 얻었다. 먹을거리로 워낙 유명해 우리나라 사람들뿐만 아니라 해외 여행자들의 필수 코스가 되었다.

◎종로구 창경궁로 88

☏02-2267-0291

③ 통인시장

80년 된 골목형 재래시장이다. 70여 개 점포로 구성돼 있다. 규모는 작으나 '도시락 카페'로 유명해져 국내뿐만 아니라 해외 여행객에게도 인기를 끌고 있다. 일정한 돈을 내면 그만큼 엽전으로 돌려주는데, 이 엽전으로 뷔페를 즐기듯 시장에서 판매하는 다양한 음식을 구매해 먹을 수 있다. 기름 떡볶이는 꼭 맛보자.

종로구 자하문로15길 18

02-722-0911

④ 동묘벼룩시장

종로구 숭인동 동묘 옆에 있다. 1980년대 말에 생겨난 우리나라 최대 벼룩시장이다. 의류, 신발, 지갑부터 시계나 전자제품, 고서, 영화 포스터, 음반, 골동품 그리고 별의별 잡동사니가 뒤섞여 있어 구경만 해도 시간 가는 줄 모른다. 구제 의류 인기가 제일 좋다. 그 안에서 자신만의 보석을 찾는 이들로 늘 붐빈다.

종로구 종로58길 4

02-2148-3145

⑤ 경동시장

동대문구 제기동에 있는 대규모 재래시장으로 1960년에 생겼다. 고추, 마늘, 채소, 과일, 산나물 등 농산물이 주로 거래되다가 1985년 인삼시장과 한약 전문 상가가 문을 열면서 우리나라에서 가장 큰 약령시장도 갖추게 되었다. 각종 한약재를 구하기 좋다. 지금은 의류와 수산시장도 생겼다. 청량리 청과물시장과 연결된다.

동대문구 고산자로36길 3

02-967-8721

⑥ 망원시장

서울 서부권에선 인지도가 가장 뛰어난 시장이다. 1970년대에 소규모 점포들이 집단 상권을 형성하면서 시장 모습을 갖췄다. 다양한 식재료로 마포구와 망원동 주민들의 식탁을 책임지고 있다. 간식을 파는 맛집이 많아져 요즘엔 젊은 층과 해외 여행자의 발길도 끊이지 않는다. 한강시민공원 망원지구와 가깝다.

마포구 포은로6길 27

02-335-3591

002 Busan

부산광역시

바다의 낭만을 품은 여행 천국

동부권

❶ 해운대해수욕장

오랫동안 그래왔고 지금도 역시 해운대는 부산하면 가장 먼저 떠오르는 도시의 상징이다. 10만 명 넘게 수용이 가능한 넓고 긴 백사장과 해변이 시원스럽다. 해송과 파란 하늘이 바다와 함께 조화를 이룬 풍광도 무척 빼어나다. 1,100년 전에도 마찬가지였는지 최치원 선생은 이 절경에 감탄해 자신의 자를 따서 바위에 '해운대'라는 글씨를 새겼다. 수심이 깊지 않고 물살도 잔잔해 누구나 가볍게 물놀이를 즐길 수 있다. 여름엔 수백 개의 파라솔 아래로 셀 수 없이 많은 피서객이 몰린다. 세계적인 해변으로 거듭나 외국인 관광객도 많이 찾는다.

◎ 부산 해운대구 우동

◷ 24시간

₩ 무료

❷ 해동용궁사

산과 계곡이 아닌 기암 군락 즐비한 바닷가에 거창한 사찰이 자리해 놀라움을 안긴다. 1376년 고려의 나옹선사가 보문사라는 이름으로 창건한 뒤 임진왜란 때 소실된 것을 1930년대에 통도사의 운강이 중창했다. 이후 1974년 이곳에 부임한 정암이 꿈에서 관세음보살이 용을 타고 하늘로 향하는 것을 보고 해동용궁사로 개칭하였다. 십이지상이 환영하는 숲길을 지나 108개의 계단을 내려가면 바다를 마주한 대웅전과 부속 건물이 보석처럼 바위에 박혀있는 듯 환상적이다. 이곳이 바로 용궁이 아닐까 착각이 들게 할 만큼 인상적인 모습이다.

◎ 부산 기장군 기장읍 용궁길 86

◷ 매일 04:30~19:30

₩ 무료

❸ 광안리해수욕장

해운대와 함께 부산 바다의 낭만을 한껏 꽃피운다. 수영만을 끌어안은 채 푸른 파도를 맞이하는 해변을 따라서 유행을 이끄는 맛집과 횟집, 술집이 길게 늘어서 젊은 층의 지지를 받는다. 광안대교가 중심을 잡는 야경도 근사하다. 부산 불꽃축제가 열리는 장소이기도 하다.

◎ 부산 수영구 광안해변로 219

◷ 24시간

₩ 무료

❹ 더베이101

휘황찬란한 도시의 빛이 불을 뿜는다. 이곳에서 바라보는 마린시티의 야경은 국내에서 한밤에 즐길 수 있는 가장 화려한 풍경이라 해도 과언이 아니다. 바닷물에 반영된 마천루의 빛도 기막히다. 맥주에 피시앤칩스를 즐기며 그 모습을 감상하자. 요트에 올라타 보는 것도 좋다.

◎ 부산 해운대구 동백로 52

◷ 매일 08:00~24:00

₩ 무료

❺ 청사포 해운대블루라인파크

2020년, 폐선된 동해남부선의 철로를 활용해 미포에서 송정까지 내달리는 해변 열차가 개통되며 부산의 새로운 명물이 되었다. 동시에 귀여운 '스카이캡슐'도 바다 곁을 누비기 시작했다. 청사포는 그 중심이 되는 곳으로 바다를 끼고 오가는 열차의 모습이 무척 이국적이다. ◎ 부산 해운대구 청사포로 116

◷ 성수기 기준 09:30~19:30(시기별 종료 시간 상이)

₩ **해변열차** 1회 7,000원 **스카이캡슐** 편도 2인 35,000원, 3인 45,000원, 4인 50,000원

❻ 오륙도

남구 앞바다에 6개의 바위섬이 쭉 늘어서 있다. 육지에서 가장 가까이 있는 솔섬과 방패섬이 보는 각도에 따라 하나로 보여 섬이 총 5개였다가 6개가 된다 하여 오륙도다. 이를 조망할 수 있는 투명한 스카이워크가 있고 북쪽엔 이기대 해안 산책로가 조성됐다.

◎ 부산 남구 오륙도로 137

◷ 24시간

₩ 무료

❼ 동백섬

부산의 주제가 <돌아와요 부산항에>의 첫 가사 '꽃 피는 동백섬'이 바로 이곳이다. 해운대 서쪽의 섬이었으나 시간이 지나며 육지와 연결되었다. 예전에 많았던 동백 대신 지금은 소나무가 울창하다. 2005년 APEC 정상회의가 열렸던 누리마루엔 각국 정상들의 흔적이 남았다.

◎ 부산 해운대구 우동 710-1

◷ 24시간

₩ 무료

❽ 부산송정해수욕장

부산 서핑의 성지는 이견 없이 송정해변으로 결론 났다. 여름뿐 아니라 한겨울에도 웜수트를 착용하고 서핑을 즐기는 이들이 몰려들 정도다. 도심에서 살짝 벗어나 비교적 한산해 가산점을 받는다. 서핑 강습이 성행해 초보자도 문제없다. 물론 해수욕을 하기에도 좋은 곳이다.

◎ 부산 해운대구 송정동 712-2

◷ 24시간

₩ 무료

❾ 롯데월드어드벤처부산

서울 잠실에 위치한 롯데월드 어드벤처가 기장에 복사되었다. 오랜 준비 끝에 2022년에 문을 열자마자 가족 단위 여행객에게 행복한 추억을 선물하고 있다. 스릴 넘치는 놀이기구는 물론 아이들을 겨냥한 시설도 다양하게 준비했다. 바로 곁에 스카이라인 루지도 들어섰다.

◎ 부산 기장군 기장읍 동부산관광로 42

◷ 매일 10:00~21:00 ₩ 종일권 성인 47,000원, 청소년 39,000원, 어린이 33,000원

❿ 영화의전당

1996년에 출범한 부산 국제영화제는 이제 아시아를 넘어 세계적인 영화인의 축제로 자리를 잡았다. 영화제가 개최되는 매년 10월마다 부산을 찾는 슈퍼스타급 배우와 감독의 면면만 봐도 그 위상이 짐작된다. 그 별들이 손을 흔들며 오가던 영화의 전당을 걷는 건 감격이다.

◎ 부산 해운대구 수영강변대로 120

◷ 24시간

₩ 무료

서부권

❶ 감천문화마을

알록달록 반짝이는 마을의 전경이 세상에서 가장 큰 팔레트가 된다. 한국전 이후 피난민이 몰려들며 뒤죽박죽 생겨난 산비탈의 달동네가 다채로운 색깔의 옷을 입게 된 건 2009년 즈음부터다. 마을미술 프로젝트 지역으로 선정되면서 예술가들의 발걸음이 끊이지 않았고 주민들마저 도시 재생에 발 벗고 나서면서 마을 전체가 하나의 예술 작품이 되었다. 각양각색의 집 사이를 누비는 것만으로도 훌륭한 여행 코스다. 어린 왕자와 사막여우, 대형 물고기 모자이크 등 숨겨진 포토존을 찾아 사진을 남기는 것도 재미다. 소소한 카페와 상점도 정겹다.

◎ 부산 사하구 감내2로 203

◷ 24시간

₩ 무료

❷ 태종대

영도의 남쪽 끝자락을 해안 절경이 물들인다. 억겁의 세월동안 쌓인 퇴적암층이 바닷물에 침식되면서 자연이 깎고 다듬은 명작이 완성되었다. 신라 태종무열왕, 김춘추가 잠시 머물렀다는 전설이 있어 태종대라는 이름을 얻었다. 암벽으로 이뤄진 해안가를 따라서 해안동굴과 해식애가 들어찼다. 그 풍광을 찬찬히 눈에 담기 좋은 4킬로미터의 순환산책로가 조성되어 있다. 송림이 빼곡하게 들어차 그 길이 더욱 멋스럽고 다누비열차도 운행된다. 영도등대와 주전자바위도 볼거리다. 부산 남동쪽 끝에 자리해 맑은 날엔 일본 대마도가 선명히 보인다.

◎ 부산 영도구 전망로 24

◷ 매일 04:00~24:00(11월~2월은 05시부터)

₩ 무료

❸ 흰여울문화마을

봉래산과 바다 사이의 경사진 비탈에 오래된 집들이 아슬아슬 걸려있다. 전쟁통에 피난민이 하나둘 판잣집을 짓고 살며 동네가 형성됐다. 지금은 도시 재생을 통해 파스텔톤의 감성 마을로 거듭났다. 영화 <변호인>, <범죄와의 전쟁> 등이 촬영되며 인지도가 점점 더 높아졌다.

◎ 부산 영도구 영선동4가 605-3

Ⓛ 24시간

₩ 무료

❹ 용두산공원 부산타워

부산항을 굽어보는 49미터의 낮은 산, 용두산에 조성된 공원으로 긴 시간 부산 시민의 안식처가 되어 주고 있다. 충무공 동상과 시민의 종, 충혼탑과 척화비 등을 둘러보며 산책을 이어갈 수 있다. 다이아몬드 타워로 불리는 부산타워는 항구와 바다, 도시를 한눈에 담아준다.

◎ 부산 중구 용두산길 37-55

Ⓛ 부산타워 매일 10:00~22:00

₩ 부산타워 성인·청소년 12,000원, 어린이 9,000원

❺ 다대포해수욕장

낙동강이 기나긴 여정을 마치고 바다로 흘러드는 지점에 위치한다. 너비가 100미터에 이르는 광활한 모래밭이 특징이다. 겨울 한파가 밀어닥치면 해변에 밀려온 바닷물이 결빙되는, 기묘한 풍광을 볼 수 있다. 봄에서 가을 사이엔 '꿈의 낙조분수'가 다대포의 밤을 빛낸다.

◎ 부산 사하구 다대동

Ⓛ 24시간

₩ 무료

❻ 부산자갈치시장

부산하면 자갈치다. 왁자지껄한 지역 분위기가 잘 담긴 수산시장이다. 수십 년 전부터 '자갈치 아지매'로 대변되는 지역 상인들이 모여 시장을 이뤘고 현재는 갈매기를 본뜬 현대식 건축물에 들어서 있다. 자갈치 북쪽으론 또 다른 인기 시장 국제시장과 깡통시장이 있다.

◎ 부산 중구 자갈치해안로 52

Ⓛ 매일 05:00~22:00(매달 1·3번째 화요일 휴무)

₩ 무료

❼ 송도해상케이블카

1913년 부산 최초로 개장해 한때 지역 최고의 인기를 누렸던 송도해수욕장. 그 위로 케이블카가 오간다. 원래 1964년에 설치되었다가 재해로 인해 1988년에 폐쇄되었지만 2017년에 재개장하며 과거의 영화를 재현하고 있다. 바다 위에 놓인 용궁구름다리도 하나의 코스다. ⊚ 부산 서구 송도해변로 171 ◷ 매일 09:00~22:00 ₩ **일반캐빈** 왕복 성인·청소년 17,000원, 어린이 12,000원 **크리스탈캐빈** 왕복 성인·청소년 22,000원, 어린이 16,000원

❽ 국립해양박물관

매년 100만 명 이상이 찾는 국내 최고의 종합 해양박물관으로서 해양의 문화와 역사, 생물, 과학 등 바다에 관련된 방대한 주제를 아우른다. 대규모 영상 콘텐츠를 상영하는 오션바이오아트관과 362톤 규모의 터널형 수족관이 이어지는 해양생물관은 늘 큰 인기를 누린다.

⊚ 부산 영도구 해양로301번길 45 ◷ 화~금 09:00~18:00, 토 09:00~21:00, 일 09:00~19:00(월 휴무) ₩ 무료

❾ 장림포구

부산의 베네치아, 일명 '부네치아'라는 애칭으로 불린다. 베네치아의 부라노섬처럼 포구의 건물을 원색으로 칠해 특별한 감성이 피어난다. 각기 다른 색의 건물을 배경으로 셀카를 남기는 건 여행의 필수 코스가 되었다. 전망대에 오르면 바다로 흘러드는 낙동강을 볼 수 있다.

⊚ 부산 사하구 장림로93번길 72

◷ 24시간

₩ 무료

❿ 보수동책방골목

한국전 당시 국군이 밀리고 밀려 부산이 임시 수도가 되었을 때 피난민이 미군 부대에서 나온 헌 잡지와 만화책을 팔기 시작하며 보수동 책방 골목의 역사가 시작되었다. 헌책방이 여전히 골목 양쪽에 빼곡하게 몰려있어 자신만의 보물찾기에 나선 사람들로 장사진을 이룬다.

⊚ 부산 중구 대청로 67-1

◷ 업체별 상이

₩ 무료

부산의 맛집과 카페

본전돼지국밥

삼진어묵본점

원조깡통골목비빔당면

본전돼지국밥 돼지국밥을 향한 부산의 사랑과 자부심은 엄청나다. 이곳도 국밥 명소 중 한자리를 꿰찼다. 부산 동구 중앙대로214번길 3-8 매일 09:00~20:30

초량밀면 밀면은 돼지국밥과 함께 부산의 대표 향토 음식. 수십 년째 초량동에서 시원한 밀면을 판다. 부산 동구 중앙대로 225 매일 10:00~22:00

민락회타운 가성비 만점 회센터다. 원하는 회를 뜬 뒤 바로 옆 초장집 포장마차에서 즐기면 된다. 부산 수영구 민락수변로 1 매일 09:00~02:00

삼진어묵본점 1950년에 문 연 부산에서 가장 오래된 어묵 가공소이다. 부산에 왔다면 어묵도 빼놓을 수 없다. 부산 영도구 태종로99번길 36 매일 09:00~19:00

신발원 부산 치이나타운에 위치한 노포로 1951년에 개업했다. 육즙과 풍미 가득한 만두가 핵심이다 부산 동구 대영로243번길 62 수~월 11:00~20:00(화 휴무)

이재모피자 피자를 줄 서서 먹는 게 생소하지만 임실 치즈를 듬뿍 넣은 피자를 맛보는 순간 수긍이 간다. 부산 중구 광복중앙로 31 월~토 10:00~21:30(라스트 오더 20:30, 일 휴무)

고향연화 기장에 위치한 돈까스 맛집이다. 400시간 숙성을 거쳤다는 모둠카츠가 무척 잘 나간다. 부산 기장군 기장읍 연화길 33-8 매일 11:00~20:30(브레이크 타임 월~금 15:10~17:10, 라스트 오더 19:45)

상짱 놀랍도록 바삭한 튀김이 오마카세처럼 차례차례 제공된다. 해물덮밥 카이센동도 훌륭하다. 부산 중구 해관로 59-1 월~토 11:30~20:30(브레이크 타임 14:30~17:00, 일 휴무)

원조깡통골목비빔당면 비빔당면은 부산을 벗어나면 사실상 맛볼 수 없다. 삶은 당면에 비빔장과 고명을 얹는다. 부산 중구 중구로47번길 29 1층 매일 10:00~20:30

상국이네 해운대 시장에 숨겨진 떡볶이 맛집이다. 두툼한 가래떡으로 만든 떡볶이가 맛깔나다. 부산 해운대구 구남로41번길 40-1 매일 10:00~00:30(라스트 오더 00:00, 매달 1·2·3번째 수요일 휴무)

전포카페거리(전리단길) 전포역과 서면역 사이에 트렌드를 따라잡기 힘들 만큼 개성 있는 카페들이 줄을 잇는다. 부산 부산진구 동천로 92 업체별 상이

칠암사계 기장군엔 유난히 근사한 카페가 많다. 베이커리 카페인 이곳은 마치 거대한 갤러리 같다. 부산 기장군 일광읍 칠암1길 7-10 매일 10:00~21:00

헤이든 시원스런 기장 앞바다를 눈에 담기 좋은 대형 루프톱 카페다. 음료, 빵, 디저트도 만점이다. 부산 기장군 일광읍 문오성길 22 매일 10:30~22:00(라스트 오더 21:30)

젬스톤송정점 송정 해변을 바라보며 일광욕을 즐기기에 딱 알맞다. 이국적인 감성이 물씬 풍기는 카페이다. 부산 해운대구 송정구덕포길 100 매일 09:00~02:00

에테르 흰여울문화마을 언덕에 위치해 근사한 바다 뷰를 가졌다. 고급스러운 브런치도 인기다. 부산 영도구 절영로 234 매일 10:00~21:00 (라스트 오더 20:00)

부산광역시 여행 지도

Special Info 부산 빵지 순례

부산은 빵에 열광하는 이들에겐 '빵지순례' 성지로 추앙받는 도시이다. 수십 년의 역사를 자랑하는 노포들이 빵을 무기 삼아 부산 곳곳에서 진검승부를 펼친다. 부산에서 꼭 가야 할 베이커리를 한데 모았다.

❶ 옵스

1989년 수영구 남천동에서 문을 연 삼익제과가 전신이다. 1994년 옵스로 개명한 뒤부터 해운대와 부산 곳곳에 분점을 낸 데 이어 서울, 울산, 양산, 평촌에도 지점이 있다. 이제는 명실상부 전국구 빵집이 되었다. 100% 핸드메이드로 빵을 만든다. 남천동점은 해변시장 맞은편에 있다.

수영구 황령대로489번길 37

051-625-4300

❷ 비엔씨제과

1983년 중구 창선동에서 개점한 뒤 40여 년간 부산의 대표 빵집으로 군림하고 있다. 옵스와 마찬가지로 초량동, 해운대, 방공동, 부산역 등 부산 곳곳에 분점이 존재한다. 비엔씨는 빵과 케이크를 뜻하는데, 영어 'Bread'와 'Cake'의 첫 글자를 따서 지은 것이다. 소금빵, 만주, 몽블랑이 인기 품목이다.

중구 광복로39번길 6

051-260-5201

❸ 정항우케익

1964년에 처음 문을 열었으니까, 역사가 60년을 거슬러 올라간다. 보기만 해도 먹음직스러운 케이크와 화과자로 성장하였다. 2대째 운영되며 부산, 김해, 울산, 대구, 광주, 서울에 40여 개가 넘는 분점을 거느리고 있다. 마카롱, 무스, 큐브 케이크 프라페, 마루롤 등도 많은 사람이 찾는 인기 품목이다.

중구 구덕로 68

051-242-5938

❹ 희와제과

빵지 순례자들에게 성지로 통하는 부산에서도 최상위권에 꼽히는 빵집이다. 시내 도롯가에 위치해 접근성도 그리 좋지 않고 규모도 작지만, 빵이 나오는 시간이면 항상 긴 줄이 늘어선다. 밤팥빵과 크림치즈빵, 앙소보루 등이 열렬한 지지를 받는다. 작지만 강하다.

부산진구 전포대로246번길 6

051-911-3603

❺ 루반도르파티세리

황금 리본이란 의미의 제과점이다. 1982년 개업 이래 부산 최고의 빵집 하면 항상 거론되는 곳이다. 많이 양보해도 빵 마니아들은 부산 3대 빵집으로 대부분 루반도르파티세리를 꼽는다. 새우감자바게트와 눈내리는크림치즈는 꼭 맛보자. 쫄깃먹물바게트, 소금앙버터 등도 많은 사람이 찾는다.

동구 중앙대로 375-1

051-467-6666

❻ 백구당

상호에서 짐작할 수 있듯 아주 오래된 빵집이다. 개업 시기는 무려 1959년이다. 부산에서 가장 오래된 서양식 제과점으로 옵스의 대표, 정항우케익 대표도 이곳을 거쳐 갔다. 한마디로 부산 베이커리의 종가라고 할 수 있다. 부산 빵지 순례 1번지라고 할 수 있다. 옥수수 알갱이가 담긴 '크로이즌'이 시그니처다.

중구 중앙대로81번길 3

051-465-0109

003 Incheon

인천광역시

근대와 미래, 서해의 비경으로 떠나는 여행

시내권

❶ 송도센트럴파크

도시 경관을 고려해 근사하게 지어진 마천루 사이로 기나긴 물길이 흐르고 그 위로 초승달 모양 배가 오간다. 수변 정원에는 예술 조각과 조형물이 놓였다. 잠시 대한민국을 벗어난 듯 이국적이고 낭만적이다. 송도에 국제도시가 들어서며 함께 건설된 대형 도심 공원이다. 바닷물을 끌어와 인공 운하를 내었고 수상 택시와 관광용 보트를 띄웠다. 자연도 꽉꽉 채워 넣었다. 이쪽에선 억새가 넘실대고 저쪽에선 화사한 꽃이 춤을 춘다. 당연히 그사이로는 산책로가 나 있다. 사슴이 뛰노는 농장도, 아담한 한옥마을도 자리해 여기저기 볼거리가 끝이 없다.

⊙ 인천 연수구 컨벤시아대로 160

◷ 24시간

₩ 무료

❷ 인천근대문화유산

1883년 인천항이 세계로 통하는 문을 연 뒤 인천엔 다양한 근대 문물이 유입되었고 일제 강점기엔 일제의 흔적도 새겨졌다. 개항장 거리에 흩어져 있는 근대문화유산을 하나하나 답사하는 것은 훌륭한 여행 코스가 된다. 옛 일본제1은행 건물을 활용해 만든 인천개항박물관에서 개항 역사를 살펴보는 것으로 여정을 시작하자. 인근의 서구 건축물을 모아 전시하는 근대건축전시관과 개항기 창고 건물에 들어선 한국근대문학관도 실속 있다. 국내 첫 서구식 호텔이자 처음으로 커피를 판매했던 대불호텔을 복원해 만든 전시관도 놓치면 안 된다.

⊙ 인천 중구 차이나타운로55번길 16

◷ 기관별 상이

₩ 무료

❸ 차이나타운

잠시 중국으로 여행을 떠나보자. 인천항이 개항한 이듬해인 1884년 청나라의 조계지가 형성되면서 중국인이 모여 살기 시작했고 차이나타운이 탄생했다. 중국풍 대문과 삼국지 거리가 이어지고 화교가 운영하는 역사적인 중화요릿집이 한데 모여있다. 짜장면박물관까지 있다.

📍 인천 중구 차이나타운로26번길 12-17

🕓 24시간

₩ 무료

❹ 을왕리해수욕장

인천공항이 있는 영종도에 자리하고 있어 먼 하늘에 비행기가 계속 포착되는 특별한 해변이다. 수도권에서의 접근성도 좋아 날이 더워질수록 많은 사람이 인천대교를 건넌다. 너른 백사장과 솔숲이 바다를 호위하고 수심은 얕아 해수욕에 알맞다. 환상적인 낙조를 자랑한다.

📍 인천 중구 용유서로302번길 16-15

🕓 24시간

₩ 무료

❺ 인천대공원

관모산을 끼고 광활하게 펼쳐진 인천의 허파다. 식물원과 장미원, 수목원과 어린이 동물원이 대공원 구석구석을 채운다. 원두막과 쉼터도 넉넉해 소풍을 나온 가족과 휴식을 찾아 나선 시민이 쉬이 보인다. 야외무대에서는 각종 공연이 열려 대공원의 매력을 한 단계 높인다.

📍 인천 남동구 장수동 산79

🕓 매일 05:00~23:00(11월~2월은 22시까지)

₩ 무료

❻ 월미테마파크

인천항과 접한 월미도의 서쪽 바닷가에 놀이기구가 오밀조밀하게 모여있다. 인천 앞바다를 훤히 내려다볼 수 있는 대관람차와 짜릿함을 안기는 바이킹에 탑승객이 많이 밀려든다. 월미도 선착장까지 횟집과 카페가 즐비하다. 머리 위로 오가는 자기부상 바다 열차도 신기하다.

📍 인천 중구 월미문화로 81

🕓 월~금 10:00~21:00, 토~일·공휴일 10:00~23:00

₩ 1회권 성인·청소년 6,500원, 어린이 5,500원

❼ 청라호수공원

청라국제도시 복판에 호수가 널찍하다. 아파트 숲 틈에서 푸르름을 뿜어내는 공원으로 호수 위에 인공섬을 띄워 여러 가지 테마를 가진 공간을 심었다. 야외 음악당과 습지원, 숲놀이터 등이 있다. 호수 중앙의 음악 분수는 거창하다. 밤이면 조명까지 더해져 화려하게 빛난다.

◎ 인천 서구 청라대로 204

◷ 24시간

₩ 무료

❽ 소래포구

인천 시내에서 서해로 빠져나가는 길목에 어항 소래포구가 모습을 드러낸다. 일제 강점기에 염전의 소금을 나르기 위해 수원까지 협궤열차가 오가던 곳이다. 소래역사관에서 그 모습을 확인할 수 있다. 현재는 횟집은 물론 젓갈과 해산물을 파는 시장이 포구를 메우고 있다.

◎ 인천 남동구 논현동 111-200

◷ 업체별 상이

₩ 무료

❾ 수도국산달동네박물관

1960~70년대, 판잣집이 모여있던 산등성이의 달동네는 가난의 상징이었지만 이제는 옛 추억으로 남았다. 수도국이 있어 수도국산이라 불렸던 이곳엔 실제 달동네가 있었고 그 모습을 박물관에 재현했다. 어려운 시절을 버텨낸 서민들의 삶을 보면 잔잔한 감동이 느껴진다.

◎ 인천 동구 솔빛로 51

◷ 화~일 09:00~18:00(월 휴무)

₩ 성인 1,000원, 청소년 700원, 어린이 무료

❿ 무의도

영종도 남쪽에 뜬 작은 섬 무의도는 천만 관객을 모은 영화 <실미도>의 바로 그 섬과 연결돼 유명세를 탔다. 2019년 무의대교가 개통되면서 차량으로 통행이 가능해졌다. 소소한 어촌 풍경이 인상 깊으며 사유지인 실미해수욕장에 물이 빠지면 실미도까지 걸어갈 수 있다.

◎ 인천 중구 무의동

◷ 24시간

₩ 무료

❶ 보문사

강화도 서쪽 석모도에 터를 잡은 고찰로 접근성이 좋지 않음에도 국내 3대 기도 도량으로 알려져 언제나 많은 순례객이 찾는다. 보문사의 역사는 신라 선덕여왕 시절로 거슬러 올라간다. 635년 회정대사가 창건한 것으로 전해지며 그즈음 한 어부가 꿈에서 노승의 계시를 받은 뒤 바다에서 건져 올린 22개의 나한상이 석실에 여전히 봉안되어 있어 유명하다. 사찰의 규모도 매우 크다. 웅장한 대웅보전과 관음전, 종각 등의 당우가 남아있다. 1,000명이 앉을 수 있다는 큰 바위, 천인대와 와불도 사찰의 자랑이다. 멀리 보이는 서해도 아름답다.

◎ 인천 강화군 삼산면 삼산남로828번길 44

🕓 매일 09:00~18:00

₩ 성인 2,000원, 청소년 1,500원, 어린이 1,000원

❷ 동막해변

강화도 최남단에 인기 만점 동막해변이 동서로 길게 뻗어있다. 바다도 바다지만 유럽의 북해 갯벌 등과 함께 세계 5대 갯벌로 꼽히는 서해 갯벌이 큰 매력이다. 바닷물이 빠져나가면 최대 4킬로미터 남짓한 갯벌이 드러나 다양한 해양 생명체가 관찰되며 적당한 선에서 갯벌 체험도 가능하다. 물론 해수욕도 즐길 수 있다. 해변 뒤로는 뜨거운 햇살을 가려주는 노송이 그득하다. 그 아래로 캠핑 사이트도 운영되고 주변에 음식점과 카페가 밀집되어 하루이틀 머물기에 좋다. 해변 남동쪽엔 해안선을 따라 분오리항까지 데크 산책로가 이어진다.

◎ 인천 강화군 화도면 해안남로 1481

🕓 24시간

₩ 무료

❸ 교동대룡리시장

북녘땅까지 고작 5킬로미터밖에 떨어져 있지 않아 군의 통제를 받는 교동도엔 그런 긴장감이 전혀 느껴지지 않는 재미난 시장이 있다. 북한 실향민들이 조성한 대룡시장은 옛 시장의 모습을 간직하고 있어 향수가 느껴지며 추억을 소환하는 벽화도 미소를 짓게 만든다.

◎ 인천 강화군 교동면 교동남로 35

◷ 업체별 상이

₩ 무료

❹ 마니산

학창 시절에 배웠던, 단군이 하늘에 제사를 지냈다는 참성단을 품고 있는 강화도의 명산이다. 472미터 높이로 산세가 험하지 않아 두어 시간이면 정상에 닿는다. 그 끝에선 서해 바다와 강화 시내가 한눈에 담긴다. 보호를 위해 통제 중인 참성단도 멀찍이서 볼 수 있다.

◎ 인천 강화군 화도면 상방리 산35

◷ 24시간

₩ 성인 2,000원, 청소년 1,000원, 어린이 700원

❺ 장봉도

항공 마니아들에겐 천국처럼 느껴질 섬이다. 영종도 북쪽에 위치하며 인천공항에 착륙하는 비행기는 모두 이 섬 곁에서 저공비행을 하기에 몇 분에 한 대씩 세계 각국의 비행기를 가까이서 볼 수 있다. 섬 동서남북에 모두 해변이 있으며 해안 산책로도 훌륭한 수준이다.

◎ 인천 옹진군 북도면 장봉리

◷ 영종도 삼목항에서 수시 출발

₩ 무료

❻ 강화광성보

고려가 강화로 천도한 후 몽골의 공격을 막고자 쌓은 성이다. 1871년 신미양요 땐 처절한 격전지였다. 통상 조약을 맺고자 침입한 미군에 맞서 어재연 장군이 지휘하는 조선군이 포탄이 떨어질 때까지 전투를 벌이다 전원 순국했다. 어 장군의 비각과 무명용사의 묘가 있다.

◎ 인천 강화군 불은면 덕성리 833

◷ 매일 09:00~18:00

₩ 무료

❼ 옥토끼우주센터

아이들이 열광할 만한 항공우주과학 센터다. 우주과학박물관에선 태양계와 우주에 관한 전시가 이어지고 각종 탐험존과 체험존이 운영된다. 야외테마공원엔 60여 마리의 공룡이 흩어져 있는 공룡의 숲을 비롯해 많은 놀이 시설이 있다. 여름철 개장하는 수영장도 큰 인기다.

⊙ 인천 강화군 불은면 강화동로 403

◷ 월~금 10:00~17:30, 토~일·공휴일 09:30~19:00

₩ 자유이용권 성인·청소년 16,000원, 어린이 17,000원

❽ 화개정원

2023년 교동도 화개산에 문을 열었다. 다양한 꽃과 나무가 정원을 가득 채우고 연산군 유배지였던 곳이라 관련 전시물도 위치한다. 하이라이트는 산 정상 부근에 있는 전망대다. 섬의 전경이 훌륭하며 불과 2킬로미터 떨어진 북한까지 보인다. 전망대까지 모노레일이 운행된다.

⊙ 인천 강화군 교동면 교동동로471번길 6-60

◷ 매일 09:00~18:00 ₩ 성인 5,000원, 청소년·어린이 3,000원(모노레일 왕복 12,000원)

❾ 강화평화전망대

한땐 일반인의 출입이 어려웠던 강화도 최북단 지역에 2008년 전망대가 설치되었다. 전망대에선 육안으로도 북한의 마을이 또렷하게 보이며 망원경에 눈을 대면 북한 주민의 움직임까지 포착되어 놀랍다. 건물 2층엔 북한에 대한 정보와 통일의 염원을 담은 전시관이 있다.

⊙ 인천 강화군 양사면 전망대로 797

◷ 매일 09:00~18:00

₩ 성인 2,500원, 청소년 1,700원, 어린이 1,000원

❿ 강화고려궁지

1232년 고려는 몽골의 침입에 대비해 수도를 개경에서 강화로 천도한다. 이후 다시 개경으로 환도할 때까지 강화는 39년간 고려의 중심이었고 이곳은 당시의 궁궐이 있던 곳이다. 강화 유수부와 동헌, 왕실 서적을 보관하던 외규장각이 복원되어 있고 산책 명소로도 꼽힌다.

⊙ 인천 강화군 강화읍 강화대로 394

◷ 매일 09:00~18:00

₩ 무료

인천의 맛집과 카페 시내권

연경

카페오라

연경 차이나타운에서 숱한 중식집이 자웅을 겨루는 가운데 이곳의 하얀짜장은 명품으로 꼽힌다.
인천 중구 차이나타운로 41 매일 10:30~21:30

선녀풍 영종도에 위치한 물횟집으로 일명 황제 물회는 해물로 그릇을 꽉 채워 만족감이 대단하다.
인천 중구 용유서로 272 수~일 11:00~21:00(월~화 휴무)

고목정쌈밥 쌈밥 정식에 딸려 나오는 수많은 반찬만 봐도 배부르다. 쌈채소 셀프바도 큰 장점이다.
인천 중구 용유서로172번길 10 목~화 09:40~20:30(수 휴무)

카페오라 탁 트인 전망이 바다를 배달한다. 건축상을 받은 건물도, 빵과 음료도 흠잡을 데 없다.
인천 중구 용유서로 380 월~금 10:00~22:30, 토~일 09:00~22:30(라스트 오더 22:20)

마시안제빵소 마시안 해변을 품고 있는 베이커리 카페다. 인기 좋은 빵은 쟁탈전을 벌여야 한다.
인천 중구 마시란로 155 월~금 10:30~21:00, 토~일 10:30~20:30

인천의 맛집과 카페 강화·옹진권

금문도

수라전통육개장

조양방직

금문도 강화 특산 고구마와 순무를 메뉴에 녹였다. 속노랑 짜장과 순무 탕수육의 인기가 엄청나다.
인천 강화군 강화읍 중앙로 43 화~일 09:30~15:00 (월 휴무)

맛을담은강된장 구수한 강된장을 중심으로 한 상 펼쳐지는 가마솥밥 정식을 먹기 위해선 대기를 각오하자. 인천 강화군 화도면 해안남로 1164 매일 09:00~20:30

수라전통육개장 사골 육수에 양지와 대파를 아낌없이 넣어 깊고 풍부한 맛의 육개장을 제공한다.
인천 강화군 강화읍 강화대로403번길 14 매일 10:30~21:30(라스트 오더 21:00)

조양방직 단연코 국내에서 가장 특이한 카페다. 옛 방직회사 안에 수천 점의 잡동사니를 모아놓았다.
인천 강화군 강화읍 향나무길5번길 12 월~금 11:00~20:00, 토~일 11:00~21:00(라스트 오더 19:20/20:20)

카페라르고빌 석모도와 서해가 보이는 전망 좋은 곳에 터를 잡았다. 솜사탕을 얹은 구름라떼가 앙증맞다. 인천 강화군 화도면 해안남로2845번길 27 매일 09:00~20:30

004 대구광역시

Daegu

팔공산의 정기가 흐르는 경북 여행의 관문

시내권

❶ 이월드

1995년 우방타워랜드로 개장한 뒤 오랜 시간 대구 시민과 관광객에게 즐거운 추억을 안기고 있다. 2010년 이월드로 이름이 변경된 후에도 그 역할은 변함이 없다. 롤러코스터와 바이킹은 기본이고 어린 아이들이 즐길 만한 것까지 30여 종의 놀이기구가 마련되어 있다. 여러 종의 게임 시설과 미니 동물원, 물놀이장까지 갖췄으며 케이블카를 타고 이월드 상공 위를 가로지를 수도 있다. 언덕 위로 솟아오른 83타워의 매력도 외면하기 어렵다. 대구 중앙부에서 도시의 전경을 선물한다. 타워 전망대 아래층에는 아이스링크와 레스토랑도 숨어있다.

◎ 대구 달서구 두류공원로 200 ◷ 월~금 10:30~21:00, 토~일 10:00~22:00 ₩ 자유이용권 성인 49,000원, 청소년 44,000원, 어린이 39,000원

❷ 김광석다시그리기길

대구가 낳은 불세출의 포크 가수 김광석을 추억하고 추모하는 거리다. 그가 태어났던 대봉동 방천시장 인근 골목에 음유시인이라 불렸던 김광석의 음악 세계와 삶을 녹여냈다. 길의 이름은 1993년에 발매된 앨범 <다시 부르기>에서 따왔다. 예술가들의 손을 빌려 담벼락에 벽화를 그리고 그 앞엔 조각을 설치했다. 활짝 웃고 있는 김광석의 얼굴 주위로 그가 힘차게 불렀던 노랫말이 가득하다. 아기자기한 카페와 감성적인 소품 숍이 골목에 몰려있어 또 다른 재미도 선사한다. 야외무대에선 종종 거리의 음악가들이 김광석의 명곡을 목청껏 부른다.

◎ 대구 중구 대봉동 6-11

◷ 24시간

₩ 무료

❸ 팔공산

대구의 진산 팔공산이 2023년 국내 23번째 국립공원에 지정되는 경사를 맞았다. 대구를 포함해 영천과 경산, 칠곡까지 뻗어있는 장대한 산군으로 주봉인 비로봉을 중심 삼아 약 20킬로미터의 수려한 능선이 이어진다. 그 규모에 걸맞게 명승과 고찰 역시 곳곳에 흩어져 있다.

◎ 대구 동구 팔공산로185길 51

◷ 24시간

₩ 무료

❹ 대구수목원

완벽하게 꾸며진 수목원을 거닐다 보면 대구 시민이 부러워진다. 원래는 악취를 풍기던 쓰레기 매립장이었으나 2002년 생태 공간으로 변신했다. 1,700여 종, 30만 본 이상의 엄청난 양의 식물이 주제별로 모여 각자의 빛깔을 뽐낸다. 연못과 분수, 데크 산책로 등은 보너스다.

◎ 대구 달서구 화암로 342

◷ 9월~4월 09:00~18:00, 5월~8월 08:00~19:00

₩ 무료

❺ 수성못

1927년 농업용으로 축조된 100년 역사의 저수지가 대구 관광 명소가 되었다. 한국관광공사가 선정하는 '한국관광 100선'과 '야간관광 100선'에 동시에 선정되었으니 빈말이 아니다. 특히 화려한 조명의 밤 풍경이 아름다워 여름밤이면 무더위를 식히러 나온 시민으로 북적인다.

◎ 대구 수성구 두산동

◷ 24시간

₩ 무료

❻ 국립대구과학관

대구와 경북 지역의 거점 과학관으로서 내부에 들어서자마자 보이는 11미터 높이의 물시계가 호기심을 자극한다. '자연과 발견', '과학기술과 산업', '생명의 진화'를 주제로 한 알찬 상설 전시가 준비되어 있고 4D 영상관과 천체투영관도 과학에 대한 재미와 관심을 높여준다.

◎ 대구 달성군 유가읍 테크노대로6길 20

◷ 화~일 09:30~17:30(월 휴무)

₩ 성인 3,000원, 청소년·어린이 2,000원

❼ 앞산공원전망대

이곳이 대구 최고의 야경 포인트라는 사실에 누구도 토를 달 수 없을 것이다. 해발 660미터의 앞산 꼭대기에 훌륭한 전망 시설이 위치한다. 케이블카를 타고 단숨에 정상에 오르면 사실상 대구의 모든 풍경이 발아래서 반짝인다. 서쪽으론 낙동강의 모습마저 눈에 들어온다.

◎ 대구 남구 대명동 산227-4

◷ 케이블카 월~목 10:30~19:30, 금~토 10:30~22:00

₩ 케이블카 왕복 성인·청소년 12,000원, 어린이 8,000원

❽ 두류공원

대구 중심에 위치한 공원으로 금봉산 주변으로 넓게 펼쳐져 있다. 예부터 명당으로 소문났던 지점에 만들어진 성당못이 아름다우며 그 곁으로 문화예술회관과 워터파크가 위치한다. 산책로가 사방으로 완벽하게 조성되어 있고 금봉산 정상에 오르면 시내가 한눈에 담긴다.

◎ 대구 달서구 공원순환로 36

◷ 24시간

₩ 무료

❾ 네이처파크

교감형 생태동물원으로 50여 종 300마리 이상의 동물이 커다란 부지 위에 뛰논다. 호랑이와 사자 같은 맹수부터 호저와 흑표 같은 희귀 동물도 관찰된다. 그뿐 아니라 450여 종의 수목과 꽃이 여백을 꼼꼼하게 채운다. 시기에 알맞은 축제도 상시 개최해 즐거움이 늘어난다.

◎ 대구 달성군 가창면 가창로 891

◷ 매일 10:00~18:00

₩ 성인·청소년 20,000원, 어린이 18,000원

❿ 디아크문화관

대구에서 이보다 더 창의적인 건축물은 앞으로도 쉽게 나타나지 않을 것 같다. 튀어 오르는 물고기처럼 보이는 건물은 세계적인 건축가 '하니 라시드'의 작품으로 물 문화관과 전시관으로 활용된다. 예술의 향기를 느낀 뒤 옥상에 오르면 낙동강과 금호강을 눈앞에서 만난다.

◎ 대구 달성군 다사읍 강정본길 57

◷ 화~일 10:00~17:50(월 휴무)

₩ 무료

군위권

❶ 삼국유사테마파크

일연이 쓴 역사서 <삼국유사>를 주제로 한 테마파크가 2020년에 활짝 문을 열었다. 17미터 높이의 신화목을 통과하면 인공폭포를 배경으로 해룡열차가 오가고 삼국유사의 신화가 담긴 조형물도 여럿 눈에 들어온다. 전망대로 이용 중인 신라 지철로왕의 사자상이 웅장하다. 체험형 전시 공간인 가온누리관은 중심을 잡는다. 삼국유사에 얽힌 재미있는 전시와 체험이 계속된다. 여름이면 해룡 물놀이장이 가장 붐빈다. 총 길이가 175미터나 되는 해룡슬라이드에서도 즐거운 비명이 울러퍼진다. 숙박 시설인 역사돔이 있어 하루를 묵어가기에도 좋다.

◎ 대구 군위군 의흥면 일연테마로 100

ⓛ 화~일 10:00~18:00(월 휴무)

₩ 성인 9,000원, 청소년·어린이 8,000원

❷ 화본역

국내에서 가장 예쁜 간이역으로 늘 거론된다. 1938년에 보통 역으로 문을 연 화본역에는 여전히 듬성듬성 무궁화호가 정차한다. 오래전엔 증기기관차가 이곳을 통과했고 그 증거인 급수탑이 역 안쪽에서 큰 키를 뽐낸다. 세월의 흔적이 쌓인 분홍빛 역사에서 따뜻하고 정겨운 감성이 퍼져 나와 이를 배경으로 사진을 찍는 이들이 많다. 예능 프로그램이 촬영되기도 했다. 역을 감싼 화본마을도 비슷한 분위기다. 조용한 시골길 너머로 옛 정취가 느껴진다. 마을 한편엔 일제강점기에 지어진 일식 관사와 복을 안겨준다는 화본리 고인돌이 있다.

◎ 대구 군위군 산성면 산성가음로 711-9

ⓛ 24시간

₩ 무료

❸ 리틀포레스트촬영지

고된 도시 생활을 정리하고 고향에서 소소한 일상을 보내는 '혜원'을 보며 많은 관객이 치유를 받았다. 영화 <리틀 포레스트>의 혜원이 맛있는 음식을 해 먹고 쉼을 즐기던 집이 촬영 후 개방됐다. 영화 속에 등장했던 모습 그대로 완벽히 남아있어 영화 팬의 발걸음이 이어진다.

◎ 대구 군위군 우보면 미성5길 58-1

◷ 24시간

₩ 무료

❹ 화산산성전망대

산꼭대기에서 돌아가는 풍차가 낭만을 이끌어낸다. 경북 내에선 유일하게 고랭지 채소가 재배되는 해발 700미터 화산마을의 풍경이다. 청정한 자연과 상쾌한 공기를 오감으로 느끼며 산등성이 사이로 보이는 전망을 즐겨보자. 마을 아래엔 조선 숙종 때 지은 화산산성이 있다.

◎ 대구 군위군 삼국유사면 화북리 산229-17

◷ 24시간

₩ 무료

❺ 한밤마을

여기저기 뻗어있는 돌담길이 마치 제주도를 떠올리게 한다. 부림 홍씨의 집성촌인 대율리 전통문화마을은 한밤마을이란 이름으로 더 널리 알려졌다. 산을 병풍처럼 두른 채 오래된 한옥과 돌담이 어우러진 모습이 풍경화 같다. 마을 초입에 있는 울창한 솔숲도 인상 깊다.

◎ 대구 군위군 부계면 대율리

◷ 24시간

₩ 무료

❻ 동산계곡

자연이 만든 워터 슬라이드를 즐겨보자. 팔공산 원시림에 갇힌 동산계곡은 20여 개의 폭포가 줄줄이 이어진다. 그리고 물길을 따라 큼직한 바위가 미세한 경사를 이루고 있어 천연 미끄럼틀이 되어준다. 누구나 물살에 몸을 맡기면 동심으로 돌아가 신나는 순간을 맞이한다.

◎ 대구 군위군 부계면 동산리

◷ 24시간

₩ 무료

❼ 군위삼존석불

국보로 선정된 통일 신라의 화강암 석굴로 정식 명칭은 '군위 아미타여래삼존 석굴'이다. 자연 암반을 파내 만든 석굴 안에 본존상이 안치되어 있고 좌우로 보살상이 각각 자리한다. 경주 석굴암보다 1세기 이상 앞서 만들어진 것으로 조사되어 역사적 가치가 더욱 높아졌다.

◎ 대구 군위군 부계면 남산4길 24

◷ 24시간

₩ 무료

❽ 김수환추기경사랑과나눔공원

한국 최초의 추기경을 역임한 고 김수환 추기경의 삶과 정신을 계승하고자 군위에 공원이 들어섰다. 김 추기경이 나고 자랐던 초가가 복원되어 있으며 전시관과 기념 성당, 십자가 순례길이 이어진다. 늘 사랑과 용서를 이야기하던 종교인의 삶을 살펴보면 마음이 따뜻해진다.

◎ 대구 군위군 군위읍 군위금성로 270

◷ 24시간

₩ 무료

❾ 사라온이야기마을

마을로 들어서는 순간 조선 시대로의 여행이 시작된다. 적라촌은 선조들의 생활상을 잘 재현해놓은 공간이다. 서당에선 글 읽는 소리가 들리고 한의원과 주막, 점집도 보인다. 적라청은 백성의 안전을 살피는 관리들의 삶을 다룬다. 수상한 사건을 해결하는 목표도 주어진다.

◎ 대구 군위군 군위읍 동서길 49

◷ 화~일 09:00~18:00(월 휴무)

₩ 성인 3,000원, 청소년 2,500원, 어린이 2,000원

❿ 엄마아빠어렸을적에

여기서 말하는 엄마, 아빠는 적어도 1960~70년대에 태어났을 것이다. 화본역 건너편의 산성중학교가 폐교되자 그 안에 40~50년 전 풍경을 재현한 근현대사 박물관을 꾸몄다. 그 시절에나 있던 연탄가게, 소리사, 만화방 등을 차례로 훑다 보면 알 수 없는 그리움이 밀려든다

◎ 대구 군위군 산성면 산성가음로 722

◷ 매일 09:00~18:00(11월~2월은 16:30까지)

₩ 성인·청소년 2,000원, 어린이 1,500원

대구 시내권의 맛집과 카페

유창반점 각종 재료를 매콤하게 볶아 밥 위에 올리는 중화비빔밥은 대구에서만 맛볼 수 있는 특미다.
대구 중구 명륜로 20 매일 11:00~19:30(라스트 오더 19:00)

원조현풍박소선할매집곰탕 박 할머니가 1945년에 개업한 이래 수 대째 그 비법을 이어오고 있는 곰탕집이다. 대구 달성군 현풍읍 현풍중앙로 56-1 매일 09:00~20:30

강산면옥 대구 최초의 평양식 냉면집으로 1951년에 개업했다. 쭉쭉 찢은 장조림 고명이 특이하다.
대구 중구 교동길 27-8 월 10:30~16:00, 화~일 11:00~20:00(라스트 오더 15:30/19:30)

삼송빵집본점 일명 마약빵으로 불리는 통옥수수빵으로 이름난 삼송빵집의 본점이 바로 대구에 있다.
대구 중구 중앙대로 397 매일 08:00~22:00

롤러커피 남산동 골목에 숨거진 작은 커피숍으로 오로지 라테의 맛으로만 대구의 커피계를 평정했다.
대구 중구 달구벌대로414길 36 월~토 08:00~22:00(일 휴무)

대구 군위권 맛집과 카페

화본국수

군위이로운한우

천천희

화본국수 특제 집 간장 베이스 육수가 중독적이다. 식당에서 대놓고 주말은 2시간 웨이팅이라 써 놨다.
대구 군위군 산성면 산성가음로 688 화~금 11:30~14:30, 토~일·공휴일 11:30~15:30

군위이로운한우 군위의 한우 작목반이 직접 운영하는 고깃집이다. 가성비 넘치는 한우 덕에 늘 문전성시다. 대구 군위군 효령면 간동유원지길 14 매일 11:00~21:00

신등갈비 등갈비로 유명하다. 초벌해 나오는 등갈비구이도, 등갈비감자탕도 좋은 평을 받는다.
대구 군위군 부계면 치산효령로 1414 수~월 10:30~20:30(화 휴무)

천천희 하얀 톤의 인테리어가 깔끔하다. 크지 않은 공간을 갤러리처럼 알차게 꾸몄다.
대구 군위군 효령면 치산효령로 2374 매일 11:00~20:00

카페우즈 카페 옆으로 계곡이 위치한다. 음료를 마시며 폭포를 볼 수 있으니 분위기는 말 다했다.
대구 군위군 부계면 한티로 2036 수~월 11:00~19:00, 토~일 11:00~20:00(라스트 오더 18:30/19:30, 화 휴무)

대구광역시 군위권 여행 지도

005 광주광역시

Gwangju

문화와 예술을 꽃피우는 빛고을

❶ 무등산

누가 뭐래도 광주의 얼굴이다. 2012년 국립공원으로 지정된 뒤 2018년엔 유네스코 '세계지질공원'으로 지정되었으니 국내외 할 것 없이 무등산의 가치를 인정한 셈이다. 보통 증심사를 출발해 중머리재와 장불재 등을 거쳐 서석대를 마주하게 된다. 군사지역으로 묶여 등정이 불가한 천왕봉을 대신해 사실상 최고봉을 담당하고 있는 1,100미터 지점 서석대엔 7,000만 년 전, 인류가 탄생하기 한참 전에 형성된 주상절리대가 경이로운 모습으로 꼿꼿이 서 있다. 화산 분출로 인해 형성된 응회암의 놀라운 형상도 땀 흘린 등산객에게 확실한 보상을 한다.

◎ 광주 북구 무등산천왕봉길 460

ⓒ 24시간

₩ 무료

❷ 펭귄마을공예거리

광주 양림동엔 여행의 재미를 한가득 안겨주는 유쾌한 골목이 있다. 마을 어르신들이 뒤뚱뒤뚱 천천히 걷는 것에 착안해 펭귄마을이라 불리는 이곳엔 오래된 소품, 낡은 물건, 폐자재가 작품으로 변해 벽에 주렁주렁 매달려 있다. 수십 개의 시계가 벽에 걸린 채 동시에 돌아가고 양은 냄비와 빛바랜 액자가 열매처럼 열려있다. 추억을 소환하는 영화 포스터와 옛 청춘 스타의 브로마이드도 웃음을 짓게 한다. 방치된 폐가가 즐비했던 마을엔 이제 생기가 돈다. 공방과 소품숍, 기념품점도 하나둘씩 들어섰다. 광장과 미술관에선 각종 행사도 열린다.

◎ 광주 남구 천변좌로446번길 7

ⓒ 24시간

₩ 무료

❸ 국립아시아문화전당

아시아 문화와 예술의 구심점 역할을 하는 복합 시설이다. 아시아 문화광장, 민주평화교류원, 예술극장 등을 갖추고 있다. 1년 내내 공연과 전시, 교육이 끊이지 않아 예향의 고장 광주 문화를 이끌고 있다. 아시아 문학 페스티벌과 월드뮤직 페스티벌 같은 축제도 벌어진다.

◎ 광주 동구 문화전당로 38

◷ 화·목·금·일 10:00~18:00, 수·토 10:00~20:00(월 휴무) ₩ 전시별 상이

❹ 국립광주박물관

1978년에 개관해 오랜 역사를 가진 국립박물관으로 광주와 전남 지역에서 발굴된 문화 유산을 꼼꼼하게 기록, 전시하고 있다. 엄청난 양의 문화재 중에서도 신안군 해저 무역선에서 발굴된 유적이 인상적이다. 전통 기와집 형상의 박물관 외관도 멋스럽고 정원도 아름답다.

◎ 광주 북구 하서로 110

◷ 매일 10:00~18:00(4월~10일 토요일은 20시까지 야간개장, 4월·11월 1번째 월요일 휴관) ₩ 무료

❺ 1913송정역시장

1913년에 광주송정역이 개통되면서 역사를 함께한 매일시장이 현대적인 분위기를 덧입혀 새단장했다. 오랜 전통의 맛집과 젊은 감각의 간식 가게들이 뒤섞여 군침을 흘리게 만든다. 밤이면 예쁜 조명이 들어오고 야시장이 시작돼 낭만까지 추가된다. 구경만 해도 재미있다.

◎ 광주 광산구 송정로8번길 13

◷ 업체별 상이

₩ 무료

❻ 국립5.18민주묘지

이야기를 꺼내는 것마저 가슴 아프지만 5·18 민주화운동은 잊혀서는 안 될 우리 역사의 큰 아픔이다. 민주주의를 외치다 스러져간 희생자들을 찾아 넋을 기리고 추모하는 건 광주 방문의 목적이 되기도 한다. 시내에도 옛 전남도청과 5·18 민주화운동기록관 등의 시설이 있다.

◎ 광주 북구 민주로 200

◷ 매일 09:00~18:00

₩ 무료

❼ 지산유원지

1980년대 광주 최고의 인기를 누렸던 지산유원지가 여전히 무등산 서쪽에서 명맥을 유지하고 있다. 전망대행 모노레일의 운행이 오랫동안 중단되었다가 2016년에 재개되며 다시 관광객이 몰려들었다. 산 중턱까지 리프트가 오가며 전망대에서 보는 도시 전경은 광주 제일이다.

◎광주 동구 지호로164번길 23 ◷월~금 10:00~18:00, 토~일 09:00~18:30 ₩ 리프트+모노레일 대인(초등 5학년부터) 17,000원, 소인 14,000원

❽ 광주호호수생태공원

광주와 담양의 경계에 널찍한 광주호가 자리한다. 그 주위에 만든 생태공원이 광주 시민에게 맑은 공기를 전해준다. 메타세쿼이아길을 비롯해 호수와 연못을 따라 다양한 코스의 탐방로가 꾸며졌다. 생태원 입구의 웅대한 왕버들나무 3그루는 수령이 400년이다.

◎광주 북구 충효동 905

◷매일 09:00~18:00

₩ 무료

❾ 광주시립미술관

1995년에 시작되어 2년에 한 번 개최되는 광주비엔날레는 어느새 세계적인 예술의 장으로 발돋움했다. 그 중심에 광주시립미술관이 있다. 비엔날레 때마다 전 세계 예술가들의 열정이 불을 뿜으며 평소에도 유명 작가와 지역 작가의 기획전과 특별전이 끊임없이 개최된다.

◎광주 북구 하서로 52

◷화~일 10:00~18:00(월 휴무)

₩ 무료

❿ 국립광주과학관

우주선 모양을 가진 본관의 외관이 기대를 한껏 부풀린다. 그 기대를 부응하고도 남을 만큼의 흥미롭고 교육적인 체험형 전시물이 많아 아이와 함께하면 더 좋은 곳이다. 빛과 예술, 생활과 미래를 주제로 상설전이 열리며 어린이과학관과 인공지능관이 따로 마련되어 있다.

◎광주 북구 첨단과기로 235

◷화~일 09:30~17:30(월 휴무)

₩ 성인 3,000원, 청소년·어린이 2,000원

광주의 맛집과 카페

영명국밥 송정역 시장에서 오랜 시간 동안 한결같은 맛을 지키고 있는 뛰어난 내공의 국밥집.
광주 광산구 송정로8번길 5 24시간

엄마네돼지찌개 맛있게 맵다. 애호박과 돼지고기, 두부를 넣고 걸쭉하게 끓인 매콤한 찌개는 중독성이 강하다. 광주 동구 문화전당로23번길 33 월~토 12:00~21:00(일 휴무)

월계수식당 1980년대부터 충장로에서 한정된 메뉴로만 버텨왔다. 양념을 넣어 먹는 삼선볶음밥이 별미이다. 광주 동구 충장로 102-11 매일 11:00~21:00

궁전제과충장점 50년 전통을 가진 광주 대표 빵집이다. 감자샐러드가 가득찬 공룡알과 나비파이가 주력이다. 광주 동구 충장로 93-6 매일 10:00~21:30

커뷁 무등산 끝자락에 걸쳐있는 커피 전문 대형 카페다. 무등산 구름커피가 시그니처다.
광주 동구 지호로 161-7 매일 11:00~22:00

006 Daejeon 대전광역시

과학 도시에서 숨은 여행 찾기

❶ 대전오월드

충청권에선 규모가 가장 큰 테마파크다. 동물원, 새 공원, 수목원까지 한데 어우러진 복합 공간이 오랫동안 사랑받고 있다. 그래도 역시 가장 많은 사람이 몰리는 곳은 갖가지 놀이 시설이 밀집된 '조이랜드'다. 54미터 높이에서 순식간에 수직 하강하는 자이언트 드롭이 가장 눈에 띈다. 동물원 격인 '주랜드'에선 호랑이와 사자, 곰을 포함한 120여 종의 동물과 눈을 마주칠 수 있으며 귀여운 펭귄이 뒤뚱거리는 '버드랜드'에선 앵무새에게 직접 먹이를 건네는 것도 가능하다. 테마파크에 어둠이 깔리면 빛이 쏟아지는 '나이트 유니버스'가 문을 연다.

◎ 대전 중구 사정공원로 70 ◷ 월~금 09:30~18:00, 토~일 09:30~22:00 ₩ 자유이용권 성인 34,000원, 청소년 28,000원, 어린이 25,000원

❷ 한밭수목원

40만 제곱미터에 달하는 도시 최중심부의 광활한 부지에 수목원을 꾸며 시민에게 환원한 점이 인상 깊다. 시민광장을 경계로 동원과 서원으로 나뉘며 1,000종이 넘는 꽃과 수목이 20여 개의 주제 정원에 흩어져 있다. 동원의 연못을 따라 이어지는 꽃밭과 산책로가 특히 화려하다. 물속에 뿌리를 내리고 살아가는 세계적인 희귀종, 맹그로브를 보유한 열대 식물원도 찬사를 보낼 만하다. 언제 가도 좋은 곳이지만 단풍이 물드는 가을의 인기가 가장 좋다. 동원 끝에 위치한 천연기념물 센터에선 보호받고 있는 우리의 동식물에 대해 알아볼 수 있다.

◎ 대전 서구 둔산대로 169

◷ 매일 06:00~21:00 (10월~3월은 19시까지, 동원은 월 휴무·서원은 화 휴무) ₩ 무료

❸ 장태산자연휴양림

전국 곳곳에 흩어진 200여 개의 자연휴양림 중 늘 최고로 거론되는 휴양림 중 하나다. 입구에서부터 30미터 높이의 메타세쿼이아 군락이 엄청난 위세를 떨친다. 안으로 들어갈수록 은행나무, 잣나무 등이 울창함을 더하고 그들 사이로 난 '스카이웨이' 고공 산책로가 아찔하다.

◎ 대전 서구 장안로 461

◷ 24시간

₩ 무료

❹ 국립중앙과학관

대전이 대한민국 과학 산업의 최전선인 만큼 국립중앙과학관은 대전에 위치한다. 1927년에 개관해 100년의 역사를 향해 달려가고 있으며 산재해 있는 여러 동의 건물 내에 자연사부터 우주 역사까지 국내 과학기술이 집대성되어 있다. 주제 전시관만 모두 15개에 달한다.

◎ 대전 유성구 대덕대로 481

◷ 화~일 09:30~17:30(월 휴무)

₩ 성인 2,000원, 청소년·어린이 1,000원

❺ 이응노미술관

동서양의 화풍을 모두 아우르며 독보적인 작품을 남겼던 고암 이응노 화백의 파란만장한 삶과 예술 철학에 초점을 맞추었다. 이 화백의 배우자로부터 기증받은 1,000점 이상의 작품을 소장하고 있으며 그 일부가 전시되고 있다. 바로 건너편으론 대전시립미술관이 자리한다.

◎ 대전 서구 둔산대로 157

◷ 화~일 10:00~19:00(월 휴무)

₩ 성인 1,000원, 청소년·어린이 600원

❻ 유림공원

봄에는 벚꽃과 튤립으로, 가을엔 국화와 단풍으로 시민과 여행객을 유혹한다. 대전을 가로지르는 갑천을 따라 길게 뻗어있다. 봄, 가을뿐 아니라 사시사철 거목과 각양각색 꽃이 도심 속에 낭만을 뿌리내린다. 작은 연못, 반도지의 정자에 앉아 잠깐의 여유를 즐기는 것도 좋다.

◎ 대전 유성구 어은로 27

◷ 24시간

₩ 무료

❼ 계족산황톳길

황토 위를 맨발로 누비며 산책하는 호사를 누려보자. 도시 북동쪽 계족산으로 향하기만 하면 된다. 산림욕장을 지나면 붉은빛 황토가 매끈하게 드러난다. 여기서부턴 누구나 쫀득쫀득한 황토를 발끝으로 느끼며 걸음을 이어간다. 늘 신발 안에 갇혀있던 발에게 자유를 허하자.

◎ 대전 대덕구 장동 산91

◷ 24시간

₩ 무료

❽ 엑스포과학공원

1990년대 이전에 출생한 세대라면 꿈돌이가 활약하던 '93 대전 엑스포'를 기억할 것이다. 무려 1,400만 명이 방문하며 대한민국을 한 단계 더 성장시켰던 세계 박람회였다. 그 역사의 무대가 과학공원으로 탈바꿈하여 향수를 안긴다. 중앙의 한빛탑은 엑스포의 상징이었다.

◎ 대전 유성구 대덕대로 480

◷ 24시간

₩ 무료

❾ 우암사적공원

조선 후기의 학자 우암 송시열 선생이 기거하던 곳에 옛 건물을 복원해 공원을 꾸몄다. 그가 학문을 닦던 남간정사와 기국정이 멋스럽고 꽃과 나무, 연못이 고택과 은은한 조화를 이룬다. 2021년 차량 돌진 사고로 정문 격인 외삼문이 붕괴되면서 완전 개방형으로 바뀌었다.

◎ 대전 동구 충정로 53

◷ 매일 05:00~21:00(동절기는 06:00~20:00)

₩ 무료

❿ 한국조폐공사화폐박물관

눈앞에서 만 원 지폐 1,000장을 쌓은 1,000만 원 묶음을 구경할 수 있다. 한국조폐공사에서 운영하는 화폐 전문 박물관으로 상평통보부터 현재의 화폐 및 역대 기념주화까지 전시한다. 화폐의 역사와 제조 과정을 살펴보고 세계 각국의 화폐까지 훑다 보면 시간 가는 줄 모른다.

◎ 대전 유성구 과학로 80-67

◷ 화~일 10:00~17:00(월 휴무)

₩ 무료

대전의 맛집과 카페

태평소국밥

개천식당

성심당 본점

태평소국밥 대전을 떠나 전국에서도 손꼽히는 국밥집이다. 소고기 가득한 소국밥이 무척 진하고 맛있다. 대전 유성구 온천동로65번길 50 24시간

반찬식당 보문산 아래에 있어 등산객으로 붐빈다. 엄청 저렴한 가격에 알찬 보리밥 정식을 제공한다. 대전 중구 보문산공원로 484 화~일 07:00~20:20(브레이크 타임 화~금 14:40~16:00/토~일 15:40~17:00, 라스트 오더 19:30, 월 휴무)

개천식당 한국전 직후부터 운영된 노포로 이북식 만둣국이 깊은 맛을 낸다. 부추만두튀김도 특이하다. 대전 동구 대전로779번길 39-2 매일 11:00~20:30

성심당본점 대전은 성심당, 성심당은 대전. 이 공식은 이제 한국인 누구나 안다. 튀김소보로가 핵심이다. 대전 중구 대종로480번길 15 매일 08:00~22:00

에이트 세트장에 들어와 있는 듯 깔끔하고 세련된 카페 인테리어가 단숨에 방문객을 매료시킨다. 대전 유성구 한밭대로 458 매일 10:00~02:00(라스트 오더 01:30)

007

Ulsan

울산광역시

산업의 성지에서 해양 관광 도시로

① 태화강국가정원

2019년 국가정원 2호로 지정되었다. 순천만 국가정원 다음이다. 울산의 젖줄 태화강을 따라 중구의 태화지구와 남구의 삼호지구로 나뉜다. 6개의 주제를 가진 20여 개의 주제 정원에 수백여 종의 알록달록한 꽃이 줄지어 피어나고 미로 같은 산책로가 이어진다. 국가정원 지정 이전에도 울산 시민의 사랑을 듬뿍 받았던 십리대숲이 정원의 핵심으로 꼽힌다. 강바람을 흡수하는 빽빽한 대나무 군락이 환상이다. 밤이면 은하수 조명도 들어온다. 양귀비와 작약이 만개하는 봄과 국화와 억새가 하늘거리는 가을엔 대규모 꽃축제도 벌어져 여행객이 모인다.

◎ 울산 중구 태화강국가정원길 154

⏱ 24시간

₩ 무료

② 간절곶

국내의 인기 일출 성지로서 동해안에서 가장 먼저 해가 뜨는 곳으로 알려져 있다. '간절곶에 해가 떠야 한반도에 아침이 온다'라는 문구가 새겨진 새천년 기념비가 그를 입증하듯 우뚝 서있다. 수평선 너머로 이글거리며 솟아나는 붉은 태양은 아침 바람을 맞으며 간절곶을 찾은 모두에게 동일하게 감동을 선물한다. 일출 시각이 아니더라도 발걸음할 가치는 충분하다. 높이가 50미터나 되는 대형 소망 우체통 안에 들어가 엽서를 쓸 수 있고, 1920년부터 울산 앞바다를 향해 불을 밝혔던 등대를 구경하는 재미도 있다. 해안절벽의 절경 역시 뛰어나다.

◎ 울산 울주군 서생면 대송리

⏱ 24시간

₩ 무료

③ 대왕암공원

푸른 바다 위로 용이 꿈틀거리듯 커다랗고 기묘한 바위가 촘촘하다. 용이 되어 나라를 지키기 위해 경주의 바다에 묻힌 문무왕. 그의 왕비 역시 같은 이유로 울산 대왕암에 잠들었다는 전설이 전해진다. 바위 위로 철교가 놓였으며 주변으로는 만 그루가 넘는 해송이 울창하다.

◎ 울산 동구 일산동 산907

Ⓒ 24시간

₩ 무료

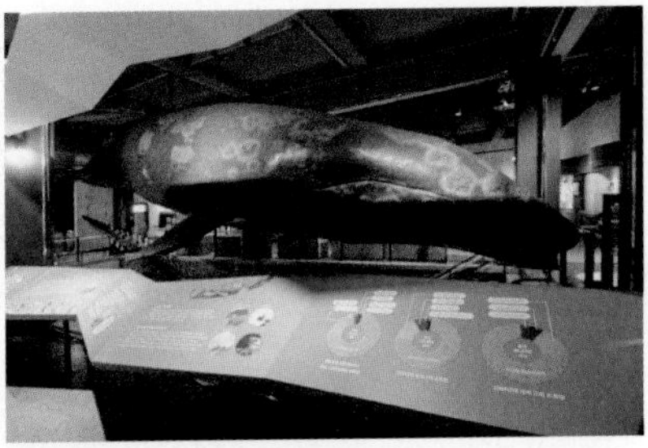

④ 장생포고래박물관

장생포는 1980년대까지 동해안 고래잡이의 거점이었다. 이제는 포경이 금지되었지만 박물관을 마련해 관련 산업에 대한 역사를 기록했다. 거대한 귀신고래 모형이 강렬하며 고래의 생태와 포경에 대한 전시물이 매우 풍성하다. 고래문화마을까지 함께 둘러보면 더욱 좋다.

◎ 울산 남구 장생포고래로 244

Ⓒ 화~일 09:00~18:00(월 휴무)

₩ 성인 2,000원, 청소년 1,500원, 어린이 1,000원

⑤ 울산대공원

산업 도시 울산에 단비처럼 내려온 녹지 공간이다. 200만 제곱미터나 되는 공원 안에 시민들에게 즐거운 추억을 선사할 시설이 퍼져있다. 유료로 운영되는 동물원과 장미원의 인기가 가장 좋은 가운데 사계절 꽃밭과 메타세쿼이아길 등 자연의 향이 짙은 산책로도 훌륭하다. ◎ 울산 남구 대공원로 94

Ⓒ **대공원** 매일 05:00~23:00, **동물원·장미원·생태여행관** 화~일 09:30~18:00(월 휴무) ₩ **대공원** 무료. **동물원 외** 성인 2,000원, 청소년 1,000원, 어린이 500원

⑥ 간월재

'영남 알프스'에 속한 신불산과 간월산 사이에 위치한 고개로 가을철이면 한눈에 다 담기지 않는 엄청난 규모의 억새 군락이 등산객을 불러 모은다. 그 모습이 마치 공중에서 금빛 바다가 물결치는 듯하다. 해발 900미터 지점에 있지만 오르는 길이 평탄해 수고스럽지 않다.

◎ 울산 울주군 상북면 등억알프스리

Ⓒ 24시간

₩ 무료

❼ 반구대암각화

고래를 사냥하는 모습이 바위에 매우 구체적으로 새겨져 있다. 석기 시대의 것으로 추정되며 세계에서 가장 오래된 고래사냥 암각화다. 개와 호랑이 등 여러 동물과 사람의 모습도 관찰된다. 물에 잠겼다 드러났다를 반복하며 침식되고 있는 점은 속히 해결해야 할 문제다.

◎ 울산 울주군 언양읍 대곡리 산234-1

◷ 24시간

₩ 무료

❽ 주전몽돌해변

여느 동해안의 도시처럼 울산에도 매혹적인 해변이 있다는 사실을 주전몽돌해변이 일깨운다. 백사장 대신 검은 조약돌이 바닷물을 맞이한다. 울산 최고의 피서지 중 하나로 손꼽히며 기암이 많아 보는 재미까지 전한다. 몽돌이 파도에 스치는 소리는 언제 들어도 시원하다.

◎ 울산 동구 주전동

◷ 24시간

₩ 무료

❾ 슬도

방어진항에서 방파제를 통해 이어진 작은 섬이다. 해풍과 파도가 바위에 닿을 때 거문고 소리가 난다 하여 '거문고 슬'자를 쓴다. 바위에 구멍이 숭숭 뚫려 있는 모습이 이색적이며 섬에서 보이는 주변 풍광이 멋지다. 슬도의 특성에 맞춰 건설된 소리체험관까지 발걸음해보자.

◎ 울산 동구 방어동 산5-3

◷ 24시간

₩ 무료

❿ 자수정동굴나라

울주군 언양읍 일대는 예부터 유명한 자수정 산지였다. 폐광 중 하나를 활용해 동굴 공원으로 개발했다. 공룡 동굴과 미디어아트관을 비롯해 흥미로운 테마 공간을 여럿 꾸몄다. 한쪽으로는 보랏빛 자수정 광맥도 드러나 있다. 동굴 연못에서 보트를 타는 재미도 빼놓지 말자.

◎ 울산 울주군 상북면 자수정로 212

◷ 매일 09:15~17:00

₩ 성인·청소년 7,000원, 어린이 6,000원

울산의 맛집과 카페

언양기와집불고기

그릿비서생점

언양기와집불고기 얇게 썬 쇠고기를 양념에 재운 후 석쇠에 굽는 언양불고기는 자타공인 울산의 대표 음식이다. 울산 울주군 언양읍 헌양길 86 매일 11:00~20:50

하동식당 현지인들에게 더 잘 알려진 전설의 돼지국밥집이다. 진하고 구수한 국밥이 양까지 많다.
울산 동구 동해안로 30-7 매일 07:00~21:00

하라검진주냉면 육전이 고명으로 올려진 진주식 냉면을 울산에서도 즐길 수 있다. 갈비탕도 유명하다.
울산 동구 해수욕장10길 92 매일 08:30~20:30(라스트 오더 20:00)

그릿비서생점 카페가 아니라 그냥 바다 풍경을 생중계하는 거대한 극장 같다. 압도적이다.
울산 울주군 서생면 신암해안1길 4 매일 10:00~21:00(라스트 오더 20:30)

농도 아담한 연못, 등억못 옆에 옛 감성 그대로 꾸민 한옥 카페로 전통차의 인기가 좋다.
울산 울주군 상북면 명촌길천로 23 매일 10:00~18:00(토~일은 20시까지)

008 Sejong 세종특별자치시

행정의 중심으로 떠오른 가장 젊은 도시

❶ 국립세종수목원

규모가 어찌나 큰지 1시간 넘게 꽃과 나무 사이를 누벼도 시간이 촉박하다. 대한민국의 첫 도심형 수목원으로 축구장 90개를 합친 크기인 65헥타르의 드넓은 면적을 가졌다. 그 안에 식재된 식물의 숫자만도 170만 본을 넘어선다. 금강에서 물을 끌어와 만든 청류지원과 분재원, 숲정원을 포함하여 20여 개의 테마원과 정원이 각자의 위치에서 방문객을 반긴다. 붓꽃의 세 꽃잎을 형상화하여 만든 사계절 전시온실은 그중에서도 압권이다. 지중해 온실과 열대온실, 특별 전시관으로 나뉘며 바오밥나무, 대추야자, 올리브 등 희귀종이 넘쳐난다.

세종 수목원로 136

화~일 09:00~18:00(11월~2월은 17시까지, 월 휴무)

₩ 성인 5,000원, 청소년 4,000원, 어린이 3,000원

❷ 세종호수공원

2012년 세종특별자치시가 출범하면서 이듬해에 도시 한가운데 대규모 시민 공원이 들어섰다. 금강의 물을 활용해 국내 최대 규모급의 인공 호수를 만들었고 그 주변으로 편의 시설을 건설하고 산책로와 데크길을 조성하면서 공원의 몸집이 점점 불어났다. 새로운 도시에 터를 잡은 시민들에겐 더할 나위 없이 좋은 쉼터이자 휴식공간이 되고 있다. 문화를 즐기기에도 손색이 없다. 호수 위로 야외무대가 있어 종종 공연이 열리고 버스킹이 진행되며 유명 작가의 조각도 곳곳에 배치되었다. 호수 남쪽엔 공원 조망이 가능한 전망대도 설치되었다.

세종 호수공원길 155

24시간

₩ 무료

❸ 베어트리파크

세종시가 탄생하기도 전인 2009년에 조성된 지역의 터줏대감 테마파크다. 이름에서 연상되듯 많은 곰이 이 안에서 살아간다. 귀여운 반달가슴곰과 커다란 불곰이 그 주인공이다. 수목원의 수준도 놀랍다. 1,000여 종의 꽃과 나무가 넓게 흩어져 곳곳에 환상적인 정원을 만든다.

◎ 세종 전동면 신송로 217

◷ 매일 09:00~18:00

₩ 성인 12,000원, 청소년 10,000원, 어린이 8,000원

❹ 대통령기록관

정부세종청사가 건설되며 행정안전부 산하 대통령기록관이 탄생했다. 1대 이승만 대통령부터 2022년에 퇴임한 19대 문재인 대통령까지 역대 대통령의 자료를 빼곡하게 모았다. 4층 규모의 건물 안에 대통령이 남긴 문서와 기념물, 영상이 가득해 넋을 잃고 빠져들게 된다.

◎ 세종 다솜로 250

◷ 화~일 10:00~18:00(월 휴무)

₩ 무료

❺ 뒤웅박고을

셀 수 없이 많은 장독대가 입을 벌리게 만든다. 전통 장류에 초점을 맞춘 공간으로 장류박물관에선 장의 역사와 제조 과정을 설명하고 다양한 콩의 표본을 전시한다. 한정식을 제공하는 음식점도 운영 중이다. 현장에서 직접 담근 장으로 만든 건강한 한 끼를 즐길 수 있다.

◎ 세종 전동면 배일길 90-43

◷ 박물관 수~월 10:30~16:30(화 휴무)

₩ 무료

❻ 미래엔교과서박물관

교과서 출판사가 회사의 특징을 살려 국내 유일무이의 교과서 전문 박물관을 개관했다. '서당 시절'의 문헌부터 개화기와 광복 이후, 현대의 교과서까지 전시한다. 교육 과정이 개정될 때마다 변화한 교과서도 모두 모아놓아 자신이 사용했던 책을 찾는 재미도 기대 이상이다.

◎ 세종 연동면 청연로 492-14

◷ 화~일 09:30~17:00(월 휴무)

₩ 무료

❼ 도토리숲키즈파크

잠시 도시를 벗어나 아이들에게 흥미롭고 즐거운 추억을 전할 수 있는 곳이다. 숲속 놀이터와 조각 공원, 소나무 산책로에서 뛰놀다 보면 아이와 자연은 하나가 된다. 계절에 맞는 체험도 준비되어 있다. 미꾸라지 잡기, 농작물 심기, 전통 놀이 등 그 종류와 분야도 다채롭다.

세종 장군면 영평사길 34

화~일 10:00~19:00(월 휴무)

₩ 10,000원

❽ 금강수목원

1994년 공주시에서 문을 열었으나 해당 지역이 세종시에 편입되며 세종에 적을 두게 되었다. 중부 지역의 산림과 수목을 보존, 연구하기 위해 탄생했으며 20여 개의 주제원에 400여 종의 식물이 식재되었다. 토끼나 공작 등이 노니는 동물마을과 조류마을도 함께 운영된다.

세종 금남면 산림박물관길 110

매일 09:00~18:00(11월~2월은 17시까지)

₩ 성인 1,500원, 청소년 1,300원, 어린이 700원

❾ 밀마루전망대

세종의 상징인 정부세종청사는 각 부처가 입주한 15개의 청사 건물이 모두 하나로 이어져 있다. 청사 서쪽 언덕에 건설된 전망대에 오르면 그 놀랍고 웅장한 모습을 한눈에 확인할 수 있다. 15개 건물 위로 이어지는 정원은 세계 최대 옥상정원으로 기네스북에 등재되었다.

세종 도움3로 58

매일 09:00~18:00

₩ 무료

❿ 조치원테마거리

복숭아로 유명한 조치원읍에 과거로 향하는 골목이 있다. 세종 전통시장에 숨겨진 테마거리로, 이젠 조치원이 '특별시'에 속하게 되었으나 이 거리는 1970~80년대에 시간이 멈춰있다. 추억의 문방구와 낡은 책걸상, 21세기엔 사실상 자취를 감춘 옛 소품이 정겹게 다가온다.

세종 조치원읍 장안로 10-8

매일 10:00~18:00

₩ 무료

세종의 맛집과 카페

큰집뼈대있는짬뽕

한아름보리밥

에브리선데이 본점

큰집뼈대있는짬뽕 감자탕에서나 볼 법한 큼직하고 살 많은 돼지 뼈가 짬뽕 위에 올려져 완벽한 조합이 된다. ◎ 세종 노을3로 19 ◷ 화~일 11:30~21:00(브레이크 타임 화~금 15:00~17:00/토~일 16:00~17:00, 라스트 오더 20:00, 월 휴무)

충남순대 금남시장에 숨겨진 순대 맛집이다. 국밥도 모듬 순대도 엄지를 치켜들 만한 맛이다. ◎ 세종 금남면 용포로 97-11 ◷ 월~토 09:30~21:00(브레이크 타임 14:00~16:30, 라스트 오더 13:30/19:30, 일 휴무)

한아름보리밥 보리밥 정식의 맛과 양도 만족스럽고 가격마저 합리적이다. 2인분부터 주문이 가능하다. ◎ 세종 보듬7로 94 ◷ 화~일 11:00~20:00(브레이크 타임 화~금 15:00~16:30, 월 휴무)

에브리선데이본점 이름에서부터 마음의 여유가 잦아든다. 고복저수지를 끼고 근사한 풍광을 내주는 카페. ◎ 세종 연서면 안산길 76 ◷ 매일 10:00~22:00

카페용담 보기만 해도 고급스러운 신선로 빙수로 큰 관심을 끌었다. 가래떡츄러스도 추가하자. ◎ 세종 금남면 안금로 257 ◷ 매일 11:00~20:00(라스트 오더 19:30)

009
Jujudo

제주특별자치도

대한민국 여행자의 영원한 로망

제주시권

❶ 한라산

대한민국에서 가장 높은 산이라는 사실만으로도 가치가 충분히 빛난다. 해발 1,947미터의 한라산은 제주의 심장이며 섬의 근원이다. 또한 유네스코 세계자연유산으로 등재된 만큼 난대에서 고산대까지 다양한 식생이 분포하며 동시에 수천 종의 동식물이 살아가는 생태계의 보고이다. 7개의 등산로를 통해 민족의 영산에 오를 수 있다. 관음사와 성판악 탐방로는 정상 백록담까지 오를 수 있어 인기가 좋으나 1일 탐방 인원이 제한되어 있어 사전 예약은 필수다. 당일 탐방을 원칙으로 시기별 입산·하산 시간이 변동되니 반드시 확인 후 입산하자.

◎ 제주 서귀포시 토평동 산15-1

🕓 탐방로별 상이

₩ 무료

❷ 우도

제주도가 품은 수많은 부속 섬 중 우도의 인기는 타의 추종을 불허한다. 성산항에는 오전, 오후 할 것 없이 우도로 향하려는 여행객의 긴 줄이 늘어선다. 소가 누워있는 형상이라 해 우도라 불리는 이 섬은 동서남북 어디나 뛰어난 풍광을 뽐낸다. 해안가를 따라 해식애가 발달해 있고 산호가 잘게 부서져 형성된 백사장 너머로는 청록빛 파도가 춤을 춘다. 섬 중앙부엔 평평한 논밭이 드러나 색다른 모습을 안긴다. 땅콩이 특산품이니 땅콩 아이스크림과 땅콩 막걸리도 맛보자. 밤이 찾아오면 섬 주변의 고깃배들이 집어등을 밝히며 장관을 만든다.

◎ 제주 제주시 우도면

🕓 성산항에서 수시 출발

₩ 무료

❸ 협재해수욕장

제주도 하면 떠오르는 에메랄드빛 바다. 협재해수욕장은 그 로망을 완벽하게 갖춘 곳이다. 세계적인 휴양지 부럽지 않은 코발트색 바다와 고운 백사장, 현무암 군락은 제주 여행의 설렘을 한껏 팽창시킨다. 해변 건너편으로 보이는 비양도의 자태는 낭만의 정점을 찍어준다.

◎ 제주 제주시 한림읍 협재리 2497-1

◷ 24시간

₩ 무료

❹ 비자림

육지에선 만나기 쉽지 않은 비자나무가 울창한 숲을 이루고 있어 넋 놓고 보게 된다. 하물며 아름드리 비자나무의 최고 수령은 800년이나 된 것으로 알려졌다. 그 숫자도 3,000여 그루에 이른다고 하니 말문이 막힐 지경이다. 신비함 가득한 원시의 숲을 마음껏 즐겨보자.

◎ 제주 제주시 구좌읍 비자숲길 55

◷ 매일 09:00~18:00

₩ 성인 3,000원, 청소년·어린이 1,500원

❺ 아르떼뮤지엄제주

매혹적인 예술 세계가 입체적으로 펼쳐진다. 전설적 화가들의 명작과 압도적인 자연 풍광이 미디어아트로 변신해 연속된다. 초대형 공간을 수놓는 작품이 눈앞을 스칠 때마다 꿈을 꾸는 듯 몽환적이다. 전시관을 빠져나와도 그 잔상이 남아 한동안 정신을 차리기 힘들 정도다.

◎ 제주 제주시 애월읍 어림비로 478

◷ 매일 10:00~20:00

₩ 성인 17,000원, 청소년 13,000원, 어린이 10,000원

❻ 산굼부리

한라산이 잉태한 기생화산의 분화구다. 둘레만 2킬로미터를 훌쩍 넘는다는 물리적 사실도 놀랍지만, 그 곁에서 은빛 물결을 만드는 억새 군락이 압권이다. 그런 이유로 제주의 가을 명소로 이름났다. 전망대에 오르면 분화구의 모습과 함께 주변의 오름이 하나둘 눈에 들어온다.

◎ 제주 제주시 조천읍 비자림로 768

◷ 매일 09:00~18:00(11월~2월은 17시까지)

₩ 성인 6,000원, 청소년·어린이 4,000원

❼ 거문오름

제주도엔 통상 '오름'이라 불리는 기생화산이 360여 개나 존재한다. 거문오름은 그 대장격으로 오름 중엔 유일하게 세계자연유산으로 선정되었다. 숲이 검게 우거져 검다는 뜻의 '거문'으로 불리며 가이드 투어를 통해 하루 450명만 탐방할 수 있는 매우 귀한 자연의 볼거리다. ◎ 제주 제주시 조천읍 선교로 569-36 ◷ 수~월 09:00~13:00(인터넷, 전화를 통한 사전 예약 필수, 화 휴무) ₩ 성인 2,000원, 청소년·어린이 1,000원

❽ 제주동문시장

제주 특산품을 사려거든 이곳으로 향하자. 감귤을 비롯해 한라봉과 천혜향 같은 토속 과일은 물론 오메기떡과 해산물이 어우러져 여행자의 지갑을 열게 만든다. 청년들이 주도하는 활기찬 야시장도 필수 여행지로 발돋움했다. 기상천외한 메뉴를 제공하는 가판대가 줄을 잇는다.

◎ 제주 제주시 동문로 16

◷ 업체별 상이

₩ 무료

❾ 만장굴

화산 폭발 후 흘러내린 용암이 이 긴 동굴을 만들었다. 유네스코 세계지질공원의 일부로 길이는 총 7.4킬로미터이지만 동굴 보호를 위해 초반 1킬로미터 구간만 개방한다. 그럼에도 대자연의 경이를 느끼기엔 부족함이 없다. 탐방로 끝의 초대형 용암 석주는 황홀할 정도다.

◎ 제주 제주시 구좌읍 만장굴길 182

◷ 매일 09:00~18:00(매달 1번째 수요일 휴무)

₩ 성인 4,000원, 청소년·어린이 2,000원

❿ 사려니숲길

지친 몸과 마음에 무한한 위로를 건네준다. 한라산 기슭, 제주시와 서귀포시를 넘나들며 펼쳐지는 숲길로 평온한 분위기가 감돌아 명상하고 정신적 위안을 얻어가기에 좋다. 삼나무와 편백나무 등이 만든 신령한 기운의 숲이 15킬로미터 가까이 무성하게 이어진다.

◎ 제주시 봉개동 산64-5(비자림로 입구 주차장), 서귀포시 표선면 가시리 산 158-4(붉은오름 입구 주차장)

◷ 24시간 ₩ 무료

❶ 성산일출봉

이름처럼 최고의 일출을 감상할 수 있다. 성산일출봉은 제주도 동쪽 해안에 광대한 모습을 드러내며 솟아 있다. 약 90만 년 전 바닷속에서 마그마가 격렬하게 분출되며 형성된 화산의 분화구를 99개의 바위 봉우리가 둘러싼 모양새가 성처럼 보인다 하여 성산으로 불리기 시작했다. 가까이서 보면 그 위용이 더욱 대단하게 느껴지지만 정상까지는 천천히 걸어도 30분이면 닿을 수 있다. 그 끝엔 푸른 초원으로 뒤덮인 웅장한 분화구가 탐방객을 기다린다. 또한, 정상으로 오르는 내내 뒤로 제주도의 전망이 나타나고 전망대에선 우도의 모습까지 담긴다.

제주 서귀포시 성산읍 성산리 1

매일 07:00~20:00(매달 1번째 월요일 휴무)

₩ 성인 5,000원, 청소년·어린이 2,500원

❷ 제주올레

제주도를 완벽히 일주하는 도보 여행 코스다. 제주올레의 길이는 27개 코스, 437킬로미터에 이른다. 현 제주 올레 이사장이 세계적인 순례길, 스페인의 '산티아고 순례길'을 완주한 뒤 영감을 받아 2007년부터 코스를 하나둘씩 조성하고 정비하기 시작했다. 올레는 제주 방언으로 좁은 골목을 의미하며, 실제 섬 곳곳의 골목과 해안 길을 엮어 제주의 아름다움을 한껏 느낄 수 있는 길이 섬을 한 바퀴 두른다. 서귀포시 성산읍의 시흥리 정류장에서 1코스가 시작된다. 제주 올레 패스포트를 구매해 매 코스마다 스탬프를 찾아 찍는 재미가 쏠쏠하다.

1코스 제주 서귀포시 성산읍 오조리 396-1

24시간

₩ 무료

❸ 정방폭포

동양 유일의 해안 폭포로 알려져 있다. 아시아권에선 육지에서 바다로 직접 쏟아지는 폭포는 오직 정방폭포뿐이라는 뜻이다. 주상절리가 새겨진 해안절벽을 타고 제주 남쪽 바다로 곤두박질치는 23미터 높이의 물줄기는 제주에서 만날 수 있는 가장 극적인 장면 중 하나다.

◎ 제주 서귀포시 칠십리로214번길 37

🕓 매일 09:00~17:20

₩ 성인 2,000원, 청소년·어린이 1,000원

❹ 카멜리아힐

겨울의 초입에 맞춰 빨갛게 피어나는 동백꽃은 찬 바람 속에서 따뜻함을 선물한다. 이곳에선 11월부터 동백이 고운 자태를 드러낸다. 80여 개국 출신의 동백나무 약 500종이 흩어져 각각의 매력을 발산한다. 어디나 동백이 지천. 붉은 꽃송이가 숲을 이루고 터널을 만든다.

◎ 제주 서귀포시 안덕면 병악로 166

🕓 매일 08:30~19:00

₩ 성인 10,000원, 청소년 8,000원, 어린이 7,000원

❺ 가파도

4월에서 5월 사이 가파도는 연한 초록빛으로 물든다. 섬의 상징 청보리가 바닷바람을 머금은 채 일렁이기 때문. 청보리 너머의 토속적인 마을 풍경과 원색의 지붕을 얹은 민가의 모습도 인상적이다. 내친김에 가파도 남쪽에 있는 국내 최남단, 마라도까지 발자국을 찍어보자.

◎ 제주 서귀포시 대정읍 가파리

🕓 운진항에서 수시 출발

₩ 무료

❻ 섭지코지

성산일출봉의 남쪽, 가오리 한 마리가 바다를 향해 헤엄치는 듯한 형상의 곶이 나타난다. 마름모꼴의 지형 위로 드넓은 초원이 등장하고 바닷가 쪽으론 해안절벽과 갖가지 모양의 기암이 부대낀다. 산책로를 따라 자연의 기막힌 조화를 눈에 담으면 살포시 감동이 스며든다.

◎ 제주 서귀포시 성산읍 고성리

🕓 24시간

₩ 무료

❼ 오설록티뮤지엄

'설록차'를 생산하는 국내 대형 화장품 회사가 세운 차 전문 박물관이다. 제주의 대표 차밭인 서광다원 입구에 있다. 녹차의 역사와 제조 과정을 훑을 수 있으며 오랜 전통의 찻잔과 다기도 전시한다. 카페에서 진한 녹차와 녹차 아이스크림을 맛보는 재미도 빼놓을 수 없다.

◎ 제주 서귀포시 안덕면 신화역사로 15

◷ 매일 09:00~19:00

₩ 무료

❽ 대포주상절리

화산활동으로 탄생한 제주도의 해안 곳곳엔 수많은 주상절리가 관찰되지만 이곳의 장관을 뛰어넘는 곳은 없다. 대포 포구 서쪽으로 용암이 바닷물에 닿아 식으며 형성된 다각형 모양의 돌기둥이 장엄한 군락을 이룬다. 푸른빛 바다와 검은빛 돌기둥의 어울림이 오묘하다.

◎ 제주 서귀포시 이어도로 36-24

◷ 매일 09:00~17:40

₩ 성인 2,000원, 청소년·어린이 1,000원

❾ 빛의벙커

한때 통신 시설로 쓰였던 지하 벙커를 활용해 몰입형 미디어아트 전시관을 만들었다. 클림트를 시작으로 고흐와 모네, 세잔까지, 이름만으로도 역사가 되는 위대한 화가들의 작품이 그간 이곳을 수놓았다. 대가의 걸작이 벽에 투시되어 움직일 때마다 온몸에 소름이 돋는다.

◎ 제주 서귀포시 성산읍 서성일로1168번길 89-17

◷ 매일 10:00~19:10

₩ 성인 18,000원, 청소년 13,000원, 어린이 10,000원

❿ 산방산

서귀포시 서쪽에 위치한 산방산은 제주의 봄을 알리는 전령, 노란 유채꽃을 원 없이 만날 수 있는 장소로 여행자의 굳건한 지지를 받는다. 산 중턱, 자연 석굴에 불상을 안치해 탄생한 산방굴사에도 많은 순례객이 몰리며 거대한 암벽으로 구성된 용머리해안과도 맞닿아 있다.

◎ 제주 서귀포시 안덕면

◷ 매일 09:00~18:00

₩ 무료

Special Info 제주시 토속 박물관

제주는 육지에서 멀리 떨어진 섬의 특성상 고유한 문화와 전통을 오랜 시간 고수하고 있다. 제주만의 풍속을 제대로 느껴볼 수 있는 여러 박물관이 그 사실을 증명한다.

❶ 국립제주박물관

박물관의 외관부터 제주의 전통 민가의 형상을 하고 있다. 제주 지역의 문화재를 중심으로 제주 고유의 역사와 문화, 자연에 대한 자료를 총망라한 국립 박물관이다.

제주시 일주동로 17

064-720-8000

❷ 제주교육박물관

제주의 교육 문화는 육지와 얼마나 다를까. 이곳에 빼곡하게 담긴 제주도의 교육 관련 전시물이 답을 알려준다. 추억의 교복을 입고 기념사진도 남겨보자.

제주시 오복4길 25

064-720-9114

❸ 제주해녀박물관

해녀는 단연코 섬을 길러낸 제주의 상징이라 할 수 있다. 해녀의 오랜 역사와 작업 과정, 물질 도구 등을 전시한다. 놀랍도록 강인한 여성들의 삶에 감동이 차오른다.

◎ 제주시 구좌읍 해녀박물관길 26

☎ 064-782-9898

❹ 너븐숭이4.3기념관

국가 공권력에 의해 수많은 도민이 학살당한 4.3사건은 제주의 큰 상처이자 결코 간과할 수 없는 역사다. 이곳에서 처참하게 쓰러져간 희생자들의 넋을 기릴 수 있다. 현기영 작가의 <순이삼촌>의 무대이기도 하다.

◎ 제주시 조천읍 북촌3길 3

☎ 064-783-4303

❺ 제주돌문화공원 돌박물관

제주도가 '삼다도'라 불리는데 한몫을 차지하는 게 바로 돌이다. 화산섬 제주의 독특한 돌문화를 다루고 있다. 설문대할망 설화 속 500장군을 만나보자.

◎ 제주시 조천읍 남조로 2023

☎ 064-710-7733

❻ 김만덕기념관

제주의 어머니로 불리는 거상 김만덕의 유물을 모았다. 상인으로 큰 부를 축적한 그녀는 흉년으로 백성이 굶어 죽자 전 재산을 털어 제주인을 먹여 살린 영웅이다. 제주항 가는 길에 있다.

◎ 제주시 산지로 7

☎ 064-759-6090

Special Info 서귀포의 이색 박물관

관광 천국 서귀포시엔 그 명성에 걸맞게 흥미로운 이색 박물관이 한가득이다. 몇 날 며칠 독특한 콘셉트를 가진 박물관만 둘러봐도 시간이 모자랄 정도다.

❶ 아프리카박물관

서아프리카 말리에 있는 젠네 대사원을 본뜬 외관부터 눈길을 사로잡는다. 일반에겐 다소 생소한 아프리카 여러 부족의 민속품과 예술 작품을 수집해 놓았다. 서귀포시 대포동에 있다.

서귀포시 이어도로 49

064-738-6565

❷ 서귀포감귤박물관

제주도의 경제를 지탱하는 감귤 산업을 만나보자. 서귀포가 전 국민에게 선물하는 달콤함, 감귤을 주제로 박물관을 꾸몄다. 세계 각국의 감귤류도 전시한다.

서귀포시 효돈순환로 441

064-767-3010

❸ 무비랜드왁스뮤지엄

세계적인 영화배우와 유명 인사들을 똑같이 본뜬 밀랍 인형이 줄줄 이어져 놀라움을 안긴다. 영화 속 장면까지 완벽하게 재현해 놓아 더욱 실감이 난다.

◎ 서귀포시 중문관광로 205

✆ 064-739-9063

❹ 건강과성박물관

성과 관련된 정보를 다룬 박물관이다. 건강한 성문화를 위해 건립되었지만 야한 전시물 앞에서 얼굴이 붉어지는 건 어쩔 수 없다. 당연히 성인만 출입할 수 있다.

◎ 서귀포시 안덕면 일주서로 1611

✆ 064-792-5700

❺ 바이나흐튼크리스마스박물관

'바이나흐튼'은 독일어로 크리스마스를 뜻하며 독일의 건물을 본떠 만들었다. 개인이 세계 각국에서 수집한 크리스마스 관련 전시물이 모두를 동심으로 안내한다.

◎ 서귀포시 안덕면 평화로 654

✆ 010-2236-6306

❻ 피규어뮤지엄제주

피규어를 수집하는 이들에겐 성지나 마찬가지다. 꼼꼼하게 둘러보려면 반나절을 투자해도 모자랄 만큼 방대한 양의 피규어가 큰 건물을 가득 채우고 있다.

◎ 서귀포시 안덕면 한창로 243

✆ 0507-1433-2264

제주시의 맛집과 카페

자매국수

늘봄흑돼지

금악똣똣라면

자매국수 제주는 인기 향토 음식인 고기국수의 치열한 전쟁터다. 그 틈에서 늘 상위권을 유지한다.
제주 제주시 항골남길 46 목~화 09:00~18:00(브레이크 타임 14:30~16:10, 라스트 오더 17:50, 수 휴무)

우진해장국 제주 특산물 고사리를 갈아서 만든 제주식 고사리 육개장을 먹으려면 긴 줄을 서야 한다.
제주 제주시 서사로 11 매일 06:00~22:00

제주김만복김밥본점 전복 내장으로 밑간을 한 네모꼴 김밥에 굵직한 계란 지단이 띠를 둘렀다. 고소함의 극치다. 제주 제주시 오라로 41 매일 08:00~20:30

늘봄흑돼지 흑돼지는 제주의 인기 메뉴 중 하나다. 맛도 준수하고 규모가 커서 회전율도 좋다.
제주 제주시 한라대학로 12 매일 11:00~23:00

해녀촌 회를 고명으로 잔뜩 얹고 채소와 초장을 넣고 비벼 먹는 회국수가 새콤달콤 입맛을 돋운다.
제주 제주시 구좌읍 동복로 33 매일 09:00~19:00 (매달 2·4번째 화요일 휴무)

우도해녀식당 갓 잡아 올린 해산물 싱싱함의 차원이 다르다. 해산물 모둠을 추천하며 칼국수도 무난하다. 제주 제주시 우도면 우도해안길 440 매일 08:30~17:00

하갈비국수 고기국수에 큼직한 갈비를 추가했다. 애월 바다가 한눈에 보이는 통창도 이 집의 장점이다.
제주 제주시 애월읍 애월북서길 54 매일 09:00~18:00(라스트 오더 17:00)

명진전복 전복으로는 이미 최고라 불린다. 전복돌솥밥이 뼈대가 되며 전복죽과 구이도 말이 필요 없다.
제주 제주시 구좌읍 해맞이해안로 1282 수~월 09:30~21:30(라스트 오더 20:30, 화 휴무)

금악똣똣라면 요식업 솔루션 프로그램을 통해 인기리에 개장했다. 마늘을 얹은 칼칼한 라면이 진미다.
제주 제주시 한림읍 금악로 18 목~화 10:30~17:30(라스트 오더 17:00, 수 휴무)

화성식당 제주 토속음식 접짝뼈국을 맛보자. 돼지 머리와 갈비 사이의 접짝뼈를 푹 고아 끓인다.
제주 제주시 일주동로 383 매일 10:00~14:00

델문도 함덕 서우봉과 해변을 향해 뻗어있다. 제주의 낭만을 가장 완벽하게 담은 대형 카페다. 제주 제주시 조천읍 조함해안로 519-10 매일 07:00~24:00(라스트 오더 23:50)

노티드제주 형형색색의 갖가지 도넛이 보기만 해도 먹음직스럽다. 야외 인테리어도 깜찍한 사진 명소다. 제주 제주시 애월읍 애월로1길 24-9 매일 10:00~20:00

봄날 애월 카페거리의 터줏대감 격인 카페. 한담해변의 멋진 풍경을 감상하기 좋다. 제주 제주시 애월읍 애월로1길 25 매일 09:00~21:30(라스트 오더 21:00)

우무 바다에서 갓 끌어 올린 우뭇가사리를 끓여 푸딩을 만든다. 제주 아니면 맛보기 힘들다. 제주 제주시 한림읍 한림로 542-1 매일 09:00~20:00

명월국민학교 1993년에 폐교된 명월국민학교의 터와 이름을 그대로 사용해 레트로 감성 카페를 만들었다. 제주 제주시 한림읍 명월로 48 매일 11:00~19:00(라스트 오더 18:30)

서귀포시의 맛집과 카페

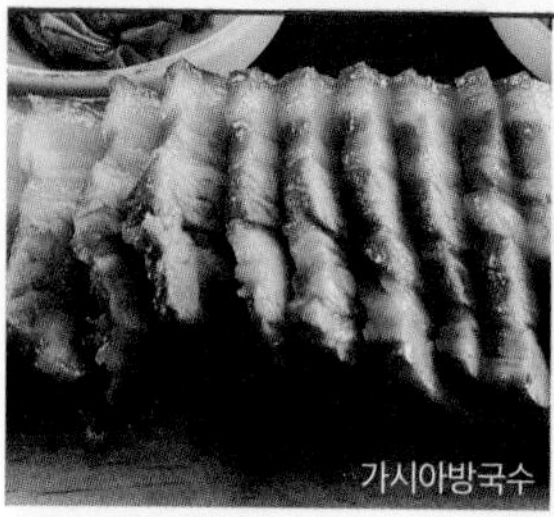
가시아방국수

네거리식당

원조마라도해물짜장면집

쌍둥이횟집본점 푸짐한 구성의 모둠회 세트가 맛도 가격도 괜찮다. 회 등장 전에 나오는 조연도 훌륭하다. ◎ 제주 서귀포시 중정로62번길 14 ◷ 목~화 11:00~22:00(라스트 오더 20:30, 수 휴무)

가시아방국수 고기국수에 올려진 돔베고기가 입에서 살살 녹는다. 돔베고기를 따로 시켜 먹어도 좋다.
◎ 제주 서귀포시 성산읍 섭지코지로 10 ◷ 목~화 10:00~20:30(라스트 오더 20:00, 수 휴무)

오는정김밥 평범해 보여도 묘한 매력의 김밥을 맛볼 수 있다. 오로지 전화 예약 후 포장만 가능하다.
◎ 제주 서귀포시 동문동로 2 ◷ 월~토 10:00~20:00(브레이크 타임 13:30~14:30, 일 휴무)

네거리식당 갈치 요리의 장인이 운영한다. 구이, 조림이 두루 맛있고 갈칫국은 향 때문에 호불호가 있다.
◎ 제주 서귀포시 서문로29번길 20 ◷ 매일 07:00~21:40(라스트 오더 20:40)

연돈 인기 TV 프로그램에서 최고의 돈가스로 꼽히며 큰 히트를 친 뒤 제주에 터를 잡았다.
◎ 제주 서귀포시 일주서로 968-10 ◷ 매일 12:00~20:00(라스트 오더 19:00)

88버거 제주도에서 수제 버거를 한 번 먹어야 한다면 이곳이다. 제주 특산 흑돼지 패티 버거다.
◎ 제주 서귀포시 동문로 63 ◷ 금~수 10:00~21:00(목 휴무)

몰질식육식당 복지리와 매운탕으로 유명한 곳이나 의외의 짬뽕이 유명세를 타며 짬뽕 맛집으로 거듭났다. ◎ 제주 서귀포시 이어도로 598 ◷ 월~토 10:30~15:00(일 휴무)

나목도식당 육식 마니아라면 일부러 발걸음할 만하다. 삼겹, 오겹은 물론 가성비 좋은 두루치기도 좋다.
◎ 제주 서귀포시 표선면 가시로613번길 60 ◷ 목~화 09:00~20:00(매달 1·3번째 수요일 휴무)

가람돌솥밥 제주의 바다를 돌솥 안에 풍성하게 담았다. 돌솥밥에 올라갈 해산물을 고르는 재미가 있다. ◎ 제주 서귀포시 중문관광로 332 ◷ 매일 08:00~21:00(브레이크 타임 16:00~17:00, 라스트 오더 20:30)

원조마라도해물짜장면집 전설의 예능에 등장해 주목을 끌었다. 국내 최남단 마라도에서 짜장면을 먹는 의미도 크다. ◎ 제주 서귀포시 대정읍 마라로101번길 48 ◷ 월~토 10:20~16:00(일 휴무)

더클리프 캘리포니아에 왔다고 해도 믿겠다. 화려한 내부에선 디제잉 파티도 열린다. 음식도 무난하다.
제주 서귀포시 중문관광로 154-17 일~목 10:00~01:00, 금~토 10:00~02:00

원앤온리 산방산이 병풍을 두른 바닷가에 위치해 운치가 대단하다. 늘 붐비지만 브런치가 훌륭하다.
제주 서귀포시 안덕면 산방로 141 매일 09:00~20:00(라스트 오더 19:30)

카페루시아 박수기정이 한눈에 담기는 곳에 위치한 널찍한 카페다. 음료는 둘째치고 뷰가 기가 막히다.
제주 서귀포시 안덕면 난드르로 49-17 매일 09:30~21:00

미쁜제과 한적한 바닷가 마을에 큼직한 한옥이 하나 솟았다. 그 안에 빵의 천국이 기다리고 있다.
제주 서귀포시 대정읍 도원남로 16 매일 09:00~20:00(라스트 오더 19:30)

서귀피안베이커리 섭지코지 초입에 자리해 완벽한 오션뷰를 자랑한다. 시간마다 나오는 신선한 빵도 매력이다. 제주 서귀포시 성산읍 신양로122번길 17 매일 08:00~21:00(라스트 오더 20:30)

제주특별자치도 서귀포시 여행 지도

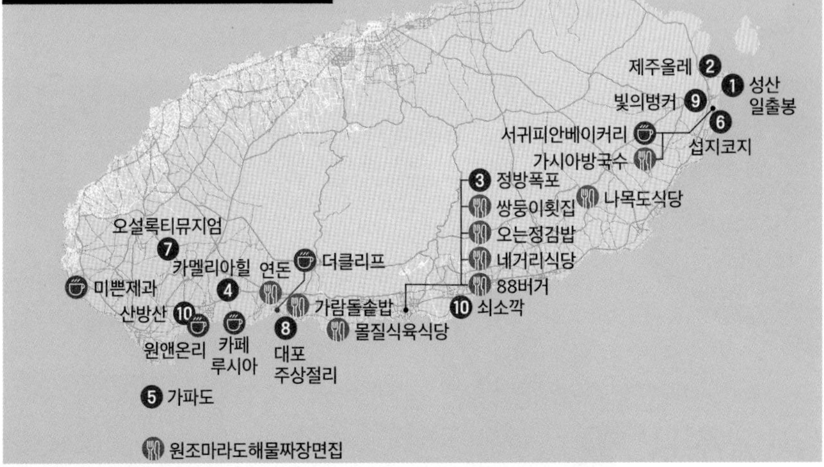

PART 3

강원특별자치도

001 Gangwon 고성군

북녘을 보며 쏘아 올린 통일의 염원

❶ 통일전망대

코앞에 있는 북녘땅은 물론 금강산과 북한 해금강 모습이 훤히 보인다. 몇 발자국만 전진하면 닿을 듯한 풍경이지만 휴전선이 남북을 가로막아 아쉬울 뿐이다. 통일전망대는 민통선에서도 10킬로미터나 더 북쪽으로 들어간 데다가 국내 최북단 전망대로 해발 70미터 높이에 있어서 북한 땅을 또렷하게 내려다볼 수 있다. 전망대 내엔 한국전쟁 이후 남북의 현실과 안보에 관한 기록과 자료가 전시되어 있어서 평화 관광지로도 손색이 없다. 전망대까지는 통일안보공원에서 신분증을 지참해 출입신청을 하고 검문을 마친 뒤 차량으로만 이동할 수 있다.

◎ 강원 고성군 현내면 금강산로 481

◷ 매일 09:00~16:50

₩ 성인 3,000원, 청소년·어린이 1,500원

❷ 하늬라벤더팜

고성군 중앙에 자리한 하늬라벤더팜은 매년 초여름이면 채도가 무척 진해진다. 그 안으로 들어서는 순간 눈동자가 보라색으로 물들어 버릴 정도로 드넓은 라벤더 단지가 펼쳐지기 때문이다. 규모만 약 10만 평, 국내에서도 손꼽히는 크기의 라벤더 밭으로 한 개인이 십수 년간 정성을 다해 꾸민 결과물이다. 라벤더가 주연이지만 조연들의 자태도 훌륭하다. 국내에선 제법 만나기 힘든 호밀도 한쪽에서 일렁이고, 양귀비를 비롯한 원색의 꽃도 열 맞춰 이어진다. 아담한 기념품 숍 겸 카페에선 라벤더 아이스크림을 맛볼 수 있으니 이 호사도 빼놓지 말자.

◎ 강원 고성군 간성읍 꽃대마을길 175

◷ 라벤더 시즌별 입장 시간 상이(홈페이지 참조)

₩ 성인 6,000원, 청소년 5,000원, 어린이 3,000원

❸ 아야진해수욕장

고성의 해수욕장은 동해안에서도 최북단에 있어서 에메랄드색 물빛으로 유명하다. 그중 아야진해수욕장은 이름만큼 예쁘고 아름다워 여행자의 탄성을 이끌어낸다. 바위가 어우러진 백사장에서도, 그 백사장을 감싼 무지갯빛 경계석에서도 멋진 사진을 건질 수 있다.

- 강원 고성군 토성면 아야진해변길 157
- 24시간
- ₩ 무료

❹ 왕곡마을

조선 초기, 양근 함씨 가문이 조선 건국에 반기를 든 뒤 모여 살며 형성된 600년 역사의 마을이다. 여전히 북방식 전통가옥 수십 채가 남아 있어 조선 시대에 시간이 멈춰있는 듯하다. 국가민속문화재로 지정되어 개보수가 불가하므로 이 모습을 오래 볼 수 있을 것으로 보인다.

- 강원 고성군 죽왕면 왕곡마을길 41
- 매일 09:00~18:00
- ₩ 무료

❺ 화진포 김일성별장

둘레가 16킬로미터에 이르는 석호로 동해안의 자연 호수 중 가장 크다. 경관이 뛰어나 예부터 유력 인사들이 휴양을 즐겼다. 이를 증명하듯 화진포 해변이 내려다보이는 언덕 위에 김일성이 가족과 여름을 보냈던 별장이 있다. 이승만 대통령, 이기붕 부통령의 별장도 남아 있다.

- 강원 고성군 거진읍 화포리
- 24시간
- ₩ 무료

❻ 송지호해변과 전망타워

화진포와 마찬가지로 해안가에 생겨난 석호다. 빽빽한 송림이 호수를 호위하듯 둘러싸고 있으며 송지호란 이름도 그 사실에서 따왔다. 바로 옆, 반짝이는 송지호 해변의 풍광도 인상적이다. 탐조를 위해 세운 관망타워에 오르면 호수와 바다 모두 공평하게 눈에 담긴다.

- 강원 고성군 죽왕면 오봉리
- 24시간
- ₩ 무료

❼ 청간정

고성의 푸른 바다를 하염없이 바라보며 쉬고 싶다면 이곳으로 향하자. 언제 지었는지조차 알려지지 않은 청간정은 관동팔경 중 하나로 청간천이 바다로 흘러드는 지점의 언덕에 솟아있다. 예나 지금이나 이곳에서 바라보는 동해의 정취는 여행자의 심금을 울린다.

◎ 강원 고성군 토성면 청간리

◷ 24시간

₩ 무료

❽ DMZ박물관

통일전망대로 올라가는 길에 이곳을 그냥 지나치면 섭섭하다. 민간인 출입이 금지된 DMZ에 세운 특별한 박물관이다. 전 세계 유일한 분단국의 상징인 DMZ비무장지대의 의미는 물론 한국전쟁의 시작과 휴전, 현재의 경과까지 각종 자료를 이용해 꼼꼼하게 기록하고 있다.

◎ 강원 고성군 현내면 통일전망대로 369

◷ 화~일 09:00~18:00(월 휴무)

₩ 무료

❾ 고성화암사

신라 혜공왕 시절인 769년에 진표율사가 창건한 천년고찰이다. 그러나 역사적인 내용은 둘째치고 금강산 남쪽 줄기에 속한, 금강산 최남단 사찰이라는 사실 덕에 많은 사람이 찾는다. 실제 금강산 1만 2,000봉의 제1봉인 신선봉에서 발원한 물이 화암사에 닿는다.

◎ 강원 고성군 토성면 화암사길 100

◷ 24시간

₩ 무료

❿ 백섬해상전망대

2020년에 야심차게 문을 연 바다 위의 전망대다. 고성의 간판 항구 거진항 북쪽에 자리 잡았으며 바닷가에 솟은 바위를 휘감으며 백섬까지 137미터 길이로 뻗어있다. 전망대에서 가장 높은 지점은 25미터나 되기에 근처 바다와 항구, 마을의 모습이 차례로 시야에 들어온다.

◎ 강원 고성군 거진읍 거진리 산 105

◷ 24시간

₩ 무료

고성의 맛집과 카페

장미경양식

바다정원

백촌막국수 강원도 수많은 막국수 맛집 사이에서도 언제나 회자된다. 너무 긴 웨이팅이 단점 아닌 단점이다. 강원 고성군 토성면 백촌1길 10 목~화 10:30~17:00(수 휴무)

장미경양식 레트로 감성의 경양식집. 맛깔난 옛날식 돈가스를 베어 무는 순간 향수가 느껴진다. 강원 고성군 거진읍 거진길 37-1 매일 10:30~20:00(라스트 오더 19:00)

해녀의집바이아야진 동해에서 갓 잡은 해산물로 메뉴를 구성했다. 전복죽과 성게미역국이 신선하다. 강원 고성군 토성면 아야진해변길 145 목~화 09:00~15:00(라스트 오더 14:30, 수 휴무)

바다정원 고성과 속초 경계에 위치한 거대한 오션 뷰 카페. 카페 이름처럼 정말 바다 쪽으로 정원을 꾸몄다. 강원 고성군 토성면 버리깨길 23 매일 10:00~21:00(라스트 오더 20:00)

에이프레임 전면 통창 덕에 영화관에서 바다를 보는 느낌이다. 벽면을 가득 채운 서핑 보드도 눈길을 끈다. 강원 고성군 죽왕면 가향길 20-1 매일 10:00~19:00

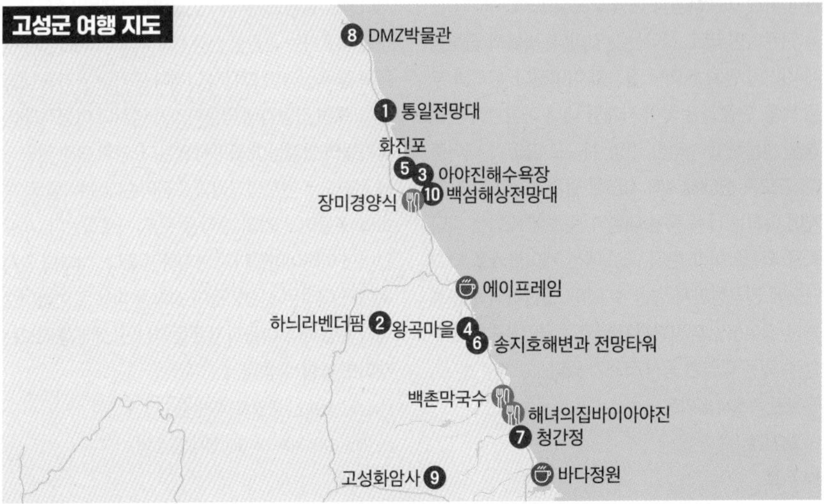

002
Gangwon

속초시
설악산이 굽어보는 동해바다

❶ 설악산

산이 가진 아름다움과 매력을 모두 모아 하나의 산을 만든다면 바로 설악산일 것이다. 북녘의 금강산에 비견될 만치 뛰어난 절경이 이어진다. 철쭉과 푸른 녹음, 단풍과 눈꽃이 사계절 내내 아낌없이 황홀경을 선물하고 수려한 기암 계곡도 끝없이 내어준다. 규모도 방대해 4개 시군에 걸쳐있으며 보통 인제에 속하는 내륙 쪽을 내설악, 속초에 속하는 바다 쪽을 외설악이라 한다. 속초에선 케이블카를 타고 단숨에 권금성까지 닿을 수 있다. 울산바위와 공룡능선, 최고봉인 대청봉까지 압도적 자연풍광을 만끽할 수 있는 다양한 등산 코스가 있다.

◎ 강원 속초시 설악동

◷ 24시간

₩ 무료

❷ 속초관광수산시장

자타공인 강원도에서 가장 붐비는 시장이며 우리나라를 대표하는 관광형 전통시장이다. 대규모 상가 건물과 골목 상권이 합쳐져 언제나 뜨거운 열기를 내뿜는다. 특히 각양각색 먹을거리가 넘쳐나 여행객과 미식가들의 발걸음이 끊이지 않는다. 인기 만점 닭강정을 시작으로 가자미식해와 오징어순대, 건어물 등 속초의 명물이 시각과 후각을 모두 사로잡는다. 시장 건너편 아바이마을까지 연계하면 좋다. 1.4후퇴 당시 북에서 내려온 실향민들이 정착한 마을로 아바이순대가 유명하다. 마을까지 무동력선인 '갯배'를 타보는 재미도 놓칠 수 없다.

◎ 강원 속초시 중앙로147번길 12

◷ 매일 08:00~24:00(업체별 상이)

₩ 무료

❸ 속초해수욕장

푸른 바다로 달려가고 싶을 때면 늘 속초가 떠오른다. 속초해수욕장은 그 바람을 이뤄주는 속초의 상징으로 투명한 바다와 고운 모래사장을 내어준다. 해변을 따라 볼거리도 풍성하다. 바다로 향해있는 계단 포토존과 생동감 넘치는 돌고래 조각도 인상 깊다.

◎ 강원 속초시 해오름로 186

◷ 24시간

₩ 무료

❹ 영랑호

신라 때 화랑인 '영랑'이 발견하고 머물렀다 하여 영랑호가 되었다. 이후로 오랫동안 화랑의 수련장으로 사용되었으며 현재는 속초 시민들의 산책코스로 사랑받고 있다. 깨끗한 호수 너머로 설악산의 웅장한 풍경이 펼쳐진다. 영화 <헤어질 결심>의 촬영지로도 유명하다.

◎ 강원 속초시 장사동

◷ 24시간

₩ 무료

❺ 속초아이대관람차

속초의 새로운 랜드마크로 거듭날 거대한 대관람차가 2022년에 개장했다. 국내에선 유일하게 해변에 위치한 대관람차이며 가장 높은 곳을 통과할 때의 높이는 65미터에 이른다. 36대의 관람차가 준비되어 있다. 탑승과 동시에 속초 바다와 설악산이 손끝에 닿을 듯하다.

◎ 강원 속초시 청호해안길 2

◷ 매일 10:00~20:00(토요일은 21시까지)

₩ 대인(8세 이상) 12,000원, 소인 6,000원

❻ 대포항

7번 국도를 타고 달렸다면 대포항은 속초의 입구 격이다. 작은 배가 오가는 한적한 항구였으나 속초시가 관광 도시로 발돋움하며 관광객이 끊이지 않는 명소로 거듭났다. 수많은 횟집과 음식점이 항구를 감싸고 있어 식도락을 즐기려는 이들의 발걸음으로 늘 분주하다.

◎ 강원 속초시 대포항희망길 71

◷ 24시간

₩ 무료

❼ 속초등대전망대

속초팔경 중 제1경, 으뜸으로 꼽힌다. 하얀 등대가 있는 정상에 오르면 동해와 속초 시내 풍경이 시원스레 펼쳐진다. 뒤로는 설악산의 전경까지 눈에 들어오니 잠시만 머물러도 감동의 단위가 다르다. 전망대 바로 옆, 바위에 솟은 영금정에서 보는 풍경도 만만치 않다.

강원 속초시 영금정로5길 8-28

24시간

₩ 무료

❽ 국립산악박물관

세계적인 산악인을 끝없이 배출하고 있는 우리나라의 등산 역사를 집약해 놓은 박물관이다. 근대부터 최근까지 한국 등반 문화를 전시한 공간도 나무랄 곳 없고 한국 주요 산악인의 업적을 기록한 전시관도 인상적이다. 고산 체험과 암벽 체험 등의 체험 교육 프로그램도 함께 운영한다.

강원 속초시 미시령로 3054

화~일 09:00~18:00(월 휴무)

₩ 무료

❾ 청초호호수공원

속초시 중심에 들어선 청초호는 둘레가 5킬로미터인 거대한 석호다. 주변으로 수변 공원이 잘 꾸며져 있다. 오리를 구경하며 데크 길을 따라 걷는 것도 좋고, 호수 남쪽 엑스포 타워에 올라가 시내와 설악산을 한눈에 담아도 좋다. 청초호의 또 다른 명소 칠성조선소가 도보 3~4분 거리에 있다.

강원 속초시 엑스포로 140

24시간

₩ 무료

❿ 설악산자생식물원

설악산에서만 관찰이 가능한 자생식물을 한데 모았다. 저마다 묘한 매력을 내뿜는 야생화와 멸종 위기에 처한 희귀식물을 접하는 재미가 쏠쏠하다. 초미니 설악산이라 불러도 무방한 이곳엔 자연탐방로와 암석원, 미로원 등이 이어져 반나절 남짓 머물며 힐링하기 좋다.

강원 속초시 바람꽃마을길 164

매일 09:00~18:00

₩ 무료

속초의 맛집과 카페

만석닭강정본점

아바이순대와 오징어순대

칠성조선소

만석닭강정본점 전국에서 가장 유명한 닭강정이라는 사실에 아무도 이의를 제기할 수 없다.
강원 속초시 청초호반로 72 매일 10:00~20:00

단천식당 속초에 왔다면 이북에서 내려온 아바이순대와 속초 향토 음식인 오징어순대는 꼭 맛보길 바란다.
강원 속초시 아바이마을길 17 매일 08:30~19:00(브레이크 타임 15:30~16:00, 라스트 오더 18:00)

속초대게마을 영랑호 곁에 위치한 대게 식당으로 푸짐하고 정갈한 대게 세트를 제공한다.
강원 속초시 장사항해안길 5 매일 11:00~21:00(라스트 오더 19:30)

칠성조선소 놀랍게도 배를 만들던 조선소를 리모델링하여 카페 겸 복합문화공간으로 만들었다.
강원 속초시 중앙로46번길 45 매일 11:00~20:00(라스트 오더 19:30)

카페설악산로 속초에서 가장 많은 인파가 몰리는 베이커리 카페. 카페 앞 소나무도 근사하다.
강원 속초시 설악산로 108 매일 10:00~21:00(라스트 오더 20:30)

속초시 여행 지도

003 Gangwon

양양군

청량감 넘치는 바다, 서핑의 메카

❶ 낙산사

통일신라 시대, 의상대사가 관음보살과 조우한 뒤 창건한 낙산사는 아마도 우리나라에서 가장 잘 알려진 사찰일 것이다. 바다가 시원스레 보이는 오봉산(낙산)에 터를 잡았으며 의상대사가 관음보살의 음성을 듣고 세운 원통보전과 일출 명당으로 더 유명한 의상대, 최고의 기도 도량으로 손꼽히는 홍련암 등으로 구성되었다. 언덕을 오르면 16미터 높이의 초거대 해수관음상이 은은한 미소를 머금고 낙산사를 바라보고 있다. 이 소중한 사찰이 2005년 큰 산불로 인해 사실상 전소되는 일이 있었다. 다시 지금의 모습이 되기까진 8년이 걸렸다.

◎ 강원 양양군 강현면 낙산사로 100

🕓 매일 06:00~17:00

₩ 무료

❷ 서피비치

바다, 하면 해수욕만 생각하던 우리가 어느 순간부터 서핑을 함께 떠올리게 된 건 서피비치의 공이 절대적이었다. 여름이면 전국의 서퍼들이 밀려드는 자타공인 국내 최고의 서핑 성지이자 열대 지방에 온 듯 이국적인 풍경이 시선을 사로잡는 해변이다. 원래 군사지역으로 일반인의 출입이 통제되던 곳이지만 2015년, 40년 만에 개방되면서 서핑 전용 해변으로 호화롭게 탄생했다. 해변을 따라 늘어선 바에선 레게 음악이 흘러나오고 여름밤이면 EDM 파티도 열린다. 백사장 위엔 여유로이 음료와 알코올을 즐길 수 있는 해먹과 이색 시설이 널려있다.

◎ 강원 양양군 현북면 하조대해안길 119

🕓 24시간

₩ 무료

❸ 하조대

양양의 암석해안을 따라 이어지는 명승지다. 같은 이름의 정자가 노송에 둘러싸인 채 언덕 위에 있으며 조선 개국공신인 하륜과 조준이 칩거하던 곳이라 두 사람의 성을 땄다. 양양을 대표하는 명소 중 하나로, 하조대 투명 전망대와 하조대 해수욕장이 북쪽으로 이어진다.

◎ 강원 양양군 현북면 하광정리

◷ 24시간

₩ 무료

❹ 남애항

강원도를 대표하는 미항인 남애항은 양양에서 가장 규모가 큰 항구임에도 아담하고 아늑하다. 두 팔 벌려 바다를 껴안은 모양새의 방파제 양 끝엔 남애항의 상징인 붉은 등대와 하얀 등대가 서 있다. 이런 낭만적인 풍경 덕에 전설적인 영화 <고래사냥>도 이곳에서 촬영했다.

◎ 강원 양양군 현남면 매바위길 138

◷ 24시간

₩ 무료

❺ 낙산해수욕장

1962년에 개장한 뒤 양양에서 오랜 시간 동안 사랑받아온 해변으로 매년 찾아오는 방문객만 100만 명이 넘는다. 무엇보다 먼바다도 수심이 낮아 안전하게 물놀이를 즐길 수 있고 널찍한 백사장 뒤로 보이는 우거진 솔숲이 장관이다. 일출이 훌륭해 새해맞이 행사도 열린다.

◎ 강원 양양군 강현면 해맞이길 59

◷ 24시간

₩ 무료

❻ 죽도

섬보단 산에 가까운 섬이다. 죽도 정상에 전망대가 있다. 높이가 53미터라 이곳에서 바라보는 360도 파노라마 뷰가 아찔하다. 도심과 바다를 번갈아 내려보며 잠시 여유를 즐기자. 1965년에 세워진 멋진 정자 죽도정과 작은 암자인 죽도암, 죽도해변까지 함께 둘러보면 좋다.

◎ 강원 양양군 현남면 인구항길 24

◷ 24시간

₩ 무료

❼ 오색약수터

약수도 천연기념물로 지정될 수 있다는 걸 이곳이 인증했다. 한계령 동남쪽에서 솟는 오색약수의 하루 분출량은 1,500리터에 달한다. 철분이 다량 함유되어 빈혈과 신경통 등에 효능이 있다. 다섯 색의 꽃이 피는 나무가 있던 오색석사의 승려가 발견해 오색약수라 불린다.

◎ 강원 양양군 서면 오색리 산127-3
◷ 24시간
₩ 무료

❽ 미천골자연휴양림

태백산맥 동쪽에서 원시의 매력을 발산하는 미천골에 조성된 대규모 국립 휴양림이다. 길이 7킬로미터의 계곡을 줄기 삼아 캠핑장과 통나무 숙소, 휴양 편의시설이 이어진다. 수령 50년 이상의 키다리 나무도 무성하다. 입구 인근에 통일신라 시대의 절터 선림원지가 있다.

◎ 강원 양양군 서면 미천골길 115
◷ 수~월 09:00~18:00(화 휴무)
₩ 어른 1,000원, 청소년 600원, 어린이 300원

❾ 남대천연어생태공원

남대천은 양양팔경 중 제1경으로 선정될 만큼 풍치가 빼어나다. 특히 국내 제일의 연어 회귀 하천으로 한국으로 귀환하는 연어의 70%가 이곳을 거친다. 남대천이 동해로 빠져나가는 하류, 갈대 군락 사이로 생태탐방을 위한 나무 데크가 평탄하게 구축되어 있다.

◎ 강원 양양군 양양읍 조산리 86-7
◷ 24시간
₩ 무료

❿ 오산리선사유적박물관

양양 오산리에선 약 8,000년 전의 것으로 추정되는 신석기 유물이 다수 발견되었다. 움집을 짓고 토기를 만들어 사용했던 신석기인들의 생활상을 유추할 수 있는 중요한 자료이다. 박물관을 건설해 그 유물을 보관, 전시 중이다. 박물관 옆의 쌍호와 갈대군락지도 볼 만하다.

◎ 강원 양양군 손양면 학포길 33
◷ 매일 09:00~18:00
₩ 어른 1,000원, 청소년 500원, 어린이 300원

양양의 맛집과 카페

수라상

범바우막국수

수라상 양양의 토속 음식 섭국으로 이름난 식당이다. 섭국은 홍합살에 부추, 버섯 등을 곁들여 고추장과 된장으로 맛을 낸 국물 요리다. 강원 양양군 손양면 수산1길 41 목~화 10:00~20:00(브레이크 타임 15:00~17:00, 수 휴무)

범바우막국수 꾸지뽕 진액과 비트를 섞어 만들어 육수가 붉다. 눈은 물론 입도 즐겁게 만드는 막국수이다. 강원 양양군 강현면 동해대로 3277-22 목~화 08:30~18:30(수 휴무)

감나무식당 황태와 각종 해산물을 넣고 끓인 칼칼한 해장국이 현지인과 외지인 모두를 끌어들인다. 강원 양양군 양양읍 안산1길 73-7 금~수 07:00~15:00(라스트 오더 14:30, 목 휴무)

파머스키친 미국의 정통 버거와 견주어도 손색없는 수제버거 가게. 극악의 웨이팅을 뚫어야 맛볼 수 있다. 강원 양양군 현남면 동산큰길 44-39 목~월 11:00~18:00(브레이크 타임 15:00~16:00, 화~수 휴무)

바다뷰제빵소 이름처럼 바다를 향해있는 풍경 맛집 베이커리. 제과기능장이 만드는 빵도 당연히 훌륭하다. 강원 양양군 강현면 동해대로 3296 매일 10:00~21:00(라스트 오더 20:30)

004 강릉시
Gangwon

커피향 가득한 해안 도시

❶ 경포해수욕장

강릉을 넘어 강원도 전체를 대표하는 해변이다. 사계절 언제든 푸른빛 물결이 일렁이고 6킬로미터에 달하는 긴 백사장은 한달음에 달려온 여행자에게 만족스러운 풍경을 선사한다. 더욱이 백사장을 따라 수백 그루의 소나무가 부대끼는 울창한 해송림과 데크 길이 펼쳐져 낭만을 더해준다. 주변으론 강릉의 주요 볼거리와 호텔, 맛집과 카페가 꼬리를 물고 이어져 지역 관광의 중심 역할까지 맡고 있다. 피서철인 여름 성수기엔 엄청난 인파가 몰려드니 자리 선점은 필수. 인근에 캠핑장도 넉넉한 편이니 청아한 파도 소리를 감상하며 밤을 보내는 것도 좋다.

◎ 강원 강릉시 강문동 산1-1

◷ 24시간

₩ 무료

❷ 하슬라아트월드

강릉의 옛 지명인 '하슬라'를 이름 삼아 만든 종합예술공간이다. 산과 바다 사이에 위치하고 있어 주변 풍광이 무척 뛰어나다. 풍경만큼이나 눈이 가는 곳은 다채로운 원색으로 반짝이는 전시공간이다. 세 개의 전시관으로 구성된 현대미술관에선 이곳의 설립자인 최옥영 작가의 놀라운 설치미술부터 세계 각국 작가들의 회화 작품까지 예술의 향기가 끊이지 않는다. 어느 곳으로 카메라 렌즈를 들이대도 한 폭의 그림이 되는 10만 제곱미터 규모의 조각 공원도 훌륭하긴 마찬가지다. 뮤지엄 호텔이 있어 이 모든 예술을 품은 채 하루를 보낼 수 있다.

◎ 강원 강릉시 강동면 율곡로 1441

◷ 매일 09:00~18:00

₩ 성인 15,000원, 청소년 13,000원, 어린이 11,000원

❸ 정동진

대한민국 영원한 일출 성지이다. 세계에서 바다와 가장 가까운 역으로 기네스북에 등재된 정동진역이 있어 누구나 쉽게 동해의 일출을 감상할 수 있다. 역 주변으로 해변뿐 아니라 다양한 시설이 함께한다. 모래시계공원과 시간박물관을 둘러보고 레일바이크까지 타면 금상첨화다.

◎ 강원 강릉시 강동면 정동진리

◷ 24시간

₩ 무료

❹ 강릉커피거리 안목해변

커피의 도시답게 강릉항 인근 안목해변에 커피 거리가 생겨났다. 프랜차이즈 커피숍이 아닌 제각각의 특색 있는 카페들이 해변과 공존한다. 바다 방향으로 난 카페 테라스에 앉아 커피를 마시고 있노라면 커피에서 바다 향이 나는 건지, 바다에서 커피 향이 나는 건지 헷갈린다.

◎ 강원 강릉시 창해로14번길 20-1

◷ 24시간

₩ 무료

❺ 헌화로

국내 도로 중 바다와 가장 가까워 최고의 드라이브 코스로 꼽힌다. 차창을 열고 손을 뻗으면 조금 과장해 바다가 닿을락 말락 한다. 수로부인에게 꽃을 바친 노인이 불렀다는 신라 향가 <헌화가>에서 이름을 따왔다. 군 통제 지역이었으나 1998년 도로가 생기며 축복이 내려졌다.

◎ 강원 강릉시 강동면 심곡리

◷ 24시간

₩ 무료

❻ 오죽헌

조선을 한껏 빛냈던 모자, 신사임당과 율곡 이이가 머물던 집이 바로 여기다. 검은 대나무 오죽으로 둘러싸여 있어 오죽헌이란 이름이 붙었으며 국내에서 가장 오래된 주택에 속해 보물로 지정되었다. 신사임당과 이이는 현재 5만원 권과 5천원 권 지폐의 모델로 활약하고 있다.

◎ 강원 강릉시 율곡로3139번길 24

◷ 매일 09:00~18:00

₩ 성인 3,000원, 청소년 2,000원, 어린이 1,000원

❼ 주문진항

언제나 활기찬 강릉 최대의 항구이다. 하루에 300척이 넘는 어선이 드나든다. 주문진의 상징인 오징어를 비롯하여 싱싱한 활어가 항구에 들어서면 어부와 상인, 관광객이 몰려들어 흥정을 이어간다. 수산시장과 먹자골목이 함께 있으니 부담 없는 가격에 회와 수산물을 즐길 수 있다.

◎ 강원 강릉시 주문진읍 주문리

◷ 24시간

₩ 무료

❽ 경포호와 경포대

거울처럼 맑단 의미의 경포호는 그 뜻대로 맑고 투명해 바라만 봐도 눈이 시원하다. 봄이면 호수 위로 새하얀 벚꽃이 흩날려 꿈결 같은 풍경을 연출한다. 1시간 남짓이면 한 바퀴를 돌 수 있으니, 여러 각도에서 감상하자. 관동팔경의 하나인 경포대에 올라보는 풍경이 그중 으뜸이다.

◎ 강원 강릉시 경포로475번길 5

◷ 24시간

₩ 무료

❾ 드라마 도깨비촬영지+BTS정류장

대한민국을 뒤흔들었던 인기 드라마 <도깨비>의 명장면이 주문진 남쪽에서 촬영됐다. 붉은 목도리의 김고은과 공유가 마주하던 방파제가 바로 이곳. 그 장면을 따라 하는 커플들은 누군가의 염장을 지를 수 있으니 주의하길. BTS가 앨범 재킷을 찍은 정류장도 멀지 않다.

◎ 강원 강릉시 주문진읍 해안로 1609

◷ 24시간

₩ 무료

❿ 정동심곡바다부채길

정동진에서 심곡항까지 이어지는 해안 탐방로. 아찔한 해안절벽 위에 데크 길이 잘 뚫려있다. 2.86킬로미터의 구간을 걸으며 천연기념물로 지정된 국내 유일의 해안단구 모습을 가까이서 관찰할 수 있다. 탐방로 지형이 동해를 향해 부채를 활짝 편 모습이라 바다부채길이다.

◎ 강원 강릉시 강동면 헌화로 950-39 ◷ 4월~10월 매일 09:00~17:30, 11월~3월 매일 09:00~16:30

₩ 성인 3,000원, 청소년 2,500원, 어린이 2,000원

강릉의 맛집과 카페

동화가든 본점

테라로사커피공장 강릉본점

동화가든 본점 전국에 짬뽕순두부 열풍을 불게 한 바로 그 집이다. 주말이라면 몇 시간 웨이팅은 각오하고 가자. 강원 강릉시 초당순두부길77번길 15 목~화 07:00~19:00(브레이크 타임 16:00~17:00, 수 휴무)

원조강릉교동반점본점 전국 5대 짬뽕으로 꼽히는 교동짬뽕의 원조. 메뉴도 짬뽕(밥)과 군만두뿐이다. 강원 강릉시 강릉대로 205 화~일 10:00~18:00(월 휴무)

베니닭강정 강릉중앙시장의 닭강정 터줏대감. 달콤 매콤 바삭한 닭강정이 중독성 있다. 강원 강릉시 금성로13번길 5 매일 09:00~21:00

보헤미안박이추커피 1세대 바리스타이자 강릉을 커피의 도시로 만든 주인공 박이추 명인의 커피 공방이다. 강원 강릉시 사천면 해안로 1107 매일 09:00~18:00

테라로사커피공장 강릉본점 강릉을 대표하는 커피 로스터스. 수많은 원두를 직접 가공한다. 외지지만 여행객이 끊이지 않는다. 강원 강릉시 구정면 현천길 25 매일 09:00~21:00

강릉시 여행 지도

Special Info 강릉의 해수욕장

강릉은 빼어난 풍경의 해변을 많이 가진 것으로 유명하다. 동해안을 따라 20개가 넘는 해수욕장이 이어져 한 두 곳만 가기엔 아쉬움이 남는다. 강릉의 매력적인 해수욕장을 소개한다.

❶ 송정해수욕장

끝없이 펼쳐진 소나무숲이 해변을 감싸고 있다. 고려 때 소나무 8그루가 자라 팔송정으로 불리다가 훗날 소나무가 늘어나면서 송정으로 바꿔 불렀다. 시원한 나무 그늘에 앉아 푸른 바다만 바라봐도 행복이 스며든다. 매점과 쉼터가 있어 완벽한 휴식을 돕는다.

⊙ 강릉시 송정길30번안길 20-3

❷ 사천진해수욕장

경포해수욕장 북쪽에 자리잡은 조용한 해변으로 약 800미터의 백사장을 가졌다. 검은 암초가 보일 정도로 수심이 얕고 잔잔한 파도로 유명하다. 바나나 보트 등 흥미로운 해양 액티비티도 경험할 수 있어 가족 단위 여행객에게 큰 매력을 선사한다.

⊙ 강릉시 사천면 진리해변길 131

❸ 영진해수욕장

주문진항 남쪽으로 3킬로미터 지점, 강릉시 연곡면 영진2리에 있다. 사람이 많이 몰리지 않는 조용한 해변이라 한가로이 물놀이를 즐기기에 그만이다. 해변의 길이는 약 600미터로 아담한 편이다. 해변을 따라 전망 좋은 카페가 늘어서 있어 바다를 눈으로 즐기는 것도 좋다.

◎ 강릉시 연곡면 영진리 357-155

❹ 순긋해수욕장

경포해수욕장에서 북쪽으로 2킬로미터 거리에 있다. 몇 해 전부터 차박 명소로 이름을 알렸다. 모래밭이 깨끗하고 수심이 얕아서 물놀이하기에 좋다. 분위기는 아늑하다. 현재 캠핑은 제한적으로만 허용되지만, 유난히 맑고 투명한 물빛은 방문 가치를 한껏 높인다.

◎ 강릉시 해안로 678

❺ 강문해수욕장

경포해수욕장 바로 남쪽에 위치한다. 경포호에서 흘러내리는 물길을 기준으로 북쪽은 경포해수욕장, 남쪽은 강문해수욕장이다. 근사한 바다 풍경은 기본, 근처에 강문항이 있고, 소문난 맛집이 빼곡하다. 편의 시설도 잘 갖추어져 있어 언제나 큰 인기를 누린다.

◎ 강릉시 창해로 352

❻ 금진해수욕장

정동진 남쪽, 강릉시 옥계면 금진리에 있다. 강릉에서 서핑을 즐기고 싶다면 이곳이 제격이다. 서핑 강습소가 밀집되어 있어 초보자도 환영이며, 가볍게 패들 보트에 도전하는 것도 추천한다. 금진해수욕장을 지나는 해변도로 헌화로는 강릉에서 손꼽히는 드라이브 코스이다.

◎ 강릉시 옥계면 헌화로 271

005 동해시

Gangwon

바다와 계곡의 은은한 만남

❶ 추암촛대바위

대한민국엔 촛대를 닮은 많은 바위가 존재하지만 추암의 그것만큼 완벽한 건 없다. 애국가 영상에 등장할 정도로 귀하신 몸인 이 바위엔 본처를 두고 첩을 들인 남자가 하늘의 벌을 받아 현재의 형상으로 굳어졌다는 전설이 전해진다. 촛대바위 주변으로도 기암괴석이 계속 자태를 드러내 두 눈이 즐겁다. 언제 봐도 아름답지만 해가 뜰 때 최고의 매력을 발산한다. 마치 촛대에 불을 붙이듯 촛대 끝자락에 태양이 걸리는 순간 반짝이는 동해 만큼이나 큰 감동이 가슴속에 일렁인다. 2019년에 개장한 해상 출렁다리가 지척이니 함께 둘러보자.

강원 동해시 추암동 산69

24시간

₩ 무료

❷ 논골담길

한적하던 묵호등대마을을 밝힌 논골담길엔 지역의 역사가 그대로 담겨있다. 담벼락에 그려진 벽화는 모두 억척스레 삶을 개척해가던 주민들에게 초점을 맞췄다. 묵호항이 호황을 누리던 시절, 마을 꼭대기엔 오징어와 명태 덕장이 있었고 그곳까지 이어지는 길은 논처럼 질퍽거렸기에 주민들은 늘 장화를 신고 다녔다. 논골이라는 이름도, 그림마다 오징어와 장화가 등장하는 이유도 바로 이런 역사에서 기인한다. 언덕의 묵호등대까지 오르는 동안 벽화는 물론이고 '바람의 언덕' 전망대와 주민들이 합심하여 운영하는 카페와 상점이 등장한다.

강원 동해시 논골1길 2

24시간

₩ 무료

❸ 묵호항

묵호항을 전성기로 이끌던 탄광 산업이 쇠퇴하며 옛 명성에 미치지 못해도 여전히 동해를 대표하는 항구로 사랑받고 있다. 석탄, 시멘트가 오가던 산업 항은 이제 동해 어업기지로 변신했다. 설렁설렁 어시장을 구경하는 것도 재미있고 수변공원을 따라 산책하는 것도 즐겁다.

◎ 강원 동해시 묵호진동 95-2

◷ 24시간

₩ 무료

❹ 추암해변

촛대바위에 발자국을 찍었다면 추암해변을 그냥 지나치긴 힘들다. 백사장이 곱고 파도가 잔잔해 가족 단위의 피서객에게 추천한다. 북쪽의 기암절벽군을 보며 즐기는 해수욕은 특별한 추억을 선물한다. 남쪽으로 삼척과 맞닿아 있어 두 도시 사이에 양다리를 걸쳐볼 수도 있다.

◎ 강원 동해시 추암동 474-3

◷ 24시간

₩ 무료

❺ 도째비골스카이밸리

도째비는 도깨비의 방언이다. 묵호등대와 월소택지 사이 도째비골에 관광단지가 들어섰다. 하이라이트는 바다를 향해 뻗어있는 59미터 높이의 스카이워크. 그밖에도 와이어를 따라 공중을 달리는 스카이사이클, 자이언트슬라이드, 도깨비방망이 모양의 해랑전망대가 함께한다. ◎ 강원 동해시 묵호진동 2-109 ◷ 화~일 10:00~18:00(월 휴무, 월요일이 공휴일일 경우 다음날 휴무) ₩ 성인 2,000원, 청소년·어린이 1,600원 **스카이사이클** 15,000원, **자이언트슬라이드** 3,000원

❻ 무릉계곡

보기에 얼마나 아름다웠으면 선조들이 무릉도원이라 불렀을까? 동해의 명산, 청옥산과 두타산이 합심해 만든 계곡의 경치는 예나 지금이나 똑같이 수려하다. 계곡 초입엔 1,000여 명이 동시에 앉을 수 있다는 무릉반석이 있다. 묵객과 명필가가 바위마다 석각을 새겨놓았다.

◎ 강원 동해시 삼화로 584

◷ 24시간

₩ 무료

❼ 쌍폭포와 용추폭포

무릉계곡을 따라 숨은 폭포 찾기에 나서보자. 계곡 안쪽에 있는 많은 폭포 중 쌍폭포와 용추폭포는 최고를 두고 자웅을 겨룬다. 좌우에서 동시에 쏟아지는 쌍폭포의 두 물줄기는 각각 청옥산과 두타산에서 발원하여 합쳐진다. 용추폭포는 상-중-하 3단으로 굽이쳐 흐른다.

◎강원 동해시 삼화동

Ⓛ24시간

₩ 무료

❽ 천곡황금박쥐동굴

국내 유일 도심 한가운데 위치한 석회 동굴이다. 1991년 아파트 공사 중에 발견되었다. 5억 년 억겁의 세월이 쌓여 형성된 동굴로 추정되며 안에서 세계적인 희귀종 황금박쥐가 발견되어 학계를 흥분시켰다. 접근성도 훌륭하고 800미터 탐방로도 완만해 쉽게 둘러볼 수 있다.

◎강원 동해시 동굴로 50

Ⓛ매일 09:00~18:00

₩ 성인 4,000원, 청소년 3,000원, 어린이 2,000원

❾ 망상해변

망상해변은 강원도 지정 국민관광지이며 피서철엔 100만 명 단위의 피서객이 몰려들 만큼 동해안 최고 인기 해변으로 꼽힌다. 동해의 청정 바다를 따라 4킬로미터 이어진다. 울창한 송림이 뒤를 받쳐주어 풍광이 더욱 뛰어나다. 오토캠핑장과 한옥마을 등의 휴양 공간도 풍부하다.

◎강원 동해시 망상동 393-35

Ⓛ24시간

₩ 무료

❿ 동해무릉건강숲

아토피나 천식 같은 환경성 질환 예방 센터 겸 숙박시설로 친환경 자재로 건설한 힐링 숙박동에서 건강한 쉼을 얻을 수 있다. 여름이면 무료로 운영되는 무릉오선녀탕도 인기다. 무릉계곡의 물을 끌어다 만든 천연 물놀이장으로 아이들과 물놀이를 즐기기에 좋은 곳이다.

◎강원 동해시 삼화동 산180-14

Ⓛ24시간

₩ 숙박동별 상이

동해의 맛집과 카페

황해횟집

베이커리카페클램

황해횟집 40년 전통의 횟집으로 깔끔한 물회와 시원한 곰치국이 주력이다.
강원 동해시 일출로 189 목~화 09:00~20:00(라스트 오더 19:00, 수 휴무)

오뚜기칼국수 허름한 아파트에 숨겨진 맛집. 할머님이 내어주시는 장칼국수가 아주 진하다.
강원 동해시 일출로 10-1 화~일 07:00~18:00(월 휴무)

덕취원 80년 넘게 자리를 지키고 있는 중식집으로 짜장면 맛집으로 소문이 자자하다.
강원 동해시 대동로 118 매일 11:30~21:40(브레이크 타임 14:50~17:00, 라스트 오더 19:40, 휴무일 불규칙)

베이커리카페클램 망상해변을 마주 보고 있는 베이커리 카페. 3층 루프톱 자리 쟁탈전이 치열하다.
강원 동해시 동해대로 6270-37 매일 07:00~22:00(라스트 오더 21:30)

동해제빵소 당일 생산, 당일 판매를 원칙으로 매일 신선하고 맛깔난 빵을 구워낸다.
강원 동해시 한섬로 126-1 매일 08:00~22:00

006 삼척시

Gangwon

바다와 동굴이 주는 선물

❶ 장호항 케이블카

빼어난 풍광으로 '동양의 나폴리'라는 애칭을 얻은 삼척의 간판 항구이다. 신기할 정도로 맑은 물과 새하얀 모래사장, 기암이 어우러져 언제나 근사한 자연풍광이 펼쳐진다. 삼척의 핵심 여행지답게 즐길 거리 역시 풍부하다. 여름이면 투명카누 탑승과 스노클링, 스쿠버다이빙까지 즐길 수 있다. 어촌체험마을이 있어 이색적인 체험도 가능하다. 2017년엔 바다 위를 누비는 874미터 길이의 삼척해상케이블카가 개통되어 장호항을 더욱 풍성하게 만들었다. 해안절벽을 잇는 산책로가 있으니 그 위를 여유롭게 거닐며 풍경에 빠져드는 것도 잊지 말자.

📍 강원 삼척시 근덕면 장호리 🕓 24시간

₩ 케이블카 왕복 대인(13세 이상) 10,000원, 소인 6,000원

❷ 대금굴과 환선굴

삼척 대이리 동굴지대엔 국내 최고라는 찬사가 아깝지 않은 동굴 2개가 나란히 이어진다. 대금굴은 개별관람이 금지돼 가이드 투어 탐사만 가능하기에 인터넷 예매가 필수다. 접근 자체가 어려워 국내에선 유일하게 모노레일을 타고 동굴 내부로 들어간다. 5억 년의 시간을 품은 황금빛 동굴로 여러 동굴생성물은 물론, 폭포와 호수까지 만날 수 있다. 분위기가 신비로운 환선굴은 국내 최대 규모의 석회암 동굴로 웅장함이 압도적이다. 두 동굴 모두 천연기념물이어서, 아쉽지만 내부 보호를 위해 촬영이 금지돼 있다.

📍 강원 삼척시 신기면 환선로 800

🕓 매일 09:00~17:00(11월~2월은 09:30~16:00)

₩ **대금굴** 성인 12,000원, 청소년 9,000원, 어린이 6,000원 **환선굴** 성인 4,500원, 청소년 3,000원, 어린이 2,000원

❸ 초곡용굴촛대바위길

보기만 해도 아찔한 해안절벽을 따라 660미터의 산책로가 이어진다. 그 끝엔 구렁이가 용으로 변해 승천했다는 전설이 깃든 용굴이 기다린다. 그러나 하이라이트는 산책로 중간쯤에서 모습을 드러내는 촛대바위. 바다와 어우러진 기암괴석의 향연은 할 말을 잊게 만든다.

◎ 강원 삼척시 근덕면 초곡길 236-4

◷ 24시간

₩ 무료

❹ 수로부인헌화공원

<삼국유사>의 <헌화가>와 <해가사> 속 절세미인 수로부인을 주인공으로 만든 공원이다. 남화산 정상에 있어 엘리베이터를 타고 오른 뒤 다시 한참을 걸어야 하지만 불만을 제기할 수 없는 건 공원에서 보이는 경치 덕이다. 곳곳에서 설화 속 등장인물 조각을 만나는 것도 재밌다.

◎ 강원 삼척시 원덕읍 임원리 산327-7 ◷ 매일 09:00~18:00(11월~2월은 17시까지, 매월 18일 휴무)

₩ 성인 3,000원, 청소년 2,000원, 어린이 1,500원

❺ 맹방해수욕장

삼척 제1의 해변으로 원래도 관광객이 많았으나 월드 스타 BTS가 이곳에서 앨범 재킷을 찍은 뒤 인기가 폭발했다. 심지어 미국 빌보드 차트에서 10주나 1위를 차지했던 <Butter>의 앨범이었으니 지금은 거의 성지나 다름없다. 멤버들이 누워있던 선베드가 해변에 남아있다.

◎ 강원 삼척시 근덕면 맹방해변로 228-239

◷ 24시간

₩ 무료

❻ 죽서루

보물로 지정된 조선 시대 누각으로 절벽 위에 세워졌다. 죽서루에 오르면 풍류를 즐길 줄 아는 우리의 선조들이 왜 이곳을 택했는지 알게 해준다. 바로 아래 보이는 오십천의 물줄기와 자연경관이 일품이다. 겸재 정선도 이 풍경에 반했는지 <관동명승첩>에 죽서루를 남겼다.

◎ 강원 삼척시 죽서루길 37

◷ 24시간

₩ 무료

❼ 새천년해안도로

이름에서 유추가 가능하듯 새천년해안도로는 2000년에 탄생했다. 국내 해안 드라이브 코스 중 최상급에 속한다. 삼척해변과 삼척항을 잇는 5킬로미터 남짓한 짧은 도로지만 창 너머 쪽빛 바다와 그 위의 윤슬, 파란 하늘 삼중주가 운전대를 잡은 팔에 닭살을 돋게 만든다.

◎ 강원 삼척시 새천년도로 61-18

◷ 24시간

₩ 무료

❽ 삼척장미공원

5월이면 장미축제가 열릴 정도로 삼척은 장미에 진심인 도시다. 오십천 둔치에 마련된 장미공원엔 무려 13만 그루의 장미 나무가 진한 빛깔을 뽐낸다. 그 종류도 200종이 넘어 꽃의 색도 무척 다양하다. 장미 터널과 분수광장을 비롯해 구석구석 포토존이 많다.

◎ 강원 삼척시 정상동 232

◷ 24시간

₩ 무료

❾ 해신당공원

남근숭배 민속이 담긴 테마공원이다. 예전에 한 처녀가 바다에 빠져 죽은 뒤 고기가 잡히지 않자 마을 사람들이 남근 조각을 깎아 제사를 지냈고 이후 풍어를 이뤘다 한다. 주제가 주제인 만큼 남근 조각이 지천이라 얼굴이 붉어질 수 있으니 주의. 한쪽에 해신당도 마련되어 있다.

◎ 강원 삼척시 원덕읍 삼척로 1852-6

◷ 매일 09:00~18:00(11월~2월은 17시까지)

₩ 성인 3,000원, 청소년 2,000원, 어린이 1,500원

❿ 삼척해양레일바이크

국내에선 드물게 해안가를 끼고 달리는 레일바이크다. 일제가 수탈을 목적으로 삼척까지 연결해 놨던 폐철로를 정비해 멋진 관광 콘텐츠를 개발했다. 궁촌에서 용화까지 달리는 동안 초곡항과 서너 개의 해변이 펼쳐진다. 화려한 조명으로 빛나는 중간 터널도 강렬하다.

◎ 강원 삼척시 근덕면 공양왕길 2 ◷ 매일 09:00~16:00 (휴게시간 11:00~12:00, 매달 2·4번째 수요일 휴무)

₩ 2인승 25,000원, 4인승 35,000원

삼척의 맛집과 카페

성원닭갈비

삼척전복해물뚝배기

하쿠나마타타

성원닭갈비 삼척 명물 물닭갈비를 완벽히 구현한다는 평가를 받는다. 매콤달콤 국물이 일품이다.
강원 삼척시 정상안1길 14-32 매일 11:00~21:00(라스트 오더 20:00, 매달 2·4번째 수요일 휴무)

삼척전복해물뚝배기 삼척 푸른 바다를 눈에 담으며 해물이 푸짐하게 올라간 뚝배기를 한 그릇 먹어보자. 강원 삼척시 테마타운길 59 매일 08:00~21:00

일미담 강원권의 한정식도 경쟁력이 있다는 사실을 깨닫게 해준다. 돌솥정식은 가성비도 좋다.
강원 삼척시 테마타운길 19 매일 11:00~21:00

하쿠나마타타 장호항으로 가는 길에 있는 큼직한 통창 카페. 브런치 맛집으로 여행자가 몰린다.
강원 삼척시 근덕면 삼척로 2246 매일 09:30~18:00

평화주택커피 건설업체의 상호를 아들이 물려받아 카페로 재탄생시켰다. 오션 뷰가 환상적이다.
강원 삼척시 삼척로 4246-62 목~화 10:00~18:00(라스트 오더 17:00, 수 휴무)

삼척시 여행 지도

007
Gangwon

원주시
도시에서 즐기는 역사와 예술

❶ 소금산그랜드밸리

원주의 대표적인 랜드마크이다. 소금산 출렁다리 주변에 많은 시설물을 추가하여 복합 관광단지를 조성했다. 높이 100미터, 길이 200미터의 파란색 출렁다리를 건너면 꽃이 만발한 하늘정원과 데크 산책로를 차례로 지나게 된다. 이어 등장하는 소금잔도는 소금산 정상부의 절벽을 깎아 길을 내어 아찔함과 놀라움을 동시에 안겨준다. 마지막으로 그랜드밸리의 하이라이트인 노란색 울렁다리가 제대로 화룡점정을 찍는다. 출렁다리의 두 배가 넘는 404미터 길이의 초대형 보행교 위를 걸으면 마음이 울렁울렁! 그 위에서 보이는 산세와 관광지 전경도 훌륭하다.

◎ 강원 원주시 지정면 소금산길 12
◷ 화~일 09:00~18:00(11월~4월은 17시까지, 월 휴무)
₩ 대인(13세 이상) 9,000원, 소인 5,000원

❷ 뮤지엄산

세계적인 건축가 안도 다다오의 철학과 빛의 마술사 제임스 터렐의 혼을 이곳에서 동시에 만나볼 수 있다. 뮤지엄산은 국내에서 가장 인상적인 사립미술관으로 꼽힌다. 안도 다다오의 설계로 8년간 지은 건물 자체가 하나의 거대한 작품이다. 산에 위치한 특성을 살려 드넓은 야외 부지도 전시 공간으로 활용한다. 붉은 '아치웨이'를 시작으로 플라워가든과 워터가든, 본관과 명상관, 스톤가든과 제임스 터렐관이 이어진다. 전체적인 동선상 관람 시간은 최소 2시간 이상 잡아야 한다. 명상관과 터렐관은 당일 선착순 발권으로 입장하며, 인원 제한이 있다.

◎ 강원 원주시 지정면 오크밸리2길 260
◷ 화~일 10:00~18:00(월 휴무)
₩ 성인 22,000원, 초중고생 14,000원

❸ 치악산

원주의 영원한 터줏대감 치악산은 오대산에서 시작된 차령산맥의 줄기로 비로봉 정상의 높이는 1,288미터이다. 등반 루트에 따라 구룡사와 상원사, 계곡과 폭포 등 아늑한 풍경과 계속 조우한다. 소문처럼 등산 난이도는 높은 편. 여의치 않다면 산 외곽에 조성해 놓은 치악산둘레길을 추천한다.

◎ 강원 원주시 소초면 무쇠점2길 26

◷ 24시간

₩ 무료

❹ 박경리문학공원

근대문학의 대가 박경리 선생은 경남 통영 출신이나 1980년 원주에 정착해 <토지>의 4부와 5부를 집필했다. 그 집 주변으로 문학공원이 들어섰다. 자료실 격인 박경리 문학의 집에서 소설가의 삶을 차근차근 마주한 뒤 옛집 앞에 조각된 선생의 동상에 인사를 건네 보자.

◎ 강원 원주시 토지길 1 ◷ 문학의 집 매일 10:00~17:00 (매달 4번째 월요일 휴관)

₩ 무료

❺ 동화마을수목원

공립수목원으로 명봉산 자락을 따라 1,000종이 넘는 수종을 보유하고 있다. 꽃과 나무 곁에 앙증맞은 인형과 재미있는 조각이 즐비하고 알록달록한 방울로 뒤덮인 터널도 있어 이름 그대로 동화 속에 들어온 듯한 기분이 든다. 둘레길도 잘 짜여있어 산책 코스로도 좋다.

◎ 강원 원주시 문막읍 동화골길 170

◷ 화~일 09:00~18:00(11월~2월은 17시까지, 월 휴무)

₩ 무료

❻ 원주한지테마파크

전통 한지의 고장인 원주에 들어선 국내 최초의 한지문화복합공간이다. 기획전시관엔 한지를 예술로 승화시킨 작품이 즐비하다. 한지 제작에 직접 참여해보고 생활소품을 만들어볼 수 있는 프로그램도 여럿 준비되어 있다. 가정의 달 5월이면 한지문화제를 개최한다.

◎ 강원 원주시 한지공원길 151

◷ 화~일 09:00~18:00(월 휴무)

₩ 무료

❼ 용소막성당

100년 넘는 역사를 지녔다. 강원도 유형문화재로 지정된 성당이다. 붉은 벽돌구조의 건축물은 한적한 시 외곽에 우뚝 솟아 있어 더욱 이국적인 정취를 뿜어낸다. 성당 곁으로 유물관이 있어 여러 국가의 성경책과 묵묵히 성당을 지켰던 사제들의 유산을 만나볼 수 있다.

◎ 강원 원주시 신림면 구학산로 1857

◷ 24시간

₩ 무료

❽ 원주미로예술시장

시장이 아닌 예술공간이라는 표현이 알맞다. 사람들의 발걸음이 뜸해 쇠락하던 원주중앙시장 2층에 청년 예술가들이 공방과 갤러리, 편집숍을 열며 활기를 불어넣었다. 미로 같은 골목을 누비고, 화려한 벽화를 구경하고, 독특한 상점에서 쇼핑을 즐기면, 시간 가는 줄 모른다.

◎ 강원 원주시 중앙시장길 6

◷ 상점별 상이

₩ 무료

❾ 강원감영

도심 한가운데에 이런 유적이 온전히 남아있는 건 선물이다. 감영은 조선 시대 각 도의 관찰사가 머물던 관청으로 강원감영은 500년이 넘는 역사를 가지고 있음에도 주요 건물이 원형 그대로 남아있어 가치가 높다. 현재는 연못과 정자가 더해져 휴식처로 손색이 없다.

◎ 강원 원주시 원일로 77

◷ 매일 09:00~22:00

₩ 무료

❿ 판대아이스파크

원주시 판대리엔 겨울이면 빙벽 등반가들이 앞다투어 몰려드는 곳이 있다. 판대 아이스파크이다. 깎아지른 절벽에 물을 퍼 올린 뒤 얼려 만든 인공 빙벽으로 높이가 100미터나 되기에 시각적인 압도감을 뿜낸다. 그 위를 오르는 등반가들의 모습이 어우러지면 아찔함이 추가된다.

◎ 강원 원주시 지정면 지정로 1073

◷ 24시간

₩ 무료

원주의 맛집과 카페

수가성순두부

서곡막국수

자매제과

수가성순두부 전국적으로 소문난 수가성순두부 본점이다. 열 가지가 넘는 순두부 메뉴를 갖췄다.
강원 원주시 남원로612번길 1 24시간 운영(브레이크 타임 14:30~17:00)

서곡막국수 계곡 바로 앞에 있어 장쾌한 물소리를 들으며 막국수를 즐길 수 있다.
강원 원주시 판부면 서곡리 1635-5 매일 11:00~20:00(라스트 오더 19:30)

원주복추어탕 1966년에 문을 연 원주식 추어탕의 원조 집으로 시내 한복판에 위치한다.
강원 원주시 치악로 1748 매일 09:00~21:00(브레이크 타임 15:00~17:00, 매달 마지막 수요일 휴무)

허니포레스트 양봉업을 하는 대표가 직접 채취한 꿀로 꿀숲 라떼 등의 시그니처 메뉴를 제공한다.
강원 원주시 판부면 서곡길 255 매일 10:00~22:00 (라스트 오더 21:30)

자매제과 원주미로예술시장 내에 있는 다쿠아즈 전문 제과점. 다락방 같은 2층 공간이 깜찍하다.
강원 원주시 중앙시장길 6 가동 2층 19호 수~일 12:00~18:50(월~화 휴무)

원주시 여행 지도

008 Gangwon

횡성군
청정 자연 속 힐링 명소

❶ 태기산

해발 1,261미터로 횡성군 최고봉이란 타이틀을 차지하고 있다. 태백산맥 줄기 중 하나로 본래 덕고산이었으나 진한의 마지막 왕인 태기왕이 신라에 항전했던 역사가 있어 태기산으로 불리게 되었다. 산 한편에 그 역사의 흔적인 태기산성과 집터 등이 여전히 남아있다. 정상 부근에 파란 하늘을 배경으로 돌아가는 풍력발전기가 색다른 풍광을 연출해준다. 산 위에서 시원스레 파노라마로 펼쳐지는 횡성읍과 치악산 등의 전망도 빼놓을 수 없다. 빛 공해가 적은 곳이라 머리 위로 쏟아지는 별을 만나기 위해 한밤중에도 제법 많은 사람이 찾는다.

◎ 강원 횡성군 둔내면 화동리

◷ 24시간

₩ 무료

❷ 청태산자연휴양림

태기산과 더불어 1,200미터 높이를 과시하는 청태산 자락에 있다. 국내에 있는 많은 자연휴양림 중에서도 매우 울창한 숲을 가진 것으로 유명하다. 10미터가 훌쩍 넘는 침엽수가 빼곡하게 들어차 있어 낮에도 빛이 잘 내리쬐지 않을 정도이다. 데크를 따라 피톤치드 가득한 숲 사이를 거닐면 내딛는 모든 발걸음에 건강이 한 움큼씩 실려 오는 기분이 든다. 노루도 종종 눈에 띈다 한다. 자연에 안긴 채 완벽한 하루를 보내고 싶다면 휴양 숙박시설에 머무는 것도 좋다. 휴양림 초입의 체험관에선 가족 단위 방문객을 위해 맞춤 목공예 체험을 운영한다.

◎ 강원 횡성군 둔내면 청태산로 610

◷ 수~월 09:00~18:00 (화 휴무)

₩ 성인 1,000원, 청소년 600원, 어린이 300원

❸ 미술관자작나무숲

깊은 산골에 숨겨진 사립미술관으로 관장이 수십 년 간 정성을 들인 자작나무숲 안에 미술 작품이 가득하다. 따스한 산장 분위기의 카페도 마당에서 뛰노는 고양이들의 애교도 그냥 지나치기 힘들다. BTS가 윈터 패키지를 촬영한 장소로 알려진 뒤 방문객이 점점 늘고 있다.

◎ 강원 횡성군 우천면 한우로두곡5길 186

◷ 금~화 10:00~18:00(수~목 휴무)

₩ 성인 20,000원, 소인(3~18세) 10,000원

❹ 국립횡성숲체원

청태산 850미터 지점, 상쾌한 공기가 뿜어져 나오는 곳에 있는 국가 1호 산림교육센터다. 여러 산책로를 따라 대자연 이곳저곳을 누비면 산림복지진흥원의 의도대로 마음속 모든 스트레스를 날려버릴 수 있다. 명상과 숲 체조 등이 포함된 산림치유 프로그램도 운영하고 있다.

◎ 강원 횡성군 둔내면 청태산로 777

◷ 매일 09:00~17:00(휴게시간 12:00~13:00)

₩ 무료 (숙박, 체험비 별도)

❺ 풍수원성당

풍수원성당은 강원도 최초의 천주교 성당으로 1909년에 준공되어 백 년 넘게 횡성을 굽어보고 있다. 붉은 벽돌로 지은 성당 외관이 옛 멋을 간직하고 있다. 성당 주변은 조선 후기 천주교 박해를 피해 신자들이 모여들어 생계를 이어나가던 신앙촌이자 성지이기도 하다.

◎ 강원 횡성군 서원면 경강로유현1길 30

◷ 24시간

₩ 무료

❻ 안흥찐빵모락모락마을

그 유명한 안흥찐빵의 고향이 바로 횡성군 안흥면이다. 그에 걸맞게 찐빵마을까지 조성되어 있을 정도이다. 깜찍한 찐빵 캐릭터가 반기는 마을 안으로 들어서면 전시관과 체험관이 차례대로 나타난다. 안흥찐빵 만들기 체험은 당연히 최고의 인기 프로그램으로 예약은 필수다.

◎ 강원 횡성군 안흥면 주천강로 1868

◷ 화~일 09:00~18:00(휴게시간 12:00~13:00, 월 휴무) ₩ 체험별 상이

❼ 횡성루지체험장

옛 42번 국도 폐도로를 활용해 만든 루지 코스이다. 루지 체험장 총 길이는 2.4킬로미터로 단일코스로는 세계 최장 길이를 자랑한다. 2020년에 개장해 횡성의 액티비티를 책임지고 있으며 시원한 바람을 느끼며 달리는 동안 트릭아트, 동화 나라, 우주 터널 등 다채로운 구간을 지난다.

강원 횡성군 우천면 전재로 407 매일 09:30~17:30 (성수기 7월 15일~8월 31일은 18:30까지) ₩ 주중 1회권 12,000원, 성수기·주말·공휴일 15,000원

❽ 망향의동산

2000년 횡성댐 준공으로 수몰된 마을을 기리기 위해 조성되었다. 현재는 횡성호가 내려다보이는 전망 좋은 곳에 자리 잡은 공원으로 알려지며 나들이객으로 붐빈다. 수몰 당시 옮겨진 중금리 삼층석탑과 수몰 마을의 역사가 담긴 화성의 옛터 전시관도 함께 자리하고 있다.

강원 횡성군 갑천면 구방리 526

24시간

₩ 무료

❾ 병지방리계곡

어답산은 신라의 박혁거세가 진한 태기왕을 쫓다 들렸다는 전설이 전해지는 곳이다. 병지방리계곡은 이 산을 끼고 흐르는 깊은 골이다. 병지방이란 이름도 병사가 머물렀단 뜻이다. 산봉우리에 휘감긴 청정 계곡은 기암과 조화를 이루며 횡성의 자연을 대변하는 풍경이 되었다.

강원 횡성군 갑천면 병지방리

24시간

₩ 무료

❿ 횡성한우체험관

횡성하면 가장 먼저 떠오르는 한우. 횡성의 대표 브랜드를 홍보하고 전시하기 위해 마련된 공간이다. 횡성 한우에 대한 정보는 물론 소와 관련된 설화와 이야기를 품고 있어 소소한 재미를 준다. 아이들을 위한 놀이시설도 풍부하고 떡갈비 버거 만들기 체험도 가능하다.

강원 횡성군 횡성읍 문예로 41

화~일 09:00~18:00(월 휴무)

₩ 무료

횡성의 맛집과 카페

박현자네더덕밥

면사무소앞안흥찐빵

통나무집 횡성 한우를 제대로 맛볼 수 있다. 다양한 부위를 한데 모은 모둠구이가 인기다.
강원 횡성군 둔내면 고원로 173 매일 11:00~21:00(라스트 오더 20:00)

박현자네더덕밥 횡성의 특산물 더덕을 이용해 이색적인 요리를 선보인다. 맛도 나무랄 데 없다.
강원 횡성군 횡성읍 횡성로 59 화~일 10:00~20:30(브레이크 타임 15:00~16:00, 월 휴무)

운동장해장국 횡성 한우의 살코기와 내장을 담뿍 넣어 칼칼한 해장국을 내어준다. 돌솥밥 기본 제공이다. 강원 횡성군 삼일로 79 수~월 05:30~18:00(화 휴무)

면사무소앞안흥찐빵 안흥찐빵의 시초라고 알려지면서 언제나 문전성시다. 쫀득하고 달콤한 찐빵이 침샘을 자극한다. 강원 횡성군 안흥면 안흥로 30 매일 08:00~19:00

노랑공장 유럽인 듯 낭만 넘치는 내부가 인상적인 빈티지 카페. 앤티크 소품을 구경하는 재미도 있다.
강원 횡성군 횡성읍 태기로 488 매일 10:00~20:00(라스트 오더 19:30)

009 Gangwon

평창군

세계인의 눈을 사로잡은 올림픽 도시

❶ 대관령양떼목장

푸른 초원 위에서 양 떼가 한가로이 풀을 뜯는 모습은 평창, 하면 떠오르는 이미지다. 해발 900미터 자락의 대관령 언덕엔 1988년에 문을 연 오랜 전통의 양떼목장이 있다. 약 20만 제곱미터의 초지에 200마리 안팎의 양을 방목한다. 뭉게구름처럼 몽실몽실한 양은 바라만 보고 있어도 절로 미소가 지어진다. 양에게 직접 먹이를 주는 체험도 가능하고 산책로도 잘 가꾸어져 있어 목장 정상까지 오르면 백두대간의 경관이 가슴을 뻥 뚫어준다. 5월 중순이면 목장 주변에 철쭉이 만발하고 목초가 자라지 않는 겨울철엔 양들이 축사에 머무니 참고하자.

◎ 강원 평창군 대관령면 대관령마루길 483-32

◷ 매일 09:00~17:00(동절기 시기별 단축운영)

₩ 성인 7,000원, 청소년·어린이 5,000원

❷ 월정사 전나무숲길

오대산의 무성한 침엽수림에 둘러싸인 월정사는 오대산을 상징하는 고찰이다. 신라 선덕여왕 12년인 643년에 자장율사가 창건한 것으로 알려졌다. 고요한 사찰 구석구석을 둘러보면 마음에 평안이 찾아온다. 팔각구층석탑과 석조보살좌상 등 수많은 국보와 문화재를 소장하고 있으니 관련 자료가 전시된 성보박물관도 그냥 지나쳐선 안 된다. 월정사의 매력은 사찰 밖에서도 이어진다. 일주문에서 월정사까지 1킬로미터 남짓 이어지는 전나무숲길은 부안 내소사, 포천 광릉의 그것과 함께 국내 3대 전나무숲길로 꼽힐 정도로 완벽한 산책로다.

◎ 강원 평창군 진부면 오대산로 374-8

◷ 24시간

₩ 무료

❸ 발왕산관광케이블카

왕복 7.4킬로미터나 되는 국내 최장 길이의 케이블카에 몸을 실으면 해발 1,458미터의 발왕산 정상까지 힘들이지 않고 20분이면 오를 수 있다. 알펜시아 리조트를 출발해 올라가는 줄곧 발왕산의 웅대한 산세가 스쳐 지나간다. 정상 전망대에서 바라보는 풍경도 말이 필요 없다.

◎ 강원 평창군 대관령면 올림픽로 715

ⓒ 화~금 10:00~18:00, 토~일 09:00~18:00(월 휴무)

₩ 왕복 대인(14세 이상) 25,000원, 소인 21,000원

❹ 허브나라농원

허브를 테마로 한 농원 중에선 우리나라 최초다. 한 부부가 1993년부터 정성을 다해 허브밭을 일구기 시작한 것이 지금에 이르렀다. 자그마했던 농장은 현재 100종 이상의 허브가 넘실대는 커다란 테마 농원으로 발전했다. 순서대로 이어지는 가든마다 향긋함이 진동한다.

◎ 강원 평창군 봉평면 흥정계곡길 225

ⓒ 매일 09:00~18:00(11월~4월은 17:30까지)

₩ 성인·청소년 8,000원, 어린이 5,000원

❺ 육백마지기

청옥산 정상에 위치한 평탄한 초원으로 볍씨 육백 말을 흩뿌릴 수 있을 만큼 드넓다 해 육백마지기란 이름이 붙었다. 해발 1,200미터가 넘는 까닭에 여름에도 서늘하며 풍력발전기와 자연의 조화가 묘하게 아름답다. 밤이면 은하수가 쏟아져 차박 성지로 인기가 많다.

◎ 강원 평창군 미탄면 회동리 1-14

ⓒ 24시간

₩ 무료

❻ 효석문화마을

이효석의 <메밀꽃 필 무렵>을 못 들어본 사람이 몇이나 될까? 그 기념비적 소설의 무대가 된 곳이자 효석이 태어나고 자란 곳이 평창 봉평면이다. 그의 이름을 딴 마을엔 문학관과 효석달빛언덕 등의 전시관이 있고 늦여름이면 주변에 눈꽃처럼 새하얀 메밀꽃이 흐드러지게 핀다.

◎ 강원 평창군 봉평면 원길리 765-5

ⓒ 문학관 화~일 09:00~18:30(10월~4월은 17:30까지, 월 휴무) ₩ 문학관 2,000원

❼ 국립한국자생식물원

우리 고유의 꽃과 식물을 연구하고 보존하기 위해 세워진 국내 1호 사립식물원이다. 산수국, 금낭화 같은 자생식물 1,500여 종이 드넓은 대지 위로 피어오른다. 이곳에선 정말 꽃길만 걸을 수 있다. 2021년엔 식물원 대부분을 국가에 기증했고 2022년 '국립'으로 격상되었다.

◎강원 평창군 대관령면 비안길 159-4

◷매일 09:00~18:00(11월~2월은 17시까지)

₩ 성인 5,000원, 청소년 4,000원, 어린이 3,000원

❽ 발왕산기氣스카이워크

1,458미터 공중에 떠 있는 짜릿함이란 이런 것이다. 국내에서 가장 높은 곳에 위치한 스카이워크로 투명한 유리 위로 살금살금 발걸음을 옮기면 대관령의 웅장한 전경이 주변을 감싼다. 누가 봐도 기가 좋은 장소임은 틀림이 없으니 간 김에 힘찬 기운까지 듬뿍 받아 오자.

◎강원 평창군 대관령면 올림픽로 715

◷화~금 10:00~18:00, 토~일 09:00~18:00(월 휴무)

₩ 발왕산관광케이블카 이용

❾ 2018평창동계올림픽대회 및 동계패럴림픽대회기념관

평창은 서울과 함께 국내에서 유이하게 올림픽을 개최한 세계적인 도시다. 2018년 평창동계올림픽과 패럴림픽의 개·폐회식이 열렸던 곳에 기념관이 들어섰다. 감동적인 올림픽의 명장면을 다시 만나볼 수 있고 역대 올림픽에 관한 자료가 담긴 전시실과 VR 체험관 등이 있다.

◎강원 평창군 대관령면 올림픽로 220

◷화~일 10:00~19:00(월 휴무)

₩ 무료

❿ 흥정계곡

평창 곳곳에 숨겨진 많은 계곡 중 물이 맑고 수량이 풍부해 여름 피서지로 인기가 좋다. 흥정산에서 발원하여 5킬로미터 가까이 이어지는 계곡 구간 내내 평창의 시원스러운 산세가 동행을 이어간다. 다만 계곡에 있는 소(연못)의 일부는 물이 깊고 물살이 매우 세니 주의해야 한다.

◎강원 평창군 봉평면 흥정리

◷24시간

₩ 무료

평창의 맛집과 카페

메밀꽃필무렵

부일식당

카페연월일

메밀꽃필무렵 이효석 생가와 맞닿은 곳에 있다. 소설의 이름을 걸고 만드는 메밀국수가 별로일 리 없다.
강원 평창군 봉평면 이효석길 33-13 금~수 09:30~19:00(금 18:45, 토 19:30까지, 목 휴무)

부일식당 50년이 넘는 역사를 가진 산채정식집이다. 저렴한 가격에 수많은 나물 반찬을 제공한다.
강원 평창군 진부면 진부중앙로 100-5 매일 08:00~20:00

감자네 진부에 위치한 닭볶음탕 전문점. 부드러운 닭고기에 곤드레밥을 곁들여 먹는 조합이 좋다.
강원 평창군 진부면 방아다리로 360 수~월 11:00~20:30(브레이크 타임 15:00~17:00, 라스트 오더 14:00/19:30, 화 휴무)

카페연월일 창 너머로 드넓은 밭이 펼쳐져 일명 '논밭 뷰 맛집'으로 유명하다. 신기한 전경이긴 하다.
강원 평창군 진부면 진고개로 129 매일 09:00~21:00

마추픽추 마추픽추라는 이름을 가진 카페인 만큼 페루 명물인 알파카를 직접 마주할 수 있다.
강원 평창군 봉평면 태기로 352 매일 10:00~19:00(라스트 오더 18:00)

평창군 여행 지도

010
Gangwon

정선군

자연 속에 녹아든 아리랑 선율

❶ 정선아리랑시장5일장

거대 상권에 밀려 재래시장이 점점 쇠퇴한다고 하나 이곳은 예외인 듯하다. 전통 민속시장으로는 전국에서 가장 큰 규모로 꼽히는 정선아리랑시장은 1966년에 문을 연 뒤 현재까지도 큰 인기를 누리고 있다. 그 안엔 광산 산업 몰락 후 정선아리랑을 기반으로 관광 산업에 힘을 쏟은 정선군의 노력이 담겨있다. 2일, 7일마다 서는 오일장으로 정겨움이 넘치는 상점과 노점 수백여 개가 이어진다. 장날이면 메밀전병과 콧등치기국수를 맛보려는 관광객과 장을 보러 나온 현지인이 한꺼번에 몰려들어 북새통을 이룬다. 시장 한편에선 민속 공연도 열린다.

⊙ 강원 정선군 정선읍 5일장길 36

◷ 매일 09:00~18:00(업체별 상이)

₩ 무료

❷ 화암동굴

1945년까지 금을 채취하던 천포광산이 이곳의 원래 주인이었다. 그 유산을 물려받아 현재는 테마형 동굴로 변신해 여행자를 맞이한다. 광산의 역사를 축약한 공간을 둘러보며 탐방이 시작된다. 금맥의 발견부터 채취 과정을 담고 있으며 벽에 박힌 실제 금도 구경할 수 있다. 계단을 통해 갱도 하부로 들어서면 별천지가 펼쳐진다. 동화를 테마로 꾸며진, 놀이동산이라 해도 손색없는 공간이 길게 이어진다. 미디어아트가 빛을 뿜는 공간은 예술 그 자체다. 종유석 등의 동굴 생성물이 나타나는 것은 물론이다. 입구까지 귀여운 모노레일카도 운행된다.

⊙ 강원 정선군 화암면 화암리 산248

◷ 매일 09:30~16:30

₩ 성인 7,000원, 청소년 5,500원, 어린이 4,000원

❸ 병방치스카이워크

병방산의 절벽 끝, 굽이치는 동강이 훤히 보이는 지점에 투명한 스카이워크가 설치되었다. 허공 위로 툭 튀어나온 583미터 높이의 U자형 유리 전망대에 서면 짜릿함이 느껴진다. 한반도 지형과 밤섬의 전경은 덤이다. 동강을 바라보며 활강하는 짚와이어도 함께 운영된다.

◎ 강원 정선군 정선읍 병방치길 225

◷ 매일 09:00~18:00(동절기엔 17시까지)

₩ 성인 2,000원, 청소년·어린이 1,000원

❹ 정선아라리촌

정선 아리랑에서 이름을 딴 민속촌이다. 너와집과 저름집 같이 추위를 최소화하기 위해 만든 정선과 강원도 특유의 주거 문화를 관찰할 수 있다. 저잣거리나 소설 <양반전>을 주제로 한 거리도 재밌다. 매우 훌륭한 수준을 갖춘 아리랑박물관도 있으니 함께 보면 좋다.

◎ 강원 정선군 정선읍 애산로 37

◷ 매일 09:00~18:00

₩ 무료

❺ 삼탄아트마인

자신의 소임을 다한 폐광이 예술혼을 불사르며 부활했다. 1960년대부터 2001년까지 운영되던 삼척탄좌에 현대미술이 잔뜩 들어서며 극적인 반전이 찾아왔다. 특히 제3세계의 민속품으로 꽉 차 있는 원시미술박물관은 국내 어디서도 보기 힘든 놀라운 콜렉션을 보여준다.

◎ 강원 정선군 고한읍 함백산로 1445-44

◷ 수~일 09:30~17:30(월~화 휴무)

₩ 10,000원

❻ 만항재

정선과 태백의 백두대간이 만나는 곳에 해발 1,330미터 만항재가 있다. 이곳까지 포장도로가 뚫려있어 국내에서 차량으로 갈 수 있는 가장 높은 고개로 알려졌다. 침엽수로 빼곡한 숲 사이로 난 산책로가 인기다. 자그마한 쉼터에서 라면 한 그릇 해치우고 가는 사람도 많다.

◎ 강원 정선군 고한읍 함백산로 865

◷ 24시간

₩ 무료

❼ 하이원리조트

고한 지역의 폐광을 세계적인 수준의 리조트로 탈바꿈시켰다. 스키장과 골프장, 카지노와 고급호텔을 갖춘 대형 관광단지다. 그중 스키장의 규모와 시설이 국내 최고 수준으로 평가받아 겨울이면 인산인해를 이룬다. 스키 장비 대여도 수월하고 관련 편의시설도 잘 갖춰졌다.

◎ 강원 정선군 고한읍 하이원길 424

◷ 24시간

₩ 숙박동별, 시설별 상이

❽ 사북석탄역사체험관

동양 최대의 민영 탄광이었던 곳을 잘 보존해 세월을 거슬러 올라가는 경험을 안겨준다. 광부들의 삶의 터전이었던 갱도에 입장해볼 수 있고 석탄을 캐고 운반하던 시설도 가까이서 살펴보는 게 가능하다. 가족에게 전하는 메시지가 남아있는 탈의실에 선 마음이 찡해진다.

◎ 강원 정선군 사북읍 하이원길 57-3

◷ 화~일 10:00~17:00(월 휴무)

₩ 무료

❾ 정선양떼목장 황우목장

정선에도 양들이 뛰노는 목장이 있다. 관광지의 느낌보다 축산업 간접 체험의 장을 표방하는 곳이라 한적하게 초원을 누비고 양을 쫓아다니며 쉼표를 찍으면 좋다. 한쪽에는 산림욕장까지 마련되어 있다. 한우와 당나귀, 염소 등 각종 가축이 즐비한 동물체험장도 개방된다.

◎ 강원 정선군 정선읍 오반동길 470

◷ 매일 10:00~17:00(동절기 시기별 단축운영)

₩ 성인(15세 이상) 6,000원, 소인 4,000원

❿ 몰운대

화암면의 명승지를 모은 화암팔경 중 하나로 울창한 숲을 지나면 깎아지른 듯한 절벽 몰운대가 시야에 들어온다. 백 명 이상이 설 수 있다는 거대한 반석과 500년 수령의 노송 3형제가 운치를 더해준다. 하늘의 선인들이 경치에 반해 학을 타고 내려왔다는 전설이 믿겨진다.

◎ 강원 정선군 화암면 몰운리 산43

◷ 24시간

₩ 무료

정선의 맛집과 카페

메밀촌막국수

회동집

카페아라미스

메밀촌막국수 막국수로 이름이 났지만, 보쌈과 곤드레 정식도 결코 후 순위로 미룰 수 없는 수준이다.
강원 정선군 고한읍 고한로 79 매일 09:00~20:00(라스트 오더 19:30, 매달 2·4번째 수요일 휴무)

회동집 이름부터 재미있는 지역 명물 콧등치기국수가 별미다. 메밀전병과 수수부꾸미도 맛있다.
강원 정선군 정선읍 5일장길 37-10 목~화 09:00~18:00(수 휴무)

함백산돌솥밥 산나물 반찬이 풍성하게 나오는 곤드레돌솥정식을 필두로 미식가를 끌어모은다.
강원 정선군 고한읍 함백산로 1675 매일 11:00~20:00(매달 1·3번째 수요일 휴무)

카페아라미스 책장에 둘러싸여 아늑한 느낌을 준다. 창밖으론 숲이 펼쳐져 만족감은 두 배다.
강원 정선군 북평면 어도원길 12 매일 09:00~18:00(라스트 오더 17:00)

나전역카페 국내 1호 간이역 카페다. 폐역이 아닌 여전히 사용 중인 역에 들어서 더 의미가 있다.
강원 정선군 북평면 북평8길 38 매일 10:30~19:00

정선군 여행 지도

011
Gangwon

영월군

감동을 주는 무결점 자연

❶ 한반도지형

단숨에 전국 일주를 하는 방법이 있다. 뗏목을 타고 영월 한반도 지형을 반 바퀴 돌아보는 것이다. 아무리 봐도 인공적으로 만든 게 아닐까 의심이 들 만치 완벽한 우리 땅의 지형이 영월 선암마을에 자리하고 있다. 심지어 태백산맥을 본뜬 듯 동쪽엔 우거진 수풀이, 서해의 백사장을 보는 듯 서쪽엔 모래밭이 펼쳐져 신기할 따름이다. 제법 많은 품을 들여 전망대까지 닿으면 한반도 지형의 전체적인 모습을 확인할 수 있다. 강가로 내려가면 뗏목을 탈 수 있다. 유쾌한 뱃사공의 설명과 함께 동에서 서까지 초미니 전국 일주가 시작된다.

◎ 강원 영월군 한반도면 선암길 66-9

◷ 24시간

₩ 무료

❷ 젊은달와이파크

'영Young월月'을 활용해 지은 이름에서부터 센스가 넘치는 젊은달와이파크는 기존에 있던 술샘박물관을 재활용해 2019년에 문을 연 복합문화공간이다. 저명한 현대 조각가 최옥영 작가의 대규모 설치미술과 조각작품이 주류를 이룬다. 입구에 위치한 <붉은 대나무>는 이곳의 시그니처. 하늘을 향해 빽빽하게 솟아있는 붉은 파이프의 향연은 입장과 동시에 입이 떡 벌어지게 만든다. 나무를 쌓고 쌓아 만든 거대한 <목성>도 압도적이긴 마찬가지. 그밖에도 기상천외한 작품이 여러 전시관에 산재해 있어 단번에 영월 대표 문화 공간으로 자리 잡았다.

◎ 강원 영월군 주천면 송학주천로 1467-9

◷ 매일 10:00~18:00

₩ 성인·청소년 15,000원, 어린이 10,000원

❸ 영월장릉

비운의 왕 단종이 잠든 능이다. 11세 나이로 조선 6대 왕에 오른 단종은 숙부 수양대군에게 왕위를 빼앗긴 뒤 17세에 비참한 최후를 맞았다. 충신 엄홍도가 목숨을 걸고 그의 시신을 거두어 현재의 위치에 모셨다. 단종역사관에선 어린 왕의 짧은 생을 만날 수 있다.

◎ 강원 영월군 영월읍 단종로 190

◷ 매일 09:00~18:00

₩ 성인 2,000원, 청소년 1,500원, 어린이 1,000원

❹ 청령포

단종이 유배 생활을 했던 곳이다. 삼면은 강으로 둘러싸여 있고 서쪽은 절벽으로 막혀있어 섬과 다름없기에 배를 타고 들어가야 한다. 슬픈 역사가 깃든 곳이지만, 역설적이게도 기품 넘치는 풍광이 펼쳐져 여행자를 매료시킨다. 중앙에 솟은 수령 600년의 관음송이 감동이다.

◎ 강원 영월군 남면 광천리 산67-1

◷ 매일 09:00~18:00

₩ 성인 3,000원, 청소년 2,500원, 어린이 2,000원

❺ 고씨동굴

임진왜란 때 왜병과 맞서던 고씨 일가가 이곳으로 피신했다는 역사가 전해져 고씨동굴이라 불린다. 자연이 4억 년 동안 깎아 만든 6킬로미터 길이의 동굴 안에선 놀랍게도 호수와 폭포, 광장이 연이어 나타난다. 신묘한 형상을 가진 종유석과 석순, 석주가 가득함은 물론이다.

◎ 강원 영월군 김삿갓면 영월동로 1117

◷ 매일 09:00~18:00

₩ 성인 4,000원, 청소년 3,000원, 어린이 2,000원

❻ 선돌

말 그대로 돌이 꼿꼿하게 서 있는 모습이다. 방절리 서강 강변에 위치한 선돌은 마치 칼로 베어낸 듯 절벽에서 분리되어 홀로 우뚝 솟아있다. 높이는 70미터로 신선암으로 불리기도 하며 전망대 끄트머리에 서면 기암과 강, 시골 마을의 풍경이 수묵화가 되어 눈에 담긴다.

◎ 강원 영월읍 방절리 769-4

◷ 24시간

₩ 무료

⑦ 별마로천문대

빛이 거의 들지 않는 800미터 봉래산 정상에 있어 별 관측 명소로 통한다. 청명한 밤이면 은하수는 물론, 때로는 토성까지 망원경에 잡힌다. 전문가의 안내로 1시간 안팎 이뤄지는 천체 관측 프로그램은 100% 인터넷 예약제로 운영된다. 영월 방문일 맞춰 예약하고 떠나자.

◎ 강원 영월군 영월읍 천문대길 397 ◷ 화~일 15:00~23:00(10월~3월은 14:00~22:00, 월 휴무)

₩ 성인 7,000원, 청소년 6,000원, 어린이 5,000원

⑧ 동강

영월의 청정한 이미지는 동강에서 비롯되었다 해도 과언이 아니다. 초록의 산자락을 따라서 굽이굽이 흐르는 강물은 1급수 어종과 수달이 서식할 만큼 맑고 투명하다. 동강을 곁에 두고 드라이브만 해도 가슴에 청량함이 스며든다. 여름이면 래프팅 보트가 여기저기 떠다닌다.

◎ 강원 영월군 영월읍

◷ 24시간

₩ 무료

⑨ 난고김삿갓유적지

전설의 풍류 시인 김삿갓은 정처 없이 떠돌다 영월에 잠들었다. 자신이 비난했던 인물이 조부 김익순임을 깨달은 김병연은 하늘조차 볼 수 없는 죄인이라 생각해 삿갓을 쓰고 방랑을 한 탓에 김삿갓이란 별명을 얻었다. 유적지 주변엔 그의 문학관과 묘소, 집터 등이 남아있다.

◎ 강원 영월군 김삿갓면 김삿갓로 216-24

◷ 매일 09:00~18:00

₩ 무료

⑩ 요선정

'요선'은 신선을 맞이한다는 뜻. 그에 걸맞게 신선이 구름을 타고 나타날 것 같은 절벽 끝에 고풍스러운 정자 하나가 눈에 들어온다. 조선의 숙종과 영조, 정조가 시를 남기고 갔을 정도로 풍치가 뛰어나다. 주변에 있는, 구멍이 뻥뻥 뚫린 요선암 돌개구멍도 지역의 명물이다.

◎ 강원 영월군 무릉도원면 무릉리

◷ 24시간

₩ 무료

영월의 맛집과 카페

장릉보리밥집

주천묵집

카페느리게

장릉보리밥집 열 가지 넘는 나물을 감자밥에 쓱쓱 비벼 먹으면 꿀맛이다. 지역 최고 보리밥집으로 꼽힌다. ◎강원 영월군 영월읍 단종로 178-10 ⓒ매일 11:30~18:00

미소네맛집영월메밀전병 중앙시장에 위치한 메밀전병 전문점이다. 슴슴한 게 계속 먹어도 물리지 않는다. ◎강원 영월군 영월읍 제방안길 16-1 중앙시장 19호 ⓒ매일 10:00~19:00

주천묵집 쫀득쫀득한 도토리묵이 담백한 육수에 담겨 나온다. 거기에 밥을 말면 별미 중의 별미다. ◎강원 영월군 주천면 송학주천로 1282-11 ⓒ수~월 10:00~19:00(브레이크 타임 15:30~16:30, 라스트 오더 18:30, 화 휴무)

카페느리게 도심 언덕 아늑한 공간에 터를 잡은 카페. 보리당고는 모두의 극찬을 받는다.
◎강원 영월군 영월읍 청령포로 37 ⓒ금~수 11:00~22:00(목 휴무)

청록다방 영화 <라디오스타>에 등장했다. 이름에서 유추할 수 있듯 복고 감성 가득한 옛날 '다방'이다.
◎강원 영월군 영월읍 중앙로 58 ⓒ매일 07:00~24:00

영월군 여행 지도

Special Info 영월의 박물관

영월은 '박물관 고을 특구'로 지정될 만큼 수많은 박물관을 품고 있다. 작은 고을에 이렇게 박물관이 다양하다니 신기할 정도다. 독특한 개성을 가진 박물관을 차례차례 훑는 건 영월 여행의 또 다른 재미다.

❶ 라디오스타박물관

영화 <라디오스타>의 배경이 되었던 방송국을 박물관으로 탈바꿈시켰다. 국민배우 안성기와 박중훈이 주연으로 출연한 <라디오스타>는 밴드 음악을 좋아하는 사람들에게 큰 인기를 끌었다. 라디오의 탄생과 역사를 담아냈으며 세계 각국의 라디오도 전시한다.

영월군 금강공원길 84-3

033-372-8123

❷ 동강사진박물관

영월은 박물관의 도시이면서 동시에 사진의 고을이다. 동강사진박물관은 오랜 역사를 가진 동강사진축제의 무대가 되는 국내 최초의 사진 전문 박물관이다. 저명한 작가들의 사진 작품을 감상할 수 있으며, 독특하고 인상적인 각종 클래식 카메라를 구경하는 재미도 쏠쏠하다.

영월군 영월읍 영월로 1909-10

033-375-4554

❸ 영월아프리카미술박물관

아프리카 대륙 곳곳에서 공수한 마스크와 인물상 같은 이색 조각과 민속품, 장신구 등이 전시공간에 빼곡하다. 아프리카 각국의 대사관이 출품한 전시품의 수준 또한 높다. 아프리카의 현대미술 작품도 상설 전시하고 있다. 박물관 옆에 에이미 캠핑장도 함께 운영 중이다.

◎ 영월군 김삿갓면 영월동로 1107-1

✆ 033-372-3229

❹ 영월곤충박물관

큰 규모에 한 번 놀라고 소장품의 양에 한 번 더 놀란다. 생물전시실, 국내표본전시실, 해외표본전시실, 특별기획전시실, 나비와 식물이 공존하는 온실 등을 갖추고 있다. 수천여 점의 곤충 표본을 알차게 전시하고 있으며 살아있는 곤충도 가까이서 살펴볼 수 있어 생태 학습장으로 제격이다.

◎ 영월군 영월읍 동강로 716 동강생태공원

✆ 033-374-5888

❺ 영월종교미술박물관

영월군 북면 문곡리에 있다. 이곳에서는 종교를 초월한 예술 세계가 펼쳐진다. 기독교를 기반으로 불교, 힌두교에 이르기까지 장인이 종교를 주제로 한 땀 한땀 새긴 조각 작품이 경이롭다. 특히 동서양의 종교적 갈등과 분쟁을 용서와 화해, 평화와 사랑으로 승화시킨 작품이 많다.

◎ 영월군 시루산길 122-2

✆ 033-378-0153

❻ 호안다구박물관

영월군 김삿갓면 내리에 있다. 박물관 이름에서 알 수 있듯이 차를 마시고 즐기는 데 쓰이는 동양과 서양의 다양한 다구를 한데 모았다. 그 자체로 예술이나 다름없는 아름다운 찻잔과 주전자 등 수백여 점의 다구가 눈을 즐겁게 한다. 다례와 제다실습 체험도 할 수 있다.

◎ 영월군 내리계곡로 1088

✆ 033-378-5779

012
Gangwon

태백시

태백산의 기운을 품은 고산 도시

❶ 태백산

태백산맥의 모산으로 최고봉은 장군봉1,567미터이지만 가장 의미 있는 곳은 국내 최대 규모의 천제단이다. 초기 한반도 시대부터 천제를 지내는 제단이었으며 이런 사실은 <삼국사기>에도 등장한다. 지금도 여전히 개천절이면 이곳에서 제사를 받든다. 현재 천제단 안엔 단군을 의미하는 '한배검'이 모셔져 있다. 가장 쉬운 코스인 유일사 코스를 비롯해 다양한 등반코스가 있는데 어떤 길을 선택하든 산세가 비교적 완만한 편이라 큰 힘을 들이지 않고 정상에 다다를 수 있다. 태백에 눈이 많이 내리는 까닭에 겨울이면 온 산에 눈꽃이 피어난다.

◎ 강원 태백시 혈동

◷ 24시간

₩ 무료

❷ 구문소

고생대, 역사가 억 년 단위로 거슬러 올라가는 시절에 생긴 대한민국 유일의 지상 자연동굴이다. 태백 시내에 있는 황지의 물길이 오랜 시간 바위산에 구멍을 뚫어내 석문을 만든 뒤 소(연못)를 이뤘다. 주변 계곡엔 지질 시대별 퇴적층과 화석의 흔적이 남아있어 당시 우리나라의 퇴적환경과 생물상을 연구할 수 있는 최고의 장소로 통한다. 이런 역사적 사실을 접어두더라도 구문소의 전경 자체가 압권이다. 그 앞에 서면 자연이야말로 최고의 예술가이자 조각가라는 사실을 깨닫게 된다. 4킬로미터 남짓한 탐방로가 이어지니 천천히 걸으며 자연의 작품을 음미하자.

◎ 강원 태백시 동점동 498-123

◷ 24시간

₩ 무료

❸ 황지연못

놀랍게도 낙동강의 시작이 바로 이 연못이다. 시내 복판에 자리 잡은 아담한 샘에서 하루 5,000톤의 물이 솟아나 영남지방 곳곳을 적신다. 태백산과 함백산 등을 타고 땅속으로 스며든 물이 이곳으로 모인다고 한다. 주변은 공원이라 언제나 산책 나온 시민들로 붐빈다.

◎ 강원 태백시 황지연못길 12

◷ 24시간

₩ 무료

❹ 용연동굴

약 1억 5,000만 년에서 3억 년 전 사이에 생겨난 것으로 알려졌으며 임진왜란 때 피난처로 사용된 기록이 있다. 고생대 오르도비스기에 쌓인 석회암이 오랜 시간에 걸쳐 빗물과 지하수에 녹으며 이 장관을 만들었다. 동굴 중간의 거대한 광장이 또 한 번 우리를 놀라게 한다.

◎ 강원 태백시 태백로 283-29

◷ 화~일 09:00~18:00(월 휴무)

₩ 어른 3,500원, 청소년 2,500원, 어린이 1,500원

❺ 매봉산풍력발전단지 바람의언덕

백두대간의 매봉산 능선을 따라 이어진 풍력발전단지에 바람의 언덕이라는 예쁜 별칭이 붙었다. 푸른 하늘과 초록의 산을 배경으로 힘차게 돌아가는 풍력발전기의 모습이 낭만적이라 늘 많은 사람이 찾는다. 그 아래로 보이는 널찍한 고랭지 채소밭의 전경은 보너스다.

◎ 강원 태백시 창죽동 9-440

◷ 24시간

₩ 무료

❻ 태백고생대자연사박물관

구문소와 용연동굴처럼 한반도 고생대의 흔적을 잔뜩 품고 있는 태백에 그와 관련된 박물관이 없을 리 없다. 선캄브리아시대부터 고생대와 중생대를 지나 신생대까지, 방대한 양의 관련 전시물이 3층에 걸쳐 쏟아진다. 여러 가지 체험도 가능해 아이들도 지루해하지 않는다.

◎ 강원 태백시 태백로 2249

◷ 화~일 09:00~18:00(월 휴무)

₩ 성인 2,000원, 청소년 1,500원, 어린이 1,000원

❼ 몽토랑산양목장

강원도 목장에서 흔히 볼 수 있는 일반 양이 아닌 우유 생산을 위해 키우는 뿔 달린 유산양이 뛰논다. 태백 시내가 훤히 내려다보이는 운치 있는 언덕에서 산양 먹이 주기와 아이스크림 만들기 등의 다양한 체험이 가능하다. 카페에서 판매하는 산양유와 산양유로 만든 빵도 꼭 맛봐야 한다.

◎ 강원 태백시 효자1길 27-2

◷ 매일 09:30~18:00

₩ 5,000원

❽ 365세이프타운

세계 최초를 표방하는 초대형 안전체험 테마파크. 안전을 주제로 한 놀이시설과 체험관이 줄을 잇는다. 산불, 지진, 풍수해 등의 자연재해와 테러, 항공 탈출 등 특수상황에 대처하고 맞서는 방법을 입체적인 시청각 자료를 통해 교육한다. 아이들에게 반드시 필요한 곳이다.

◎ 강원 태백시 평화길 15

◷ 화~일 09:00~18:00(월 휴무)

₩ 자유 이용권 22,000원

❾ 통리탄탄파크

태백의 폐갱도를 이용해 터널형 예술 공간을 만들었다. '기억을 품은 길'과 '빛을 찾는 길'을 통과하며 화려한 미디어아트와 디지털콘텐츠를 체험할 수 있다. 무려 40%에 달하는 시청률을 찍었던 전설의 드라마 <태양의 후예>의 촬영지가 인근이라 관련 소품도 함께 전시하고 있다.

◎ 강원 태백시 통골길 116-44

◷ 화~일 09:00~18:00(입장 마감 17:00, 월 휴무)

₩ 성인 9,000원, 청소년 7,000원, 어린이 5,000원

❿ 태백석탄박물관

태백은 국내 최대의 탄광 도시였다. 대한석탄공사의 흔적이 국가가 지정한 등록문화재일 정도. 그 탄광 산업의 모든 역사가 석탄박물관에 총망라되어있다. 8개나 되는 전시관에 태백의 영화를 이끌었던 이야기를 차곡차곡 쌓아놓았다. 갱도 작업을 직접 체험해볼 수도 있다.

◎ 강원 태백시 천제단길 195

◷ 화~일 09:00~18:00(월 휴무)

₩ 성인 2,000원, 청소년 1,500원, 어린이 1,000원

태백의 맛집과 카페

태백닭갈비

원조태성실비식당

백번의봄

태백닭갈비 육수를 부어 먹는 물닭갈비가 전국구 히트를 쳤다. 11월~3월엔 냉이가 듬뿍 올라간다.
강원 태백시 중앙남1길 10 매일 10:00~21:00

초막고갈두 고등어, 갈치, 두부의 앞글자를 따서 고갈두. 조림 요리의 진수를 보여준다.
강원 태백시 백두대간로 304 월~토 10:00~16:00(일 휴무)

원조태성실비식당 현지인 사이에서 더 유명한 한우 맛집으로 양질의 태백 한우를 저렴하게 즐길 수 있다. 강원 태백시 감천로 4 매일 11:00~21:30(매달 2·4번째 월 휴무)

카페건널목 실제 철길 건널목에 위치한, 시내에서 가장 감성 넘치는 카페로 명성이 자자하다.
강원 태백시 감천로 21-1 매일 08:00~22:00

백번의봄 카페인지 인테리어 소품 가게인지 분간이 되지 않는 독특한 콘셉트를 가진 카페다.
강원 태백시 태백로 422 매일 12:00~20:00

태백시 여행 지도

013 Gangwon

춘천시

낭만 한 스푼 호반 도시

❶ 남이섬

청평호 위에 떠 있는 46만 제곱미터의 커다란 섬으로 '나미나라공화국'이라는 이색적인 콘셉트를 가진 관광휴양지다. 실제 국가의 개념을 표방해 섬 안에 각국의 국기를 걸어두고 문화를 교류한다. 배를 타고 섬에 입장하면 잣나무와 메타세쿼이아 등이 어우러진 숲길이 여행자를 반긴다. 섬 전역에 노래박물관, 그림책놀이터, 재활용환경정원과 같은 수많은 테마 공간이 흩어져 있다. 산책 중에 타조와 공작새도 만날 수 있으며 짚와이어와 수상 레저 등의 액티비티도 즐길 수 있다. 계절에 맞춰 열리는 다채로운 축제와 공연도 매력적이다.

◎강원 춘천시 남산면 남이섬길1

Ⓒ매일 08:00~21:00 ₩성인 16,000원, 청소년(중고생) 13,000원, 소인(36개월~초등생) 10,000원

❷ 제이드가든

유럽으로 순간이동을 해보자. 수백여 종의 꽃과 나무가 24개 테마 공간에 담긴 수목원이다. 초입부터 이탈리안 웨딩가든과 영국식 보더가든이 등장해 '숲속에서 만나는 작은 유럽'이란 수목원의 설명에 고개를 끄덕이게 만든다. '나무내음길'과 '숲속바람길'이란 산책로가 잘 조성되어 있어 두 길을 오가면 수목원 내의 모든 정원을 구경할 수 있다. 봄이면 튤립이 화려하게 만개하고, 가을 무렵엔 해국의 일종인 뉴욕아스터가 고산식물원 앞을 보랏빛으로 물들인다. 계절마다 피는 꽃이 다르니 계절별로 제공되는 '제이드스토리' 팸플릿을 참고하는 것이 좋다.

◎강원 춘천시 남산면 햇골길 80

Ⓒ매일 09:00~18:00

₩성인 10,000원, 중고생·경로 7,000원, 소인 6,000원

❸ 애니메이션박물관과 토이로봇관

나란히 붙어있는 두 박물관엔 아이들을 열광시킬 전시물과 체험 거리가 가득하다. 국내 유일의 애니메이션박물관에선 관련 산업에 대한 전반적인 자료와 인기 캐릭터를 전시하고 있으며, 토이로봇관에선 댄스 로봇, 거미 로봇, 드론과 같은 IT 기술의 신세계를 경험할 수 있다.

◎ 강원 춘천시 서면 박사로 844

◷ 화~일 10:00~18:00(월 휴무)

₩ 통합권 7,000원

❹ 소양강스카이워크 소양강처녀상

소양강 위로 뻗어있는 길이 174미터에 이르는 스카이워크로, 대부분이 투명한 유리라서 아찔함을 더해준다. 교량 끝엔 반원형 전망대가 있다. 산과 강이 어우러진 멋진 풍광을 눈에 담을 수 있다. 바로 옆에는 대한민국 불멸의 히트곡 속 주인공 소양강 처녀상이 우뚝 서 있다.

◎ 강원 춘천시 영서로 2663

◷ 매일 10:00~18:00

₩ 2,000원

❺ 국립춘천박물관

강원도 최초이자 유일한 국립박물관이다. 선사시대부터 근현대사에 이르기까지 강원도의 역사를 총체적으로 이해할 수 있도록 유물을 효율적으로 구성해 놓았다. 본관 중앙홀에서 재생되는 영상이 압권이다. 관동팔경 및 강원의 풍경을 담은 대형 영상이 황홀경을 선물한다.

◎ 강원 춘천시 우석로 70

◷ 화~일 09:00~18:00(월 휴무)

₩ 무료

❻ 강촌레일바이크

강촌역과 김유정역 사이를 오가는 레일바이크로, 낭만의 대명사인 옛 경춘선 철로 위를 달린다. 신나게 페달을 밟으면 풍경이 수려한 북한강이 곁을 내어준다. 김유정역엔 책을 테마로 꾸민 북스테이션과 김유정 매점, 짚라인 체험장이 있어 대기 시간을 지루하지 않게 해준다.

◎ 강원 춘천시 신동면 김유정로 1383

◷ 매일 09:00~17:30(총 9회 운영, 12월~2월은 9회차 미운영) ₩ 2인승 40,000원, 4인승 56,000원

❼ 삼악산호수케이블카

의암호에서 삼악산까지 이어지는 케이블카로 3.61 킬로미터의 길이를 자랑한다. 왕복 소요시간만 30분. 66개의 캐빈 중 3분의 1을 차지하는 투명한 크리스털 캐빈에 몸을 실으면 말 그대로 의암호가 발아래 있다. 삼악산정차장 상부엔 전망대 격인 삼악산 스카이워크가 있다.

◎ 강원 춘천시 스포츠타운길 245 ◷ 일~금 09:00~20:00, 토 09:00~22:00(12월~4월은 일~금 09:00~18:00, 토 09:00~20:00) ₩ **일반 캐빈** 대인 23,000원, 소인 17,000원 **크리스탈 캐빈** 대인 28,000원, 소인 22,000원

❽ 강원도립화목원

강원도의 식물 자원을 수집, 보존할 목적으로 운영하는 공립수목원이다. 보유식물만 1,800종 이상, 8만 5,000여 본에 이르며 어느 방향으로 눈을 돌리든 푸른 숲과 꽃이 펼쳐져 힐링 풍경을 선사한다. 인공 폭포가 흐르는 수생식물원과 운치 있는 메타세쿼이아 숲은 언제나 인기가 좋다.

◎ 강원 춘천시 화목원길 24

◷ 매일 09:00~18:00(매달 1번째 월요일 휴무)

₩ 성인 1,000원, 중고생 700원, 초등생 500원

❾ 김유정문학촌

소설가 김유정이 태어난 실레마을에 만들어진 문학촌이다. 그의 대표작인 <동백꽃>, <봄·봄>을 주제로 만든 이야기 길을 걷노라면 작가의 소설 속으로 빨려드는 느낌이 든다. 복원해 놓은 생가를 비롯해 이야기 집과 기념전시관 등에서 춘천을 대표하는 작가의 삶과 문학을 엿볼 수 있다.

◎ 강원 춘천시 신동면 김유정로 1430-14

◷ 3월~10월 09:30~18:00, 11월~2월 09:30~17:00

₩ 2,000원

❿ 책과인쇄박물관

개인이 수집한 방대한 책과 인쇄 관련 물품이 소장된 박물관이다. 1층을 가득 채운 활자가 관람객을 압도한다. 쉽게 보기 힘든 활판인쇄기와 조판대도 신기하다. 2~3층에서는 <훈민정음> 같은 고서부터 <진달래꽃>의 초간본 등 귀중한 기록물과 문학 자료를 구경할 수 있다.

◎ 강원 춘천시 신동면 풍류1길 156

◷ 화~일 09:00~18:00(월 휴무)

₩ 6,000원

춘천의 맛집과 카페

춘천의 닭갈비

샘밭막국수

춘천통나무집닭갈비집 45년 전통의 춘천 대표 닭갈비집. 생닭의 다릿살만 사용한다.
강원 춘천시 신북읍 신샘밭로 763 매일 10:30~21:30(라스트 오더 20:30)

원조숯불닭불고기집 춘천 닭갈비의 조상 격으로 불리는 닭불고기가 일품이다.
강원 춘천시 낙원길 28-4 목~화 10:30~21:00(수 휴무)

샘밭막국수 자극적이고 않고 고소한 막국수가 30년 넘게 사랑받고 있다.
강원 춘천시 신북읍 신샘밭로 644 매일 10:00~20:00

감자밭 강원도의 상징, 감자로 만든 감자빵을 맛보기 위해 언제나 문전성시를 이룬다.
강원 춘천시 신북읍 신샘밭로 674 매일 10:00~20:00(라스트 오더 19:00)

카페드220볼트 시 외곽에 자리 잡은 분위기 좋은 카페이다. 5각형 통창이 압도적이다.
강원 춘천시 동내면 금촌로 107-27 매일 10:00~22:00(라스트 오더 21:30)

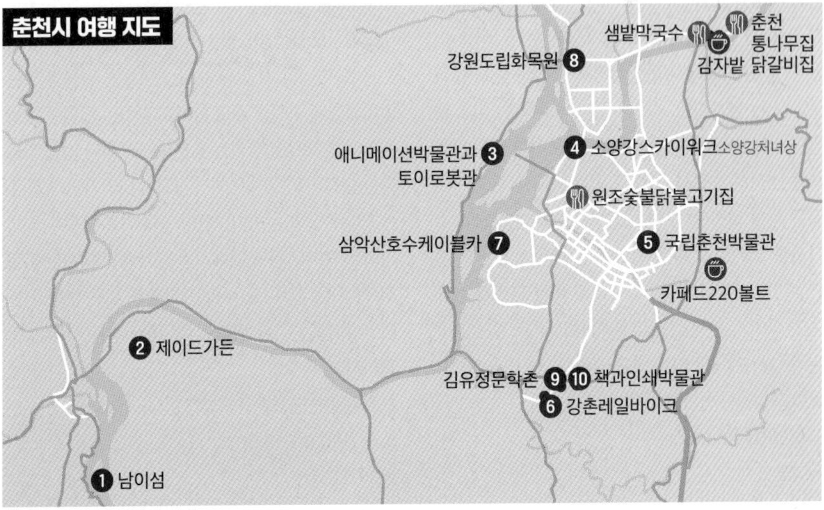

014
Gangwon

홍천군

홍천강 물길 따라 볼거리가 잔뜩

❶ 수타사

신라 시대인 708년 원효대사에 의해 창건된 일월사가 1568년 현재의 위치로 옮겨지며 수타사라는 이름을 얻었다. 월정사의 말사이자 홍천의 불교 문화를 이끄는 명사찰로 공작산 끝자락에 폭 안겼다. 보물인 수타사 동종과 대적광전을 비롯하여 많은 문화재를 소장하고 있다. 경내에 있는 500년 수령의 주목은 사찰 이전 당시 한 노승의 지팡이가 자라나 수타사를 지키고 있다는 전설이 전해진다. 주변의 자연경관도 나무랄 곳 없다. 수타사 바로 옆으로 생태숲이 이어져 산책 코스로 완벽하고 맑은 물이 샘솟는 수타사 계곡은 언제 봐도 시원하다.

◎ 강원 홍천군 영귀미면 수타사로 473

◷ 매일 06:00~18:00

₩ 무료

❷ 알파카월드

지구 반대편 남미에서나 볼 수 있는 귀여운 알파카를 국내에서도 원 없이 만날 수 있다. 단순히 구경만 하는 것도 아니다. 11만 평의 드넓은 초원 위를 뛰노는 알파카에게 먹이를 주고 함께 교감하는 체험형 동물원이다. 참고로 알파카는 흥분하거나 화가 나면 침을 뱉는 습성이 있으니 뒤에서 갑자기 다가가거나 겁 주는 행동은 삼가는 것이 좋다. 언덕 위를 오를수록 낙타와 사막여우 등 국내에서는 좀처럼 보기 힘든 동물이 하나둘 나타나고 수많은 가축과 새도 한몫 거든다. 아이들을 위한 체험도 다양하니 사육사에게 문의하자.

◎ 강원 홍천군 화촌면 덕밭재길 146-155

◷ 매일 10:00~18:00

₩ 18,000원

❸ 팔봉산관광지

한국의 100대 명산 중 하나인 팔봉산은 해발 328미터로 높은 편은 아니지만 8개의 암봉이 홍천강과 어우러져 은은한 자연미를 뽐낸다. 팔봉산 주변으로 캠핑장과 체육시설, 먹거리 촌이 들어섰다. 강가에 앉아 빼어난 산수풍경을 바라보면 모든 근심이 사라지는 듯하다.

◎ 강원 홍천군 서면 어유포리 272-13

◷ 24시간

₩ 무료

❹ 홍천강

서석면에서 발원하여 홍천군을 동서로 관통한 뒤 북한강의 청평호로 흘러든다. 길이는 143킬로미터이다. 강은 자연에서 휴식을 꿈꾸는 이들로 늘 붐빈다. 강줄기를 따라 각양각색의 계곡과 유원지가 내내 이어진다. 레저 스포츠의 명소이며 최고의 낚시 구간으로 알려져 강태공들도 자주 찾는다.

◎ 강원 홍천군 북방면 노일리

◷ 24시간

₩ 무료

❺ 홍천은행나무숲

한 개인이 만든 놀라운 결과물이 가을마다 넘실댄다. 아내의 건강을 위해 이곳에 정착한 농장주인이 아내의 쾌유를 빌며 은행나무 묘목을 심기 시작했고 현재는 2,000여 그루의 은행나무가 줄지어 서 있다. 1년 중 오직 10월에만 개방한다. 사유지니 기본적인 예의를 갖추자.

◎ 강원 홍천군 내면 광원리 686-4

◷ 10월에만 개방

₩ 무료

❻ 소노벨비발디파크

대형 스키장을 운영하는 종합 레저 단지이다. 서울에서 1시간대면 도착할 수 있는 좋은 접근성 덕에 겨울이 되면 스키와 스노보드 마니아들로 북적인다. 1,000개가 넘는 객실과 각종 위락시설을 갖춘 콘도미니엄도 있다. 겨울이 아니더라도 팔봉산 자락 안에서 쉬어갈 수 있다.

◎ 강원 홍천군 서면 한치골길 262

◷ 24시간

₩ 시설별 요금 상이

❼ 홍천생명건강과학관

생명과 건강을 주제로 꾸민 전시관으로 아이들의 교육에 무척 유익한 내용으로 구성되어 있다. 심장과 폐, 뇌 등 인체 장기의 모습과 역할을 차근차근 훑다 보면 자연스레 우리 몸에 대한 이해가 높아진다. 4D 영상을 통해 직접 몸속을 탐험하는 흥미로운 체험도 가능하다.

◎ 강원 홍천군 홍천읍 생명과학관길 78

🕓 화~일 09:00~18:00(월 휴무)

₩ 성인 1,500원, 청소년·어린이 1,000원

❽ 홍천모곡밤벌유원지

홍천 최고의 캠핑 사이트로 명성이 자자하다. 성수기엔 빼곡하게 채워진 텐트로 발 디딜 틈이 없을 정도이다. 강변에 넓게 펼쳐진 고운 백사장 덕에 바닷가에 온 듯한 느낌이 든다. 근처에 매점과 음수대, 화장실이 있어 편리하다. 머물던 곳을 말끔히 정리하는 센스를 발휘하자.

◎ 강원 홍천군 서면 밤벌길 133

🕓 24시간

₩ 무료

❾ 살둔계곡

천연기념물 어름치가 발견되는 1급수의 맑은 물이 원시림 사이를 굽이쳐 흐른다. 자운천과 계방천이 몸을 합치며 만들어낸 살둔계곡은 날것 그대로의 자연이 무엇인지 보여준다. 지금은 캠핑장으로 개조된 살둔마을 생둔분교의 정겨운 풍경도 이곳을 찾는 이유 중 하나다.

◎ 강원 홍천군 내면 율전리 1760

🕓 24시간

₩ 무료

❿ 마리소리골악기박물관

우리의 전통악기를 이렇게나 많이 만날 수 있는 곳도 드물다. 한국 전통음악의 탁월함을 전파하고 그에 관한 이해와 계승을 목표로 설립되었다. 전시된 다양한 악기 중엔 인간문화재와 명인들이 직접 연주했던 것도 있다. 공연장에선 종종 국악 공연과 초청 공연이 열린다.

◎ 강원 홍천군 서석면 마리소리길 207

🕓 화~일 09:00~18:00(월 휴무)

₩ 무료

홍천의 맛집과 카페

홍천한우사랑말식당

원조생곡막국수홍천본점

아펠

홍천한우사랑말식당 홍천까지 와서 한우를 맛보지 않으면 아쉽다. 가격 대비 푸짐한 한우 불고기가 훌륭하다. 강원 홍천군 북방면 홍천로 13-5 매일 10:30~21:00

양지말화로구이 30년째 제대로 된 화로구이를 판매하고 있다. 고추장구이, 간장구이 모두 후회는 없다.
강원 홍천군 홍천읍 양지말길 17-4 월~금 11:00~20:00, 토~일 10:00~20:30

원조생곡막국수홍천본점 막국수로 유명한 강원에서도 최고 중 하나로 꼽힌다. 순도 높은 메밀 향이 인상적이다. 강원 홍천군 서석면 군두리길 310 수~월 10:30~20:00 (화 휴무)

아펠 홍천 읍내에 자리한 비스트로 카페. 커피와 디저트, 스테이크와 와인을 모두 제공한다.
강원 홍천군 홍천읍 열산골길 17 목~월 11:00~21:00(화~수 휴무)

위켄드74 숲속에 둘러싸인 운치 만점의 카페. 캠핑을 즐기듯 재미있는 불멍 패키지도 판매한다.
강원 홍천군 남면 남노일로 1123 금~월 10:30~19:30(라스트 오더 19:00, 화~목 휴무)

홍천군 여행 지도

015 Gangwon

인제군

황태와 자작나무가 준비한 맛과 멋

❶ 속삭이는자작나무숲

마법 같은 풍경이란 이런 것이 아닐까. 약 1시간의 품을 들여 산속으로 들어서면 순백의 옷을 입은 수십만 본의 자작나무가 반짝인다. 숲이 조성되기까지 걸린 시간만도 20여 년. 누가 뭐래도 인제군을 대표하는 이미지는 바로 이 자작나무숲이다. 파란 하늘을 향해 거침없이 가지를 뻗은 늘씬한 자작나무의 자태는 누구에게나 잊지 못할 기억을 각인시켜 준다. 왕복 2시간의 트레킹을 해야 만날 수 있음에도 합당하다는 생각이 든다. 숲 안엔 여러 갈래로 나뉘는 산책로와 휴식 공간이 있으니 여유를 가지고 자연이 주는 선물 같은 시간을 만끽하자.

◎ 강원 인제군 인제읍 자작나무숲길 760

◷ 수~일 09:00~15:00(11월~2월은 14시까지, 시기별 입산 통제 기간엔 폐쇄, 월~화 휴무) ₩ 무료

❷ 백담사

내설악의 품을 파고든 고즈넉한 사찰 백담사는 만해 한용운 선생이 기거했던 곳으로 유명하다. 그는 백담사에서 <님의 침묵>을 집필했다. 사찰의 역사는 신라 진덕여왕 원년인 647년까지 거슬러 올라간다. 자장율사의 손에서 탄생한 뒤 한계사라 불리다가 사찰에서 대청봉까지 가는 길에 백 개의 웅덩이가 있다고 하여 백담사로 이름이 바뀌었다. 잦은 화재로 소실과 재건을 반복했기에 국보급 문화재는 없지만 넉넉한 크기의 극락보전을 비롯해 고풍스러운 건축물이 서로를 마주하고 있다. 깨끗한 물이 졸졸대는 사찰 앞 백담사계곡도 곱다.

◎ 강원 인제군 북면 백담로 746

◷ 24시간

₩ 무료

❸ 방태산자연휴양림

인제 으뜸으로 꼽히는 명산 방태산은 생물자원이 풍부한 생명의 보고다. 그 유산을 물려받은 방태산자연휴양림 역시 시원한 계곡과 풍성한 수목으로 둘러싸여 있다. 청아한 소리를 내며 쏟아지는 폭포를 마주하는 것도 좋다. 단풍이 드는 가을엔 아름다움이 더욱 진해진다.

◎ 강원 인제군 기린면 방태산길 377

◷ 수~월 09:00~18:00(화 휴무)

₩ 성인 1,000원, 청소년 600원, 어린이 300원

❹ 인제스피디움 클래식카박물관

눈앞에서 순식간에 사라지는 레이싱카의 스피드를 체감해보자. 자동차 레저 단지 스피디움은 3.9킬로미터 길이의 서킷을 보유한 공인 자동차 경주장이다. 경기가 있는 날엔 자동차 경주의 짜릿함을 느낄 수 있다. 중후한 클래식카를 배경으로 사진을 남길 수 있는 박물관도 있다.

◎ 강원 인제군 기린면 상하답로 130

◷ 박물관 화~일 10:00~18:00(월 휴무)

₩ 박물관 대인(14세 이상) 8,000원, 소인 5,000원

❺ 동국대학교만해마을

불교계의 거목이자 민족 시인인 만해 한용운 선생의 사상을 기리기 위해 불교대학인 동국대가 세운 테마 마을이다. 만해의 삶과 철학을 기록해놓은 문학박물관이 중심이 되며 세미나실과 숙박시설까지 갖췄다. 백담사 가는 길에 잠시 들러 한 바퀴 산책만 해도 힐링이 된다.

◎ 강원 인제군 북면 만해로 91

◷ 매일 09:00~17:00

₩ 무료

❻ 대승폭포

잘 알려져 있지 않지만 대승폭포는 북한 금강산의 구룡폭포, 개성의 박연폭포와 함께 한반도 3대 폭포로 꼽힌다. 800미터 높이의 내설악 산골짜기에서 88미터 아래로 곤두박질치는 긴 물줄기는 그 명성에 손색이 없다. '한 폭의 수묵화'라는 표현이 가장 잘 어울리는 곳이다.

◎ 강원 인제군 북면 한계리

◷ 24시간

₩ 무료

❼ 용대리황태마을

황태는 한겨울에 명태를 덕장에 걸어 얼고 녹이기를 스무 번 이상 반복해 얻은 북어로 오랜 시간 인제 사람들의 밥상을 책임져온 고마운 먹거리다. 용대리황태마을은 국내 최대의 황태덕장으로 국내에서 소비되는 황태의 70%를 담당한다. 한겨울 주렁주렁 덕장에 걸린 황태가 장관이다.

◎ 강원 인제군 북면 진부령로 117

◷ 24시간

₩ 무료

❽ 아침가리계곡

6.25당시 군인들의 발걸음이 닿지 않아 사람들이 전쟁이 난 줄도 모르고 살았다는 오지 마을이 있다. 그 주인공은 아침가리골이다. 원시림으로 빽빽하게 둘러싸인 청정 계곡이 상쾌한 공기를 내뿜는다. 계곡을 따라 트레킹 코스가 이어진다. 거친 야생의 매력을 느끼며 걸어보자.

◎ 강원 인제군 기린면 진동리

◷ 24시간

₩ 무료

❾ 필례약수터

설악산 남서쪽 끝자락에 숨겨진 필례약수터에선 놀랍게도 탄산이 터지는 약수가 샘솟는다. 방동약수와 함께 인제를 대표하는 약수로 비릿한 맛이 특징이며 위장병과 피부병에 특효가 있는 것으로 알려져 있다. 필례계곡은 영화 <태백산맥>의 전투장면이 촬영된 곳이기도 하다.

◎ 강원 인제군 인제읍 귀둔리 1053-1

◷ 24시간

₩ 무료

❿ 박인환문학관

<목마와 숙녀>로 유명한 시인 박인환은 인제에서 태어나 유년 시절을 보냈다. 수많은 명시를 썼던 모더니즘 시인은 29살이라는 젊은 나이에 요절했으나 그의 문학 세계는 인제 읍내에 마련된 문학관에 영원히 남았다. 이웃해 있는 인제산촌민속박물관도 함께 둘러보면 좋다.

◎ 강원 인제군 인제읍 인제로156번길 50

◷ 화~일 09:00~18:00(월 휴무)

₩ 무료

인제의 맛집과 카페

용바위식당 용대리황태마을에서도 터줏대감격인 황태요리 전문점이다. 구이, 국밥 모두 맛이 깊다.
강원 인제군 북면 진부령로 107 매일 08:00~18:00

백담순두부 담백하고 부드러운 순두부가 입맛을 돋운다. 더덕구이와 황태구이도 함께 판매한다.
강원 인제군 북면 백담로 19 매일 08:00~18:00(4월~11월은 07:00~19:00)

옛날원대막국수 막국수와 함께 곰취수육이 미식가들의 입에 오르내린다. 한정판 옹심칼국수도 한몫 거든다. 강원 인제군 인제읍 자작나무숲길 1113 매일 10:00~17:30(라스트 오더 17:00)

카페하추리 한적한 하추리 산촌마을에 있다. 작은 도서관 분위기가 나 여유로운 시간을 보낼 수 있다.
강원 인제군 인제읍 하추로 187 매일 10:00~18:00 (라스트 오더 17:30)

38COFFEE 인제군 남면의 소양호 상류 바로 앞에 있다. 시원한 풍경에 가슴이 뻥 뚫린다. 주변은 유명한 드라이브 코스다. 강원 인제군 남면 설악로 1129 매일 09:00~19:00(토~일은 20시까지)

016 Gangwon

화천군

색다른 여행지가 구석구석

❶ 조경철천문대

'아폴로 박사'로 유명한 고 조경철 박사의 소장품을 기증받아 만든 천문대다. 광덕산 정상 부근 해발 1,010미터 고지에 있다. 일반인에게 개방된 천문대 중에선 고도가 제일 높다. 구불대는 산길을 한참을 올라야 겨우 닿을 수 있지만 그런 만큼 천문대에서 바라보는 첩첩산중의 절경이 압도적이다. 맑은 날엔 우리의 국경 초소와 북한의 산자락까지 또렷이 보인다. 천문대엔 천문, 우주와 관련된 자료와 조 박사의 생애가 담긴 전시물이 가득하다. 구경 1미터의 주 망원경을 중심으로 이뤄지는 천체 관측도 잊기 힘든 추억을 만들어준다.

강원 화천군 사내면 천문대길 431

화~일 14:00~22:00(휴게시간 17:00~18:00, 월 휴무) ₩ 성인 3,000원, 청소년 2,000원, 어린이 1,000원

❷ 동구래마을

북한강을 따라 한적한 시골길을 달리다 보면 느닷없이 형형색색의 꽃과 나무로 뒤덮인 작은 마을이 하나 나온다. 동구래는 '동그란'에서 유래되었으며 생명의 시작인 씨앗과 꽃을 상징한다. 도심에선 구경하기 힘든 야생화와 희귀식물이 가득한 꽃길 사이로 연못도 예쁜 모습을 드러낸다. 동화책에나 나올 법한 귀엽고 깜찍한 소품과 조각도 여기저기서 등장해 미소를 안겨준다. 마을 터줏대감처럼 들어앉은 갤러리하우스에서는 수시로 유명 작가들의 전시회가 개최된다. 마을을 한 바퀴 둘러본 뒤 강변 산책로까지 거닐면 휘파람이 절로 나온다.

강원 화천군 하남면 호수길 329

24시간

₩ 무료

❸ 거례리사랑나무

이름처럼 바라만 봐도 사랑스러운 큼직한 느티나무다. 100년간 북한강을 바라보고 있는 것으로 알려진 아름드리나무는 그 자체로 한 폭의 그림 같다. 곁으론 나무 그네가 설치되어 있어 더욱 낭만적이다. 걸그룹 '여자친구'의 뮤직비디오를 비롯 많은 방송에 등장하기도 했다.

◎ 강원 화천군 하남면 거례리 484-2

◷ 24시간

₩ 무료

❹ 붕어섬

춘천댐이 건설되면서 화천강 한가운데에 생긴 섬이다. 잔디 축구장과 족구장, 테니스장 등 다양한 체육시설이 있어 각종 스포츠를 즐기려는 시민들로 붐빈다. 또한 섬 대부분이 숲으로 우거져 휴양지 역할도 완벽하게 해낸다. 다리가 있어 차량 출입도 가능하다.

◎ 강원 화천군 화천읍 하리 190

◷ 24시간

₩ 무료

❺ 산타클로스우체국대한민국본점

북극권에 있는 핀란드의 도시 '로바니에미'엔 전 세계 아이들의 산타에게 보내는 편지가 도착하는 산타클로스 우체국이 있다. 그리고 화천에 그 우체국의 대한민국 분점이 있다. 1년 내내 크리스마스 분위기를 만끽할 수 있는 곳이며 쿠키나 공예품 만들기 체험도 가능하다.

◎ 강원 화천군 화천읍 산수화로 10

◷ 화~일 09:00~18:00(월 휴무)

₩ 무료

❻ 딴산

따로 떨어져 있다고 해서 딴산이란 재미있는 이름을 얻었다. 야트막한 산과 깨끗한 계곡물의 조화가 훌륭해 캠핑족 사이에선 이미 캠핑 명당으로 소문이 났다. 수심이 낮아 가족 단위로 물놀이를 하기도 좋다. 80미터 높이의 인공 폭포는 이곳을 찾아야 하는 또 다른 이유다.

◎ 강원 화천군 간동면 구만리 1313-3

◷ 24시간

₩ 무료

❼ 산천어커피박물관

커피와 관련된 물품을 총망라해놓은 커피 전문 전시관이다. 한 수집가가 수십 년간 꾸준히 모아온 1,000여 점의 커피 유물을 기증하면서 공간이 완성되었다. 커피, 하면 떠오르는 에티오피아를 비롯해 세계 각국의 커피 문화와 역사를 상세하게 살펴볼 수 있는 숨겨진 명소다.

◎ 강원 화천군 화천읍 상승로2길 21

◷ 화~일 09:30~17:30(휴게시간 12:00~13:00, 월 휴무)

₩ 성인 3,000원, 청소년 2,500원, 어린이 무료

❽ 토속어류생태체험관

화천 파로호와 북한강에 주로 서식하는 토종 민물고기가 여기에 다 모였다. 화천을 대표하는 어종인 산천어를 포함해 쉬리나 황쏘가리와 같은 우리의 고유종을 차례로 만나볼 수 있다. 아이들이 좋아할 만한 물고기 캐릭터 옷 입어보기, 물고기 퍼즐 등의 체험 거리도 있다.

◎ 강원 화천군 간동면 어룡동길 366

◷ 화~일 09:00~17:30(11월~2월은 17시까지, 월 휴무)

₩ 무료

❾ 화천군꺼먹다리

다리의 나무 상판에 검은색 타르가 칠해져 꺼먹다리라 불린다. 1945년 화천댐 준공 즈음해 일제가 건설했다. 오랜 시간 파란만장한 근현대사의 무대가 되었던 곳으로, 일제강점기엔 전쟁 물자가 오갔고 한국전 땐 격렬한 전투가 벌어졌다. 현재는 도보 이동만 가능하다.

◎ 강원 화천군 화천읍 대이리 468-3

◷ 24시간

₩ 무료

❿ 국제평화아트파크

역설적이게도 전쟁의 상징인 무기가 평화의 메시지를 담은 작품으로 승화되었다. 퇴역한 탱크와 자주포, 전투기 등이 예술의 재료로 사용되었다. 멀지 않은 곳에 화천 평화 관광을 쌍끌이 하는 '평화의 댐'과 '세계평화의 종 공원'이 자리하고 있으니 산책 삼아 걸음 해보자.

◎ 강원 화천군 화천읍 평화로 3518

◷ 24시간

₩ 무료

화천의 맛집과 카페

백가네칡냉면

화천국밥

문릿

백가네칡냉면 면이 쫄깃하다 못해 입에 착착 붙는다. 수백 개 담금술을 구경하는 재미도 있다.
강원 철원군 갈말읍 호국로 4987 1층 매일 10:30~19:00(11월~2월 영업중단)

화천국밥 화천시장에 위치해 현지인들이 많이 찾는다. 국밥 2인 이상 주문 시 부속 고기가 서비스다.
강원 화천군 화천읍 중앙로4길 13-7 시장 운영일별 상이

시골쌈밥 구수한 우렁쌈밥과 더불어 제육볶음이나 삼겹살을 선택해 메뉴를 구성할 수 있다.
강원 화천군 화천읍 평화로 333 목~화 11:00~19:00(브레이크 타임 15:00~17:00, 수 휴무)

문릿 분위기가 따뜻한 아담한 카페이다. 곡물라테나 바닐라빈라테처럼 특별한 음료를 선보인다.
강원 화천군 화천읍 상승로3길 5 일~금 12:00~18:00(라스트 오더 18:00, 일요일은 16시까지, 토 휴무)

광덕별아래 산꼭대기 조경철 천문대 올라가는 길에 있어 잠시 쉬어가기 좋다. 한옥형 건물도 정겹다.
강원 화천군 사내면 천문대길 8 화~일 12:00~19:00(금~토는 22시까지, 월 휴무)

화천군 여행 지도

017 철원군

Gangwon

재두루미 나는 지질 여행과 안보 여행의 중심

❶ 고석정

한탄강 세계지질공원 안에 있다. 고석정은 한탄강 암벽 위에 있던 신라 시대의 정자 이름이자, 그 주위의 바위군과 계곡을 통칭하는 이름이다. 고석정은 1억 1,000만 년 전에 생긴 기묘한 화강암이다. 54만 년~12만 년 전 사이에 화산활동으로 생긴 현무암 용암대지에 덮여 있다가 현무암이 물에 깎여나가면서 높이 15미터 바위가 밖으로 드러났다. 주변 현무암도 물에 깎여 수직 절벽이 되었다. 이런 독특한 지형과 한탄강 비경이 공존하는 곳이라 신라 진평왕과 고려 충숙왕이 극찬했을 만큼 풍광이 뛰어나다. 바로 옆 드넓은 고석정 꽃밭에서는 가을마다 색의 향연이 펼쳐진다.

강원 철원군 동송읍 태봉로 1825

매일 11:00~21:00 ₩ 무료

❷ 명성산 억새밭

철원과 경기 포천시가 만나는 지점에 있다. 명성산은 궁예가 왕건에게 쫓기다 최후를 맞이한 슬픔이 어려 있어 울음산이라 불린다. 명성산은 울음산의 한자 표기이다. 그러나 슬픈 전설과는 별개로 가을이 찾아오면 명성산이 진가를 제대로 발휘한다. 10월부터 산 정상의 억새밭이 절정에 이르기 때문이다. 20만 제곱미터 면적의 황금빛 억새가 역동적으로 물결치는 모습은 그 어떤 수식어도 필요 없을 만큼 아름답다. 억새를 만나러 가는 여정 또한 흠잡을 데가 없다. 등산로를 걷는 내내 단풍은 기본이요, 숨어있던 폭포와 계곡이 줄줄이 눈동자에 맺힌다.

강원 철원군 갈말읍

24시간

₩ 무료

❸ 노동당사

6.25 전쟁 이전에 북한의 노동당사로 이용되던 러시아 양식 건물이다. 전쟁 때 심각한 피해를 입은 뒤 지금은 외벽만 남아있다. 그 외벽마저도 총탄과 포탄의 흔적으로 인해 온전치 못하지만, 여전히 철거되지 않은 채 자리를 지키며 우리의 아픈 역사와 분단의 현실을 보여주고 있다.

◎ 강원 철원군 철원읍 금강산로 265

◷ 24시간

₩ 무료

❹ 순담계곡 한탄강주상절리길

고석정 못지않은 운치가 펼쳐지는 한탄강의 계곡이다. 역시 기묘한 바위와 절벽이 물길을 따라 이어지고 자연적으로 생겨난 백사장은 이색적이다. 래프팅 명소로 꼽히며 최근엔 계곡 근방의 주상절리를 살펴볼 수 있는 데크 길이 생겨나 관광객을 끌어모으고 있다.

◎ 강원 철원군 갈말읍 군탄리 산78-2 ◷ 주상절리길 수~월 09:00~16:00(화 휴무) ₩ 주상절리길 성인 10,000원, 청소년 4,000원, 어린이 3,000원

❺ 삼부연폭포

가마솥처럼 생긴 연못이 3개 있다고 하여 삼부연으로 불린다. 폭포의 높이는 약 20미터로 화강암 절벽에서 세 번 꺾인 뒤 쏟아진다. 폭포를 감싼 자연경관도 훌륭하고 장쾌한 물소리도 정신을 맑게 해준다. 겸재 정선이 삼부연폭포를 담은 진경산수화를 남기기도 했다.

◎ 강원 철원군 갈말읍 신철원리 산 26-58

◷ 24시간

₩ 무료

❻ 직탕폭포

좁고 깊은 일반 폭포와는 달리 넓고 낮은 형태의 특이한 폭포다. 한탄강 하류에 자리 잡고 있다. 놀랍게도 강 횡단면 전체를 따라 형성되어 있어 높이는 4미터 남짓이나 넓이는 80미터나 된다. 오랜 시간 흘러내린 용암이 수직 단애를 만들어내며 기이한 폭포를 탄생시켰다.

◎ 강원 철원군 동송읍 직탕길 86

◷ 24시간

₩ 무료

❼ 철원한탄강은하수교

유네스코 세계지질공원으로 선정된 한탄강 유역을 한눈에 조망할 수 있는 180미터 길이의 현수교다. 송대소 주상절리 협곡에 철원 명물 두루미를 형상화해 건설했다. 다리를 건너 전망대까지 달음박질 치면 한탄강의 물줄기, 주상절리, 철원평야가 한 프레임 안에 담긴다.

◎ 강원 철원군 동송읍 장흥리 725-12

◷ 24시간

₩ 무료

❽ 백마고지전적지

백마고지 전투는 한국전쟁에서 가장 치열하고 처절했던 전투 중 하나로 꼽힌다. 수십만 발의 포격이 오간 끝에 중공군을 격퇴하고 요충지를 지켜냈다. 역사적인 장소에서 쓰러져간 이들을 기리기 위해 위령비와 기념탑이 건립되었다. 호국 영령을 향해 묵념을 올려보자.

◎ 강원 철원군 철원읍 평화로 3501

◷ 24시간

₩ 무료

❾ DMZ두루미평화타운

철원 DMZ 인근에선 천연기념물 두루미가 겨울을 보낸다. 이에 폐교된 초등학교를 리모델링하여 두루미를 주인공으로 한 공간을 만들었다. 두루미와 관련된 많은 정보를 얻을 수 있고 시기에 따라 탐조도 가능하다. 서식지 보존과 연구를 위한 국제두루미센터도 곁에 있다.

◎ 강원 철원군 동송읍 양지2길 15-21

◷ 수~월 09:00~18:00(화 휴무)

₩ 무료

❿ 복주산자연휴양림

철원 남동쪽에 위치한 복주산은 고요하고 평온한 분위기로 마음을 사로잡는다. 게다가 그 안에 들어선 복주산자연휴양림은 언제나 완벽한 힐링을 선사한다. 잘 구성한 산책로와 등산로를 따라 삼림욕을 즐기고 숲 해설 프로그램에 참여하다 보면 이곳에 더 머물고 싶어진다.

◎ 강원 철원군 근남면 하오재로 818

◷ 매일 09:00~18:00 ₩ 성인 1,000원, 청소년 600원, 어린이 300원(숙박동별 요금 상이)

철원의 맛집과 카페

민통선한우촌

평이담백뼈칼국수

카페은하수

민통선한우촌 도로변에 있는 식육 식당으로 원하는 부위를 구매해 상차림 비를 내고 구워 먹으면 된다.
강원 철원군 갈말읍 호국로 4987 매일 11:00~21:00(라스트 오더 20:30)

평이담백뼈칼국수 칼국수 위에 살이 큼직하게 붙은 뼈를 통째로 올려준다. 의외로 찰떡궁합이다.
강원 철원군 동송읍 태봉로 1833 매일 10:30~20:00(브레이크 타임 16:00~17:00, 라스트 오더 19:20)

기와집 쌈밥을 기호에 맞춰 골라먹을 수 있다. 매콤제육, 간장제육, 소불고기가 주연이다. 강원 철원군 갈말읍 갈말로 369 금~수 11:00~20:00(브레이크 타임 15:30~17:00, 라스트 오더 19:00, 목 휴무)

카페은하수 은하수교 바로 옆에 있으니 전망은 설명할 필요가 없다. 야경이 특히 더 아름답다.
강원 철원군 동송읍 한탄강길 112 매일 09:00~22:00(라스트 오더 21:30)

한탄강빵명장 빵지 순례객이라면 꼭 들러야 할 곳. 대파에서 블루베리까지 갖가지 재료로 빵을 만든다.
강원 철원군 동송읍 한탄강길 28 매일 09:00~18:00(토~일은 19시까지)

018 양구군

Gangwon

생태 여행이 시작되는 한반도의 배꼽

❶ 박수근미술관

양구가 낳은 불세출의 화가 박수근의 생가터에 그의 예술세계가 펼쳐지는 미술관이 건립되었다. 친숙한 서민의 삶을 주제로 한결같이 인간의 선량함을 화폭에 담았던 박수근 화백은 양구를 넘어 대한민국을 대표하는 근대화가이며 그의 그림은 국내에서 가장 비싼 금액에 거래되기도 한다. 수채화와 스케치, 판화 등 웬만한 미술관에선 보기 힘든 박수근의 작품 110여 점이 전시되어 있다. 미술관 자체도 빼어난 건축미를 보여주며 미술관을 둘러싼 너른 들판과 공원에도 예술과 문화의 향이 짙다. 뒷동산 언덕엔 박 화백과 아내가 잠든 묘소가 있다.

⊙강원 양구군 양구읍 박수근로 265-15

◷화~일 10:00~18:00(월 휴무)

₩ 성인 6,000원, 청소년·어린이 3,000원

❷ 두타연

금강산으로 향하는 길목에 환상적인 비경이 드러난다. 더욱이 50여 년 민간인 출입이 통제되었으며, 현재에도 예약을 통해 제한된 인원만 방문할 수 있기에 그 어느 계곡보다 맑고 투명한 물줄기가 굽이친다. 두타연은 금강산에서 발원한 물이 쏟아지는 높이 10미터의 폭포와 그 아래의 소(연못)를 말한다. 맑다 못해 초록빛으로 일렁이는 소의 모습은 숨이 막힌다. 탐방객에겐 정해진 탐방로를 좌표 삼아 두타연을 한 바퀴 돌아볼 수 있는 축복이 주어진다. 원시의 대자연이 꿈틀대는 이 코스는 국내 최고의 생태탐방코스라 평가해도 무리가 없다.

⊙강원 양구군 방산면 두타연로 297

◷화~일 10:00~15:00(월 휴무) ₩ 성인 6,000원, 청소년·어린이 3,000원(인터넷 예약 필수)

❸ 국토정중앙

섬을 포함하여 한반도 동서남북 4극 지점을 기준으로 국토 정중앙이 지나는 지점은 바로 양구군에 있다. 정확히 동경 128도 02분 2.5초, 북위 38도 03분 37.5초. 그 위치에 국토 정중앙을 기념하는 휘모리탑이 있다. 의미 있는 지점이기에 주변에 공원과 천문대도 들어서 있다.

◎ 강원 양구군 국토정중앙면 국토정중앙로 126

◷ 24시간

₩ 무료

❹ 한반도섬

파로호 상류에 163만 제곱미터 규모의 큰 습지를 조성한 뒤, 호수 중앙에 한반도 형상의 인공섬을 만들어 나무 데크로 이었다. 한반도를 완벽하게 재현한 섬 위에 발 디디면 몇 분 만에 남에서 북까지 이동할 할 수 있다. 제주도도 있으니 한라에서 백두까지 종주해보자.

◎ 강원 양구군 양구읍 한반도섬길 76

◷ 24시간

₩ 무료

❺ 파로호꽃섬

한때 영농폐기물로 뒤덮였던 장소가 생명이 꿈틀대는 생태관광지로 극적인 변신을 했다. 파로호를 따라 1만 그루가 넘는 나무와 40만 본이 넘는 갖가지 색의 꽃이 춤을 춘다. 오두막과 잔디 구장 등 쉼과 놀이를 위한 시설도 잘 갖춰져 사시사철 주민들의 사랑을 받는다.

◎ 강원 양구군 양구읍 하리 570-1

◷ 24시간

₩ 무료

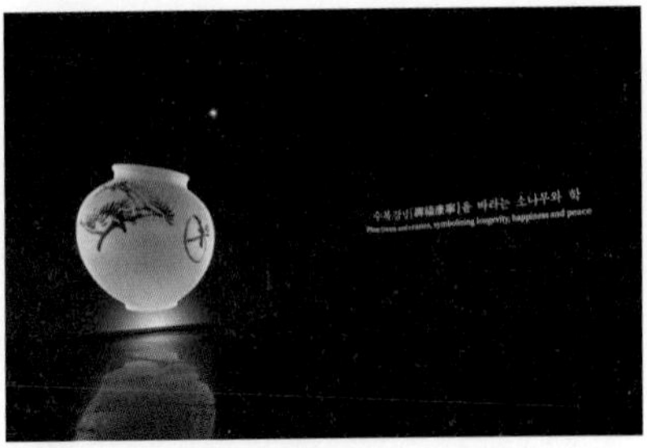

❻ 양구백자박물관

양구군 방산면 일대는 40기의 가마터가 있었던 것은 물론 조선 왕실의 백자 원료 공급처였다. 그 역사를 뿌리 삼아 양구 백자 역사의 흐름을 한눈에 파악할 수 있는 박물관이 생겨났다. 단순히 백자를 감상하는 것뿐 아니라 생생한 영상과 체험을 통해 백자의 위대함을 실감케 한다.

◎ 강원 양구군 방산면 평화로 5182

◷ 화~일 10:00~18:00(월 휴무)

₩ 3,000원

❼ 펀치볼

양구 해안면에 위치한 '해안분지'로 한국전 당시 미국 종군기자가 그 모습이 화채 그릇(Punch Bowl) 같다 해 펀치볼이라 불린다. 남북의 격전지였으며, 해안면은 국내 유일 민통선 내의 면이자 차별침식 혹은 운석 충돌이 있었던 곳으로 추정되는 까닭에 지리학적 가치가 높다.

◎ 강원 양구군 해안면 후리

⏱ 24시간

₩ 무료

❽ 양구수목원

해발 450미터 대암산 숲속에 안긴 양구수목원은 가족 맞춤 공간이다. 1,000여 종의 식물뿐 아니라 재미있는 캐릭터가 가득한 '숲키움터', '숲놀이터', '숲배움터' 3개의 테마 공간을 통해 생생한 자연을 오감으로 느껴볼 수 있다. 야생동물생태관과 목재문화체험관도 유익하다.

◎ 강원 양구군 동면 숨골로310번길 131

⏱ 화~일 09:00~18:00(월 휴무)

₩ 성인 6,000원, 청소년·어린이 3,000원

❾ 국립DMZ자생식물원

DMZ 지역의 생태계를 연구하기 위해 건립된 뒤 일반인에게 개방된 식물원이다. 접근이 힘들어 보기 힘든 DMZ와 그 이북 지역의 식생을 살펴볼 수 있는 소중한 장소다. 북방계식물전시원과 DMZ원, 습지원 등 8개의 전시 공간에 걸쳐 희귀한 식물과 야생화가 이어진다.

◎ 강원 양구군 해안면 펀치볼로 916-70

⏱ 화~일 09:00~18:00(월 휴무)

₩ 무료

❿ 양구통일관 을지전망대

양구통일관은 북한의 실상을 이해하고 통일에 대한 의지를 다지는 교육의 장으로 이용되고 있다. 동시에 양구 안보 관광의 핵심 역할을 하는 을지전망대와 제4땅굴 관람이 시작되는 곳이기도 하다. 바로 옆엔 남북한의 격전지였던 양구의 전투를 보여주는 전쟁기념관이 있다.

◎ 강원 양구군 해안면 해안서화로 35

⏱ 화~일 09:00~18:00(11월~2월은 17시까지, 월 휴무) ₩ 성인 3,000원, 청소년·어린이 1,500원

양구의 맛집과 카페

양구재래식손두부

배꼽제빵소

양구재래식손두부 3대를 이어 운영 중인 손두부집이다. 두부전골이 주력이며 들기름 두부구이도 맛깔나다. 강원 양구군 양구읍 학안로 6 매일 09:00~20:00

양구손냉면 고구마 가루로 반죽해 뽑는 면부터 육수까지 모두 직접 제조해 믿고 먹을 만하다.
강원 양구군 국토정중앙면 정중앙로 183-6 매일 11:30~16:00

시래원 부드럽기로 소문난 양구 시래기를 재료로 정식을 내어 보인다. 시래기밥이 향긋하니 좋다.
강원 양구군 국토정중앙면 봉화산로 457 화~목 11:00~16:00, 금~일 11:00~20:00(월 휴무)

배꼽제빵소 양구 읍내에 있는 초대형 베이커리. 세기 힘들 만큼 다양한 빵이 제조된다. 음료도 판매한다.
강원 양구군 양구읍 박수근로365번길 20-2 매일 09:30~22:00

카페1001-8 특이한 이름은 지번 주소를 땄다. 외관은 투박하지만, 내부 인테리어는 감성이 넘친다.
강원 양구군 국토정중앙면 정중앙로 606-6 매일 10:30~19:00(월요일은 17시까지)

PART 4

경기도

001 수원시

Gyeonggi

정조 대왕이 꿈꾼 이상향

❶ 수원화성

정조의 깊은 효심이 세계에 길이 남을 역작을 탄생시켰다. 뒤주에 갇혀 끔찍한 최후를 맞이한 아버지 사도세자의 혼을 달래고자 정조는 아버지의 능을 양주에서 풍수지리가 좋은 수원 화산으로 옮기고 화성을 축성했다. 1794년부터 동서양을 아우르는 당대 최고의 기술을 집대성하였고, 정약용 같은 희대의 지식인이 참여해 2년 반 만에 완공했다. 화성은 방어와 행정의 기능을 모두 완벽하게 구현했으며 건축학적, 예술학적으로도 대단히 훌륭한 성이다. 축성 과정은 <화성성역의궤>에 모두 담겨있다. 유네스코 세계유산으로 지정되지 않을 이유가 없다. ◎ 경기 수원시 장안구 영화동 320-2 ◷ 매일 09:00~18:00(관람 시간 이후는 무료 및 야간 관람 가능) ₩ 성인 1,000원, 청소년 700원, 어린이 500원

❷ 화성행궁

행궁은 왕이 궁궐을 벗어나 머물던 별궁을 뜻한다. 화성행궁은 화성의 부속 건물로 조선의 행궁 중 규모가 가장 크며 그 아름다움 또한 제일로 알려졌다. 효성이 지극했던 정조가 아버지의 묘소인 현륭원을 찾을 때마다 이곳에 들렀다. 평상시에는 관청으로 활용되기도 했다. 이 역사적인 공간은 일제강점기에 건물 대부분이 훼손되며 큰 위기를 맞는다. 다행히 뜻이 있는 이들의 노력으로 1996년부터 복원공사가 시작되었고 2003년에 개방되며 현재에 이른다. 늘 다양한 전통 행사가 개최되어 시대를 뛰어넘어 정조와의 교감을 이어갈 수 있다.

◎ 경기 수원시 팔달구 정조로 825

◷ 매일 09:00~18:00

₩ 성인 1,000원, 청소년 700원, 어린이 500원

❸ 수원화성박물관

화성과 행궁에 대한 호기심이 커졌다면 화성의 모든 것을 망라한 박물관으로 향하자. 거중기나 녹로 등 획기적 신기술이 투입되었던 화성의 축조 과정을 상세히 알려준다. 정조의 수원 행차, 정조의 어머니 혜경궁 홍씨의 회갑연과 같은 화성에서의 굵직한 사건도 나열한다.

◎ 경기 수원시 팔달구 창룡대로 21

◷ 화~일 09:00~18:00(월 휴무)

₩ 성인 2,000원, 청소년 1,000원, 어린이 무료

❹ 방화수류정

여행지 측면에서 수원 화성은 지나치게 커 하루에 둘러보긴 벅차다. 그 안에 딸린 많은 성문과 누각 등이 각각의 개별 여행지가 되는 가운데 방화수류정은 가장 큰 인기를 누린다. 성 동쪽에 솟은 망루 겸 정자로 낭만적인 연못과 함께해 수원 최고의 피크닉 장소로 꼽힌다.

◎ 경기 수원시 팔달구 수원천로392번길 44-6

◷ 24시간

₩ 무료

❺ 효원공원월화원

잠시 중국으로 순간이동을 해보자. 중국 광둥성에서 넘어온 인부들이 수원 효원공원 내에 건설한 정원으로 경기도와 광둥성의 우호 교류를 위해 조성되었다. 창문과 정자, 호수 등이 중국 전통 정원의 것과 똑같아 풍경이 이색적이다. 광둥성에도 우리 양식의 정원이 있다.

◎ 경기 수원시 팔달구 동수원로 399

◷ 24시간

₩ 무료

❻ 광교호수공원

광교에 위치한 거대한 호수 공원이다. 수면 아래에서 물을 내뿜는 '신비한 물너비 분수', 호수를 감싼 복합 수변 시설 '어번레비' 등 시민에게 행복을 안기는 수많은 시설이 함께한다. 자매결연 도시에서 이름을 딴 프라이부르크 전망대에서 바라보는 호수의 전망도 탁월하다.

◎ 경기 수원시 영통구 광교호수로 165

◷ 24시간

₩ 무료

❼ 플라잉수원

계류식 헬륨 풍선을 타고 최대 150미터의 상공으로 떠올라 수원 화성의 전경을 감상해 보자. 땅에 줄을 매달고 띄워 올리는 열기구라 생각하면 된다. 약간의 아찔함과 함께 비행이 시작되면 화성의 또렷한 윤곽과 수원 시내의 모습이 담긴다. 도시의 야경 역시 눈부시다.

◎ 경기 수원시 팔달구 지동 255-4

◷ 월~금 12:00~21:00, 토~일 11:00~22:00

₩ 성인 20,000원, 청소년 18,000원, 어린이 17,000원

❽ 국립농업박물관

2022년에 문을 연 국내 최대의 농업 전문 박물관이며 국가에서 운영하는 첫 농업박물관이다. 과거와 현재의 농경 문화 및 농업 기술의 변화를 큰 줄기 삼아 방대한 양의 자료를 빼곡하게 전시해 놓았다. 전통 농기구부터 최첨단 항공방제까지 재미있는 체험도 이어진다.

◎ 경기 수원시 권선구 수인로 154

◷ 화~일 10:00~18:00(월 휴무)

₩ 무료

❾ 노송공원

경기도 기념물에 오른 소나무 숲이다. 정조에 의해 역사가 시작되었다고 하니 대부분 수령 200년을 훌쩍 넘긴 노송이다. 차량이 쉴 새 없이 오가는 길가에서 울창하게 숲을 이룬 중후한 노송 군락이 선물처럼 느껴진다. 곁으로 꽃밭도 함께 가꾸어 놓아 발걸음이 더욱 즐겁다.

◎ 경기 수원시 장안구 이목동 794

◷ 24시간

₩ 무료

❿ 해우재

변기 모양의 전시관이 있다. '미스터 토일렛'으로 불렸던 고 심재덕 씨가 자신의 집을 허물고 변기를 형상화해 만든 작품이다. 심씨의 뜻을 따라 시에 기증되었고 수원시는 화장실 문화 전시관으로 재탄생시켰다. 어디서도 쉽게 만날 수 없는 '똥'과 화장실 이야기로 가득하다.

◎ 경기 수원시 장안구 장안로458번길 9

◷ 화~일 10:00~18:00(월 휴무)

₩ 무료

수원의 맛집과 카페

본수원갈비

유치회관

빼에스몽테제빵소

본수원갈비 전국적으로 이름난 수원 갈비를 제대로 즐길 수 있는 곳이다. 비싼 값을 하고도 남는다.
경기 수원시 팔달구 중부대로223번길 41 매일 11:30~21:30(일~월은 21시까지, 라스트 오더 20:30/20:00)

유치회관 30년 넘게 장사를 이어온 선지 해장국 맛집이다. 그 맛을 보기 위해 늘 장사진이다.
경기 수원시 팔달구 효원로292번길 67 24시간

진미통닭 행궁 남쪽으로 수원통닭거리가 자리한다. 거리에서 가장 북적이는 곳은 바로 이 집이다.
경기 수원시 팔달구 정조로800번길 21 화~일 11:00~23:00(월 휴무)

빼에스몽테제빵소 빵을 좋아한다면 꼭 들러야 할 성지다. 한옥 건물 안에서 수십 종의 빵을 끊임없이 굽는다. 경기 수원시 권선구 오목천로 149 매일 09:00~22:00

르디투어 카페 건물이 세계적인 건축가 곽희수의 작품이라는 사실만으로도 방문 가치가 충분하다.
경기 수원시 영통구 웰빙타운로36번길 46-234 매일 10:00~21:00(라스트 오더 20:30)

수원시 여행 지도

002 Gyeonggi

화성시

경기도에서 만나는 섬과 바다

❶ 제부도

서해의 낭만을 잔뜩 머금고 있다가 여행자에게 넌지시 건네준다. 화성시 서쪽 끝에 딸린 섬 제부도는 썰물 때에 맞춰 하루 두 차례 바닷길이 열린다. 그 시간이면 바다에 잠겼던 길이 드러나 육지와 연결된다. 사방이 갯벌이라 생태 체험에 최적화되어 있으며 물이 들어오면 작은 해수욕장에서 물놀이가 시작된다. 남쪽으론 제부도의 절경 매바위가 솟아 눈길을 끈다. 화성 최고의 낙조가 기다리니 섬에 하루 묵어가는 것도 괜찮다. 2021년엔 서해랑 케이블카가 개통돼 제부도로 가는 하늘길이 뚫렸다. 이젠 바다가 열리지 않아도 섬에 닿을 수 있다.

경기 화성시 서신면 제부리

24시간

₩ 무료

❷ 동탄호수공원

'루나쇼'라 불리는 음악 분수 공연이 입소문을 탄 뒤 주로 시민들이 찾던 공원에 전국 각지의 사람들이 발걸음한다. 달마다 몇 차례만 불규칙적으로 운영되는 것은 아쉬우나 한번 시작하면 동탄의 밤하늘을 화려하게 빛낸다. 꼭 분수가 아니더라도 찾을 이유는 많다. 오리가 헤엄치는 넓디넓은 호수를 눈에 넣으며 수변 산책로를 걸으면 숲과 호수가 번갈아 위로를 안겨준다. 북서쪽 주상 복합건물 인근엔 이국적인 분위기의 분수 광장과 전망대가 자리한다. 고층 빌딩과 호수 사이를 원색의 꽃과 나무로 채워 넣은 호수공원도 여유로운 쉼터가 된다.

경기 화성시 동탄순환대로 69

24시간

₩ 무료

❸ 화성시우리꽃식물원

우리나라에서 자생하는 꽃이 주를 이루는 식물원이다. 솜다리, 하늘매발톱, 참좁쌀풀 등 꽃의 이름에서도 우리 말의 아름다움이 느껴진다. 1,100여 종의 식물이 흩어진 가운데 약 300종을 담당하는 한옥 모양의 유리 온실이 근사하다. 실내 전시관과 야외 화단도 내실 있다.

◎ 경기 화성시 팔탄면 3.1만세로 777-17

◷ 화~일 09:00~18:00 (11월~2월은 17시까지, 월 휴무)

₩ 성인 3,000원, 청소년 2,000원, 어린이 1,500원

❹ 궁평항

국가 어항으로 지정된 화성의 대표 항구다. 아직 현대적으로 개발되지 않아 되레 정겨움과 따스함이 느껴진다. 만선을 꿈꾸는 어선이 바지런히 항구를 드나들고 육지에 도착한 활어는 직판장에서 저렴하게 구매할 수 있다. 바다로 난 방파제와 데크길이 있어 산책하기도 좋다.

◎ 경기 화성시 서신면 궁평항로 1049-24

◷ 24시간

₩ 무료

❺ 융건릉

화성시에 자리한 조선 왕릉이다. 융릉에는 조선 역사상 가장 끔찍한 최후를 맞은 왕족, 사도세자와 부인 헌경왕후가 합장되었다. 사도세자가 1899년 장조라는 호칭의 왕으로 추존되며 왕릉인 융릉으로 격상되었다. 건릉엔 사도세자의 아들 정조와 효의왕후가 잠들어 있다. ◎ 경기 화성시 효행로481번길 21

◷ 2월~5월·9월~10월 09:00~18:00, 6월~8월 09:00~18:30, 11월~1월 09:00~17:30 ₩ 대인(만 25세 이상) 1,000원, 청소년·어린이 무료

❻ 남양성모성지

1866년에 발생한 병인박해는 수많은 천주교 신자의 목숨을 앗아갔다. 당시에 처형당한 무명의 순교자를 위해 한국 천주교회에서 성모성지로 공식 선포한 장소다. 이름조차 기록되지 않은 이들을 추모하고자 순례의 길이 가꿔져 있다. 평안한 쉼을 위해 시민들도 많이 찾는다.

◎ 경기 화성시 남양읍 남양성지로 112

◷ 24시간

₩ 무료

❼ 제암리3.1운동순국유적지

1919년 일제는 만세 운동을 벌였던 제암리 주민을 제암리 교회에 몰아넣은 뒤 총격을 가하고 불을 질러 학살했다. 그 결과 23명이 처참히 목숨을 잃었다. 이 만행을 기억하고 희생자의 넋을 기리기 위해 순국 기념관과 묘지, 23인의 상징물을 건립했다. 사적으로 지정됐다. .

◎ 경기 화성시 향남읍 제암리

◷ 24시간

₩ 무료

❽ 비봉습지공원

시화호 조성 과정에서 불거진 오염 문제를 해결하고자 인공 습지를 꾸몄다. 이제는 생명의 땅으로 변모해 맹꽁이와 삵, 너구리 등의 희귀 생명이 관찰된다. 천연기념물이란 훈장을 단 새들도 이곳을 찾아 공원 곳곳에 탐조대와 전망대가 있다. 체육공원과 물놀이터도 함께한다.

◎ 경기 화성시 새솔동

◷ 24시간

₩ 무료

❾ 용주사

정조의 효심이 담긴 사찰이다. 이곳은 원래 신라 때 창건된 갈양사가 있던 자리다. 그러나 고려 시대에 소실됐고 이후 정조가 아버지 사도세자의 능을 화성으로 이장한 뒤 옛 절터에 능사로 용주사를 짓고 아버지를 추모했다. 갈양사의 옛 유물과 용주사 당우가 공존한다.

◎ 경기 화성시 송산동 187-2

◷ 24시간

₩ 성인 1,500원, 청소년 1,000원, 어린이 700원

❿ 소다미술관

채 완공되지 못해 방치되었던 찜질방 건물을 리모델링해 화성 최초 사립미술관을 만들었다. 디자인과 건축을 대주제로 삼고 있으며 창의성이 돋보이는 전시가 꾸준히 개최된다. 또 아이들에게 미술관이라는 공간이 지루하게 느껴지지 않도록 각종 만들기 체험을 운영한다.

◎ 경기 화성시 효행로707번길 30

◷ 화~금 10:00~18:00, 토~일 10:00~19:00(월 휴무)

₩ 성인 12,000원, 청소년·어린이 8,000원

화성의 맛집과 카페

청학동칡냉면 융건릉 가는 길에 유독 긴 줄이 있다면 이 집이다. 오랜 시간 냉면 맛집으로 군림하고 있다. ◎ 경기 화성시 효행로 466 ⓒ 매일 10:30~21:00

월천삼계탕 동탄이 자랑하는 삼계탕 맛집이다. 한방 국물은 진하고 고기도 매우 부드럽다.
◎ 경기 화성시 동탄공원로2길 35 ⓒ 매일 10:30~21:00

물레방아 각종 솥밥 정식과 굴밥, 칼국수, 파전이 두루두루 잘 나가 뭘 먹어야 할지 고민이 된다.
◎ 경기 화성시 서신면 제부로 461 ⓒ 화~금 09:30~21:00, 토~일 09:00~21:00(브레이크 타임 월~금 15:00~16:30)

카페아스타나 도심 복판의 쉼터 같은 커다란 카페다. 커피와 브런치는 물론 맥주와 안주 요리도 판다.
◎ 경기 화성시 효행로 1203-8 ⓒ 매일 10:00~22:00(라스트 오더 21:30)

스무시간 이름과 공간 모두 감성이 넘친다. 빵에 비중을 둔 베이커리 카페로 케이크가 돋보인다.
◎ 경기 화성시 효행로 495 ⓒ 매일 09:30~21:00

003 용인시

Gyeonggi

경기도 최고의 관광 도시

❶ 에버랜드

국내 최대 규모의 테마파크다. 2013년 누적 방문객 2억 명을 돌파하며 인지도 면에서도 국내 최고로 인정받았다. 1976년 '자연농원'으로 시작해 1996년 에버랜드로 바뀌었다. 수십 가지의 재미있는 놀이 기구와 사파리까지 운영되는 초대형 동물원, 각각의 테마가 담긴 정원까지 즐길 거리와 볼거리가 정신없이 휘몰아치니 동선을 효율적으로 짜야 한다. 여름엔 카리브해 풍경을 재현한 워터파크, 캐리비안 베이도 개장한다. 매일 벌어지는 퍼레이드와 각종 공연도 눈을 떼기 어렵고 1년 내내 시기별 특성에 맞춰 개최되는 축제도 빼놓을 수 없다.

◎ 경기 용인시 처인구 포곡읍 에버랜드로 199 ◷ 매일 10:00~22:00(시즌별 시간 변동) ₩ 1일 이용권 성인·청소년 46,000원~68,000원, 어린이 36,000원~58,000원(시즌/요일/성수기별 요금 변동)

❷ 한국민속촌

그저 초가집을 구경하고 농촌 체험을 하는 옛날 스타일의 민속촌을 생각하면 큰 오산이다. 이제는 과거와 현재를 적절히 융화해 남녀노소 누구나 즐거운 추억을 만드는 장소로 변화했다. 낭만적으로 꾸며진 한옥 너머로 바이킹 등의 재미있는 놀이 기구가 운영되고, 사물놀이 공연이 펼쳐짐과 동시에 SNS를 달궜던 캐릭터 연기자들이 익살스러운 농담을 건네며 다가온다. 미술관과 전시관도 있다. 분위기는 훨씬 젊어지고 유쾌해졌다. 그래도 기본을 소홀히 하진 않는다. 전통 행사와 세시풍속을 체험케 하고 우리 고유의 문화와 역사를 널리 알린다.

◎ 경기 용인시 기흥구 민속촌로 90

◷ 월~목 10:00~19:00, 금~일 10:00~21:30(봄~가을 시즌 야간 개장, 홈페이지 공지 참조)

₩ 성인·청소년 32,000원, 어린이 26,000원

❸ 경기도박물관

1996년에 개관한 경기 제일의 박물관이다. 경기도의 천년 역사를 꼼꼼하게 담았다. 1층은 선사 시대부터 삼국 시대에 이르는 고대 문화를 다루고 2층엔 고려와 조선, 근현대의 유산을 축적했다. 규모와 명성에 걸맞게 많은 국가 지정 문화재를 갖춰 보물찾기가 시작된다.

◎ 경기 용인시 기흥구 상갈로 6

◷ 화~일 10:00~18:00(월 휴무)

₩ 무료

❹ 백남준아트센터

시대를 훨씬 앞서간 선구적 예술가, 백남준의 예술 철학이 담긴 명작을 아낌없이 공개한다. 캔버스가 아닌 비디오 매체 안에 자신의 이야기를 담았던 그의 작품은 지금 봐도 놀랍고 충격적이다. 최첨단 세계에 사는 우리가 그보다 실험적이고 창의적인가에 대한 질문이 남는다.

◎ 경기 용인시 기흥구 백남준로 10

◷ 화~일 10:00~18:00(월 휴무)

₩ 무료

❺ 보정동카페거리

개성 넘치는 인테리어를 가진 카페와 독특한 외관과 분위기를 가진 카페가 경쟁하는 듯하다. 예닐곱 개의 좁은 골목을 따라 100여 개의 카페와 레스토랑, 편집숍 등이 밀집되어 있다. 골목에도 이국적인 포토존을 설치하고 화려한 장식을 매달아 마음을 더 들뜨게 한다.

◎ 경기 용인시 기흥구 보정동

◷ 24시간

₩ 무료

❻ 한택식물원

마다가스카르의 명물 바오밥나무를 경기도에서 볼 수 있다. 한택식물원은 국내 사립 식물원 중 가장 큰 규모를 가졌다. 70년대부터 세계적인 식물원을 만들고자 땅을 일군 한 사람의 일념이 현재는 36개 주제원을 갖춘 식물원이 되었다. 무려 1만여 종의 식물이 살아 숨쉰다.

◎ 경기 용인시 처인구 백암면 한택로 2

◷ 매일 09:00~17:30

₩ 성인 9,000원, 청소년·어린이 6,000원

❼ 용인농촌테마파크

면적만 10만 제곱미터가 넘는다. 바쁜 도시인에게 농촌의 향수와 전원의 여유를 안겨준다. 실제로 논과 밭을 조성했고 주제별 정원과 꽃밭을 꾸몄다. 마음에 드는 풍경만 쫓아도 넉넉한 행복감이 샘솟는다. 원두막과 쉼터는 아침 개장 직후부터 자리 경쟁이 제법 치열하다. ◎ 경기 용인시 처인구 원삼면 농촌파크로 80-1

◷ 화~일 3월~4월·9월~10월 09:30~17:30, 5월~8월 09:30~18:30, 11월~2월 09:30~16:30(월 휴무)

₩ 성인 3,000원, 청소년 2,000원, 어린이 1,000원

❽ 용인대장금파크

전 세계에 한류 드라마 열풍을 일으켰던 드라마 <대장금>. 그 인기작을 촬영했던 양주의 세트장을 용인으로 일부 옮겨와 국내 최대 규모의 세트장을 만들었다. 삼국 시대부터 조선의 풍경까지 완벽히 재현했다. <주몽>, <선덕여왕>을 비롯하여 수십 편의 드라마와 영화가 촬영됐다.

◎ 경기 용인시 처인구 백암면 용천드라마길 25

◷ 매일 09:00~18:00

₩ 성인 9,500원, 청소년 8,000원, 어린이 7,000원

❾ 용인곤충테마파크

단순히 곤충을 구경하는 것에 그치지 않고 원하는 곤충을 직접 만져보거나 가까이서 관찰할 수 있다. 나아가 장수풍뎅이나 사슴벌레를 분양받을 수도 있다. 곤충을 주제로 한 다양한 프로그램이 인상적이다. 한쪽에는 조랑말과 토끼 등이 뛰노는 동물농장도 있다.

◎ 경기 용인시 처인구 백암면 삼백로835번길 38

◷ 월·금 11:00~16:00, 토~일 10:00~18:00(화~목 휴무) ₩ 11,000원

❿ 용담저수지

1시간이면 천천히 저수지를 한 바퀴 돌 수 있다. 시내에서 한참 벗어난 외곽 지역에 위치하고 산으로 둘러싸여 산책이 더더욱 여유롭다. 특히 낚시 명소로 알려져 강태공들이 트렁크 가득 낚시 도구를 채워 나타난다. 둘레길을 따라 숨겨진 맛집과 카페도 하나둘 나타난다.

◎ 경기 용인시 처인구 원삼면 사암리 55

◷ 24시간

₩ 무료

용인의 맛집과 카페

탑골순대국

칼리오페

산으로간고등어 특허를 받은 생선구이 전용 화덕에 고등어를 노릇노릇 구워낸다. 호불호가 있을 수 없다. ◎ 경기 용인시 수지구 고기로 126 ◷ 매일 11:00~21:00(브레이크 타임 15:50~17:00, 라스트 오더 20:15)

탑골순대국 수지 시내 복판에 위치해 늘 줄이 늘어선다. 순댓국만 시켜도 간과 부속을 보너스로 준다. ◎ 경기 용인시 수지구 수지로342번길 42 ◷ 월~금 11:30~23:00, 토 11:30~22:30, 일 11:00~22:00(브레이크 타임 15:00~15:30)

고기리막국수 고소함과 담백함이 완벽하게 조화를 이루는 들기름 막국수가 최고의 맛을 보장한다. ◎ 경기 용인시 수지구 이종무로 157 ◷ 수~월 11:00~21:00(라스트 오더 20:20, 화 휴무)

칼리오페 내부가 무척 고급스런 베이커리 카페. 세계 각국의 음식을 파는 레스토랑도 함께 운영된다. ◎ 경기 용인시 처인구 성산로170번길 23-1 ◷ 매일 10:00~21:00

그린웨일 통창 너머로 멍하니 호수만 바라봐도 힐링이 된다. 커피와 스콘의 조합이 좋다. ◎ 경기 용인시 처인구 이동읍 어진로 771 ◷ 월·수~금 10:30~19:00, 토~일 10:30~20:00(라스트 오더 18:30/19:30, 화 휴무)

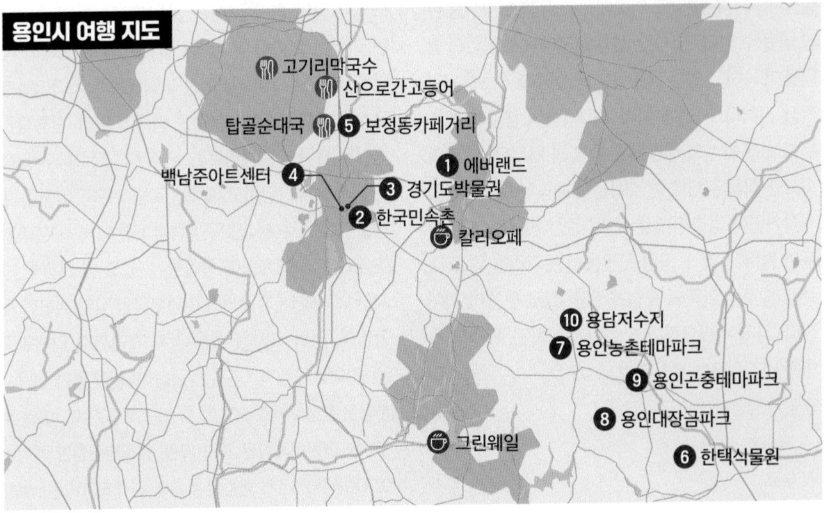

004 Gyeonggi

성남시

도심 속 숨은 녹지 찾기

❶ 율동공원

일상에 지친 누구라도 이곳에선 스트레스 지수를 한참 낮출 수 있다. 긴 시간, 성남 시민에게 변함없이 쉼터를 제공하고 있는 율동공원은 성남에서 초록빛이 가장 진하다. 시기에 따라 100미터의 분수가 치솟는 드넓은 호수의 배경은 온통 꽃과 나무다. 책 테마파크엔 책을 주제로 한 조형물이 빼곡하고 아이들이 재잘거림이 멈출 새 없는 잔디 광장 위로는 조각 작품이 늘어서 있다. 공원 곳곳에서 돗자리를 깔고 소풍을 즐기는 가족의 모습을 보면 절로 웃음이 지어진다. 자극이 필요하다면 호수에 설치된 45미터 높이의 번지점프대에 올라보자.

◎ 경기 성남시 분당구 문정로 72

◷ 24시간

₩ 무료

❷ 한국잡월드

하루가 멀다 하고 장래희망이 변하는 아이가 있다면 이곳으로 향하자. 한국잡월드는 국내 최대의 직업체험관으로 70가지 이상의 직업을 동시다발적으로 체험해볼 수 있다. 분야도 경계가 없다. 전통적인 직업을 포함해 드론연구소, 우주센터 등 미래지향적인 직종까지 다양하고 예체능도 넘나든다. 어린이 체험을 기준으로 4시간 동안 각각 15분에서 40분까지 소요되는 직업 체험에 참여할 수 있고 청소년에겐 1시간 내외의 더 전문적이고 세부적인 직업 체험이 제공된다. 꿈의 확장은 물론 경제 개념까지 일깨워주는, 아이들에겐 참 훌륭한 공간이다. ◎ 경기 성남시 분당구 분당수서로 501 ◷ 월~토 09:00~18:30(일 휴무) ₩ **어린이체험관** 18,000원, **청소년체험관** 체험별 9,000원(당일 1개 체험실 추가이용 시 6,000원), 보호자 9,000원

❸ 분당중앙공원

율동공원과 함께 성남을 수놓는 도심 공원이다. 아파트 바다에 떠 있는 섬처럼 보인다. 롤러 스케이트나 자전거를 타는 아이들과 그를 지켜보며 산책하는 부모들로 항상 붐빈다. 공원 남쪽에 남아있는 옛 가옥과 정자, 잉어가 유유히 헤엄치는 연못이 소소한 여유를 안긴다.

◎ 경기 성남시 분당구 성남대로 550

◷ 24시간

₩ 무료

❹ 정자동카페골목

정자역 인근의 주상 복합 건물 사이로 카페 골목이 형성됐다. 각 건물 1층에 커피숍과 브런치 카페가 하나둘 들어서며 번져나간 것. 대부분 고급스런 인테리어로 치장되어 있고 야외 테라스를 갖추고 있어 무척 이국적인 분위기다. 도심 속 망중한을 즐기는 이들로 가득하다.

◎ 경기 성남시 분당구 정자동

◷ 24시간

₩ 무료

❺ 신구대학교식물원

사시사철 시기에 맞는 꽃을 주제로 축제가 이어진다. 신구대학교에서 식물자원을 연구할 목적으로 개원한 뒤 모두가 즐겨 찾는 힐링 명소로 거듭났다. 봄에 피는 갖가지 라일락이 주력이며 풍부한 수목을 활용해 조성된 정원과 습지생태원, 나무관찰원이 싱그러움을 안긴다.

◎ 경기 성남시 수정구 적푸리로 9

◷ 화~일 09:00~18:00(월 휴무)

₩ 성인 7,000원, 청소년·어린이 5,000원

❻ 성남아트센터

오페라하우스와 앙상블시어터, 콘서트홀. 3개의 공연장을 갖췄으며 1년 내내 수준 높은 특별전이 열리는 큐브 미술관도 함께 자리한다. 특히 큐브 미술관은 지역 작가와 청년 작가의 작품을 발굴하고 전시하는 데 초점을 맞춰 언제나 시민들에게 예술적 감흥을 선사한다.

◎ 경기 성남시 분당구 성남대로 808

◷ 큐브 미술관 화~일 10:00~18:00(월 휴무)

₩ 전시별 상이

❼ 디자인코리아뮤지엄

개인이 30여 년간 열정적으로 수집해 온 디자인 관련 자료를 바탕으로 국내 최초의 디자인 박물관이 탄생했다. 구한말 개화기부터 근대까지 시기별 7개의 테마 공간에 각 시대의 아이콘이 되었던 수많은 디자인 제품과 기념품이 이어져 방문객 모두를 추억의 길로 안내한다.

◎ 경기 성남시 분당구 양현로 322

◷ 월~금 10:00~18:00(토~일 휴무)

₩ 성인 6,000원, 청소년·어린이 4,000원

❽ 은행식물원

쓰임을 다해 폐기된 배수지가 생태 공간으로 다시 태어났다. 작지만 화려한 생태 연못과 열대 식물이 우거진 온실이 특히 인상적이다. 각종 야생화와 수목 사이로 난 산책로엔 방문객에게 힘이 되어주는 감성적인 글귀가 주렁주렁 매달려 있다. 목공체험장도 같이 운영된다.

◎ 경기 성남시 중원구 은행로 72

◷ 매일 09:00~18:00(6월~9월은 19시까지)

₩ 무료

❾ 판교박물관

판교 택지 개발 당시 발굴된 삼국 시대의 돌방무덤을 보존하기 위해 문을 열었다. 4~5세기의 것으로 확인된 고구려와 백제의 돌방무덤을 원형 그대로 박물관 안에 복원했으며 그 안에서 출토된 유물도 전시한다. 야외에도 옛 주거 형태를 보여주는 집터와 생활 유적이 있다.

◎ 경기 성남시 분당구 판교로 191

◷ 화~일 09:00~18:00(월 휴무)

₩ 무료

❿ 탄천민물고기습지생태원

탄천을 따라 길쭉하게 이어지는 인공 습지 공원이다. 도시화로 인해 오염된 탄천의 생태계를 회복시키고 동식물을 보호하고자 조성되었다. 민물고기와 수서곤충의 서식처가 복원되어 있으며 희귀 식물이 성장할 수 있는 공간도 갖췄다. 자전거 라이딩 명소로도 잘 알려졌다.

◎ 경기 성남시 수정구 태평동 7003-13

◷ 24시간

₩ 무료

성남의 맛집과 카페

감미옥 30년 넘게 진한 설렁탕을 내준다. 돌판에 국물과 부속이 함께 나오는 돌판수육도 명물이다. 경기 성남시 분당구 탄천로 181 목~화 07:00~22:00(브레이크 타임 15:00~17:00, 라스트 오더 21:30, 수 휴무)

능라도본점 슴슴하지만 깊은 맛을 내는 평양냉면이 찬양의 대상이다. 접시만두도 곁들이자. 경기 성남시 분당구 산운로32번길 12 매일 11:00~21:30(라스트 오더 20:40)

청담추어정 상황버섯 육수로 맛을 낸 상황추어탕이 특별한 맛을 낸다. 노란 강황밥도 특징이다. 경기 성남시 수정구 여수대로56번길 3 매일 10:00~21:00

파네트리제과명장김영모 제과 명장의 신선한 빵을 하나씩 맛보는 재미가 있다. 카페 공간도 널찍하고 세련됐다. 경기 성남시 수정구 설개로14번길 23 매일 09:00~22:00

도넛드로잉 피넛 버터 도넛, 바질크림치즈 도넛. 색다른 도넛을 판다. 풀장이 있는 야외 공간이 핫하다. 경기 성남시 분당구 대왕판교로 103 월~금 11:00~22:00, 토~일 10:30~22:00

005 과천시

Gyeonggi

도시는 작아도 볼거리는 풍성

❶ 서울랜드

한국 테마파크의 본격적인 신호탄을 쏘아 올린 곳이다. 나라의 큰 경사였던 서울 올림픽에 맞춰 1988년에 문을 열었다. 그 이후에 태어난 모든 세대의 어릴 적 추억이 잔뜩 서려 있는 곳으로 여전히 많은 아이에게 즐거움을 안긴다. 세계의 광장, 모험의 나라 등 5개의 테마 구역에 수십 개의 놀이 기구와 체험관, 오락 시설이 밀집되어 있다. 전통의 롤러코스터 '은하열차 888'과 '킹바이킹'에선 언제나 짜릿함이 담긴 비명이 울려 퍼진다. 시기별 특색이 담긴 축제도 수시로 진행되며 해가 지면 휘황찬란한 조명이 여기저기 들어와 밤을 밝힌다.

📍 경기 과천시 광명로 181 🕓 월~목 10:00~21:00, 금 10:00~22:00, 토~일 09:30~22:00 ₩ 종일권 성인 49,000원, 청소년 46,000원, 어린이 43,000원

❷ 국립현대미술관과천

명실상부 국내 최고의 현대 미술관이다. 괜히 '국립'이 붙은 게 아니다. 원래 1969년 경복궁에 개관했으나 덕수궁을 거쳐 1986년 과천으로 이전한 뒤 몸집을 불렸다. 아직도 전 세계에 회자되는 비디오 아트의 선구자, 고 백남준의 <다다익선>이 하이라이트다. 10월 3일 개천절을 의미하는 1,003개의 TV 모니터로 탑을 쌓았다. 기상천외한 설치 미술과 영상 작품도 상설전을 통해 늘 만날 수 있다. 그뿐만 아니라 현대의 미술 시장을 반짝반짝 빛내는 국내외 예술가들의 기획 전시가 늘 개최되어 미술 애호가들을 불러 모은다. 야외의 조각도 준수하다.

📍 경기 과천시 광명로 313

🕓 화~일 10:00~18:00(월 휴무)

₩ 상설전 무료(특별전 요금 변동)

❸ 서울대공원동물원

영화 제목처럼 미술관 옆 동물원이다. 대공원이라 불리지만 사실상 동물원이다. 1910년 개장한 창경원 동물원이 시초이며 1984년 서울대공원이 문을 열며 동물들이 이동해 왔다. 현재는 대륙별, 종류별로 나뉜 동물사에 230여 종의 동물이 뛰논다. 식물원도 함께 운영된다. ◎ 경기 과천시 대공원광장로 102 ◷ 3월~4월·9월~10월 09:00~18:00, 5월~8월 09:00~19:00, 11월~2월 09:00~17:00 ₩ 성인 5,000원, 청소년 3,000원, 어린이 2,000원

❹ 국립과천과학관

우리의 미래를 이끌 청소년과 어린이에게 과학적 사고와 상상력을 키워준다. 물론 성인에게도 재밌고 유익하다. 7개의 상설전시관에 대한민국의 과학 기술을 집약해 놓았다. 직접 만져보고 경험해 보는 전시물의 비중이 큰 점이 인상 깊다. 야외엔 천문우주관과 생태관이 있다.

◎ 경기 과천시 상하벌로 110

◷ 화~일 09:30~17:30(월 휴무)

₩ 상설전 성인 4,000원, 청소년·어린이 2,000원

❺ 관악산

과천과 안양, 서울 관악구의 경계에 있다. '악'자가 들어간 것 치고는 등반이 수월한 편이다. 정상 격인 연주대까지는 다양한 이름을 가진 기암을 거치며 2시간 안팎이면 오를 수 있다. 깎아 지른 절벽에 떨어질 듯 걸린 연주대가 신비로우며 그 너머로 서울의 전경이 들어온다.

◎ 경기 과천시 중앙동

◷ 24시간

₩ 무료

❻ 렛츠런파크서울

사행성 경기라는 인식을 걷어내고 건전한 여가문화로 자리 잡고 있는 경마를 구경해보자. 통상 주말마다 경기가 열린다. 역동적인 기수의 지시에 따라 질주하는 말들에게서 강한 에너지가 느껴진다. 경기장 밖엔 포토존이 가득한 광장과 말박물관이 있어 주중에 가도 좋다.

◎ 경기 과천시 경마공원대로 107

◷ 경마일 금 09:00~18:00, 토~일 09:30~18:00

₩ 경마일 성인 2,000원

❼ 추사박물관

과천 지역에서 자신의 마지막 예술혼을 불살랐던 추사 김정희 선생의 삶과 예술 세계를 모두 담았다. 추사체라는 고유 명사가 있을 만큼 위대한 명필가의 붓글씨를 마주하는 영광이 찾아온다. 일본의 추사 연구자인 후지츠카가 기증한 추사의 자료도 빼놓지 말아야 한다.

경기 과천시 추사로 78

화~일 09:00~18:00(월 휴무)

₩ 성인 2,000원, 청소년 1,000원, 어린이 500원

❽ 한국카메라박물관

박물관의 외관부터가 카메라 형상이다. 개인이 박물관 개관을 꿈꾸며 수집한 3,000여 점의 카메라와 6,000여 점의 렌즈를 아낌없이 전시한다. 카메라의 원조 격인 카메라 옵스큐라와 값을 매기기 힘든 명품 카메라는 물론 이젠 유물처럼 느껴지는 초창기 '디카'도 관심을 끈다.

경기 과천시 대공원광장로 8

화~토 09:00~18:00(일~월 휴무)

₩ 성인 5,000원, 청소년 4,000원, 어린이 3,000원

❾ 온온사

소박한 옛 건물로 보이지만 왕이 쉬어가던 객사다. 인조 때인 1649년경에 건립되었다. 정조가 자신이 수원으로 옮긴 아버지 사도세자의 능에 행차할 때 쉬어갔다. 정조는 이곳의 경치가 좋고 마음이 편안하다 하여 온온사라는 현판을 내렸다. 현재의 건물은 복원된 것이다.

경기 과천시 관문동

24시간

₩ 무료

❿ 중앙공원

과천역 위로 중앙공원이 남북으로 길쭉하게 이어진다. 빽빽한 아파트 단지 사이에서 꿋꿋하게 청록빛을 발하는 고마운 공간으로 산보하기 좋다. 공원 중앙쯤에 관악산과 청계산, 우면산을 미니어처로 만들어 놓아 제자리에서 한 바퀴만 돌면 과천의 명산을 모두 만날 수 있다.

경기 과천시 도서관길 36

24시간

₩ 무료

과천의 맛집과 카페

메밀장터선바위본점

가마솥회관

마이알레

메밀장터선바위본점 고소함의 끝을 보여주는 들기름막국수와 새콤달콤 감칠맛 나는 명태회막국수가 특색 있다. 경기 과천시 뒷골로 5-7 매일 10:40~21:20

가마솥회관 30년 전통의 곰탕집이다. 고기와 사골 외엔 첨가물을 전혀 넣지 않아 국물 맛을 자부한다.
경기 과천시 과천대로 161 매일 10:00~21:00(라스트 오더 20:30)

돌담집식당 가격이 만만치 않으나 청량한 계곡을 바라보며 능이버섯백숙을 뜯는 맛은 포기하기 힘들다. 경기 과천시 자하동길 37 매일 11:00~21:00

마이알레 렛츠런파크 뒤에 숨겨진 보물 같은 카페다. 식물로 가득 찬 정원과 온실이 근사하다.
경기 과천시 삼부골3로 17 화~일 11:00~22:00(라스트 오더 20:30, 월 휴무)

하이도나 컬러풀한 캐릭터가 손을 흔드는 카페 외벽이 재밌다. 만만치 않게 화려한 도넛을 판다.
경기 과천시 뒷골1로 14 매일 10:00~21:00(라스트 오더 20:30)

과천시 여행 지도

006 Gyeonggi

의왕시

도시를 감싸는 맑은 산과 호수

❶ 백운호수

의왕에서 가장 시원스러운 풍광이 펼쳐진다. 한국전 직후인 1953년 농업용수 공급을 위해 축조된 저수지로 일대가 도시로 개발되며 호수로 재탄생했다. 청계산, 백운산, 모락산 등의 명산이 호수를 둘러싸고 있어 자연적 운치를 더해주며 호수의 규모도 36만 제곱미터 이상으로 넓어 유원지의 임무를 훌륭히 수행한다. 호수 순환 도로는 드라이브 명소로 소문이 자자하고 호수 둘레길은 걷기 여행자들의 큰 지지를 받는다. 카페와 음식점도 다수 위치해 호수를 보며 차나 식사를 즐길 수 있다. 활동적인 것을 원한다면 보트에 몸을 실으면 된다.

경기 의왕시 학의동

24시간

₩ 무료

❷ 청계산맑은숲공원

이름이 모든 걸 말해준다. 언제나 수도권의 명산으로 언급되는 청계산의 맑고 푸른 숲에 공원이 파고들었다. 빽빽한 전나무 숲을 지나 상쾌한 계곡까지 이어지는 나무 데크는 완벽한 길잡이가 되어준다. 무엇보다 평탄한 무장애 탐방로라 어르신과 아이, 몸이 불편한 이들까지 모두 공평하게 청정 자연 속으로 빨려들 수 있다. 청계산에서 흘러 내려온 깨끗한 계곡물에 발을 담근 채 숲의 소리에 귀 기울이면 무릉도원이 따로 없다. 자연에 취해 발길 닿는 대로 거닐다 보면 메타세쿼이아 군락이 깜짝 등장하고 은근한 매력을 가진 기암도 눈에 담긴다.

경기 의왕시 청계동 19-3

24시간

₩ 무료

❸ 철도박물관

130년 역사를 가진 우리나라의 철도의 모든 것을 한데 모았다. 증기 기관차와 통일호 열차, 비둘기호 열차 등 이제는 운행을 멈춘 추억의 열차 실물이 야외에 전시되어 있고, 실내 박물관에선 열차의 운행 과정을 담은 전시물과 철도 관련 모형 수백여 점을 살펴볼 수 있다.

◎ 경기 의왕시 철도박물관로 142

◷ 화~일 09:00~18:00 (11월~2월은 17시까지, 월 휴무)

₩ 성인 2,000원, 청소년·어린이 1,000원

❹ 모락산

세조의 왕위 찬탈에 충격을 받은 세종의 아들 임영대군이 이 산에 올라 매일 서울을 향해 절을 했다는 전설이 전해져 '수도 서울을 그리워하는 산'이란 뜻의 모락산이 되었다. 385미터의 야트막한 산이지만 시야가 트여있어 정상에 오르면 의왕부터 서울까지 한눈에 담긴다.

◎ 경기 의왕시 오전동

◷ 24시간

₩ 무료

❺ 청계사

청계산 남쪽에 터를 잡았다. 통일 신라 시대에 창건된 뒤 고려 때 조인규에 의해 크게 중창되었다. 보물인 동종이 유명하며 청계산의 자연과 어우러진 모습이 인상 깊다. 수천 년에 한 번 핀다는 전설의 꽃 '우담바라'가 지난 2000년 청계사 불상에 피어 세간의 관심을 얻었다.

◎ 경기 의왕시 청계로 475

◷ 24시간

₩ 무료

❻ 왕송호수

왕송호수는 백운호수와 함께 의왕 호수 유람을 쌍끌이 한다. 1948년에 농업용으로 생겨난 저수지가 현재는 호수로 변모해 주변이 유원지로 꾸며졌다. 수질 개선이 이뤄진 뒤엔 계절에 맞춰 100종이 넘는 철새들이 날아들어 탐조를 즐기는 이들의 필수 방문지가 되었다.

◎ 경기 의왕시 초평동

◷ 24시간

₩ 무료

❼ 의왕레일바이크

왕송호수 옆 호수 공원엔 즐길 거리가 한가득이다. 레일바이크는 그중 가장 큰 인기를 끈다. 너른 호수를 여유로이 조망하며 페달을 밟다 보면 꽃 터널과 흥미로운 조형물이 스쳐간다. 호숫가를 도는 호수 열차와 350미터 높이에서 호수를 향해 하강하는 스카이레일도 재밌다.

◎ 경기 의왕시 왕송못동로 221

◷ 매일 09:30~17:00 ₩ **평일** 2인 28,000원·4인 36,000원, **주말** 2인 30,000원·4인 40,000원

❽ 하우현성당

청계산 자락에 숨겨진 아담한 성당이다. 이 일대는 19세기 초반 박해를 받던 천주교인의 피난처였다. 그렇게 교우촌이 형성되었다가 모금을 통해 1884년 목조 강당을 지었고 1965년 현재의 성당으로 신축되었다. 고요한 분위기의 성지를 돌아보면 마음에 평화가 잦아든다.

◎ 경기 의왕시 원터아랫길 81-6

◷ 24시간

₩ 무료

❾ 의왕바라산자연휴양림

도심 속 캠핑 명소로 자리 잡은 휴양림이다. 바라산이 내어주는 상쾌한 숲속에서 원하는 만큼 머물며 자연과 교감하면 그만이다. 훌륭한 생태계를 자랑해 해설사가 진행하는 숲 해설 프로그램에 참여하면 나무 위를 오가는 사슴벌레와 계곡에 숨은 어류가 코앞에서 관찰된다.

◎ 경기 의왕시 바라산로 84

◷ 매일 09:00~18:00(매월 2번째 수요일 휴무)

₩ 숙박동별, 캠핑사이트별 상이

❿ 조류생태과학관

왕송호수로 날아드는 철새를 관찰하고 기록하기 위해 생태과학관이 문을 열었다. 조류 체험관과 전시관에서 각양각색 철새의 생김새와 특징을 파악했다면 옥상 전망대에 설치된 망원경을 통해 새의 움직임을 포착해 보자. 3층엔 어류 전시실이 있어 물고기까지 눈에 담긴다.

◎ 경기 의왕시 왕송못동로 209

◷ 화~일 09:00~18:00(월 휴무)

₩ 성인 5,000원, 청소년 3,000원, 어린이 1,000원

의왕의 맛집과 카페

자연담은밥상백운재

둥근상시골집

그린플래그커피

자연담은밥상백운재 고급스런 한정식을 합리적인 가격에 제공해 인기가 높다. 제육, 황태, 떡갈비 등이 주메뉴다. ◎ 경기 의왕시 학현로 170-22 ◷ 매일 11:00~21:00

둥근상시골집 갈치구이 정식이 입소문 났다. 모든 음식을 한 판에 담아 밀어넣는 서빙 방식은 신세계다. ◎ 경기 의왕시 왕송못동로 215 ◷ 매일 11:30~20:00

자가제면백운동 일식 우동과 돈가스가 제대로다. 잠시 일본에 온 느낌이 들 정도. 백운 호수뷰는 덤이다. ◎ 경기 의왕시 백운로 505 ◷ 매일 11:00~20:00(브레이크 타임 15:00~16:30, 라스트 오더 19:50)

그린플래그커피 고풍스러운 소나무와 꽃에 둘러싸인 카페 정원이 예쁘다. 그린플래그라떼(녹차크림+라테)를 추천한다. ◎ 경기 의왕시 백운로 404 ◷ 매일 11:00~22:00

청이당 청계산을 배경 삼아 반짝이는 한옥 카페다. 음료의 종류가 다양하고 빵의 가짓수 또한 많다. ◎ 경기 의왕시 청계로 167-6 ◷ 매일 09:00~21:00

의왕시 여행 지도

007 안양시

Gyeonggi

도시에 스며든 예술의 향기

❶ 병목안시민공원

오랜 시간 방치되었던 폐허가 천지개벽 수준으로 변했다. 1980년대까지 철도용 자갈을 채취했던 폐채석장을 재활용해 만든 공원이다. 채석으로 인해 생겨난 산의 절개면엔 높이 65미터, 너비 95미터의 초대형 인공 폭포가 들어섰다. 절벽을 따라 쏟아지는 물줄기는 보는 것만으로 압도적이다. 폭포 뒤로는 작은 동굴까지 파놓아 시원함을 더한다. 수리산의 줄기가 닿은 곳이라 초록의 풍경도 줄을 잇는다. 야생화 단지와 꽃과 나무로 덮인 산책로는 웬만한 자연휴양림 못지않다. 광장과 놀이시설, 쉼터도 곳곳에 있어 나들이 장소로도 제격이다.

◎ 경기 안양시 만안구 안양동 산81-1

Ⓒ 24시간

₩ 무료

❷ 삼막사계곡

수도권 도심에서 이만한 피서지 찾긴 쉽지 않다. 관악산과 붙어있는 삼성산에서 흘러나온 물줄기가 점점 몸집을 불리며 삼막천이 되었고 계곡까지 만들었다. 삼막사 가는 길목이라 삼막사계곡이라 불린다. 오염되지 않은 1급수에서만 산다는 가재가 쉬이 보일 정도로 계곡물이 맑고 투명하다. 주변으로 울창한 숲이 그늘을 만들어 한여름에도 물이 차가워 발만 담가도 끈끈하게 달라붙던 더위가 떨어져 나간다. 널찍하고 평평한 돌이 많아 돗자리를 깔고 놀기에도 좋다. TV에서 '무더위'라는 단어가 등장할 때쯤이면 치열한 자리 경쟁이 시작된다.

◎ 경기 안양시 만안구 석수동

Ⓒ 24시간

₩ 무료

❸ 안양예술공원

1950~60년대부터 이미 수영장과 위락시설이 들어섰던 안양 유원지가 예술의 옷을 입고 화려하게 다시 태어났다. 국내외 작가의 예술품 50여 점이 곳곳에 위치하고 기하학적인 산책로와 전망대, 인공 폭포가 들어섰다. 관악산으로 향하는 등산로와 계곡도 이곳을 지난다.

경기 안양시 만안구 예술공원로131번길 7

24시간

₩ 무료

❹ 김중업건축박물관

한국 건축사에 큰 발자국을 남긴 고 김중업 건축가의 철학과 작품 세계를 만나볼 수 있다. 박물관은 김중업이 활동 초기에 설계했던 제약 회사의 건물이다. 건축가가 남긴 건물과 스케치 등을 소개한다. 바로 앞에 있는 안양박물관 또한 김중업의 작품으로 함께 보는 코스다.

경기 안양시 만안구 예술공원로103번길 4

화~일 09:30~17:30(월 휴무)

₩ 무료

❺ 안양일번가

안양 사람들 사이에선 모르면 간첩이 되는 곳. 안양역 1번 출구 너머로 펼쳐지는 대규모 상업지구다. 안양이 발전을 시작할 때부터 지금까지 지역 대표 상권으로 군림하고 있으며 옷가게와 액세서리 상점, 맛집이 빼곡해 쇼핑의 재미에 빠져들게 된다. 밤에도 불야성이다.

경기 안양시 만안구 안양동

24시간

₩ 무료

❻ 수리산성지

1939년 제2차 천주교 박해가 벌어진다. 이 기해박해를 피해 수리산으로 숨어든 천주교 신자들이 살던 마을이다. 한국 두 번째 사제였던 최양업 신부의 아버지, 최경환이 이때 순교해 그의 무덤이 남아있다. 중요한 종교 성지로서 수리산 속의 순례길이 고요하고 아름답다.

경기 안양시 만안구 병목안로 408

24시간

₩ 무료

❼ 평촌중앙공원

그야말로 시내 한복판에 콕 박혀 있는 초대형 공원이다. 도심 속 최후의 보루 같은 녹지 공간으로 개와 함께 산책 중인 시민이 많아 안양의 반려견에게까지 힐링을 안긴다. 공원 전역에 각양각색 꽃과 나무가 만발하며 봄~가을의 토요일엔 수도권 최대의 벼룩시장이 열린다.

◎ 경기 안양시 동안구 관평로 149

◷ 24시간

₩ 무료

❽ 안양중앙시장

경기권에서도 규모가 매우 큰 재래시장에 속한다. 60년이 넘는 시간 동안 안양 시민의 식탁을 책임지고 있다. 시장 인근의 점포까지, 총 1,000개가 넘는 점포가 성업 중이라 늘 왁자지껄하다. 물가가 제법 낮고 간식과 주전부리도 풍성해 젊은 층이나 관광객 또한 몰려든다.

◎ 경기 안양시 만안구 냉천로 196

◷ 업체별 상이

₩ 무료

❾ 관악산삼림욕장

관악산 남쪽 자락에 쉽게 접근이 가능한 삼림욕장이 숨겨져 있다. 관악산의 산세에 비하면 등반 난이도가 낮은 편이며 아름드리나무가 끝없이 등장해 피톤치드를 나눠주기에 도시에서 잠깐 벗어나 푸르름을 만끽하기 좋다. 야생화로 꾸민 꽃동산도 발걸음을 가볍게 한다.

◎ 경기 안양시 동안구 평촌대로476번길 30-2

◷ 24시간

₩ 무료

❿ 만안교

정조가 아버지 사도세자의 묘소인 현륭원 참배를 가기 위해 1795년 하천 위에 축조한 돌다리다. 7개의 무지개문, 즉 홍예문으로 이뤄졌으며 매우 정교하게 건설돼 조선 후기 홍예교를 대표한다. 1980년 도로 공사로 인해 원래 자리에서 200미터 떨어진 현재의 자리로 옮겼다.

◎ 경기도 안양시 만안구 석수동 679

◷ 24시간

₩ 무료

안양의 맛집과 카페

인덕원비빔국수안양본점

에버그린

더홈

인덕원비빔국수안양본점 매콤 달콤 새콤한 비빔국수가 중독성이 강하다. 피크 타임엔 거대한 매장이 꽉 찬다. 경기 안양시 동안구 안양판교로 25 매일 11:00~21:00(브레이크 타임 16:00~17:00, 라스트 오더 20:45)

에버그린 수제 빵과 스프가 함께 제공되는 정통 경양식 돈가스를 추구한다. 번호표부터 발급받자.
경기 안양시 동안구 인덕원로 29-16 화~금 11:00~16:00, 토 11:00~17:00(일~월 휴무)

얼룩말식당 안양일번가 '댕리단길'에 있는 감성 넘치는 가정식집이다. 가지덮밥과 우삼겹 스키야키가 핵심. 경기 안양시 만안구 안양로329번길 23 11:30~22:00(일요일은 21시까지, 브레이크 타임 15:00~17:30, 라스트 오더 21:00/20:00, 월 휴무)

M365 평촌역 인근에서 거대한 몸집을 뽐내는 대형 베이커리 카페다. 빵은 물론 커피도 괜찮다.
경기 안양시 동안구 시민대로365번길 21 매일 09:00~22:00

더홈 1970년에 지어진 작은 주택을 개조해 카페로 꾸몄다. 집이라는 이름처럼 편한 분위기다.
경기 안양시 만안구 삼막로 43 매일 11:00~22:00(월요일은 11:30부터)

008 군포시

Gyeonggi

수리산이 내어주는 푸르름

❶ 수리산

군포시의 서쪽을 감싼 수리산은 2009년 경기도의 세 번째 도립공원으로 지정되었다. 안양과 안산에도 산의 일부가 걸쳐 있으나 많은 등산객이 군포에서 여정을 시작한다. 최고봉은 489미터 높이의 태을봉으로 이곳에 닿으면 군포 시내의 전경이 눈에 들어온다. 북쪽으론 안양의 관모봉, 남쪽으론 안산의 수암봉으로 연결된다. 여러 전설이 담긴 바위와 갈증을 달래주는 약수터, 감탄을 부르는 절벽군이 차례차례 나타나 등산의 재미를 보태준다. 도심에서 출발해 수리산의 주요 포인트를 훑는 수리산 둘레길도 도보 여행자들이 많이 찾는다.

◎ 경기 군포시 속달로 347-4

◷ 24시간

₩ 무료

❷ 반월호수

군포 남서쪽에 자리 잡은 평화롭고 분위기가 아늑한 호수다. 농업용으로 활용하기 위해 1957년 축조한 반월저수지가 시초다. 현재는 도심에서 잠시 벗어나 여유를 즐기려는 시민들의 산책 명소로 알려졌다. 총 3.4킬로미터, 3개의 코스로 나눠진 호수 둘레길이 잘 조성되어 있고 주변은 산으로 둘러싸여 산수의 어울림을 감상하며 발걸음을 이어갈 수 있다. 그 길엔 꽃과 나무가 동행하며 중간중간 쉼터와 벤치가 자리한다. 호수 북쪽엔 관찰 데크와 빨간 풍차를 갖춘 공원까지 모습을 드러낸다. 이곳에서 보는 낙조는 군포팔경 중 제3경으로 꼽힌다.

◎ 경기 군포시 둔대동

◷ 24시간

₩ 무료

❸ 철쭉동산

4월 말이면 지하철 수리산역에서 상춘객이 쏟아져 나온다. 시야를 가득 채우는 철쭉이 만개하여 앞동산을 진한 분홍빛으로 물들이기 때문이다. 1999년부터 철쭉을 심기 시작하여 지금은 그 숫자가 10만 그루를 훌쩍 넘는다. 인공 폭포와 야외무대를 설치해 축제까지 벌인다.

◎ 경기 군포시 산본동 1152-14

◷ 24시간

₩ 무료

❹ 초막골생태공원

인간과 자연의 공존을 추구하며 도심에 큰 규모의 생태 공원을 건설했다. 공원의 터줏대감 맹꽁이 조형물이 방문자를 반기고 폭포와 연못이 자연으로 안내한다. 맑은 계곡을 쫓으면 아이들을 위한 놀이시설이 등장한다. 꽃과 나무, 수리산의 풍광은 보너스처럼 따라온다.

◎ 경기 군포시 산본동 917-3

◷ 24시간

₩ 무료

❺ 산본로데오거리

산본역에서 나오자마자 바로 로데오거리가 펼쳐진다. 군포에서 가장 붐비는 지역이자 최대의 상권을 가진 곳으로 수십 개의 상가에 1,500개 이상의 다양한 업종의 점포가 모여 있다. 한 공간에서 볼거리와 먹을거리, 즐길 거리를 모두 해결할 수 있다. 늦은 밤까지 사람들로 붐빈다.

◎ 경기 군포시 산본로323번길 16-20

◷ 24시간

₩ 무료

❻ 군포시물누리체험관

반월호수 동쪽에 자리하며 하수처리시설을 교육의 장으로 활용하고 있다. 열대어가 헤엄치는 1층의 커다란 원통 수조가 눈길을 끈다. 하수 처리 과정을 보여주는 전시관과 영상관을 운영하며 2층의 스마트팜에선 실내 공간에서 식물이 재배되는 신기한 풍경을 만날 수 있다.

◎ 경기 군포시 호수로 170-85

◷ 월~토 10:00~17:00(휴게시간 12:00~13:00, 일 휴무)

₩ 무료

❼ 누리천문대

대야도서관에서 운영하는 천문대로 도서관 건물 4층에 자리를 잡았다. 천문과 우주를 주제로 한 상설 전시관이 운영되며 4D영상도 상영된다. 그래도 천문대의 핵심은 역시 야간 천체 관측. 이론 수업을 받은 뒤 옥상 관측돔으로 올라가 별자리를 관측한다. 사전 예약은 필수다.

◎ 경기 군포시 대야미동 대야2로 139

ⓒ 화~토 09:00~18:00(일·월 휴무)

₩ 무료

❽ 군포역전시장

군포역 앞에 1950년대부터 자생적으로 상권이 들어서기 시작했고 덩치가 점점 커지며 골목 상권을 만들었다. 접근성이 매우 좋고 방송을 통해 유명세를 타면서 여행자도 들러가는 명소가 되었다. 길지 않은 골목에 여러 점포가 옹기종기 모여 있고 재미난 벽화도 그려져 있다.

◎ 경기 군포시 군포로538번길 7-3

ⓒ 업체별 상이

₩ 무료

❾ 중앙공원

북적이는 상업지구와 아파트 단지 사이에 넓게 자리 잡은 녹지라 더 돋보인다. 조깅 트랙과 인라인 스케이트장, 배드민턴장과 농구장 등 다양한 체육 시설이 있어 여가를 즐기기 좋다. 여름이 되면 놀이 시설에 물을 채우고 분수 시설을 가동해 도심 속 워터파크가 탄생한다.

◎ 경기 군포시 광정로 96

ⓒ 24시간

₩ 무료

❿ 군포산본동조선백자요지

사적으로 지정된 조선의 백자 요지다. 1991년 발굴 조사를 통해 내부가 여러 개로 나뉜, 봉우리 모양의 가마인 칸가마가 거의 완전한 모습으로 발견되었다. 조선 전기에 사용된 것으로 추정되며 많은 유물이 출토되었다. 여전히 발굴 중이라 혼잡하지만 역사적 가치가 크다.

◎ 경기 군포시 산본동 1057-4

ⓒ 24시간

₩ 무료

군포의 맛집과 카페

군포식당 1959년에 문을 연 지역 노포다. 한우 양지를 푹 삶은 설렁탕으로 오랜 세월을 버텼다. 경기 군포시 군포로556번길 6 월~토 08:00~20:30(브레이크 타임 15:00~16:00, 라스트 오더 14:30/20:00, 일 휴무)

수리산두꺼비본점 불향이 은은하게 밴 고추장 숯불구이와 담백한 콩탕이 완벽한 조화를 이룬다. 경기 군포시 속달로 286-2 매일 10:30~20:00

산본우동 허름한 아파트 상가에 위치하나 우동만큼은 양 많고 맛도 좋다. 현지인이 많이 찾는다. 경기 군포시 수리산로 42 매일 11:00~22:00(월~금 브레이크 타임 16:00~16:30, 라스트 오더 21:00, 매달 2번째와 마지막주 월요일은 15시까지)

홍종흔베이커리 명장의 손길이 닿은 갖가지 수많은 빵이 보기만 해도 탐스럽다. 카페도 함께 운영한다. 경기 군포시 번영로 252 매일 09:00~22:00

디마인커피로스터즈 반월호수에 있는 2층 규모의 카페. 여유로운 분위기 속에서 호수를 보며 커피를 즐기자. 경기 군포시 둔대로 8-7 매일 10:00~22:00

군포시 여행 지도

009 Gyeonggi

안산시

경기 남부의 해양 문화 도시

❶ 유리섬박물관

베네치아 무라노섬의 세계적인 유리 세공 기술을 추구하며 '한국의 무라노'를 표방하는 곳으로 그 자신감이 전혀 헛되지 않음을 증명해 낸다. 입구를 지나 정원에 들어서면 다채로운 색으로 빛나는 유리공예품이 방문객을 맞이한다. 재미있는 캐릭터와 동물, 꽃 등 형태도 다양하다. 백미는 유리섬미술관 안에 숨겨져 있다. 오로지 유리만으로 구현해낸 바닷속의 모습이 황홀한 수준이다. 그 외에도 섬세하고 아름다운 유리 작품이 계속 이어진다. 유리와 관련된 기획전도 꾸준히 열리며 종종 공예품을 제작하는 기술자들의 모습도 관람할 수 있다.

◎ 경기 안산시 단원구 부흥로 254

ⓒ 화~일 09:30~18:00(월 휴무)

₩ 성인 10,000원, 청소년 9,000원, 어린이 8,000원

❷ 바다향기수목원

10년이 넘는 준비 기간을 거쳐 2019년에 개장함과 동시에 안산의 여행 명소로 급부상했다. 100만 제곱미터나 되는 넓디넓은 부지 위에 1,000여 종, 약 30여만 본의 식물이 식재되어 있어 어느 방향으로 발걸음 하든 대자연의 품이 안기게 된다. 서해안과 중부도서 지역에서 자라는 식물이 주를 이루고 있다. 시원스럽게 여행자를 반기는 인공 폭포를 지나면 꽃길과 숲길이 번갈아 등장한다. 산책로가 잘 조성되어 길을 잃을 염려도 없다. 시간적 여유를 가지고 저마다 매력을 뽐내는 많은 정원과 주제별 식물원, 연못과 전망대까지 모두 정복해 보자.

◎ 경기 안산시 단원구 대부황금로 399

ⓒ 화~일 09:00~18:00(월 휴무)

₩ 무료

❸ 별빛마을포토랜드

해가 지고 어둠이 찾아오면 안산에서 가장 화려한 장소로 변한다. 셀 수 없이 많은 LED 조명이 다양한 색의 불을 뿜으며 동화 속 세계를 만들어 낸다. 도심에서 벗어난 곳에 위치해 빛이 더욱 밝다. 200여 개의 동물 조형물과 큐피트 로드, 프로포즈 로드. 포토존이 넘친다.

◎ 경기 안산시 상록구 수인로 1723

◷ 매일 15:00~23:00

₩ 성인·청소년 8,000원, 어린이 5,000원

❹ 시화나래조력공원

안산 방아머리항과 시흥 오이도를 잇는 시화방조제 중간에 들어섰다. 시화호 조력발전소 건설 당시 발생한 다량의 토사를 이용해 친환경적으로 조성된 바다 위의 공원이다. 식음료를 파는 휴게소와 서해를 조망할 수 있는 달전망대가 있다. 안산구경 중 제1경으로 선정됐다.

◎ 경기 안산시 단원구 대부동동

◷ 24시간

₩ 무료

❺ 방아머리해수욕장

대부도 북쪽에 위치한 섬 유일의 해변이다. 백사장의 길이는 500미터로 아담하나 솔숲 안으로 은은하게 녹아드는 바다의 풍광이 멋스럽다. 안산이 해안 도시라는 사실도 새삼 일깨워준다. 해수욕과 갯벌 체험에 최적화되어 있으며 안산 대부해솔길의 출발 지점이기도 하다.

◎ 경기 안산시 단원구 대부북동

◷ 24시간

₩ 무료

❻ 대부바다향기테마파크

시화호의 간척지를 생명의 땅으로 가꾸었다. 안산시가 서해안 관광 명소로 육성하고 있는 공간으로 갈대가 서해의 파도처럼 일렁이고 넓은 밀밭이 펼쳐진다. 기나긴 산책로를 따라 걸으면 꾸준히 자연과 마주한다. 깡통 열차와 삼륜전동차를 타고 그 안을 누비는 것도 좋겠다.

◎ 경기 안산시 단원구 대부황금로 1480-7

◷ 24시간

₩ 무료

❼ 경기도미술관

경기도 유일의 도립미술관은 안산에 있다. 주로 현대 미술을 다루며 경기도 대표 미술관인 만큼 유명 작가들이 참여하는 특별전이 자주 개최된다. 미술관을 감싸고 있는 안산의 허파 화랑 유원지도 훌륭한 여행지이자 미술관의 연장선이다. 곳곳에 조각 작품이 산재해 있다.

◎ 경기 안산시 단원구 동산로 268

◷ 화~일 10:00~18:00(월 휴무)

₩ 무료

❽ 안산호수공원

고잔 신도시 중심에 떡하니 들어앉았다. 개발 전부터 있던 고잔 저수지를 활용해 그 주위로 편의 시설을 조성하며 공원으로 확장했다. 8차선 도로를 사이로 공원이 둘로 나뉘는 게 특색 있다. 분수가 수십 미터 치솟고 녹지가 무척 넓어 도시란 사실을 잠시 잊게 만든다.

◎ 경기 안산시 상록구 해안로 615

◷ 24시간

₩ 무료

❾ 안산대부광산퇴적암층

안산에 공룡 발자국이 있다는 사실은 거의 알려지지 않았다. 믿기 힘들다면 탄도항 근처의 이곳으로 향하자. 채석장이었던 이곳에서 1997년, 약 1억 년 전의 초식 공룡의 발자국이 발견되었고 그 뒤로도 20점 이상의 동식물 화석도 확인되어 기념물로 지정해 보호하고 있다.

◎ 경기 안산시 단원구 선감동

◷ 24시간

₩ 무료

❿ 안산다문화음식거리

안산은 그 어떤 도시보다 많은 민족과 인종이 모여 사는, 문화 다양성이 높은 곳이다. 2020년 기준 105개국의 사람이 거주한다. 다문화 거리에서 세계 각국의 음식을 즐기고 여러 나라 사람들과 소통하면 그 자체로 작은 세계 여행이다. 이곳에 차이는 있어도 차별은 없다.

◎ 경기도 안산시 단원구 다문화길 16

◷ 24시간

₩ 무료

안산의 맛집과 카페

포도밭할머니손칼국수 3대째 운영 중인 칼국수 맛집으로 통바지락이 잔뜩 들어간 칼국수가 시원하다. 경기 안산시 단원구 대부황금로 1396 목~화 10:00~20:00(라스트 오더 19:30, 수 휴무)

오복당 대만식, 중식 요리를 부담 없이 즐길 수 있다. 우육면, 탄탄면 등 특별한 메뉴를 맛보자. 경기 안산시 단원구 광덕2로 163-5 매일 11:00~22:00(브레이크 타임 월~금 15:30~17:00, 라스트 오더 21:00)

조금순닭도리탕 마늘을 이용해 특별 비법으로 숙성시킨 닭볶음탕이 오랜 시간 좋은 평을 받고 있다. 경기 안산시 상록구 본삼로 39 화~일 11:30~22:00(라스트 오더 21:00, 월 휴무)

리베르테 대부도의 대표 베이커리 카페다. 다양한 라테류와 신선한 빵이 매력적이다. 경기 안산시 단원구 대선로 27 매일 10:00~21:00

카캉스 바다가 훤히 보이는 곳에 자리한 이국적 분위기의 카페다. 라탄으로 장식된 실내도 예쁘다. 경기 안산시 단원구 대부황금로 1501-1 매일 10:00~22:00

010 Gyeonggi

시흥시

경기도 해양 생태 관광의 핵심

❶ 오이도

빨간 등대에 오르면 서해의 갯벌과 바다가 훤하고 그 너머로 인천 송도의 모습까지 눈에 들어온다. 시흥 남서쪽에 위치한 오이도는 엄밀히 말해 섬은 아니다. 1922년까지는 섬이었으나 일제가 소금 수탈을 위해 갯벌을 염전으로 사용하며 육지와 연결됐다. 현재는 바다 내음이 물씬 풍기는 인기 여행지가 되었다. 갯벌에서 잡힌 어패류를 재료 삼아 요리하는 맛집과 전망 좋은 카페가 이어지며 군함을 이용한 전망대, 선사 시대 유적을 바탕으로 꾸민 공원과 박물관 등 많은 볼거리가 섬을 두른다. 빨간 등대와 그 주위의 해안 산책로도 인기가 좋다.

경기 시흥시 정왕동

24시간

₩ 무료

❷ 갯골생태공원

일제에 의해 개발된 소래 염전은 1930년대부터 1990년대까지 활발하게 소금이 채취되던 곳이었다. 1996년 염전 산업이 중단되자 근방의 습지에서 생태계가 자연스레 복원되기 시작했고 풍성한 생태 자원을 활용해 공원화되었다. 지금은 무려 150만 제곱미터에 달하는 면적에 녹지와 갯벌, 습지가 어우러졌다. 퉁퉁마디로 대표되는 독특한 염생 식물과 말뚝망둥어를 비롯한 갯벌 생물이 쉽게 관찰되며 검은머리물떼새 등의 희귀 철새도 날아든다. 22미터 높이의 나선형 전망대는 공원의 랜드마크다. 과거의 모습을 보여주는 염전 체험장도 남아있다.

경기 시흥시 동서로 287

24시간

₩ 무료

❸ 관곡지

가로 세로의 길이가 각각 20미터 안팎인 아담한 연못이나 역사적 중요성은 매우 크다. 조선 전기의 문신이며 농학자였던 강희맹 선생이 사신으로 명나라에 갔을 때 남경에서 가져온 연꽃 씨를 이곳에 심으며 연꽃이 널리 퍼지기 시작했다. 해마다 천연기념물 저어새도 날아든다.

◎ 경기 시흥시 하중동 208

◷ 화~일 10:00~19:00(11월~3월은 17시까지, 월 휴무)

₩ 무료

❹ 연꽃테마파크

한여름에 관곡지를 방문했다면 바로 옆에 위치한 연꽃테마파크를 그냥 지나칠 수 없다. 관곡지가 가진 역사를 토대로 끝이 보이지 않을 만큼 넓은 연꽃 단지를 가꾸었다. 데크 산책로와 자전거 도로를 만들어 탐방이 수월하다. 연꽃은 7월 중순부터 8월에 절정을 이룬다.

◎ 경기 시흥시 관곡지로 139

◷ 24시간

₩ 무료

❺ 소래산산림욕장

시흥과 인천에 절묘하게 걸쳐 있는 소래산은 규모는 작으나 잣나무와 소나무로 울창하다. 그 장점을 살려 산림욕장을 만들었다. 산 초입의 내원사부터 정상부까지 5킬로미터의 산책로를 따라 걷다 보면 야생화원과 철쭉화원, 독서의 숲과 지압로 등 많은 시설이 차례로 등장한다.

◎ 경기 시흥시 소래산길 37

◷ 24시간

₩ 무료

❻ 물왕호

1946년 축조된 물왕저수지가 농업용수를 공급하던 본래의 용도에서 시민들의 휴식 공간으로 역할이 바뀌자 2023년 물왕호로 이름을 공식 변경했다. 시흥 최대의 담수호로 현재는 편안한 산책과 여행을 돕기 위해 데크와 쉼터를 조성했다. 주변에 카페와 음식점도 몰려있다.

◎ 경기 시흥시 물왕동

◷ 24시간

₩ 무료

❼ 배곧한울공원

남국의 리조트 분위기가 물씬 풍기는 해수풀장이 공원의 하이라이트다. 인공이긴 하나 야자수와 방갈로 형태의 파라솔이 낭만을 더해 아이돌 그룹의 뮤직비디오가 촬영되었을 정도로 근사한 풍경이다. 포토존 가득한 산책로와 바다를 조망할 수 있는 쉼터도 마련되어 있다.

경기 시흥시 해송십리로 61

24시간

₩ 무료

❽ 월곶포구

시흥의 대표 포구로 육지가 바다를 향해 반달 모양으로 났다 하여 월곶이라 불린다. 본래 이 일대는 바다였으나 1992년 매립 사업으로 인해 육지화되면서 많은 위락 시설과 상업 시설이 들어섰다. 여유로운 어촌 풍경을 눈에 담으며 저렴한 가격에 싱싱한 회를 맛볼 수 있다.

경기 시흥시 월곶동

24시간

₩ 무료

❾ 용도수목원

한 부부의 30여 년간의 땀과 노력이 결실을 맺었다. 수목원의 이름도 부부의 이름에서 한 글자씩 따왔다. 실속 있는 20여 개의 테마 공간으로 나뉘어 있다. 각종 야생화가 자라나는 농원과 허브 식물원이 앞장서고 아이들을 위한 놀이터와 공룡정원, 소동물원 등이 이어진다.

경기 시흥시 밭뒤길 32

매일 09:30~18:00(11월~2월은 17시까지)

₩ 성인·청소년 5,000원, 어린이 3,000원

❿ 옥구공원

해안 초소가 있어 한때 민간인의 출입이 금지되었던 공간에 대규모 도시공원이 탄생했다. 서해안 매립지에 우뚝 솟은 95미터 높이의 옥구도를 중심으로 장미원과 조각 공원, 분수대와 놀이터, 숲속 도서관 등 수많은 시설이 들어섰다. 곤충 전시체험관 벅스리움도 자리한다.

경기 시흥시 서해안로 277

24시간

₩ 무료

시흥의 맛집과 카페

본가만두전골전문점 굴림만두를 퐁당퐁당 넣은 맛깔난 만두전골을 먹으려면 치열한 자리싸움을 벌여야 한다. 경기 시흥시 동서로811번길 33 매일 10:10~20:50(브레이크 타임 15:30~16:30, 라스트 오더 19:50)

고구려짬뽕집 짬뽕 메뉴만 7개에 달하는 짬뽕 맛집이다. 뭘 선택해도 후회는 없으며 탕수육도 맛있다. 경기 시흥시 수인로 3472-22 화~일 10:30~20:00(월 휴무)

예원한정식 손님 접대하기 좋은 한정식집이다. 가성비 좋은 코스부터 풍성한 특별 코스까지 다양하다. 경기 시흥시 동서로811번길 31 월~금 11:20~21:00, 토~일 11:00~21:00(브레이크 타임 월~금 15:00~17:00)

청화공간 한옥 카페가 아닌 문화재로 지정된 조선 가옥이라 해도 믿겠다. 푸른소금슈페너가 시그니처 메뉴이다. 경기 시흥시 호현로 155-25 매일 10:00~22:00

베니어베이커리카페 유기농 밀가루와 천연 발효종을 이용해 양질의 빵을 구워낸다. 어떤 빵을 고를지 고민된다. 경기 시흥시 서해안로 1444-1 매일 10:00~22:00

시흥시 여행 지도

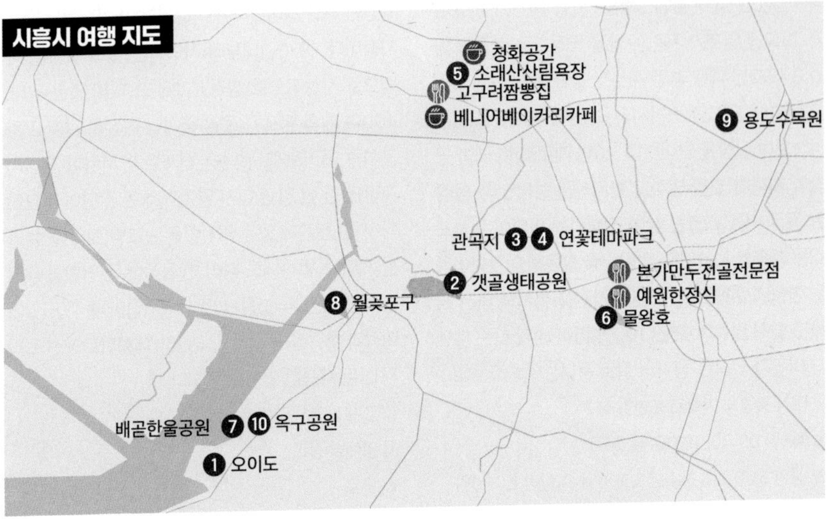

011 Gyeonggi

광명시
수도권에서 즐기는 동굴 탐험

❶ 광명동굴

파란만장한 역사 끝에 놀라운 관광 명소가 탄생했다. 1912년 일제가 자원 수탈을 목적으로 탄광을 뚫었고 1972년 폐광 후엔 새우젓 창고로 쓰였다. 그리고 마침내 2011년 광명시가 그 안에 테마파크를 들여놓으며 절정을 맞이했다. 20여 개로 나뉜 테마 공간이 저마다 빛을 발하고 볼거리를 쏟아낸다. 웅장한 동굴 벽을 스크린 삼아 진행되는 미디어 파사드 쇼는 황홀할 지경이다. 암반수를 활용해 아쿠아리움을 만들기까지 했다. 근대 역사관을 설치해 아픈 역사도 잊지 않는다. 연간 100만 명이 넘게 찾는 데엔 다 이유가 있다는 생각이 절로 든다.

◎ 경기 광명시 가학로85번길 142

🕓 화~일 09:00~18:00(월 휴무)

₩ 성인 6,000원, 청소년 3,500원, 어린이 2,000원

❷ 광명전통시장

구경만 해도 재미있다는 이야기가 딱 어울리는 전통시장이다. 1970년대부터 지역 상인들의 활동을 바탕으로 자생적으로 생겨났기에 그 의미 또한 깊다. 400여 개의 점포가 운영 중이니 여유를 가지고 차근차근 둘러보자. 유난히 식재료가 저렴한 편이라 지갑을 한 번 열면 다시 닫기까지 큰 결단이 필요하다. 시장 한쪽에 있는 먹자골목은 그냥 지나칠 수 없는 재미다. 방송에도 여러 번 등장해 큰 인기를 누리는 족발집, 칼국숫집, 찹쌀꽈배기집이 줄지어 있어 미각과 후각을 동시에 자극한다. 대형마트에선 접하기 힘든 푸근한 인심은 덤이다.

◎ 경기 광명시 광이로13번길 17-5

🕓 업체별 상이

₩ 무료

❸ 안터생태공원

국내에만 서식한다는 귀여운 토종 금개구리를 찾아보자. 환경부의 생태계 보존사업의 일환으로 금개구리의 서식처를 보호하고자 생겨난 도심 속 습지다. 무성한 습지와 연못 사이로 생태 탐방 데크가 설치되어 있어 그 안에 서식하는 양서류와 어류, 조류를 관찰할 수 있다.

◎ 경기 광명시 안재로1번길 27

◷ 24시간

₩ 무료

❹ 구름산산림욕장

이름부터 운치 있는 구름산은 조선 시대에 구름 속까지 산이 솟았다 하여 붙여진 이름이다. 그러나 실상은 광명에서 가장 높은 산임에도 237미터 높이에 불과해 정상까지의 등반이 어렵지 않다. 맨발로 걷기 좋은 황톳길이 있고 전나무 숲이 우거진 산림욕장만 슬슬 걸어도 좋다.

◎ 경기 광명시 하안동 141-7

◷ 24시간

₩ 무료

❺ 충현박물관 오리이원익종택

조선 중기의 청백리 재상 오리 이원익 선생의 종가를 박물관으로 꾸몄다. 공직에 60여 년 몸담으며 임진왜란과 정묘호란 등 국난의 시기에 활약했던 선생의 유물과 자료가 소장되어 있다. 멀지 않은 곳에 오리의 뜻을 기리고 교육관으로 활용되는 오리서원도 자리하고 있다.

◎ 경기 광명시 오리로347번길 5-5

◷ 화~일 10:00~17:00(월 휴무)

₩ 성인 3,500원, 청소년·어린이 2,500원

❻ 광명업사이클아트센터

업그레이드와 리사이클을 합성한 업사이클, 즉 폐자원을 활용해 만든 예술품을 전시하는 공간이다. 흔한 페트병이나 캔뿐 아니라 커피 캡슐, 자동차 사이드미러 등 기상천외한 재활용품을 활용해 만든 작품들은 보면서도 믿기지 않을 만치 완벽하게 예술 안에 녹아 들었다.

◎ 경기 광명시 가학로85번길 142

◷ 화~일 10:00~18:00(월 휴무)

₩ 무료

❼ 기형도문학관

광명에 거주했던 시인 기형도를 추모하고 기념한다. 신문 기자로 활동하던 그는 신춘문예에 당선된 뒤 새로운 시집을 준비하다가 만 28세의 나이로 갑작스레 요절했다. <안개>, <엄마 걱정> 등의 명시를 남겼다. 문학관 안엔 시인의 육필 원고와 시집, 유품이 남아 그를 기억한다.

◎ 경기 광명시 오리로 268

◷ 화~일 09:00~18:00(11월~2월은 17시까지, 월 휴무)

₩ 무료

❽ 광명에디슨뮤지엄

천재 발명가 토마스 에디슨의 활동을 주제로 꾸민 사립 박물관이다. 흥미롭고 특색 있는 체험을 통해 아이들의 과학적 상상력을 자극한다. 여러 가지 테마를 녹여낸 체험관에 들어서면 스카프가 날아다니고 빛이 움직임에 반응하는 등 어른이 봐도 신기한 장면이 계속된다. ◎ 경기 광명시 일직로12번길 24 ◷ 평일 13:00~17:00, 주말 11:00~18:00(휴무일 수시 변동, 홈페이지 공지) ₩ (기본 2시간) 성인 7,000원, 청소년 10,000원, 어린이 20,000원

❾ 도덕산공원

옛사람들이 도와 덕을 나눴다는 도덕산의 북쪽 산줄기에 들어선 도심 공원이다. 바닥 분수가 샘솟고 인공 폭포가 쏟아져 여름철 더위를 식히기에 알맞은 곳이다. 도덕산의 지형을 그대로 활용했기에 산으로 오르는 산책로가 잘 뚫려 있고 공원 옆으론 맑은 계곡물도 흐른다.

◎ 경기 광명시 광명동 317-80

◷ 24시간

₩ 무료

❿ 광명스피돔

광명이 자랑하는 자전거 문화의 중심이다. 경륜 선수의 헬멧을 형상화한 거대한 돔 안에서 정기적으로 경륜 경기가 열린다. 인간의 에너지로 어찌 저렇게 빠르게 달릴까 싶을 만큼 박진감이 넘친다. 풋살 경기장이나 공연장을 함께 갖춰 종합레저문화 공간의 역할을 한다.

◎ 경기 광명시 광명로 721

◷ 경기 진행시 개장

₩ 무료

광명의 맛집과 카페

정인면옥평양냉면

산촌신쭈꾸미

명장시대

정인면옥평양냉면 광명 여행에서 빼놓을 수 없는 평양냉면 맛집이다. 담백한 육수와 고소한 메밀면이 일품이다. 경기 광명시 목감로268번길 27-1 화~일 11:30~21:00(브레이크 타임 화~금 16:00~17:00/토~일 15:30~17:00, 라스트 오더 20:30, 월 휴무)

광명왕족발 광명전통시장에서 대를 이어 영업 중인 족발집으로 시장통에 늘 긴 줄이 늘어선다.
경기 광명시 오리로964번길 4-1 월~토 10:00~21:00(일 휴무)

산촌신쭈꾸미 불향이 인상적인 매콤한 주꾸미 볶음으로 소문이 났다. 도토리전은 매운맛을 눌러준다.
경기 광명시 오리로 467-21 매일 11:00~22:00

명장시대 전국에서 빵지순례객이 몰려든다. 각종 빵이 시간에 맞춰 나올 때마다 쟁탈전이 벌어진다.
경기 광명시 범안로 930 매일 08:30~22:00

소하고택 아파트촌에 도도히 자리한 한옥 카페다. 할아버지가 짓고 아버지가 태어난 집을 개조했단다.
경기 광명시 신촌북로 7 월~토 12:00~21:00 (일 휴무)

012
Gyeonggi

부천시

서울과 인천을 잇는 문화 도시

❶ 한국만화박물관

웹툰과 애니메이션이 인기를 끌기 훨씬 전부터 만화 단행본과 만화 잡지가 있었다. 우리나라 만화 산업의 과거와 현재를 완벽하게 정리한 국내 최고 수준의 만화 전문 박물관이다. 1946년에 발간되어 국내에서 가장 오래된 만화책으로 인정받는 김용환 작가의 <토끼와 원숭이>부터 만날 수 있다. 1950년대부터 현재에 이르기까지 시대별로 큰 인기를 끌었던 친숙한 만화 캐릭터가 전시관마다 튀어나온다. 옛 만화 가게를 재현한 공간이나 만화 벽화 골목 등의 포토존도 재밌다. 1990년대 말부터 태동한 웹툰을 전시하고 체험하는 공간도 있다.

◎ 경기 부천시 길주로 1

◷ 화~일 10:00~18:00(월 휴무)

₩ 일반권(36개월 이상) 5,000원

❷ 부천자연생태공원

부천식물원과 무릉도원수목원, 자연생태박물관을 아우르는 초대형 생태 공원 단지다. 부천 시민뿐 아니라 전국에서 여행객이 몰려든다. 실내에 조성된 부천식물원이 화려하게 시작을 알린다. 키다리 야자수가 중앙 홀에서 위용을 뽐내며, 5개의 테마를 가진 식물관을 보유했다. 인공 폭포가 쏟아지는 야외의 무릉도원수목원은 주인공 역할을 맡았다. 1,300여 종의 형형색색 꽃과 나무가 강물 흐르듯 이어진다. 수목의 종류별로 나눈 정원을 하나하나 살피는 데만도 긴 시간이 소요된다. 거대한 수목원을 감싼 '누구나숲길'을 걷는 것도 큰 재미다.

◎ 경기 부천시 춘의동 387-3

◷ 화~일 09:30~18:00(11월~2월은 17시까지, 월 휴무)

₩ 성인 1,000원, 청소년 700원, 어린이 500원

❸ 부천백만송이장미원

백만 송이라는 이름이 조금도 과장되게 느껴지지 않는다. 도당산 인근 부지 위에 1998년부터 15만 그루의 장미 나무를 심으며 역사가 시작됐다. 장미로 이뤄진 터널과 장미를 주제로 한 조형물까지 빛을 발한다. 장미는 보통 5월에서 7월에 개화하니 시기를 잘 맞춰야 한다.

◎ 경기 부천시 성곡로63번길 99

◷ 24시간

₩ 무료

❹ 상동호수공원

호수의 면적만 2만 3,000제곱미터, 그를 따라 조성된 산책로의 길이도 2.5킬로미터에 달한다. 갖가지 수목이 호수 곁에서 그늘을 만들어주고 계절마다 공원을 채우는 꽃도 즐거움을 준다. 바오밥나무 같은 희귀종을 비롯해 400여 종의 식물이 전시된 카페 '수피아'도 자리한다.

◎ 경기 부천시 조마루로 15

◷ 24시간

₩ 무료

❺ 플레이아쿠아리움부천

수족관과 동물원을 한 번에 구경할 수 있다. 철갑상어가 꿈틀대는 터널 수조와 초대형 가오리와 상어, 형형색색 열대어가 유유히 헤엄치는 메인 수조가 압도감을 선사한다. 동물관에선 희귀종 사막여우와 호저가 인사한다. 다소 이질적이긴 하나 백호와 사자 같은 맹수도 있다.

◎ 경기 부천시 조마루로 2

◷ 매일 10:00~18:00

₩ 성인 30,000원, 청소년 27,000원, 어린이 25,000원

❻ 부천활박물관

부천은 국궁 제작의 역사를 잇는 도시로 예부터 부천 활은 품질을 인정받아 왔다. 이에 활박물관을 건립해 역사를 공유한다. 최초의 국가무형문화재 궁시장, 고 김장환 장인의 유품과 활 관련 유물을 전시하고 있다. 말로만 듣던 신기전과 천자총통을 코앞에서 만날 수 있다.

◎ 경기 부천시 소사로 482

◷ 화~일 09:00~18:00(월 휴무)

₩ 성인 1,000원, 청소년·어린이 600원

❼ 부천천문과학관

빛 공해가 다소 심한 도심 속에서 이곳이 있어 빛나는 별을 관찰할 수 있다. 금요일과 토요일 밤에 진행되는 야간 천체 관측 프로그램이 하이라이트다. 당일 선정된 천체에 대한 강의를 들은 뒤 고배율 천체 망원경을 통해 해당 별자리와 달, 행성을 관찰한다. 예약은 필수. ◎ 경기 부천시 부천로264번길 117 ⓒ **화~목·일** 09:30~17:30(휴게시간 11:30~12:30) **금~토** 09:30~21:30(휴게시간 11:30~12:30, 17:30~18:30. 월 휴무) ₩ 성인 4,000원, 청소년·어린이 3,000원, 유아(5~7세) 2,000원

❽ 모네정원

모네의 그림 속 정원처럼 따뜻한 분위기가 감돈다. 원예체험장과 텃밭체험장을 중심으로 운영되는 관광농원으로 이 안의 주인공은 아이들이다. 반려식물 심기, 감자와 고구마 캐기, 플라워 클래스 등 많은 체험이 준비되어 있다. 포토존과 놀이시설도 구석구석 숨겨져 있다.

◎ 경기 부천시 고강동 185-3

ⓒ 화~일 10:00~18:00(월 휴무)

₩ 체험별 상이(반려식물 심기 25,000원~)

❾ 부천시립박물관

일반적인 시립박물관과 결이 약간 다르다. 부천의 향토 문화를 다룬 전시관은 물론이고 특색 있는 전시관이 많다. 국내의 교육 변천사를 다룬 교육전시실과 유려한 유럽 도자기를 모은 유럽자기 전시실이 이색적이다. 기묘한 돌로 가득 찬 수석전시실과 옹기실도 신기하다.

◎ 경기 부천시 소사로 638

ⓒ 화~일 09:00~18:00(월 휴무)

₩ 성인 2,000원, 청소년·어린이 1,200원

❿ 부천중앙공원

부천 시청과 마주 보고 있는 큰 규모의 시민 공원이다. 이제 막 미용실에 다녀온 듯 공원 내 수목의 조경 수준이 놀랍다. 굽은 소나무가 꿈틀대는 솔숲도 인상적이고 여름엔 능소화, 가을엔 코스모스가 지천인 꽃밭도 눈을 즐겁게 만든다. 분수를 내뿜는 연못도 한몫 거든다.

◎ 경기 부천시 소향로 162

ⓒ 24시간

₩ 무료

부천의 맛집과 카페

황해도김치만두전골

복성원

스페이스작

봉순게장 게장 정식 단일 메뉴다. 국내산 꽃게로 맛을 낸 간장게장과 양념게장, 새우장이 풍성하다.
경기 부천시 역곡로284번길 18 매일 10:30~19:30

황해도김치만두전골 이북식 만두전골로 큰 인기를 끈다. 깔끔하고 담백한 맛이다. 꼭 볶음밥까지 추가하자. 경기 부천시 원종로51번길 64 매일 10:00~22:00

복성원 40년 전통의 노포 중국집이다. 바삭한 달걀 프라이가 올려진 잡채밥이 시그니처다.
경기 부천시 부천로122번길 16 화~토 11:00~16:00(일~월 휴무)

스페이스작 브런치를 즐기는 시민들의 아지트 같은 카페다. 4층 규모로 공간도 넉넉하다.
경기 부천시 까치로20번길 13-7 매일 09:00~23:00(라스트 오더 22:30)

비맨션 다양한 음료와 빵, 스테이크나 파스타 같은 식사 메뉴까지 모두 좋은 평을 받는다.
경기 부천시 소사동로 205 매일 10:00~21:30

부천시 여행 지도

013
Gyeonggi

하남시

경기권에 남겨진 백제의 흔적

❶ 미사경정공원

86 서울 아시안 게임과 88 서울 올림픽 당시 조정 경기와 카누 경기가 열렸던 역사적인 곳이다. 현재는 끝없이 뻗은 녹지를 활용한 도심 공원으로 활용되고 있다. 서울에서도 한달음이라 하남 시민뿐 아니라 서울과 주변 도시에서도 쉼과 힐링을 찾아 많은 사람이 발걸음한다. 주차장 또한 넉넉해 주차 걱정도 없다. 맑은 날이면 공원 구석구석 펼쳐진 잔디 위에서 캠핑 의자를 펴고 나들이를 즐기거나 독서를 하는 이들이 쉬이 보인다. 체육 시설에서 땀을 흘리는 이도, 자전거를 타는 사람도 넘친다. 정기적으로 박진감 넘치는 경정 경기도 열린다.

⊙ 경기 하남시 미사동 15

◷ 24시간

₩ 무료

❷ 스타필드하남

수도권 곳곳에 위치한 쇼핑몰 스타필드의 1호점이 바로 하남에 있다. 2016년 개장과 동시에 국내 최대 규모의 복합 쇼핑몰로 화려하게 데뷔했다. 여전히 스타필드 중 가장 크며 매장 면적이 15만 6,000 제곱미터에 달한다. 그야말로 못 구하는 게 없다. 대형마트와 백화점, 전자 매장이 한 건물에 있다. 멀티플렉스 영화관, 스포츠 테마파크, 실내외 수영장과 대형 서점도 함께한다. 심지어 명품 브랜드관과 자동차 브랜드까지 여럿 입점했다. 의류숍과 카페, 음식점은 말할 것도 없어 사고 놀고 먹다 보면 하루가 금세다. 주차까지 무료 제공한다.

⊙ 경기 하남시 미사대로 750

◷ 매일 10:00~22:00

₩ 무료

❸ 유니온타워

하남시는 도시의 하수처리장과 폐기물소각장 등 혐오 시설을 모두 지하화해 찬사를 받았다. 그 위로는 105미터 높이의 전망대 유니온 타워까지 건설해 시민들에게 환원했다. 주변에 높은 건물이 없어 타워에 오르면 360도 파노라마로 하남시 전경과 한강의 물줄기가 눈에 담긴다.

◎ 경기 하남시 미사대로 710

◷ 화~일 09:00~21:00(월 휴무)

₩ 무료

❹ 하남역사박물관

선사 시대부터 근현대에 이르기까지 다양한 유적을 품은 하남의 역사와 문화를 정리했다. 시대별로 구분된 5개의 상설전시관을 통해 지역의 유물을 전시한다. 미사리에서 출토된 선사 유물이 눈길을 끌며 현존 최대의 철불인 하사창동 철조석가여래좌상은 웅장하다.

◎ 경기 하남시 덕풍동로 30

◷ 화~일 09:00~18:00(월 휴무)

₩ 무료

❺ 검단산

한강과 조화를 이루는 검단산의 산세가 멋스럽다. 657미터 높이로 백제의 검단선사가 머물렀다 하여 검단산으로 불린다. 백제 초기의 도성, 위례성의 진산으로 왕이 제사를 드리던 신성한 산으로 알려졌다. 등반에 큰 힘이 들지 않아 서울 근교 등산 코스로 인기가 높다.

◎ 경기 하남시 신장동

◷ 24시간

₩ 무료

❻ 당정뜰

한강과 덕풍천이 만나는 지점에 모래가 쌓이며 자연스레 생겨난 생태 공원이다. 이곳은 한때 당정섬이었지만 한강 정비 사업으로 유실되었다가 2019년 사업이 종료된 후 시민들이 지은 이름 당정뜰로 돌아왔다. 연못과 숲이 어우러졌으며 철새 도래지로도 이름을 알리고 있다.

◎ 경기 하남시 미사동 2-13

◷ 24시간

₩ 무료

❼ 하남이성산성

정확한 축조 시기는 불분명하나 삼국 시대의 것임은 틀림없다. 삼국 중 어느 나라의 산성인지에 대해서도 역시 의견이 분분하다. 그러함에도 하남을 상징하는 고대 유적이다. 한강을 조망할 수 있는 포곡식 산성 구조를 띠고 있다. 오랜 세월이 묻어있는 석성이 신비스럽다.

경기 하남시 춘궁동 산36

24시간

₩ 무료

❽ 미사호수공원

미사 강변 도시를 조성하는 과정에서 생겨났다. 원래 있었던 망월천을 확장해 인공 호수를 축조했고 그 주위에 데크 산책로와 야외무대, 잔디 광장 등을 설치해 공원을 만들었다. 호수에선 시간에 맞춰 음악 분수가 솟는다. 호수를 가로지르는 상망교는 멋진 야경을 뽐낸다.

경기 하남시 망월동 739-1

24시간

₩ 무료

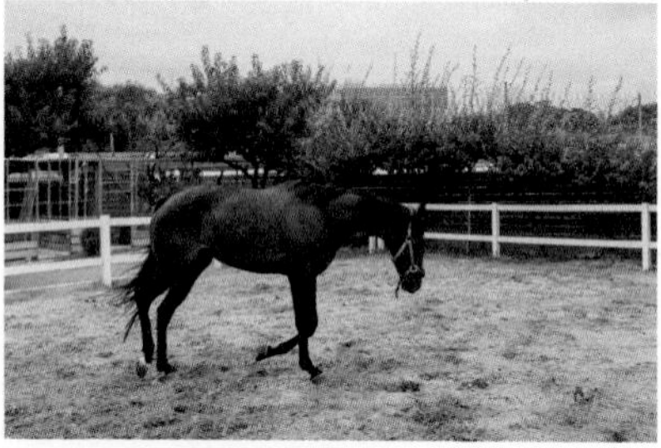

❾ 미사리승마공원

도심에서 승마를 즐기는 특별한 체험을 해보자. 경정공원 북쪽에 자리한 승마공원에선 간단한 교육만 받으면 말 위에 오를 수 있다. 조교가 동행해 미취학 아이도 문제없으며 정식 승마 교육 강습도 가능하다. 공원 한쪽엔 타조와 사슴 등이 있는 작은 동물 농장이 있다.

경기 하남시 미사동로37번길 175

화~일 08:00~18:00(월 휴무)

₩ 승마 체험 10,000원부터

❿ 나무고아원 유아숲체험원

나무고아원이란 명칭이 특이하면서도 쓸쓸하다. 도시 개발로 인해 자연이라는 부모를 잃은, 고아가 된 나무를 모아 숲을 만들었다. 여전히 버림받은 나무가 식재되고 있다. 유아숲체험원이 있어 체험 활동에 나온 꼬마들이 조잘대며, 미사리 선사 유적도 이 안에 위치한다.

경기 하남시 미사동 608

24시간

₩ 무료

하남의 맛집과 카페

미사리밀빛초계국수본점

르빵드비

미사리밀빛초계국수본점 이가 시릴 정도로 시원한 초계 국수가 새콤달콤함으로 미각을 강하게 자극한다. 경기 하남시 미사대로 608 매일 10:00~21:30(라스트 오더 21:00)

마방집 정식에 제공되는 장작불구이 불고기도 훌륭하지만 열댓 가지 나물에 더 손이 간다.
경기 하남시 하남대로 674 매일 11:00~21:00(브레이크 타임 15:00~16:00)

꽃누리들밥 어떤 종류의 정식을 시키든 정갈하고 깔끔한 반찬과 돌솥밥이 기본으로 깔린다.
경기 하남시 검단로 71 화~일 10:30~20:00(브레이크 타임 15:00~17:00)

르빵드비 3층 규모의 큼직한 베이커리 카페로 아기자기한 인테리어를 갖춘 내부도 분위기가 좋다.
경기 하남시 서하남로 436 매일 09:30~22:00

카페웨더 바닷가로 피서를 온 듯 파라솔과 선베드가 낭만적이다. 양질의 브런치 메뉴를 판다.
경기 하남시 검단산로 228-8 매일 10:00~21:00(라스트 오더 20:00)

하남시 여행 지도

014 광주시

Gyeonggi

남한산성의 파란만장한 이야기를 품은 땅

❶ 남한산성

상징성으로 보나 규모로 보나 대한민국을 대표하는 산성이다. 광주와 성남, 하남까지 길게 뻗어 있다. 신라의 주장성이 시초로 알려졌으며 지금의 산성은 조선 인조 2년, 1624년에 축조되었다. 수도를 방어하기 위해 견고하게 지어졌으며 험한 산세와 어우러진 난공불락의 요새였다. 동서남북에 대문이 있고 서문 부근엔 군사시설인 수어장대가 있다. 산성 아래엔 왕이 머물던 행궁도 남아있다. 현재는 수도권 최고의 산책 코스로 사랑받는다. 그도 그럴 것이 서쪽 성곽을 따라 걸으면 잠실부터 한강과 남산까지 서울의 완벽한 전경이 눈에 꽉 찬다.

경기 광주시 남한산성면 산성리 산23

24시간

₩ 무료

❷ 화담숲

단풍이 붉게 물들 준비를 하는 시기가 오면 화담숲 홈페이지는 아이돌 콘서트 저리가라 할 정도로 치열한 티켓팅 전쟁이 시작된다. 실제로 주말 황금 시간대는 예매가 오픈된 뒤 몇 초만에 매진된다. 그만큼 화담숲의 가을은 국내 단풍 명산과 비교해도 전혀 뒤지지 않는 아름다움을 가졌다. 단풍나무의 '종류'만 400종이 넘으니 긴 설명이 필요 없다. 그렇다고 가을만 아름다운 건 아니다. 봄엔 철쭉과 수선화가, 여름엔 수국이 장관이다. 겨울엔 눈꽃이 핀다. 노고봉 계곡을 따라 4,000종 이상의 식물이 자란다. 그 사이로 명물 모노레일이 다닌다.

경기 광주시 도척면 도척윗로 278-1

화~일 09:00~18:00(월 휴무)

₩ 성인 11,000원, 청소년 9,000원, 어린이 7,000원

❸ 곤지암리조트

스키장을 중심으로 운영되는 복합 레저 단지다. 서울 강남권에서 40분 안팎이면 닿는 강력한 장점을 가졌다. 겨울이면 '퇴근 스키족'이 생기는 이유다. 스키 슬로프도 좋은 평을 받는다. 수영장과 골프장, 스파, 콘도, 식음시설을 갖춰 겨울 이외의 계절에 갈 이유도 충분하다.

◎ 경기 광주시 도척면 도척윗로 278

◷ 24시간

₩ 시설별 상이

❹ 곤지암도자공원

조선 왕실에 도자기를 납품하던 광주는 찬란한 도자 문화를 꽃피웠다. 이곳이 그 사실을 증명한다. 국내 도자기 관련 다수의 자료와 전시물을 보유한 경기도자박물관을 대장 삼아 도자 작품으로 꾸며낸 조각 공원과 가마터, 체험관이 분포한다. 도자기 판매점에도 들러보자.

◎ 경기 광주시 곤지암읍 경충대로 727

◷ 매일 09:00~18:00

₩ 성인 3,000원, 청소년·어린이 2,000원

❺ 율봄식물원

산으로 둘러싸인 청정무구한 지대에 자리 잡은 식물원이다. 농촌과 예술의 공존을 추구한다는 식물원의 설명처럼 완벽한 조경을 통해 마치 조각 작품처럼 거듭난 나무와 꽃이 우아함을 뽐낸다. 1,000종 이상의 식물이 자라나며 딸기와 토마토를 수확하는 체험도 자랑거리다.

◎ 경기 광주시 퇴촌면 태허정로 267-54

◷ 매일 09:00~18:00(11월~3월은 17시까지, 월 휴무)

₩ 5,000원

❻ 팔당물안개공원

남종면 귀여리에 위치해 귀여섬으로 불렸으나 시민 공모를 통해서 새 이름을 얻었다. 그 이름처럼 일교차가 큰 봄, 가을 아침엔 몽환적인 물안개가 피어올라 명장면을 만든다. 160미터 길이의 다리를 건너 섬에 닿으면 갖가지 수생식물 군락과 테마 정원이 인사를 건넨다.

◎ 경기 광주시 남종면 귀여리 596

◷ 24시간

₩ 무료

❼ 중대물빛공원

1957년에 농업용으로 만들어진 홍중저수지가 소임을 다하고 은퇴한 뒤 2012년 예쁜 이름을 가진 수변 공원으로 변신했다. 호수 곁의 신기한 형태의 조형물이 먼저 눈길을 끈다. 시민들의 여가를 위한 분수 광장과 산책로를 잘 꾸며 놓았고 장미 터널은 포토존 역할을 한다.

◎ 경기 광주시 중대동 91

ⓒ 24시간

₩ 무료

❽ 일본군위안부역사관

일제가 우리에게 저지른 만행 중 가장 끔찍한 짓으로 꼽히는 위안부의 역사를 덤덤하게 담아냈다. 그와 관련된 자료와 먼저 떠난 분들의 유품도 전시한다. 일본군 위안부 할머님들이 모여 계시는 나눔의 집의 일부다. 가슴 한쪽이 쓰리지만 우리가 꼭 기억해야 할 역사다.

◎ 경기 광주시 퇴촌면 가새골길 85

ⓒ 화~토 10:00~17:00(일~월 휴무)

₩ 성인 5,000원, 청소년·어린이 3,000원

❾ 경안천생태습지공원

팔당댐이 생겨난 뒤 인근의 논밭과 저지대가 물에 잠기며 자연스레 습지로 변했다. 이곳의 수질을 정화하고 생태계를 보존하기 위해 수변 식물을 심었다. 여름엔 습지 위로 연꽃이 활짝 피어나고 가을엔 무성한 갈대 군락이 일렁인다. 자연과 하나 되어 휴식을 취하기 딱이다.

◎ 경기 광주시 퇴촌면 정지리 525

ⓒ 24시간

₩ 무료

❿ 팔당전망대

팔당호 앞에 자리한 팔당수질개선본부 청사 9층에 전망대가 있다. 팔당호와 그 위에 뜬 작은 섬, 소내섬의 풍광이 널찍하게 시야에 담긴다. 그 너머 용마산과 검단산의 산줄기도 보인다. 팔당호 탄생의 역사와 수도권 식수원의 중요성을 일깨우는 정보도 한쪽에 전시한다.

◎ 경기 광주시 남종면 산수로 1692

ⓒ 매일 09:00~18:00

₩ 무료

광주의 맛집과 카페

최미자소머리국밥

사이카츠

이배재제빵소

시래마루 시래기 수육정식이 맛좋고 든든하다. 꽃 모양으로 정갈하게 나오는 7가지 젓갈에 눈이 간다.
경기 광주시 곤지암읍 경충대로 661 매일 09:00~21:00(브레이크 타임 15:30~16:30, 라스트 오더 20:30)

최미자소머리국밥 시 외곽에 있어도 오로지 맛을 찾아 먼 길을 가는 국밥집이 있는데 여기가 그런 집이다. 경기 광주시 곤지암읍 도척로 58 화~일 07:00~20:00(라스트 오더 19:45, 월 휴무)

사이카츠 적당히 바삭하고 충분히 부드러운 일식 돈카츠로 미식가들의 발걸음을 이끌어낸다.
경기 광주시 경안로 18 금~수 11:30~21:00(브레이크 타임 14:40~16:00, 라스트 오더 20:00, 목 휴무)

이배재제빵소 보기만 해도 탐스러운 빵이 한가득이다. 바게트 앙버터, 올리브 식빵 등이 잘 팔린다.
경기 광주시 이배재로 247 월~금 10:30~22:00, 토~일 10:00~22:00

스멜츠 카페 2층의 대형 통창 너머 숲 풍경이 아름답다. 샐러드와 파스타 메뉴도 제공한다.
경기 광주시 신현로 103 매일 10:30~22:00(라스트 오더 21:00)

015 양평군

Gyeonggi

북한강과 남한강이 만나는 화합의 장

❶ 두물머리

남한강과 북한강이 바로 여기서 극적으로 조우한다. 두 강물이 만나 두물머리다. 남한강은 태백 검룡소에서, 북한강은 금강산에서 시작되니 남북의 물이 하나로 통일되는 장소이기도 하다. 이런 깊은 의미와 더불어 풍광 자체도 아름다워 수십 년간 양평 관광을 선두에서 이끌고 있다. 나루터로 번성했던 과거의 영화를 보여주려는 듯 황포돛배가 물 위에 떠 있고 주변으론 연꽃과 수생식물이 풍성하다. 소원을 들어준다는 400년 된 느티나무와 나란히 선 5그루의 메타세쿼이아도 눈길을 끈다. 두물머리 액자에서 사진을 남기는 건 잊지 말자.

◎ 경기 양평군 양서면 양수리

◷ 24시간

₩ 무료

❷ 더그림

이곳의 풍경이 얼마나 매혹적이고 근사한지는 촬영된 작품 수가 증명한다. 세트장이나 촬영장이 아닌 개인 정원임에도 60여 편의 드라마와 영화, CF가 촬영되었다. '그림보다 더 그림 같은 정원'이라는 업체의 소개가 과하게 느껴지지 않는다. 입구에 들어서면 나타나는 작은 에펠탑과 그 뒤로 보이는 이국적 분위기의 건물에서 이미 풍경에 취하고 만다. 개인이 정성을 들여 가꾼 정원과 산책로, 깜찍한 소품과 포토존은 무뚝뚝한 사람들마저 미소를 짓게 만들 만치 낭만이 넘친다. 느긋이 커피 한잔하기 좋은 카페마저 유럽의 향기가 짙게 배어난다.

◎ 경기 양평군 옥천면 사나사길 175

◷ 월~금 10:00~18:40, 토~일 09:30~19:10 ₩ 성인·청소년 8,000원, 어린이 7,000원(음료 한 잔 제공)

❸ 세미원

한때 강에서 떠내려온 쓰레기가 둥둥 떠다니던 곳이었다. 환경단체와 지역민이 오물을 걷어내고 수질 정화에 좋다는 연꽃을 심은 것이 세미원의 시작이다. 이를 경기도가 지원하고 나서며 연꽃 박물관과 연꽃 정원, 각종 수생식물이 돋아나는 아름다운 생명의 공간이 되었다. ◎ 경기 양평군 양서면 양수로 93 ◷ 7월~8월 09:00~20:00, 9월~6월 09:00~18:00(9월~6월은 월요일 휴관) ₩ 성인 5,000원, 청소년·어린이 3,000원

❹ 황순원문학촌소나기마을

소설가 황순원과 그의 대표 단편 소설 <소나기>를 주제 삼아 꾸민 공간이다. <소나기>의 배경이 양평이라는 추측에서 비롯되었다. 문학관을 건립해 작가의 생애와 문학 세계를 조명하고 있으며 유품과 자료를 모아 전시한다. 야외엔 소설 속 장면을 재현한 정원을 마련해 놓았다.

◎ 경기 양평군 서종면 소나기마을길 24 산 74
◷ 화~일 09:30~18:00(11월~2월은 17시까지, 월 휴무)
₩ 성인 2,000원, 청소년 1,500원, 어린이 1,000원

❺ 양평양떼목장

수도권에서 쉽게 닿을 수 있는 양떼목장이다. 멀찌감치서 구경하는 것을 떠나 아기 양과 한 공간에 머물며 직접 교감하고 먹이를 건넬 수 있다는 점이 큰 장점이다. 귀여운 아기 양은 모두의 얼굴에 웃음을 새겨준다. 타조와 돼지, 토끼와 거위 등 여러 가축도 양과 함께한다.

◎ 경기 양평군 용문면 은고갯길 112
◷ 월·수~금 09:30~18:00, 토~일 09:30~19:00(화 휴무) ₩ 6,000원

❻ 양평쉬자파크공원

모든 것을 잠시 내려놓고 잘 놀고 잘 쉬자. 듣기만 해도 기분 좋아지는 이 말이 쉬자파크의 존재 이유다. 상쾌한 용문산 자락에 안겨있어 일단 휴식을 취하기엔 최적의 조건을 갖췄다. 푸른 숲과 맑은 물이 공존하는 공간 안에 생태습지와 정원, 꽃밭, 치유센터 등을 꾸며놨다. ◎ 경기 양평군 양평읍 쉬자파크길 193 ◷ 화~일 09:00~18:00(11월~2월은 17시까지, 월 휴무) ₩ **하절기** 성인 2,000원, 청소년·어린이 1,000원 **동절기** 성인 1,000원, 청소년·어린이 500원

❼ 풀향기허브나라&토이박물관

허브와 야생화로 꽉 찬 정원에선 풍차와 인기 캐릭터가 사진을 찍자며 튀어나온다. 정원 한쪽에 위치한 토이박물관에 들어서면 눈이 더욱 바빠진다. 개인이 수집한 수천여 점의 피규어와 장난감이 빼곡하다. 슈퍼 히어로와 영화 주인공, 애니메이션 캐릭터가 줄줄이 등장한다.

◎ 경기 양평군 용문면 용문산로 120-7

◷ 매일 10:00~17:00 ₩ 성인·청소년 5,000원, 어린이 3,000원(음료 한 잔 제공)

❽ 양평곤충박물관

정년 퇴임한 교수가 오랜 시간 양평에서 채집한 곤충과 소장했던 표본을 양평군에 기증하며 박물관이 탄생했다. 양평을 비롯해 국내에 서식하는 곤충과 세계의 희귀 곤충 등 약 1,500개체의 곤충을 전시한다. 살아있는 사슴벌레와 애벌레를 직접 만져보는 공간도 갖추었다.

◎ 경기 양평군 옥천면 경강로 1496

◷ 화~일 09:30~17:00(휴게시간 12:00~13:00)

₩ 성인 3,000원, 청소년·어린이 2,000원

❾ 중미산자연휴양림

중미산의 중턱에 자리한 농다치고갯길까지 힘겹게 올라가면 유난히 많은 침엽수로 둘러싸인 휴양림이 모습을 드러낸다. 소나무와 잣나무 등이 그늘을 만들어주고 산에서 흘러내린 계곡물이 발끝을 간질인다. 깊은 산속의 통나무집에서 하루를 머물면 누구나 자연인이 된다.

◎ 경기 양평군 옥천면 신복리 산201-2

◷ 수~월 09:00~18:00(화 휴무)

₩ 성인 1,000원, 청소년 600원, 어린이 300원

❿ 민물고기생태학습관

경기도 해안수산자원연구소에서 운영한다. 우리의 토종 민물고기를 주로 전시한다. 60여 종 약 1,200마리의 민물고기가 수조를 채우는 가운데 쉬리나 한강납줄개 등의 희귀종도 보유하고 있다. 학습관 야외엔 생태연못을 조성했다. 토종 야생화 사이에서 잉어가 노닌다.

◎ 경기 양평군 용문면 상광길 23-2

◷ 화~일 10:00~18:00(10월~5월은 17시까지, 휴게시간 12:00~13:00, 월 휴무) ₩ 무료

양평의 맛집과 카페

노다지장어

두물머리연핫도그

수수카페

양평신내서울해장국본점 선지와 내장 가득한 양평 해장국은 양평의 명물. 치열한 경쟁에서 좋은 평을 받는 집이다. ◎ 경기 양평군 개군면 신내길 16 ⓒ 매일 05:30~20:00

노다지장어 정통 장어덮밥 히츠마부시가 일본 부럽지 않다. 장어가 쫀득쫀득하고 양념도 완벽하다.
◎ 경기 양평군 서종면 무내미길 49-4 ⓒ 목~월 11:00~21:00(라스트 오더 20:00, 화~수 휴무)

고바우설렁탕 1991년에 개업한 지역 노포다. 토렴으로 계속 따뜻하게 우려내는 설렁탕이 깊은 맛을 낸다. ◎ 경기 양평군 용문면 은고갯길 3 ⓒ 목~화 07:00~20:30(일요일은 19:30까지, 라스트 오더 20:00, 수 휴무)

두물머리연핫도그 두물머리에 갔다면 여기서 핫도그 하나 안 먹을 수 없다. 연잎을 넣어 반죽한다.
◎ 경기 양평군 양서면 두물머리길 103-8 ⓒ 월~금 10:00~19:00, 토~일 09:00~19:00(일몰 시 마감)

수수카페 북한강 바로 앞에 위치해 풍경만 봐도 기분이 상쾌하다. 야전병원을 개조해 만들었다.
◎ 경기 양평군 양서면 북한강로89번길 16 ⓒ 매일 10:00~22:00

양평군 여행 지도

016 Gyeonggi

여주시

역사의 큰 어른 세종이 잠든 고장

❶ 세종대왕릉

유네스코 세계문화유산 '조선 왕릉' 40기 중 가장 많은 참배객이 찾는다. 세종대왕이 우리 역사에서 차지하는 비중이 어느 정도인지 보여준다. 왕릉은 대부분 가까이 접근이 어려워 먼발치서 바라봐야 하지만 영릉으로 불리는 세종대왕과 소헌왕후의 합장묘는 상징성을 고려해 능 근처까지 오를 수 있다. 능 초입엔 세종대왕 역사문화관이 자리하며 묘소 가는 길엔 세종의 동상과 자격루, 양부일구 등 세종 때 발명된 과학 기구가 전시되어 있다. 효종과 인선왕후의 능인 영릉도 인근에 있다. 영릉과 영릉은 우리말 표기가 같으나 한자가 다르다. ⊙ 경기 여주시 세종대왕면 왕대리 901-3 ⓒ 2월~5월·9월~10월 09:00~18:00, 6월~8월 09:00~18:30, 11월~1월 09:00~17:30 ₩ 대인(만 25세 이상) 1,000원, 청소년·어린이 무료

❷ 여주신륵사

국내에선 매우 드물게 강가에 위치한 사찰이다. 1376년 공민왕의 스승인 나옹선사가 입적하며 역사적으로 유명해졌다. 조선 시대에는 세종대왕이 잠든 영릉을 지키는 원찰이었다. 나옹선사의 영정이 봉안된 조사당은 경내에서 가장 오래된 건물로 알려졌으며 보물로 지정되었다. 그 외에도 다층석탑과 다층전탑 등 보물을 총 8개나 보유하고 있다. 역사적으로 가치가 높거니와 남한강과 고찰의 조화가 매우 빼어나다. 사찰 강변엔 600년 수령의 거대한 향나무가 있고 강을 보며 풍류를 즐기기 좋은 정자가 놓였다. 황포돛배 유람을 즐길 수도 있다.

⊙ 경기 여주시 신륵사길 73

ⓒ 24시간

₩ 무료

❸ 강천섬유원지

남한강을 세차게 흐르던 물줄기가 강원도에서 내려온 섬강을 만나 토사가 쌓이면서 축구장 80개 크기의 거대한 섬을 만들었다. 잔디가 드넓게 펼쳐지고 숲이 우거진 천혜의 자연이라 나들이객이 항시 모여든다. 한때 백패킹의 성지였으나 2021년부터 캠핑이 전면 금지되었다.

◎ 경기 여주시 강천면 강천리 627

◷ 24시간

₩ 무료

❹ 이포보

4대강 사업의 일환으로 2011년 남한강 위에 설치된 591미터의 보다. 여주의 상징 새인 백로의 날개 위에 7개의 알이 올려진 형상으로 전국에서 가장 아름다운 보로 꼽힌다. 남한강 자전거길의 일부라 언제나 자전거 여행자가 오간다. 보 동쪽으로는 전망대 카페가 운영된다.

◎ 경기 여주시 금사면 금사로 40

◷ 24시간

₩ 무료

❺ 황학산수목원

황학산 골짜기를 따라 꽃과 나무가 지천이다. 총 2,500여 종의 식물이 식재된 큰 규모의 수목원이다. 식물의 생태에 따라 구분된 14개 테마 정원이 이어지고, 그와 자연스레 어우러진 산책로와 전망대가 있다. 멸종위기종 단양쑥부쟁이 군락이 유명하며 산림박물관도 운영한다.

◎ 경기 여주시 황학산수목원길 73

◷ 화~일 09:00~18:00(11월~2월은 17시까지, 월 휴무)

₩ 무료

❻ 명성황후생가

고종의 왕비로서 파란만장한 삶을 살다 일제의 만행에 의해 최후를 맞이한 명성황후의 숨결이 서린 곳이다. 황후가 태어나 8세까지 살던 생가가 위치하고 그 곁에 왕비 간택 전까지 머물렀던 감고당이 복원되어 있다. 기념관도 건립되어 명성황후의 자료와 유품을 전시한다.

◎ 경기 여주시 능현동

◷ 화~일 09:00~18:00(11월~2월은 17시까지, 월 휴무)

₩ 무료

❼ 쎈토이박물관

여주 아울렛 인근에 키덜트의 천국이 있다. 2층으로 구성된 박물관 안에 각종 피규어가 빈틈없이 빼곡하다. 마블의 어벤져스 히어로는 기본이고 배트맨과 슈퍼맨으로 대표되는 DC 코믹스의 히어로, 스타워즈 시리즈와 디즈니의 애니메이션 캐릭터까지 종류가 무궁무진하다.

◎ 경기 여주시 명품1로 42-9

◷ 목~화 10:30~18:30(수 휴무)

₩ 성인 12,000원, 청소년 10,000원, 어린이 8,000원

❽ 목아박물관

한국 목공예의 진수가 이 안에 담겼다. 우리의 목조각과 불교 미술의 계승을 위해 1993년에 개관했다. 불, 법, 승. 불교의 세 가지 보물을 형상화한 나선형 계단을 따라 연결되는 3층 규모의 전시관 내에 경탄을 금할 수 없는 수준의 조각과 불교 유물이 꼬리에 꼬리를 문다.

◎ 경기 여주시 강천면 이문안길 21

◷ 수~일 09:30~18:00(11월~2월은 17시까지, 월~화 휴무)

₩ 성인 6,000원, 청소년 5,000원, 어린이 4,000원

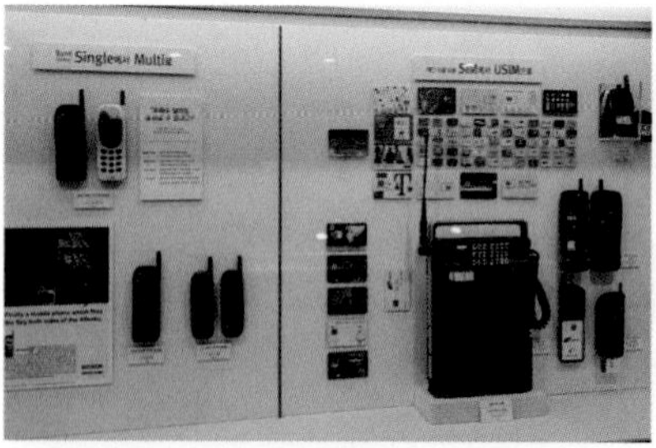

❾ 여주시립폰박물관

자신이 과거에 사용했던 폰을 찾는 재미가 쏠쏠하다. 세계로 범위를 넓혀도 흔치 않은 휴대전화 전문 박물관이다. 모스 부호부터 옛 통신 장비를 모은 역사관이 흥미를 이끈 뒤 주제관에서 재미가 폭발한다. 지금까지 국내에서 출시된 휴대전화와 스마트폰이 가득하다.

◎ 경기 여주시 강변유원지길 105

◷ 화~일 09:00~18:00(월 휴무)

₩ 성인 3,000원, 청소년 2,500원, 어린이 2,000원

❿ 여주파사성

신라 5대왕 파사왕 시기에 축조된 것으로 전해지는 돌로 쌓은 성이다. <동국여지승람>엔 임진왜란 때 성을 늘렸다는 기록이 있다. 둘레는 약 1.8킬로미터, 높이는 5미터 안팎이다. 산성이 있는 산 정상까지의 길이 만만치 않지만 성 위에 오르면 남한강이 발 아래에 있다.

◎ 경기 여주시 대신면 천서리

◷ 24시간

₩ 무료

여주의 맛집과 카페

설원다식

홍원막국수

카페여주

설원다식 여주의 자랑 찰지고 맛난 여주 쌀밥을 정식으로 즐기자. 보리굴비 밥상의 인기가 제일 좋다.
경기 여주시 강천면 운무실길 14-4 매일 06:00~21:00

홍원막국수 양지머리와 무, 다시마로 우린 막국수 육수가 뛰어나다. 편육도 불티나게 팔린다. 경기 여주시 대신면 천서리길 12 화~일 11:00~20:00(브레이크 타임 15:30~17:00, 라스트 오더 19:30, 월 휴무)

감성식탁 다양한 한정식을 무기로 입맛을 잡는다. 제육볶음, 한우육회, 떡갈비 같은 메뉴를 갖췄다. 경기 여주시 칠산길 39 수~월 11:00~21:00(브레이크 타임 월·수~금 15:00~16:00, 토~일 16:00~17:30, 라스트 오더 19:30, 화 휴무)

카페여주 한적한 산자락에 홀로 도도히 빛나고 있다. 카페 내외부가 모두 그림 같다.
경기 여주시 강천면 강문로 703 매일 11:00~21:00(라스트 오더 20:30)

바하리야 2022년 건축가협회상을 차지한 사막 콘셉트 카페 외관이 놀랍다. 음료, 디저트도 훌륭하다.
경기 여주시 점봉길 43 매일 11:00~21:30(라스트 오더 21:00)

017 Gyeonggi

이천시

도자 문화의 구심점

❶ 설봉공원

이천시가 설봉산 자락에 야심차게 조성한 대형 공원이다. 동시에 이천 세계 도자기 엑스포의 무대다. 20여 개의 시설이 산재해 있으며 등산 코스까지 마련되어 있다. 일단 음악 분수를 뿜는 설봉호수가 공원 초입에서 중심을 잡는다. '이천 국제 조각 심포지엄'에 출품된 작품을 모은 조각 공원도 핵심이다. 이천의 명성에 맞게 도자기 관련 체험관과 미술관도 자리를 차지하고 시립박물관도 이곳에 있다. 시간을 넉넉하게 투자해 공원 구석구석을 누비면 이천의 문화와 예술, 전통과 역사를 모두 아우를 수 있다. 가족, 연인. 누구와 함께해도 좋다 .

◎ 경기 이천시 경충대로2709번길 128

◷ 24시간

₩ 무료

❷ 별빛정원우주

이천의 밤은 낮보다 아름답다는 뻔한 표현을 써야겠다. 이곳이 존재하는 한 그 사실은 변함없다. 영동 고속도로의 휴게소 뒤로 펼쳐진 별빛정원우주는 빛을 테마로 꾸민 일루미네이션 테마파크다. 어둠이 깔리면 전국을 통틀어 가장 휘황찬란한 장소로 변신을 시작한다. 미디어 아트가 진행되는 우주 스테이션, 보랏빛 전구가 불을 뿜는 바이올렛 판타지, 푸른 빛이 바다처럼 일렁이는 별의 바다 등 여러 가지 테마를 가진 빛의 공간을 품고 있다. 카메라를 절로 들게 만드는 수많은 포토존은 기본이다. 혹시 낮에 방문한다면 유럽식 정원을 둘러보자. ◎ 경기 이천시 마장면 덕이로154번길 287-76 ◷ 11:00~23:00(휴게시간 3월~10월 17:30~18:00, 11월~2월 16:30~18:00)

₩ 야간 성인·청소년 13,000원, 어린이 7,000원

❸ 덕평공룡수목원

아름드리나무 사이로 정교하게 제작된 공룡 조형물이 드러난다. 공룡과 수목이 공존하는 이색 공간으로 어느 한쪽으로 치우치지 않는다. 수천 종의 식물자원과 야생화가 깔아놓은 판에 공룡 전시관과 공룡 산책로가 존재감을 드러내며 어른과 아이 모두를 만족시킨다. ◎ 경기 이천시 마장면 작촌로 282

◷ 매일 09:00~17:50 ₩ **평일** 성인 9,000원, 청소년·어린이 6,000원 **주말·공휴일** 성인 10,000원, 청소년·어린이 7,000원

❹ 예스파크

이천에 왔으니 도자기 예술마을을 건너뛸 수는 없다. 매년 이천 도자기축제가 열리는 예스파크에만 약 300개의 도자기 및 공예 공방이 들어찬다. 축제 기간이 아니더라도 발걸음해 취향에 맞는 도기류나 그릇을 쇼핑하기 좋다. 멀지 않은 곳에 사기막골 도예촌도 위치한다.

◎ 경기 이천시 신둔면 도자예술로5번길 109

◷ 24시간

₩ 무료

❺ 이천산수유마을

이천시 북쪽 끝을 장식하는 원적산 아래, 봄마다 샛노랗게 빛나는 산수유 군락지가 있다. 기묘사화를 피해 고향으로 내려온 조선 선비 임용순이 심은 산수유나무가 시초로 알려졌다. 노란색이 진해지는 3월 말이면 산수유 축제가 벌어져 상춘객의 마음을 한껏 들뜨게 한다.

◎ 경기 이천시 백사면 원적로775번길 17

◷ 24시간

₩ 무료

❻ 이천시립월전미술관

설봉공원에 자리 잡은 월전미술관은 20세기 한국 화단의 대표주자 월전 장우성 선생의 작품을 전시한다. 장 화백이 자신의 대표작과 평생 수집한 고미술품 1,500여 점을 이천시에 기증하며 귀중한 문화 공간이 탄생했다. 우리의 산수를 간결하게 그려낸 그의 작품이 인상 깊다.

◎ 경기 이천시 경충대로2709번길 185

◷ 화~일 10:00~18:00(월 휴무)

₩ 성인 2,000원, 청소년 1,000원, 어린이 600원

❼ 스카이밀크팜

절로 정이 가는 당나귀가 한가득이다. 이 귀여운 동물에게 먹이를 건네고 교감할 수 있는 체험 농장이다. 돌발 행동만 하지 않는다면 온순함을 유지하고 사람의 손길도 친숙하게 느껴 아이들도 겁낼 필요 없다. 농장 한쪽에 마련된 그물 놀이터도 이곳의 명물로 통한다.

◎ 경기 이천시 호법면 동산로 154

◷ 토~일, 공휴일 10:00~18:00(월~금 휴무)

₩ 8,000원

❽ 서희테마파크

학창 시절에 배운 서희의 '외교 담판'이 떠오른다. 옛 고구려 땅이 거란의 소유라는 적장 소손녕을 설득해 80만 거란군을 고려에서 철수시킨 외교가 서희 선생이 이천 출신이라는 점에 착안해 조성했다. 그의 생애를 담은 조각이 자리하고 역사관과 추모관도 함께 건립했다.

◎ 경기 이천시 부발읍 무촌로18번길 130

◷ 24시간

₩ 무료

❾ 이천시환경학습관

유려한 곡선을 지닌 유리 온실 안에 식물원과 수족관이 공존한다. 소각장에서 나온 폐열을 이용해 환경친화적이다. 바오밥나무와 더불어 200여 종의 식물이 온실을 가득 채우고 아마존 출신 포함 희귀 열대어 17종이 수조 안을 헤맨다. 어린이 식품안전 체험관도 위치한다.

◎ 경기 이천시 호법면 중부대로798번길 126

◷ 화~일 09:00~18:00(월 휴무)

₩ 무료

❿ 안흥지

이천 안흥동 중심에 위치해 지역민들에겐 친숙한 연못이다. 다리를 통해 닿을 수 있는 연못 중앙의 애련정은 조선 세종 때 중건되어 신숙주가 이름지은 것으로 전해지는 단아한 정자다. 현재의 것은 복원본이다. 봄이면 벚꽃이 피어나 연못 위를 분홍빛 꽃잎으로 뒤덮는다.

◎ 경기 이천시 안흥동 404-3

◷ 24시간

₩ 무료

이천의 맛집과 카페

이천돌솥밥

이진상회

이천돌솥밥 윤기가 좔좔 흐르는 이천쌀을 제대로 맛볼 수 있다. 한정식에 나오는 반찬도 수준이 높다.
경기 이천시 신둔면 경충대로 3194 매일 10:30~21:00

이천막국수 막국수를 시키면 숙주를 산더미처럼 쌓은 소불고기 전골을 내어준다. 첫 방문이면 충격이다. 경기 이천시 경충대로2996번길 74 매일 11:00~21:00(브레이크 타임 16:00~17:00, 라스트 오더 20:15)

장흥회관 40여 년간 한결같이 푸짐한 전골 요리를 선보이고 있다. 낙지와 곱창이 주를 이룬다. 경기 이천시 중리천로 8-1 매일 10:00~21:00(라스트 오더 20:30)

이진상회 카페 정원에 모여 있는 수천 점의 도자 작품이 인상적이다. 인테리어도 남다르다.
경기 이천시 마장면 서이천로 648 매일 09:30~21:00(라스트 오더 20:50)

이여로제빵소카페 초대형 카페의 규모만큼이나 빵의 종류가 엄청나게 많다. 너무 넓어 로봇이 오간다.
경기 이천시 백사면 이여로341번길 1-1 매일 09:00~22:00(라스트 오더 21:00)

018
Gyeonggi

안성시

남녀노소 모두에게 안성맞춤

❶ 안성맞춤랜드

이곳에서라면 아이들과 한나절 즐거운 시간을 보내기 거뜬하다. 정문을 통과하면 잔디 광장과 식물원이 자연을 몇 조각 내어준다. 중앙의 분수 광장은 아이들의 차지다. 더운 날이면 바닥에서 높게 솟구치는 물줄기 속으로 아이들이 뛰어든다. 봄~가을의 주말에 이곳을 찾았다면 남사당 공연 관람은 필수다. 줄타기, 풍물패 등 전통 놀이를 집대성했다. 미로 같은 데크가 놓인 수변공원도 흥미롭고 그 옆의 썰매장은 사계절 내내 운영된다. 밤이면 천문과학관에서 별을 관찰할 수 있다. 캠핑장까지 있으니 그야말로 가족에게 안성맞춤인 공간이다.

◎ 경기 안성시 보개면 남사당로 198

◷ 24시간

₩ 무료

❷ 천주교미리내성지

한국 최초의 사제인 성 김대건 안드레아 신부의 묘소가 있어 국내에서 가장 신성한 천주교 성지로 손꼽힌다. 조선의 천주교 박해 당시 이곳에 모여든 신자들의 집에서 밤마다 불빛이 흘러나왔는데, 그 빛이 시냇물에 반짝거리는 모습이 은하수 같다 하여 은하수의 순우리말인 '미리내' 성지로 불린다. 1846년 김 신부가 현재 용산의 새남터에서 순교했고 이민식 빈첸시오가 그의 시신을 몰래 수습해 곳곳을 전전하다 순교 40일 만에 미리내에 안장했다. 김 신부의 어머니 우르술라와 이민식 빈첸시오도 함께 잠들어 있으며 기념 성당도 자리한다.

◎ 경기 안성시 미리내성지로 420

◷ 매일 09:00~17:00

₩ 무료

❸ 안성팜랜드

다양한 가축이 뛰노는 체험형 농장 안성팜랜드는 1970년대 독일과 합작해 국내 낙농업의 기반을 구축한 안성목장이 시초다. 현재는 가축과 교감하는 프로그램과 가축 공연을 진행하고 아담한 놀이동산도 운영한다. 호밀밭과 유채밭이 드넓게 이어져 사진 명소로도 알려졌다. ◎ 경기 안성시 공도읍 대신두길 28 ⓒ 월~금 10:00~18:00, 토~일 09:00~18:00(6월~8월 성수기 주말은 20시까지) ₩ 성인 15,000원, 청소년·어린이 13,000원(체험비 별도)

❹ 고삼호수

1963년에 농업용으로 건설된 저수지로 지금은 안성 최대의 호수다. 산이 감싸지 않았다면 바다로 착각할 만큼 광활하다. 그 풍부한 수량을 바탕으로 자연스레 낚시터로 명성을 얻기 시작해 전국에서 낚시꾼이 몰린다. 그들을 위해 설치된 호수 위 수상 좌대가 이채롭다.

◎ 경기 안성시 고삼면 봉산리 679

ⓒ 24시간

₩ 무료

❺ 죽주산성

안성시 동쪽 죽산면을 차로 달리다 보면 먼 산 위로 성곽이 보인다. 통일 신라 때 축조된 것으로 알려진 죽주산성으로 고려 시대에 중수된 뒤 몽골군을 무찌른 전적지다. 병자호란 때 진지를 구축하기도 한 곳이라 많이 훼손되었음에도 중요한 역사적 가치를 지닌 곳이다.

◎ 경기 안성시 죽산면 죽양대로 111-31

ⓒ 24시간

₩ 무료

❻ 너리굴문화마을

너리굴은 안성 토박이말로 '넓은 골'을 뜻한다. 비봉산의 넓은 골짜기에 자연과 호흡하기 좋은 문화 공간이 숨어 있다. 캠핑장과 숙박동을 갖춰 수영장과 미술관, 수백 점의 예술품이 있는 곳에서 하루 묵어 갈 수 있다. 가죽과 금속, 도자기 등을 다루는 여러 체험도 가능하다.

◎ 경기 안성시 보개면 너리굴길 100

ⓒ 24시간

₩ 숙박동별 상이

❼ 칠장사

안성에서 고즈넉한 사찰을 찾는다면 칠장사는 최우선 순위에 있다. 선덕여왕 시절인 636년 자장율사가 창건한 것으로 전해지며 혜소국사가 고려 때 중건한 뒤 일곱의 악인을 교화시켜 칠장사라 불렸다. 보물로 지정된 대웅전을 중심으로 예스러운 건물이 자리를 지키고 있다.

◎ 경기 안성시 죽산면 칠장로 399-18

🕓 24시간

₩ 무료

❽ 금광호수

동서남북 모두 산에 둘러싸인 금광호수는 그 풍광이 아름다워 시민들의 산책 겸 나들이 장소로 인기가 좋다. 낚시를 즐기는 이들이 찾는 건 당연지사. 북쪽엔 박두진 시인의 옛 집필실이 있어 호수를 따라 박두진 문학길도 조성되었다. 시인의 동상과 시비가 자리한 이유다.

◎ 경기 안성시 금광면 오흥리

🕓 24시간

₩ 무료

❾ 박두진문학관

안성맞춤랜드 언덕 한쪽에 안성 출신 박두진 시인의 기념관이 위치한다. 박두진은 조지훈, 박목월과 함께 시집 <청록집>을 출간하며 청록파의 한 축을 담당했다. 그의 유품과 육필 원고 및 수백 점의 자료가 전시되어 있다. 또 다른 시인의 탄생을 기원하며 북카페도 들어섰다.

◎ 경기 안성시 보개면 남사당로 198-11

🕓 화~일 09:00~17:00(월 휴무)

₩ 무료

❿ 칠곡저수지

드라이브 코스로도 좋고 산책 코스로는 더 좋다. 시내에서 한참 벗어나 한적하니 잠시 여유를 즐기기에도 그만이다. 물길 따라 숲길 따라 저수지를 한 바퀴 도는 동안 분위기 좋은 카페와 레스토랑이 나타난다. 커피를 마시며, 스테이크를 썰며 풍경을 즐기면 더할 나위 없다.

◎ 경기 안성시 원곡면 칠곡리

🕓 24시간

₩ 무료

안성의 맛집과 카페

고삼묵밥

에메랄드그린

풍사니랑

고삼묵밥 시원한 도토리 묵밥으로 만족스러운 한 끼를 해결할 수 있다. 도토리 빈대떡도 별미.
경기 안성시 고삼면 무수막안길 2-8 수~월 10:30~20:00(라스트 오더 19:30, 화 휴무)

궁중해물탕 긴 시간 현지인의 입맛을 책임진 해물탕 맛집이다. 해물찜도 유명하다. 볶음밥은 필수 추가.
경기 안성시 양성면 만세로 673 수~월 11:00~20:50(화 휴무)

마로니에 문을 연지 30년이 훌쩍 넘은 경양식 집이다. 옛날식 돈가스와 수프가 추억을 부른다.
경기 안성시 장기로45번길 22-3 매일 11:00~21:00(브레이크 타임 월~금 15:00~16:00, 토~일 15:00~17:00, 라스트 오더 20:30)

에메랄드그린 탁 트인 호수 뷰가 시원스럽다. 정성을 들여 굽는 빵과 커피를 조합해 풍경을 즐겨보자.
경기 안성시 원곡면 칠곡호수길 22 화~일 11:00~22:00(월 휴무)

풍사니랑 귀여운 풍산개가 뛰노는 캠핑장 느낌의 디저트 카페다. 바로 앞엔 메타세쿼이아 길이 있다.
경기 안성시 삼죽면 삼백로 134-43 수~일 11:00~20:00(라스트 오더 19:30, 월~화 휴무)

평택시

경기권과 충청권의 가교

❶ 평택호관광단지

1973년 평택과 아산 사이에 아산만 방조제가 설치되며 바다처럼 넓은 호수가 생겨났다. 정식 명칭은 아산호이지만 방조제 기준 내륙 쪽은 통상 평택호라 불린다. 1970년대 후반부터 호수 일대에 관광지가 조성되기 시작했고 여전히 평택 여행의 중심지로 활약한다. 뱃머리 전망대에 오르면 호수 조망이 가능하고 평택호 예술공원으로 향하면 예술가들의 조각 작품을 배경으로 감성 사진을 남길 수 있다. 호수를 무대로 진행되는 수상 레포츠도 참가자를 기다리며, 밤에는 자동차 극장이 가동되니 종일 알찬 시간을 보내기에 좋은 곳이다.

경기 평택시 현덕면 권관리 956

24시간

₩ 무료

❷ 소풍정원

진위천의 물길을 머금은 습지 정원이다. '미소 소'에 '바람 풍'자를 써 미소 바람이 날린다는 예쁜 뜻을 가졌다. 연꽃이 풍성한 연못 위로 나무 데크 산책로가 이어진다. 피크닉 테이블과 그네, 독서 쉼터와 정자가 곳곳에 위치해 자연이 건네는 따뜻한 위로를 받으며 원하는 만큼 쉬어갈 수 있다. 연못 위에 뜬 무지개 정원과 빛의 정원 사이로는 틈틈이 분수가 솟아올라 입가에 미소가 번지고 귀한 철새가 날아들어 눈에 힘을 주게 만든다. 아이들을 위한 놀이 시설까지 있어 고맙다. 무엇보다 캠핑장이 있어 밤늦게까지 들뜬 감정을 이어갈 수 있다.

경기 평택시 고덕면 궁리 476-20

24시간

₩ 무료

❸ 평택시농업생태원

평택시 농업기술센터에서 운영하는 생태 공원으로 드넓은 대지 위에 형형색색의 꽃과 수목이 융단처럼 펼쳐져 장관을 이룬다. 풍차나 곤충을 형상화한 포토존도 틈을 메운다. 열대 식물로 가득 찬 온실인 자연테마식물원과 농경 문화를 담아낸 농업전시관도 함께 운영된다.

◎ 경기 평택시 오성면 청오로 33-34

◷ 화~일 09:30~18:00(11월~2월은 17시까지, 월 휴무)

₩ 무료

❹ 웃다리문화촌

폐교된 초등학교 자리에 문화 공간을 가꾸었다. 학생들이 뛰놀던 교실엔 이제 예술의 향기를 발산하는 작품이 들어섰다. 1년 내내 개성 있는 작가들의 기획전이 열리고 많은 문화 행사가 열린다. 체험 학습도 진행된다. 각종 공예와 농악, 쿠킹까지 그 종류도 매우 다양하다.

◎ 경기 평택시 서탄면 용소금각로 438-14

◷ 화~일 09:00~18:00(월 휴무)

₩ 무료

❺ 진위천유원지

아산만을 향해 내달리는 진위천은 평택 시내 곳곳을 적신다. 천변을 따라 많은 편의 시설이 이어지는 가운데 진위면 일대에 큼직한 유원지가 조성되었다. 훌륭한 수준의 캠핑장이 있어 주말은 항상 붐비며 농구장, 족구장 등의 체육 시설이 있어 여가를 즐기는 이들이 모여든다.

◎ 경기 평택시 진위면 진위서로 264-15

◷ 24시간

₩ 무료(캠핑장 이용 시 요금 발생)

❻ 송탄관광특구

미국의 한 거리를 통째로 들어다가 이곳에 심어 놓은 것 같다. 과장이 아니다. 미군 부대 바로 앞에 위치해 미군과 그들의 가족이 주로 오가기에 되레 이태원보다 더욱 이국적이다. 온통 영어로 된 간판 사이를 누비고 미국식 음식점을 지나는 기분이 묘하면서도 재미있다.

◎ 경기 평택시 쇼핑로 10-1

◷ 24시간

₩ 무료

⑦ 지영희국악관 한국소리터

평택은 많은 국악인과 명창을 배출한 근대 음악 유산의 도시다. 그 중심엔 근대 국악의 아버지 지영희 선생이 있다. 국악관현악단의 창시자이며 해금 산조와 시나위 명인인 그의 삶을 전시관에 모두 담았다. 국악관 일대는 '한국 소리터'로 지영희홀과 야외 공연장을 갖췄다.

경기 평택시 현덕면 평택호길 147

화~일 10:00~17:00(월 휴무)

₩ 무료

⑧ 정도전사당

조선의 개국공신 삼봉 정도전을 추모하는 사당이다. 삼봉은 수도 한양을 설계하고 조선 법제를 구축하는 등 다방면에서 활약했으나 제1차 왕자의 난 때 최후를 맞이했다. 위패와 영정을 사당에 고이 모셨으며 삼봉기념관엔 그의 삶과 조선 초 격동의 시대를 기록해 놓았다.

경기 평택시 진위면 은산리

24시간

₩ 무료

⑨ 수도사

원효대사와 해골물. 그 이야기의 배경인 사찰이다. 원효대사가 의상대사와 함께 당나라로 향하던 중 이 근방 바위굴에서 해골물을 마신 뒤 모든 것은 마음에 있음을 깨닫고 당나라 유학을 포기했다는 기록이 <삼국유사>에 남아있다. 그 이유로 원효대사 깨달음 체험관이 있다.

경기 평택시 포승읍 호암길 58

24시간

₩ 무료

⑩ 진위향교

무봉산과 진위천 사이에 위치한다. 수려한 자연과 조화를 이루는 향교의 모습이 그림이라 해도 되겠다. 조선 초, 지역민의 교육을 위해 창건된 것으로 전해지며 병자호란 때 소실 후 1644년 기와 건물이 들어섰다. 잘 보존되어 당시의 건축 기술을 보여주는 유산으로 통한다.

경기 평택시 진위면 진위로 49

24시간

₩ 무료

평택의 맛집과 카페

송탄최네집부대찌개본점

미스진햄버거

메인스트리트

송탄최네집부대찌개본점 송탄 관광 특구에 부대찌개집이 많은 가운데 가장 많은 사람이 몰려드는 집이 이 집이다. ◎경기 평택시 경기대로 1401 ◷매일 10:00~23:00

불난버섯집 칼칼하고 걸죽한 버섯육개장과 화끈한 버섯매운탕이 속을 확 풀어준다.
◎경기 평택시 고덕면 고덕북로 63 ◷매일 09:30~21:00(브레이크 타임 16:00~17:00, 라스트 오더 20:30)

미스진햄버거 송탄 관광 특구 입구에서 오랜 시간 동안 특별한 레시피의 수제 버거를 판매하고 있다.
◎경기 평택시 쇼핑로 3-1 ◷매일 11:00~02:00

메인스트리트 내부 인테리어도 메뉴도 분위기도 그냥 다 뉴욕이다. 국내 최고의 카페 중 하나로 거론된다. ◎경기 평택시 포승읍 포승산단로13번길 37-21 ◷매일 10:00~21:00

터프이너프로스터스 깊은 산장에 들어온 듯 아늑하다. 정성을 다해 내리는 스페셜티 커피도 보통이 아니다. ◎경기 평택시 포승읍 포승향남로 11 ◷매일 09:30~22:00

평택시 여행 지도

020 오산시

Gyeonggi

한국전의 중요한 역사가 깃든 곳

❶ 독산성세마대지

사적으로 지정된 독산성은 정확한 축조 시기는 불분명하나 백제 시대에 쌓기 시작한 것으로 추정된다. 이후 통일 신라와 고려, 조선에 이르기까지 군사적 요충지로 사용되었다. 권율 장군이 이곳에 진을 치고 왜군을 무찌른 곳으로 유명하다. 산 정상의 세마대는 권율 장군의 기막힌 계략이 담긴 곳이다. 임진왜란 때 왜군은 성에 물이 부족함을 깨닫고 성을 포위한 뒤 물을 부어 조롱했다. 그때 권율 장군은 백마 위에 쌀을 부어 목욕시키는 척을 하였고 쌀을 물로 착각한 왜군은 이 계략에 속아 후퇴했다. 이런 연유로 세마대라 불리기 시작했다.

◎ 경기 오산시 지곶동 산107-10

◷ 24시간

₩ 무료

❷ 물향기수목원

'물과 나무와 인간의 만남'을 주제로 5년여 준비 끝에 개원한 드넓은 수목원이다. 수목원의 이름처럼 수생식물원과 습지생태원, 호습성식물원 등 물과 관련된 주제원이 주를 이룬다. 그 외에도 총 19개의 주제원과 연못, 광장이 넓은 부지 위에 흩어져 있으며 희귀식물인 가시연꽃과 배암나무를 비롯해 2,000여 종이나 되는 식물을 보유 중이다. 풍부한 산림 자료를 수집하여 전시하고 있는 산림전시관 역시 그 자체로 훌륭한 박물관 역할을 한다. 아파트로 둘러싸인 시내 복판에 위치해 도시의 북적임을 피해 자연과 호흡하기에 좋은 곳이다.

◎ 경기 오산시 청학로 211 ◷ 3월~5월·9~10월 09:00~18:00, 6월~8월 09:00~19:00, 11월~2월 09:00~17:00

₩ 성인 1,500원, 청소년 1,000원, 어린이 700원

❸ 오산맑음터공원

쓰레기를 매립하고 하수를 처리하던 잿빛 역사의 땅이 이젠 시민들이 가장 사랑하는 공원으로 극적인 변화를 이뤄냈다. 공원 전체가 녹색으로 출렁이고 여름엔 제법 큰 물놀이장이 들어서 가족 단위 방문객이 증가한다. 생태체험관 겸 전망대인 에코리움과 캠핑장도 위치한다.

◎ 경기 오산시 누읍동 115-1

◷ 24시간

₩ 무료

❹ 오산미니어처빌리지

아주 짧은 세계 여행을 떠나보자. 압도적인 규모의 미니어처 전시관에서라면 그 꿈을 이룰 수 있다. 세계적인 랜드마크가 87분의 1 크기로 연출되었다. 우리의 광화문을 비롯해 에펠탑, 천안문광장, 브란덴부르크문 등이 줄을 잇는다. 세계 어디에 내놔도 손색없는 수준이다.

◎ 경기 오산시 북삼미로 12

◷ 화~일 10:00~18:00(월 휴무)

₩ 성인 10,000원, 청소년·어린이 8,000원

❺ 오산시유엔군초전기념관

죽미령은 한국전 발발 후 부산으로 입국해 오산까지 진출했던 유엔군이 북한군과 최초로 전투를 벌인 장소다. 낯선 땅에서 자유와 평화를 위해 목숨 바쳤던 유엔군을 추모하고 활약상을 기록한 기념관이다. 당시 사령관의 이름을 딴 스미스평화관과 평화공원이 함께 자리한다.

◎ 경기 오산시 경기대로 742

◷ 화~일 09:00~18:00(월 휴무)

₩ 무료

❻ 은산어울림생태박물관

모험과 도전을 좋아하는 아이들에게 제격인 곳이다. 도시에선 마주하기 힘든 각종 파충류와 양서류, 절지동물을 직접 만져보고 관찰할 수 있는 프로그램을 운영한다. 거대한 도마뱀과 뱀이 등장하면 아이보다 되레 부모들이 겁에 질린다. 사전 예약을 통해 체험할 수 있다.

◎ 경기 오산시 서동로19번길 19 ◷ 화~일 10:00~17:00(월 휴무, 예약제 운영) ₩ 성인·청소년 10,000원, 어린이(만5세~초등생) 19,000원

❼ 고인돌공원

경기도 기념물인 '금암리 지석묘군'을 누구나 부담 없이 둘러볼 수 있도록 그 주변에 시민 공원을 만들었다. 그러나 청동기 시대의 고인돌은 거들 뿐 조성된 공원의 아름다움이 매우 빼어나다. 유럽의 정원을 연상케 하는 분수와 조형물, 꽃밭이 화려해 걷는 재미가 꽤 쏠쏠하다.

◎ 경기 오산시 수목원로 449

◷ 24시간

₩ 무료

❽ 오산시시립미술관

한국 건축문화 대상에 선정된 이력이 있을 만큼 미술관의 건축미가 뛰어나다. 본래 '문화공장 오산'이란 이름으로 개관했고 2017년부터 시립미술관으로 이름을 변경했다. 국내외 작가들을 초청해 기획전을 개최하고 있으며 시민들을 위한 다양한 문화 프로그램도 진행한다.

◎ 경기 오산시 현충로 100

◷ 화~일 10:00~18:00(월, 공휴일 휴무)

₩ 무료(특별전 요금 변동)

❾ 오산반려동물테마파크

가족 못지않게 사랑스러운 반려견과 눈치 보지 말고 신나게 뛰어놀자. SBS <TV 동물농장>과 업무 협약을 맺고 탄생한 수도권 최대의 반려동물 복합 문화 공간이다. 반려견이 목줄을 풀고 마음껏 뛰놀 수 있는 '도그런'은 획기적이다. 반려견을 위한 음료가 마련된 카페도 있다.

◎ 경기 오산시 오산천로 72

◷ 도그런 6월~9월 10:00~20:00, 10월~5월 10:00~18:00(월 휴무) ₩ 4시간 이용권 5,000원

❿ 궐리사

국내에선 흔치 않은 공자를 모신 사당이다. 원래는 조선 중종 때의 문신이자 공자의 후손인 공서린이 서재를 건립했던 곳이다. 그 터에 정조가 사당을 건립하고 공자의 탄생지 중국 산동성 궐리를 이름에 붙였다. 산동성이 기증한 공자의 석상이 있고 그의 영정이 모셔져 있다.

◎ 경기 오산시 매홀로 3

◷ 24시간

₩ 무료

오산의 맛집과 카페

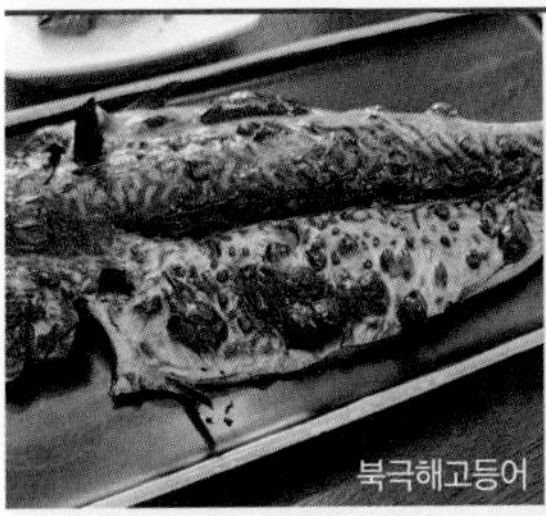
북극해고등어

새말해장국

스티빈

북극해고등어 화덕에서 구워낸 고등어가 제대로다. 삼치, 임연수도 두루 맛이 좋고 샐러드바가 운영된다. 경기 오산시 경기대로 845 매일 11:00~21:00(라스트 오더 20:10)

새말해장국 얼큰하고 진한 국물에 쫄깃하고 고소한 내장을 듬뿍 넣은 내장탕으로 손님을 끌어모은다.
경기 오산시 현충로 95 매일 06:00~22:00

콩마당 생두부에 순두부, 두부보쌈, 두부전골까지 두부 요리가 빼어나다. 콩국수도 별미로 꼽힌다.
경기 오산시 독산성로 225 화~일 11:00~20:30(라스트 오더 20:00, 월 휴무)

스티빈 도심에서 한 발자국 물러난 대형 통창 카페. 많은 식사 메뉴가 있어 브런치를 즐기기 좋다.
경기 오산시 삼미로47번길 81-14 매일 10:00~22:00

도르프커피 독산성에서 내려오는 길에 들러보자. 스페셜티 원두를 내린 커피가 향이 깊고 풍부하다.
경기 오산시 독산성로 205 화~일 09:00~21:00(라스트 오더 20:30, 월 휴무)

021 Gyeonggi

김포시

다양한 주제의 여행지가 한가득

❶ 애기봉평화생태공원

한강 너머 북한 땅을 내려다볼 수 있는 애기봉 정상에 통일과 평화를 염원하는 생태 공원을 건립했다. 애기봉은 한국전 당시 남북이 처절한 전투를 벌였던 고지이기도 하다. 한눈에 봐도 건축미가 뛰어난 평화생태전시관은 세계적인 건축가 승효상의 작품이다. 전시관 주위로는 숲이 울창하며 그 안으로 애기봉 꼭대기까지 이어지는 흔들다리와 무장애 데크 산책로가 이어진다. 정상에 위치한 조강전망대가 공원의 하이라이트다. 불과 1.4킬로미터 앞에 있는 북한 개풍군의 모습을 망원경을 통해 볼 수 있다. 붉은색 바탕의 선전 문구까지 보인다.

◎ 경기 김포시 월곶면 평화공원로 289

Ⓛ 화~일 09:30~17:30(월 휴무)

₩ 성인 3,000원, 청소년 2,000원, 어린이 1,000원

❷ 김포장릉

김포 풍무동에 위치한 조선 왕릉이다. 조선 14대 왕 선조의 아들이자 16대 왕 인조의 아버지인 원종과 그의 부인 인헌왕후를 모셨다. 원종이 사후 13년 뒤인 1632년에 왕으로 추존되며 장릉이란 능호를 가지게 되었고 왕릉 제도에 맞춰 새롭게 조성되었다. 왕과 왕비의 무덤이 나란히 위치한 쌍릉으로 왼편이 원종, 오른편이 인헌왕후의 능이다. 역사문화관이 따로 마련되어 있어 이와 얽힌 이야기를 확인할 수 있다. 도시 중심에서 푸른 빛을 발하고 있어 산보를 위해서도 많은 사람이 찾는다. 빽빽한 노송 군락과 연꽃이 가득한 연못이 아름답다.

◎ 경기 김포시 장릉로 79

Ⓛ 화~일 06:00~18:30(월 휴무)

₩ 대인(만 25세 이상) 1,000원, 청소년·어린이 무료

❸ 김포국제조각공원

김포가 갖는 지리적 특성을 고려해 통일을 주제로 조각 공원을 꾸몄다. 동시대 거장으로 거론되는 줄리안 오피를 포함하여 국내외 유명 작가들의 작품 약 30점이 숲 이곳저곳에 분산되어 있다. 수목과 어우러져 둘러보기 더욱 좋으며 공원 내에 수영장과 썰매장이 있다.

◎ 경기 김포시 월곶면 고막리 435-14

◷ 24시간

₩ 무료

❹ 태산패밀리파크

가족 나들이에 완벽한 이런 공간을 무료로 개방한다는 점이 반갑다. 김포시에서 운영하는 공원으로 유료 워터파크 부럽지 않은 대형 물놀이장이 가장 눈에 띈다. 워터 슬라이드와 공중에서 물을 쏟는 시설까지 구비해 놓았다. 도자기와 목공예를 위한 체험장도 같이 운영된다.

◎ 경기 김포시 하성면 하성로 585

◷ 매일 09:00~19:00(11월~2월은 18시까지)

₩ 무료

❺ 김포아트빌리지

전시와 공연, 행사가 끊이지 않아 예술의 향기로 가득하다. 대형 아트센터와 야외 공연장, 체험관 등을 두루 갖춘 종합 문화 공간이다. 열댓 개의 한옥이 옹기종기 모여 있는 한옥 마을도 위치해 민속놀이와 전통 체험을 즐길 수 있으며 한옥에서 하루 묵는 것도 가능하다.

◎ 경기 김포시 모담공원로 170-1

◷ 화~일 10:00~22:00(월 휴무)

₩ 체험별 상이

❻ 덕포진

한강변에 지어진 조선 시대의 군사 방어 시설이다. 한강 너머 강화도의 덕진진, 초지진과 마주하고 있다. 병인양요와 신미양요 당시 나라를 지키던 수많은 병사가 희생된 현장이다. 아픈 역사와 달리 현재는 매우 평화로운 분위기로 소풍을 즐기고 산보하는 사람들로 붐빈다.

◎ 경기 김포시 대곶면 신안리 산105

◷ 24시간

₩ 무료

❼ 연보람목장

주말이면 예약이 쉽지 않을 정도로 큰 인기를 누리는 목장이다. 낙농 체험이 알차고 실속 있다. 송아지에게 우유를, 각종 가축에게 먹이를 건네고 직접 치즈와 피자를 만들어 볼 수 있다. 트랙터 타기와 소젖짜기도 이어져 아이들이 지루해할 틈이 없다. 갓 만든 유제품도 판매한다.

경기 김포시 통진읍 하성로101번길 403-25

수~일 10:30~17:00(월·화 휴무)

₩ 낙농체험 12,000원(치즈 체험비 별도)

❽ 한강중앙공원

신도시 조성과 함께 김포 장기동에 들어선 도심 속 널찍한 호수 공원이다. 일명 금빛수로로 불리는 호수 곁을 따라 꽃과 나무로 잘 꾸며진 산책로가 이어지고 초승달 모양의 문보트를 타고 물 위를 유람할 수도 있다. 주말 밤이면 현란한 조명과 함께 음악 분수쇼가 시작된다.

경기 김포시 초당로 40

24시간

₩ 무료

❾ 김포함상공원

60년 넘게 바다를 누비다 퇴역한 상륙함, 운봉호를 안보전시관으로 개조해 일반에게 공개했다. 내부로 들어서면 함정에서 활동했던 장병들의 모습이 재현되어 있고 운봉호의 활약상이 담겨 있다. 기관실이나 침실, 식당 등 선내도 모두 둘러볼 수 있어 색다른 경험을 안긴다.

경기 김포시 대곶면 대명항1로 110-36

매일 09:00~19:00(11월~2월은 18시까지)

₩ 성인 3,000원, 청소년 2,000원, 어린이 1,000원

❿ 덕포진교육박물관

초등학교 교사 출신의 수집가가 학교에서 쓰던 많은 교육 자료와 옛 물건을 모아 전시하고 있다. 농기구와 민속품을 들여놓은 2층까지 전시물의 양이 어마어마해 자세히 둘러보려면 1시간 이상은 필요하다. 누구나 자신의 나이대에 맞는 추억의 물품을 보며 웃음짓게 된다.

경기 김포시 대곶면 덕포진로103번길 90

화~일 09:00~18:00(12월~2월은 17시까지, 월 휴무)

₩ 성인 4,000원, 청소년 3,000원, 어린이 2,000원

김포의 맛집과 카페

락원이북만두

글린공원

락원이북만두 뽀얀 사골 국물에 직접 빚은 이북식 만두를 채운 떡만둣국, 전골, 군만두도 인기다.
경기 김포시 김포한강1로97번길 32-22 목~화 10:00~22:00(라스트 오더 21:00, 수 휴무)

성미옥 경남권이 아닌 김포에서도 제대로 된 돼지국밥을 맛볼 수 있다. 얼큰 국밥도 별미다.
경기 김포시 김포한강2로24번길 134-6 매일 10:00~22:00

콩심팥심 진하고 고소한 콩국수를 자랑할 만하다. 콩국수와 팥빙수를 결합한 팥빙콩국수도 재밌다. 경기 김포시 양촌읍 김포한강4로 313 월~토 11:00~20:20(브레이크 타임 15:00~16:00, 라스트 오더 19:50, 일 휴무)

글린공원 식물원 분위기의 베이커리 카페다. 실내에서도 수목에 둘러싸여 빵과 커피를 즐길 수 있다.
경기 김포시 양촌읍 석모로5번길 34 매일 10:30~20:30

포레리움 카페의 정원이 광장처럼 넓다. 내부엔 계절별 꽃을 전시하고 아이를 위한 볼풀장도 있다.
경기 김포시 양촌읍 양곡2로 134-60 매일 10:00~21:00

김포시 여행 지도

022 Gyeonggi

고양시
사시사철 반짝이는 꽃과 호수

❶ 일산호수공원

고양시가 '꽃과 호수의 도시'라 자부하는 이유는 꽃박람회 개최와 더불어 이 웅대한 호수공원을 보유하고 있기 때문이다. 30만 제곱미터에 이르는 국내 최대 규모의 인공 호수를 조성한 뒤 그 둘레를 온통 꽃과 나무로 치장해 모두가 찬사를 보내는 공원을 탄생시켰다. 9킬로미터나 되는 산책로를 따라 100종이 넘는 야생화와 수십만 본의 수목이 잠시도 끊기지 않는다. 선인장 전시관과 화장실 전시관 같은 흥미로운 공간을 비롯해 각종 편의 시설과 체육 시설도 곳곳에 배치되었다. 계절별로 피고 지는 꽃이 다르니 사시사철 언제 가도 좋다.

경기 고양시 일산동구 호수로 731

24시간

₩ 무료

❷ 행주산성

권율 장군과 의병들이 외치는 승리의 함성이 들리는 듯하다. 충무공의 한산도대첩, 김시민 장군의 진주대첩과 함께 임진왜란 3대첩으로 꼽히는 행주대첩이 벌어진 역사의 현장이다. 대첩 당시 권율 장군의 지휘 아래 2,300명의 군사가 3만의 왜군을 격퇴시켰다. 이를 기념하기 위해 산성 한편에 권 장군의 동상과 그를 기리는 충장사를 지었다. 대첩문을 지나 완만한 경사를 오르면 덕양산 꼭대기에 닿는다. 그 길에 여전히 남아있는 산성의 흔적과 성곽이 확인된다. 정상의 대첩 비각 옆에 서면 방화대교 너머로 드러나는 서울의 전경이 시원하다.

경기 고양시 덕양구 행주내동 산26-1

화~일 09:00~18:00(11월~2월은 17시까지, 월 휴무)

₩ 무료

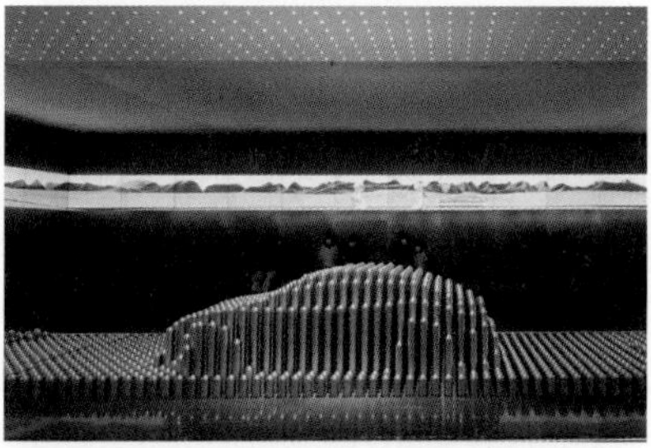

❸ 현대모터스튜디오고양

현대자동차에서 운영하는 체험형 자동차 테마파크다. 첨단 기술이 집약된 전시와 체험이 줄을 잇는다. 수소차와 전기차 등 미래형 자동차를 두루 만날 수 있고 사람의 동작을 인식하는 '스마트 무빙 추'나 '알루미늄 기둥 쇼', '4D 시뮬레이터' 등을 마주하면 미래로 온 듯하다.

◎ 경기 고양시 일산서구 킨텍스로 217-6

◷ 체험 전시 화~일 10:00~19:00(월 휴무) ₩ 체험 전시 성인 10,000원, 청소년 7,000원, 어린이 5,000원

❹ 아쿠아플라넷일산

초대형 수족관과 실내 동물원이 한 건물에 공존한다. 상어와 대형 가오리가 유영하는, 수조량 4,300톤의 수도권 최대 규모의 수조가 압권이다. 그밖에도 320여 종, 3만 6,000여 마리의 해양 생물과 육지 생물을 보유하고 있어 세계 각국 출신의 생명체와 눈을 마주치게 된다.

◎ 경기 고양시 일산서구 한류월드로 282

◷ 매일 10:00~18:00

₩ 대소 공통 31,000원

❺ 킨텍스

세계적인 수준을 갖춘 국제 컨벤션 센터로 각 분야의 굵직한 박람회와 전시회가 개최된다. 누구에게나 열려있는 곳으로 여행, 캠핑, 미용, 음식 등 다양한 분야의 대규모 산업 관련 행사와 이벤트가 적어도 1년에 한 번은 여기서 개최된다. 관심 있는 분야가 있다면 일정을 확인해 보자.

◎ 경기 고양시 일산서구 킨텍스로 217-60

◷ 행사별 상이

₩ 행사별 상이

❻ 원마운트

1년 내내 다양한 레포츠 시설이 운영되고 쇼핑까지 해결할 수 있는 대규모 복합상업레저시설이다. 여름에는 실내외에 워터파크를 개장하고 겨울엔 썰매장과 스케이트장이 배턴을 이어받아 늘 가족 단위의 방문객이 많이 몰려든다. 식음 시설과 쇼핑몰까지 잘 갖춰져 있다.

◎ 경기 고양시 일산서구 한류월드로 300

◷ 매일 10:00~20:00

₩ 워터파크 65,000원

❼ 서오릉

이름 그대로 서쪽에 있는 5개의 능이다. 경릉, 창릉, 익릉, 명릉, 홍릉을 뜻하며 많은 왕과 왕족이 합장된 가운데 우리에게 익숙한 숙종, 인현왕후, 장희빈 등이 모셔져 있다. 격랑이 몰아치던 시절의 인물들이지만 현재는 산책로로 유명한 상쾌한 솔숲 사이에 잠들어 있다. ◎ 경기 고양시 덕양구 서오릉로 334-32 ◷ 2월~5월·9월~10월 06:00~18:00, 6월~8월 06:00~18:30, 11월~1월 06:30~17:30 ₩ 대인(만 25세 이상) 1,000원, 청소년·어린이 무료

❽ 고양생태공원

도심 속에서 기능을 상실한 땅을 활용해 너른 생태공원을 조성했다. 생태교육센터와 야외학습장을 갖춰 아이들에게 자연과 호흡할 수 있는 기회를 준다. 야생화 군락과 생태 연못도 잘 꾸몄다. 이젠 도시에서 보기 힘든 곤충과 개구리, 여러 종의 새들이 쉽게 눈에 들어온다.

◎ 경기 고양시 일산서구 대화로 315

◷ 24시간

₩ 무료

❾ 중남미문화원

중남미는 여행 마니아라면 누구나 꿈꾸는 곳이지만 지리적, 심리적 거리감에 선뜻 떠나기 힘든 지역이다. 그러나 중남미에서 오랜 시간 외교관 생활을 한 수집가 덕에 그 문화를 간접 체험할 수 있다. 아즈텍, 마야, 잉카 문명이 깃든 수천 점의 중남미 문화유산을 품었다.

◎ 경기 고양시 덕양구 고양동 302

◷ 화~일 10:00~18:00(월 휴무)

₩ 성인 8,000원, 청소년 6,000원, 어린이 5,000원

❿ 고양아람누리

100만이 넘는 고양 시민들의 예술적 갈증을 모두 해소시켜주는 복합 예술 단지다. 오페라 극장과 음악당, 미술관이 서로 마주하고 있다. 고양시의 규모에 걸맞게 뮤지컬, 콘서트, 클래식 공연, 미술 특별전이 상시 열린다. '아름답고 큰 세상'이란 뜻에 딱 들어맞는 공간이다.

◎ 경기 고양시 일산동구 중앙로 1286

◷ 전시·공연별 상이

₩ 전시·공연별 상이

고양의 맛집과 카페

주막보리밥서오릉본점 이름도 특이한 시래기털레기수제비가 구수하고 맛좋다. 양이 어마어마하다.
경기 고양시 덕양구 용두로47번길 133 매일 11:00~21:00

일산칼국수본점 일산에 닭칼국수 열풍을 일으킨 주인공이다. 진한 국물을 맛보면 몸보신하는 기분이 든다. 경기 고양시 일산동구 경의로 467 월~금 10:00~19:30, 토~일 10:00~19:00

신호등장작구이 참나무 장작불에 구워내는 장작구이 통닭이 유명하다. 바닥에 붙은 누룽지까지 긁어 먹자. 경기 고양시 덕양구 서오릉로 396-14 매일 12:00~24:00

포레스트아웃팅스 초대형 식물원에 들어온 듯하다. 화려한 인테리어도 대단하다. 빵과 음료도 합격이다. 경기 고양시 일산동구 고양대로 1124 매일 10:00~22:00(라스트 오더 21:00)

빵다방 빵과 케이크의 종류가 너무도 많아 빵다방이 아닌 빵공장으로 불러야겠다.
경기 고양시 덕양구 흥도로 449 매일 10:00~21:50(라스트 오더 21:20)

023 파주시

Gyeonggi

안보 여행과 예술 기행을 동시에

❶ 임진각관광지

세계 유일의 분단국 남북한의 아픔이 서린 통일 안보 관광지이다. 군사 분계선 남쪽 7킬로미터에 자리해 당장이라도 달리면 닿을 듯 북녘땅이 가깝다. 북한에 대한 자료가 전시된 임진각이 중심을 이루고 그 건너엔 실향민이 차례를 지내는 망배단이 위치한다. 국군 포로들이 자유를 찾아 건넌 '자유의 다리'도 분단의 쓰라린 유산이다. 2020년엔 이곳에 의미 있는 케이블카가 설치되었다. 임진각 평화곤돌라는 민통선 위를 비행한다. 직접 밟을 수 없는 땅 위를 날아 전망대에 닿으면 민통선 안의 장단 반도가 보이고 임진각의 전경도 눈에 담긴다.

◎ 경기 파주시 문산읍 임진각로 164 ⓒ 곤돌라 월~금 09:00~18:00, 토~일 09:00~20:00 ₩ **일반캐빈** 왕복 성인·청소년 11,000원, 어린이 9,000원 **크리스탈캐빈** 왕복 성인·청소년 14,000원, 어린이 12,000원

❷ 헤이리예술마을

파주 하면 자연스레 떠오르는 곳, 헤이리 예술마을은 실제 예술인들에 의해 탄생한 마을이다. 1998년 화가와 건축가, 음악가, 작가 등의 문화 예술인 380여 명이 창립총회를 연 뒤 마을을 꾸며 나갔다. 이제는 50만 제곱미터의 큰 규모로 팽창했고 발길 닿는 곳마다 미술관과 박물관, 전시장과 공연장이 쉴 새 없이 이어진다. 그 사이사이로 카페와 레스토랑, 아트숍이 빈틈을 메운다. 야외에도 조각과 예술품이 산재해 있고 각각의 특이한 건물도 그 자체로 작품이 된다. 안내소에서 원하는 공간의 결합 입장권을 구매한 뒤 동선을 잘 짜자.

◎ 경기 파주시 탄현면 헤이리마을길 70-21

ⓒ 24시간

₩ 무료

❸ 벽초지수목원

유럽의 정원을 재현해 설렘까지 꽃피운다. 약 1,400종의 식물을 보유한 대형 식물원으로 관광버스가 쉼 없이 오갈 만큼 큰 인기를 누린다. 유럽 정원과 대비를 이루는 연못 벽초지엔 연꽃이 가득해 동서양의 조화를 이끈다. 다양한 주제의 정원도 각자의 방식으로 반짝인다.

◎ 경기 파주시 광탄면 부흥로 242

◷ 매일 09:00~19:00

₩ 성인 6,000원, 청소년 5,000원, 어린이 4,000원

❹ 파주삼릉

삼릉은 조선의 왕후가 묻힌 세 능이다. 조선 8대 왕 예종의 원비인 장순왕후의 공릉, 9대왕 성종의 원비 공혜왕후가 묻힌 순릉, 영조의 아들인 효장세자와 효순왕후 묘인 영릉을 뜻한다. '공순영릉'이라 불리기도 한다. 우거진 솔숲 사이로 왕족이 잠든 봉분이 차례로 드러난다. ◎ 경기 파주시 조리읍 삼릉로 89 ◷ 2월~5월·9~10월 09:00~18:00, 6월~8월 09:00~18:30, 11월~1월 09:00~17:30 ₩ 대인(만 25세 이상) 1,000원, 청소년·어린이 무료

❺ 퍼스트가든

그리스 신화 속 미소년 아도니스의 정원을 콘셉트로 꾸민 테마파크로 아침부터 늦은 밤까지 다채로운 즐거움을 안겨준다. 원색의 꽃이 만발한 십수 개의 테마 정원이 줄을 잇고 여기선 폭포가 쏟아지고 저기선 분수가 샘솟는다. 해가 지면 전구 1,000만 개에 불이 들어온다.

◎ 경기 파주시 탑삭골길 260 ◷ 매일 10:00~22:00 ₩ **평일** 성인·청소년 10,000원, 어린이 9,000원 **주말** 성인·청소년 12,000원, 어린이 11,000원

❻ 파주출판도시

파주는 대한민국 출판의 중심지다. 파주 출판도시엔 출판사와 인쇄소, 제본소, 물류센터가 밀집되어 있어 매년 셀 수 없이 많은 책이 태어난다. 이 책 역시 파주를 거쳤다. 출판 관련 박물관이나 북카페에 들르는 것도 좋고 특색 있는 건물을 구경하며 산책을 하는 것도 괜찮다.

◎ 경기 파주시 문발동

◷ 24시간

₩ 무료

❼ 오두산통일전망대

한강을 경계로 남한과 북한이 갈라지는 국경 바로 앞에 위치한다. 야외 전망대의 망원경에 눈을 들이대면 북한의 논밭이나 건물은 물론 북한 주민의 움직임까지 포착된다. 남북 분단의 역사를 다룬 전시관도 함께 운영한다. 이산가족 상봉의 장면을 보면 가슴이 뭉클해진다.

경기 파주시 탄현면 필승로 369

화~일 10:00~17:00(월 휴무)

₩ 성인 3,000원, 청소년·어린이 1,600원

❽ 국립민속박물관파주

전시 형태로만 본다면 이보다 더 특이한 국립 박물관을 찾기 힘들다. 통유리로 이뤄진 수장고를 관람객에게 그대로 공개한다. '열린 수장고'에 직접 들어가 각종 민속품을 가까이서 살필 수 있다. 민속 아카이브관은 수십만 점의 민속자료를 검색하고 이용하도록 돕는다.

경기 파주시 탄현면 헤이리로 30

화~일 10:00~18:00(월 휴무)

₩ 무료

❾ 파주이이유적

율곡 이이 선생의 흔적이 남아있다. 유적지라기보단 유원지의 느낌이 강하다. 널따란 잔디 광장과 연못, 쉼터가 어우러져 소풍객이 많다. 봄꽃도 가을 단풍도 화려하다. 율곡의 위패를 모신 자운서원과 기념관이 위치하며 그의 어머니 신사임당을 포함한 가족묘도 언덕에 있다.

경기 파주시 법원읍 동문리

화~일 10:00~17:00(월 휴무)

₩ 성인 1,000원, 청소년·어린이 500원

❿ 마장호수출렁다리

튼튼하게 지어진 출렁다리의 첫인상은 안정적이나 막상 그 위에 발을 디디면 흔들림이 제법 심해 탄성이 나온다. 바닥엔 구멍이 뚫려 있고 물 위에 놓여 더욱 아찔하다. 깨끗한 호수 주위로는 호반 산책로가 이어지고 카약과 카누도 즐길 수 있으니 다리만 건너기엔 아쉽다.

경기 파주시 광탄면 기산로 313

3월~4월 09:00~18:00, 5월~10월 09:00~20:00, 11월~2월 09:00~17:00 ₩ 무료

파주의 맛집과 카페

청산어죽

더티트렁크

말똥도넛디저트타운

통일동산두부마을 파주 명물 장단콩을 담뿍 넣어 끓인 청국장의 맛이 깊고 깊다. 두부도 마찬가지다.
경기 파주시 탄현면 필승로 480 매일 06:30~23:00 (토~일, 공휴일 브레이크 타임 15:00~16:30)

청산어죽 민물고기를 통으로 갈아 진하게 우린 어죽이 금강변에 위치한 어죽 맛집들을 위협할 정도다.
경기 파주시 돌곶이길 99 매일 10:30~21:00(브레이크 타임 15:30~16:30, 라스트 오더 20:30)

가림시골밥상 반찬 하나하나가 꽃처럼 예쁘다. 프로방스 마을에 위치한 인기 한정식 집이다.
경기 파주시 탄현면 새오리로 68 매일 11:00~21:00(토~일은 22시까지, 라스트 오더 20:10/21:10)

더티트렁크 어마어마한 규모의 창고형 카페다. 훌륭한 브런치를 취급하나 자꾸만 인테리어에 눈이 간다. 경기 파주시 지목로 114 매일 08:00~22:00(라스트 오더 21:30)

말똥도넛디저트타운 2021년 개장과 동시에 캘리포니아 감성의 내외관으로 파주 핫플로 등극한 도넛 가게이다. 경기 파주시 지목로 137 매일 08:30~22:00

024 양주시

Gyeonggi

자연과 예술, 역사가 만드는 삼중주

❶ 송추계곡

양주시가 가진 자연의 백미다. 북한산국립공원에 속한 계곡으로 주위에 소나무와 가래나무가 많다 하여 '송추'라는 이름이 붙었다. 두 나무만 많은 게 아니라 수량도 풍부하고 기암과 반석도 빼곡하다. 계곡물을 거슬러 오르면 폭포도 풍경의 일부로 들어선다. 물소리와 새소리의 어울림에 귀도 즐겁다. 무분별하게 난립한 평상 대신 음식점과 매점이 계곡 초입에 필요한 만큼만 들어서 편의성도 좋고 깔끔하다. 도심에서 가까워 접근성이 좋은 건 말할 필요도 없다. 그 덕에 이른 여름부터 더위를 떨쳐 내려는 가족 단위, 친구 단위 피서객이 몰려온다.

◎ 경기 양주시 장흥면 울대리

◷ 24시간

₩ 무료

❷ 양주시립장욱진미술관

국내 1세대 서양화가이자 우리 미술사에 큰 발자취를 남긴 장욱진 화백의 작품을 전시하고 연구하며 보존한다. 그의 작업실이 양주에 자리했던 사실을 토대로 양주에 미술관이 건설되었다. 중정이 있고 전시관이 독특하게 분리된, 건축상을 받은 이력의 건물 안에서 장 화백의 예술 세계가 펼쳐지고 초대 작가의 기획전이 열린다. 미술관 앞 하천 양옆으로는 40여 점의 조각 작품이 모여 장흥 조각공원을 이룬다. 이곳의 입장권으로 건너편 민복진 미술관도 함께 관람이 가능하다. 옥관문화훈장에 빛나는 민복진 작가는 양주 출신의 저명한 조각가다.

◎ 경기 양주시 장흥면 권율로 193

◷ 화~일 10:00~18:00(월 휴무)

₩ 성인 5,000원, 청소년·어린이 1,000원

❸ 양주회암사지

고려 시대에 인도 고승에 의해 창건된 회암사는 당대 최대 규모급 사찰이었고 고려와 조선의 왕실과 교류하며 발전을 거듭한 종교 성지였다. 그 모습은 사라졌지만 터가 남아 역사의 증거가 되어준다. 바로 옆 박물관에서 출토 유물과 회암사의 복원 모습을 살필 수 있다.

◎ 경기 양주시 회암동 18

🕓 24시간

₩ 무료

❹ 조명박물관

조명 제작사에서 자신들의 장점을 살려 회사 안에 조명박물관을 만들었다. 중세부터 현대까지 조명의 역사를 나열하며 독특하고 아름다운 국내외 조명 기구를 전시한다. 유럽의 앤택스탠드는 예술품이나 다름없다. 빛과 조명을 이용해 꾸민 테마관과 체험관도 이색적이다. ◎ 경기 양주시 광적면 광적로 235-48 🕓 매일 10:00~17:00 ₩ **2월~10월** 성인 8,000원, 청소년·어린이 7,000원 **11월~1월** 성인 12,000원, 청소년·어린이 10,000원

❺ 두리랜드

배우 임채무 씨가 사재를 털어 건설한 테마파크로 유명하다. 규모는 그리 크지 않으나 실속은 넘친다. 테마파크의 상징인 회전목마, 범퍼카, 바이킹은 모두 갖췄고 그 외에도 열댓 종의 놀이 기구가 있다. 플레이 파크와 두리 체험관, 피규어 전시장 등의 부대 시설도 많다.

◎ 경기 양주시 장흥면 권율로 120

🕓 화~금 10:30~18:00, 토~일 10:00~18:00(월 휴무)

₩ 종일권 성인·청소년 20,000원, 어린이 30,000원

❻ 가나아트파크

두리랜드 건너에 위치해 연계하면 좋다. 국내 최초의 사립미술관이었던 토탈미술관이 전신이며 어린이의 눈높이에 맞춘 시설을 많이 갖춘 복합 문화 공간이다. 피카소 어린이미술관, 야외 놀이터, 조각 공원 등이 모여 있다. 아이들을 위한 예술 체험 프로그램도 운영 중이다.

◎ 경기 양주시 장흥면 권율로 117

🕓 화~금 10:30~18:00, 토~일 10:00~19:00(월 휴무)

₩ 12,000원

❼ 국립아세안자연휴양림

동남아시아 국가연합인 아세안의 전통 건물을 주제로 만들어진 자연휴양림이다. 휴양림 입구의 코끼리 조각에서부터 동남아시아의 분위기가 새어 나온다. 싱가포르, 태국, 미얀마 등 숙박동을 모두 각국의 향취가 담긴 모습으로 꾸몄고 아세안 10개국 문화체험도 진행한다.

◎ 경기 양주시 백석읍 기산로 472

◷ 수~월 10:00~18:00(화 휴무)

₩ 성인 1,000원, 청소년 600원, 어린이 300원

❽ 송암스페이스센터

우주 관련 체험과 천체 관측이 가능한 천문 테마파크다. 입체 돔 영상관 프라네타리움에서 환상적인 별자리 영상을 관람한 뒤 케이블카를 타고 천문대로 이동해 600mm급 반사망원경으로 각종 천체를 마주할 수 있다. 일일 천문 프로그램은 토요일만 운영하는 점 참고하자.

◎ 경기 양주시 장흥면 권율로185번길 103

◷ 토 13:00~19:00(일~금 휴무)

₩ 별빛패키지 성인 32,000원, 청소년·어린이 26,000원

❾ 장흥자생수목원

양주시 남서쪽에 위치한 개명산 형제봉 자락에 우리 고유의 꽃으로 뒤덮인 자생수목원이 자리 잡았다. 인공적인 것은 최대한 배제하고 자연의 모습 그대로 조성한 점이 인상 깊다. 계절테마원을 시작으로 수많은 주제별 정원 안에 1,000종이 훌쩍 넘는 야생화가 흩어져 있다.

◎ 경기 양주시 장흥면 석현리 산161-3

◷ 매일 09:00~19:00(10월~3월은 17:30까지)

₩ 성인·청소년 6,000원, 어린이 5,000원

❿ 옥정중앙공원

양주 신도시 개발과 함께 조성된 대규모 호수 공원으로 신도시 옥정지구 한복판에 위치한다. 호수 산책로를 따라 근사한 포토존과 조각, 조형물이 이어지고 호수를 향해 뻗은 전망대가 있다. 김삿갓 광장, 무궁화 언덕 등 흥미로운 테마 공간도 있다. 음악분수쇼도 열린다.

◎ 경기 양주시 옥정동로7길 110

◷ 24시간

₩ 무료

양주의 맛집과 카페

송추가마골

오핀베이커리

오랑주리

송추가마골 그 유명한 송추가마골의 본관이 양주에 있다. 잘 재운 가마골 갈비와 푸짐한 갈비탕이 인기 메뉴이다. 경기 양주시 장흥면 호국로 525 매일 10:00~21:30(라스트 오더 20:40)

밀곳 속이 알찬 만두와 칼국수가 주인공이다. 매장도 청결하고 음식도 매우 깔끔하게 제공된다.
경기 양주시 광사로 148 매일 11:00~21:00(라스트 오더 20:30)

용암리막국수 울릉도 부지깽이나물을 넣은 들기름 막국수가 고소하고 부드럽다. 메밀전을 반찬으로 준다. 경기 양주시 은현면 평화로1889번길 46-12 수~월 11:00~20:00(라스트 오더 19:20, 화 휴무)

오핀베이커리 양주 대표 베이커리 카페로 진짜 연탄을 똑 닮은 연탄빵과 크루아상, 앙버터가 주력이다.
경기 양주시 장흥면 호국로527번길 17 매일 10:00~21:00

오랑주리 숲속에 숨겨진 비밀의 정원 같은 카페. 수목이 우거진 대형 실내 정원엔 야자수까지 있다.
경기 양주시 백석읍 기산로 423-19 매일 11:00~21:00(라스트 오더 20:30)

양주시 여행 지도

025 의정부시

Gyeonggi

발걸음마다 스치는 역사 유적

❶ 회룡사

이성계와 무학대사의 전설이 전해지는 의정부의 대표 사찰이다. 신라 신문왕 원년인 681년에 의상대사가 법성사라는 이름으로 창건했다. 이후 중창을 거듭하다 1384년 무학대사가 중창한 뒤 회룡사로 불리게 되었다. 같은 시기 이성계가 이곳에서 3년간 수도를 했고 사찰을 떠나 관직에 진출했다. 이후 조선을 개국하고 무학대사를 찾아와 사찰의 이름을 회룡사로 바꾸었다는 이야기가 전해진다. 한국전 당시 폐허가 되었으나 복원을 거쳐 옛 명성을 회복했다. 도봉산과 사패산에 오르는 길목에 있어 산세와 어우러진 사찰의 전경이 훌륭하다.

◎ 경기 의정부시 전좌로155번길 262

⏱ 24시간

₩ 무료

❷ 부대찌개거리

의정부 하면 사실 풍경보단 부대찌개라는 음식이 먼저 떠오른다. 한국인이 선호하는 음식 중 당당히 한 자리를 꿰찬 부대찌개는 한국전 이후 의정부에 들어선 많은 미군 부대가 그 시초라 할 수 있다. 모두가 가난하던 그 시절 미군 부대에서 나온 햄과 소시지, 베이컨 같은 서양식 재료는 귀한 먹을거리였다. 그러나 우리 입엔 느끼했기에 고추장과 김치 등을 넣고 얼큰하게 끓여먹던 것이 바로 부대찌개의 원조가 되었다. 의정부의 명물이 된 이 거리에만 열댓 개의 부대찌갯집이 빼곡히 몰려있고 10월이면 부대찌개 축제가 열려 맛과 흥이 넘친다.

◎ 경기 의정부시 태평로137번길 22-1

⏱ 업체별 상이

₩ 무료

❸ 안골계곡

사패산 서쪽으로 시원한 물이 굽이친다. 복잡한 도심에서 조금만 벗어나도 만나게 되는 자연의 선물이다. 북한산국립공원 안골지구에 속한 계곡으로 늘어선 음식점을 지나 깊은 곳까지 들어가야 진면목이 드러난다. 넓적한 암반 사이로 맑은 물이 쏟아지고 폭포도 나타난다.

◎ 경기 의정부시 호국로1114번길 204

◷ 24시간

₩ 무료

❹ 낙양물사랑공원

하수 처리장을 공원화하여 시민들에게 환원했다. 지하로는 하수 처리 시설이 지나고 그 위로 홍보관과 각종 시설이 설치되어 있다. 여름철이면 놀이터에 물을 가득 채워 물놀이장을 개장하기 때문에 북새통을 이룬다. 물 폭탄이 쏟아지는 시설까지 설치해 아이들이 몰려든다.

◎ 경기 의정부시 용민로 205

◷ 홍보관 화~일 10:00~17:00(월 휴무)

₩ 무료

❺ 노강서원

조선 후기의 문신으로 호남의 암행어사 등을 역임한 박태보를 배향한 서원이다. 박태보 선생은 1689년 기사환국 때 서인을 대변하여 인현왕후의 폐위를 강력하게 반대하다가 많은 고초를 당하고 유배 중에 세상을 떠났다. 서원철폐령에서 살아남은 47개 서원 중 하나다.

◎ 경기 의정부시 동일로122번길 153

◷ 24시간

₩ 무료

❻ 어린이양치학교치카치카

이 닦기 귀찮아하는 아이도 이곳에 다녀오면 자발적으로 칫솔을 먼저 들게 된다. 주로 유치원생 아이들을 대상으로 양치 교육과 각종 체험이 진행된다. 양치에 대해 학습한 뒤 거대한 입속 세균을 제거하고 손수 치약과 칫솔을 만들다 보면 어느새 양치질과 친숙해진다.

◎ 경기 의정부시 동일로 113 ◷ 매일 10:30, 13:30, 16:00 체험 진행 ₩ 어린이 29,000원(천연치약, 대나무칫솔 만들기+도전양치왕표+졸업장+수료증 제공)

❼ 파크187

시 외곽에 숨겨진 수목원 카페다. 입장료에 포함된 음료 한 잔을 마시며 무성한 숲 사이를 거닐면 몸과 마음이 말끔하게 정화되는 느낌이 든다. 연못과 쉼터 등이 곳곳에 위치해 발걸음을 멈추게 만들고 야트막한 산 안쪽까지 산책로가 잘 뚫려 있어 자연과의 교감이 계속된다.

📍 경기 의정부시 호국로1828번길 138-23

🕓 화~일 10:00~20:00(월 휴무)

₩ 성인·청소년 8,000원, 어린이 6,000원(음료 포함)

❽ 직동근린공원

시청 뒤쪽으로 널찍하게 조성된 공원으로 화려한 빛깔을 뽐내는 꽃밭이 방문객을 맞이한다. 4개의 정원을 갖췄으며 시민을 위한 편의 시설이 넉넉해 도심 휴식처로 사랑받는다. 안골계곡까지 산책로가 이어지며 의정부 대표적인 걷기 길인 '의정부 소풍길'도 이 공원을 지난다.

📍 경기 의정부시 의정부동 호국로1162번길 73

🕓 24시간

₩ 무료

❾ 의정부천문대

2019년 의정부과학도서관의 망원경을 옮겨와 개관했다. 온라인 예약을 통해 매주 수요일 저녁마다 무료로 야간 천체 관측을 진행한다. 도심 복판에서 별과 천체를 관찰하는 특별한 경험을 누릴 수 있다. 다른 요일엔 주간 태양 관측이 진행되며 상설 전시관도 운영하고 있다.

📍 경기 의정부시 부용로214번길 51-81

🕓 화·목~토 10:00~17:00, 수(야간관측) 14:00~21:30 (일~월 휴무) ₩ 무료

❿ 신숙주선생묘

조선 전기에 병조판서와 영의정 등을 지낸 뛰어난 문신 신숙주 선생은 의정부 부용산 아래에 잠들어 있다. 그의 묘소와 정경부인 무송윤씨의 묘가 함께 자리한다. 선생이 훈민정음 창제에 절대적인 공을 세웠음을 기념하기 위해 묘역 아래에 한글 창제 사적비가 세워져 있다.

📍 경기 의정부시 보한재길 69

🕓 24시간

₩ 무료

의정부의 맛집과 카페

오뎅식당

강경불고기본점

파크프리베

오뎅식당 부대찌개 거리의 터줏대감 격인 식당이다. 3대째 정통 부대찌개를 이어오고 있다.
경기 의정부시 호국로1309번길 7 매일 08:30~21:30

강경불고기본점 불향 가득한 숯불 불고기가 미각을 자극한다. 신선한 채소도 계속 리필해준다.
경기 의정부시 서계로 91 매일 11:00~21:40(브레이크 타임 15:00~16:00, 라스트 오더 20:40)

평양면옥 1969년부터 대를 이어 의정부식 정통 평양냉면을 만들고 있는 지역의 대표적인 노포이다.
경기 의정부시 평화로439번길 7 월~토 11:00~20:20(라스트 오더 19:45, 일 휴무)

파크프리베 그 안으로 들어서기만 해도 가슴이 뻥 뚫리는, 드넓은 정원을 가진 대형 카페다.
경기 의정부시 동일로192번길 28-27 매일 10:00~23:00

카페아를 고흐가 많은 작품을 남겼던 남프랑스 아를의 이름을 땄다. 그에 걸맞는 감성을 가졌다.
경기 의정부시 동일로 204 매일 10:00~22:00

026 Gyeonggi

동두천시

소요산이 안내하는 자연 속으로

❶ 소요산

동두천과 포천에 걸쳐 있는 소요산은 경기권에서 가장 빼어난 풍광을 간직한 산 중 하나로 꼽히며 1980년대에 이미 국민 관광지로 지정되었다. 645년 원효대사가 산 중턱에 자재암을 세우고 수도했다. 원효대나 원효폭포 등 그의 이름이 붙은 명소가 많은 이유다. 최고봉 의상대는 587미터로 높지 않고 등산로가 잘 정비되어 있어서 오르기 수월한 편이다. 보통 1시간 반에서 4시간까지 걸리는 4개의 코스가 뚫려 있다. 상중하 세 백운대와 칼바위를 스치는 동안 웅장한 기암이 기운을 불어넣어 준다. 단풍 명소로 이름난 산이라 가을철에 가장 북적인다.

◎ 경기 동두천시 평화로2910번길 406-33

◷ 24시간

₩ 성인 2,000원, 청소년 600원, 어린이 300원

❷ 니지모리스튜디오

이 정도면 일본의 한 마을이라도 해도 믿을 수준이다. 단순히 일본풍 테마파크가 아니라 지금은 세상을 뜬 한 촬영감독이 일본 배경의 드라마를 촬영하기 위해 철저한 고증 끝에 완성한 세트장이다. 드라마 속 옥의 티를 없애기 위해 너무도 완벽하게 일본 에도 시대의 마을을 재현해 놓았다. 가격대가 조금 높으나 일본식 정통 료칸도 운영되고 일식 정찬도 판매한다. 니코책방엔 일본의 고가구와 옛 서적이 가득하고 고이비토요는 복고풍의 음악감상실이다. 일본식 신사와 건물 뭐 하나 대충인 것이 없다. 유카타 같은 일본 의상도 대여한다.

◎ 경기 동두천시 천보산로 567-12

◷ 매일 11:00~21:30(동절기는 21시까지)

₩ 20,000원

❸ 놀자숲

아이들이 열광할 만한 숲 테마파크다. 총 9개의 체험존에 70여 가지의 다양한 체험이 준비되어 있다. 실내 암벽에 오르는 펀클라임, 몸에 로프를 매달고 허공에서 아찔한 모험을 이어가는 에어리얼 로프 코스 등 여러 가지 체험에 참여하는 사이 시간은 순식간에 사라진다.

◎ 경기 동두천시 탑동가산로 1 ⓛ 화~일 10:00~18:00(월 휴무) ₩ 종일 실내권 30,000원(종일/오후별, 실내/실외별 체험료 상이)

❹ 동두천자연휴양림

2020년 개장해 최신 시설과 알찬 프로그램을 꾸린 자연휴양림이다. 산세가 멋진 왕방산 자락에 위치하며 청아한 계곡을 따라 숲속의 집과 산림휴양관 등의 숙박 시설과 야영장, 숲놀이터가 이어진다. 마음이 복잡하다면 치유센터에서 진행되는 산림치유 프로그램에 참여하자.

◎ 경기 동두천시 탑동가산로 1

ⓛ 화~일 09:00~18:00(월 휴무)

₩ 성인 2,000원, 청소년 1,500원, 어린이 1,000원

❺ 왕방계곡

왕방산을 휘감으며 내려온 물줄기가 모여 청정무구한 계곡을 만들었다. 복작이는 시내에서 멀리 벗어나 있으며 음식점 같은 상권도 없는 편이라 한적하게 신선놀음을 즐길 수 있다. 기암과 작은 폭포가 주는 흥에 취해 서쪽으로 이동하면 또 다른 명승 탑동계곡이 이어진다.

◎ 경기 동두천시 탑동동

ⓛ 24시간

₩ 무료

❻ 경기북부어린이박물관

경기도에서 어린이를 위해 운영하는 도립박물관이다. 소요산 아래에 자리해 '숲에서 꿈꾸는 어린이'라는 주제로 아이들이 손뼉 칠 만한 재밌는 전시가 많다. 공룡 탐험이 시작되는 1층 공룡존은 언제나 인기. 2층엔 숲생태존과 계곡물존 등이 있어 생명의 소중함을 일깨운다.

◎ 경기 동두천시 평화로2910번길 46

ⓛ 화~일 10:00~17:30(월 휴무)

₩ 4,000원

❼ 소요별앤숲테마파크

캠핑 장비 하나 없어도 잣나무 숲에서 유유자적 캠핑을 즐길 수 있다. 소요산 끝에 닿은 이 공원에 완벽한 시설을 갖춘 카라반이 있기 때문. 일반 캠핑장도 함께 운영하며 숲속 산책로와 놀이터, 잔디마당이 마련되어 도시 안에서도 가족과 함께 쉼과 힐링을 얻는 게 가능하다.

◎ 경기 동두천시 상봉암동 15

◷ 24시간

₩ 사이트별 요금 상이

❽ 동두천시외국인관광특구

일명 '캠프 보산'이라 불리는 이 관광특구는 동두천에 주둔했던 미군의 역사와 문화에서 기인한다. 다양한 인종과 민족이 함께 공동체를 이룬 지역의 특성상 외국에 온 듯 거리의 모습이 이색적이다. 월드푸드 스트리트에선 전 세계의 인기 거리 음식이 활발히 거래된다.

◎ 경기 동두천시 생연동 571-85

◷ 24시간

₩ 무료

❾ 자유수호평화박물관

한국전 당시 조국의 자유를 수호하기 위해 자신을 희생한 영웅들을 추모하고 유엔 참전군과의 우호를 기념하는 공간이다. 주요 전투와 피해 규모 등 한국전에 대한 상세한 정보와 국군, 유엔군의 활약상을 다룬다. 야외 공간엔 전쟁에 쓰인 비행기와 무기류가 전시되어 있다.

◎ 경기 동두천시 평화로2910번길 96-63

◷ 화~일 09:00~18:00(월 휴무)

₩ 무료

❿ 동광극장

초대형 멀티플렉스 영화관에 밀려 어느새 '단관 극장'은 하나둘 사라져 이제 전국에 몇 개 남지 않았다. 그런 의미에서 1959년에 개관한 뒤 옛 모습을 그대로 간직하며 운영 중인 동광극장이 갖는 의미는 크다. 오래된 매점과 수조가 있는 옛 극장에서 최신 영화를 즐겨보자.

◎ 경기 동두천시 동광로 33

◷ 영화별 상이

₩ 성인 관람료 9,000원

동두천의 맛집과 카페

호수식당본점

진미옥

파인힐커피하우스

호수식당본점 미군 부대의 영향으로 동두천에도 유명한 부대찌개집이 많다. 이 식당부터 가보자.
경기 동두천시 중앙로 312 매일 09:00~21:30(매달 2·4번째 일요일 휴무)

진미옥 오랜 시간 한 자리에서 진한 설렁탕을 끓여 내며 지역민의 사랑을 받고 있다.
경기 동두천시 생연로 185-1 매일 07:00~21:00(매달 1·3번째 일요일 휴무)

일미담 풍성한 반찬과 함께 나오는 영양돌솥밥집이다. 직화돼지, 생선구이, 간장게장 중 메인 선택.
경기 동두천시 동광로 73 매일 11:00~20:30

파인힐커피하우스 드넓은 언덕 정원에 자리한 카페로 커피뿐 아니라 스콘도 훌륭하다. 옆에 캠핑장도 있다. 경기 동두천시 안흥로 65-34 매일 11:00~22:00

에버노크 전문 파티시에가 손수 만드는 각종 디저트가 보기에도 좋고 맛도 좋다.
경기 동두천시 평화로2349번길 43 매일 11:00~22:00(라스트 오더 21:30)

027
Gyeonggi

연천군

한탄강과 임진강이 만든 대자연

❶ 연천호로고루

임진강 옆 한적한 시골 마을에 자리한 옛 성의 모습이 왠지 모르게 낭만적이다. 이를 배경으로 사진을 찍으려는 젊은 여행자들이 꾸준히 몰려들 정도. 그러나 평화로운 지금의 모습과는 달리 삼국 시대엔 치열한 쟁탈전이 벌어졌던 곳이다. 고구려가 쌓은 성인 호로고루의 일대는 조수간만의 영향을 받아 배를 타지 않고 임진강을 건널 수 있어 매우 중요한 전략적 요충지였다. 이곳을 차지하기 위해 고구려와 신라, 백제, 당나라는 많은 전투를 벌였다. 발굴 조사 결과 삼국과 선사 시대의 유물이 다량 발견되었다. 홍보관에서 일부를 확인할 수 있다.

◎ 경기 연천군 장남면 원당리 1258

◷ 24시간

₩ 무료

❷ 임진강댑싸리공원

유럽과 아프리카, 일부 아시아에서 자라는 댑싸리는 우리에게 익숙한 식물은 아니다. 그러함에도 '청초한 미인'이란 꽃말처럼 은은한 아름다움을 뽐내는 그 모습을 보면 옅은 감탄이 나온다. 백제의 손길이 닿은 삼곶리 돌무지무덤 옆으로 2만 그루가 넘는 댑싸리를 심어 커다란 공원을 조성했다. 잔가지가 무성하게 돋은 댑싸리 군락이 대단한 장관을 이룬다. 가을이면 그 화려함에 방점이 찍힌다. 댑싸리가 분홍빛으로 물들며 단풍 못지않은 근사한 가을의 전령이 된다. 곁으로 황화 코스모스와 국화도 합세한다. 예쁜 포토존도 곳곳에 심어 놓았다.

◎ 경기 연천군 중면 삼곶리 422

◷ 24시간

₩ 무료

❸ 연천전곡리유적-전곡선사박물관

전곡리는 세계 고고학 역사를 다시 쓰게 만들었다. 유럽, 아프리카 등에서 발견되던 아슐리안형 주먹도끼가 동아시아 최초로 발견되었기 때문. 이후 4,500여 점의 선사 유적이 발견되어 세계 고고학 자료엔 늘 전곡리가 등장한다. 이를 기록, 전시하기 위해 박물관을 개관했다.

◎ 경기 연천군 전곡읍 평화로443번길 2

◷ 화~일 10:00~18:00(월 휴무)

₩ 무료

❹ 재인폭포

유네스코 세계지질공원에 속한 폭포로 18미터 높이의 하얀 물줄기와 옥빛 웅덩이가 시원하다. 화산 활동의 결과이기에 폭포 주변으론 용암이 식으며 형성된 주상절리 절벽이 웅장한 모습을 드러낸다. 폭포 감상을 위해 협곡 사이에 80미터 길이의 출렁다리가 설치되었다.

◎ 경기 연천군 연천읍 고문리 산21

◷ 24시간

₩ 무료

❺ 태풍전망대

연천이 북한과 얼마나 가까이 붙어있는지 실감이 난다. 휴전선에서 불과 800미터 떨어진 육군 전망대로 이 위에 오르면 북녘땅이 코앞이고 북한군의 초소까지 또렷하게 보인다. 북한 방향을 향해서는 촬영이 금지되어 있으며 신분 확인과 검문을 거친 뒤에만 방문할 수 있다.

◎ 경기 연천군 중면 횡산리

◷ 화~일 09:00~16:00(월 휴무)

₩ 무료

❻ 당포성

고구려가 지형적 특성을 슬기롭게 활용하여 지은 성이다. 임진강과 한탄강을 따라 주상절리 절벽이 매우 길게 이어져 이를 성벽으로 이용했고 이 맞은편 동쪽 평지 지형에만 화강암으로 성을 쌓아 자연 요새를 건설했다. 성 위를 유원지처럼 꾸며 놓아 많은 관광객이 찾는다.

◎ 경기 연천군 미산면 동이리

◷ 24시간

₩ 무료

❼ 한탄강관광지

북한 평강군에서부터 흘러 내려온 한탄강은 연천에서 협곡과 계곡을 만들어내며 풍부한 자연 절경을 선물한다. 그 모습이 가장 인상적인 지점에 관광지를 조성해 여행객을 맞이한다. 캠핑족이 쉴 새 없이 찾아오고 물놀이장과 공룡 캐릭터원을 즐기러 가족 나들이객이 몰린다.

◎경기 연천군 전곡읍 전곡리 691-2

🕓24시간

₩ 무료

❽ 좌상바위

연천에 흩어져 있는 수많은 지질 명소 중 한 곳이다. 중생대 백악기 말에 화산이 폭발하며 분출한 용암이 굳으며 거대한 현무암 바위산이 되었다. 높이는 약 60미터이 이르며 오랜 시간 인근 마을의 수호신으로 통했다. 바위의 세로줄은 바람과 빗물에 의해 깎인 흔적이다.

◎경기 연천군 전곡읍 신답리 307

🕓24시간

₩ 무료

❾ 동이리주상절리

임진강 물줄기를 따라 돌로 짠 병풍을 쫙 펼쳐 놓은 것 같다. 25미터 높이의 현무암 주상절리가 2킬로미터 가까이 이어져 압도감을 선사한다. 한탄강에 흐르던 용암의 일부가 임진강으로 거슬러 올라가며 형성되었다. 주상절리를 더 가까이서 보고 싶다면 카약에 몸을 싣자.

◎경기 연천군 미산면 동이리 817

🕓24시간

₩ 무료

❿ 연천경순왕릉

신라 마지막 왕 경순왕은 경주가 아닌 연천에 잠들었다. 경순왕릉은 신라 왕릉 중 유일하게 경주를 벗어나 있다. 경순왕은 신라가 몰락한 뒤 고려에 나라를 넘겨 주었기에 고려의 도읍인 개성에서 숨을 거뒀고 이곳에 묻혔다. 망국 후 조성돼 소박하지만 역사적 의미가 깊다.

◎경기 연천군 장남면 고랑포리

🕓매일 09:00~18:00

₩ 무료

연천의 맛집과 카페

망향비빔국수

송하원누룽지한방백숙

연천회관

망향비빔국수 부대 앞에 위치해 50년간 수많은 장병의 허기를 달랬다. 매콤달콤한 비빔국수는 중독적이다. 경기 연천군 청산면 궁평로 5 매일 10:00~20:00

송하원누룽지한방백숙 눈으로 보고 향만 맡아도 건강해지는 기분이다. 약재를 풍성하게 넣은 누룽지 백숙이 일미. 경기 연천군 전곡읍 밤골로 24 매일 09:00~21:00

어락 화덕 생선구이 전문점이다. 고등어나 삼치는 기본이고 옥돔, 장굴비 같은 고급 생선도 있다. 경기 연천군 전곡읍 평화로861번길 49 화~일 11:00~21:00(라스트 오더 20:00, 월 휴무)

연천회관 고깃집 같은 이름과 달리 감성이 넘치는 베이커리 카페다. 시그니처 연천 커피는 꼭 맛보자. 경기 연천군 연천읍 평화로1219번길 42 월~화·목 09:00~20:00, 금~일 09:00~21:00(수 휴무)

세라비한옥카페 한옥도 멋스럽지만 장독대가 쭉 이어진 모습이 정겹다. 그에 걸맞는 율무식혜가 시그니처. 경기 연천군 군남면 군중로 134 월~금 10:00~19:00, 토~일 10:00~20:00

연천군 여행 지도

028
Gyeonggi

포천시

유네스코가 인정한 지질 명소

❶ 국립수목원

세조의 능인 광릉이 곁에 있어 광릉숲으로도 불리는 국립수목원은 능림으로서 500년 넘게 사람의 접근을 막고 철저히 관리된 덕에 풍부한 식생을 자랑한다. 수생식물원, 양치식물원, 온실 등 20개가 넘는 전시원에 손톱만한 이끼류부터 수백 년 된 고목까지 1,000여 종의 식물이 분포되어 있다. 동물 역시 많이 서식한다. 천연기념물 장수하늘소를 비롯해 4,000여 종의 곤충과 희귀종 포함 200여 종의 조류가 숲 사이를 날아다닌다. 산림박물관에서 수목원의 모든 생태계를 확인할 수 있다. 국내에 존재하는 수많은 수목원의 왕 중의 왕이라 할 만하다. ◎ 경기 포천시 소흘읍 광릉수목원로 509 ◷ 화~일 09:00~18:00(11월~3월은 17시까지, 월 휴무, 12월~1월은 일요일도 휴무) ₩ 성인 1,000원, 청소년 700원, 어린이 500원

❷ 비둘기낭폭포

포천과 연천, 철원을 지나는 한탄강 일대는 지질학적으로 가치가 뛰어난 명소가 많아 유네스코 세계지질공원으로 지정되었다. 비둘기낭폭포는 그 구성원 중 하나이며 천연기념물이다. 현무암 침식으로 인해 형성된 15미터 높이의 폭포로 주변에 비둘기가 많이 서식하고 지형이 주머니처럼 움푹 들어가 비둘기낭이라 불린다. 바위틈으로 쏟아진 물이 에메랄드빛으로 소를 이룬다. 그 모습이 매우 영롱하고 아름다워 한참을 멍하니 바라보게 된다. 폭포 주변으론 기이한 주상절리가 협곡을 채우고 한탄강의 용암 지층이 관찰되어 더욱 신비롭다.

◎ 경기 포천시 영북면 대회산리 415-2

◷ 매일 09:00~18:00

₩ 무료

❸ 산정호수

오랜 시간 사랑받아온 포천 여행의 상징이다. 1925년 축조된 뒤 1977년 국민관광지로 지정되며 인기가 폭발했다. 현재 매년 약 150만 명이 방문한다. 맑은 호수와 멋진 바위산이 풍경을 이루며 호수 위에 선 하늘 높이 분수가 솟구친다. 밤에는 무지갯빛 조명이 황홀하다.

◎ 경기 포천시 영북면 산정호수로411번길 108

◷ 24시간

₩ 무료

❹ 포천한탄강하늘다리

한탄강 위를 200미터 길이의 보도교가 가로지른다. 공중 50미터 높이에서 수려한 한탄강의 절경과 멍우리 협곡의 모습을 동시에 눈에 담을 수 있다. 유리 바닥으로 이뤄진 스카이워크는 아찔하다. 다리 주변으론 주상절리를 가까이서 보며 걷는 산책로가 잘 조성되어 있다.

◎ 경기 포천시 영북면 비둘기낭길 211 207

◷ 일 09:00~18:00

₩ 무료

❺ 포천아트밸리

채석장으로 쓰이던 곳에 화강암이 바닥나자 폐쇄되고 방치됐다. 그 흉물을 가꾸고 다듬어 화강암 절벽과 옥빛 호수가 조화를 이루는 환상적인 관광 단지로 만들었다. 모노레일이 협곡을 오가고 산책로를 따라 화산 지형도 관찰된다. 호수 무대에선 늘 다양한 공연이 열린다. ◎ 경기 포천시 신북면 아트밸리로 234 ◷ 월~목 09:00 ~19:00, 금~토 09:00~22:00, 일 09:00~20:00(매월 1번째 화요일 휴무) ₩ 성인 5,000원, 청소년 3,000원, 어린이 1,500원

❻ 허브아일랜드

지중해의 풍경을 주제로 꾸민 허브의 천국이다. 세계 각국의 허브가 한데 모여 정원, 박물관, 힐링센터를 이끈다. 허브를 재료로 한 음식까지 판매한다. 베네치아의 모습을 그대로 재현한 운하에선 곤돌라에 몸을 실을 수 있다. 가을엔 언덕 위로 핑크뮬리가 장관을 이룬다. ◎ 경기 포천시 신북면 청신로947번길 51 ◷ 목~화 10:00~21:00(토요일은 22시까지, 수 휴무) ₩ **평일** 성인·고교생 10,000원, 중학생·어린이 8,000원 **주말** 성인·고교생 12,000원, 중학생·어린이 10,000원

❼ 백운계곡

유네스코 세계지질공원에 속한 계곡으로 중생대 쥐라기의 화강암이 관찰된다. 그 외에도 다양한 지질 구조와 단층이 확인된다. 지질학적인 이야기를 꺼내지 않더라도 그 자체로 빼어난 풍광을 가진 계곡이다. 신선이 노닐었다는 선유담과 학소대, 금광폭포 등의 명승이 이어진다.

◎ 경기 포천시 이동면 도평리

◷ 24시간

₩ 무료

❽ 평강랜드

인간과 자연의 평안과 건강을 기원하며 평강이란 이름으로 태어난 초대형 식물원이다. 우리의 자생식물과 멸종위기 식물을 보존하며 고산식물도 다수 보유했다. 핵심인 암석원을 비롯해 12개의 테마 정원에 수천 종의 식물이 자란다. 숲 곳곳엔 나무로 만든 거인이 나타난다.

◎ 경기 포천시 영북면 우물목길 171-18

◷ 매일 09:00~18:00

₩ 성인 9,000원, 청소년·어린이 8,000원

❾ 코버월드

240개국의 화폐와 동전이 있다고 하니 사실상 전 세계의 모든 나라의 통화가 이곳에 모였다. 대륙별로 나뉜 전시관에 각국의 화폐는 물론 그 문화권을 상징하는 기념품과 민속품을 함께 전시해 재미가 배가된다. 전문가가 동행하는 도슨트 관람이 실속 있게 진행된다.

◎ 경기 포천시 군내면 청성로 72

◷ 월~토 10:00~17:30

₩ 6,000원(음료 한 잔 제공)

❿ 전통술박물관산사원

전통주 제조업체에서 설립한 우리 술 박물관이다. 술이 탄생하기까지 과정을 꼼꼼하게 기록했고 술을 빚을 때 사용되는 도구와 자료도 모았다. 박물관 지하에선 시판 중인 전통주를 모두 맛보고 구매까지 할 수 있다. 술 제조에 쓰이는 장독대로 가득한 산사정원도 흥미롭다.

◎ 경기 포천시 화현면 화동로432번길 25

◷ 매일 08:30~17:30

₩ 성인 4,000원

포천의 맛집과 카페

포천이동갈비

곰터먹촌

숲속의제빵소

포천이동갈비 포천 이동갈비는 수원 왕갈비와 경기권 갈비 양대 산맥이다. 포천 이동면에서 개발되었으며 갈비와 나머지 살을 이쑤시개에 꽂아 만든다. 각종 재료를 넣은 양념이 감칠맛 난다.

곰터먹촌 매콤 새콤 달콤한 김치말이 국수로 30년 넘게 장수 중이다. 함병현김치말이국수가 이곳이다.
경기 포천시 내촌면 내촌로 169 월~금 10:00~16:00, 토~일 10:00~19:00(브레이크 타임 토~일 15:00~16:00, 라스트 오더 15:30/18:30)

고모리효담곤드레산채밥상 곤드레밥을 기본으로 하는 산채 정식 전문점이다. 고등어자반과 게장이 메인이다. 경기 포천시 소흘읍 죽엽산로 617 매일 10:30~20:00(라스트 오더 19:00)

숲속의제빵소 이름처럼 한적한 숲속에 자리한 숨겨진 빵 맛집이다. 당일 생산, 당일 판매라 믿음이 간다. 경기 포천시 신북면 틀못이길 29 월~금 10:00~21:00, 토~일 10:00~22:00

물꼬방 고즈넉한 한옥 건물에 어울리는 전통차를 주로 판매한다. 계란쌍화차에 도전해 보자.
경기 포천시 소흘읍 고모루성길 258 매일 11:00~20:30

029 Gyeonggi 가평군

가평으로 떠나는 당일치기 세계 여행

❶ 아침고요수목원

1996년 축령산 자락에서 문을 연 이래 국내를 대표하는 사립수목원으로서 꾸준한 사랑을 받고 있다. 2014년엔 연간 방문객 100만 명을 돌파하기도 했다. 33만 제곱미터의 너른 부지 위에 5,000여 종의 식물이 넓게 흩어져 저마다 자신의 아름다움을 뽐낸다. 입구를 지나면 나타나는 다정한 풍경의 고향집정원을 시작으로 허브정원, 분재정원, 야생화정원 등 종류별, 주제별로 구분된 22개의 정원이 줄지어 나타나 눈이 쉴 틈을 주지 않는다. 이쪽으로 향하면 꽃길이고 저쪽으로 향하면 숲길이라 내딛는 발걸음마다 행복이 한 조각씩 마음에 스며든다.

◎ 경기 가평군 상면 수목원로 432

◷ 매일 08:30~19:00

₩ 성인 11,000원, 청소년 8,500원, 어린이 7,500원

❷ 쁘띠프랑스+이탈리아마을

쁘띠프랑스는 프랑스의 풍경과 문화를 주제로 꾸민 테마파크다. 생텍쥐베리의 <어린 왕자>를 주인공으로 삼아 다양한 볼거리와 체험을 제공한다. 모든 건물이 프랑스 전통 가옥의 모습을 하고 있으며 오르골이나 앤틱 도자기, 유럽 인형 전시관이 낭만을 추가한다. 시간에 맞춰 인형극도 열린다. 언덕을 오르면 프랑스에서 이탈리아로 배경이 바뀐다. 이번에는 '피노키오'가 주인공이 되어 이탈리아의 풍경과 이야기를 전한다. 베네치아의 운하와 가면이 보이고 토스카나 지방의 가옥이 나타난다. 이탈리아 출신의 천재, 레오나르도 다빈치 전시관도 있다.

◎ 경기 가평군 청평면 호반로 1063

◷ 매일 09:00~18:00

₩ 통합권 성인·청소년 19,500원, 어린이 17,000원

❸ 에델바이스스위스테마파크

프랑스와 이탈리아에 이어 스위스까지 만나보자. 알프스산맥에 콕콕 박혀있는 깜찍한 건물을 가평에 그대로 옮겨온 듯하다. 일부 건물엔 실제 주민이 거주해 더 이색적이다. 알프스 풍광을 재현한 스위스 테마관을 시작으로 와인, 초콜릿, 치즈 등 스위스 명물이 이어진다.

◎ 경기 가평군 설악면 다락재로 226-57

⏱ 매일 09:00~18:00

₩ 성인 8,000원, 청소년 7,000원, 어린이 5,000원

❹ 조무락골

조무락은 '새들이 춤을 춘다'는 뜻으로 발음도 의미도 재밌는 계곡이다. 실제 많은 새가 지저귀는 가운데 천연림 사이로 맑은 물이 흐른다. 골이 깊고 차량 접근이 어려워 인파가 적은 덕에 비밀의 계곡처럼 느껴진다. 가평천 상류로 더 올라가면 작은 폭포도 여럿 나온다.

◎ 경기 가평군 북면 적목리

⏱ 24시간

₩ 무료

❺ 자라섬

재즈 페스티벌로 잘 알려진 섬이다. 청평댐 건설로 인해 생겨났으며 크게 중도, 서도, 남도 3개의 섬으로 구성되어 있다. 대형 캠핑장을 갖춘 서도엔 사시사철 캠핑 마니아들이 몰리고 남도엔 꽃 축제를 개최하는 예쁜 정원을 가꾸어 놓아 역시 많은 사람이 섬을 찾는다.

◎ 경기 가평군 가평읍 달전리 1-1

⏱ 24시간

₩ 무료

❻ 국립유명산자연휴양림

가평 내에서도 숲과 계곡의 조화가 가장 빼어나다는 평가를 받는 유명산에 휴양림이 자리 잡았다. 천연림에 인공림이 더해져 푸르름이 무척 진하며 자생식물원과 야생화 단지가 있어 생태 학습장 역할도 한다. 휴양림 곁으론 계곡이 굽이쳐 피서지로도 안성맞춤이다.

◎ 경기 가평군 설악면 유명산길 79-53

⏱ 수~월 09:00~18:00(화 휴무)

₩ 성인 1,000원, 청소년 600원, 어린이 300원

❼ 도대리용소폭포

가평팔경 중 제5경에 선정되었다. 폭포의 규모가 크진 않으나 주변의 높은 산에서 모이고 모인 물이 마을 계곡에서 마침내 모습을 드러내며 쏟아지는 풍경이 청량감 넘친다. 폭포 아래의 진녹색 소와 계곡의 조화도 수려해 여름이면 그 안으로 뛰어드는 사람들이 넘친다.

◎ 경기 가평군 북면 도대리 산331

◷ 24시간

₩ 무료

❽ 청평호

1943년 북한강을 가로막아 만든 청평댐이 건설되며 인공 호수가 탄생했다. 청평호가 그 주인공으로 호수 일대가 유원지로 개발된 뒤 수상 레포츠의 천국으로 거듭났다. 수상 스키를 즐기는 모습만 봐도 가슴이 시원하다. 모터보트나 바나나보트는 누구나 쉽게 즐길 수 있다.

◎ 경기 가평군 설악면 회곡리

◷ 24시간

₩ 무료

❾ 가평탑랜드

가평에서 가장 많은 비명이 울려 퍼지는 곳은 이곳이 아닐까. 매일 모험심 가득한 여행자들이 55미터 높이의 번지점프대에 선다. 아래에서 지켜보는 이들에게도 긴장감을 안긴다. 수상스키와 웨이크보드, 모터보트, 워터파크도 운영해 북한강을 배경으로 신세계가 펼쳐진다.

◎ 경기 가평군 가평읍 북한강변로 1044-15

◷ 매일 09:10~17:00(휴게시간 10:30~11:30)

₩ 번지점프 40,000원(체험별 상이)

❿ 가평용추계곡

전국 곳곳의 청정 지역엔 으레 '용추계곡'이 하나쯤 숨어있다. 계곡의 고장 가평도 예외는 아니다. 칼봉산과 연인산에서 흘러내린 물이 계곡에서 합류해 힘차게 흐른다. 가평의 상징인 잣나무가 물길을 인도하고 구석구석 기암과 폭포가 모습을 드러내 대자연을 예찬하게 된다.

◎ 경기 가평군 가평읍 승안리

◷ 24시간

₩ 무료

가평의 맛집과 카페

온정리닭갈비금강막국수

언덕마루가평잣두부집

가평달맞이빵

온정리닭갈비금강막국수 가평은 춘천의 이웃답게 닭갈비와 막국수가 보통이 아니다. 이 집에서 그 사실을 확인하자. 경기 가평군 상면 수목원로 16 매일 10:30~21:30

언덕마루가평잣두부집 1998년부터 전통 방식으로 가평잣두부를 만든다. 두부전골, 조림, 보쌈의 정식이 풍성하다. 경기 가평군 상면 수목원로 248 매일 09:40~20:00(라스트 오더 19:15)

원조장작불곰탕 장작불로 끓여 낸 가마솥 곰탕과 도가니탕이 진하고 구수하다. 고기도 부드럽다.
경기 가평군 청평면 경춘로 980 매일 05:00~21:00(브레이크 타임 15:00~16:00, 라스트 오더 20:30)

가평달맞이빵 빵명장이 정성스레 갖가지 빵을 굽는다. 실내도 넓어 여유롭게 빵과 음료를 즐길 수 있다.
경기 가평군 상면 수목원로 123 매일 09:00~21:00

라틴정원 북한강이 보이는 언덕에 위치한다. 방갈로가 있어 시원한 풍광을 보며 음료를 마시기 좋다.
경기 가평군 가평읍 상지로 949 월~금 11:00~19:30, 토~일 10:00~20:00

030 남양주시

Gyeonggi

도시에 담긴 다산 선생의 발자취

❶ 정약용유적지

조선 후기의 역사를 다룰 때면 가장 많이 거론되는 인물, 조선 최고의 실학자 다산 정약용 선생의 숨결이 남아있는 곳이다. 다산은 유적지가 위치한 남양주 마재마을에서 나고 자랐으며 유배 뒤엔 고향으로 돌아와 생을 마감했다. 야트막한 언덕 위에 그의 묘소가 자리하고 양옆으로 사당인 문도사와 복원된 다산의 생가, 여유당이 자리한다. 선생의 삶을 기록한 공간도 없을 수 없다. 기념관에선 선생의 삶과 업적을 다루며 문화관은 다산을 현대적 시각으로 재조명한 곳이다. 동료 실학자들의 이야기까지 담아낸 실학박물관이 유적지 바로 앞에 있다.

◎ 경기 남양주시 조안면 다산로747번길 11

◷ 화~일 10:00~18:00(월 휴무)

₩ 무료

❷ 물의정원

국토부의 한강 살리기 사업을 통해 만들어진 넓은 면적의 수변 공원이다. 북한강의 물이 둔치 안쪽으로 담뿍 흘러들어와 물의 정원이라 불린다. 정원이란 이름에 걸맞게 전역에 각양각색의 꽃과 수목이 드넓게 식재되어 이곳을 찾는 모든 이들에게 평안한 쉼터를 제공한다. 특히 봄마다 붉은빛을 발하는 양귀비와 가을을 노랑으로 물들이는 황화 코스모스가 가장 많은 관심을 받는다. 뱃나들이교도 빼놓을 수 없는 볼거리다. 물 위에 놓인 나룻배를 형상화한 다리다. 잘 꾸며진 산책로와 자전거 도로, 다양한 포토존 덕에 늘 방문객으로 넘친다.

◎ 경기 남양주시 조안면 북한강로 398

◷ 24시간

₩ 무료

③ 수종사

정약용 선생도 이 사찰에 올라 눈부신 전망을 즐겼다고 한다. 운길산 중턱에 위치해 남북으로 뻗어 나가는 북한강의 전경과 그 너머 양평군의 모습까지 한눈에 가득 담긴다. 세조가 머물다 갔다는 이야기도 전해지며 예부터 많은 묵객이 거치며 시와 그림에 풍광을 담았다.

◎ 경기 남양주시 조안면 북한강로433번길 186

◷ 24시간

₩ 무료

④ 다산생태공원

정약용 유적지 남쪽으로 수려한 자연이 넓게 드러난다. 북한강과 남한강이 만나는 지점에 위치해 경관이 빼어나다. 강변으로는 이름 모를 수생 식물이 옹기종기 모여 있고 산책로 곁엔 갈대밭이 풍성하다. 물에 비친 달을 감상하기 좋다는 '수월정'이 밤 여행자를 기다린다.

◎ 경기 남양주시 조안면 다산로 767

◷ 24시간

₩ 무료

⑤ 축령산

해발 887미터로 제법 높은 산이다. 고려 말 이성계가 사냥을 왔다가 허탕을 쳤지만 몰이꾼의 조언대로 산 정상에서 제를 지낸 뒤 사냥에 성공해 고사를 지낸 산이란 뜻의 축령산으로 불리게 되었다. 정상까지 기이한 암석과 봉우리가 이어지고 자연휴양림이 잘 가꾸어져 있다.

◎ 경기 남양주시 수동면 축령산로 299 ◷ 휴양림 매일 4월~10월 06:00~19:00, 11월~3월 07:00~17:00 ₩ 성인 1,000원, 청소년 600원, 어린이 300원

⑥ 홍유릉

고종과 명성황후의 합장묘 홍릉과 조선의 마지막 왕 순종과 순명황후, 순정황후의 합장묘인 유릉이 나란히 자리한다. 조선 말 혼란의 시기를 살았던 왕족 일가가 여기서 영면에 들었다. 고종이 대한제국을 선포하여 황제에 올랐기에 중국 황제릉의 양식을 띄는 것이 특징이다. ◎ 경기 남양주시 홍유릉로 352-1 ◷ 2월~5월·9월~10월 09:00~18:00, 6월~8월 09:00~18:30, 11월~1월 09:00~17:30 ₩ 대인(만 25세 이상) 1,000원, 청소년·어린이 무료

❼ 프라움악기박물관

국내 박물관 중에선 최초로 서양 악기를 전문으로 다룬다. 서양 클래식 악기가 유럽 궁전의 분위기 나는 전시관에 가득 들어차 있다. 건반악기존과 현악기존, 관악기존으로 구분되어 있다. 친숙한 악기부터 생소한 특수 악기까지 그 양이 방대하다. 정기적으로 콘서트도 개최한다.

◎ 경기 남양주시 와부읍 경강로 756
◷ 화~일 10:00~18:00(월 휴무)
₩ 성인 6,000원, 청소년 5,000원, 어린이 4,000원

❽ 우석헌자연사박물관

우석헌은 '예쁜 돌의 집'이라는 의미로 화석과 광물을 주로 전시하고 있는 지질 전문 박물관이다. 고생대와 중생대, 신생대를 아우르는 시대별 표준 화석은 물론이고 공룡의 골격 화석, 해양 생물의 표본 등 진기한 진본 자연사 유물이 넘쳐난다. 관련 교육과 체험도 운영된다.

◎ 경기 남양주시 진접읍 금강로 1095
◷ 화~토 10:00~19:00(일~월 휴무)
₩ 성인 6,500원, 청소년·어린이 4,000원

❾ 피아노폭포

공공 하수처리장이 예술 작품으로 화려한 변화를 맞았다. 화도 하수처리 시설에서 발생한 방류수를 펌프로 끌어올려 92미터의 웅장한 인공 폭포를 만들었다. 폭포 주변으로는 생태 공원을 넓게 조성했다. 폭포 앞 거대한 그랜드 피아노 형상의 건물은 놀랍게도 화장실이다.

◎ 경기 남양주시 화도읍 금남리 산47-48
◷ 화~일 09:00~18:00(월 휴무)
₩ 무료

❿ 오남호수공원

농촌에 물을 대기 위해 건설된 오남저수지를 이용해 수변 공원을 만들었다. 호수를 한 바퀴 돌 수 있는 3킬로미터 가량의 데크길이 잘 뚫려 있고 곳곳에 전망 포인트가 있어 여유를 찾는 시민들의 발걸음이 잦다. 호수에서 분수가 솟기도 하며 정기적으로 호수축제도 열린다.

◎ 경기 남양주시 오남읍 오남리 산50-2
◷ 24시간
₩ 무료

남양주의 맛집과 카페

목향원

동동국수집

카페라플렌

목향원 현지인과 관광객 모두가 엄지를 치켜세우는 석쇠불고기 쌈밥정식이 최고의 자랑이다.
경기 남양주시 덕릉로1071번길 34-11 매일 10:30~22:00(라스트 오더 21:15)

동동국수집 시원하고 칼칼한 육개장을 기반으로 메뉴를 구성한 가운데 시그니처는 역시 '육칼'이다.
경기 남양주시 와부읍 경강로 908 매일 09:00~21:00(브레이크 타임 월~금 15:20~16:30)

돌미나리집 향긋하고 부드러운 미나리전이 기가 막히다. 막걸리를 절로 부른다. 묵과 잔치국수도 일품.
경기 남양주시 조안면 북한강로301번길 2 화~일 10:00~18:00(라스트 오더 17:55, 월 휴무)

포러데이팔당 한강 바로 앞 야외 테라스가 무척 낭만적이다. 새벽까지 운영해 올빼미족에게 제격이다.
경기 남양주시 와부읍 경강로926번길 8-7 매일 10:00~05:00

카페라플렌 수락산 아래, 청명한 자연 속에 파묻힌 카페. 다양한 종류의 음료와 빵도 모두 뛰어나다.
경기 남양주시 별내면 순화궁로 865-9 매일 10:00~21:00(라스트 오더 20:30)

031 구리시

Gyeonggi

고구려의 기상이 서린 땅

❶ 동구릉

이름처럼 도성 동쪽에 있는 9개의 능으로 7명의 조선 왕과 10명의 왕비, 후비가 잠들어 있다. 조선 1대 왕 태조의 무덤인 건원릉도 이곳에 있다. 그 외에도 연대기 순으로 5대 문종과 현덕왕후의 현릉, 14대 선조와 의인왕후, 인목왕후의 목릉, 16대 인조의 계비 장렬왕후의 휘릉, 18대 현종과 명성왕후의 숭릉, 20대 경종의 비 단의왕후의 혜릉, 21대 영조와 정순왕후의 원릉, 23대 순조의 세자인 익종과 신정왕후의 수릉, 24대 헌종과 효현왕후, 효정왕후의 경릉이 위치한다. 조선 왕릉 중 규모가 가장 크니 시간적 여유를 가지고 참배하자. ◎ 경기 구리시 동구릉로 197 ⏲ 2월~5월·9월~10월 06:00~18:00, 6월~8월 06:00~18:30, 11월~1월 06:30 ~17:30 ₩ 대인(만 25세 이상) 1,000원, 청소년·어린이 무료

❷ 구리시고구려대장간마을

고구려의 요새였던 구리 아차산 4보루에서 출토된 유적을 토대로 건립되었다. 고구려 대장간이 중심이 되는 야외 전시관과 고구려 유적 전시관으로 구성된다. 직경 7미터의 물레방아가 있는 대장간은 고구려의 찬란했던 철기 문화를 상징하는 공간이다. 고증에 상상력을 더해 철기를 다뤘던 시설을 재현했다. 당시의 주거 형태를 살필 수 있는 전통 가옥도 함께 자리한다. 유적 전시관은 보루에서 발견된 고구려의 토기와 철기류 수백여 점과 관련 자료를 보여준다. 이런 역사 덕에 고구려 배경의 드라마 <태왕사신기>와 <바람의 나라>가 촬영됐다.

◎ 경기 구리시 우미내길 41

⏲ 매일 09:00~18:00(주말, 공휴일은 19시까지)

₩ 무료

❸ 구리한강시민공원

한강의 길고 긴 물줄기는 당연히 서울의 옆집 구리에도 뻗어있다. 한강변을 따라서 시민을 위한 편의 시설과 체육 시설이 길게 늘어섰다. 산책로와 자전거 도로, 야구장과 인라인스케이트장을 갖췄다. 봄에는 유채꽃이, 가을엔 코스모스가 강변을 뒤덮어 꽃놀이로 제격이다.

◎ 경기 구리시 코스모스길14번길 249

◷ 24시간

₩ 무료

❹ 아차산

한강 너머로 서울이 발아래에 있다. 아차산 정상에 닿으면 누구나 누릴 수 있는 특권이다. 해발 300미터가 채 되지 않는 낮은 산이라 큰 품을 들일 필요도 없다. 곳곳에 위치한 전망대에서 다양한 각도의 도시 전망이 튀어나온다. 고구려 보루군의 흔적을 좇는 것도 재밌다.

◎ 경기 구리시 아천동

◷ 24시간

₩ 무료

❺ 장자호수공원

폐수로 인해 흉물로 전락했던 구리 토평동의 장자못을 오랜 노력 끝에 되살렸다. 환경부의 자연생태 복원 우수 사례로 지정될 만한 놀라운 변화다. 다시 깨끗해진 물 위에선 분수가 솟아나고 하천 주변으론 꽃과 수목이 싱그럽게 빛난다. 새가 날아드는 습지는 생태학습장이 되었다.

◎ 경기 구리시 교문동 537

◷ 24시간

₩ 무료

❻ 구리타워

뿌연 연기를 내뿜던 구리시 자원 회수 시설의 굴뚝이 전망대가 되어 시민과 여행자에게 멋진 경치를 선물한다. 전망대는 100미터 높이에 위치해 구리는 물론이고 서울의 전경도 내어준다. 그 와중에 14차로나 되는 구리-남양주 톨게이트의 차량 행렬이 가장 눈길을 끈다.

◎ 경기 구리시 왕숙천로 49 전망대

◷ 매일 09:00~23:00(휴게시간 12:00~13:00)

₩ 무료

❼ 왕숙천

포천에서 발원해 구리를 거쳐 한강에 흘러드는 한강 제1지류다. 이성계가 머물러 왕숙천이 되었다는 설과 상류에 왕릉이 있어 왕이 잠든 천이란 뜻이라는 설이 공존한다. 어떤 것이 진실이든 현재는 남양주와 천을 공유하며 여름엔 물놀이장이 겨울엔 눈썰매장이 개장한다.

경기 구리시 사노동 22-29

24시간

₩ 무료

❽ 구리시곤충생태관

구리타워 아래로 나비가 팔랑거리고 사슴벌레가 어슬렁대는 온실이 있다. 민물고기와 파충류도 한 지붕 아래 산다. 자원을 효율적으로 활용해 더욱 가치가 높다. 하수 처리 과정에서 나온 방류수로 수조의 물을 채우고 폐기물 소각 때 발생한 폐열로 온실을 따뜻하게 덥혔다.

경기 구리시 검배로 200

화~일 10:00~18:00(월 휴무)

₩ 무료

❾ 광개토태왕광장

광개토대왕으로 더 익숙한 고구려 19대 임금 광개토태왕의 늠름한 모습의 동상이 시내 초입에 있다. 동상 옆으로는 중국 집안시에 설립된 광개토태왕비의 복제품이 위치한다. 구리가 고구려 문화의 중심이었다는 사실에 기인해 광개토태왕을 주인공으로 모신 광장을 꾸몄다.

경기 구리시 교문동 468-1

24시간

₩ 무료

❿ 돌다리곱창골목

복작복작 구리전통시장도 재미있지만 고소한 향이 진동하는 그 옆 골목에 더 끌린다. 시장 인근의 포장마차 상인들이 하나둘 곱창집을 내기 시작하면서 구리시의 대표적인 먹자골목이 되었다. 어느새 30년 역사를 향해 가고 있다. 쫄깃하고 고소한 곱창을 원없이 즐겨보자.

경기 구리시 수택동

업체별 상이

₩ 무료

구리의 맛집과 카페

묘향만두

강창구찹쌀진순대본점

레이지데이즈

묘향만두 뽀얀 국물에 만두 5개 덜렁 담아 나오는데 그 평양식 만둣국이 그렇게 맛있다.
경기 구리시 아차산로 63 화~일 09:30~21:30(라스트 오더 21:00, 월 휴무)

강창구찹쌀진순대본점 구리에서 순대로 둘째가라면 서러운 곳이다. 진한 순댓국을 해치우러 현지인이 몰린다. 경기 구리시 검배로 74 24시간

토평메주콩 이름에 이미 답이 나왔다. 청국장이 진국이다. 놀랍게 1시간 동안 막걸리가 무한 리필된다.
경기 구리시 벌말로 77 매일 11:00~20:50(라스트 오더 20:00)

레이지데이즈 수목원이라 해도 무리가 없는 야외 정원을 품었다. 그 안에서 풍성한 브런치를 즐겨보자.
경기 구리시 장자호수길 32 매일 09:30~23:00

모던기와커피 고즈넉한 기왓장이 눈길을 끈다. 멀리 한강이 보이는 전망도 분위기도 좋은 한옥 카페이다. 경기 구리시 아차산로 37 매일 10:30~18:00(라스트 오더 17:30)

PART 5
충청북도

001 단양군

Chungbuk

팔경의 원조, 충북 여행 1번지

❶ 도담삼봉

전국 '팔경'의 원조, 단양팔경 중에서도 제1경 으뜸으로 꼽히는 단양의 얼굴이다. 큼직한 3개의 기암이 강 위로 솟아난 모습이 신비롭다. 예로부터 이황, 정선, 김홍도 등 당대 최고의 예술가들이 시와 그림으로 격찬한 풍경이기도 하다. 그중 도담삼봉을 가장 사랑했던 인물은 조선의 개국공신 정도전으로 자신의 호를 삼봉이라 지었을 정도다. 그가 어렸던 시절, 도담삼봉이 강원 정선에서 떠내려왔다며 땅값을 물게 하던 정선 관리에게 도담삼봉을 도로 가져가라며 기지를 발휘한 전설이 내려온다. 도담삼봉 앞에 정도전의 동상이 있는 까닭이다.

⊙ 충북 단양군 매포읍 삼봉로 644

◷ 24시간

₩ 무료

❷ 고수동굴

고수동굴은 약 200만 년 전부터 생성된 것으로 추정된다. 국내를 대표하는 관광 동굴로 천연기념물로 지정되어 있다. 총 길이는 1.4킬로미터 정도인데 관광객에겐 일부만 공개하고 있다. 동굴로 들어서는 순간 억겁의 세월이 빚은 작품이 줄줄 등장한다. 동굴 하면 늘 떠오르는 종유석, 석순은 물론이고 동굴산호와 종유 폭포 등 갖가지 동굴 생성물을 간직하고 있어 어둠 속에서도 모두의 눈이 반짝인다. 사자바위, 도담삼봉 바위 같은 기암도 찾아보자. 동굴 내부는 한여름에도 15도 안팎으로 쌀쌀한 편이라 가벼운 외투 하나 정도는 준비해야 한다.

⊙ 충북 단양군 단양읍 고수동굴길 8

◷ 매일 09:00~17:30(11월~3월은 17시까지)

₩ 성인 11,000원, 청소년 7,000원, 어린이 5,000원

❸ 만천하스카이워크

보기만 해도 아찔한 절벽 끝에 전망대가 걸려있다. 남한강 수면부터 100여 미터 높이에서 단양 전경을 깔끔히 담아준다. 공중을 향해 난 강화유리 스카이워크는 강심장만 도전이 가능. 짚와이어와 알파인 코스터, 슬라이드, 모노레일도 함께 운영해 테마파크를 방불케 한다.

◎ 충북 단양군 적성면 옷바위길 10
🕓 화~일 09:00~17:00(월 휴무)
₩ 성인 3,000원, 청소년·어린이 2,500원

❹ 단양강잔도

단양강잔도가 없었다면 강 따라 이어지는 환상적인 절벽 라인은 먼발치에서나 구경해야 했을 것이다. 절벽에 1킬로미터 남짓 데크 길을 놓아, 아슬아슬 벼랑 위를 걷듯 단양에서 가장 스릴 넘치는 트레킹을 해볼 수 있다. 조명이 현란해 국내 야경관광 100선에 뽑히기도 했다.

◎ 충북 단양군 적성면 애곡리 산18-15
🕓 24시간
₩ 무료

❺ 수양개빛터널

일제강점기에 건설된 후 오래 방치되어 있던 터널에 빛의 생기를 불어넣었다. LED 미디어 파사드와 조명, 레이저로 어둠의 공간을 잔뜩 채워놓아 황홀감에 정신을 차리기 힘들 지경이다. 터널 밖 정원에도 5만 개의 LED로 치장된 꽃밭이 펼쳐진다. 반드시 해가 진 뒤 가자.

◎ 충북 단양군 적성면 수양개유적로 390
🕓 화~일 16:00~22:00(10월~4월은 21시까지, 월 휴무)
₩ 대인(16세 이상) 9,000원, 소인 6,000원

❻ 단양다누리아쿠아리움

바다 대신 강이 많은 충북의 특성을 살려 국내 최대의 민물고기 수족관을 지었다. 단양에서 확인 가능한 국내 어종에 해외 민물 어종을 더해 180여 종, 2만 마리 이상의 물고기가 헤엄친다. 단양팔경을 작게 재현해 놓은 수족관도 있다. 인기 스타 수달을 만나는 건 잊지 말자.

◎ 충북 단양군 단양읍 수변로 111
🕓 화~일 09:00~18:00(월 휴무)
₩ 성인 10,000원, 청소년 7,000원, 어린이 6,000원

❼ 온달관광지

온달장군과 평강공주의 설화를 바탕으로 만든 테마 공원이다. 고구려 시대의 궁과 건물을 재현한 세트장이 중심이며 덕분에 고구려 배경의 드라마 <연개소문>, <태왕사신기> 등이 여기서 촬영되었다. 표한 장으로 사적 온달산성과 천연기념물 온달동굴까지 관람이 가능하다.

◎ 충북 단양군 영춘면 온달로 23

◷ 매일 09:00~18:00

₩ 성인 5,000원, 청소년 3,500원, 어린이 2,500원

❽ 사인암

단양군 남쪽, 남조천 상류 지역에 뿌리내린 석회암 수직절리의 자태가 기막히다. 높이도 70미터나 되며 예부터 책을 겹겹이 쌓아 올린 모습으로 이름나 방랑객의 감탄을 쉴 새 없이 빼앗던 곳이다. 절벽 꼭대기에 매달린 소나무 군락도 시선을 끌기에 부족함이 없다.

◎ 충북 단양군 대강면 사인암2길 42

◷ 24시간

₩ 무료

❾ 구담봉

기이한 바위 군락으로 이루어진 330미터 높이의 봉우리다. 남한강에 반사된 바위가 거북이 형태라 하여 구담이다. 산수화 같은 절경에 조선의 수많은 묵객이 기꺼이 붓을 들었다 전해진다. 선조들이 극찬했던 자연의 예술품은 여전히 멋져 후손들은 붓 대신 카메라를 든다.

◎ 충북 단양군 단성면 장회리 산32

◷ 24시간

₩ 무료

❿ 단양구경시장

단양팔경 다음가는 구경이라 구경시장이다. 단양 최대 재래시장으로 뒷자리 1일, 6일에 장이 선다. 무엇보다 침샘을 자극하는 먹을거리 천지라 미식가들에겐 도담삼봉 못지않다. 마늘만두, 마늘통닭, 마늘빵. 단양 최고의 특산품 마늘을 활용한 음식이 절대적 인기를 누린다.

◎ 충북 단양군 단양읍 도전5길 31

◷ 상점별 상이

₩ 무료

단양의 맛집과 카페

다원 단양 맛집엔 죄다 특산물 마늘이 들어간다. 그중 마늘 떡갈비 정식은 결코 빼놓을 수 없다.
충북 단양군 단양읍 삼봉로 172 매일 11:30~20:30(브레이크 타임 15:00~17:30, 라스트 오더 19:45)

달동네마늘순대 단양시장에서 가장 오래된 마늘순대집이다. 1985년부터 2대째 진한 순댓국을 끓여낸다.
충북 단양군 단양읍 수변로 73 매일 08:30~20:30

단양마늘만두 새우와 김치 등을 넣은 마늘만두가 엄청난 인기다. 내놓는 즉시 완판이라 웨이팅은 필수다.
충북 단양군 단양읍 도전4길 매일 10:00~19:00

카페산 산꼭대기에 위치해 전망이 끝내준다. 패러글라이딩의 성지로 통하는 카페기도 하다. 충북 단양군 가곡면 두산길 196-86 매일 09:30~19:00(토~일은 19:30까지. 라스트 오더 월~금 18:30/토~일 19:00)

카페다우리 산성에서 영감을 받아 돌로 쌓은 외관이 독특하다. 계곡에 위치해 전망은 말할 것도 없다.
충북 단양군 대강면 선암계곡로 165 목~화 11:00~19:00(라스트 오더 18:30, 수 휴무)

002 제천시

Chungbuk

청풍명월의 풍경 속으로

❶ 청풍호반케이블카

대한민국에서 볼 수 있는 가장 황홀한 전망이라고 해도 손색이 없다. 내륙의 바다라 불리는 청풍호 위를 이동하는 동안 눈에 들어오는 청정자연은 아찔하다. 케이블카는 물태리역에서 비봉산역까지 2.3킬로미터를 운행하며 10분이면 비봉산 정상에 닿는다. 정상 전망대에서 마주하는 장면은 더욱 인상적이다. 마치 다도해의 섬처럼 보이는 초록의 산과 새파란 호수, 푸른 하늘이 힘을 합쳐 만들어낸 전경은 기립박수를 받을 만하다. 어느 방향을 배경 삼아 사진을 찍든 엽서가 된다. 비봉산까지 최대 경사가 50도에 이르는 모노레일도 함께 운행한다.

◎ 충북 제천시 청풍면 문화재길 166

🕓 매일 09:30~18:00 ₩ **일반 캐빈** 대인 18,000원, 소인 14,000원 **크리스탈 캐빈** 대인 23,000원, 소인 18,000원

❷ 의림지

삼한 시대에 축조된 저수지가 여전히 제 기능을 하고 있다. 제천 제1경 의림지는 김제 벽골제, 밀양 수산제와 더불어 삼한 시대 3대 수리시설로 꼽히며 셋 중엔 유일하게 여전히 들판에 물을 공급한다. 역사적으로 큰 의의가 있지만, 후손들에겐 중요한 관광 자원으로 사용되고 있다. 1.8킬로미터 둘레의 저수지 곁엔 경호루와 영호정 같은 멋진 누각과 함께 솔숲, 인공폭포, 테마파크, 박물관 등 볼거리와 즐길 거리가 넘쳐난다. 이제는 의림지 유람의 상징이 된 오리배 타기도 빼놓으면 안 된다. 미디어 파사드가 빛을 뿜는 밤의 풍경까지 아름답다.

◎ 충북 제천시 모산동 241

🕓 24시간

₩ 무료

❸ 월악산

충북과 경북 사이에 걸친 월악산은 제천에서 접근하는 것이 가장 수월한 편이다. 1984년에 산 전역이 국립공원으로 지정되었으며 충주호, 문경새재, 소백산과 접하고 있어 어디서나 빼어난 전망이 드러난다. 송계계곡과 선암계곡 등 시원스러운 계곡도 많아 산행의 흥을 돋운다.

◎ 충북 제천시 덕산면 월악리 산1-1

⏱ 24시간

₩ 무료

❹ 배론성지

지형이 배의 밑바닥 같다 하여 배론이란 이름이 붙은 이곳은 신유박해 당시 천주교인들이 숨어 믿음을 지킨 곳이자 최양업 신부가 잠들어있는 중요한 성지다. 많은 아픔이 서려 있는 곳이지만 현재는 자연 속에 파묻힌 아름다운 풍경을 보고자 많은 신자와 방문객이 몰린다.

◎ 충북 제천시 봉양읍 배론성지길 296

⏱ 24시간

₩ 무료

❺ 옥순봉

월악산에 몸을 걸친 채 청풍호를 굽어보는 옥순봉은 근사한 바위 봉우리를 잔뜩 품었다. 모습이 얼마나 고운지 겸재 정선과 단원 김홍도는 이곳을 화폭에 담았다. 퇴계 이황과 <택리지>의 이중환도 풍경을 글로 남겼으니 옥순봉의 아름다움은 예나 지금이나 변함없는 듯하다.

◎ 충북 제천시 수산면 괴곡리

⏱ 24시간

₩ 무료

❻ 청풍문화재단지

충주댐 건설로 수장될 위기에 처했던 유적과 민속품을 한곳에 모아 문화재단지를 조성했다. 1983년부터 3년간의 고증과 노력 끝에 수몰 지역의 모습을 거의 원형 그대로 복원해 놓았다. 보물 한벽루를 포함해 관아와 민가, 향교, 비문 등 많은 문화재를 만날 수 있다.

◎ 충북 제천시 청풍면 청풍호로 2048

⏱ 매일 09:00~18:00(11월~2월은 17시까지)

₩ 성인 3,000원, 청소년 2,000원, 어린이 1,000원

❼ 제천한방엑스포공원

제천은 한방 바이오 박람회와 행사를 많이 개최할 만큼 한방 관련 뚜렷한 성과를 내는 도시다. 한방엑스포공원은 한방 문화의 이해를 돕고 전통 의약의 중요성을 알리기 위해 건립되었다. 꽃이 만발한 공원 자체도 아름답고 과학관, 박물관이 안겨주는 정보도 훌륭하다.

◎ 충북 제천시 한방엑스포로 19

ⓒ 24시간

₩ 무료

❽ 포레스트리솜

백운면 산속에 안긴 포레스트 리솜은 국내의 수많은 리조트 중에서도 최고의 경관을 갖춘 곳으로 유명하다. 빽빽한 원시림 안에서 자연 친화적인 휴식을 추구하는 이곳은 사계절의 변화를 또렷하게 확인할 수 있어 1년 내내 꽃과 단풍, 설경을 보기 위해 숙박객이 몰린다.

◎ 충북 제천시 백운면 금봉로 365

ⓒ 24시간

₩ 객실 별 상이(회원제)

❾ 박달재

국민가요 <울고 넘는 박달재> 속의 그 박달재다. 해발 453미터 고갯길엔 애틋한 설화가 전해진다. 서울로 과거를 보러 떠난 박달 도령을 기다리다 상사병으로 죽은 금봉 처녀의 이야기가 그것. 터널 개통 후엔 테마공원이 생겨나 설화와 관련된 많은 볼거리를 제공한다.

◎ 충북 제천시 봉양읍 원박리

ⓒ 24시간

₩ 무료

❿ 탁사정

맑은 물이 굽어 흐르는 아득한 절벽 위에 정자 하나가 도도하게 서 있다. 이 정자와 주변 계곡의 운치를 더해 탁사정이라 부른다. 노송에 둘러싸인 멋스러운 정자까지 올라가 보는 것도 좋고, 여름철에 맞춰 해변처럼 백사장을 갖춘 계곡에서 물놀이를 즐기는 것도 추천한다.

◎ 충북 제천시 봉양읍 구학리

ⓒ 24시간

₩ 무료

제천의 맛집과 카페

제천빨간오뎅

덩실분식

쁘띠샹들리에

산아래 갖가지 종류의 쌈밥이 인기다. 유기농 채소가 곁들여진 정성스러운 음식을 제공한다. ◎ 충북 제천시 봉양읍 앞산로 174 ◷ 월~화·목 11:00~18:00, 금~일 11:00~20:30(라스트 오더 17:00, 19:30, 수 휴무)

제천빨간오뎅 이름 그대로 새빨간 매운 어묵이 침샘을 자극한다. 당연히 떡볶이를 곁들여야 한다.
◎ 충북 제천시 의병대로18길 2 ◷ 매일 09:00~02:00

두꺼비식당 매콤한 등갈비가 양푼에 푸짐하게 나온다. 사이드 메뉴 곤드레밥도 함께하면 좋다.
◎ 충북 제천시 의림대로20길 21 ◷ 매일 10:30~22:00

덩실분식 이름과는 달리 찹쌀떡과 도넛을 판다. 순식간에 동이나 오픈 런 해야 겨우 맛볼 수 있다.
◎ 충북 제천시 독순로6길 5 ◷ 도넛 나오는 시간 10시, 14시(소진 시 바로 마감)

쁘띠샹들리에 소녀 감성이 풀풀 풍기는 핑크빛 카페. 르꼬르동 블루 출신의 파티시에가 상주한다.
◎ 충북 제천시 용두대로 273 ◷ 매일 10:00~22:00(라스트 오더 21:30)

제천시 여행 지도

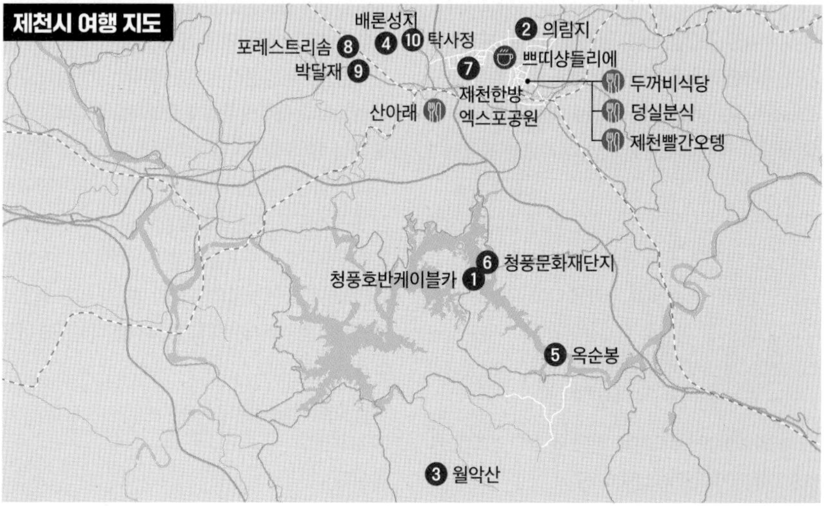

003 Chungbuk

충주시

내륙의 바다, 충주호의 도시

❶ 활옥동굴

100년의 역사를 가진 국내 유일의 활석(마그네슘으로 이루어진 규산염 광물) 광산을 색다른 분위기를 가진 테마형 동굴로 탈바꿈시켰다. 동양 최대 규모로, 오랜 시간 산업의 역군들이 활약했던 곳이다. 활석 광산의 역사와 관련된 전시와 자료를 훑어보며 동굴 관람이 시작된다. 이어서 LED 조명과 빛을 이용한 화려한 조형물과 이색 공간이 줄줄이 등장해 놀라움을 안긴다. 동굴 탐험의 백미는 암반수가 고여서 만들어진 호수 위를 카약을 타고 유람하는 것. 더욱이 맑은 물 아래로 철갑상어와 물고기가 노닌다. 20여 개 스폿이 짜임새 있게 배치되어 있어 2시간은 투자해야 한다. ◎ 충북 충주시 목벌안길 26

Ⓛ 화~일 09:00~18:00(월 휴무) ₩ 성인 10,000원, 초중고생 9,000원, 유아 8,000원

❷ 중앙탑사적공원

국보 탑평리 칠층석탑, 일명 중앙탑 주변으로 조성된 대형 공원이다. 나라의 중심에 있다 하여 별칭이 붙은 중앙탑은 통일신라 시대에 세워진 당대 최대 규모의 석탑이다. 충주의 문화재 중에서도 핵심적인 역할을 하는 탑이기에 그 곁으로 많은 볼거리를 흩어놓았다. 조각공원과 충주박물관이 대표적이며 잔디광장 곳곳엔 포토 스폿과 조형물도 즐비하다. 공원 동쪽으론 운치 있는 탄금호가 흘러 산책하기 그만이다. 야간에는 다양한 빛깔의 조명이 쏟아져 야경 명소로도 꼽히니 충주에서 한여름 밤 더위를 식히기에 이보다 좋은 곳은 없다.

◎ 충북 충주시 중앙탑면 탑정안길 6

Ⓛ 24시간

₩ 무료

❸ 수주팔봉

달천 강변에 기암으로 이뤄진 봉우리가 솟아있다. 조선 철종이 8개의 봉우리가 반짝이는 물가에서 노니는 꿈을 꾼 뒤 그 풍경을 찾아 도착한 곳이 수주팔봉이라 전해진다. 삐죽빼죽 날 선 바위가 절경을 만들어낸다. 능선 암벽 사이로 출렁다리와 인공폭포도 들어섰다.

◎ 충북 충주시 살미면 토계리

◷ 24시간

₩ 무료

❹ 비내섬

충주시 북쪽, 남한강 위에 뜬 섬으로 섬 전역에 오로지 갈대만이 무성해 특별한 풍광이 나타난다. 때 묻지 않은 태고의 자연을 품은 곳이라 알음알음 입소문을 타다가 드라마 <사랑의 불시착>이 촬영되며 큰 인기를 얻었다. 갈대숲 사이를 천천히 걷는 것만으로 힐링이 된다.

◎ 충북 충주시 앙성면 조천리 412

◷ 24시간

₩ 무료

❺ 수안보온천

무려 3만 년 전부터 솟아오른 천연 온천이다. 그 역사와 명성 덕에 수안보온천이 속한 행정구역이 '수안보면 온천리'일 정도. 지하 250미터에서 수온 53도의 알칼리 온천수가 온종일 분출된다. 예부터 깨끗한 수질을 자랑해 조선 시대부터 사람들의 발걸음이 끊이지 않았다.

◎ 충북 충주시 수안보면 온천리 일대

◷ 24시간

₩ 온천 업체별 상이

❻ 목계솔밭

남한강을 따라 100년 이상의 수령을 가진 소나무 80여 그루가 울창한 숲을 이뤘다. 무엇보다 충주 최고의 캠핑 명소로 오랫동안 꼽혔던 곳이다. 현재는 카라반까지 갖춘 캠핑장이 들어섰다. 남한강의 물줄기와 늘푸른 소나무 사이에서 보내는 하루는 특별할 수밖에 없다.

◎ 충북 충주시 중앙탑면 장천리 412-2

◷ 캠핑장 월~화 휴무

₩ 솔밭 무료, 캠핑장 사이트별·요일별 요금 상이

❼ 오대호아트팩토리

폐품을 활용한 '정크 아트'의 선구자 오대호 작가의 작품을 만나볼 수 있는 복합 전시 공간이다. 폐교를 개조한 건물과 앞마당에 작가가 20년 넘게 제작한 1,200점 이상의 작품이 가득하다. 자세히 보면 그 재료가 고철과 타이어, 녹슨 휠 등 보고도 믿기 힘든 수준이다.

◎ 충북 충주시 앙성면 가곡로 1434

◷ 화~일 09:00~18:00(월 휴무)

₩ 성인·어린이 7,000원

❽ 탄금대

남한강 절벽 위에 자리한 탄금대는 신라 진흥왕 때 우륵이 가야금을 연주하던 곳이라 이런 이름이 붙었다. 임진왜란 당시 신립 장군이 왜적에 맞서 결사 항전하다 투신한 역사도 품고 있으나 현재는 송림이 우거진 명승지로 도심과 들판을 아우르는 훌륭한 전망대로 통한다.

◎ 충북 충주시 탄금대안길 105

◷ 24시간

₩ 무료

❾ 세계무술박물관

충주시는 1998년부터 세계무술축제를 개최하고 있는 무술의 도시이다. 축제에 참여한 나라가 기증한 무술 관련 자료와 우리의 무예 자료를 모아 세계무술박물관을 개관했다. 5층 규모의 박물관에선 택견을 비롯해 세계 각국을 대표하는 전통무술의 이야기가 시작된다.

◎ 충북 충주시 남한강로 24

◷ 화~일 09:00~17:00(월 휴무)

₩ 무료

❿ 충주커피박물관

충주호가 내려다보이는 언덕에 진한 커피 향이 진동한다. 이곳은 개인이 수집한 엄청난 양의 커피 관련 물품으로 꽉 찬 박물관이기도 하고 커피 로스팅과 핸드드립에 도전해볼 수 있는 체험장이기도 하다. 동시에 글램핑과 카라반 숙박이 가능한 캠핑장 역할까지 해낸다.

◎ 충북 충주시 살미면 월악로 433

◷ 수~금 11:00~17:00, 토~일 10:00~18:00(월~화 휴무)

₩ 음료 주문으로 대체

충주의 맛집과 카페

중앙탑메밀마당 막국수가 주력이지만 진정한 별미는 메밀치킨이다. 물론 둘이 같이 먹어야 더 맛있다.
충북 충주시 중앙탑면 중앙탑길 103 매일 10:40~21:00(라스트 오더 20:20)

오뚜기분식 어울림시장에 숨겨진 분식 맛집. 가성비 좋은 쫄면이 분식 마니아들의 극찬을 받는다.
충북 충주시 예성로 168 월~토 10:30~20:00(일 휴무)

갈마가든 1990년에 문을 연 칡냉면 전문점으로 해물만두전골 역시 큰 지지를 받는다.
충북 충주시 살미면 용천갈마길 45 목~화 10:00~20:30(라스트 오더 19:45, 수 휴무)

카페메모리아 앤티크 소품과 감성이 가득한 카페. 문을 여는 순간 과거로 들어가는 느낌이다.
충북 충주시 중앙탑면 중앙탑길 120 매일 09:00~22:30

비채커피 시 외곽의 숲에 둘러싸여 있다. 도시를 벗어나 자연 속 음료 한 잔의 여유를 즐길 수 있다.
충북 충주시 노은면 솔고개로 737 매일 10:00~21:00(라스트 오더 20:30)

충주시 여행 지도

004 괴산군

Chungbuk

옛길 따라 계곡 따라

❶ 산막이옛길

칠성면의 사오랑 마을에서 첩첩산중 산막이 마을까지 이어졌던 옛길을 복원해 만들어 놓은 걷기 길이다. 주변의 명봉우리와 괴산호를 아우르는 여러 산책코스가 마련되어 있어 걷는 재미가 있다. 발걸음을 이어가는 동안 절벽 끝에 아슬아슬하게 세워진 환벽정을 시작으로 '산막이 옛길 9경'이 차례차례 등장한다. 구름다리와 기묘한 바위, 작은 섬 등 그 면면도 다양하다. 또한, 9경 사이를 신령한 나무나 전망대, 동굴이 메우고 있어 구경거리가 끊이지 않는다. 편도로 2시간 반 정도가 소요되며 옛길 초입에서 호수를 유람하는 배도 탈 수 있다.

◎ 충북 괴산군 칠성면 사은리 546-1

◷ 24시간

₩ 무료

❷ 문광저수지

문광저수지를 찾는 이들은 가을이 오기만을 간절히 기다린다. 저수지 한편에 있는 수백 그루의 은행나무가 때에 맞춰 노란빛을 터뜨리기 때문이다. 농업용수를 공급하기 위해 만들어진 저수지이자 강태공이 몰려드는 낚시터로 이름을 알렸지만, 은행나무길이 큰 인기를 끌게 되면서 괴산의 가을 여행 명소로 거듭났다. 마을 주민이 기증한 300여 그루의 은행나무는 각각 크기도 크거니와 풍성한 잎을 가지고 있어 더욱 아름답다. 저수지는 고목과 숲에도 둘러싸여 있는데 저수지를 한 바퀴 돌아볼 수 있는 데크 길도 있어 고마울 따름이다.

◎ 충북 괴산군 문광면 양곡리 16

◷ 24시간

₩ 무료

③ 화양구곡

우암 송시열의 숨결이 담긴 빼어난 계곡이다. 우암은 중국의 무이구곡에서 영감을 얻어 이곳에 화양구곡이란 이름을 짓고 오랜 기간 은거했다. 기암이 솟은 경천벽을 필두로 이름 그대로 9개의 절경이 차례로 이어진다. 제4경 금사담은 우암이 학문을 연마했던 곳이다.

◎ 충북 괴산군 청천면 화양리

◷ 24시간

₩ 무료

④ 수옥폭포

조령산 연풍 새재에 자리한 20미터 높이의 3단 폭포다. 조령 삼관문에서 소조령으로 흘러내린 물이 절벽을 만나면서 형성됐다. 웅장한 규모는 아니지만, 주변의 바위 절벽과 조화를 이룬 모습이 근사하다. 조선 연풍 현감 조유수가 지은 정자 수옥정이 폭포 곁에 여전히 남아있다.

◎ 충북 괴산군 연풍면 원풍리

◷ 24시간

₩ 무료

⑤ 성불산자연휴양림

성불산자연휴양림은 괴산 읍내, 비교적 도심과 가까이 있어 많은 지역민이 잠깐의 휴식을 위해 걸음을 한다. 성불산의 완만한 능선을 따라 꽃이 만발한 산책로와 생태연못, 휴양관 등의 시설이 이어진다. 전래동화를 주제로 삼은 동화의 숲과 미로 화단은 아이들이 좋아할 만하다.

◎ 충북 괴산군 연풍면 새재로 1795

◷ 24시간(월 휴무)

₩ 숙박동별 요금 상이

⑥ 한지체험박물관

친숙하지만 쉽게 접할 수 없는 우리 한지의 이야기를 들어볼 수 있는 대규모 박물관이다. 한지와 관련된 유물만 3,000점 가까이 소장하고 있다. 한지를 이용한 체험 역시 가능하다. 한지 뜨기 체험, 한지 인형 만들기가 대표적이며 입장료에 체험비는 포함되어 있지 않다.

◎ 충북 괴산군 연풍면 원풍로 233

◷ 화~일 09:00~18:00(월 휴무)

₩ 성인 4,000원, 청소년·어린이 3,000원

❼ 갈론계곡

갈론계곡의 독특한 이름은 인근 마을에 갈씨 성을 가진 사람이 많다 하여 유래했다. 괴산에서도 깊은 오지에 위치해 느긋하게 휴양을 누릴 수 있다. 화양구곡처럼 9개의 명승이 이어져 갈론구곡으로도 불린다. 기암과 반석이 맑은 계곡 사이로 모습을 드러낸다.

◎ 충북 괴산군 칠성면 사은리

Ⓒ 24시간

₩ 무료

❽ 괴산농업역사박물관

희미해져 가는 농경 문화의 역사를 잘 담아낸 공간으로 박물관과 체험관, 야외전시장으로 구성되어 있다. 박물관은 선사시대부터 현대까지 농경 문화와 유물을 잘 보여주고 있다. 체험관엔 투호와 널뛰기, 윷놀이가 준비되어 있고 야외전시장엔 농기구가 가지런히 놓여있다.

◎ 충북 괴산군 괴산읍 충민로검승1길 6

Ⓒ 화~일 09:00~18:00(월 휴무)

₩ 무료

❾ 괴산소금랜드

충청북도는 바다와 맞닿은 도시가 하나도 없는 국내 유일의 내륙도다. 그런 충청북도에서 염전체험을 해볼 수 있다. 문광저수지 옆에 자리한 소금랜드는 바닷물을 실어와 소금 채취의 기회를 제공한다. 소금문화관도 함께 운영 중이며 바로 앞에 연못 공원도 만들었다.

◎ 충북 괴산군 문광면 괴산로양곡5길 15

Ⓒ 화~일 09:00~18:00(11월~2월은 17시까지, 월 휴무)

₩ 성인 1,500원, 소인 500원

❿ 청인약방

신종철 옹은 6.25 전쟁통에 고향으로 내려와 1958년 청인약방을 개업했다. 이후 의료 사정이 열악했던 마을의 응급실 역할을 하며 많은 이를 치료했다. 2020년에 정든 약방을 군에 기증하며 모두에게 개방했다. 60년의 세월이 담긴 책과 장부, 의약품이 향수를 자극한다.

◎ 충북 괴산군 칠성면 도정로3길 19 Ⓒ 불규칙

₩ 무료

괴산의 맛집과 카페

서울식당 구수한 올갱이(다슬기)해장국을 40년째 요리한다. 버스터미널 바로 건너편이라 늘 붐빈다.
충북 괴산군 괴산읍 읍내로 283-1 매일 06:30~19:00

즐거운날 가성비 뛰어난 황태요리 전문점. 황태구이정식과 새뱅이(새우)전골 주문이 많다.
충북 괴산군 괴산읍 읍내로2길 33 매일 10:00~21:00

옛날병천순대 뽀얀 국물의 순댓국이 정갈하다. 순대 전문집이지만 의외로 돈까스의 인기도 높다.
충북 괴산군 문광면 광덕1길 37 매일 07:30~19:30(일요일은 14시까지, 매월 2번째 일요일 휴무)

뭐하농하우스 이름부터 재밌는, 괴산의 제철 과일과 채소를 활용해 디저트를 만드는 이색 농업 카페다.
충북 괴산군 감물면 충민로 694-5 화~일 11:00~19:00(라스트 오더 18:30, 월 휴무)

가리티커피 시그니처 메뉴, 곰 두 마리가 올려진 베어아몬드 크림라떼가 무척 깜찍하다.
충북 괴산군 칠성면 괴강로 636 화~일 11:00~20:00(월 휴무)

괴산군 여행 지도

005 진천군

Chungbuk

천혜의 환경, 생거진천

❶ 진천농다리

우리나라에서 가장 오래된 돌다리로 알려져 있다. 고려 시대에 축조되었다는 문헌이 있으니 그 역사는 약 1,000년으로 추측된다. 진천 굴티마을 앞 세금천 위에 놓여있으며 길이는 93.6미터다. 못이나 구조물 등을 전혀 사용하지 않고 오로지 사력암질의 돌을 물고기 비늘처럼 튼튼하게 겹쳐 쌓아 만들었다. 그 덕에 장마나 태풍에도 무너지지 않고 옛 원형을 그대로 유지하고 있다. 선조들의 토목 과학의 지혜를 엿볼 수 있는 중요한 문화재다. 농다리 주변으론 메타세쿼이아 길과 인공폭포, 호반 산책로 등 함께 즐길 거리도 많아 좋다.

◎ 충북 진천군 초평면 화산리

◷ 24시간

₩ 무료

❷ 초평저수지

1980년대 중반, 초평댐이 건설되면서 생겨난 충청북도 최대 규모의 저수지다. 붕어가 많이 잡히는 낚시 명소로 이름이 나 언제나 전국에서 강태공이 몰려든다. 낚시를 위해 설치한 알록달록한 수상 좌대가 저수지 위에 흩어져 있어 이색적인 풍경이 펼쳐진다. 봄에 방문했다면 반드시 저수지의 남쪽을 주목하자. 꽃섬이란 이름을 가진 작은 섬이 이름 그대로 새하얀 벚꽃으로 뒤덮여, 따로 떼어 놓고 보면 유럽이라 해도 믿을 만치 낭만적이다. 곁으론 붕어탕과 어죽 등을 즐기기 좋은 초평붕어마을이 있으니 식도락 여행도 빼놓으면 아쉽다.

◎ 충북 진천군 초평면 화산리 281

◷ 24시간

₩ 무료

❸ 진천종박물관

'코리안 벨'이란 학명이 있을 만큼 우리의 종은 우수성을 인정받고 있다. 진천종박물관은 그 사실을 증명하는 곳으로 국내를 대표하는 상원사 종과 성덕대왕신종(에밀레종)의 복제품 등 150여 개 범종을 전시하고 있다. 다양한 테마를 가진 세계 각국의 종도 만날 수 있다.

◎ 충북 진천군 진천읍 백곡로 1504-12 ⓒ 화~일 10:00~18:00(월 휴무) ₩ 진천종박물관+생거판화미술관 통합권 5,000원(진천사랑상품권으로 전액 환급)

❹ 보탑사

보련산 자락, 고려 시대의 절터로 알려진 부지 위에 자리 잡은 사찰이다. 1990년대 창건으로 역사는 깊지 않으나 수목원 같은 아름다운 풍경을 만나기 위해 많은 여행자가 걸음을 한다. 경주 황룡사 구층목탑을 모델 삼아 만든 52미터 높이의 삼층목탑은 보탑사의 상징이다.

◎ 충북 진천군 진천읍 김유신길 641

ⓒ 24시간

₩ 무료

❺ 천주교배티성지

1800년대에 벌어진 천주교 박해를 피해 천주교인들이 숨어들었던 골짜기로 중요한 천주교 순례지로 꼽힌다. 특히 한국 천주교회의 첫 신학생이자 두 번째 사제였던 토마스 최양업 신부가 선교 활동을 펼쳤던 성지다. 그의 박물관과 기념성당, 순교자 묘지 등이 있다.

◎ 충북 진천군 백곡면 배티로 663-13

ⓒ 박물관 화~일 09:00~18:00(월 휴무)

₩ 무료

❻ 한반도지형전망공원

이곳에선 초평저수지 위에 떠 있는 거대한 한반도 지형을 굽어볼 수 있다. 진천의 한반도 지형은 남쪽의 제주도(붕어섬)와 주변의 중국, 일본 지형까지 있어 놀라움을 더한다. 나선형 계단을 따라 전망대 정상에 오르면 저수지 주변의 풍광까지 한눈에 담을 수 있다.

◎ 충북 진천군 초평면 화산리 산51-9

ⓒ 24시간

₩ 무료

❼ 생거진천자연휴양림

진천군의 공식 슬로건 '생거진천'의 이름을 딴 평온한 분위기의 휴양림이다. 무제산 일대에 조성되어 있으며 숲속의 집, 휴양관 등의 숙박시설과 세미나실, 놀이터 등 다양한 부대시설을 갖추고 있다. 무엇보다 휴양림 정상의 정자까지 이어지는 산책로가 매우 훌륭하다.

충북 진천군 백곡면 명암길 435-135

월 휴무

₩ 산책로 이용 무료, 숙박시설 요금 상이

❽ 길상사

진천군은 김유신 장군이 태어난 고장으로 그의 탄생지와 태실도 문화재로 지정되어 보존되고 있다. 장군의 위패와 영정을 모신 사당인 길상사는 왜란과 홍수 등으로 훼손되었다가 현재의 위치에 재건되었다. 높은 언덕 위에 자리 잡아 멀리 진천 읍내의 모습도 훤히 보인다.

충북 진천군 진천읍 문진로 1411-38

24시간

₩ 무료

❾ 만뢰산자연생태공원

진천군의 명산 만뢰산 부근에 만들어진 생태공원이다. 산과 계곡을 배경으로 식물원과 생태연못, 잔디광장이 펼쳐져 있으며 진천의 조류와 양서류 등을 전시하는 작은 전시관도 있어 재미를 더한다. 생태탐방로를 따라 12만 제곱미터 규모의 생태공원을 누빌 수 있다.

충북 진천군 진천읍 연곡리 34-1

24시간

₩ 무료

❿ 마차박물관체험마을

충북 무형문화재로 활약했던 전통 수레 제작 장인의 숨결이 담겨있다. 고구려 왕 마차를 비롯해 다양한 전통 마차를 관람하고 체험하는 게 가능하다. 드라마와 영화에 쓰였던 소품도 구경할 수 있으며 한때 <오징어게임>의 영희 인형을 소장하고 있어 인기를 끌기도 했다.

충북 진천군 문백면 농다리로 34

토~일 10:30~17:00(월~금 휴무)

₩ 5,000원

진천의 맛집과 카페

진천막국수

진골짬뽕

곤드레밥집

진천막국수 향긋한 새싹을 한가득 얹은 동치미 국물의 막국수도 촉촉한 수육도 훌륭하다.
충북 진천군 이월면 진광로 725 화~일 10:30~20:00(라스트 오더 19:50, 월 휴무)

진골짬뽕 불맛 가득 매콤한 짬뽕이 현지인들의 입맛을 공략했다. 성골짬뽕엔 고기를 더 넣어준다.
충북 진천군 진천읍 문화로 19 월~금 11:00~17:00, 토~일 11:00~20:00(토~일 브레이크 타임 14:30~16:00)

곤드레밥집 생 곤드레를 찰진 밥에 담뿍 올려준다. 제공되는 나물 반찬도 건강한 맛이다.
충북 진천군 진천읍 문화로 91-8 월~토 11:00~20:00(일 휴무)

더그라스 루프탑과 야외 정원, 중정, 애완동물 존까지 갖춘 총 3층 규모의 대형 베이커리 카페.
충북 진천군 진천읍 소강정1길 78 매일 10:00~22:00

스몰콤마 작은 쉼표라는 뜻의 스몰콤마. 숲에 둘러싸여 이름 그대로 소소한 여유를 선물한다.
충북 진천군 이월면 송림2길 81-97 화~일 11:00~20:30(라스트 오더 20:00, 월 휴무)

진천군 여행 지도

006
Chungbuk

음성군
도시를 채우는 복숭아 향기

❶ 한독의약박물관

제약회사 한독의 창립 10주년을 기념해 개관한 국내 최초의 기업박물관이자 의약박물관으로 현재의 건물은 1995년에 신축되었다. 김신권 전 회장의 소장 유물을 모아 소박하게 시작된 박물관은 현재 보물 6점을 비롯하여 총 2만여 점의 의약 관련 자료를 소장하고 있는 대형 전시관으로 발전했다. 근대에 사용되던 의약품과 약병, 목재 약통, 의료 서적 등은 쉽게 보기 힘든 유물이라 신기하다. 세계 각국에서 이용되던 의료 도구와 약품을 보는 재미도 쏠쏠하다. 인류의 축복, 페니실린을 발견한 위인 플레밍 박사의 연구실도 복원해 놓았다.

◎ 충북 음성군 대소면 대풍산단로 78

◷ 화~일 09:00~17:00(월 휴무)

₩ 무료

❷ 반기문평화기념관

한국인 최초 유엔 사무총장을 역임한 반기문 전 총장은 음성 원남면에서 태어났다. 그의 생가 옆에 그의 업적을 기리기 위한 기념관이 문을 열었다. 군더더기 없이 깔끔하고 세련된 건물 내부가 인상 깊다. 세계 평화를 기원하며 전 세계의 언어로 '평화'를 새긴 평화홀을 지나면 반 전 총장이 세계 각국 정상들에게 받은 선물이 전시된 문화체험실이 이어진다. 유엔사무총장 집무 체험실에선 재미있는 기념사진을 남길 수 있다. 2층 기념실에선 반 전 총장의 생애가 차근차근 펼쳐진다. 기념관 부근, 만국기가 휘날리는 평화광장까지 둘러보면 좋다.

◎ 충북 음성군 원남면 행치길 15-5

◷ 화~일 09:00~18:00(월 휴무)

₩ 무료

❸ 큰바위얼굴테마파크

국내에서 가장 기묘한 공간 중 하나다. 역사 속 위인과 현시대 스타의 얼굴을 거대하게 조각해 놓았는데 그 숫자가 헤아릴 수 없이 많다. 크게 20개 정도의 전시관이 넓은 대지 위에 흩어져 있다. 자신이 존경하는 인물이나 좋아하는 연예인을 찾다 보면 시간 가는 줄 모른다.

◎ 충북 음성군 생극면 일생로 500
◷ 매일 08:00~20:00
₩ 대인 8,000원, 소인 5,500원, 유치원생 3,500원

❹ 감곡매괴성모순례지

충북 최초의 성당인 매괴성당이 순례지 중앙에 우뚝 서 있다. 프랑스 출신의 임가밀로 신부가 명성황후가 피신했던 민응식의 집터에 세운 것이다. 그는 일제강점기에 학교를 운영하며 아이들에게 우리말을 가르쳤다고 한다. 사제관 내엔 성당에 있던 천주교 유물이 전시되어 있다.

◎ 충북 음성군 감곡면 성당길 10
◷ 24시간
₩ 무료

❺ 백야자연휴양림

맑은 공기가 반기는 무성한 천연림에 조성된 공립 자연휴양림으로 방문객을 위한 넉넉한 부대시설을 갖추고 있다. 오토캠핑장에선 캠핑족이 모여 흥겨운 한때를 보내고 자연학습장과 물놀이장에선 아이들의 웃음소리가 들린다. 숲 해설과 목공체험 프로그램도 운영한다.

◎ 충북 음성군 금왕읍 백야리 산13
◷ 24시간
₩ 숙박동별 요금 상이

❻ 철박물관

국내에 흔치 않은 철 전문 박물관이다. 철강제조기업 동국제강에 의해 설립된 뒤 철과 관련된 전시와 교육, 체험을 제공하는 복합 문화 공간으로 자리 잡았다. 박물관 앞 정원에 놓인 거대 철제 구조물이 먼저 눈에 들어온다. 꼼꼼하게 주제에 집중한 전시관 수준도 훌륭하다.

◎ 충북 음성군 감곡면 영산로 360
◷ 화~토 10:00~17:00(일~월 휴무)
₩ 무료

❼ 음성군품바재생예술체험촌

정겹고 익살스러운 콘텐츠인 <품바>를 주제 삼아 조성된 체험형 공간이다. 상주 중인 작가들의 상세한 안내에 따라 갖가지 재미난 만들기 체험에 참여할 수 있다. 체험촌 잔디마당엔 폐품을 재활용해 만든 기발한 작품이 여럿 전시되어 있다. 물론 품바 의상을 입어볼 수도 있다.

◎ 충북 음성군 원남면 원중로399번길 30

◷ 화~일 09:00~18:00(월 휴무)

₩ 무료(체험비 상이)

❽ 봉학골산림욕장

봉학산 등산로를 따라 이어지는 침엽수림의 향연이 절로 감탄을 부른다. 깊은 산속에서 피톤치드를 들이키며 삼림욕을 만끽하는 것이 이곳의 매력이니 산책로 안쪽까지 발을 디뎌보기 바란다. 구석구석 피크닉 테이블과 정자가 있어 가족 단위 소풍을 계획하기에도 괜찮다.

◎ 충북 음성군 음성읍 용광로230번길 138

◷ 24시간

₩ 무료

❾ 설성공원

음성읍 도심 한복판에 있어 여가를 즐기러 나온 시민으로 항상 붐빈다. 도시 근린공원임에도 문화재로 지정된 석탑들이 함께 위치해 보는 재미까지 제공한다. 연못 중앙, 작은 섬에 들어앉은 경호정의 자태가 고즈넉하다. 음성을 대표하는 품바 축제의 주무대이기도 하다.

◎ 충북 음성군 음성읍 설성공원길 28

◷ 24시간

₩ 무료

❿ 운곡서원

본래 백운서당이었던 곳을 1602년, 충주 목사로 부임한 정구 선생이 개편해 주자를 모셨다. 정구 선생 사후엔 그를 함께 배향하며 운곡서원이라 이름 붙였다. 사실상 음성에 온전히 남아있는 유일한 서원으로 역사적 가치가 높기에 충북 문화재자료로 지정되어 보호받고 있다.

◎ 충북 음성군 삼성면 용성리

◷ 24시간

₩ 무료

음성의 맛집과 카페

외할머니집

이가짬뽕

카페이목

외할머니집 정겨운 이름과 토속적인 분위기의 식당으로 전통 발효 방식으로 만든 청국장이 구수하다.
충북 음성군 감곡면 가곡로 230 매일 06:30~20:00(라스트 오더 19:30)

생극해장국원조본점 1989년에 문을 연 해장국집이다. 갖가지 내장 부위를 넣은 소내장탕이 진하다.
충북 음성군 생극면 음성로 1384 화~일 07:00~20:30(일요일은 15:30까지, 월 휴무)

이가짬뽕 금왕 읍내에 위치한 짬뽕 전문점이다. 매운맛을 좋아한다면 라초짬뽕에 도전해보자.
충북 음성군 금왕읍 금석로 15 화~일 10:30~20:30(월 휴무)

궤짝카페 '괴짜' 사장님이 '궤짝'을 모아 별의별 작품을 다 만들어 놨다. 외관부터가 궤짝 모양이다.
충북 음성군 감곡면 행군이길 87-65 화~일 11:00~22:00(월 휴무)

카페이목 도심에서 한참 벗어난 고요한 시골길에 자리한다. 때가 되면 주변에 배꽃이 만개한다.
충북 음성군 삼성면 대청로 189 매일 11:00~21:00

음성군 여행 지도

007 Chungbuk

증평군

작지만 확실한 행복

❶ 좌구산자연휴양림

증평에서 조용한 힐링 명소를 찾는다면 여기만한 곳이 없다. 한남금북정맥 최고봉인 좌구산 서쪽 산허리의 대부분을 차지하고 있는 대단지 휴양림이다. 늘 상쾌한 공기를 내뿜는 좌구산의 청정 자연을 누비며 산림욕을 마음껏 즐길 수 있다. 그뿐만 아니라 즐길 거리도 다양하다. 50미터 공중 위에 뜬 230미터 길이의 명상구름다리가 대표적이다. 다리를 건너는 내내 푸른 숲의 전경이 두 눈에 맺힌다. 그 숲 사이를 누비는 짚라인과 숲속 모험 시설도 인기다. 밤이면 하늘 가득 별빛이 쏟아지는 곳이니 숙박동이나 캠핑장에서 하루 묵어가기를 권한다.

◎ 충북 증평군 증평읍 솟점말길 107

ⓒ 24시간

₩ 숙박동별 요금 상이

❷ 에듀팜특구관광단지

중부권에서 이보다 큰 관광단지는 찾아보기 힘들다. 워낙 넓어 단지 내에 셔틀버스가 운영될 정도. 놀이기구로 가득 찬 테마파크와 목장, 루지체험관, 물놀이장, 수상레포츠장 등이 한데 어우러져 있다. 골프장과 마리나클럽, 콘도미니엄까지 갖췄으니 어른, 아이 할 것 없이 이곳에서 즐거운 한때를 보낼 수 있다. 가장 인기가 좋은 곳은 벨포레목장이다. 푸른 초원 위를 자유롭게 뛰노는 양 떼를 마주하고 양몰이 공연도 볼 수 있다. 승마체험장과 미니 가축 농장, 공룡 영상관도 함께 운영된다. 무엇보다 목장 전망대에서 보는 산수풍경이 일품이다.

◎ 충북 증평군 도안면 벨포레길 374

ⓒ 매일 10:00~17:40 ₩ 목장입장료 5,000원(놀이기구 등 시설별 이용요금 별도)

❸ 보강천미루나무숲

증평군을 관통하는 보강천 주변으로 미루나무숲이 들어서면서 생태공원이 탄생했다. 하늘을 향해 쭉쭉 뻗은 미루나무 사이로는 화려한 색상의 꽃이 만발해 도심 속 휴식처로 완벽하다. 파크 골프장과 잔디 구장 등의 레저 공간도 함께 있어서 언제나 시민들로 북적인다.

◎ 충북 증평군 증평읍 송산리 649-45

⏲ 24시간

₩ 무료

❹ 독서왕김득신문학관

조선의 시인 백곡 김득신은 책 한 권을 11만 번 이상 읽었다는 기록이 남아있을 만큼 다독가였다. 백곡의 묘소가 있는 증평에 그의 극적인 삶을 전하는 문학관이 있다. 둔재 소리를 듣고 자랐지만 꾸준한 독서를 통해 59세에 과거에 합격한 그의 생애가 대단하게 느껴진다.

◎ 충북 증평군 증평읍 인삼로 93

⏲ 화~일 09:00~18:00(월 휴무)

₩ 무료

❺ 삼기저수지

좌구산에서 발원한 삼기천의 물이 남쪽으로 흘러 삼기저수지를 만든다. 한적한 산골 초입에 위치해 고요하고 아늑한 분위기가 감돈다. 저수지 주변으로 '등잔길'이라 불리는 3킬로미터 길이의 둘레길이 조성되어 있다. 나무 데크를 따라 산수를 번갈아 보며 산책을 즐기기 좋다.

◎ 충북 증평군 증평읍 율리 680

⏲ 24시간

₩ 무료

❻ 별천지공원

도시 내에 오염물질과 빛 공해가 적어 별을 보기 좋은 증평의 특징을 살려 별천지공원을 꾸몄다. 언덕 위에 있는 붉은 등대가 가장 먼저 눈에 들어오는 가운데 공원 어디든 꽃과 나무가 산책길에 동행한다. 솟대와 돌탑 등의 민속품도 곳곳에 있어 아기자기한 재미를 건넨다.

◎ 충북 증평군 증평읍 종암길 399

⏲ 24시간

₩ 무료

❼ 증평민속체험박물관

2003년 괴산군에서 분리되며 탄생한 젊은 도시 증평군의 역사와 문화를 알고 싶다면 이곳으로 향하자. 증평의 어제와 오늘을 상세히 전시한 향토자료관, 증평의 무형문화유산 <장뜰두레농요>를 접할 수 있는 두레관과 함께 한옥체험장, 공예체험관, 민속놀이마당을 운영한다.

◎ 충북 증평군 증평읍 둔덕길 89
🕓 화~일 09:00~18:00(11월~2월은 17시까지, 월 휴무)
₩ 무료

❽ 증평좌구산천문대

맑은 날 밤이면 수많은 별로 뒤덮이는 좌구산 정상 부근에 있다. 천문대 관측실엔 국내 최대 규모급 356mm 굴절 망원경과 천체관측장비가 설치되어 있어 별과 천체의 모습을 생생하게 관찰할 수 있다. 일반 관람 외 천체 관측은 홈페이지를 통한 사전 예약이 필수다.

◎ 충북 증평군 증평읍 솟점말길 187
🕓 10:00~22:00(11월~3월은 21시까지, 월 휴무)
₩ 성인 5,000원, 청소년·어린이 4,000원, 유아 1,000원

❾ 증평자전거공원

증평 읍내의 모습을 정교하게 축소해 놓아 마치 소인국에 입장한 느낌이다. 10대 자전거 거점도시로 뽑히기도 했던 증평은 그만큼 자전거 타기 좋은 고장. 자전거를 배우는 아이들에게 교통안전을 교육할 수도 있고 오밀조밀한 포토존이 많아 데이트 코스로도 나쁘지 않다.

◎ 충북 증평군 증평읍 남하용강로 16
🕓 24시간
₩ 무료

❿ 장이익어가는마을

600년의 전통을 이어가고 있는 작은 마을로 이씨와 지씨, 배씨 세 종가가 집성촌을 이루고 있다. 종부의 깊은 손맛이 담긴 된장과 고추장을 맛보는 것을 넘어 장을 담가보는 체험도 가능하다. 안채와 사랑채 등을 여행객에게 내어주고 있어 한옥스테이도 경험해 볼 수 있다.

◎ 충북 증평군 증평읍 송티로 76-12
🕓 평일 09:00~18:00(주말은 예약제)
₩ 체험별 상이

증평의 맛집과 카페

송원칼국수

장뜰순대

이와카페

송원칼국수 해물을 아낌없이 넣어 국물 맛이 정말 깊고 진하다. 국수도 쫄깃하고 겉절이도 맛나다.
충북 증평군 증평읍 초중로 38 화~일 11:00~21:00(브레이크 타임 15:00~17:00, 라스트 오더 20:00, 월 휴무)

장뜰순대 증편군청 부근에 있는 순댓국 전문점. 순대와 내장, 머릿고기를 풍성하게 넣어준다.
충북 증평군 증평읍 윗장뜰길 27-1 수~월 10:00~22:00(화 휴무)

토방촌 오로지 생돼지김치찌개로만 승부하는 집이다. 사리처럼 돼지고기 추가가 가능하다.
충북 증평군 증평읍 초중11길 11 월~토 09:00~21:00(일 휴무)

이와카페 조선 양반집도 이렇게 근사하진 않았을 거다. 웅장한 한옥 카페가 꽃으로 둘러싸여 있다.
충북 증평군 증평읍 증안지길 155 매일 10:00~21:00

미몽 화려한 대형 샹들리에가 눈을 사로잡는다. 더블아몬드크림라떼가 최고 인기 메뉴.
충북 증평군 증평읍 인삼로 408 매일 10:30~22:00

008 Chungbuk

청주시

도시와 자연의 완벽한 공존

❶ 청남대

대청호 곁에 터를 잡은 대한민국 대통령 전용 별장으로 '남쪽의 청와대'라 하여 청남대로 불린다. 1983년부터 많은 대통령이 이곳에서 휴가를 보내고 정국을 구상했다. 참여정부가 들어선 2003년 4월, 노무현 전 대통령이 국민에게 청남대를 개방하면서 청주의 핵심 여행지로 부상했다. 국가 원수가 실제로 머물던 침실과 집무실 등을 관람하는 재미도 클 뿐 아니라 약 180만 제곱미터의 부지 위에 산수가 어우러진 풍경이 눈을 즐겁게 해준다. 역대 대통령의 이름을 딴 산책로는 이곳의 하이라이트이니 적어도 한 코스는 걸어보자. ⊙ 충북 청주시 상당구 문의면 청남대길 646 ⓒ 화~일 09:00~18:00(12월~1월 동절기는 17시까지, 월 휴무) ₩ 성인 6,000원, 청소년 4,000원, 어린이·경로 3,000원

❷ 상당산성

청주시민의 사랑을 독차지하고 있는 석성으로 산책과 소풍을 즐기는 이들로 늘 붐빈다. 산성 건설의 시작은 백제로 거슬러 올라가지만, 임진왜란 후에 본격적으로 개보수된 까닭에 조선 시대 중, 후기의 건축술을 잘 보여준다. 4.2킬로미터 둘레의 산성을 따라 이어진 등산로와 산책로를 걷다 보면 청주 도심의 모습과 산성 주변 자연의 모습이 사이좋게 눈에 들어온다. 성에 있는 동문, 서문, 남문 중 남문 앞에 드넓은 잔디광장이 있어 여유로운 시간을 보내기 좋다. 계절별로 피고 지는 갖가지 꽃과 나무도 상당산성을 찾게 되는 이유 중 하나이다.

⊙ 충북 청주시 상당구 용담·명암·산성동 일대

ⓒ 24시간

₩ 무료

❸ 수암골

한때 피난민이 모여 살던 달동네 수암골은 이제 문화 천국이다. 정겨움이 넘치는 벽화골목엔 40여 개의 벽화가 숨어있고, 카페거리엔 저마다의 감성으로 무장한 예쁜 카페가 가득하다. 많은 드라마가 촬영된 곳이라 김수현 작가의 아트홀과 드라마 관련 공원과 광장도 있다.

◎ 충북 청주시 상당구 수암로56번길 13-6

⏱ 24시간

₩ 무료

❹ 운보의집

운보 김기창 화백은 일제강점기 시대부터 자신만의 예술세계를 구축한 근대화가다. 1만원 권에 그려진 세종대왕이 그의 작품. 운보의 집은 김 화백이 1984년부터 2001년 작고할 때까지 머물던 사저 겸 작업실로 전통한옥과 미술관, 자연이 한데 어우러진 우아한 예술 공간이다. ◎ 충북 청주시 청원구 내수읍 형동2길 92-41 ⏱ 화~금 09:30~17:30, 토~일 09:30~18:00(월 휴무) ₩ 성인 6,000원, 초중고·경로 5,000원, 유치원생 4,000원 .

❺ 문암생태공원

쓰레기 매립장이 꽃밭으로 뒤덮인 생태공원으로 재탄생해 이제는 악취 대신 꽃향기가 피어오른다. 무심천과 미호천이 맞닿는 곳에 있어 환경적으로도 빼어난 입지를 자랑하며 수목원과 습지원 등 자연을 만끽할 수 있는 장소가 많아 혐오시설 재생의 좋은 사례로 꼽힌다.

◎ 충북 청주시 흥덕구 문암동 122-2

⏱ 24시간

₩ 무료

❻ 정북동토성

미호천변 평야 지대에 자리 잡은 토성으로 현존하는 토성 중에서 보존 상태가 가장 뛰어나다. 3세기경에 축조된 것으로 추측되며 고대 정방형 토성 형태를 갖추고 있어 역사적 가치가 높다. 현재는 논과 하천을 배경으로 산책을 즐기기 완벽해 시민들의 발걸음이 잦다.

◎ 충북 청주시 청원구 정북동 353-2

⏱ 24시간

₩ 무료

❼ 문의문화재단지

대청호와 맞닿은 문의면에 우리 고유의 문화재를 잔뜩 모아놨다. 충북유형문화재인 문산관을 필두로 수몰 위기에 놓였던 문화재와 전통가옥 등이 이전, 복원되어 있다. 이제는 사라져가는 옛 모습을 생생하게 재현해놓은 장소라 남녀노소 누구에게나 큰 재미를 안긴다. 충북 청주시 상당구 문의면 대청호반로 721 화~일 09:00~18:00(11월~2월 동절기는 17시까지, 월 휴무) ₩ 성인 1,000원, 청소년 800원, 어린이 500원

❽ 다래목장

목장의 규모는 작으나 알찬 낙농체험이 가능해 실속있는 가족 여행지로 명성이 자자하다. 소에게 건초를 주는 체험은 기본이고 원유를 이용한 생치즈 만들기, 우유 아이스크림 만들기 등 흥미로운 프로그램이 아이들을 기다린다. 카페와 다양한 포토존도 매력 포인트다.

충북 청주시 청원구 내수읍 초정약수로 526-15

매일 11:00~19:00

₩ 치즈클래스 23,000원부터

❾ 청주고인쇄박물관

국내 유일의 고인쇄 테마 박물관이다. 세계 최초의 금속활자이자 유네스코 세계기록유산인 '직지심체요절'이 인쇄되었던 흥덕사지에 있어 의미가 더욱 깊다. 3개 전시관 안에 목판본, 금속활자본, 인쇄기구 등 고인쇄 관련 전시물 수백여 점이 전시되어 있다.

충북 청주시 흥덕구 직지대로 713

화~일 09:00~18:00(월 휴무)

₩ 무료

❿ 청주랜드

청주시에서 운영하는 어린이 전용 테마파크 겸 교육공간이다. 놀이기구와 각종 체험관, 교육관, 전시관이 즐비해 머무는 내내 아이들의 혼을 쏙 빼놓는다. 공룡관과 동물원은 그중에서도 인기가 가장 높다. 인근에 위치한 국립청주박물관까지 한 코스에 포함시키면 더 좋다. 충북 청주시 상당구 명암로 171

화~일 09:00~18:00(월 휴무)

₩ 동물원 성인 1,000원, 청소년 800원, 어린이 500원 (놀이기구별 요금은 상이)

청주의 맛집과 카페

봉용불고기

원조고추만두국집

풀문

봉용불고기 냉동육에 특제 간장 소스를 부어 익히다 파채를 쏟아붓고 볶아 먹으면 입안에서 축제가 벌어진다. ◎ 충북 청주시 청원구 중앙로 108 ⓒ 매일 08:00~21:50

대산보리밥 청국장의 수준이 보통이 아니다. 보리밥 정식의 반찬이 풍성하고 고등어구이도 부드럽다. ◎ 충북 청주시 서원구 성화로69번길 43-23 ⓒ 금~화 10:50~21:00(브레이크 타임 15:00~17:00, 라스트 오더 20:30, 수~목 휴무)

원조고추만두국집 쫄깃한 김치만두를 꽤나 매콤하게 양념한 국물에 넣고 끓여준다. 칼칼하고 시원하다. ◎ 충북 청주시 상당구 사직대로350번길 61 1층 ⓒ 화~일 11:00~20:30(월 휴무)

풀문 청주 시내를 한눈에 바라볼 수 있는 수암골 언덕에 있다. 세계 최초 치즈 빙수가 시그니처 메뉴이다. ◎ 충북 청주시 상당구 수암로 46-8 ⓒ 매일 10:30~24:00(라스트 오더 23:30)

더대청호 대청호를 바라보며 커피의 깊은 향에 빠져보자. 문의문화재단지와 멀지 않다. ◎ 충북 청주시 상당구 문의면 대청호반로 786-25 ⓒ 매일 11:00~21:00

009 보은군

Chungbuk

속리산 품에 안기다

❶ 속리산

대한민국 명산 리스트에서 언제나 이견 없이 최상위권으로 거론되는 속리산은 예부터 한국 팔경 중 하나로 꼽혔다. 소백산맥 중앙에 터를 잡고 한남금북정맥의 시작점 역할을 한다. 작은 금강산이란 뜻의 소금강산이라 불리기도 하며 화강암으로 이뤄진 기암과 봉우리, 폭포와 계곡이 태고의 자연과 어우러져 사시사철 장관을 연출한다. 1,058미터로 최고봉을 차지한 천왕봉을 중심 삼아 문장대, 비로봉, 관음봉 등 인기 있는 봉우리가 줄지어 연결돼 화려한 능선을 만든다. 10여 개의 등산 코스가 있으니 시간과 체력에 맞춰 알맞은 선택을 하면 된다.

◎ 충북 보은군 속리산면 법주사로 84

◷ 24시간

₩ 무료

❷ 법주사

속리산이 배출한 최고의 인기 사찰 법주사는 신라 진흥왕 14년인 553년에 의신조사에 의해 창건되었다. 사찰 안으로 들어서면 국내 3대 불상전 중 하나인 대웅보전을 위시하여 수십여 개의 부속 건물이 이곳저곳에서 웅장한 모습을 드러낸다. 특히 국보로 지정된 팔상전은 우리나라 목조 건물의 찬란함을 유감없이 보여주는 귀중한 목탑으로 법주사 순례의 백미로 꼽힌다. 팔상전 곁에 서 있는 33미터 높이의 청동미륵대불 역시 눈에 띈다. 그밖에도 쌍사자 석등, 석련지 등의 국보를 비롯하여 다수의 유물과 문화재가 법주사를 빛내고 있다.

◎ 충북 보은군 속리산면 법주사로 405

◷ 매일 06:00~18:30(동절기는 17:30까지)

₩ 무료

❸ 삼년산성

단 3년 만에 이토록 크고 견고한 산성을 지었단 사실이 놀랍다. 신라 자비왕 시절인 470년에 축성되었으며 <삼국사기>에 완성까지 3년이 걸렸다는 기록이 남아있다. 둘레는 총 1,680미터. 성벽을 따라 산책로가 있어 선조들의 건축술에 경의를 표하며 산책을 이어갈 수 있다.

◎ 충북 보은군 보은읍 성주1길 104

Ⓒ 24시간

₩ 무료

❹ 말티재

우리나라에서 가장 구불구불한 산악도로다. 태조 왕건이 말을 타고 오른 길로 전해지며 세조가 법주사로 행차할 때 가마에서 내려 말을 갈아타고 오른 길이라 하여 말티재라는 이름이 붙었다. 180도로 꺾이는 13번의 커브 길을 올라야 430미터 정상에 겨우 다다를 수 있다.

◎ 충북 보은군 장안면 장재리 산4-14

Ⓒ 24시간

₩ 무료

❺ 정이품송

수령 600년으로 추정되는 노거수로 1962년 천연기념물로 지정되었다. 나이를 떠나 이 고고한 소나무가 이름난 이유는 현재의 장관급인 '정이품' 직위를 가졌기 때문. 세조가 법주사로 향할 때 늘어진 가지를 들어 올려 왕의 가마를 무사히 지나게 하여 벼슬을 얻었다 한다.

◎ 충북 보은군 속리산면 법주사로 99

Ⓒ 24시간

₩ 무료

❻ 솔향공원

정이품송도 그중 하나일 뿐 보은은 예부터 소나무가 많기로 유명한 고장이다. 그런 사실을 바탕으로 솔향공원을 만들었다. 소나무로 우거진 커다란 공원 안엔 소나무전시관도 있다. 솔숲 사이를 오가는 스카이바이크와 2021년에 개통한 모노레일은 이곳의 매력을 더욱 높였다. ◎ 충북 보은군 속리산면 갈목리 산19-3 Ⓒ 스카이바이크, 모노레일 화~일 10:00~17:00(월 휴무) ₩ **스카이바이크** 1대당 20,000원 **모노레일** 성인 7,000원, 소인 4,000원

❼ 충북알프스자연휴양림

속리산과 구병산이 이어지는 40여 킬로미터의 구간은 산세가 수려해 '충북알프스'라고 불린다. 그 충북알프스 끝자락에 자연과 온전히 하나가 된 자연휴양림이 있다. 다수의 숙박동과 물놀이를 위한 수영장까지 갖추고 있고 숲 해설도 제공해 가족 단위 여행객에게 딱 알맞다.

◎ 충북 보은군 산외면 장갑리 산15

◷ 매일 09:00~18:00

₩ 숙박동별 요금 상이

❽ 보은미니어처공원

보은에서 청주로 향하는 길에 특색 있는 공원이 하나 숨겨져 있다. 보은미니어처공원은 앞서 본문에 소개된 보은의 주요 명소를 초미니 사이즈로 구현해 전시해 놓았다. 속리산과 법주사는 당연하고 삼년산성과 말티재, 정이품송까지 그 구성이 나무랄 데 없이 완벽하다.

◎ 충북 보은군 산외면 산대리 213

◷ 24시간

₩ 무료

❾ 동학농민혁명기념공원

보은은 1894년 동학농민혁명 당시 동학 농민들의 집결지이자 혁명 운동의 주무대였다. 그 뜻과 전사자들의 넋을 기리기 위해 최후의 격전지였던 성족리 일대에 기념공원이 들어섰다. 드넓은 공원 안에 동학 농민과 관련된 풍성한 자료를 매우 상세하게 전시해 놓았다.

◎ 충북 보은군 보은읍 동학로 236-22

◷ 24시간

₩ 무료

❿ 서원계곡

속리산에서 흘러내린 물길이 금강 발원지인 삼기저수지를 거쳐 하류로 향하면서 서원계곡을 탄생시켰다. 시원한 물줄기가 숲과 바위를 휘감으며 쏟아지는 모습이 장관이라 제2의 화양계곡이라 불린다. 동쪽으론 정이품송의 부인송으로 알려져 있는 서원리 소나무가 위치한다.

◎ 충북 보은군 장안면 서원리

◷ 24시간

₩ 무료

보은의 맛집과 카페

능이손칼국수

속리토속음식점

LOTUS BLOSSOM(로터스 블라썸)

능이손칼국수 걸쭉한 국물이 스프 같기도 하다. 능이버섯의 향이 매우 향긋하고 진하다. 양도 푸짐하다.
충북 보은군 보은읍 성족2길 41 매일 10:00~20:00

속리토속음식점 등산객이 산을 오며 가며 즐겨 찾는다. 신선한 고명이 올려진 산채비빔밥으로 유명하다.
충북 보은군 속리산면 법주사로 261 매일 08:00~21:30(라스트 오더 20:30)

김천식당 보은시장 먹자골목에 위치한다. 다양한 순대 메뉴와 순댓국이 현지인마저 홀린다. 충북 보은군 보은읍 삼산로1길 25-4 매일 10:00~21:00(월~금 브레이크 타임 15:00~17:00, 라스트 오더 20:00)

LOTUS BLOSSOM(로터스 블라썸) 정이품송과 마주한 곳에 아늑하게 꾸며진 카페로 여름이면 뒤뜰 연못에 연꽃이 만개한다. 충북 보은군 속리산면 법주사로 104 매일 10:00~21:00

조은가 보은의 특산물 대추를 활용한 디저트가 이색적이다. 대추라떼는 생각지 못한 맛있는 발견.
충북 보은군 보은읍 삼산로 4 매일 10:00~21:00(일요일은 19시까지)

010 Chungbuk

옥천군

옛 감성 가득한 향수의 고장

❶ 부소담악

부소담악은 물 위에 떠 있는 약 700미터 길이의 좁고 긴 절벽이다. 원래 산이 솟아있던 자리였으나 대청댐의 건설로 인해 대부분이 물에 잠기고 산의 윗부분만 살짝 드러나며 만들어진 비경이다. 국내 어디에서도 쉽게 볼 수 없는 풍경이라 희소성이 높다. 능선을 따라 어느 정도까지는 산책할 수 있지만, 중간 지점이 끊겨 있어 절벽 끝까지 걸음 하는 건 불가능하다. 아쉬운 대로 초입에 있는 정자 '추소정'에 오르면 부소담악의 전체적인 풍경을 한눈에 담을 수 있다. 마치 용 한 마리가 꿈틀거리며 물속으로 뛰어드는 듯 몽환적인 모습이다.

◎ 충북 옥천군 군북면 추소리 759

◷ 24시간

₩ 무료

❷ 정지용생가와 문학관

옥천이 '향수의 고장'이라 불리는 건 이 인물 때문이다. 옥천 출신 정지용은 일제강점기에 활약했던 시인으로 서정적이고 섬세한 시구를 많이 남겨 한국의 현대시 수준을 한껏 드높인 예술가로 평가받는다. 특히 <향수>는 빼앗긴 고향에 관한 그리움을 절절하게 담아내 그의 대표작으로 꼽힌다. 옥천 읍내 한가운데 그가 나고 자랐던 초가집이 원래 생가터에 복원되어 있다. 생가 앞에 개관한 정지용문학관에선 민족 시인의 삶과 문학사를 차례로 만나볼 수 있다. 전시관 입구엔 시인의 밀랍인형이 있으니 옆에서 기념사진을 남기는 것도 잊지 말자.

◎ 충북 옥천군 옥천읍 향수길 56

◷ 화~일 09:00~18:00(월 휴무)

₩ 무료

❸ 옥천구읍

옥천의 번영을 이끌었던 옛 시가지로 경부선 철도가 생기기 전까지 장이 서고 많은 행사가 열리던 도시의 중심이었다. 현재는 정겨운 옛 모습이 주목을 받으며 관광의 거점으로 거듭났다. 2020년 문을 연 전통문화체험관을 필두로 옥주사마소, 향교 등의 유적이 볼 만하다.

충북 옥천군 옥천읍 향수길 일대

24시간

₩ 무료

❹ 용암사

법주사의 말사로 법주사를 창건한 의신이 용암사도 창건하였다. 숲과 기암이 늘어선 산 중턱에 위치해 빼어난 경치를 뽐내며 보물인 쌍삼층석탑 외 많은 문화재를 소장하고 있다. 특히 이곳에서 보는 해돋이가 환상적이라 용암사 일출은 옥천 구경에 당당히 포함되어 있다.

충북 옥천군 옥천읍 삼청2길 400

24시간

₩ 무료

❺ 화인삼림욕장

한 개인이 고향의 임야를 매입해 수십 년간 나무를 심고 가꾼 결과물이 바로 이 삼림욕장이다. 키다리 메타세쿼이아와 편백, 삼나무 등으로 뒤덮인 산책로를 차분하게 걷노라면 자연도 자연이지만 이 놀라운 공간이 한 사람의 노력으로 탄생했단 사실에 감동이 찾아온다.

충북 옥천군 안남면 안남로 151-66

일출~일몰 연중무휴

₩ 성인 4,000원, 중고생 3,000원, 초등생 2,000원

❻ 장령산자연휴양림

장령산은 옥천의 자연을 집약해 놓은 명산으로 넉넉한 숫자의 숙박동과 휴양관을 갖춘 자연휴양림도 간직하고 있다. 휴양림에 입장하면 장령산의 조화로운 산세와 청량한 금천계곡이 먼저 인사를 건넨다. 사시사철 언제나 예쁜 풍경이지만 단풍이 드는 가을이 가장 화려하다.

충북 옥천군 군서면 장령산로 519

매일 09:00~18:00

₩ 숙박동별 요금 상이

❼ 둔주봉한반도지형

옥천에도 한반도 지형을 내려다볼 수 있는 장소가 있다. 금강이 뱀처럼 구불구불 휘어지는 안남면 서쪽에 위치한 384미터 높이의 둔주봉이 그 주인공이다. 275미터 지점의 전망대까지 오르면 바로 앞으로 한반도를 동서로 뒤집어 놓은 듯한 산악 지형이 눈에 들어온다.

◎ 충북 옥천군 안남면 연주길 46

◷ 24시간

₩ 무료

❽ 장계관광지

대청호와 마주한 언덕 위에 들어선 대규모 관광단지다. 옥천군의 역사와 문화를 단번에 훑어주는 향토전시관과 정지용 시인의 글이 새겨진 조형물이 있다. 산책로를 따라 걸으며, 또 곳곳에 위치한 전망 포인트에서 잔잔한 호수를 내려다보는 것도 이곳을 방문하는 이유다.

◎ 충북 옥천군 안내면 장계리 산5-4

◷ 하절기 화~일 09:00~21:30, 동절기 화~일 09:00 ~ 17:00(월 휴무) ₩ 무료

❾ 금강유원지

신기하게도 고속도로 휴게소와 연결된 유원지다. 경부고속도로의 금강 IC의 금강변에 조성되어 있으며 수상스키와 제트보트 등을 즐길 수 있는 레포츠 명소다. 낚시꾼과 바이커로 늘 북적이며 계단을 통해 휴게소로 진입해 음식점과 편의시설을 이용할 수 있는 장점이 있다.

◎ 충북 옥천군 동이면 우산로1길 88-1

◷ 24시간

₩ 무료

❿ 옥천선사공원

옥천군 내에서 출토된 선사시대의 유물과 문화재를 수집해 놓은 공원이다. 고인돌과 선돌 등의 선사 유적과 장승이나 솟대 같은 민속품이 산재해 있다. 한적한 강변에 위치해 소소한 피크닉을 즐기기에도 그만이다. 강 건너엔 같은 테마를 가진 안터 선사공원이 있다.

◎ 충북 옥천군 옥천읍 지용로 340

◷ 24시간

₩ 무료

옥천의 맛집과 카페

풍미당 쫄면을 육수에 담가 먹는다. 물쫄면이 특이하다. 매콤한 양념장과 풍성한 고명이 거든다.
충북 옥천군 옥천읍 중앙로 23-1 화~일 09:00~18:30(월 휴무)

대박집 바다가 없어 민물고기를 이용한 충북의 명물, 어탕과 도리뱅뱅을 제대로 요리한다.
충북 옥천군 옥천읍 성왕로 1250 매일 10:00~19:00(라스트 오더 18:30)

문정식당 옥천 구읍에 위치한 오랜 전통의 중식집. 기본 메뉴에 매우 충실하며 점심 장사만 한다.
충북 옥천군 옥천읍 향수3길 20 매일 11:00~14:30(매달 1·3번째 월요일 휴무)

카페벨리 부소담악 인근의 멋진 언덕에 있는 브런치 카페. 야외 정원도 잘 꾸며놓아 아름답다.
충북 옥천군 군북면 추소길 8-41 매일 10:00~20:00(라스트 오더 19:00)

포레포라 옥천에서 대전 가는 길에 있는 대형 베이커리 카페. 갤러리 느낌의 인테리어가 고급스럽다.
충북 옥천군 군북면 감로길 24-9 매일 11:00~22:00(라스트 오더 21:00)

011 Chungbuk

영동군

과일과 와인의 낙원

❶ 송호관광지

금강 상류에 흐르는 맑은 물을 향해 수천 그루의 소나무가 뛰어들려는 듯하다. 수령 100년이 훌쩍 넘는 소나무가 거대한 숲을 이루고 있는 송호관광지는 영동 여행의 핵심이다. 사계절 내내 푸르름을 잃지 않는 솔숲 사이로 삼림욕을 이어가면 물소리와 바람 소리가 음악처럼 들리는 것은 물론 진한 솔향기까지 느껴져 코와 귀가 즐겁다. 캠핑장과 놀이터, 물놀이장 등의 부대시설이 있어 관광지 자체로의 역할도 충실하게 해낸다. 건너편에 보이는 정자 강선대를 포함해 양산면 금강변에 있는 8개의 경승 '양산팔경'도 이곳을 중심으로 모여있다.

충북 영동군 양산면 송호로 105

24시간

₩ 무료

❷ 옥계폭포

난계 박연 선생이 묵객들과 자주 찾았다 하여 '박연폭포'라고도 불리는 폭포다. 첩첩산중의 가파른 절벽에서 쏟아져 더욱 신비롭다. 접근성도 좋아 주차장에서 조금만 걸어가면 폭포를 만날 수 있다. 폭포의 폭은 좁지만, 길이가 20여 미터나 되기에 충분한 웅장함이 느껴지고 주변의 산악 풍치가 뛰어나 감탄을 자아낸다. 박연 선생이 이곳에서 피리를 연주하다 폭포 곁 바위틈에 핀 난초를 보고 감탄하여 호를 난계라고 지었다는 전설이 전해진다. 폭포가 시작되는 부근까지 오르막길이 이어져 품을 조금 들이면 폭포를 바로 옆에서 볼 수 있다.

충북 영동군 심천면 고당리 산75-1

24시간

₩ 무료

❸ 영동와인터널

영동군은 포도 주산지로 자체적으로 많은 와인을 생산하고 있다. 와인터널에서 그 맛과 향을 직접 느껴볼 수 있다. 또한, 와인문화관을 포함한 10여 개의 테마존을 통해서 와인에 관한 다양한 정보와 지식도 쌓을 수 있다. 와인 시음이 가능하니 원한다면 차는 두고 가자.

◎ 충북 영동군 영동읍 영동힐링로 30

Ⓛ 화~일 10:00~18:00(11월~3월 17시까지, 월 휴무)

₩ 성인 5,000원, 청소년 4,000원, 어린이 1,000원

❹ 난계국악박물관

영동 출신 난계 박연 선생의 삶과 업적을 알리고자 박물관을 만들었다. 고구려 왕산악, 신라 우륵과 함께 한국 3대 악성인 난계는 여전히 조선 최고의 음악가로 꼽힌다. 박물관엔 약 100종의 악기를 갖춘 전시관과 국악기체험관이 있다. 박물관 뒤론 난계 사당도 자리한다.

◎ 충북 영동군 심천면 국악로 9

Ⓛ 화~일 09:00~18:00(월 휴무)

₩ 어른 2,000원, 청소년·어린이 1,000원

❺ 월류봉

달도 머물다 가는 봉우리라니 월류봉은 이름에서부터 낭만이 피어오른다. 봉우리 꼭대기엔 월류정이 자리 잡아 운치가 배가된다. 오래전부터 회자되는 멋진 풍경이라 이 주변의 산수를 모아 한천팔경이라 불렀다. 월류봉은 당연히 제1경이며 우암 송시열도 극찬한 곳이다.

◎ 충북 영동군 황간면 월류봉길 45

Ⓛ 24시간

₩ 무료

❻ 노근리평화공원

영동에서 벌어진 참변의 흔적이 담겨있다. 한국전이 한창이던 1950년 7월, 미군은 노근리의 터널에 피신해있던 주민 수백 명을 학살했다. 사건 현장엔 여전히 셀 수 없이 많은 총탄 자국이 남아있다. 공원은 희생자를 추모하는 공간임과 동시에 평화를 염원하는 위로의 장소다.

◎ 충북 영동군 황간면 목화실길 7

Ⓛ 24시간

₩ 무료

❼ 영동영국사

양산팔경 중 한 곳으로 꼽히는 사찰로 천태산의 품에 안겨있다. 비포장도로를 한참 달려야 나타나는 깊은 산속에 자리해 풍경도 분위기도 고요하다. 보물인 삼층석탑과 넉넉한 숫자의 유물이 있지만 가장 눈에 띄는 건 사찰 앞, 수령 1,000년으로 추정되는 장엄한 은행나무다.

◎충북 영동군 양산면 영국동길 225-35

◷24시간

₩ 무료

❽ 과일나라테마공원과 레인보우식물원

영동의 특산물 포도와 배, 사과 등이 자라는 모습을 실제로 볼 수 있는 공원이다. 월별로 각기 다른 과일이 열려 재미를 더해주며 아이들을 위한 체험학습도 운영한다. 2022년엔 공원 바로 옆에 초대형 식물원이 개원해 쉽게 만나기 힘든 아열대 식물까지 눈에 담을 수 있다. ◎충북 영동군 영동읍 매천리 39-2

◷**공원** 24시간 **식물원** 화~일 09:30~18:00(11월~2월은 17시까지, 월 휴무) ₩ 무료

❾ 물한계곡

20킬로미터 길이의 길고 긴 물한계곡은 영동을 대표하는 민주지산과 산호산 사이를 파고 들었다. 주변의 봉우리가 병풍이 되어 계곡의 면모를 더욱 빛내준다. 계곡 곳곳에 크고 작은 폭포가 쏟아지고 맑은 소와 기암이 이어진다. 원시림에 감춰진 자생식물도 볼거리다.

◎충북 영동군 상촌면 물한리 1197

◷24시간

₩ 무료

❿ 민주지산자연휴양림

민주지산은 충북과 전북, 경북 3개의 도에 뻗어있는 해발 1,241미터의 명산이다. 충북 방향 산자락엔 자연휴양림이 자리하는데 소백산맥에 둘러싸인 우거진 숲 안에서 자연과 마음껏 교감할 수 있다. 정상으로 향하는 길목에 있어서 등산하다가도 한 번쯤 들르게 된다.

◎충북 영동군 용화면 휴양림길 60

◷24시간

₩ 성인 1,000원, 청소년 800원, 어린이 300원

영동의 맛집과 카페

가선식당

덕승관

가선식당 신선한 민물고기를 고아 어죽을 만든다. 인심 좋게 국수와 수제비도 맛보기로 넣어준다.
충북 영동군 양산면 금강로 760 매일 09:30~19:00

덕승관 다양한 메뉴 중에서도 유니짜장으로 이름을 날렸다. 양념이 부드럽고 소화도 잘 된다. 충북 영동군 황간면 소계로 5 화~일 11:00~19:00(브레이크 타임 15:00~17:00, 월 휴무)

안성식당 다슬기, 일명 올갱이 국밥으로 영동에서 힘 좀 쓰는 식당이다. 구수한 국물맛이 일미다.
충북 영동군 황간면 영동황간로 1618 매일 07:00~20:30

카페해영 어릴 적 시골집에 방문한 듯 향수를 자극하는 한옥 카페. 곶감라떼는 꼭 맛보자.
충북 영동군 양강면 외만1길 34-4 목~월 11:00~19:00(라스트 오더 18:30, 화~수 휴무)

길등재 시그니처 메뉴로 크림 흑임자 미숫가루와 크림 커피를 내어주는 단정한 분위기의 카페.
충북 영동군 영동읍 영동힐링로 110 매일 10:00~22:00

영동군 여행 지도

PART 6
충청남도

001 천안시

Chungnam

독립운동의 함성이 가득했던 곳

❶ 독립기념관

대한민국의 역사에서 가장 극적이고 중요한 사건인 광복의 순간을 기념하고 독립운동사를 기록하기 위해 1987년 광복절에 개관했다. 국민의 성금으로 건설되어 더욱 뜻깊다. 국난의 시기를 꿋꿋하게 극복하고 조국의 자주와 독립을 지켜낸 우리 민족의 위대함을 이곳에서 확인할 수 있다. 높이 51미터의 겨레의 탑이 기념관의 관문 역할을 한다. 그 뒤로 불굴의 한국인상이 서 있는 겨레의 집을 통과하면 7개의 커다란 전시관이 연달아 이어진다. 조국의 역사와 독립운동의 과정을 차례로 훑다 보면 나라를 빛낸 위인들에게 절로 고개를 숙이게 된다.

◎ 충남 천안시 동남구 목천읍 독립기념관로 1

Ⓛ 화~일 09:30~18:00(11월~2월은 17시까지, 월 휴무)

₩ 무료

❷ 아름다운정원화수목

대한민국 민간정원 1호로 선정된 그림 같은 풍경의 정원이다. 화수목은 한자풀이 그대로 꽃과 물, 나무를 뜻하며 정원 곳곳에 이 세 가지의 자연이 힐링을 선사한다. 겨울을 제외하곤 계절마다 얼굴을 내미는 꽃으로 축제를 진행하기도 한다. 봄이면 수선화와 튤립이 진한 원색을 뽐내고 여름이면 수국이 만발한다. 서늘해지는 시기가 찾아오면 국화와 핑크뮬리가 사진의 배경이 된다. 장쾌한 인공폭포와 연못, 분재원, 잣나무숲은 산책의 즐거움을 극대화해준다. 카페와 레스토랑도 함께 운영하고 있어 반나절 이상 만족스러운 시간을 보낼 수 있다.

◎ 충남 천안시 동남구 목천읍 교천지산길 175

Ⓛ 매일 10:00~20:00

₩ 대인(16세 이상) 6,000원, 소인 4,000원

❸ 천안홍대용과학관

혼천의를 만든 위대한 조선 실학자 담헌 홍대용 선생의 업적을 기리기 위해 그의 생가터 부근에 과학 박물관이 세워졌다. 담헌이 천체와 우주에 큰 관심을 기울였던 만큼 천문학 주제의 공간이 대다수를 차지하며 4층은 높은 수준의 관측실을 갖추고 있어 천문대나 다름없다. ◎ 충남 천안시 동남구 수신면 장산서길 113 ⏲ 전시관 10:00~18:00 천체투영관 10:00~22:00 관측실 15:00~22:00(월 휴무)
₩ 어른 3,000원, 청소년 2,000원, 어린이 1,500원

❹ 아라리오갤러리

서울과 상하이에도 미술관을 운영 중인 아라리오갤러리의 시작이 바로 이곳 천안점이다. 국내 최고 수준의 미술관으로 손꼽히며 주로 현대 미술에 집중하고 있다. 세계적인 작가들의 특별전이 끊임없이 개최된다. 데미언 허스트의 조각이 놓인 갤러리 광장도 놓치지 말자.

◎ 충남 천안시 동남구 만남로 43
⏲ 매일 11:00~19:00(신세계백화점 휴관일에 맞춰 휴관)
₩ 성인 3,000원, 청소년 2,000원

❺ 천안유관순열사유적

대한민국 독립사에서 기념비적인 업적을 남긴 영웅 유관순 열사의 혼이 남겨진 곳이다. 잘 알려져 있듯 유 열사는 고향 천안의 아우내 장터에서 치열한 만세운동을 벌였다. 그녀의 생가터 곁에 동상과 추모각 등이 있다. 유관순열사기념관엔 숭고한 생애가 모두 담겨 있다.

◎ 충남 천안시 동남구 병천면 유관순길 38
⏲ 기념관 매일 09:00~18:00(11월~2월은 17시까지)
₩ 무료

❻ 광덕사

광덕산에 안긴 천안을 대표하는 사찰이다. 공주 마곡사의 말사로 신라 시대에 창건된 것으로 전해진다. 시냇물을 따라 사찰로 향하는 오솔길에서 이미 마음에 평안이 깃든다. 아담한 사찰이지만 숲과 어우러진 고즈넉한 풍경이 평화롭다. 수령 400년의 호두나무도 유명하다.

◎ 충남 천안시 동남구 광덕면 광덕사길 26
⏲ 24시간
₩ 무료

❼ 천안박물관

고대부터 현대까지 천안의 모든 역사를 총망라한 지역 박물관이다. 6개 전시실에 걸쳐 방대한 양의 옛 유물과 향토 자료를 보유하고 있다. 천안의 조선 시대 생활상을 밀랍인형과 소품을 활용해 재현해놓은 전시관이 특히 인상적이다. 아이를 위한 체험공간도 자리한다.

충남 천안시 동남구 천안대로 429-13

화~일 09:00~18:00(11월~2월은 17시까지, 월 휴무)

₩ 무료

❽ 태조산공원

천안 중심에 있는 태조산 비탈에 꾸며진 공원으로 드넓은 면적을 자랑한다. 태조산은 태조 왕건이 군사를 양병하던 곳이라 그렇게 불린다. 축구장, 체육관, 공연장 같은 편의 시설을 잘 갖추고 있고, 예쁜 연못과 조각공원도 있어 시민들의 사랑을 받는다. 등산 산책로도 훌륭하다.

충남 천안시 동남구 태조산길 261

24시간

₩ 무료

❾ 천안삼거리공원 흥타령관

천안 하면 자동반사적으로 튀어나오는 천안삼거리. 실제 천안은 서울에서 경상권과 전라권으로 나뉘는 삼남대로의 분기점이다. 옛 삼거리 부근에 그 사실을 기반해 공원을 만들었다. <흥타령>으로도 이름난 곳이라 흥타령관도 함께 있다. 천안에선 매년 흥타령춤축제가 열린다.

충남 천안시 동남구 천안대로 412

흥타령관 화~일 09:30~18:00(동절기는 17시까지, 월 휴무) ₩ 무료

❿ 우정박물관

우표수집가에겐 성지나 마찬가지다. 대한민국 우정사를 꼼꼼하게 기록하고 있다. 우체통과 우편 업무, 집배원 복장의 변천사가 특히 흥미롭다. 그러나 우리나라 최초의 우표를 시작으로 국내에서 발행된 모든 우표와 세계 각국의 우표를 모아놓은 코너에 가장 많은 인파가 몰린다.

충남 천안시 동남구 양지말1길 11-14

월~금 09:00~18:00(토~일 휴무)

₩ 무료

천안의 맛집과 카페

박순자아우내순대

이고집만두

뚜쥬루빵돌가마마을

박순자아우내순대 병천순대거리에서 오랜 시간 터줏대감 역할을 하고 있는 전통의 순댓집.
충남 천안시 동남구 병천면 아우내순대길 47 화~일 08:10~19:00(라스트 오더 18:55, 월 휴무)

이고집만두 만두피부터 속재료까지 직접 만드는 만둣집으로 3대째 운영하고 있다. 충남 천안시 동남구 태조산길 258 월~토 11:10~21:00(브레이크 타임 15:00~17:00, 라스트 오더 14:00/20:00, 일 휴무)

호수매운탕 각종 민물고기를 넣은 잡어매운탕과 참붕어를 진하게 우려낸 보양어죽이 인기다.
충남 천안시 서북구 성성2길 61 매일 11:00~21:00(브레이크 타임 15:00~17:00, 라스트 오더 20:30)

뚜쥬루빵돌가마마을 언제나 발 디딜 틈 없는 천안 최고의 베이커리. 돌가마를 도입해 빵을 굽는다.
충남 천안시 동남구 풍세로 706 매일 08:00~22:00(장작가마 카페, 쌀케이크 매장 시간 상이)

이숲 거대한 통창 너머로 보이는 예쁜 정원과 주변 숲의 풍경이 근사하다.
충남 천안시 서북구 성거읍 남창마을1길 32 화~일 11:00~20:00(토~일은 21시 까지, 월 휴무)

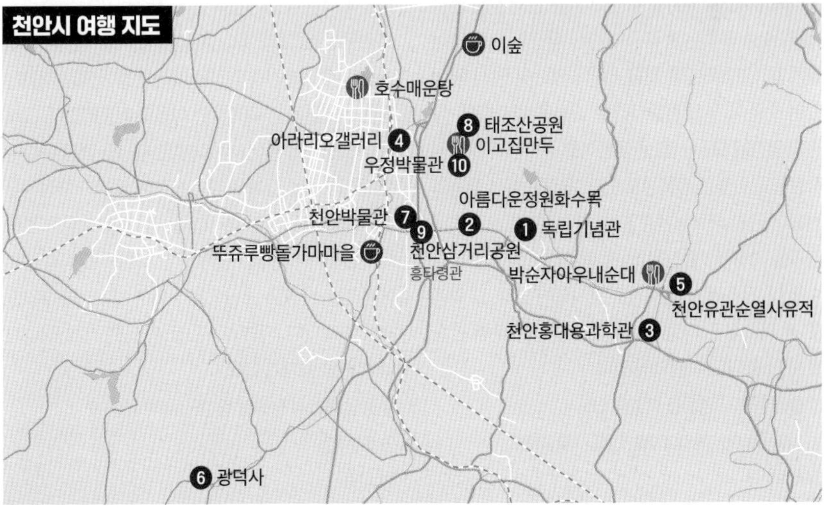

002 아산시

Chungnam

충무공의 역사가 시작된 도시

❶ 현충사

우리의 수천 년 역사를 통틀어 가장 존경받는 인물 1순위로 늘 꼽히는 충무공 이순신 장군의 모든 것이 담겨있다. 1706년에 처음 건립되었으며 당시 왕이었던 숙종이 직접 현충사라는 이름을 하사했다. 장군의 영정을 모신 사당은 물론이고 충무공과 관련된 자료를 모아놓은 유물관도 있다. 유물관에선 장군의 친필이 담긴 국보 <난중일기>와 <서간첩>, 전투의 경과를 기록한 <임진장초>를 마주하는 영광을 누릴 수 있다. 전투에 사용된 검도 전시되어 있다. 그 외에도 장군이 젊은 시절에 머물렀던 옛집과 무예 연습을 했던 활터도 복원되어 있다.

◎ 충남 아산시 염치읍 백암리 286-1

◷ 매일 09:00~18:00(11월~2월은 17시까지)

₩ 무료

❷ 아산지중해마을

아산에 작은 유럽이 숨어있다. 지중해 마을은 프랑스의 프로방스, 그리스의 산토리니와 파르테논 등 실제 지중해 지역의 건축 양식을 따라 만들어졌다. 이곳은 원래 포도밭을 일구며 살던 이들의 터전이었다. 그러나 산업단지가 들어서며 대부분 자신의 터를 떠나야 했고 이후 상실감에 빠졌던 원주민 일부가 재정착한 뒤 지중해의 낭만이 흘러넘치는 풍경을 조성한 것이다. 풍경뿐 아니라 그 안에 담긴 이야기도 아름답다. 예쁜 건물 사이로 난 골목을 누비며 여기저기 구경만 해도 재미있다. 카페와 레스토랑, 와인 가게. 어디서나 유럽의 향기가 짙다.

◎ 충남 아산시 탕정면 탕정면로8번길 55-7

◷ 24시간

₩ 무료

❸ 외암민속마을

국가민속문화재로 지정된 민속마을 외암의 역사는 약 500여 년 전, 예안 이씨 가문이 정착하며 시작되었다. 뒤로는 설화산이, 앞으론 작은 천이 흘러 '배산임수'의 전형을 보여주고 있으며 여전히 잘 보존된 기와집과 초가집, 돌담 사이를 걸으면 과거로 향하는 문이 열린다.

◎ 충남 아산시 송악면 외암민속길 5

◷ 매일 09:00~18:00

₩ 성인 2,000원, 청소년·어린이 1,000원

❹ 세계꽃식물원

한겨울에도 알록달록한 꽃을 눈에 담을 수 있는 세계꽃식물원은 국내 최대의 실내 온실 식물원이다. 약 3,000종의 원예종 관상식물을 소장하고 있어 1년 내내 꽃향기가 피어오른다. 계절별로 피는 꽃을 주제로 늘 축제가 벌어지며 원예 체험과 식물 구매도 연중 가능하다.

◎ 충남 아산시 도고면 아산만로 37-37

◷ 매일 09:00~18:00

₩ 8,000원(쿠폰으로 환급)

❺ 온양온천

백제 시대의 기록에도 남아있을 만큼 오랜 역사를 가진 온천이며 조선 시대엔 여러 왕이 건강을 살피며 기거했던 왕실 소유의 온천이기도 했다. 여전히 피부병과 신경통에 그 효과가 입증되어 많은 사람이 몰린다. 온천이 솟는 일대에 호텔과 온천탕, 편의시설이 몰려있다.

◎ 충남 아산시 온천대로 일대

◷ 업체별 상이

₩ 업체별 상이

❻ 공세리성당

동화 속에 나올 법한 감성적 외관이 시선을 끈다. 19세기 말 충남 내포 지역에 천주교가 뿌리를 내릴 당시 공세리에 부임한 드비즈 신부의 작품이다. 그의 설계로 1922년 아담한 고딕 양식의 성당이 완공되었다. 곁으로 순교자 묘역과 예수의 수난을 묵상하는 오솔길이 있다.

◎ 충남 아산시 인주면 공세리성당길 10

◷ 24시간

₩ 무료

❼ 온양민속박물관

소장품의 양과 수준을 보면 국내 최고의 민속박물관이라 해도 손색없다. 1978년, 아동서적 출판사인 계몽사에 의해 문을 열었으며 4개의 전시실에 2만 점 가까운 민속품을 갖췄다. 한국인의 의식주와 삶을 시작으로 전통공예와 민속신앙 등 다양한 주제로 전시가 이어진다.

◎ 충남 아산시 충무로 123

◷ 화~일 10:00~17:30(월 휴무)

₩ 성인 5,000원, 청소년 4,000원, 어린이 3,000원

❽ 피나클랜드수목원

아산만 방조제 매립을 위해 사용되던 채석장을 형형색색의 꽃과 나무가 만발한 수목원으로 탈바꿈시켰다. 거제 외도 보타니아를 꾸민 가족들에 의해 조성됐다. 10개가 넘는 테마정원에 계절에 맞는 다양한 꽃이 일렁인다. 정상엔 채석장의 흔적이 담긴 전망대와 폭포가 있다.

◎ 충남 아산시 영인면 월선길 20-42

◷ 매일 09:00~18:00(토요일은 20시까지)

₩ 성인 12,000원, 청소년 10,000원, 어린이 9,000원

❾ 신정호

시내 중심에서 멀지 않은 곳에 위치해 사시사철 아산 시민의 휴식처로 사랑받고 있는 인공 호수. 일제강점기에 만들어진 저수지가 점차 관광화되며 현재의 호수 공원으로 자리 잡았고 호숫가를 따라 분위기 좋은 카페와 레스토랑은 물론 유원지와 체육공원, 쉼터가 이어진다.

◎ 충남 아산시 점양동 산5

◷ 24시간

₩ 무료

❿ 아산환경과학공원

아산시 정중앙에 위치한다. 환경과 과학을 주제로 잡은 만큼 장영실과학관과 생태곤충원이 중심 역할을 한다. 과학자 장영실의 업적 및 우리의 과학사를 만나볼 수 있으며 살아있는 곤충을 직접 보고 만지는 것도 가능하다. 그린타워에 오르면 아산 파노라마 뷰가 펼쳐진다. ◎ 충남 아산시 실옥로 220

◷ 과학관·곤충원·타워 화~일 10:00~18:00(11월~2월은 17시까지,월 휴무) ₩ 과학관·곤충원·타워 통합권 성인 5,000원, 청소년·어린이 3,200원

아산의 맛집과 카페

종가면옥

영인산마루

그래비티신정호수점

종가면옥 소문이 자자한 냉면집이다. 간재미회와 수육이 올라간 섞이미냉면이 최고 인기다.
충남 아산시 배방읍 배방로 219-28 매일 11:00~19:30(브레이크 타임 14:00~17:00)

영인산마루 영인산 등산객들이 절대 지나치지 않는 밥집으로 훌륭한 수준의 우렁쌈밥을 판매한다.
충남 아산시 영인면 아산온천로 16-8 화~일 10:00~21:00(브레이크 타임 16:00~17:00, 월 휴무)

목화반점 바삭함과 부드러움을 모두 잡은 식감의 탕수육 덕에 방문객이 끊이지 않는다.
충남 아산시 온주길 28-8 화~일 11:00~18:00(월 휴무)

그래비티신정호수점 신정호에 자리한 넓고 쾌적한 카페. 우주인 캐릭터 너머로 멋진 호수 뷰가 등장한다. 충남 아산시 신정호길 33-42 매일 10:00~23:00(라스트 오더 22:00)

우즈베이커리카페 신선한 빵과 고급스러운 브런치, 최상급의 원두로 만든 커피까지. 모두 만족스럽다.
충남 아산시 신정로 564 매일 08:30~22:30

아산시 여행 지도

003 Chungnam

당진시

충청권과 수도권의 교차로

❶ 왜목마을해수욕장

당진이 가진 최고의 관광 자원은 역시 왜목마을 해수욕장이다. 서해에 위치하고 있음에도 바다로 툭 튀어나온 지리적 특성 덕에 일몰은 물론 일출까지 눈에 담을 수 있는 엄청난 관광적 장점을 가지고 있다. 서해에선 매우 드물게 매년 해돋이축제가 열리며 수도권에서의 접근성도 뛰어나다. 마을 지형이 왜가리 목처럼 가늘다 하여 왜목이란 이름이 붙었다. 물이 들어올 땐 650미터의 백사장을 따라 해수욕을 즐길 수 있고 물이 빠지면 넓게 드러나는 갯벌에서 해루질과 각종 체험을 즐길 수 있다. 수변 데크가 있어 여유로운 산책도 가능하다.

◎ 충남 당진시 석문면 왜목길 26

◷ 24시간

₩ 무료

❷ 아미미술관

예술가 부부가 폐교된 초등학교를 재활용해 만든 사립미술관으로 아미(Ami)는 프랑스어로 친구라는 뜻이다. 가깝고 친근한 미술관이란 의미를 담고 있다. 1년 내내 유명 작가들의 특별전이 끊임없이 열려 미술 애호가들의 발걸음이 잦고 상설전시장에선 화려한 설치 미술품이 아름다움을 드러내 젊은층 사이에서 사진 명소로 큰 인기를 누리고 있다. 총 6개의 전시실로 구성되어 있어 넉넉하게 작품을 감상할 수 있으며 야외 공간과 정원에도 포토 스폿이 많다. 모네의 정원 지베르니의 이름을 딴 카페에서 커피 한 잔을 마시는 여유도 잊지 말자.

◎ 충남 당진시 순성면 남부로 753-4

◷ 매일 10:00~18:00

₩ 성인 6,000원, 청소년·어린이 4,000원

❸ 삽교호놀이동산

삽교호 방조제가 준공된 뒤 관광지 조성의 일환으로 아기자기한 놀이동산이 탄생했다. 규모가 크진 않지만 대관람차와 회전목마, 바이킹과 범퍼카 등 갖출 건 모두 갖췄다. 대관람차에 오르면 서해와 서해대교의 전경이 보인다. 근처에 있는 삽교호 함상공원도 함께 볼 만하다.

◎ 충남 당진시 신평면 삽교천3길 15

◷ 매일 10:00~21:50(11월~2월 영업시간 단축)

₩ 놀이기구별 상이

❹ 장고항

왜목마을 곁에 있는 당진의 대표 어항. 장구를 닮은 지형 탓에 장고항이라 불리며 3~4월 봄철이면 전국의 미식가들이 이곳으로 몰려든다. 뱅어의 치어인 실치가 많이 잡혀 장고항 최고의 별미인 실치회를 맛볼 수 있기 때문이다. 매년 봄이면 실치회 축제가 열릴 정도다.

◎ 충남 당진시 석문면 장고항리

◷ 24시간

₩ 무료

❺ 솔뫼성지

한국 최초의 사제 김대건 신부가 태어난 국내 제1의 가톨릭 성지다. 솔뫼라는 이름대로 소나무 숲이 이어지는 가운데 김 신부의 생가가 잘 보존돼 있다. 성지 안에 기념성당과 추모비가 있다. 김 신부는 1984년 가톨릭 성인으로 선포되었고 2014년엔 프란치스코 교황이 이곳을 찾았다.

◎ 충남 당진시 우강면 송산리 산45-3

◷ 매일 10:00~17:00

₩ 무료

❻ 신리성지

솔뫼성지와 함께 당진의 주요 가톨릭 성지로 제5대 조선교구장 다블리 주교가 1845년 김대건 신부와 입국해 머물던 곳이다. 한때 가장 큰 교우 마을이었으며 많은 순교자의 넋이 남은 곳이다. 그 사실이 믿기지 않게 지금은 언덕 위 순교미술관의 모습이 평화롭게만 보인다.

◎ 충남 당진시 합덕읍 평야6로 135

◷ 24시간

₩ 무료

❼ 기지시줄다리기박물관

기지시줄다리기는 당진의 기지시 마을에서 나라의 평안을 빌며 500여 년간 이어진 전통문화로서 길이 200미터에 직경 1미터나 되는 거대한 줄을 만들어 당긴다. 국가무형문화재이자 유네스코 인류무형문화유산에 빛나는 이 민속놀이에 대한 모든 자료가 박물관에 담겨있다.

◎ 충남 당진시 송악읍 안틀모시길 11

◷ 화~일 10:00~18:00(11월~2월은 17시까지, 월 휴무)

₩ 무료

❽ 한진포구

삽교호와 아산호가 만나 아산만으로 흘러드는 길목에 위치한 한적한 포구다. 포구를 중심으로 수많은 횟집이 늘어서 있어 서해에서 갓 잡아 올린 싱싱한 회와 해산물을 즐기기 좋으며 물 위로 데크 길을 설치해놓아 해안절벽과 바다를 양옆에 끼고 해안 산책도 이어갈 수 있다.

◎ 충남 당진시 송악읍 한진리 95-14

◷ 24시간

₩ 무료

❾ 행담도휴게소

국내에서 유일하게 섬 안에 위치한 고속도로 휴게소란 사실만으로도 방문 가치가 충분하다. 서해대교가 건설되고 서해안고속도로 당진-서평택 구간이 뚫리면서 특별한 휴게소가 생겨났다. 규모도 무척 커서 대형 아웃렛이 들어서 있다. 휴게소에서 보는 서해대교도 장관이다.

◎ 충남 당진시 서해안고속도로 275

◷ 24시간

₩ 무료

❿ 농심테마파크

당진 농업기술센터 옆에 자리한다. 식물원이나 다름없는 공원으로 갖가지 꽃과 나무가, 물레방아가 돌아가는 연못 너머로, 쉬어가기 좋은 정자 너머로 화려함을 뽐낸다. 온실로 꾸며진 식물생태학습원에선 야자수와 선인장 같은 열대식물도 보인다. 작은 동물농장까지 갖췄다.

◎ 충남 당진시 원당동 487-4

◷ 24시간

₩ 무료

당진의 맛집과 카페

우렁이박사 삽교호 근처에 있는 우렁쌈밥집으로 구수한 우렁이 쌈장이 끝없이 쌀밥을 부른다.
충남 당진시 신평면 샛터로 7-1 매일 07:00~19:30(라스트 오더 19:00)

동춘옥 수타로 직접 면을 뽑는다. 수타 짜장도, 고추가 가득 올려진 고추 짬뽕도 늘 반응이 좋다.
충남 당진시 서해로 6294 매일 10:00~21:00

대들보 현지인이 더 많이 찾는 한식집이다. 우삼겹쭈꾸미와 낙지볶음을 많이 찾는다.
충남 당진시 합덕읍 미락2안길 25 월~토 11:00~21:00(브레이크 타임 15:00~16:30, 일 휴무)

로드1950카페 1950년대 미국의 모습을 재현해낸 대형카페. 규모로 보나 디테일로 보나 입이 떡 벌어진다. 충남 당진시 신평면 매산로 170 매일 10:30~21:30(라스트 오더 21:00)

해어름 삽교호와 서해가 만나는 곳에 있어 전망이 끝내준다. 바로 앞으론 서해대교가 펼쳐진다.
충남 당진시 신평면 매산해변길 144 매일 10:00~21:30(라스트 오더 21:00)

004 서산시

Chungnam

천수만을 품은 철새의 낙원

❶ 해미읍성

왜구의 침입에 대비해 쌓은 조선 시대의 석축 읍성이다. 해미라는 지명은 태종 시절 정해현과 여미현을 합친 것에서 유래되었다. 일반적으로 읍성은 행정과 방어의 기능을 겸하지만 해미읍성은 충청병마절도사가 머물던 병영성이었기에 방어의 역할이 컸다. 무엇보다 이순신 장군이 병마절도사로서 10개월간 근무한 곳이라 의미가 깊다. 500년의 세월을 버텨낸 진남문을 통과해 내부로 들어서면 정무를 돌보던 동헌과 관리의 숙소로 쓰이던 객사, 민속가옥 등이 나온다. 대숲과 솔숲이 어우러져 있어 산책하기도 무척 좋으며 국궁 체험도 가능하다.

◎ 충남 서산시 해미면 읍내리 98

🕓 매일 05:00~21:00(11월~2월은 06:00~19:00)

₩ 무료

❷ 간월암

바닷가 작은 섬 위에 있는 암자라 그 모습이 기이하다. 조선 초 무학대사가 창건하였으며 그가 달을 보며 깨달음을 얻었다 하여 간월암이란 이름이 붙었다. 암자 자체의 규모나 생김새가 대단한 것은 아니지만 서해의 특성상 물이 빠지면 섬으로 걸어 들어갈 수 있다는 점이 극적이라 서산의 명소로 자리매김했다. 밀물과 썰물은 보통 6시간마다 바뀌니 반드시 시간을 확인한 뒤 방문해야 헛걸음을 면할 수 있다. 암자 건물 너머로 보이는 천수만 비경이 훌륭하다. 이 주변은 임금님께 진상하던 최상급 어리굴젓의 생산지이니 지갑 열 준비도 할 것.

◎ 충남 서산시 부석면 간월도1길 119-29

🕓 24시간(밀물시 입장 불가)

₩ 무료

❸ 삼길포항

서해의 대표적인 미항으로 꼽힌다. 유람선을 타고 서해를 누빌 수도 있고 낚싯배에 몸을 싣고 바다낚시를 즐길 수도 있다. 근방에서 우럭이 많이 잡혀 우럭축제가 열리기도 한다. 하지만 이곳의 진짜 명물은 배 위에서 바로 회를 떠주는, 일명 선상 횟집. 꼭 걸음을 해보자.

◎ 충남 서산시 대산읍 삼길포1로 72-2

◷ 24시간

₩ 무료

❹ 서산유기방가옥

1900년대 초반에 지어진 전통가옥으로 건설 당시의 원형이 잘 보존되어있어 충남 민속문화재로 지정되었다. 역사적 가치도 높지만 4월이면 노란 수선화가 이 근방을 뒤덮어 엄청나게 많은 인파가 한꺼번에 몰려든다. 가옥 뒤편의 풍성한 소나무 군락도 그냥 지나치긴 힘들다.

◎ 충남 서산시 운산면 이문안길 72-10

◷ 매일 07:00~19:00

₩ 성인 4,000원, 청소년·어린이 3,000원

❺ 서산버드랜드

철새의 낙원, 천수만을 가진 장점을 살려 서산시에서 조성한 철새 테마공원이다. 공원의 핵심인 철새박물관엔 200여 종의 철새 표본이 전시되어 있어 그들의 생김새를 가까이서 관찰할 수 있다. 둥지전망대에선 시기에 따라 천수만을 찾은 여러 철새의 움직임이 포착된다.

◎ 충남 서산시 부석면 천수만로 655-73

◷ 화~일 10:00~18:00(11월~2월은 17시까지)

₩ 성인 3,000원, 청소년 2,000원, 어린이 무료

❻ 황금산

서산구경 중 하나로 꼽히며 150미터 남짓의 낮은 산이지만 그 너머로 몽돌해변과 해안절벽의 절경이 드러나 많은 이들이 산을 넘는다. 특히 바다를 향해 긴 코를 뻗은 듯한 코끼리 바위의 형상이 매우 놀랍다. 등산 후에 찾아오는 보상으론 충분히 차고 넘치는 풍경이다.

◎ 충남 서산시 대산읍 독곶해변길 164-1

◷ 24시간

₩ 무료

❼ 개심사

개심사는 마음을 열고 씻는다는, 깊은 뜻을 담고 있다. 보물로 지정된 고색창연한 대웅보전이 중심에 자리하고 명부전과 안양루가 곁을 지킨다. 독특한 필체가 돋보이는 안양루 현판은 명필 김규진 선생의 작품이다. 봄이면 오색의 왕벚꽃이 개화해 사찰을 그림으로 만든다.

충남 서산시 운산면 개심사로 321-86

24시간

₩ 무료

❽ 서산마애삼존불상

가야산 계곡에 백제의 온화한 미소가 숨겨져 있다. 국보로 지정된 서산의 마애삼존불은 국내의 많은 마애불 중 가장 아름답다는 평가를 받는다. 중생을 향해 환하게 웃고 있는 2.8미터의 본존여래입상을 중심으로 정교하게 조각된 보살입상과 반가사유상이 좌우에 위치한다.

충남 서산시 운산면 마애삼존불길 65-13

매일 09:00~18:00

₩ 무료

❾ 팔봉산

8개의 암봉이 줄지어 있어 팔봉산이라 불리며 금북정맥에 속해 있다. 1봉을 시작으로 차례차례 8봉까지 만나게 되는데 3봉이 산의 정상이다. 만만치 않은 산길을 뚫고 정상에 닿으면 때에 따라 서해의 갯벌과 바다를 모두 눈에 담을 수 있다. 멀리 태안반도까지 보인다.

충남 서산시 팔봉면 금학리

24시간

₩ 무료

❿ 해미순교성지

병인박해 당시 충청권 곳곳에서 끌려온 천주교 신자 1,000여 명이 생매장당하거나 끔찍하게 처형되었던 아픔의 현장이다. 죽음까지 불사하며 믿음을 지킨 신자들을 위해 2014년 프란치스코 교황이 방문해 기도를 올렸으며 2021년엔 교황청에 의해 국제성지로 선포되었다.

충남 서산시 해미면 성지1로 13

24시간

₩ 무료

서산의 맛집과 카페

큰마을영양굴밥

수타명가지흥선푸드빌리지

어스커피윈드브레드

큰마을영양굴밥 서산의 간월도에 방문했다면 영양굴밥은 그냥 지나칠 수 없다. 한 곳을 꼽는다면 이곳이다. 충남 서산시 부석면 간월도1길 65 매일 09:00~19:30

수타명가지흥선푸드빌리지 갈비짬뽕과 전복짬뽕 등 고급재료를 이용한 짬뽕이 인상 깊다. 크림탕수육도 별미다. 충남 서산시 팔봉면 팔봉2로 115 1호 목~화 11:00~20:00(브레이크 타임 15:00~17:00, 라스트 오더 19:30, 수 휴무)

쭈사랑쭈꾸미 호수공원에 위치한 주꾸미 맛집으로 생삼겹을 추가해 곁들이면 더욱 맛있다. 충남 서산시 호수공원4로 14 월~토 11:30~22:00(일 휴무)

어스커피윈드브레드 한적한 시골 길가에 자리한 아늑한 카페다. 정원의 나무 테이블은 오두막을 연상케 한다. 충남 서산시 인지면 애정길 148 화~일 10:00~20:00(라스트 오더 19:30)

카페모월 키다리 소나무로 둘러싸여 있어 수목원이나 다름없어 보인다. 공간감이 훌륭한 카페다. 충남 서산시 인지면 관청터길 7-1 매일 10:00~19:00(라스트 오더 18:30)

005 Chungnam

태안군

아름다운 해변의 향연

❶ 꽃지해수욕장

해수욕장이 즐비한 태안에서도 인기로 따지면 1등인 곳이자 안면도에서 가장 큰 규모를 뽐내는 해수욕장이다. 이 주변으로 해당화가 흐드러져 '꽃지'라는 귀여운 이름을 가지게 되었다. 백사장이 3킬로미터 넘게 이어지며 수심이 완만하고 물이 맑아 해수욕에 좋은 조건을 두루 갖추었다. 그 덕에 피서철이면 매년 100만 명 이상의 인파가 몰린다. 물이 빠지면 갯벌에 나가 해산물 사냥에 나설 수 있다. 해변 북쪽에 있는 할미할아비바위도 꽃지의 중요한 구성 요소다. 두 바위 사이를 비집고 내려앉는 일몰의 풍경은 어떤 미사여구도 필요 없다.

◎ 충남 태안군 안면읍 승언리 339-586

◷ 24시간

₩ 무료

❷ 청산수목원

언젠가부터 우리의 가을 풍경 속에 스며든 팜파스그래스가 청산수목원의 얼굴이 되었다. 남미에서 넘어온 이 은백색 키다리 풀이 바람에 흔들리는 모습은 황홀하다는 표현까지 꺼내게 만든다. 그렇다고 가을에만 아름답다는 뜻은 아니다. 수백 종의 습지식물과 야생화가 수목원을 채우고 있기에 겨울 정도만 제외하면 늘 계절에 맞는 꽃이 고개를 든다. 봄이면 붉은빛 홍가시가 여름이면 분홍빛 연꽃이 지천에 만발한다. 밀레의 회화를 조각으로 구현한 밀레정원과 삼족오 미로공원, 메타세콰이어길도 기꺼이 인생 사진의 배경이 되어준다. ◎ 충남 태안군 남면 연꽃길 70 ◷ 4월~5월·11월~3월 09:00~일몰 1시간 전까지, 6월~10월 08:00~일몰 1시간 전까지 ₩ 4월~8월 중순 기준 성인 10,000원, 초중고 7,000원, 유아 5,000원(시기별 요금 변동)

❸ 신두리해안사구

신두리 해변가에 있는 이 모래 언덕이 우리나라에서 가장 큰 해안사구다. 1만 5,000년의 시간 동안 서서히 형성되었으며 그렇게 계절풍을 타고 쌓인 사구의 길이는 3.4킬로미터, 너비도 1킬로미터 안팎이다. 천연기념물로 지정되었지만, 일부가 개방되어 있어 탐방이 자유롭다.

◎ 충남 태안군 원북면 신두리 357-28

◷ 매일 09:00~18:00(11월~2월은 17시까지)

₩ 무료

❹ 만리포해수욕장

서해에서도 서핑을 즐길 수 있다. 만리포해수욕장은 파도가 꽤 높은 편이라 서퍼들에겐 이미 소문난 명소로 통한다. 해수욕하기 좋은 건 기본이고 다양한 해양 레포츠에 도전할 수도 있다. 해변 뒤로는 해송도 이어지고 소규모 놀이공원도 있으니 이쯤이면 해양 테마파크다.

◎ 충남 태안군 소원면 모항리 1394

◷ 24시간

₩ 무료

❺ 안면도쥬라기박물관

놀랍게도 공룡 모형이나 인공 뼈대가 아닌 공룡 화석 진품을 다수 보유하고 있다. 전시품은 더욱 놀라운 수준. 해외 전문가들이 발견한 티라노사우르스의 알과 스피노사우르스의 골격이 대수롭지 않게 전시되어 있다. 그 외에도 1,500여 점의 표본이 박물관 내에 빼곡하다.

◎ 충남 태안군 남면 곰섬로 37-20

◷ 화~일 09:30~17:30(월 휴무)

₩ 성인 11,000원, 청소년 9,000원, 어린이 7,000원

❻ 몽산포해수욕장

해수욕보단 오히려 갯벌 체험으로 더 인기가 좋다. 백사장이 끝이 안 보일 정도로 넓은 덕에 물이 빠지면 그 어떤 해변보다 광활한 해루질 천국으로 변신하기 때문이다. 여름이면 호미와 갈퀴, 플라스틱 통을 든 채 물 빠지는 시간만 기다리는 가족 단위 관광객이 줄을 선다.

◎ 충남 태안군 남면 몽산포길 52-19

◷ 24시간

₩ 무료

❼ 백사장포구

싱싱한 해산물을 실은 어선이 연이어 들어온다. 그 중에서도 대하와 꽃게가 백사장포구의 주력 상품이다. 포구를 따라 늘어선 횟집 어디를 들어가도 비교적 값싸게 맛볼 수 있다. 포구 앞으론 아예 이 둘을 형상화한 해상인도교가 있다. 다리의 이름마저 '대하랑꽃게랑'이다.

◎ 충남 태안군 안면읍 창기리

◷ 24시간

₩ 무료

❽ 안면도자연휴양림

안면도 중앙에 100년 수령의 소나무가 울창하다. 안면도자연휴양림엔 소위 안면송이라 불리는 소나무만이 계속해서 이어진다. 소나무숲 안쪽까지 데크 산책로가 쭉쭉 뻗어있어서 솔향기를 맡으며 산책하기 좋다. 풍경이 마음에 들었다면 숲속의 집에서 하루 이틀 머물다 가자.

◎ 충남 태안군 안면읍 안면대로 3195-6

◷ 매일 09:00~18:00(매달 1번째 수요일 휴무)

₩ 성인 1,000원, 청소년 800원, 어린이 400원

❾ 청포대해수욕장

해변 경사가 완만하고 수심이 깊지 않으며 수온이 높아 특히 아이와 함께라면 제격인 해수욕장이다. 전통 어업방식인 독살 체험이 가능해 역시 아이와 즐거운 추억을 쌓을 수 있다. 유명 해변보다 북적이지 않는 편이라 조용하게 서해의 낙조를 감상하기도 좋다.

◎ 충남 태안군 남면 원청리 512-78

◷ 24시간

₩ 무료

❿ 백화산

해수욕장이 살짝 지루해졌다면 반대로 산으로 향해보자. 산 중에선 백화산이 태안 제일로 꼽힌다. 284미터의 낮은 산이나 서해를 마주하고 있어 풍경이 멋지다. 정상 부근엔 국보 태안마애삼존불도 숨어있다. 정상에 오르면 태안은 물론이고 서산 시내까지 눈에 들어온다.

◎ 충남 태안군 태안읍 원이로 78-132

◷ 24시간

₩ 무료

태안의 맛집과 카페

대한횟집만세튀김

전통딴뚝칼국수

트레블브레이크커피

대한횟집만세튀김 회나 튀김은 흔하니 게국지에 도전해보자. 꽃게를 이용해 만든 서해안의 특산 김치다.
충남 태안군 안면읍 백사장1길 119 매일 09:00~18:00(토~일은 22시까지)

전통딴뚝칼국수 직접 담근 된장으로 육수를 우린다. 해산물까지 아낌없이 넣으니 칼국수가 맛있을 수밖에. 충남 태안군 안면읍 안면대로 3018 매일 08:30~20:00

신태루 70년 역사의 태안 대표 중식당이다. 바지락과 고기를 넣은 육짬뽕이 입맛을 사로잡는다.
충남 태안군 태안읍 시장5길 43 수~월 10:00~19:30(화 휴무)

트레블브레이크커피 이국적 분위기의 카페. 특히 독특한 콘셉트의 야외 공간이 여행의 설렘을 불러일으킨다. 충남 태안군 안면읍 등마루1길 125 매일 10:00~20:00

멜로우데이즈 전원주택 분위기가 나는 카페다. 세계 각국의 신선한 원두로 만든 커피가 수준 높다.
충남 태안군 고남면 안면대로 4269-11 목~화 10:00~20:00(라스트 오더 19:30, 수 휴무)

006 예산군

Chungnam

예당호의 푸른 물결

❶ 예당호출렁다리

2019년 개통된 이후 어느새 예산에서 가장 많은 관광객이 몰려드는 여행지가 되었다. 국내에서 가장 큰 저수지로 알려진 예당호 위를 402미터 길이로 관통한다. 중간에 있는 주탑의 높이도 64미터에 달해 여러모로 규모의 압도감이 느껴진다. 주탑의 일부 높이까진 직접 올라가 볼 수도 있다. 출렁다리지만 비교적 흔들림이 심하진 않다. 밤이 되면 빛과 조명이 덧입혀지며 더욱 휘황찬란해진다. 최대 분사 높이 110미터의 분수가 음악에 맞춰 하늘로 치솟는 순간 함성도 높아진다. 출렁다리 한쪽의 벽면에선 음악 레이저쇼도 진행된다.

◎ 충남 예산군 응봉면 후사리 39

◷ 매일 09:00~22:00(12월~2월은 20시까지, 매달 1번째 월요일 휴무) ₩ 무료

❷ 내포보부상촌

국내 최초 보부상을 주제로 잡은 테마공원이다. 보부상 조직인 예덕 상무사가 활동했던 도시 예산의 특징을 잘 살렸다. 근대까지 모습을 보였던 보부상은 봇짐을 짊어지고 전국의 장터를 떠돌던 행상으로 장돌뱅이라 불리기도 했다. 그들의 모습과 과거의 활약상을 박물관에서 먼저 확인할 수 있다. 야외에도 볼거리와 즐길 거리는 풍성하다. 야외무대에서 공연을 관람한 뒤 놀이마당으로 이동해 전통놀이에 빠져보자. 체험공방에 방문해 보부상의 소품을 만들어 보는 것도 좋다. 조선 시장을 재현한 저잣거리에선 각종 먹을거리까지 해결할 수 있다.

◎ 충남 예산군 덕산면 온천단지1로 55

◷ 화~일 10:00~19:00(토~일은 20시까지, 월 휴무)

₩ 성인 11,000원, 청소년 9,000원, 어린이 7,000원

❸ 예산황새공원

한때 한국의 주요 텃새였던 황새는 시간이 흐르며 사실상 자취를 감췄다. 이에 황새가 번성했던 예산에 황새 복원과 자연 방사를 위해 연구센터를 갖춘 공원이 조성되었다. 이제 세계적으로 3,000마리 남짓 남은 희귀 조류를 가까이서 관찰하고 복원 과정을 살펴볼 수 있다.

◎ 충남 예산군 광시면 시목대리길 62-19

ⓛ 화~일 09:00~18:00(월 휴무)

₩ 무료

❹ 수덕사

예산십경 중 제1경에 빛나는 수덕사는 백제 위덕왕 때 창건된 것으로 추정되어 1,400년의 오랜 역사를 가졌다. 수덕사의 핵심은 단연 국보로 지정된 대웅전이다. 건축 시기가 명확한 현존하는 건축물 중에선 가장 오래된 목조건물로 인정받고 있으며 맞배지붕과 배흘림기둥이 동시에 관찰된다.

◎ 충남 예산군 덕산면 수덕사안길 79

ⓛ 매일 09:00~18:00

₩ 성인 4,000원, 청소년 2,000원, 어린이 1,000원

❺ 봉수산자연휴양림

예당호 남서쪽에 솟은 봉수산에 자연휴양림과 수목원이 나란히 이어진다. 봉수산이 내어주는 풍성한 숲과 야생화 군락을 눈에 담으며 휴양에 집중해 보자. 휴양림을 따라 산 위로 오르면 백제의 산성 임존성을, 수목원을 따라 언덕 위로 오르면 곤충생태관을 만날 수 있다.

◎ 충남 예산군 대흥면 임존성길 153

ⓛ 24시간

₩ 숙박동별 요금 상이

❻ 추사김정희선생고택

우리 역사상 최고의 명필가가 탄생한 고택이다. 현재는 안채와 사랑채 등 일부 건물만 남아있으나 추사의 흔적을 느끼기엔 부족함이 없다. 사랑채 앞엔 돌로 만든 해시계가 있는데 추사 선생이 직접 만든 것이다. 멀지 않은 곳에 선생의 묘와 기념관이 있으니 함께 둘러보자.

◎ 충남 예산군 신암면 추사고택로 261

ⓛ 매일 09:00~18:00(11월~2월은 17시까지)

₩ 무료

❼ 윤봉길의사기념관

훙커우공원 의거의 주인공 윤봉길 의사는 예산 출신이다. 덕산면에 있는 그의 생가 주변으로 기념관과 사당 충의사가 나란히 위치한다. 기념관엔 보물로 지정된 윤 의사의 유품 60여 점이 전시되어 있다. 나라를 위해 목숨을 바친 24살 청년의 숭고한 삶에 고개를 숙이게 된다.

◎ 충남 예산군 덕산면 덕산온천로 183-5

◷ 매일 09:00~18:00(11월~2월은 17시까지)

₩ 무료

❽ 의좋은형제공원

예산 대흥면에 살았던 이성만과 이순 형제는 전래동화로 잘 알려진 <의좋은 형제>의 실존 인물이다. 서로의 창고에 쌀가마니를 옮기다 마주친 형제의 우애를 이곳에서 느껴볼 수 있다. 두 형제의 집과 여러 민속품이 자리 잡고 있는 공원 서쪽에는 형제의 효제비가 남아있다.

◎ 충남 예산군 대흥면 의좋은형제길 3

◷ 24시간

₩ 무료

❾ 덕산온천단지

<동국여지승람>, <세종실록지리지>에 등장하는 유서 깊은 온천이다. 1917년 한 일본인이 덕산온천이란 이름을 달고 상업화한 뒤 현재에 이른다. 게르마늄이 함유된 뜨끈한 온천에 몸을 지지기 위해 사시사철 방문객이 끊이지 않고 찾아온다. 온천이 부담된다면 족욕을 즐겨보자.

◎ 충남 예산군 덕산면 온천단지로 일대

◷ 24시간

₩ 업체별 요금 상이

❿ 한국고건축박물관

국내에서 흔치 않은 고건축에 관한 이야기를 전한다. 국내 주요 건축물을 축소된 크기로 재현해놓아 한곳에서 부석사 무량수전, 수덕사 대웅전 등 국보급 건축물을 둘러볼 수 있다. 숭례문 화재 당시엔 이곳의 숭례문 모형을 서울로 가져가 복원을 위한 자료로 사용했다.

◎ 충남 예산군 덕산면 홍덕서로 543

◷ 화~일 09:00~18:00 (11월~2월은 17시까지, 월 휴무, 동절기는 월~화 휴무) ₩ 무료

예산의 맛집과 카페

대흥식당

응봉상회

대흥식당 붕어를 오랜 시간 고아낸 뒤 밥과 수제비, 국수를 넣어 끓인 어죽이 걸쭉하니 맛있다. ⊙ 충남 예산군 대흥면 노동길 14 ⊙ 매일 09:40~19:00(11월~2월은 18시까지, 3월~10월만 브레이크 타임 15:00~16:30)

한일식당 오랜 시간 예산 최고의 국밥집으로 꼽혀왔다. 소머리국밥이 정말 진국이다. ⊙ 충남 예산군 삽교읍 삽교역로 58 ⊙ 매일 09:00~20:00(토~일은 19:30까지, 토~일만 브레이크 타임 15:30~16:30, 라스트 오더 19:00)

옛날돈까스 이름 그대로 옛날 경양식 돈가스가 주력이다. 소스마저 오래전에 먹던 그 맛이다.
⊙ 충남 예산군 예산읍 예산로164번길 21 ⊙ 월~토 11:00~19:30(일 휴무)

응봉상회 옛 농협의 창고를 개조해 베이커리 카페를 만들었다. 웬만한 빵이 다 맛있다.
⊙ 충남 예산군 응봉면 입침중촌길 21 ⊙ 매일 10:00~22:00(라스트 오더 21:30)

여기서행복할것 이름에서부터 힐링이 느껴지는 숲속의 작은 카페. 정성 들여 만든 케이크가 훌륭하다.
⊙ 충남 예산군 삽교읍 충의로 141 ⊙ 수~일 11:00~17:00(토~일은 18시까지, 월~화 휴무)

007 Chungnam

홍성군

한우와 대하의 고향

❶ 남당항

큼직한 대하가 떠오를 때면 여기부터 찾아가야 한다. 천수만에 들어선 남당항은 명실상부 국내 최고의 대하 산지 중 하나로 손꼽힌다. 대하 축제가 개최되는 9~10월엔 전국에서 식객이 몰려든다. 가을이 대하라면 겨울에는 새조개다. 겨울부터 초봄까지 쫄깃쫄깃한 새조개를 여러 방식으로 즐길 수 있다. 항구의 2층 상가 건물을 꽉 채운 횟집과 음식점에선 늘 미식가를 기다린다. 대하 철과 새조개 철을 놓쳤어도 남당항의 풍경을 찾아 떠나보는 것도 좋다. 갈고리 모양의 방파제 너머로 보이는 천수만의 섬과 태안 안면도의 모습이 아련하다.

◎ 충남 홍성군 서부면 남당항로213번길 25-62

🕓 24시간

₩ 무료

❷ 이응노의집

홍성이 낳은 한국의 대표 화가 고암 이응노의 생가와 기념관, 야외전시장이 어우러진 종합 문화공간이다. 이 화백은 1950년대에 일찍이 파리로 넘어가 동양과 서양을 넘나드는 자신만의 독창적인 예술 세계를 창조했다. 하지만 1967년 동백림사건에 휘말리며 영원히 고국으로 돌아오지 못했고 파리에서 작고했다. 인생 자체가 한국사였던 그의 예술과 혼이 이젠 고향 땅 홍성에서 빛을 발하고 있다. 이응노 생가 기념관에선 언제나 고암의 작품과 자료를 마주할 수 있다. 연꽃으로 가득 찬 연못과 북카페도 있어 쉼을 찾아 방문하는 이도 많다.

◎ 충남 홍성군 홍북읍 이응노로 61-7

🕓 역사관 화~일 09:00~18:00(11월~2월은 17시까지, 월 휴무) ₩ 성인 1,000원, 청소년·어린이 500원

❸ 홍주성

홍주읍에 위치한 조선의 석축 읍성이다. 홍주성의 긴 역사 중 가장 중요한 사건은 1906년에 일어났다. 을사늑약 체결에 반기를 든 민종식, 이세영 등의 독립투사가 의병을 일으켜 일제를 격퇴한 것. 읍성 내부의 역사관에서 그 이야기와 성의 역사에 대해 두루 살필 수 있다.

◎ 충남 홍성군 홍성읍 아문길 20-1

◷ 역사관 화~일 09:00~18:00(11월~2월은 17시까지, 월 휴무) ₩ 무료

❹ 용봉산

산의 생김새가 용의 몸에 봉황의 머리가 합쳐진 것 같다고 하여 용봉이다. 유독 많은 바위 봉우리가 산 곳곳에 솟아있어 전체적인 풍광이 웅장하고 기이하다. 충남의 금강산이란 표현에 고개가 끄덕여진다. 381미터의 높지 않은 산이라 적은 품만 들여도 절경을 캐낼 수 있다.

◎ 충남 홍성군 홍북읍 신경리 1730

◷ 24시간

₩ 무료

❺ 김좌진장군생가지

우리의 독립 투쟁의 역사에서 위대한 업적을 남긴 백야 김좌진 장군이 나고 자란 곳이다. 1990년대 성역화 작업이 이뤄지며 생가와 부속 건물이 복원됐고 전시관도 세워졌다. 구석구석을 누비며 장군의 발자취를 따라가다 보면 청산리 전투의 뜨거운 함성이 들리는 듯하다.

◎ 충남 홍성군 갈산면 행산리 335-1

◷ 24시간

₩ 무료

❻ 한용운선생생가지

민족 시인이자 독립투사인 만해 한용운 선생은 이곳의 작은 초가집에서 1879년에 태어났다. 현재의 초가는 복원된 것이며 생가터 앞에 만해문학체험관이 자리하고 있다. <님의 침묵> 등 만해 선생의 대표작과 작품을 열람하는 것은 물론 독립운동사도 차근차근 훑을 수 있다.

◎ 충남 홍성군 결성면 만해로318번길 83

◷ 24시간

₩ 무료

❼ 홍성군조류탐사과학관

천수만과 서해를 굽어볼 수 있는 언덕에 위치해 단순히 철새들의 표본만을 보는 것이 아닌 망원경을 통해 비행하는 새들의 군무를 직접 관찰할 수 있는 곳이다. 총 3층 규모로 방대한 양의 조류 관련 자료와 함께 천수만과 바다 생태계까지 완벽하게 전시하고 있다.

◎ 충남 홍성군 서부면 남당항로 934-14

🕓 화~일 10:00~18:00(11월~2월은 17시까지, 월 휴무)

₩ 성인 3,000원, 청소년 2,000원, 어린이 1,500원

❽ 홍예공원

내포신도시가 뿌리를 내리며 들어선 도심 공원이다. 내포신도시가 홍성과 예산에 들어섰기에 두 도시의 앞글자를 땄다. 규모가 엄청나고 녹지와 호수가 꾸며져 있어 시민들의 쉼터이자 산책 공간으로 사랑을 받고 있다. 공원 동쪽으로 충남의 사령탑 충남도청이 자리한다.

◎ 충남 홍성군 홍북읍 홍예공원로 38

🕓 24시간

₩ 무료

❾ 에덴힐스힐링파크

'뷰티 힐링파크'를 표방하는 공간으로 화장품 전문 브랜드에 의해 탄생했다. 도심을 벗어나 쾌적한 자연과 호흡하며 완벽한 여유를 누릴 수 있다. 연꽃원과 조각 공원, 드넓은 정원과 감성적인 카페까지. 보이는 모든 풍경이 힐링 그 자체다. 물론 천연화장품 체험도 가능하다.

◎ 충남 홍성군 서부면 와룡로126번길 76-64

🕓 화~일 10:00~18:00(라스트 오더 17:30, 월 휴무)

₩ 음료 주문으로 대체

❿ 속동전망대

속동 갯벌마을 앞, 바다 전망이 펼쳐지는 커다란 바위 위로 배 모양의 전망대가 설치되었다. 그 끝에 서면 배를 타고 바다를 항해하는 듯한 사진을 건질 수 있다. 전망대 본래 역할도 충실하다. 멀리 서산과 태안의 모습까지 보인다. 전망대 옆의 파란 돌고래 조각도 재밌다.

◎ 충남 홍성군 서부면 남당항로 689

🕓 24시간

₩ 무료

홍성의 맛집과 카페

홍성의 한우

결성칼국수

케이카페

내당한우 홍성하면 한우다. 다양한 부위를 한 번에 맛볼 수 있는 '오늘 뭐 먹지?'라는 메뉴가 있다.
충남 홍성군 홍성읍 아문길52번길 6 매일 11:00~22:00(브레이크 타임 15:00~17:00)

한밭식당 한우구이가 다소 부담스럽다면 이곳으로 향하자. 가성비도, 맛도 좋은 한우불고기를 판다.
충남 홍성군 광천읍 광천로299번길 6-1 매일 11:00~21:00

결성칼국수 알이 굵은 굴을 잔뜩 넣어 굴칼국수를 끓인다. 언제 먹어도 시원해 속이 확 풀린다.
충남 홍성군 결성면 구성남로 31 화~일 11:00~16:00(토~일은 19시까지, 월 휴무)

케이카페 용봉산 바로 아래에 위치해 전망이 탁월하다. 내부도 외부도 큼직큼직 공간이 넓다.
충남 홍성군 홍북읍 용봉산2길 41 매일 10:00~22:00(라스트 오더 21:30)

비츠카페 남당항에 자리해 새우를 즐기고 걸음하기 좋다. 바다와 안면도를 바라보며 후식을 즐기자.
충남 홍성군 서부면 남당항로72번길 1 월~금 11:00~19:00, 토 10:00~21:00, 일 10:00~20:00

008 보령시

Chungnam

여름 햇살이 반가운 축제의 고장

❶ 대천해수욕장

자타공인 서해 최고의 인기 해변이자 규모 또한 서해안에서 가장 크다. 백사장이 조개껍질이 자잘하게 부서진 패각분으로 형성되어 있어 다른 해변과 다른 차별성까지 갖췄다. 백사장의 길이만 3.5킬로미터가 넘으며 수심이 낮아 아이와 함께 해수욕을 즐기기도 좋다. 이미 1930년대부터 휴양지로 개발되어 많은 관광객이 몰려들었고 현재는 연간 1,000만 명이 이곳을 찾는다. 그러나 대천해수욕장이 가장 붐비는 기간은 역시 7월 중순. 이제는 세계적인 축제로 자리 잡은 머드 축제가 열리는 기간이다. 보름 여간 100만 명이 몰려들어 진흙에 몸을 던진다.

충남 보령시 머드로 123

24시간

₩ 무료

❷ 죽도상화원

대천해수욕장 남쪽에 보물섬이 하나 있다. 멋스러운 한옥과 울창한 숲이 서해의 풍광과 어우러진 죽도가 그 주인공이다. 섬 안엔 한국식 전통 정원, 상화원이 여행자를 맞이한다. 우리의 전통 가옥을 복원한 한옥마을과 해송으로 둘러싸인 빌라 단지, 하늘정원과 석양정원 등 여러 테마 공간이 이어진다. 섬 둘레를 따라 지붕형 회랑과 산책로가 놓여 있어 바닷가의 기암을 눈에 담고 파도 소리를 귀에 담으며 낭만적인 산책을 이어갈 수 있다. 빌라에서 하루 묵어가는 것도 생각해볼 만하다. 방조제가 생기며 육지와 연결되어 접근성마저 좋다.

충남 보령시 남포면 남포방조제로 408-52

금~일, 공휴일 09:00~18:00(월~목 휴무, 12월~3월 휴관) ₩ 7,000원

❸ 대천스카이바이크 + 짚트랙코리아

대천에서 해수욕만 하고 가면 아쉽다. 해변 북쪽에 재미있는 액티비티가 준비되어 있으니 말이다. 스카이바이크는 대천해변과 대천항을 잇는다. 바다를 배경 삼아 허공 위의 질주를 이어가면 눈과 마음이 모두 시원해진다. 하늘을 가로지르는 짜릿한 짚트랙도 필수 코스다.

◎ 충남 보령시 해수욕장10길6
◷ 화~일 10:00~17:00(휴게시간 12:00~14:00, 월 휴무)
₩ 2인 22,000원, 3인 26,000원, 4인 30,000원

❹ 오천항

오천항은 천수만 한참 안쪽 깊숙한 곳에 자리한다. 그 덕에 파도의 영향에서 자유롭고 수심까지 깊어 항구로선 최고의 환경을 가졌다. 조선 시대엔 충청 수군의 본거지로 군항 역할을 했다. 현재는 항구의 아름다운 풍경을 보러, 싱싱한 해산물을 맛보러 관광객이 몰린다.

◎ 충남 보령시 오천면 오천해안로 782-13
◷ 24시간
₩ 무료

❺ 개화예술공원

총면적 18만 제곱미터에 이르는 드넓은 예술공원이다. 눈과 다리가 쉴 틈 없이 볼거리가 넘친다. 공원 중심에서 양질의 전시를 개최하는 모산조형미술관을 시작으로 조각 공원과 허브랜드, 공방, 미니동물원 등이 산재해 있다. 아이와 함께라면 깡통열차 탑승도 빼먹지 말자.

◎ 충남 보령시 성주면 개화리 177-2
◷ 매일 09:00~18:00
₩ 일반 6,000원, 청소년·어린이 4,000원

❻ 무창포해수욕장

일명 '모세의 기적'이 일어나는 해변이다. 매월 음력 보름과 그믐 무렵, 밀물이 가장 높은 사리 때마다 신비의 바닷길이 활짝 열린다. 이때가 되면 걸어서 바다 안쪽 섬까지 닿을 수 있고 맨손으로 수산물 채취도 가능하다. 보령에서 일몰이 가장 멋진 장소로 꼽히기도 한다.

◎ 충남 보령시 웅천읍 열린바다1길 10
◷ 24시간
₩ 무료

❼ 보령석탄박물관

석탄하면 강원권이 먼저 떠오르지만, 보령은 국내 제2의 탄전이자 충남탄전이 있던 곳이다. 그런 사실과 지역 경제를 위해 분투했던 탄광 노동자들의 공로를 전하고자 석탄박물관이 지어졌다. 석탄 산업의 역사를 찬찬히 훑어본 뒤 복원된 갱도에서 흥미로운 시간을 가져보자.

충남 보령시 성주면 성주산로 508

화~일 09:00~18:00(월 휴무)

₩ 성인 2,000원, 청소년 1,500원, 어린이 1,000원

❽ 성주산자연휴양림

성주산 인근의 폐광지역이 자연의 향기로 가득 찬 휴양림으로 변신했다. 성주산이 아낌없이 내어주는 갖가지 야생화를 굽어보고 빼곡한 활엽수 사이를 거니는 동안 얼굴엔 미소가 번진다. 휴양림 사이로 흐르는 계곡물을 이용한 물놀이장도 있어 여름철 피서지로도 그만이다.

충남 보령시 성주면 화장골길 57-228

24시간

₩ 성인 1,000원, 청소년 800원, 어린이 400원

❾ 삽시도

하늘에서 보면 화살을 꽂은 활 같다고 하여 삽시도라 이름 붙었다. 대천항에서 13킬로미터 정도 떨어져 있다. 섬 안엔 재미난 구경거리가 많다. 물때에 따라 외딴 섬이 되었다가 삽시도와 합쳐지는 면삽지, 시원한 생수가 솟는 물망터, 엽록소가 적어 노란 황금곰솔이 그것이다.

충남 보령시 오천면

삽시도행 배 07:20, 09:20(주말), 13:00, 16:00

₩ 무료

❿ 보령충청수영성

바다를 향해 축조된 조선 시대의 석성으로 1509년 수군절도사 이장생이 서해로 침입하는 적군을 몰아내기 위해 건설했다. 왜군이나 해적이 나타날 리 없는 지금은 언덕 위에서 바다와 항구, 산과 주변 마을을 한꺼번에 조망할 수 있는 탁월한 전망대 역할을 하고 있다.

충남 보령시 오천면 소성리 661-1

24시간

₩ 무료

보령의 맛집과 카페

김가네사골수제비

천북굴단지

우유창고

김가네사골수제비 사골을 진하게 우려 내놓는 푸짐한 수제비 한 그릇을 맛보러 늘 문전성시다.
충남 보령시 석서1길 57 목~월 09:30~14:00(라스트 오더 13:30, 화~수 휴무)

천북굴단지 보령 천북면엔 굴 단지가 있다. 이곳의 명물은 '굴구이'. 싱싱한 굴이 팡팡 터진다.
충남 보령시 천북면 장은리 1066-1 업체별 상이

우미장 한방오리를 주력으로 삼은 백숙전문점. 한 상 거하게 즐기면 절로 건강해지는 느낌이다.
충남 보령시 작은오랏8길 35 목~화 10:30~21:30(라스트 오더 20:00, 매달 1·2·4번째 수요일 휴무)

우유창고 신선한 우유를 사용해 각종 음료를 만든다. 우유 팩 모양의 건물이 눈길을 끈다.
충남 보령시 천북면 홍보로 573 매일 11:00~19:00

원산도커피 보령과 태안 사이에 낀 원산도에 위치한 카페. 바다 뷰도, 호수 뷰도 아닌 섬 뷰가 펼쳐진다.
충남 보령시 오천면 원산도5길 102 월~금 09:30~18:00, 토~일 09:30~19:00

009 공주시

Chungnam

백제인의 숨결을 따라서

❶ 공산성

백제가 남긴 최고의 유산은 공주의 몫이다. 유네스코 선정 세계문화유산에 빛나는 공산성은 백제인이 외세의 침입을 막고자 금강변에 쌓아올린 2,450미터 둘레의 요새다. 건설 당시엔 웅진성으로 불렸으나 고려 시대 이후부터 공산성으로 불렸다. 해발 높이가 110미터인 낮은 공산의 능선을 따라 이어지고 시간을 거치며 계속 증축, 개축되었다. 남문과 북문 격인 진남루와 공북루는 건재하지만, 동문과 서문은 파괴되어 터만 남았다. 산성 안쪽으로는 궁터를 비롯해 많은 유산이 남아있어 백제 역사 연구에 중요한 역할을 하고 있다.

◎ 충남 공주시 금성동 53-51

◷ 매일 09:00~18:00

₩ 성인 3,000원, 청소년 2,000원, 어린이 1,000원

❷ 마곡사

신라 선덕여왕 시절인 640년 자장율사에 의해 창건된 것으로 알려진 지역 대표 사찰이자 100여 개 사찰과 암자를 관할하는 충남 불교의 대본산 중 하나다. 공산성과 마찬가지로 유네스코 세계문화유산에 등재되었다. 경내엔 보물급 유적이 많다. 중층으로 건축된 웅장한 대웅보전과 그 앞의 대광보전, 영산전, 오층석탑 등은 보물로 지정되었다. 일제강점기 땐 김구 선생이 일본인 장교를 암살한 후 마곡사에 숨어들기도 했다. 사찰 한편엔 그가 심은 향나무 1그루가 남아있다. 산수유와 왕벚꽃이 피는 봄이 아름다워 '춘마곡 추갑사'란 이야기가 있다.

◎ 충남 공주시 사곡면 마곡사로 966

◷ 24시간

₩ 무료

❸ 국립공주박물관

백제 문화의 핵심이었던 공주 일원과 무령왕릉에서 발견된 백제 유물을 기초 삼아 1만 점이 넘는 문화재를 전시하고 있다. 웅진백제실과 충청남도 역사문화실이 상설로 운영되며 시기에 따라 백제 문화 관련 특별전도 열린다. 스마트폰 앱을 통해 전시 안내를 받을 수 있다.

◎ 충남 공주시 관광단지길 34

◷ 화~일 09:00~18:00(월 휴무)

₩ 무료

❹ 연미산자연미술공원

아이를 위해 방문한 어른마저 웃음을 짓는다. 연미산에서 열렸던 금강자연비엔날레 당시 설치된 작품과 이후에 추가된 설치 미술품 수십여 점이 산속 오솔길을 따라 연속된다. 키가 10미터나 되는 나무 곰과 숲속의 오두막은 사진을 찍기 위해 줄을 서야 할 정도다.

◎ 충남 공주시 우성면 연미산고개길 98

◷ 화~일 10:00~18:00(월 휴무)

₩ 성인 5,000원, 청소년·어린이 3,000원

❺ 공주무령왕릉과 왕릉원

백제의 25대 왕이었던 무령왕과 왕비를 모신 무령왕릉은 놀랍게도 1971년 배수로 공사 중 우연히 발견되었다. 잠들어 있던 1,500여 년 전의 역사가 깨어난 순간으로 국보급 문화재가 다수 출토되었다. 무령왕릉을 중심으로 송산리 고분군으로 불리는 7기의 고분이 펼쳐진다.

◎ 충남 공주시 웅진동 317

◷ 매일 09:00~18:00

₩ 성인 1,500원, 청소년 1,000원, 어린이 700원

❻ 공주한옥마을

한옥마을이 전주만의 전유물은 아니다. 공주에도 잘 정돈된 대규모 한옥마을이 여행객을 불러모은다. 한옥 시설 구경뿐 아니라 넉넉한 숫자의 숙박동이 있어 한옥촌에서 묵어갈 수도 있다. 아이들이 관심을 가질 만한 전통놀이와 흥미진진한 문화체험도 풍성하게 준비되어 있다.

◎ 충남 공주시 관광단지길 12

◷ 24시간

₩ 숙박동별 요금 상이

❼ 석장리박물관

한국 구석기 역사의 시작점이자 오랜 시간 연구가 진행된 석장리 선사 유적지에 있다. 석장리에서 나온 것은 물론 선사 시대의 유물을 다수 보유하고 있어 학술적 가치도 높은 곳이다. 금강이 흐르는 이 일대에선 매년 세계 구석기 축제가 열려 발 디딜 틈이 없다.

◎ 충남 공주시 금벽로 990

◷ 매일 09:00~18:00(11월~2월은 17시까지)

₩ 성인 3,000원, 청소년 2,000원, 어린이 1,000원

❽ 천주교황새바위순교성지

갖은 고초와 탄압에도 믿음을 지켰던 천주교 신자 수백 명이 순교 당한 곳이다. 황새 서식지라는 이야기와 더불어 순교자들의 목에 '항쇄'라는 형벌 장치를 채운 뒤 처형했다 하여 황새바위라 불린다. 가슴 아픈 역사가 담겼지만 현재는 시내 언덕에 위치해 평화롭기만 하다.

◎ 충남 공주시 왕릉로 118

◷ 24시간

₩ 무료

❾ 박찬호기념관

불세출의 야구 스타 박찬호는 공주중과 공주고를 졸업한 공주의 자랑. 한국인 최초로 메이저리그에 진출해 IMF로 지쳤던 국민에게 희망을 안겼던 그의 발자취를 담았다. 메이저리그에서만 무려 124승을 거뒀던 그의 유니폼과 수많은 승리 기념 구는 보기만 해도 신기하다.

◎ 충남 공주시 산성찬호길 19

◷ 화~일 10:00~18:00(월 휴무)

₩ 무료

❿ 충청남도역사박물관

조선 시대와 근현대에 사용되었던 민속품을 주로 전시하고 있어 구경하는 재미가 괜찮다. 충남 지역의 유적지나 관광지에 대한 자료 및 사진도 여행자에게는 좋은 정보가 된다. 박물관 맞은편 언덕 위에 보이는 공주 최초의 성당인 중동성당까지 함께 둘러보길 권한다.

◎ 충남 공주시 국고개길 24

◷ 화~일 10:00~18:00(월 휴무)

₩ 무료

공주의 맛집과 카페

동해원 공주엔 유난히 짬뽕 맛집이 많다. 그중 최고의 찬사를 받는 곳은 바로 여기.
충남 공주시 납다리길 22 월~토 11:00~15:00(일 휴무)

곰골식당 화덕 안에서 500도 이상의 센 불로 구워낸 생선구이가 담백하고 고소하다.
충남 공주시 봉황산1길 1-2 매일 11:00~21:00(라스트 오더 20:00)

명성불고기 시내 중심에 위치한 불고깃집으로 넉넉한 양의 불고기와 신선한 육회가 괜찮다.
충남 공주시 웅진로 200 수~월 11:00~21:00(브레이크 타임 15:30~17:00, 화 휴무)

베이커리밤마을 공주 하면 떠오르는 밤으로 다양한 빵과 간식을 만든다. 밤이 들어간 라테도 있다.
충남 공주시 백미고을길 5-9 매일 09:00~21:00

에어산 자연복합문화공간을 표방하는 초대형 카페. 계룡산 자락에 안겨 바비큐도 즐길 수 있다.
충남 공주시 반포면 임금봉길 88-27 매일 10:00~22:00(토요일은 22:30까지, 월요일은 21시까지)

공주시 여행 지도

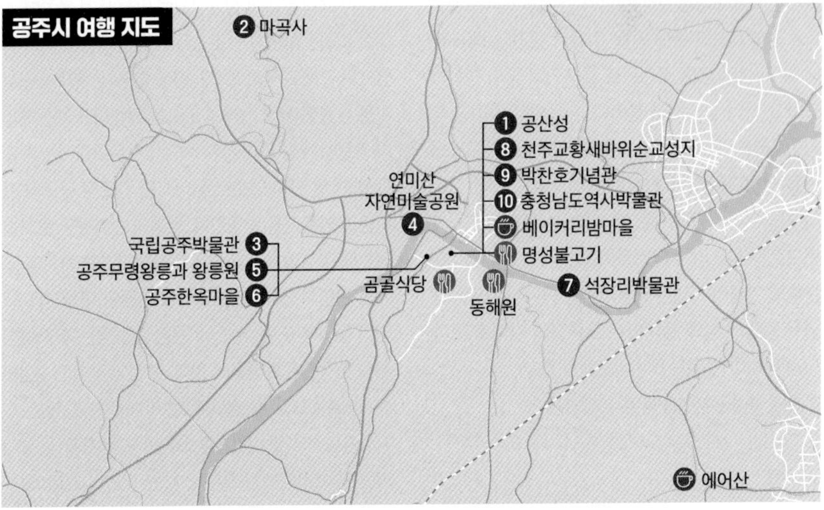

010 Chungnam

부여군

사비성의 찬란한 문화를 쫓는 길

❶ 궁남지

우리나라에서 가장 오래된 인공 연못을 거니는 것만으로도 백제의 귀족이 된 듯 여유가 생긴다. 백제 무왕 때 조성된 궁중 정원으로 추측되며 궁의 남쪽에 있다고 하여 궁남지라 불렸다. 서동으로 알려진 무왕이 신라의 선화공주와 사랑에 빠져 궁남지에서 낭만을 즐겼다는 예쁜 전설이 내려오기도 한다. 그때나 지금이나 연못의 풍경은 변함없이 근사하다. 주변으로 아름드리 수양버들이 하늘거리고 여름이면 분홍빛 연꽃이 드넓은 궁남지를 완벽하게 뒤덮는다. 연못 중앙의 섬에 들어앉은 포룡정의 자태도 곱다. 야경마저 아름다운 곳이니 오래 머물자.

⊙ 충남 부여군 부여읍 동남리 152-1

ⓒ 24시간

₩ 무료

❷ 백제문화단지

부여가 백제 문화의 심장이었던 만큼 도시 북쪽에 초대형 역사문화단지를 조성했다. 건설에만 17년이 걸렸으며 규모도 무려 100만 평에 이른다. 백제가 전성기를 누렸던 사비 시대의 모습을 완벽하게 재현해놓아 감탄사가 쉴 틈이 없다. 백제역사문화관에서 예습을 마친 뒤 단지 안으로 들어서면 압도적 규모의 사비궁이 방문객을 맞이한다. 백제의 찬란했던 문화를 단번에 실감할 수 있다. 왕의 사찰이었던 능사의 크기도 만만치 않다. 실물 크기로 복원된 대웅전과 38미터 높이의 오층석탑은 화룡점정을 찍는다. 사비성 서쪽엔 생활문화마을이 있다. ⊙ 충남 부여군 규암면 백제문로 455 ⓒ 화~일 09:00~18:00(12월~1월은 17시까지, 4월~11월 야간개장 22시까지, 월 휴무)

₩ 성인 6,000원, 청소년 4,500원, 어린이 3,000원

❸ 부소산성

백제가 사비 천도 후 도읍을 방어하기 위해 건설한 산성이다. 부소산의 능선을 따라 길게 이어진다. 산성 앞엔 왕궁지로 알려진 관북리 유적이 있다. 수막새와 토기, 장신구 등 다수의 유물이 출토됐다. '관북리유적과 부소산성'이란 명칭으로 세계문화유산으로 지정되었다.

충남 부여군 부여읍 부소로 31

화~일 09:00~18:00(11월~2월은 17시까지)

₩ 성인 2,000원, 청소년 1,100원, 어린이 1,000원

❹ 낙화암

백제 역사에서 가장 극적인 전설이 담긴 절벽. 660년 의자왕 시절 백제가 나당연합군에게 함락되자 수많은 궁녀가 치마를 뒤집어쓰고 여기서 몸을 던졌단 이야기가 전해진다. 꽃이 떨어진다 하여 낙화암이란 이름이 붙었고 그 혼을 달래기 위한 백화정이 절벽 정상에 있다.

충남 부여군 부여읍 쌍북리

화~일 09:00~18:00(11월~2월은 17시까지)

₩ 성인 2,000원, 청소년 1,100원, 어린이 1,000원

❺ 백마강 황포돛배

부소산성과 낙화암 너머로 흐르는 금강을 부여에선 백마강이라 일컫는다. 정확히는 부여읍 정동리에서 현북리까지의 16킬로미터 구간의 금강 하류를 말한다. 구드래 나루터에서 황포돛배를 타면 백마강을 효율적으로 즐길 수 있다. 강 위를 유람하며 백제의 숨결을 느껴보자.

충남 부여군 부여읍 나루터로 72

24시간

₩ 황포돛배 왕복 성인 8,000원, 어린이 4,000원

❻ 국립부여박물관

백제 예술의 정수라 극찬받는 백제금동대향로의 모습을 국립부여박물관에서 확인할 수 있다. 선사 시대부터 전시가 시작되지만, 백제 시대의 유물에 시선이 쏠리는 건 어쩔 수 없다. 사비 시절의 호화로운 백제 문화재와 불교 미술품을 마주할 때마다 잔잔한 감동이 찾아온다.

충남 부여군 부여읍 금성로 5

화~일 09:00~18:00(월 휴무)

₩ 무료

❼ 부여성흥산성

부여 성흥산에 축조된 백제의 산성으로 가림성으로도 불린다. 비교적 한적했던 이곳이 최근 SNS에 공유되며 큰 인기를 끌고 있다. 일명 '사랑나무'라고 불리는 가림성 느티나무 덕분. 늘어진 나뭇가지가 하트 반쪽 모양이라 합성을 통해 완벽한 하트를 만들 수 있기 때문이다.

◎ 충남 부여군 임천면 군사리 산7-10

◷ 24시간

₩ 무료

❽ 부여정림사지

백제 성왕 때 건립되었으며 고려 초기에 제작된 기와 명문이 발견된 뒤 정림사로 불리게 되었다. 연구를 통해 사비 대표 사찰의 비밀이 드러나기 시작했고 백제 불교 이해에 큰 도움을 주고 있다. 유물도 다수 발견되었으며 절터 중앙엔 국보 정림사지 오층석탑이 자리한다.

◎ 충남 부여군 부여읍 정림로 83

◷ 매일 09:00~18:00

₩ 성인 1,500원, 청소년 900원, 어린이 700원

❾ 서동요테마파크

백제 무왕과 선화공주의 전설을 바탕으로 만든 드라마 <서동요> 촬영을 위해 만든 대규모 세트장이다. 백제 시대를 배경으로 하고 있어 그 당시의 건물과 정원, 거리가 실감나게 구성되어 있다. 서동요 촬영 이후로도 <태왕사신기>, <이산>, <계백> 등 많은 역사극이 촬영되었다.

◎ 충남 부여군 충화면 충신로 616

◷ 화~일 09:00~18:00(11월~2월은 17시까지, 월 휴무)

₩ 성인 2,000원, 청소년 1,500원, 어린이 1,000원

❿ 부여왕릉원 능산리고분군

부여 능산리의 산기슭을 따라 백제의 무덤이 길게 이어진다. 왕릉으로 추정되는 고분군은 3기씩 2열에 걸쳐 모여있고 뒤로 1기가 더 있어 총 7기다. '능산리고분군'으로 불리다 2021년부터 '부여왕릉원'으로 명칭이 변경되었다. 건너편엔 백제의 토성, 부여 나성이 자리한다.

◎ 충남 부여군 부여읍 능산리 388-1

◷ 매일 09:00~18:00(11월~2월은 17시까지)

₩ 성인 1,000원, 청소년 600원, 어린이 400원

부여의 맛집과 카페

장원막국수

시골통닭

무드빌리지

장원막국수 강원권의 막국수 맛집과 겨뤄도 전혀 밀리지 않는 부여의 대표 맛집. 새콤달콤 육수가 일품.
충남 부여군 부여읍 나루터로62번길 20 매일 11:00~17:00

시골통닭 삼계탕과 백숙으로도 유명하지만, 옛날 재래시장 스타일의 바삭한 '통닭'이 향수를 자극한다.
충남 부여군 부여읍 중앙로5번길 14-9 화~일 10:00~22:00(월 휴무)

연꽃이야기 궁남지의 상징 연꽃을 이용한 갖가지 요리를 선보인다. 연잎밥뿐 아니라 연잎돈까스도 만든다. 충남 부여군 부여읍 성왕로 22 화~일 11:30~20:00(브레이크 타임 14:50~17:00, 라스트 오더 19:30, 월 휴무)

무드빌리지 영어식 이름과는 달리 우리의 멋이 한껏 느껴지는 웅장한 한옥 안에 들어선 카페.
충남 부여군 부여읍 뒷개로27번길 10-1 화~일 12:00~19:30(라스트 오더 19:00, 월 휴무)

사바랭 프랑스 디저트 전문 카페. 맛도 맛이지만 먹기 아까울 정도로 모든 메뉴가 깜찍하다.
충남 부여군 부여읍 서동로 85 화~일 12:00~21:00(월 휴무)

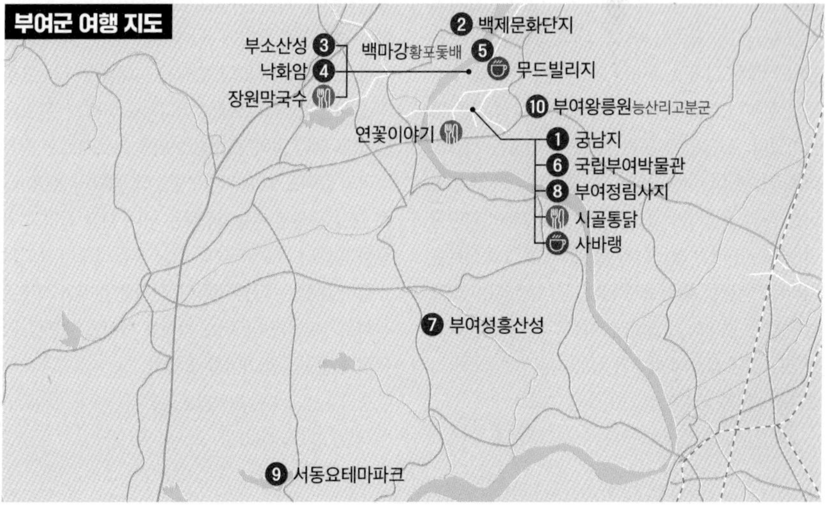

011 Chungnam

청양군

청양고추와 구기자, 그리고 칠갑산

❶ 칠갑산

'콩밭 메는 아낙네야.' 로 시작되는 구슬픈 국민가요 덕에 칠갑산을 모르는 사람은 거의 없을 것이다. 동명의 곡으로 전국구 스타가 되었지만, 그 노래가 나오기 전부터 칠갑산은 이미 청양군의 상징 같은 명산이었다. 1973년에 도립공원으로 지정된 사실이 이를 입증한다. 차령산맥의 한 줄기로 지천과 잉화달천 등의 물줄기가 계곡을 굽이치며 7개의 명당을 만들었다고 하여 칠갑이라 불린다. 9개의 등산로를 따라 그 명당을 둘러보게 된다. 정상은 560미터로 높지 않은 편이라 수월하게 오를 수 있다. 정상에서 보이는 주변 산군에 박수가 터져나온다.

◎ 충남 청양군 대치면

© 24시간

₩ 무료

❷ 천장호출렁다리

청양고추와 구기자의 고장이라면 이 정도는 되어야 한다. 출렁다리 중앙에 세상에서 가장 큰 고추와 구기자 조형물 탑이 있다. 의심은 집어넣으시라. 고추의 높이는 16미터로 세상 어디에도 이렇게 큰 고추는 없을 테니 말이다. 천장호 위를 가로지르는 출렁다리의 길이도 200미터가 넘는다. 정확히 207미터로 건설 당시엔 출렁다리로는 국내 최장 길이의 위용을 뽐냈다. 30센티미터 이상 흔들리게 설계되어 스릴이 세 배는 더 추가된다. 다리를 건너면 좌우로 산책로가 나타난다. 어느 방향을 택하든 자연을 만끽하며 발걸음을 이어갈 수 있다.

◎ 충남 청양군 정산면 천장호길 24

© 매일 09:00~18:00

₩ 무료

③ 청양알프스마을

한겨울이면 도깨비처럼 뚝딱, 하고 나타나는 마을이다. 1~2월 즈음 칠갑산얼음분수축제를 시작으로 천장호 인근에 겨울왕국이 탄생한다. 얼음과 눈을 재료 삼아 흥미로운 조각과 이글루가 만들어진다. 애고 어른이고 모두 열광하는 눈썰매와 얼음 썰매도 밤늦게까지 이어진다. ◎ 충남 청양군 정산면 천장호길 223-35 ◷ 동절기 운영 매일 09:00~20:00(주말은 21시까지) ₩ 주간 8,000원, 야간 10,000원, 썰매이용권 28,000원(야간은 18시부터)

④ 장곡사

칠갑산 초입의 천년 고찰 장곡사는 특이하게도 두 개의 대웅전을 가지고 있다. 게다가 상대웅전과 하대웅전의 건축 형태와 축조 시기가 달라 더 놀랍다. 두 대웅전은 사이좋게 국보와 보물도 많이 떠안고 있다. 도합 6개나 되는데 사찰의 규모를 고려한다면 대단한 수준이다.

◎ 충남 청양군 대치면 장곡길 241

◷ 24시간

₩ 무료

⑤ 고운식물원

식물원 측에서 전하는 꽃과 수목의 종만 해도 8,600여 종이다. 그야말로 모든 공간이 각양각색의 꽃과 나무로 빼곡하다는 뜻. 그 틈마저 조각과 예술품으로 채웠다. 여러 산책길을 따라 차근차근 자연과 동화되면 그만이다. 환경부가 지정한 멸종위기 식물도 돌보고 있다.

◎ 충남 청양군 청양읍 식물원길 398-23

◷ 매일 09:00~18:00(11월~3월은 17시까지)

₩ 성인 8,000원, 청소년·어린이 5,000원

⑥ 칠갑산장승공원

수백 년 전부터 장승제를 올리고 최근에도 장승 축제를 열 정도로 청양은 장승 문화에 깊은 관심을 가진 도시다. 이에 점점 사라져가는 장승을 계승하고자 칠갑산 서쪽에 공원을 만들었다. 11.5미터 높이의 칠갑산 대장군과 여장군을 대장으로 수십 개의 장승이 흩어져 있다.

◎ 충남 청양군 대치면 장곡길 119-17

◷ 24시간

₩ 무료

❼ 백제문화체험박물관

백제의 토기 문화에 주로 초점을 맞췄다. 건물 역시 토기를 굽는 가마를 형상화했다. 삼국시대 분향리 토기 가마와 백제의 학암리 토기 가마를 재현한 공간이 눈에 띈다. 그 외에도 청양에서 출토된 백제 문화재를 전시하고 있으며, 농경문화전시관과 금광체험관도 운영한다.

◎충남 청양군 대치면 장곡길 43-24

화~일 09:00~18:00(월 휴무)

₩ 성인 2,000원, 청소년 1,500원, 어린이 1,000원

❽ 모덕사

조선 후기의 학자이자 의병 대장, 면암 최익현 선생의 영정을 모신 사당이다. 면암은 을사오적 처단을 외치며 의병을 일으키고 일제에 맞섰다. 일제에 체포된 후엔 적군이 주는 음식을 먹을 수 없다며 단식하다 순국했다. 면암 선생의 유물전시관과 장서각, 생가가 함께 있다.

◎충남 청양군 목면 나분동길 12

24시간

₩ 무료

❾ 청양목재문화자연사체험관

크게 목재 체험관과 자연사 체험관으로 전시가 양분되어 있다. 전자에선 목재와 산림에 관련된 정보와 전시를 살펴볼 수 있다. 아이들이 더 좋아할 만한 후자는 해양생물부터 육상 동물에 이르기까지 수백여 종의 동물 표본을 제공한다. 인터렉티브 놀이터도 인상적이다.

◎충남 청양군 대치면 칠갑산로 704-21

화~일 09:00~18:00(11월~2월은 17시까지, 월 휴무)

₩ 성인 3,000원, 청소년 2,000원, 어린이 1,000원

❿ 칠갑산천문대스타파크

칠갑산 위로 쏟아지는 별빛을 감상해보자. 스타파크는 천문대 겸 천문 우주 과학관으로 반구형 슬라이딩 돔을 갖췄다. 304mm 구경의 대형 굴절 망원경을 통해 행성과 성운 등 밤하늘의 천체를 생생하게 관측할 수 있다. 낮에는 태양의 흑점을 찾아보는 프로그램도 진행한다. ◎충남 청양군 정산면 한티고개길 178-46 화~일 10:00~22:00(11월~3월은 21시까지, 휴게시간 11:00~13:00/17:00~18:00, 월 휴무)

₩ 성인 3,000원, 청소년 2,000원, 어린이 1,000원

청양의 맛집과 카페

청양우거디 청양고추뿐 아니라 청양의 특산물과 우거지를 가득 넣고 끓인 소고기우거지탕은 최고.
충남 청양군 청양읍 칠갑산로2길 9 매일 11:00~14:00(라스트 오더 13:30)

농부밥상 청양산 식재료와 천연 조미료를 사용해 건강한 한정식을 낸다. 청양 구기자타운에 있다.
충남 청양군 대치면 칠갑산로 704-18 화~일 11:00~17:00(토~일은 20시까지, 토~일 브레이크 타임 15:30~17:00, 라스트 오더 15:30/19:00, 월 휴무)

은행집 오로지 국산콩만 이용해 직접 제조한 청국장이 현지인 사이에서 많은 지지를 얻어낸다.
충남 청양군 대치면 한티고개길 11 매일 10:30~19:30

한옥카페지은 실제 조선 시대에 지어진 고택에 한옥을 증축하여 카페를 열었다. 돌담마저 고풍스럽다.
충남 청양군 남양면 나래미길 60-4 화~일 11:00~21:00(월 휴무)

앵화당 벚꽃이 흩날리는 천변에 위치한다. 커피도 좋지만, 꽃차와 쌍화차 등 전통차를 한번 맛보자.
충남 청양군 운곡면 구만이길 70-21 화~일 12:00~18:00(라스트 오더 17:40, 월 휴무)

012 서천군

Chungnam

국가대표 생태관광도시

❶ 국립생태원

어린 왕자에 등장하는 바오밥나무를 아프리카가 아닌 우리나라에서도 볼 수 있다. 국내 최대의 생태 전시관이자 세계 각국에서 공수한 동식물을 보유한 국립생태원에서라면 가능하다. 헤아릴 수 없이 많은 수천 여종의 동식물이 생태원 전시실 곳곳에 산재해 있다. 열대, 사막, 지중해, 온대, 극지. 5대 기후의 동식물을 상설 전시하는 에코리움을 중심으로 금구리 구역, 하다람 구역 등 6개의 큰 구역으로 구성된다. 바오밥나무는 물론 북극여우, 펭귄, 육지 거북 같이 우리의 야생에선 절대 만날 수 없는 희귀동식물을 찾아 나서는 재미가 쏠쏠하다.

◎ 충남 서천군 마서면 금강로 1210

◷ 화~일 09:30~18:00(11월~2월은 17시까지, 월 휴무)

₩ 성인 5,000원, 청소년 3,000원, 어린이 2,000원

❷ 장항송림산림욕장 장항스카이워크

서천 장항읍 송림리엔 1.5킬로미터 길이의 해송 숲이 사계절 초록빛을 내뿜는다. 그 시작은 1954년으로 바닷바람을 막기 위해 주민들이 작은 곰솔을 심으면서부터다. 현재는 하늘을 찌를 듯 높이 솟은 해송 1만 2,000그루가 장관을 연출한다. 그 사이로 산책로까지 잘 뚫려 있다. 해송 곁으론 여러 가지 꽃도 함께 피어나는데 8~9월쯤 얼굴을 내미는 보랏빛 맥문동이 단연 인기다. 2016년엔 15미터 높이의 스카이워크를 개장해 해송과 갯벌, 바다를 모두 조망할 수 있게 되었다. 기벌포 해전이 벌어졌던 역사적 장소라 관련 정보도 전시한다.

◎ 충남 서천군 장항읍 송림리 산65

◷ 스카이워크 화~일 09:30~18:00(월 휴무)

₩ 스카이워크 2,000원

❸ 춘장대해수욕장

파도가 잔잔하며 수심도 깊지 않고, 백사장의 경사는 완만해 해수욕에 완벽한 조건을 모두 갖춘 서천 1순위 해수욕장이다. 더욱이 주변으로 소나무와 아까시나무가 우거져 산책을 목적으로 방문해도 좋은 해변이다. 해변 입구에 서 있는 두 대의 풍차도 낭만을 얹어준다.

◎ 충남 서천군 서면 춘장대길 20

🕓 24시간

₩ 무료

❹ 신성리갈대밭

국내 최고의 갈대 명소로 꼽힌다. 갈대밭의 너비는 200미터, 전체 면적은 6만 평을 자랑한다. 갈대가 갈색으로 물드는 9월부터 방문하면 좋다. 물결처럼 일렁이는 갈대 사이를 걸으면 몽환적인 순간이 찾아온다. 영화 같은 풍경이라 <공동경비구역 JSA>, <킹덤> 등이 촬영되었다.

◎ 충남 서천군 한산면 신성리 125-1

🕓 24시간

₩ 무료

❺ 마량리동백나무숲

서천 최서단 마량리 마을에선 늦겨울부터 붉은 동백이 타오른다. 천연기념물로 지정된 마량리 동백나무는 수령이 500년 이상 된 것으로 알려졌으며 80여 그루가 마을 언덕 위로 층층이 자리한다. 언덕 꼭대기 동백정에서 바라보는 붉은 일몰도 동백의 붉은 빛 못지않다.

◎ 충남 서천군 서면 마량리 275-48

🕓 매일 09:00~18:00

₩ 성인 1,000원, 청소년 700원, 어린이 500원

❻ 씨큐리움

국립해양생물자원관에서 운영하는 해양생물 전문 박물관이다. 25미터 높이의 생명의 탑이 단번에 눈길을 사로잡는다. 해양생물 표본 5,000여 점을 빼곡하게 쌓아 올렸다. 4개 층에 걸쳐 대형 고래 골격과 함께 국내에서 발견되는 거의 모든 해양생물의 표본을 전시하고 있다.

◎ 충남 서천군 장항읍 장산로101번길 75

🕓 화~일 09:30~18:00(월 휴무)

₩ 성인 3,000원, 청소년 2,000원, 어린이 1,000원

❼ 홍원항

춘장대해변과 마량리 마을 사이에 아담하고 한가로운 홍원항이 터를 잡았다. 바다를 향해 곧게 뻗은 방파제 끝에 닿으면 빨간색 등대를 배경으로 기념사진도 남길 수 있다. 서해에선 전어가 가장 많이 잡히는 곳으로 알려졌다. 가을이면 관광객이 이곳에 몰려드는 이유다.

◎ 충남 서천군 서면 도둔리 1222-59

◷ 24시간

₩ 무료

❽ 금강하굿둑놀이공원

충남과 전북에 물을 대기 위해 건설된 금강하굿둑은 서천과 군산을 잇는다. 하굿둑을 발판 삼아 양 도시에 볼거리, 즐길 거리가 많은데 서천 쪽엔 놀이공원이 들어서 가족 단위 여행객이 많이 찾는다. 놀이기구와 놀이터, 식당가가 한데 몰려있다. 철새도래지로도 이름이 났다.

◎ 충남 서천군 마서면 장산로855번길 56-2

◷ 24시간

₩ 무료

❾ 한산모시관

한산모시는 서천의 대표 특산품이다. 예부터 여름철 옷감으로 사용되었던 모시 중에서도 서천 한산면의 모시는 전국 으뜸으로 쳤으며 조선 시대엔 임금님께 진상되었다는 기록까지 있다. 그 한산모시를 살펴보고 체험하고 학습할 수 있는 공간이 한산면 한편에 위치한다.

◎ 충남 서천군 한산면 충절로 1089

◷ 매일 10:00~18:00(11월~2월은 17시까지)

₩ 성인 1,000원, 청소년 500원, 어린이 300원

❿ 문헌서원

고려 후기의 대학자인 이곡 선생과 그의 아들인 이색 선생의 학문과 덕을 기리기 위해 창건되었다. 현재는 자연과 하나가 된 서원 곁을 거닐고자 많은 시민과 관광객이 걸음을 한다. 늦여름에 피는 분홍 배롱나무꽃과 연못, 전통 건축물의 조화는 여느 유명 정원 부럽지 않다.

◎ 충남 서천군 기산면 서원로172번길 66

◷ 매일 09:00~18:00(11월~2월은 17시까지)

₩ 무료

서천의 맛집과 카페

수라원 비교적 저렴한 가격에 푸짐한 석쇠불고기 한 상을 누릴 수 있다. 반찬도 차고 넘친다.
충남 서천군 장항읍 장산로 641-9 수라원 화~일 11:00~21:00(월 휴무)

진미식당 50여 년 전통의 진한 콩국수 전문점. 서천 농부가 수확한 서리태를 매일 맷돌에 간다.
충남 서천군 판교면 종판로 885 매일 11:00~17:00

옛날분식 푸짐한 사골떡국과 칼국수가 극찬을 받는다. 2인 이상 주문 시 무려 수육을 서비스로 준다.
충남 서천군 서천읍 충절로 108 매일 11:00~20:00(매월 15일 휴무)

카페화산 시골길에 우뚝 솟은 대형 카페. 루프톱에서 보이는 산과 논의 풍경이 마음에 여유를 안긴다.
충남 서천군 종천면 희리산길 7 매일 10:00~18:00(토요일은 22시까지)

선베이크 한산모시관에 숨겨진 아담한 빵 맛집. 밤식빵과 소금빵이 유명 대형 베이커리 못지않다.
충남 서천군 한산면 충절로 1102-30 화~일 09:00~18:00(라스트 오더 17:50, 월요일과 매월 1번째 일요일 휴무)

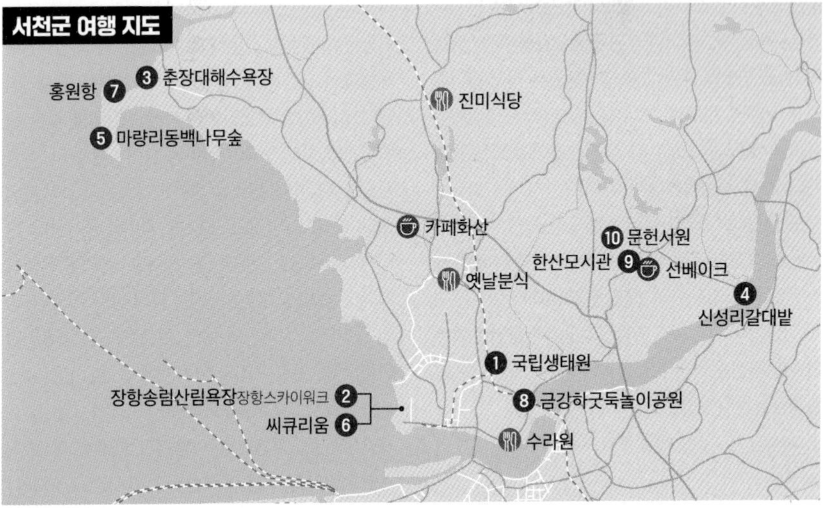

013 논산시

Chungnam

훈련소는 옛말, 떠오르는 관광 도시

❶ 탑정저수지

논산의 중심에 자리하고 있으며 탑정호나 논산저수지로도 불린다. 1944년에 완공된 뒤 줄곧 논산 여행의 1번지 역할을 해왔다. 예산 예당호에 이어 충남에선 두 번째로 큰 저수지다. 물길을 따라 드라이브를 즐기는 것도 좋고 저수지 주변에 흩어져 있는 관광지나 카페, 수변공원에서 여유로운 시간을 보내는 것도 괜찮다. 그러나 누가 뭐래도 이곳의 하이라이트는 탑정호를 가로지르는 출렁다리. 호수 위에 설치된 출렁다리로는 국내 최장인 600미터 길이를 가져 아찔함의 순간이 그만큼 길다. 빛과 음악이 호수와 어우러진 음악분수도 명물이다.

◎ 충남 논산시 부적면 신풍리 769

◷ 24시간

₩ 무료

❷ 선샤인랜드

여러 가지 군사 체험과 관람을 한 번에 즐길 수 있는 복합문화공간이다. 밀리터리 체험관엔 최첨단 VR 체험과 스크린 사격, 실내 사격이 차례로 준비되어 있다. 서바이벌 체험장에선 복장과 장비를 갖춘 뒤 시가전을 방불케 하는 전투에 참여하게 된다. 직접 몸으로 부딪치며 승리를 쟁취해 나가는 과정이 흥미롭다. 1950 스튜디오도 즐거운 추억을 선사한다. 한국전쟁 직후 1950년대 중반의 도시 풍경을 꼼꼼하게 재현해놓아 색다른 사진을 많이 남길 수 있다. 야외 공간에도 전투기와 탱크, 로켓포가 전시되어 있어 볼거리, 즐길 거리가 넘쳐난다. ◎ 충남 논산시 연무읍 봉황로 102 ◷ 목~화 09:00~18:00(11월~2월은 17시까지, 수 휴무) ₩ **서바이벌 경기** 성인 14,000원, 청소년·어린이 9,000원 **스크린사격·실내사격** 2,000원

❸ 선샤인스튜디오

선샤인랜드에 속해 있는 드라마 세트장이지만 독립적으로 많은 인기를 누린다. 2018년에 방영되어 엄청난 인기를 누렸던 <미스터 선샤인>의 촬영지이기 때문. 드라마에 등장한 종로 거리와 호텔, 상점가가 그대로 남아있다. 주연 배우들의 손때가 묻은 소품과 사진도 전시한다.

◎ 충남 논산시 연무읍 봉황로 90

ⓒ 목~화 10:00~18:00(수 휴무)

₩ 성인 10,000원, 청소년 8,000원, 어린이 6,000원

❹ 온빛자연휴양림

온빛이란 이름만큼이나 아름다운 휴양림이다. 입구를 통과할 때만 해도 평범한 숲처럼 보이나 안으로 들어갈수록 이국적인 풍경으로 변해 비밀의 화원이 된다. 숲속 호숫가에 자리한 아담한 별장이 그 풍경의 방점을 찍는다. 하늘 높이 솟은 메타세쿼이아 숲도 장관이다.

◎ 충남 논산시 벌곡면 황룡재로 480-113

ⓒ 24시간

₩ 무료

❺ 돈암서원

조선 중기의 예학 사상가, 사계 김장생 선생의 뜻을 기리고 추모하고 위해 지어진 서원으로 현종 때 돈암이란 현판을 하사받아 사액서원으로 승격되었다. 흥선대원군의 서원철폐령에도 훼손되지 않고 잘 보존되어 유네스코 세계문화유산으로 지정된 서원 중 하나가 되었다.

◎ 충남 논산시 연산면 임3길 26-14

ⓒ 24시간

₩ 무료

❻ 관촉사

보통 '은진미륵'이라고 불리는, 18미터 높이의 석조 미륵보살입상이 관촉사의 상징이다. 고려 시대 최대의 석불입상으로 국보로 지정됐다. 원통형 체구로 약간 왜곡된 듯한 모습이 특징이다. 은진미륵과 함께 만든 것으로 추청되는 석등과 2층으로 구성된 대광명전도 근사하다.

◎ 충남 논산시 관촉로1번길 25

ⓒ 매일 08:00~20:00

₩ 성인 2,000원, 청소년 1,500원, 어린이 1,000원

⑦ 수락계곡

대둔산의 북쪽에 자리한 청명한 계곡이다. 잘 알려진 계곡은 아니었으나 대둔산 등산객 사이에서 회자되며 점차 유명세를 타기 시작했다. 뜨거운 여름철에도 차디찬 물이 굽이치며 반딧불이가 서식할 정도로 깨끗함을 자랑한다. 트레킹을 이어가면 줄줄이 폭포도 등장한다.

◎ 충남 논산시 벌곡면 수락리 116

◷ 24시간

₩ 무료

⑧ 온누리딸기농장

딸기는 논산 하면 바로 떠오르는 과일이다. 그런 이유로 논산 곳곳엔 다양한 딸기 체험을 제공하는 농장이 많다. 온누리딸기농장도 그중 하나로 가족 단위 여행객이 몰려든다. 딸기 따기는 기본이고 딸기를 재료로 한 식음료를 만드는 체험은 아이들이 무척 즐거워한다.

◎ 충남 논산시 부적면 신교길 28-24

◷ 월~토 10:00~17:00(일 휴무)

₩ 체험별 비용 상이

⑨ 계백장군유적지

백제 계백 장군의 최후 결전지였던 황산벌 부근에 들어선 유허지다. 5만의 나당연합군에 맞서 5,000의 군사로 결사 항전하다 장렬한 최후를 맞이한 계백 장군이 이곳에 잠들어 있다. 그의 묘소와 충장사를 참배한 뒤엔 백제군사박물관에 들러 전투의 순간을 간접 체험해보자.

◎ 충남 논산시 부적면 신풍리 4

◷ 백제군사박물관 매일 09:00~17:00

₩ 무료

⑩ 로봇뮤지엄

아이들이 있다면 이곳에 들어서는 순간 행복한 비명을 지를 것이다. 국내 최초로 '슈퍼 전대 시리즈'를 전시하고 있는 것은 물론 1980년대부터 현재에 이르기까지 우리에게 큰 사랑을 받았던 국내외 로봇이 총집합했다. 트램펄린이나 보드게임 같은 즐길 거리도 마련되어 있다.

◎ 충남 논산시 관촉로58번길 38-76

◷ 목~화 10:00~21:00(수 휴무) ₩ 성인은 음료 주문으로 대체, 13세 미만 어린이는 10,000원

논산의 맛집과 카페

반월소바

원조연산할머니순대

레이크힐제빵소

반월소바 찰진 메밀소바와 달큰한 육수의 조합을 맛보고자 늘 긴 줄이 늘어선다. 돈가스도 인기다.
충남 논산시 해월로 132 화~일 11:00~20:00(브레이크 타임 15:30~17:00, 라스트 오더 19:30, 월 휴무)

원조연산할머니순대 선지로 가득 찬 피순대와 내장으로 가득 찬 순대국밥이 모두 나무랄 곳 없다.
충남 논산시 연산면 황산벌로 1525 매일 08:00~19:30(브레이크 타임 14:30~15:00)

보은집 3대째 운영 중인 한정식 전문점으로 시래기를 듬뿍 넣은 갈치조림이 대표 메뉴다.
충남 논산시 연무읍 감바위로30번길 6 매일 09:30~20:30(라스트 오더 20:00)

레이크힐제빵소 탑정호가 훤히 보이는 곳에 자리한 베이커리 카페. 빵의 종류가 셀 수 없이 많다.
충남 논산시 가야곡면 탑정로 872 매일 10:00~22:00(라스트 오더 21:30)

코이비꼬 카페 곁의 자작나무숲이 장관이다. '임금라떼유'라는 유과가 올려진 음료가 재밌다.
충남 논산시 강산길 84 매일 11:00~22:00

논산시 여행 지도

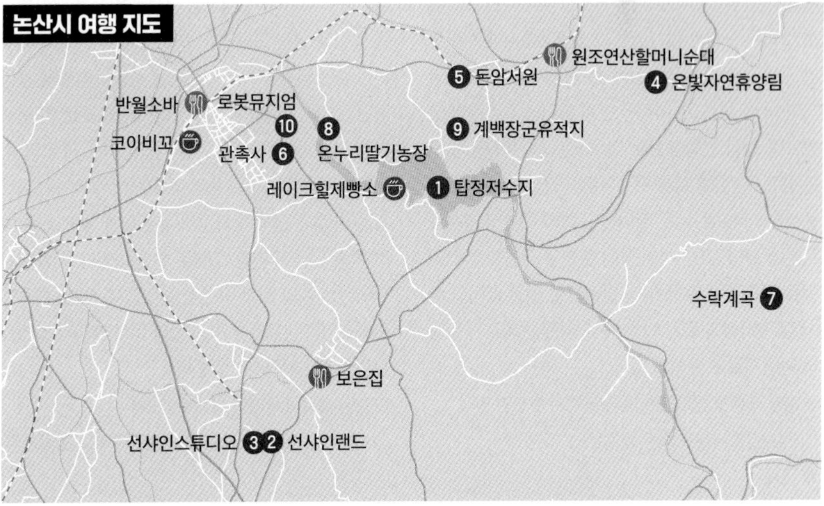

014
Chungnam

계룡시
대한민국의 국방 수도

❶ 계룡산

계룡시는 군사도시란 한계 탓에 관광적 측면에선 다소 소외된 도시라 할 수 있다. 그런 계룡시에 계룡산의 일부가 속해 있단 사실은 큰 행운이다. 1968년 일찍이 국립공원으로 지정될 만치 빼어난 절경을 품고 있으며 정상 천황봉으로 이어지는 능선이 닭 볏을 쓴 용과 같다 해 계룡이란 이름이 붙었다. 무엇보다 풍수지리적으로 매우 뛰어난 곳이라 예부터 명산으로 손꼽혔다. 조선 시대엔 이 주변을 도읍지로 고려했을 정도. 등산로를 따라 발걸음을 옮길 때마다 유서 깊은 사찰과 운치 있는 계곡, 시원한 폭포가 등장해 관광지로도 손색이 없다.

◎ 충남 계룡시 신도안면, 충남 공주시 반포면 일대

⏲ 24시간

₩ 무료

❷ 사계고택

조선의 예학자 사계 김장생 선생이 벼슬을 내려놓은 뒤 말년에 살던 고택이다. 1602년에 건설되어 400년이 넘는 역사를 가졌으며 사계 선생이 후학을 양성하던 곳이라 더욱 의미 있다. 아버지의 뜻을 이어 예학의 기본 체계를 다진 아들 김집을 비롯해 우암 송시열과 동춘당 송준길 등이 이 고택에서 사계의 가르침을 받았다. 안채와 사랑채, 문간채와 행랑채 등 여러 부속 건물이 원형 그대로 잘 남아있다. 사계전시관에선 사계의 삶과 사상을 살펴볼 수 있다. 최근엔 고풍스러운 분위기를 장점 삼아 문화 행사가 열리고 전통혼례가 치러지기도 한다.

◎ 충남 계룡시 두마면 사계로 122-4

⏲ 화~일 10:00~18:00(휴게시간 12:00~13:00, 월 휴무)

❸ 향적산치유의숲

2023년에 개장한 향적산 치유의 숲은 향적산이 가진 빼어난 산림환경을 활용해 시민들의 육체적, 정신적 건강 증진을 목표로 하고 있다. 치유센터를 중심으로 숲길이 여러 갈래로 나뉜다. 길을 따라 걷는 내내 연못과 습지, 풍차와 정자가 등장해 목표대로 큰 힐링을 안긴다.

충남 계룡시 엄사면 향적산길 200

화~일 09:00~18:00(동절기엔 17시까지, 월 휴무)

₩ 체험료 5,000원

❹ 괴목정

계룡산 끝자락에 위치한 공원이다. 회화나무와 느티나무를 뜻하는 괴목이 많아 괴목정이라 불렸고 무학대사가 이곳을 지나다 꽂아놓은 지팡이가 커다란 괴목이 되었다는 전설도 있다. 500년 수령의 거목도 있으며 계룡 최고의 휴양지로 유명해 소풍 나온 시민으로 늘 붐빈다.

충남 계룡시 신도안면 용동리 4-1

24시간

₩ 무료

❺ 입암저수지

입암리에 자리한 저수지가 개발을 거치며 여유로운 수변공원으로 거듭났다. 저수지를 한 바퀴 돌 수 있는 데크 길이 형성되었으며 하트 포토존과 정자, 쉼터가 생겨 멀리 보이는 계룡산 풍경을 음미하며 쉬어가기도 좋다. 줄지어 서 있는 메타세쿼이아도 한 폭의 그림이 된다.

충남 계룡시 두마면 입암리 419

24시간

₩ 무료

❻ 무상사

외국인을 대상으로 한국의 선불교를 전파하기 위해 지어진 국제선원 사찰이다. 전 세계 곳곳에서 찾아온 외국인 스님들이 우리의 전통 방식 그대로 수행하는 특별한 모습을 관찰할 수 있다. 이런 사실과 별개로 향적산의 품에 안긴 고즈넉한 사찰의 전경도 감성을 자극한다.

충남 계룡시 엄사면 향적산길 129

24시간

₩ 무료

❼ 금암리염선재

김종서 장군의 7대손이자 사계 김장생 선생의 부인이었던 순천 김씨 정부인의 재실이다. 그녀는 어린 시절부터 효심이 남달랐고 정성을 다해 간호하던 사계 선생이 타계하자 삼년상을 마친 뒤 식음을 전폐해 목숨을 끊어 효열부로 꼽힌다. 충남 문화재자료로 지정되었다.

◎ 충남 계룡시 금암동 45

◷ 24시간

₩ 무료

❽ 계룡시어린이감성체험장

계룡시 아이들의 창의성과 인성 함양을 위해 아이의 눈높이에 맞춘 여러 가지 체험을 제공한다. 감성놀이 프로그램은 사회성과 창의력에 초점을 맞추고 있으며 숲속 놀이터 프로그램을 통해 협동심과 상상력을 기를 수 있다. 예약을 통해 인기 장난감 대여도 가능하다.

◎ 충남 계룡시 엄사면 도곡로 158

◷ 화~일 10:00 -17:00(일 휴무)

₩ 체험프로그램, 재미진놀이터 4,000원

❾ 청송약수터

시내 뒷산에 위치한 아담한 약수터다. 계룡 시민들에게 깨끗한 물을 공급하는 중책을 맡고 있지만 사실 약수터 주변의 자연환경이 뛰어나 건강을 위해 이곳에 산책 삼아 걸음 하는 이들이 더 많다. 향적산 국사봉으로 향하는 등산로의 시작점이라 등산객도 많이 거쳐간다.

◎ 충남 계룡시 엄사면 전원3길 32-17

◷ 24시간

₩ 무료

❿ 신원재와 모원재

나란히 마주하고 있는 조선 시대의 재실이다. 신원재는 사계 선생의 막내 아들인 김비의 재실로 그가 아버지와 형의 자료를 정리하던 곳이다. 모원재는 '경국대전' 편찬에 적극 참여한 조선 문신 김국광을 모신 사당이다. 그는 병조판서를 거친 뒤 우의정과 좌의정을 역임했다.

◎ 충남 계룡시 두마면 왕대2길 6-10

◷ 24시간

₩ 무료

계룡의 맛집과 카페

더하고부대찌개

연리지

화평 숙주가 올려진 양 많고 칼칼한 짬뽕과 채소 가득 탕수육이 극찬을 받는다. 오픈 런 필수.
충남 계룡시 엄사면 계룡대로 4862 화~일 11:00~21:00(브레이크 타임 15:00~17:00, 라스트 오더 20:30, 월 휴무)

더하고부대찌개 군더더기 없이 깔끔하고 정갈한 부대찌개가 엄지를 치켜들게 만든다. 1인 주문도 가능하다. 충남 계룡시 금암로 140 월~토 10:00~21:30(브레이크 타임 15:30~16:30, 라스트 오더 21:00, 일 휴무)

예촌소바 시원하고 감칠맛 나는 소바와 샐러드가 담뿍 올려진 돈가스의 조합이 완벽하다. 충남 계룡시 엄사면 번영11길 18-16 매일 11:00~20:30(브레이크 타임 15:00~17:00, 라스트 오더 20:00, 매달 2·4번째 수 휴무)

연리지 조용한 교외에 자리한 전망 좋은 한옥 카페. 뒤로 향적산이 병풍처럼 펼쳐진다.
충남 계룡시 엄사면 향적산길 91 매일 11:00~21:00

오후의산책 특색 있는 브런치로 유명하다. 그중 한국식 브런치, 떡갈비 메뉴가 가장 눈길을 끈다.
충남 계룡시 엄사면 번영11길 25 화~일 10:30~21:00(월 휴무)

015 Chungnam

금산군

고려 인삼, 건강 일번지

❶ 금산적벽강

전북 장수군에서 발원하여 충청권 곳곳을 적시는 금강이 금산군의 남동쪽 수통리에 닿은 뒤엔 '적벽강'이라는 다른 이름을 갖는다. 수통리에 펼쳐진 붉은색 암벽을 적시며 흐른다는 것이 바로 그 이유. 중국 양쯔강에 위치한 절경 적벽강을 닮아 적벽강이라 불린다는 설도 있다. 그 유래가 무엇이든 이 일대의 자연 풍광은 여행자를 매료시키기에 충분하다. 30미터가 넘는 붉은 기암절벽 사이를 파고들어 유유히 굽어 흐르는 적벽강의 모습은 '한 폭의 풍경화'라는 표현의 정석을 보여준다. 강변에 자갈밭이 있어 늘 물놀이객과 캠핑족의 발걸음이 이어진다.

충남 금산군 부리면 수통리 706

24시간

₩ 무료

❷ 금산칠백의총

칠백의 호국 영웅이 영면에 든 고귀한 장소이다. 임진왜란 당시 의병장 조헌은 금산에서 의병을 일으킨 뒤 왜군과 맞선다. 청주성을 수복하는 개가를 올린 뒤엔 기세를 몰아 호남의 관군과 힘을 합쳐 왜군에 총공세를 퍼붓는 계획을 세운다. 하지만 호남의 권율 장군은 아군이 열세임을 깨닫고 공격을 늦추자는 편지를 보냈고 이를 미처 확인하지 못한 조헌은 단 700명의 인원으로 1만 5,000명의 왜군 주력부대와 전투를 벌인다. 그 결과 700명의 의병은 전원 순절하고 만다. 이후 조헌의 제자들이 칠백의사의 유해를 수습한 뒤 칠백의총이라 했다.

충남 금산군 금성면 의총길 50

화~일 09:00~18:00(월 휴무)

₩ 무료

❸ 월영산출렁다리

월영산과 부엉산을 잇는 출렁다리는 2022년에 개통됐다. 45미터 아득한 높이에서 275미터 길이의 다리를 지나다 보면 출렁거림의 리듬에 맞춰 다리도 후들거린다. 그러함에도 그 위에서 보는 금강과 주변 산세의 전망을 포기하긴 아깝다. 멀지 않은 곳에 인공폭포도 쏟아진다.

충남 금산군 제원면 천내리 168-5

목~화 09:00~18:00(수 휴무)

₩ 무료

❹ 남이자연휴양림

금산 서쪽 끝, 선야봉 기슭 계곡에 자리한 휴양림이다. 느티나무가 많아 느티골이라 불리는 지역이지만 그 외에도 많은 활엽수가 울창함을 자랑해 평온한 쉼을 누릴 수 있다. 숙박동과 더불어 많은 부대 시설이 있고 선야봉으로 오르는 등산로를 따라 폭포와 기암이 함께한다.

충남 금산군 남이면 건천리 567-1

24시간

₩ 숙박동별 요금 상이

❺ 보석사

이름처럼 금산의 보석으로 통하는 사찰이다. 마곡사의 말사로 885년 창건 당시 앞산에서 채굴한 금으로 불상을 만들어 보석사라 한다. 경내의 건축물도 아름답지만, 사찰 앞 거대한 은행나무가 유명하다. 나라에 변이 발생할 때면 울음소리를 내는 영험함을 지녀 추앙받는다.

충남 금산군 남이면 석동리 산5

24시간

₩ 무료

❻ 서대산

정상의 높이는 905.3미터. 충남 최고봉이란 사실만으로 등산객의 모험심을 자극한다. 노령산맥에 속하며 바위로 이뤄진 산이라 암벽등반객도 종종 보인다. 정상으로 향하는 길에 용바위, 장군바위 등의 기암이 이어지고 정상에서 보이는 금산과 옥천, 대전의 전망이 시원하다.

충남 금산군 추부면 일원

24시간

₩ 무료

❼ 금산지구별그림책마을

태어나서부터 100살까지 모든 세대가 그림책을 마음껏 즐길 수 있다는 철학을 바탕으로 꾸며진 국내 최초의 그림책 마을이다. 건물 곳곳에 그림책이 흩어져 있어 남녀노소 동심으로 돌아가 독서삼매경에 빠질 수 있다. 그림책을 판매하는 서점과 이탈리아 레스토랑도 있다.

◎충남 금산군 진산면 장대울길 52
🕓화~일 11:00~19:00(월 휴무)
₩ 성인 5,000원, 청소년·어린이 3,000원

❽ 금산인삼관

국내에서 인삼만큼은 금산이 최고로 꼽힌다. 그 사실을 증명하듯 금산 읍내 중심에 커다란 인삼전시관이 자리한다. 인삼 재배의 과정과 역사를 상세히 보여줄 뿐 아니라 인삼의 효능과 특징도 알려준다. 그래도 가장 눈길을 끄는 건 1층에 전시된 귀한 인삼 병의 향연이다.

◎충남 금산군 금산읍 인삼광장로 30
🕓매일 09:00~18:00
₩ 무료

❾ 금산역사문화박물관

선사 시대부터 현재까지 금산의 오랜 역사와 문화를 한눈에 살펴볼 수 있는 군립박물관이다. 1층에선 지역의 역사를, 2층에선 금산의 생활사를 전시하고 있으며 금산을 빛낸 인물도 차례차례 만나게 된다. 박물관 앞에 조각된 15미터 높이의 모자 인삼상도 큰 볼거리다.

◎충남 금산군 금산읍 금산로 1575
🕓화~일 09:00~18:00(월 휴무)
₩ 무료

❿ 십이폭포

금산에서도 오지로 꼽히는 구석리의 좁은 시냇물을 따라가면 아는 사람만 안다는 소박한 자연의 작품이 이어진다. 십이폭포라 불리는 12개의 연속된 폭포가 그것. 깊은 골짜기를 따라 맑은 폭포가 줄줄이 이어진다. 대부분 아담한 규모지만 자연을 만끽하기엔 충분하다.

◎충남 금산군 남일면 신천리 973-30
🕓24시간
₩ 무료

금산의 맛집과 카페

가마솥한우진곰탕 한우 뼈만을 푹 고아 국물을 우려내 진하고 담백하다. 소머리곰탕과 꼬리곰탕이 사랑받는다. 충남 금산군 추부면 금산로 2428 매일 07:00~21:00

금산원조김정이삼계탕 인삼의 고장 금산인 만큼 삼계탕에도 인삼과 각종 한약재를 아끼지 않는다. 충남 금산군 금산읍 인삼약초로 33 화~일 11:30~20:00(라스트 오더 19:30, 월 휴무)

황토집사람들 구수한 청국장은 조금도 흠잡을 데가 없다. 정갈하게 나오는 열댓 가지 반찬도 마찬가지. 충남 금산군 진산면 태고사로 444 매일 09:00~21:00(라스트 오더 20:00)

캐슬1477 옛 교회를 개조해 독특한 분위기의 카페를 만들었다. 피규어 전시관도 따로 있다. 충남 금산군 금산읍 금산로 1477 월~금 11:30~17:00, 토 11:00~21:00, 일 11:00~19:00

애월담 제주의 감성과 식탁을 옮겨왔다. 멜젓과 모자반이 들어간 브런치 메뉴가 단연 시그니처. 충남 금산군 진산면 실학로 529 매일 11:00~21:00(라스트 오더 20:00)

PART 7
전라북도

001 Jeonbuk 전주시
한옥이 물결치는 도시

❶ 전주한옥마을

검푸른 기와지붕이 전주 도심 한복판에 파도처럼 일렁인다. 전주를 넘어 한국 관광의 상징이 되어버린 곳. 한복을 차려입은 외국인까지 줄줄 밀려드니 한국을 넘어 세계적인 관광지라고 해야 할지도 모르겠다. 700여 채의 한옥이 어깨를 부대끼고 있다. 일제강점기에 성곽이 무너지고 일본 상인이 성안으로 밀려들자 이에 반발해 뚝심 있게 한옥을 짓기 시작하며 오늘의 한옥마을이 탄생했다. 우리의 멋을 잔뜩 머금은 한옥 사이를 거닐기만 해도 여행의 설렘이 차오른다. 마을 내에 숨겨진 십수 개의 문화관과 박물관을 하나씩 캐내는 재미도 있다.

◎ 전북 전주시 완산구 기린대로 99

🕓 24시간

₩ 무료

❷ 한국도로공사전주수목원

한국도로공사에서 전주에 아주 훌륭한 선물을 건넸다. 전주수목원은 호남고속도로 건설로 훼손된 환경을 복원하고자 묘목을 심고 가꾸던 곳이라 더욱 의미가 깊다. 1972년에 묘포장으로 시작, 1983년부터 수목원을 조성하고자 식물종을 수집하면서 현재에 이르고 있다. 약 4,000여 종의 식물이 주제별로 풍성하게 전시되어 있어 방문객에게 함박웃음을 안긴다. 습지원과 장미원, 암석원과 허브원. 그 주제도 다양해 보는 즐거움이 더욱 커진다. 한국도로공사 전주수목원은 파괴된 자연을 시민들에게 어떻게 다시 돌려주어야 하는지 좋은 예를 보여주는 곳이다.

◎ 전북 전주시 덕진구 번영로 462-45

🕓 화~일 09:00~18:00(월 휴무)

₩ 무료

❸ 경기전

국보로 지정된 태조의 어진을 모신 사당으로 전주 이씨 왕조의 중심이 되는 곳이기에 전주에 위치한다. 조선 제1대 왕의 용안을 마주할 수 있는 곳이라 역사적 의미가 상당하다. 위패를 봉안한 조경묘가 함께 있으며 조선 왕의 어진과 자료를 모은 어진박물관도 자리한다.

◎ 전북 전주시 완산구 태조로 44

◷ 매일 09:00~18:00

₩ 성인 3,000원, 청소년 2,000원, 어린이 1,000원

❹ 전주덕진공원

시내 중심에 있어서 사계절 내내 전주 시민들의 추억이 차곡차곡 쌓이는 공원이다. 여행자에게도 매력적이긴 마찬가지. 산책로를 따라 꽃과 나무가 무성하고 여름이면 덕진호에 연꽃이 만개한다. 2022년엔 멋스런 한옥 건물이 인상적인 연화정 도서관이 호수 중앙에 개관했다.

◎ 전북 전주시 덕진구 권삼득로 390-1

◷ 24시간

₩ 무료

❺ 자만벽화마을

너무 북적이는 시간에 한옥마을에 방문했다면 도보로 10분이면 닿는 이 깜찍한 마을로 향해보자. 언덕 달동네 주택 사이로 화사한 벽화가 실속 있게 이어진다. 친숙한 만화 캐릭터와 인기 스타가 인사를 건넨다. 마을 꼭대기에선 한옥마을과 도심 전경을 눈에 담을 수 있다.

◎ 전북 전주시 완산구 교동 50-158

◷ 24시간

₩ 무료

❻ 국립전주박물관

조선 시대 관아의 모습을 닮은 건물 내에 전북권의 문화재를 알차게 담아냈다. 전주와 전북 곳곳에서 출토된 유물이 시대별로 잘 정리되어 있다. 전주가 조선의 본향인 만큼 조선 왕실과 관련된 전시에 눈이 많이 간다. 어린이 박물관도 운영 중이며 야외정원도 아늑하다.

◎ 전북 전주시 완산구 쑥고개로 249

◷ 매일 10:00~18:00

₩ 무료

❼ 전주난장

50~60년 전으로 시간여행을 떠나보자. 25년간 수집한 7만여 점의 근현대사 생활 소품이 80개의 테마 공간을 옹골차게 채운다. 1960~70년대의 풍경을 완벽히 재현해놓은 것은 물론 이제는 찾기조차 힘든 추억의 물건이 가득해 부모에겐 향수를, 아이에겐 호기심을 안긴다. ⓥ 전북 전주시 완산구 동문길 33-20 ⓒ 월~목 10:00~19:00, 금 10:00~19:30, 토 09:30~19:30, 일 09:30~19:00 ₩ 성인 7,500원, 청소년 6,000원, 어린이 5,000원

❽ 오목대

조선 건국 전인 1380년, 이성계는 남원 황산에서 왜구에게 대승을 거둔 뒤 이 언덕에서 승리를 자축하고 회포를 풀었다. 이때 중국 한나라를 세운 유방이 불렀다는 '대풍가'를 읊으며 조선 건국의 야심을 드러낸 것으로 전해진다. 곁엔 이성계의 조부가 살았다는 이목대가 있다.

ⓥ 전북 전주시 완산구 기린대로 55

ⓒ 24시간

₩ 무료

❾ 전동성당

수많은 천주교도가 박해를 받고 스러져갔던 땅 위에 1914년, 로마네스크 양식의 성당이 프랑스 신부에 의해 지어졌다. 순교자들의 큰 아픔이 서린 곳이지만 현재는 늠름한 모습을 간직한 채 한옥마을의 이정표 역할을 한다. 성당 앞은 한복 입은 여행자들로 늘 북적인다.

ⓥ 전북 전주시 완산구 태조로 51

ⓒ 매일 09:00~17:00

₩ 무료

❿ 전주향교

전주 최고의 가을 명소로 소문난 곳이다. 향교 내에 420년 수령의 육중한 은행나무가 여전히 건재를 과시하고 있기 때문. 단풍철에 맞춰 방문하면 머리 위로 샛노란 은행잎이 흩날린다. 대성전을 중심으로 열댓 개의 옛 건물이 모여있는 향교 자체도 큼직하고 고풍스럽다.

ⓥ 전북 전주시 완산구 향교길 139

ⓒ 화~일 09:00~18:00(월 휴무)

₩ 무료

전주의 맛집과 카페

전주비빔밥

전주왱이콩나물국밥전문점

PNB 풍년제과본점

전주비빔밥 전주를 대표하는 음식이다. 예나 지금이나 전주는 비빔밥이란 공식은 불멸의 진리이다. 가족회관, 한국집, 종로회관 등 맛집이 너무도 많다.

전주왱이콩나물국밥전문점 오징어가 올라간 칼칼한 콩나물국밥도 전주의 상징. 모주까지 곁들이면 더욱 좋다. 삼백집, 현대옥도 유명하다. 전북 전주시 완산구 동문길 88 매일 07:00~21:00(라스트 오더 20:30)

조점례남문피순대 남문시장에 즐비한 피순대 집 중에서도 자리가 없어 못 앉는 곳이다. 피순대와 국밥이 일품이다. 전북 전주시 완산구 전동3가 2-198 매일 06:00~22:00

PNB풍년제과본점 그 유명한 전주 초코파이의 원조가 풍년제과이며 여기가 바로 1951년에 문을 연 본점이다. 전북 전주시 완산구 팔달로 180 매일 08:00~22:30

전일갑오 전주에는 가게맥줏집, 일명 '가맥'문화가 오랜 전통을 자랑한다. 그중 이곳이 가장 북적인다.
전북 전주시 완산구 현무2길 16 월~토 15:00~01:00(일 휴무)

전주시 여행 지도

Special Info 한옥마을의 전통전시관

한옥마을엔 한옥만 있는 게 아니다. 고풍스러운 기와지붕 사이로 우리의 멋과 맛을 살린 전통 전시관이 여럿 숨겨져 있어 여행의 흥을 더한다. 한옥마을에서 꼭 가야 할 전시관 5곳을 소개한다.

❶ 한옥마을선비문화관

조선 말 성리학의 대가, 간재 전우 선생과 주로 호남권에서 활약했던 선비들의 삶과 철학을 정리해 전시하고 있다. 선비들의 초상화와 저작물, 그들의 활동상을 통해 조선 시대 선비정신을 제대로 이해할 수 있다. 선비의 복장을 착용하고 사진도 남길 수 있다.

📍 전주시 완산구 한지길 102 📞 063-288-5124

❷ 전주전통술박물관

전주한옥마을을 대표하는 전통문화 전시관 중 하나이다. 전주의 명주인 모주를 포함해 전통술에 관한 이야기가 꼼꼼하게 기록되어 있다. 다양한 전통술을 시음하는 공간도 있어 애주가에겐 필수 방문 코스다. 여러가지 체험공간도 이곳의 큰 매력이다.

📍 전주시 완산구 한지길 74

📞 063-287-6305

❸ 전주대사습청

전주대사습놀이는 조선 후기 전라감영과 전주부에서 전국의 판소리 등 국악 명인들을 초대해 경연을 펼친 민속놀이이다. 판소리, 농악, 무용, 민요 등 다양한 전통 예술을 공연할 수 있는 공연장과 오정숙 명창을 기리는 기념관, 전주대사습놀이의 과거와 현재를 보여주는 전시관 등을 갖추고 있다.

📍 전주시 완산구 한지길 56

📞 063-288-0771

❹ 전주부채문화관

조선 시대 전주에는 선자청, 곧 부채를 만드는 관청이 있었을 정도로 부채 문화의 전통이 깊은 곳이다. 전주부채문화관에는 전주 부채 명인들의 혼이 담겼다. 예술이라 칭송받아 마땅한 전통 부채 유물 60여 점이 문화관 전시실을 빼곡히 채우고 있다. 직접 부채를 만들어보는 체험도 가능하다.

📍 전주시 완산구 경기전길 93

📞 063-231-1774

❺ 동학혁명기념관

전북 지역에서 울려 퍼졌던 동학운동의 혁명 정신을 기리기 위해 개관했다. 녹두장군 전봉준의 활약상과 동학운동의 과정이 펼쳐진다. 무엇보다 동학혁명 전개과정을 사진을 통해 살펴볼 수 있어서 의미가 깊다. <동경대전>, <용담유사> 등도 전시하고 있다. 천도교 전주교구에서 운영한다.

📍 전주시 완산구 은행로 34

📞 063-231-3219

002 Jeonbuk

완주군

사방팔방 자연으로 꽉 찬 곳

❶ 대둔산

1980년 도립공원 목록에 이름을 올렸다. 전북권과 충청권에 걸쳐있으나 접근성은 완주에서 가장 좋다. 1990년부터 케이블카가 운영되고 있는 덕분이다. 제법 높은 지점까지 5분이면 닿을 수 있다. 물론 순수한 등반을 원하는 사람도 있겠지만. 878미터 높이의 대둔산은 노령산맥에서 뻗어 나온 산줄기로 워낙 빼어난 산세를 가져 호남의 소금강이라 불려왔다. 화강암의 기암군과 울창한 삼림이 이상적인 조화를 이룬다. 정상 부근 삼선계단에 오르는 것은 대둔산 등반의 백미. 51도의 급경사를 타는 동안 다리가 후들거리지 않을 사람은 없다.

◎ 전북 완주군 운주면 산북리 611-34 ⏱ 24시간

₩ 무료(케이블카 왕복 대인 14,000원, 소인 11,000원/편도 대인 11,000원, 소인 9,000원)

❷ 대한민국술테마박물관

술 관련 전시물 5만 점을 소장하고 있으니 애주가들에겐 낙원이나 다름없다. 초창기부터 현대까지 대한민국의 술을 총망라하고 있어 구경의 재미를 극대화한 박물관이다. 2층으로 올라가는 길에 보이는, 술병을 쌓아 올린 탑부터 심상치 않다. 우리 술의 역사와 제조 과정을 상세하게 설명하는 전시도 흥미롭지만 역시 시대별로, 지역별로 생산된 소주와 맥주를 꼼꼼하게 모아 놓은 전시실에서 제일 긴 시간을 보낼 수밖에 없다. 지역 명품주가 가득한 방도, 술 광고를 전시해 놓은 방도 재밌고 대폿집과 옛 호프집을 재현한 공간도 웃음을 준다.

◎ 전북 완주군 구이면 덕천전원길 232-58

⏱ 화~일 10:00~18:00(11월~2월은 17시까지, 월 휴무)

₩ 성인 2,000원, 청소년 1,000원, 어린이 500원

❸ 고산자연휴양림

안수산 동쪽에 자리한 대규모 휴양림이자 완주 와일드푸드 축제가 열리는 곳이다. 두 눈 가득 맺히는 빽빽한 숲은 도심 공해에 신음하던 폐를 단번에 정화해준다. 덩칫값도 제대로 한다. 수생과학관, 천문대, 산림홍보관 외 다양한 부대시설을 갖춰 한나절 투자해도 충분하다.

◎ 전북 완주군 고산면 고산휴양림로 246

◷ 수~월 09:00~18:00(화 휴무)

₩ 성인 2,000원, 청소년 1,500원, 어린이 1,000원

❹ 전북도립미술관

전북 지역의 대표 미술관은 완주의 차지다. 2004년에 개관한 이후 수많은 도민과 여행객에게 예술적 감흥을 안겨주고 있다. 널찍한 5개의 전시실을 갖추고 있으며 현대 작가들의 작품이 주로 전시된다. 야외 공간에도 조각이 이어지고 미술관 뒤로는 모악산이 웅장하다.

◎ 전북 완주군 구이면 모악산길 111-6

◷ 화~일 10:00~18:00(월 휴무)

₩ 상설전 무료

❺ 대아수목원

대아저수지의 물줄기가 동쪽으로 흘러들어 끝날 무렵 화사한 꽃길이 배턴을 이어받는다. 대아수목원은 전북산림환경연구소에 의해 운영되고 있다. 든든한 배경 덕에 자생종과 원예종을 포함하여 2,700종이 넘는 식물을 보유하고 있다. 어디로 향하든 생명의 향기가 가득하다.

◎ 전북 완주군 동상면 대아수목로 94-34

◷ 매일 09:00~18:00(11월~2월은 17시까지)

₩ 무료

❻ 삼례문화예술촌

원래는 일제강점기에 양곡 수탈을 목적으로 세워진 창고였다. 그 아픔의 공간이 광복 후엔 농협으로 귀속되었고 현재는 개보수를 거쳐 문화의 향기가 그윽한 종합 예술 공간으로 극적인 변신을 했다. 현대 미술과 미디어 파사드가 교차하는 전시관과 공연장, 카페가 이어진다.

◎ 전북 완주군 삼례읍 삼례역로 81-13

◷ 화~일 10:00~18:00(월 휴무)

₩ 무료

❼ 오성한옥마을

위봉산에 둘러싸인 고즈넉한 한옥마을이다. 마을을 구성하는 오도리와 외성리의 글자를 하나씩 땄다. 우리의 멋이 돋보이는 가옥 20여 채가 모여있어서 잠시나마 조선 시대의 양반 마을을 거니는 듯하다. 2019년에 BTS가 촬영을 위해 머물며 단번에 완주 명소로 급부상했다.

◎ 전북 완주군 소양면 송광수만로 472-23

◷ 24시간

₩ 무료

❽ 송광사

신라 시대에 창건되었다. 종남산의 시원스러운 산세를 등에 업은 채 묵묵히 순례객을 맞이한다. 세월의 흐름이 느껴지는 대웅전과 종루는 보물로 지정되었으며 계절에 맞게 고개를 내민 꽃과 나무가 널찍한 경내를 채운다. 사찰 가는 길에 벚꽃이 동행해 봄에 찾으면 더 좋다.

◎ 전북 완주군 소양면 송광수만로 255-16

◷ 24시간

₩ 무료

❾ 공기마을편백나무숲

피톤치드로 샤워를 하고도 남을 공간이다. 10만여 그루에 달하는 편백과 삼나무가 시야를 빈틈없이 메운다. 어쩌나 빽빽한지 대낮에도 제법 컴컴하다. 한여름에도 시원하며 나무 사이로 데크와 휴게 공간이 마련되어 있다. 숲 초입 근처에 족욕장도 있으니 빼먹지 말자.

◎ 전북 완주군 상관면 죽림리 산214-1

◷ 24시간

₩ 무료

❿ 위봉폭포와 위봉산성

위봉산이 내어주는 두 가지 명승이다. 위봉폭포는 울창한 삼림으로 쏟아지는 2단 폭포다. 전체적인 높이가 60미터나 되어 장쾌한 맛이 있다. 위봉산성은 유사시 태조의 어진과 전주 이씨의 위패를 피신시키기 위해 만든 산성이다. 폭포와 산성의 거리는 차로 달랑 2분이다.

◎ 전북 완주군 소양면 대흥리

◷ 24시간

₩ 무료

완주의 맛집과 카페

화심순두부본점 완주는 유난히 순두부 맛집이 많은데 그 근원은 바로 이곳이다. 순두부가 매콤하고 고소하다. ◎ 전북 완주군 소양면 전진로 1051 ⓒ 매일 08:30~20:00

유성식당 삼례에 있는 순대국밥 전문점이다. 부속까지 푸짐하게 넣어준다. 40년 전통을 자랑한다. ◎ 전북 완주군 삼례읍 동학로 29 ⓒ 매일 07:00~21:00

두베카페 오성한옥마을엔 공간 자체가 근사한 카페가 줄을 잇는다. 두베는 그중에서도 유독 뛰어나다. ◎ 전북 완주군 소양면 송광수만로 472-23 ⓒ 매일 10:00~18:20(라스트 오더 18:10)

아원 전주의 250년 전통 고택을 옮겨와 한옥 갤러리 카페로 운영 중이다. 그저 아름다울 뿐이다. ◎ 전북 완주군 소양면 송광수만로 516-7 ⓒ 매일 11:00~17:00 ₩ 입장료 10,000원

카페라온 오성제가 훤히 내려다보이는 곳에 있다. 찻잔 너머로 그림 같은 산수가 드러난다. ◎ 전북 완주군 소양면 오도길 64 ⓒ 월~금 10:30~19:00, 토~일 10:30~21:00(라스트 오더 평일 18:30, 주말 20:00)

003 군산시

Jeonbuk

근대 역사의 발자취를 쫓아

❶ 경암동철길마을

번화한 도시 중심가에 <기찻길 옆 오막살이> 동요에 나올 법한 옛 풍경의 마을이 길게 뻗어있다. 여전히 남아 있는 2.5킬로미터의 짧은 철로는 1944년에 만들어져 한 제지회사와 군산역 사이를 잇는 역할을 했었다. 2008년에 이 구간이 역사 속으로 사라지면서 철길 양쪽으로 추억의 가게가 들어서기 시작했다. 소위 '알면 아저씨' 소리를 듣는 1970~80년대의 소품과 물건이 이곳에선 여전히 활발하게 거래된다. 불량식품이라 불렸으나 옛 세대에겐 양질의 간식이었던 군것질거리도 자주 보인다. 철길을 따라 걷는 동안 추억 여행에 흠뻑 빠질 수 있다.

📍 전북 군산시 경촌4길 14

🕓 24시간

₩ 무료

❷ 새만금방조제

새만금 간척사업은 여전히 단군 이래 최대의 건설이라 회자된다. 그도 그럴 것이 완공과 동시에 네덜란드의 주다치 방조제를 밀어내고 세상에서 가장 긴 방조제로 등극했으니 말이다. 길이는 총 33.9킬로미터, 바다에서 육지로 변신한 면적은 4만 100헥타르로 여의도의 140배다. 사업비도 엄청나다. 1991년에 첫 삽을 떠 약 3조 원을 쏟아부은 끝에 2010년 4월 27일에 완공했다. 5개의 방조제가 섬을 거쳐 군산, 김제, 부안을 잇는다. 대한민국의 지도를 바꿔놓은 곳이니 살면서 한 번쯤은 밟아봐야 하지 않을까. 방조제 중간중간 쉼터가 마련돼 있다.

📍 전북 군산시 비응도동 123

🕓 24시간

₩ 무료

❸ 고군산군도

군산시 남서쪽 옥도면 일대에 흩어진 60여 개의 섬을 일컫는다. 국립 휴양림이 있는 신시도를 시작으로 여러 액티비티를 즐길 수 있어 인기가 좋은 선유도, 염전이 펼쳐지는 무녀도 등 아름다운 섬이 한아름 쏟아진다. 각 섬 사이에 다리가 놓여 차량으로 이동할 수 있다.

◎ 전북 군산시 옥도면 일대

◷ 24시간

₩ 무료

❹ 신흥동일본식가옥

일제강점기에 이곳에 살던 일본인의 이름을 따 히로쓰가옥으로도 불린다. 포목점을 하던 히로쓰가 건설한 2층 목조 주택으로 군산의 대표 적산가옥이다. 다다미방과 온돌방을 갖춘 두 채의 건물과 일본식 정원이 잘 보존되어 당시 생활상을 가늠하는 중요한 자료가 되고 있다.

◎ 전북 군산시 구영1길 17

◷ 화~일 09:00~17:00(월 휴무)

₩ 무료

❺ 8월의크리스마스촬영지

여전히 많은 사람이 추억하고 떠올리는 로맨스 영화 <8월의 크리스마스>에 등장하는 사진관 세트장이다. 심은하가 연기한 '다림'이 한석규가 분한 '정원'을 찾아 초원사진관에 들르는 장면은 당시 모두에게 큰 설렘과 감동을 안겼다. 사진관 옆엔 다림의 주차단속 차량도 있다.

◎ 전북 군산시 구영2길 12-1

◷ 매일 09:00~21:30(매주 1,3번째 월요일 휴무)

₩ 무료

❻ 군산근대역사박물관

군산은 우리나라를 대표하는 근대 역사 도시다. 쓰라린 역사이긴 하나 일제가 수탈을 목적으로 군산항을 통해 들어와 기찻길과 도로를 내고 군산을 거점도시로 이용했기 때문. 근대역사박물관은 그 아픈 흔적뿐 아니라 국제 무역항으로서 군산의 모습까지 조명하고 있다.

◎ 전북 군산시 해망로 240

◷ 화~일 09:00~17:00(월 휴무)

₩ 성인 2,000원, 청소년 1,000원, 어린이 500원

❼ 진포해양테마공원

고려 최무선 장군이 함포를 개발해 왜군을 격침했던 진포대첩 전적지에 공원을 만들었다. 군산 바다를 배경으로 퇴역한 군사 무기가 늘어서 있어 이색적이다. 베트남 전쟁 때 활약했던 위봉함을 필두로 장갑차, 전투기 등 영웅이나 다름없는 육해공군의 장비가 전시 중이다.

◎ 전북 군산시 내항2길 32

◷ 24시간

₩ 무료

❽ 금강미래체험관

금강하굿둑은 세계적인 철새도래지이자 생태계의 보고다. 이를 발판 삼아 금강철새조망대를 생태체험시설로 확장했다. 금강의 생태와 기후변화 위기에 대해 전시하고 있으며 환경을 주제로 한 체험도 제공하고 있어 훌륭한 교육의 장이 되고 있다. 11층엔 전망대를 갖췄다.

◎ 전북 군산시 성산면 철새로 120

◷ 화~일 09:00~18:00(11월~2월은 17시까지, 월 휴무)

₩ 성인 2,000원, 청소년 1,000원, 어린이 500원

❾ 은파호수공원

시내 남쪽의 미제저수지를 중심으로 드넓은 공원 겸 유원지가 조성되었다. 호수 둘레를 따라 산책로를 잘 꾸며놨으며 시원스러운 음악분수도 뿜어져 나온다. 봄엔 호숫가에 벚꽃이 흐드러지게 핀다. 은파라는 이름처럼 해 질 무렵 반짝이는 물결이 아름답고 야경은 말할 것도 없다.

◎ 전북 군산시 나운동 1223-4

◷ 24시간

₩ 무료

❿ 동국사

일제강점기에 일본 승려에 의해 창건되었으며 국내 유일의 일본식 사찰이다. 광복 이후엔 고창 선운사의 말사로 운영 중이다. 놀랍게도 경내에 일본 조동종 종무총장이 쓴 '참회와 사죄의 글'이 있다. 일본인이 직접 아시아 지배 야욕에 대한 반성을 전하고 있어 더욱 뜻깊다.

◎ 전북 군산시 동국사길 16

◷ 24시간

₩ 무료

군산의 맛집과 카페

복성루

한일옥

이성당

복성루 개항시대에 화교가 유입되며 군산은 중화요리의 장이 되었다. 최고의 짬뽕은 이곳에 있다.
◎ 전북 군산시 월명로 382 ⓒ 월~토 10:00~16:00(일 휴무)

한일옥 소고기뭇국을 먹으러 매일 수백 명이 여기를 찾는다. 육회비빔밥도 뭇국에 못지않다. ◎ 전북 군산시 구영3길 63 ⓒ 매일 06:00~21:30(라스트 오더 20:40)

만남스넥 떡과 어묵, 만두 등을 넣고 끓인 '잡탕'이 인기다. 초장에 찍어 먹는 김밥도 독특하다.
◎ 전북 군산시 대학로 67-3 ⓒ 화~일 11:00~20:00(월 휴무)

이성당 국내 최고의 빵집을 선정할 때마다 반드시 회자된다. 단팥빵과 야채빵으로 승부한다.
◎ 전북 군산시 중앙로 177 ⓒ 월~목 08:00~21:30, 금~일 08:00~22:00(비정기적 휴무)

미즈커피 일제강점기에 건설된 무역상사에 들어선 옛 감성이 넘치는 카페다. 2012년에 개축됐다.
◎ 전북 군산시 해망로 232 ⓒ 월~금 10:00~19:00, 토 10:00~22:00, 일 10:00~21:00

Special Info 군산의 근대문화유산

일제강점기 군산항은 수탈의 현장이었기 때문에 군산 시내엔 뼈저린 상처가 여기저기 새겨져 있다. 아프지만 반드시 기억해야 할, 군산의 근대문화유산을 품은 대표적인 전시관을 소개한다.

❶ 군산근대건축관

일제가 경제 수탈을 목적으로 세웠던 조선은행 군산 지점에 들어섰다. 조선은행은 채만식의 <탁류>에도 등장한다. 군산근대건축관은 군산을 대표하는 근대 건축물과 관련 자료를 전시한다. 전북 지역 경제 수탈의 창구였던 군산세관, 히로쓰가옥 등을 미니어처로 구경할 수 있다. 화폐 등 조선은행 관련 자료도 전시한다.

◎ 군산시 해망로 214

☏ 063-446-9811

❷ 군산근대미술관

일제가 건립한 옛 일본18은행 군산지점 건물을 리모델링하여 미술관으로 사용 중이다. 본관 건물에선 일제 수탈사 사진전을 상시 열고 있다. 18은행 건물역사 전시실, 은행의 보수과정 전시실도 있다. 금고동 건물에서는 일제강점기 18은행 금고를 전시하고 있다. 안중근 의사의 여순감옥을 재현한 전시장도 있다.

◎ 군산시 해망로 230

☏ 063-446-9812

❸ 옛군산세관

1908년에 건설된 유럽식 벽돌 건물이다. 항구로 들어오는 물품의 관세를 거두던 곳이다. 곡물 수탈의 현장이기도 했다. 세관 업무뿐 아니라 밀수와 선박의 출입을 감시하는 역할까지 하였다. 지금은 관세전시관으로 활용 중이며 창고엔 북카페가 들어섰다. 건축적 가치가 높아 사적으로 지정해 나라에서 보호하고 있다.

군산시 해망로 244-7

063-730-8721

❹ 군산항쟁관

군산의 옛 중심지였던 월명동에 있다. 100년 가까이 된 일본식 가옥을 리모델링했다. 1층에서는 일제에 맞서 항거했던 군산 지역 독립 투쟁의 역사를 살펴볼 수 있다. 2층에서는 고문 기구를 체험할 수 있다. 끔찍한 고문에도 굴하지 않고 조국의 독립을 외쳤던 영웅들의 이야기에 가슴이 먹먹해진다.

군산시 구경7길 5

063-454-3310

❺ 군산근대역사체험공간 여미랑

군산 근대의 생활 모습을 복원한 공간이다. 음식점, 숙박체험관 여미랑, 특산품과 전통차 등을 판매하는 판매점, 발효 체험실, 중정형 정원 등으로 구성돼 있다. 여미랑은 일본식 가옥을 재현한 숙박시설이다. 하루쯤 묵어가는 것도 좋은 경험이 될 것이다. 이 주변은 군산에서 부를 축적했던 일본인이 살던 곳이다.

군산시 구영6길 13

063-442-1027

❻ 구조선식량영단군산출장소

일제가 쌀을 수탈하기 위해 설립한 공사다. 중일전쟁 이후 식량 가격과 유통량을 조절·관리하기 위해 일제가 설립했다. 조선식량영단의 군산출장소 건물은 일제에 의한 전북 지역 쌀 수탈의 역사를 증거하는 건축물이다. 구 남조선전기주식회사와 구 조선미곡창고주식회사 등의 근대건축물이 이 주변에 남아있다.

군산시 구영2길 43

004 Jeonbuk

익산시

백제의 유산이 보석처럼 빛나다

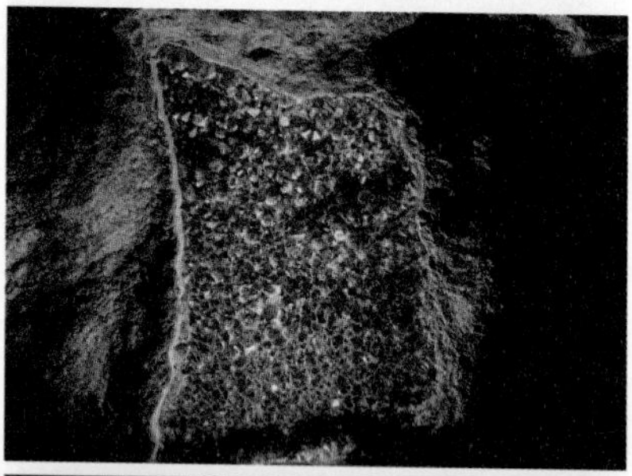

❶ 미륵사지

익산의 미륵사지는 601년 무왕 때 창건된 것으로 보인다. 추정 면적만으로 한반도 최대 사찰 터라는 지위를 누린다. 사찰을 짓고 싶다는 선화공주의 부탁을 들은 무왕이 백제의 중흥을 꿈꾸며 대규모 사찰을 지은 뒤 미륵사라 이름 붙였다고 전해진다. 단시간에 둘러보기엔 벅찰 정도니 시간적 여유를 가지고 둘러보자. 보물로 지정된 당간지주가 시작점이다. 그 뒤로 보이는 2개의 석탑 중 오랜 보수 끝에 공개된 서탑은 국보로 지정됐고, 동탑은 복원된 것이다. 거대한 석탑을 마주하는 것만으로도 백제인의 예술적 능력을 유추할 수 있다.

전북 익산시 금마면 기양리 32-7

24시간 ₩ 무료

❷ 익산보석박물관

뛰어난 보석 세공 기술로 이름난 익산이니 보석박물관 하나쯤은 갖추는 게 당연하다. 국내에서 보석을 가장 많이 만날 수 있는 곳이다. 소장품의 숫자가 거의 12만이라고 하니 박물관의 가치는 값을 매기기도 힘들다. 1~2층에 위치한 모든 전시실은 말 그대로 반짝인다. 줄줄이 이어지는 보석 가운데서도 세계적인 보석 세공가 독일의 만프레드 빌드가 만든 <보석꽃>이 압권이다. 200개가 넘는 다이아몬드가 사용되었고 20억 원을 호가한다. 여러 가지 원석과 광석도 빛을 발한다. 사람의 몸보다 큰 자수정이나 열두 달 탄생석도 감탄을 이끈다.

전북 익산시 왕궁면 호반로 8

화~일 10:00~18:00(월 휴무)

₩ 성인 3,000원, 청소년 2,000원, 어린이 1,000원

❸ 익산교도소세트장

누구나 자발적으로 교도소에 수감될 수 있다. 폐교부지 위에 세워진 국내 유일의 교도소 재현 공간으로 유치장과 취조실, 접견실에 들어가 볼 수 있다. <7번 방의 선물>, <내부자들> 등 200편이 넘는 영화와 드라마가 촬영되었다. 교도소는 여기서 체험만 하는 걸로 하자.

◎ 전북 익산시 성당면 함낭로 207

🕓 화~일 09:00~18:00(동절기엔 17시까지, 월 휴무)

₩ 무료

❹ 고스락

고스락은 최고를 뜻하는 순우리말이다. 전통식품을 만들고 그와 관련된 체험을 제공하는 농장이다. 솔숲 안에 들어선 3만여 평의 정원에 전통 옹기 4,000여 개가 모여있어 시선을 강탈한다. 산책을 즐겨도, 카페에서 차를 즐겨도, 고추장 만들기 등 체험을 해봐도 모두 좋다.

◎ 전북 익산시 함열읍 익산대로 1424-14

🕓 매일 10:00~18:00

₩ 무료

❺ 달빛소리수목원

카페와 함께 운영되는 수목원으로 희귀 고목이 여기저기서 얼굴을 내민다. 개인이 20년간 전국에서 수집한 것으로 그중 카페로 올라가는 길에 있는 황순원 소나기 나무가 일품이다. 수령 500년의 당산나무 틈에 들어가 볼 수 있다. 커피 한 잔을 즐기며 이곳저곳을 누벼보자.

◎ 전북 익산시 춘포면 천서길 149

🕓 화~일 10:30~19:00(월 휴무)

₩ 성인 3,000원, 어린이 2,000원(음료 주문시 무료)

❻ 국립익산박물관

미륵사지 곁을 지키던 전시관이 2020년에 몸집을 불리며 국립박물관으로 재개관하였다. 미륵사지에서 출토된 유산을 뼈대 삼아 방대한 유물을 전시하고 있다. 익산백제실, 미륵사지실, 역사문화실을 차례로 둘러보면 화려하게 피어났던 백제의 문화를 체감할 수 있다.

◎ 전북 익산시 금마면 미륵사지로 362

🕓 화~일 09:00~18:00(월 휴무)

₩ 무료

❼ 서동공원

백제의 서동과 선화공주를 주제로 한 큼직한 공원이 금마저수지 옆에 자리 잡았다. 두 남녀의 애틋한 사랑 이야기를 조각을 통해 담아내고 광장엔 백제의 성을 만들어 놓아 많은 볼거리를 제공한다. 가을엔 이곳에서 서동축제가 열린다. 공원 한쪽 언덕엔 마한박물관도 있다.

⊙ 전북 익산시 금마면 고도9길 41-14

◷ 24시간

₩ 무료

❽ 왕궁리유적

유네스코 세계문화유산으로 지정된 백제역사유적지구의 일부다. 백제 말기에 조성된 왕궁터로 추정되며 궁으로 일정 기간 사용되다 사찰이 들어선 것으로 보인다. 국보 왕궁리오층석탑이 늠름하게 서 있고 백제부터 통일신라까지의 유물이 출토되어 중요한 유적지로 꼽힌다.

⊙ 전북 익산시 왕궁면 궁성로 666

◷ 24시간

₩ 무료

❾ 다이노키즈월드

보석박물관 너머로 여기저기 거대한 공룡 모형이 보인다. 이 공룡테마공원의 진짜 주인공은 다이노키즈월드. 클라이밍과 스카이트레일, 레이저 태그와 트램폴린 등 네 가지 아찔한 체험이 제공된다. 12시를 제외하고 10시부터 16시까지 매시 정각마다 50분 동안 이용이 가능하다. ⊙ 전북 익산시 왕궁면 호반로 8

◷ 화~일 10:00~16:50(휴게시간 12:00~13:00, 월 휴무)

₩ 성인 4,000원, 어린이(7세~12세) 6,000원, 유아(3세~6세) 4,000원

❿ 용안생태습지공원

4대강 사업의 일환으로 금강 변에 생겨난 친환경 생태공원이다. 끝이 보이지 않을 만치 큰 면적을 자랑한다. 6개의 습지와 30여 개의 연못 사이로 나무 데크가 이어지며 광장과 전망대도 틈틈이 등장한다. 주변엔 드넓은 시범억새단지까지 있어 여러모로 자연을 즐기기 좋다.

⊙ 전북 익산시 용안면 난포리 313-13

◷ 24시간

₩ 무료

익산의 맛집과 카페

종가집 대형 가마솥을 이용해 우려낸 진국의 갈비탕과 설렁탕을 24시간 내내 맛볼 수 있다.
전북 익산시 동서로 477 24시간 영업

맛동순두부 20여 년간 장사를 이어온 순두부 맛집이다. 미륵사지 입구에 있어 그냥 지나치기 힘들다.
전북 익산시 금마면 미륵사지로 397 월~금 10:30~20:00, 토~일 09:00~20:00

태백칼국수 익산역 앞에 위치해 늘 문전성시를 이룬다. 달걀과 고기 고명이 올라간 칼국수가 독특하다.
전북 익산시 중앙로 15-1 화~일 11:00~19:00(브레이크 타임 16:00~17:00, 월 휴무)

코코밀 국제기능올림픽 금메달에 빛나는 빵 명장이 매일 정성껏 빵을 굽는다. 음료도 판매한다.
전북 익산시 오산면 선화2로 36 매일 10:00~22:00

풍성제과 마성의 옥수수식빵 덕에 오랜 시간 익산의 간판 빵집으로 군림하고 있다. 전북 익산시 서동로 103 매일 08:00~22:00 (매달 1·3번째 월요일 휴무)

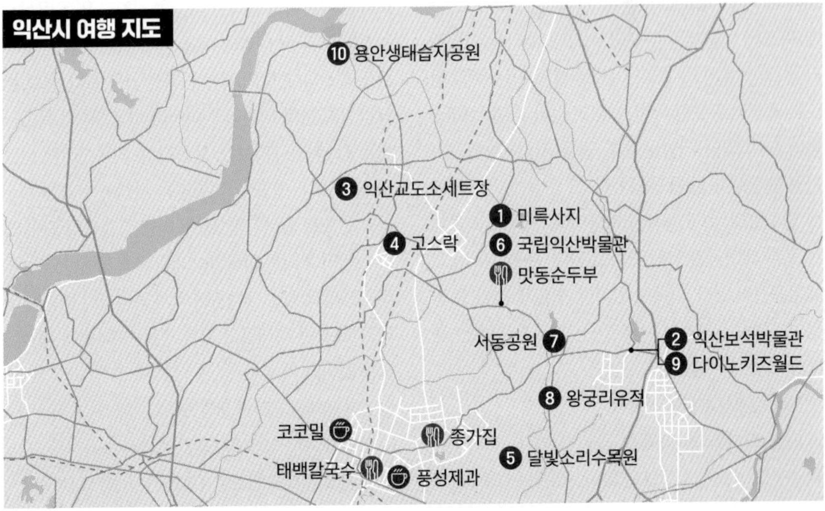

005 김제시

Jeonbuk

김제평야의 지평선을 따라 걷는 길

❶ 벽골제

우리나라에서 이보다 오래된 저수지는 없다. 330년에 축조된 벽골제는 규모마저 고대 수리시설 중엔 가장 크며 '호남'의 '호'가 이 호수를 뜻하는 것일 정도로 예부터 중요한 역할을 했다. 길이 3.3킬로미터, 높이 5.7미터의 제방을 통해 물을 저장해놓았다가 가뭄 때 농촌에 물을 공급했다. 그 옛날에 이런 지혜를 발휘했다는 게 놀라울 따름이다. 지금의 벽골제는 농촌 테마공원 역할도 하고 있다. 관련 전시실과 체험공간이 있다. 한쪽에 위치한, 벽골제 전설 속 쌍룡의 모습이 강렬하다. 김제가 자부하는 지평선 축제가 이곳에서 열린다.

◎ 전북 김제시 부량면 신용리

🕓 매일 09:00~18:00(동절기엔 17시까지)

₩ 성인 3,000원, 청소년 2,000원, 어린이 1,000원

❷ 금산사

모악산 서남쪽의 널찍한 터를 차지하고 있는 금산사는 백제 시대에 나라의 복을 빌기 위해 창건된 것으로 전해진다. 전북의 사찰 중에선 가장 크다. 절의 본당인 미륵전의 위용이 어마어마하다. 3층의 목조건물로 각 층엔 대자보전, 용화지회, 미륵전이란 현판이 붙어있다. 셋 모두 미륵불을 지칭하는 표현이다. 다만 안으로 들어가면 3층이 아닌 통층으로 되어 있고 12미터나 되는 미륵입상이 중생을 굽어보고 있다. 미륵전 옆에 있는 대적광전 역시 웅장하나 원형은 아니고 1987년 화재로 소실된 것을 1994년에 재건해 놓은 것이다.

◎ 전북 김제시 금산면 모악15길 1

🕓 매일 06:00~19:00(동절기엔 18시까지)

₩ 성인 3,000원, 청소년 2,000원, 어린이 1,000원

❸ 조정래아리랑문학관

김제의 만경 지역은 조정래 작가의 대하소설 <아리랑>의 배경이 되었다. 이를 토대로 세워진 아리랑문학관을 통해 소설에 대한 이해는 물론이고 작가의 시대정신과 김제의 역사까지 차례로 훑어볼 수 있다. 높이 쌓인 작가의 방대한 육필 원고 앞에선 절로 감탄사가 나온다.

◎ 전북 김제시 부량면 용성1길 24

◷ 화~일 09:00~18:00(월 휴무)

₩ 무료

❹ 아리랑문학마을

김제 중심에 위치한 마을로 역시 소설 <아리랑>을 주제로 삼았다. 일제강점기 때 김제를 무대로 진행되는 소설이기에 그 수난의 역사를 많은 체험관을 통해 간접적으로 경험케 한다. 소설 속 장소를 완벽히 재현해놓았으며 안중근 의사의 의거 장소 하얼빈 역도 끝에 보인다.

◎ 전북 김제시 죽산면 화초로 180

◷ 화~일 09:00~18:00(11월~2월은 17시까지, 월 휴무)

₩ 무료

❺ 휘게팜

편안함과 따뜻함, 아늑함 등을 뜻하는 덴마크어 '휘게'를 이름에 담은 농장이다. 그 의미에 걸맞게 여유로운 쉼을 충족하기 부족함이 없다. 음료 한 잔을 손에 들고 꽃과 과일이 주렁주렁 열린 농장 사이를 걷기만 해도 기분이 한껏 좋아진다. 즐거운 농장체험까지 제공한다.

◎ 전북 김제시 백학로 75-59 ◷ 매일 10:00~18:00(매달 1번째 월요일 휴무) ₩ 대인(13세 이상) 7,000원, 소인 4,000원(대·소인 모두 음료 포함)

❻ 망해사낙서전

망해사는 '바다를 조망하는 절'이란 의미답게 만경강이 서해로 흘러드는 지점에 자리한다. 이곳에 낙서전이라는 건물이 남아 있다. 통일신라 시대에 지어진 뒤 많은 고승이 수도한 곳으로 알려졌다. 규모는 소박하지만 주변의 고목과 바다와 함께 어우러진 풍경이 멋스럽다.

◎ 전북 김제시 진봉면 심포10길 94

◷ 24시간

₩ 무료

❼ 능제저수지

능제의 정확한 축조 시기는 알 수 없으나 1481년에 편찬된 인문지리서 <동국여지승람>에 등장하는 걸로 보아 역사가 오래되었음을 알 수 있다. 1930년에 담수호로 확장돼 농업용수를 공급하는 저수지가 되었고 현재는 수변 공원을 가꿔놓아 김제의 대표 산책 명소로 통한다.

◎ 전북 김제시 만경읍 장산리

◷ 24시간

₩ 무료

❽ 구하시모토농장사무실

1926년 일본인 하시모토 나카바가 자신의 농장을 관리하기 위해 세운 서양식 건물이다. 하시모토는 전북의 비옥한 토지를 매입해 김제에서 농장을 운영했다. 이 건물은 여전히 원형 그대로 남아 일제의 잔혹한 수탈의 역사를 증명해주고 있다는 점에서 역사적 의미가 있다.

◎ 전북 김제시 죽산면 죽산로 113-11

◷ 24시간

₩ 무료

❾ 새만금광역탐방로 만경정

만경강이 흐르는 김제와 익산, 완주 등에 만경강의 절경을 압축한 '만경팔경'이 이어진다. 그중 제1경은 '만경낙조'로 김제의 만경강 하구에서 바라보는 일몰이다. 그 풍광을 즐길 수 있는 지점에 만경정이 우뚝 서 있고 포토 스폿이 마련돼 있다. 주변으론 억새밭이 이어진다.

◎ 전북 김제시 만경읍 화포리 966-1

◷ 24시간

₩ 무료

❿ 성산공원 김제향교, 전망대

시내에 있는 낮은 산, 성산 주위로 넓게 펼쳐진 도심 공원이다. 갖가지 체육 시설과 휴게 공간이 있고 꽃나무를 따라 산책로가 잘 이어져 시민들의 큰 사랑을 받는다. 산꼭대기엔 큼직한 전망대가 있고 공원 곁엔 향교와 조선 시대 관아가 남아 있어 여행자에게도 매력적이다.

◎ 전북 김제시 향교길 89-22

◷ 24시간

₩ 무료

김제의 맛집과 카페

대흥각

미즈노씨네트리하우스

총체보리한우정육식당 신선한 한우를 부위별로 맛볼 수 있다. 부담 없는 가격의 한우탕과 육회비빔밥도 좋은 선택이 될 수 있다. 전북 김제시 백산면 옥석길 2-11 매일 11:30~21:00

대흥각 시내 구석에 숨어있는 중식집이 언제나 붐빈다. 얼큰한 고추짬뽕과 육미짜장이 비결이다.
전북 김제시 검산택지1길 29 월~토 11:30~19:00(브레이크 타임 15:30~17:00, 일 휴무)

촌집 칼칼한 묵은지와 함께 끓여낸 닭매운탕이 인기를 끈다. 예약하는 것을 추천한다.
전북 김제시 금산면 금산사로 561 금~수 11:00~21:00(목 휴무)

미즈노씨네트리하우스 정말 일본에서 온 미즈노 씨가 꾸몄다. 일본 애니메이션에 나올 법한 나무 위의 집이 놀랍다. 전북 김제시 만경읍 대동1길 49-5 수~월 12:00~18:30(공휴일은 11시부터, 라스트 오더 18:00, 화 휴무)

대율담 대율저수지 바로 앞의 대형 카페. 넉넉한 공간에서 호수를 내려다보며 음료를 즐기기 좋다.
전북 김제시 금구면 대화1길 95 월~토 11:00~21:00(일 휴무)

김제시 여행 지도

006 Jeonbuk

부안군

변산반도가 내어주는 선물

❶ 채석강

책이 겹겹이 쌓여 있는 것 같아 봐도봐도 신기하다. 오랫동안 격포항 곁을 지키고 있는 채석강은 국내 제일의 해식 절벽이다. 자연이 억겁의 세월 동안 조각해 낸 대작이다. 수억 년 전 선캄브리아기에 형성된 화강암과 편마암 위에 모래와 자갈 등으로 구성된 퇴적암층이 쌓인 뒤 침식되며 현재의 모습에 이르렀다. 안으로 움푹 팬 해식동굴도 다수 존재한다. 기묘한 형상을 훑다 보면 여긴 분명히 신이 들렀을 거란 확신이 든다. 조선 시대에 전라우수영의 격포진이 있던 곳이며 당나라 이태백이 놀던 채석강을 닮았다 하여 같은 이름을 얻었다.

◎ 전북 부안군 변산면 변산해변로 1

◷ 24시간

₩ 무료

❷ 내소사

하늘 높은 줄 모르고 한껏 솟은 전나무가 내소사로 향하는 내내 양옆에서 호위한다. 사찰로 가는 길마저 눈이 부시다. 백제 무왕 시절 두타 스님이 창건한 내소사는 1,400여 년간 변산반도 남쪽에 자리를 지키고 있다. 사찰 초입의 500년, 1,000년 수령의 노거수도 오랜 시간을 대변한다. 무엇보다 내소사의 대웅보전은 우리 건축의 걸작으로 꼽힌다. 단청의 화려함을 내려놓고 나무 본연의 색을 살려 은은한 멋을 뽐내며 문짝에 새겨진 연꽃과 국화 무늬는 놀라울 만큼 정교하다. 그 앞의 삼층석탑도 조화를 이루며 한 폭의 동양화를 완성시킨다.

◎ 전북 부안군 진서면 내소사로 191

◷ 매일 06:00~19:00(동절기는 18시까지)

₩ 무료

❸ 변산해수욕장

서해 최고의 해수욕장을 논할 때면 어김없이 등장하는 부안의 보물이다. 1933년 개장 후 오랜 시간 사랑받고 있으며 흰 모래와 푸른 소나무가 멋들어지게 어우러져 '백사청송 해수욕장'이라 불린다. 물이 얕고 따뜻하며 조수 간만의 차가 적어 좋은 해변의 조건을 두루 갖췄다.

◎ 전북 부안군 변산면 대항리 567

◷ 24시간

₩ 무료

❹ 줄포만갯벌생태공원

저지대 침수를 대비해 쌓은 제방이 오히려 생명의 보고로 발전했다. 제방 건설 이후 생겨난 담수 습지가 자연스레 생태 늪지로 변하면서부터다. 이에 생태공원을 만들어 보호하고 있다. 자생식물과 꽃과 나무를 심어서 아름다움을 보탰다. 줄포만 갯벌의 낙조는 환상적이다.

◎ 전북 부안군 줄포면 생태공원로 170

◷ 갯벌생태관 매일 09:00~18:00(11월~2월은 17시까지) ₩ 갯벌생태관 2,000원

❺ 부안청자박물관

유천리 일대에서 40여 곳의 고려청자 도요지가 발견되며 부안은 청자의 고장으로 자리매김했다. 도요지터에 박물관을 건립해 이를 강조하고 있다. 고려 명품 상감청자와 부안 곳곳에서 출토된 유려한 자기류를 원없이 감상할 수 있다. 체험실과 영상실도 이해를 돕는다.

◎ 전북 부안군 보안면 청자로 1493

◷ 화~일 10:00~18:00(11월~2월은 17시까지, 월 휴무)

₩ 성인 3,000원, 청소년 2,000원, 어린이 1,000원

❻ 국립변산자연휴양림

자연휴양림 하면 으레 깊은 산골이 떠오르지만 변산의 그것은 이야기가 다르다. 변산반도 남쪽, 바다로 툭 튀어나온 지점에 위치해 뒤로는 숲이 앞으로는 바다가 드러난다. 국내 첫 해안형 자연휴양림이다. 해안절벽의 수풀을 충분히 누볐다면 서해로 달려가 파도를 느끼자.

◎ 전북 부안군 변산면 변산로 3768

◷ 수~월 09:00~18:00(화 휴무)

₩ 성인 1,000원, 청소년 600원, 어린이 300원

❼ 부안누에타운

부안은 수십 년간 양잠 산업을 가꿔온 누에 산지다. 관련 산업은 많이 축소되었으나 아쉬워할 이유는 없다. 부안누에타운에 그 역사가 온전히 기록되어 있으니 말이다. 뽕나무와 누에에 관한 전시가 주를 이루며 탐험관과 놀이시설도 잘 갖춰 놓아 아이와 함께하기도 좋다.

◎ 전북 부안군 변산면 참뽕로 434-20

◷ 화~일 09:00~18:00(월 휴무)

₩ 성인 3,000원, 청소년·어린이 1,500원

❽ 곰소염전

<세종실록지리지>에 등장하는 걸로 보아 조선 시대부터 소금을 생산한 것으로 추정된다. 지금도 국내의 몇 안 되는 천일염 생산지로 매년 수천 톤의 소금을 쏟아낸다. 보통 5~6월이 가장 바쁜 시기다. 투명한 염전에 반영된 풍경이 신비로워 여행자도 호기심에 많이 찾는다.

◎ 전북 부안군 진서면 염전길 18

◷ 24시간

₩ 무료

❾ 부안적벽강

채석강과 비슷한 역사와 풍경을 가지고 있지만 규모가 훨씬 작다. 송나라 시인 소동파가 풍류를 즐겼다는 중국 적벽강과 흡사하여 같은 이름이 얹어졌다. 끊임없이 바닷물을 밀쳐내는 해식 절벽의 풍광이 역시 인상 깊다. 천연기념물 격포리 후박나무 군락이 이곳에 자리한다.

◎ 전북 부안군 변산면 격포리 252-9

◷ 24시간

₩ 무료

❿ 솔섬

변산면 도청리 앞 바다에 떠 있는 무인도이다. 여차하면 그냥 지나칠 만치 작지만 황량한 바위섬에 소나무 몇 그루가 뿌리를 내려 묘한 분위기를 뿜는다. 해 질 무렵, 섬과 소나무의 실루엣도 환상적이다. 화산 활동의 증거이며 전북 서해안권 국가지질공원의 부안 명소로 지정되었다.

◎ 전북 부안군 변산면 도청리

◷ 24시간

₩ 무료

부안의 맛집과 카페

변산명인바지락죽

할매피순대

슬지제빵소

변산명인바지락죽 바지락죽을 최초로 만든 명인이 운영한다. 6년근 인삼을 곁들어 바지락죽을 만든다. 전북 부안군 변산면 변산해변로 794 매일 08:40~19:00(브레이크 타임 15:00~16:00, 라스트 오더 18:30)

할매피순대 속이 꽉 찬 알짜배기 막창피순대가 나무랄 데 없다. 순대국밥도 마찬가지다.
전북 부안군 행안면 부안로 2524 매일 07:00~20:00(브레이크 타임 15:00~17:00)

내소식당 부안의 특산품 뽕잎을 이용해 뽕잎밥정식을 개발했다. 스무 가지 반찬도 하나하나 신선하다.
전북 부안군 진서면 내소사로 181 매일 09:00~17:45(라스트 오더 17:30)

슬지제빵소 딸의 이름을 걸고 찐빵을 만들기 시작해 이젠 부안을 넘어 전북을 대표하는 맛집이 되었다.
전북 부안군 진서면 청자로 1076 매일 10:00~19:00(12월~2월 09:30~18:30, 라스트 오더 18:50)

쇼트앤드 격포항에 위치한 카페로 음료와 마카롱 모두 익살스런 모양으로 나와 웃음을 자아낸다.
전북 부안군 변산면 변산해변로 13 수~월 11:00~20:00(라스트 오더 19:30, 화 휴무)

부안군 여행 지도

007 Jeonbuk

정읍시

만추가 되면 더 화려해지는 고장

❶ 내장산

가을 단풍 하나만으로도 조선팔경으로 명성이 자자했다. 그 명성은 여전히 유효하다. 우리나라 국민 대다수가 단풍 하면 내장산을 먼저 떠올린다. 단순히 빨간 단풍만 드는 것이 아니라 채도와 색상이 미세하게 다른 단풍이 한데 어우러져 있어 더욱 큰 감동을 안긴다. 그 안에 숨겨진 게 많다 하여 내장산이라 불리는 만큼 장군봉이나 연자봉 같은 명봉과 기묘한 바위 절벽도 다수 품고 있다. 산 초입엔 백제 때 창건된 내장사가 자리한다. 능선 일주 코스가 인기가 좋다. 등산이 어렵다 해도 산 중턱까지 케이블카가 다니니 걱정할 필요는 없다.

◎ 전북 정읍시 내장산로 1207

🕓 24시간

₩ 무료

❷ 옥정호구절초테마공원

정읍과 임실 사이를 오가는 옥정호 상류에 구절초가 지천인 곳이 있다. 2006년부터 구절초를 심기 시작한 것이 결실을 맺어 이제는 가을마다 새하얀 물결을 이루는 구절초테마공원이 되었다. 가을 들국화의 일종인 구절초는 자그마한 꽃송이가 무리 지어 피어난다. 꽃이 만개하는 시기에 맞춰 옥정호구절초축제가 열린다. 흥미로운 행사가 이어지고 푸드트럭과 지역 상인도 몰려든다. 구절초 군락지 안쪽으로 주욱 이어지는 솔숲과 주변 산세도 빼어나 가을이 아니더라도 충분히 발걸음의 보상을 받을 수 있다. 호수 위로 구절초 출렁다리도 생겨났다.

◎ 전북 정읍시 산내면 매죽리 산186-5

🕓 24시간(축제 때 09:00~18:00)

₩ 무료(축제 때 입장료 징수)

❸ 무성서원

통일신라의 저명한 학자 최치원의 위패를 모신 사당으로 원래 태산사라는 이름으로 건립되었다. 이후 숙종 때인 1696년 '무성'을 사액 받고 서원이 되었다. 오랜 시간 전북 유학자들의 본거지가 되었으며 서원철폐령에도 살아남았다. 유네스코 세계문화유산 서원 중 하나다.

◎ 전북 정읍시 칠보면 원촌1길 44-12

◷ 24시간

₩ 무료

❹ 정읍사문화공원

백제 시대에 지어진 <정읍사>는 한글로 기록된 가요 중 가장 오래된 것으로 전해진다. 돌아오지 않는 남편을 걱정하며 기다리는 여인을 노래했으며 이 이야기를 주제로 문화공원을 만들었다. 여인의 망부석과 정읍사 노래비가 있고 예술회관과 시립미술관이 함께 자리한다.

◎ 전북 정읍시 정읍사로 541

◷ 24시간

₩ 무료

❺ 내장산조각공원

내장산과 내장저수지 사이, 명당에 터를 다진 조각공원이다. 국내 유수의 미술전에서 수상한 조각가들의 뛰어난 작품이 내장산을 배경으로 흩어져있다. 갑오동학혁명 100주년 기념탑과 농민군 동상도 설치됐다. 단풍과 국화가 조화를 이루는 가을에 찾으면 감동은 두 배가 된다.

◎ 전북 정읍시 쌍암동 산225-1

◷ 24시간

₩ 무료

❻ 정읍시립박물관

정읍의 역사와 문화를 찬찬히 학습할 수 있다. 정읍사로 대변되는 백제 가요와 소리 문화에 대해 많은 자료를 수집해놓은 1전시실이 인상적이다. 2~3전시실은 정읍 농악과 정읍 역사에 초점을 맞추고 있다. 박물관 앞으론 테마파크와 워터파크가 있어 아이와 함께하기 좋다.

◎ 전북 정읍시 내장산로 370-12

◷ 화~일 09:00~18:00(월 휴무)

₩ 무료

❼ 전설의쌍화차거리

한약재를 담뿍 넣고 끓인 우리의 전통차, 쌍화차를 주제 삼아 재미있는 거리를 조성했다. 수십 년간 건강한 전통차를 내어준 찻집이 줄을 잇는다. 내장산 등산을 마치고 원기회복이 필요할 때 여기로 향하면 딱이다. 쌍화차 주문 시 보통 가래떡 등의 주전부리를 함께 제공한다.

◎ 전라북도 정읍시 장명동 216-28

◷ 업체별 상이

₩ 무료

❽ 동학농민혁명기념관

정읍은 동학 농민의 승전보가 울려퍼지던 곳이다. 전봉준, 김개남 등이 이끌던 동학 농민군이 관군을 무찌르고 최초의 승리를 거두었던 황토현 전적지가 정읍에 있기 때문. 그 부근에 기념관을 세워 혁명군의 넋을 기리고 활약상을 전시하고 있다. 관련 교육과 행사도 진행된다.

◎ 전북 정읍시 덕천면 동학로 715

◷ 화~일 09:00~19:00(월 휴무)

₩ 무료

❾ 피향정

'호남제일정'이란 글귀가 새겨져 있을 정도로 웅장하고 아름다운 모습을 가진 누정이며 현재는 보물로 지정되어 보호되고 있다. 건축 시기는 불명확하나 최치원 선생이 태산 군수 시절 이곳에서 풍류를 즐겼다는 전설이 있다. 여름이면 연꽃이 만개하는 하연지가 그 앞에 있다.

◎ 전북 정읍시 태인면 태산로 2951

◷ 24시간

₩ 무료

❿ 김명관고택

조선 상류층의 주택을 상세히 살펴볼 수 있는 중요한 민속문화재다. 1784년 김명관이 창하산과 동진강 사이의 배산임수 터를 골라 10여 년에 걸쳐 완성하였다. 행랑채와 사랑채, 안채 등으로 구성된 전형적인 양반집으로 내부를 공개해 당시의 생활상까지 가늠할 수 있다.

◎ 전북 정읍시 산외면 공동길 66

◷ 24시간

₩ 무료

정읍의 맛집과 카페

양자강

신가네정읍국밥본점

베르데카페

양자강 쉽게 접하기 힘든 비빔짬뽕이 시각과 후각을 동시에 자극한다. 자작한 국물이 특이하다.
전북 정읍시 우암로 57 화~일 10:40~19:30(월 휴무)

신가네정읍국밥본점 국밥 한 그릇이 정갈한 반찬과 더불어 깔끔하게 제공된다. 지역민들이 주로 찾는다. 전북 정읍시 수성5로 19 일~목 10:00~22:00(금~토 휴무)

국화회관 우렁이를 듬뿍 넣은 쌈장과 청국장, 초무침을 백반 형태로 제공한다. 맛도 가격도 만족이다.
전북 정읍시 서부로 22 매일 11:00~20:00(브레이크 타임 15:00~17:00, 매달 2·4번째 월요일 휴무)

베르데카페 굽은 소나무가 방문객을 맞이한다. 수목원 같은 야외 정원을 갖추고 있어 늘 사람이 몰린다.
전북 정읍시 태인면 정읍북로 1327 매일 11:00~21:00

제이포렛 전라북도 민간 정원 3호로 지정된 공간에 카페가 들어섰다. 들꽃과 수목이 빽빽하다.
전북 정읍시 정읍사로 388 매일 11:00~19:00(라스트 오더 18:30)

008 Jeonbuk

고창군

청보리의 물결, 선운산의 숨결

❶ 보리나라학원농장

봄이 오면 고창에 초록의 파도가 친다. 광활한 대지를 뒤덮은 청보리의 물결은 마주하는 내내 감동이다. 1960년대부터 이곳에 터를 닦은 보리나라 학원농장은 초창기에 다양한 작물을 재배하다가 1990년대에 들어 보리를 심고 가꾸기 시작했다. 그 결과 현재는 33헥타르 규모의 청보리 융단이 깔렸다. 4월 말쯤 절정을 이루니 시기를 잘 맞춰야 한다. 최근엔 유채꽃까지 합세해 초록과 노랑이 아름다운 경쟁을 펼친다. 여기서 끝이 아니다. 가을엔 메밀밭으로 변신해 하얀 꽃을 선물한다. 봄이나 가을이나 언제 찾아도 마음속 가득히 행복이 들어찬다.

◎ 전북 고창군 공음면 학원농장길 154

◷ 24시간

₩ 무료

❷ 선운산

고창의 상징 선운산은 예부터 '호남의 내금강'이라 불렸다. 아직도 그 별칭에 걸맞는 화려한 경치를 간직한 채 등반객을 맞이한다. 산 초입에 위치한 선운사는 한때 3,000명의 승려가 수도했던 거찰이다. 도솔산이라 불렸던 선운산에 새 이름을 안긴 주인공이니 반드시 둘러봐야 할 명소다. 선운산의 주봉인 도솔봉과 일몰 포인트인 낙조대를 포함해 명승이 넓게 분포한다. 왕복 3시간에서 10시간까지 걸리는 등산 코스가 있어 체력과 시간에 맞게 선택하면 된다. 등산이 여의치 않다면 연못과 수목이 조화를 이루는 선운산 생태숲을 탐방해 보자.

◎ 전북 고창군 아산면 선운사로 242-86

◷ 24시간

₩ 성인 3,000원, 청소년 2,000원, 어린이 1,000원

❸ 상하농원

고창군과 매일유업이 상생해 만든 체험형 농원이다. 재배부터 구매까지, 건강한 먹을거리가 우리의 입에 닿기까지의 모든 과정을 한곳에서 경험할 수 있다. 너른 들판에 공방과 체험교실이 마련되어 있다. 동물농장에서 귀여운 동물과 교감하는 것도 빼놓을 수 없는 재미다.

◎ 전북 고창군 상하면 상하농원길 11-23

◷ 매일 09:30~21:00

₩ 성인 9,000원, 청소년·어린이 6,000원

❹ 고창읍성

왜적을 방어할 목적으로 조선 단종 때인 1453년에 자연석을 활용해 축조되었다. 고창 읍내 언덕에서 장엄한 모습을 드러낸다. 성의 둘레는 1.7킬로미터에 가까우며 4~6미터 높이의 성곽을 따라 산책할 수 있다. 복잡한 도심을 바라보며 옛 읍성 위을 걷는 기분이 상쾌하다.

◎ 전북 고창군 고창읍 읍내리 125-9

◷ 매일 05:00~22:00

₩ 성인 3,000원, 청소년 2,000원, 어린이 1,500원

❺ 고창고인돌유적-박물관

우리에겐 익숙하지만 고인돌은 세계적으로 흔치 않은 선사 유물이다. 고창의 고인돌은 더욱 드물게 1.5킬로미터에 걸쳐 400개가 넘게 흩어져있다. 모양도 제각각이다. 화순, 강화 고인돌과 함께 세계문화유산에 빛난다. 고인돌의 비밀이 궁금하다면 고인돌 박물관으로 향하자.

◎ 전북 고창군 고창읍 죽림리 665-9 ◷ 박물관 화~일 09:00~18:00(11월~2월은 17시까지, 월 휴무) ₩ 박물관 성인 3,000원, 청소년 2,000원, 어린이 1,000원

❻ 구시포해수욕장

구시포 마을의 해변은 드넓은 백사장이 펼쳐져 시원스럽다. 뒤로는 바닷바람을 맞고 자란 해송이 한가득이다. 지형이 평탄하고 물이 얕아 해수욕을 하기에도 안성맞춤이다. 해변 앞엔 작은 섬 가막도가 있다. 방파제로 이어져 직접 걸음 할 수 있으며 낙조 명소로 통한다.

◎ 전북 고창군 상하면 진암구시포로 545

◷ 24시간

₩ 무료

❼ 고창운곡람사르습지자연생태공원

고창 중심에 위치한 운곡습지가 2011년 람사르 습지에 지정된 이후 자연생태학습장으로 거듭났다. 멸종 위기종인 수달과 삵이 서식하는 천혜의 환경을 가진 곳으로 미니 열차를 차고 습지 안쪽까지 탐방할 수 있다. 습지홍보관과 생태놀이터, 학습광장 등을 갖추고 있다.

◎ 전북 고창군 아산면 운곡서원길 362

◷ 24시간 ₩ 무료(탐방열차 편도 중학생 이상 2,000원, 초등생 이하 1,000원)

❽ 무장읍성

1417년 조선 태종 때 왜구 방어의 효율성을 높이기 위해 무송현과 장사현을 합치며 무장현이 생겨났다. 이후 두 마을 중간에 백성과 승려 2만여 명이 합심하여 견고한 성을 축조했다. 당시 함께 건설된 동헌과 객사, 해자 터가 곁에 남아 있어서 역사적 가치를 널리 인정받고 있다.

◎ 전북 고창군 무장면 성내리 149-1

◷ 24시간

₩ 무료

❾ 책마을해리

이곳에선 누구나 출판인이 된다. 폐교된 초등학교 분교를 활용하여 책 마을을 꾸몄다. 기증받은 수만 권에 책에 둘러싸여 독서삼매경에 빠지는 것도, 내 손으로 직접 책을 편집하는 것도 가능하다. 보름달 뜨는 주말이면 소소한 책 축제가 벌어진다. 공연이 동반되기도 한다.

◎ 전북 고창군 해리면 월봉성산길 88

◷ 토~일 10:00~18:00(월~금 휴무)

₩ 8,000원(책 구매 시 무료)

❿ 고창판소리박물관

고창 출신의 판소리 대가 신재효 선생의 공을 기리고 판소리의 전통을 계승하기 위해 박물관이 개관했다. 고창을 빛낸 명창들의 자료가 잘 정리되어 있으며 영상과 청음 시스템을 통해 판소리를 직접 듣고 체험할 수 있다. 박물관 앞엔 신재효 선생의 복원된 생가가 보인다.

◎ 전북 고창군 고창읍 동리로 100

◷ 화~일 09:00~18:00(동절기는 17시까지, 월 휴무)

₩ 무료

고창의 맛집과 카페

풍천장어

본가

들꽃카페수목원

풍천장어 선운산 인근 인천강에서 잡히는 풍천장어는 고창 최고의 별미다. 가을이면 통통하게 살이 올라 더 맛있다. 고창의 장어집 어디서 먹어도 기본은 한다.

본가 서해에서 잡힌 백합과 바지락으로 요리한다. 백합죽과 백합정식이 주력 메뉴다.
전북 고창군 고창읍 석정2로 160 매일 08:00~21:30

나래궁 진정한 짬짜면은 이런 것이다. 짬뽕과 짜장이 한 그릇에 나와 함께 비벼 먹는다. 전북 고창군 고창읍 동리로 41 매일 11:00~20:00(라스트 오더 19:30)

들꽃카페수목원 수목원 안에 카페가 들어섰다. 차 한 잔 들고 수백 가지 꽃과 나무 사이를 거닐어 보자.
전북 고창군 고창읍 태봉로 575 매일 10:00~18:00

땡스덕베르베르의집 아프리카 콘셉트로 꾸며진 이색적인 카페. 정통 아프리카 원두로 만든 커피도 맛볼 수 있다. 전북 고창군 신림면 왕림로 25 매일 10:00~20:00(라스트 오더 19:45)

009
Jeonbuk

무주군

덕유산과 구천동의 환상적인 동행

❶ 덕유산

덕유산의 큰 덩치는 무주를 중심으로 장수, 거창, 함양에 걸쳐있다. 덕이 많고 너그러운 모산이란 뜻을 내포한다. 최고봉인 1,614미터 향적봉의 북덕유산과 남덕유산으로 나뉜다. 그 사이로 20킬로미터의 환상적인 능선이 이어져 '국립공원' 덕유산의 진가가 유감없이 드러난다. 1,300미터 안팎의 우아한 봉우리가 쉴 새 없이 등장해 시원스러운 전망을 한가득 안긴다. 철쭉, 계곡, 단풍이 모두 인상적이라 어느 계절에 가도 좋지만 그래도 덕유산은 역시 겨울이다. 황홀한 상고대를 바라보면 '눈꽃'이라는 예쁜 단어가 왜 생겼는지 단번에 이해된다.

◎ 전북 무주군 설천면 구천동1로 159

ⓒ 매일 04:00~18:00(동절기 축소 운영)

₩ 무료

❷ 무주구천동계곡

덕유산이 무주 최고의 여행지라 말할 때 이의를 제기할 수 있는 유일한 곳은 구천동 계곡일 것이다. 덕유산 북쪽으로 맑은 물이 굽이친다. 그 물길을 인도하는 계곡을 따라서 33개의 명승지가 줄지어 나타난다. 일명 '무주 구천동 33경'이라 불리는 자연경관을 만나고자 많은 인파가 몰린다. 신라와 백제의 경계였던 제1경 라제통문부터 제33경 향적봉까지의 거리가 30킬로미터나 되니 하루에 완주하긴 어렵다. 주로 계곡 구간에 있는 폭포와 소, 암반을 만나는 것이 탐방의 핵심이다. 각 풍경이 얼마나 아름다운지 아무리 걸어도 피로하지가 않다.

◎ 전북 무주군 설천면 장덕리

ⓒ 24시간

₩ 무료

❸ 태권도원

태권도의 성지가 무주에 있다. 여의도 절반 크기의 드넓은 공간에 우리 전통 무예에 대한 많은 것을 담았다. 태권도 수련과 교육의 역할을 기반으로 전시와 공연, 체험까지 제공한다. 경기장에서 열리는 놀라운 수준의 태권도 공연은 하이라이트. 모노레일, 전망대까지 갖췄다.

◎ 전북 무주군 설천면 무설로 1482

⏱ 화~일 10:00~18:00(월 휴무) ₩ 성인 4,000원, 청소년·어린이 3,000원(모노레일 2,000원/1,000원)

❹ 무주반디랜드

무주의 청정한 자연은 좀체 보기 힘든 반딧불이까지 끌어모은다. 반딧불이 축제가 지역 대표 축제일 정도. 무주반디랜드는 그렇게 탄생했다. 반딧불이를 포함해 1만여 마리의 곤충 표본으로 꽉 찬 곤충박물관이 압권이며 수달이 뛰노는 아쿠아 존과 생태 온실도 즐거움을 안긴다.

◎ 전북 무주군 설천면 무설로 1324

⏱ 화~일 09:00~18:00(월 휴무)

₩ 성인 5,000원, 청소년 3,000원, 어린이 2,000원

❺ 머루와인동굴

굴착 작업용 터널이 무주의 자랑 산머루 와인을 저장하는 공간으로 재탄생했다. 관광용으로도 활용되고 있어 누구나 와인의 숙성 과정을 가까이서 지켜볼 수 있다. 와인 시음과 구매도 가능한데 여기서 멈추지 말자. 터널 깊숙이 들어가면 머루 와인 족욕 체험장이 있다.

◎ 전북 무주군 적상면 산성로 359

⏱ 화~일 10:00~17:30(11월~3월은 16:30까지, 월 휴무, 8월 성수기 및 단풍철 월요일 개장) ₩ 2,000원

❻ 무주덕유산리조트

눈꽃이 반짝이는 계절이 오면 덕유산만 붐비는 게 아니다. 그 옆 리조트에도 겨울 스포츠 마니아들이 몰려든다. 꼭 겨울이 아니라도 방문할 이유는 넘친다. 대규모 숙박 단지와 골프장, 각종 레저시설과 사우나를 갖추고 있다. 덕유산 중턱으로 향하는 '곤도라'도 운영한다.

◎ 전북 무주군 설천면 만선로 185

⏱ 24시간 ₩ 시설별 상이(곤도라 왕복 대인 20,000원, 소인 16,000원)

❼ 덕유산자연휴양림

무주 관광의 쌍두마차 덕유산과 구천동 계곡을 두루 즐길 수 있는 최적의 입지 조건을 가지고 있다. 더욱이 1931년부터 자리를 지킨 150여 그루의 독일 가문비나무까지 휴양림을 빛낸다. 숙박 시설과 부대 시설도 넉넉하고 한여름이면 깊은 숲에서 반딧불 관찰도 가능하다.

◎ 전북 무주군 무풍면 구천동로 530-62

◷ 수~월 09:00~18:00(화 휴무)

₩ 성인 1,000원, 청소년 600원, 어린이 300원

❽ 김환태문학관&최북미술관

이것이야말로 이석이조다. 순수비평문학의 선구자로 꼽히는 무주 출신 김환태 평론가의 철학과 삶을 보여주는 문학관, 조선 후기의 진경산수화 거장으로 널리 알려진 최북 선생의 작품이 진열된 미술관이 한 건물을 사용 중이다. 주변으로 문화체육시설이 밀집되어 있다.

◎ 전북 무주군 무주읍 한풍루로 347

◷ 화~일 09:00~18:00(월 휴무)

₩ 무료

❾ 한풍루

한풍루는 남원의 광한루, 전주의 한벽루와 함께 '삼한'으로 불리는 훤칠한 누각이다. <동국여지승람>에 객사 옆에 자리했단 기록이 남아 있어 조선 관아의 부속 건물로 추정된다. 선조들이 그러하였듯 후손들도 이곳에 올라가 무주의 풍경을 눈에 담으며 풍류를 즐길 수 있다.

◎ 전북 무주군 무주읍 한풍루로 326-5

◷ 24시간

₩ 무료

❿ 적상산전망대

무주에서 덕유산 다음가는 적상산은 단풍나무가 유독 많아 붉은 치마를 두른 듯해 적상이란 이름을 얻었다. 해발 1,000미터에 이르는 산 정상 부근에 원통형 전망대가 있다. 양수발전소의 발전설비인 조압수조인데 계단이 있어 꼭대기에 오르면 무주의 산수가 반짝거린다.

◎ 전북 무주군 적상면 북창리 산119-8

◷ 24시간

₩ 무료

무주의 맛집과 카페

천마루 양질의 LA갈비를 양념에 푹 삶아 내어놓는 해물갈비짬뽕이 엄청난 유명세를 탔다.
전북 무주군 안성면 장무로 1730 매일 10:30~20:00(매월 1·3·5번째 월요일 휴무)

무주뚝배기 버섯과 소고기, 문어가 올라간 전골 요리가 화려하다. 진한 가마솥설렁탕도 좋은 선택이다.
전북 무주군 설천면 관동길 7번지 매일 08:00~20:00

무주어죽 무주 민물 요리의 최강자로 꼽힌다. 어죽과 도리뱅뱅이, 쏘가리매운탕이 두루 사랑받는다.
전북 무주군 무주읍 내도로 119 목~화 09:30~19:30(일요일은 10:30부터, 브레이크 타임 15:30~16:30, 라스트 오더 19:00, 수 휴무)

무주창고 이름에서 알 수 있듯 시골 창고를 개조해 만든 카페다. 외관도 인테리어도 개성 넘친다.
전북 무주군 적상면 마산내동길 16 목~화 11:00~21:00(수 휴무)

정원산책 꽃이 만개한 정원과 온실을 갖춘 카페. 무주 천마를 함유한 곡물로 만든 라테가 필수 메뉴.
전북 무주군 안성면 덕유산로 468-37 목~월 11:00~19:00(라스트 오더 18:30, 화~수 휴무)

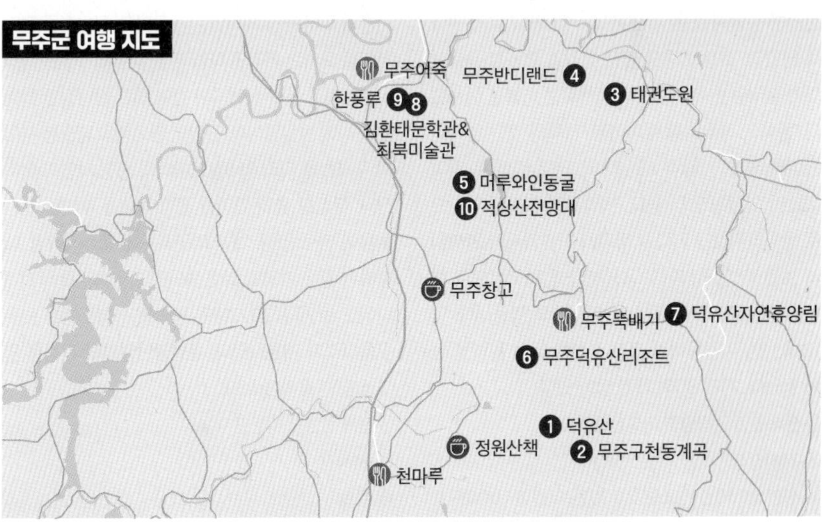

010 진안군

Jeonbuk

진안고원이 전하는 청정 자연

❶ 마이산

진안군 중앙에 솟은 두 암봉이 누가 봐도 말의 귀와 똑 닮았다. 조선 태종도 같은 생각을 했는지 용출산이라 불리던 산에 마이산이란 새로운 이름을 하사했다. 동쪽의 봉우리를 수마이봉, 서쪽의 것은 암마이봉이라 부른다. 각각 681.1미터, 687.4미터로 암마이봉이 미세하게 더 높다. 백악기에 형성된 역암으로 산이라기보단 커다란 바위나 마찬가지라 가까이서 보면 더 입체적이고 웅장하다. 암마이봉으로 향하는 등산로에 있는 '탑사'는 마이산의 명물이다. 약 100년 전, 이갑용이란 자가 정성을 들여 돌탑을 높이 쌓았다. 현재 80여 개가 남아 있다.

◎ 전북 진안군 마령면 마이산로 130

◷ 24시간

₩ 성인 3,000원, 청소년 2,000원, 어린이 1,000원

❷ 운일암반일암

이름의 의미가 참 재미있는 계곡이다. 깎아지른 절벽 사이로 오가는 거라곤 하늘과 돌, 나무와 구름뿐이라 운일암이고 동시에 계곡이 깊어 해가 반나절만 들어온다 하여 반일암이다. 진안의 명덕봉과 명도봉 사이의 주자천을 따라 약 5킬로미터의 청정 자연이 이어진다. 무성한 숲과 기이한 절벽 사이를 누비면 신선놀음이 따로 없다. 계곡 이곳저곳에 쪽두리바위, 대불바위 같은 기암도 여럿 숨어있고 알록달록 무지개다리도 보인다. 2022년엔 명덕봉과 명도봉을 잇는 구름다리가 개통되었다. 운일암반일암의 전경을 담고 싶다면 올라가 보자.

◎ 전북 진안군 주천면 대불리

◷ 24시간

₩ 무료

③ 운장산자연휴양림

진안과 완주에 걸쳐있는 운장산 동쪽 기슭에 자리한다. 한적한 쉼을 위해 찾기도 하지만 운장산과 그 곁의 구봉산을 탐방하기 위해 찾는 등반객도 많다. 숙박동과 함께 야영 데크도 운영한다. 휴양림 내의 계곡 사이를 쭉 따라 들어가면 원시의 숲이 불현듯 등장한다.

◎ 전북 진안군 정천면 휴양림길 77

◷ 매일 09:00~18:00

₩ 성인 1,000원, 청소년 600원, 어린이 300원

④ 부귀메타세쿼이아길

하늘을 향해 곧게 뻗은 메타세쿼이아가 한데 모여 그림이 된다. 키다리 나무들은 약 1.5킬로미터 구간에 걸쳐 이어달리기를 한다. 한적한 시골길에 위치해 비교적 여유롭게 그 사이를 누빌 수 있다. 카메라에 담아도 작품이 되기에 여기서 많은 영화와 CF가 촬영되었다.

◎ 전북 진안군 부귀면 세동리 69-15

◷ 24시간

₩ 무료

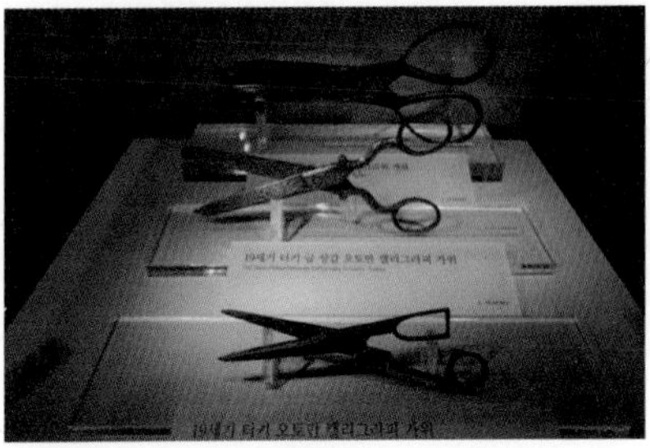

⑤ 진안가위박물관

대한민국 이색 박물관 목록에 이곳을 빼놓을 수 없다. 가위라는 독보적 주제를 가지고 전시를 이어간다. 소장한 가위의 숫자만도 1,600여 점에 가깝다. 중세 시대에 발명된 초희귀 가위를 비롯해 세계 각국의 수많은 가위가 시선을 돌리는 곳마다 등장해 놀라움을 안긴다.

◎ 전북 진안군 진안읍 마이산로 258

◷ 화~일 10:00~18:00(월 휴무)

₩ 무료

⑥ 섬바위 천년송

이름에 걸맞게 강 한가운데 바위가 섬처럼 솟았다. 맑은 강물과 푸른 숲, 협곡과 어우러져 있어 그 자태가 더욱 완벽하다. 강이 휘어지는 지점에 모래톱이 있어 해변 즐기듯 물놀이에 나설 수 있다. 영험한 기운이 있어 수재가 많이 나온다 하니 기왕이면 아이와 방문해보자.

◎ 전북 진안군 용담면 송풍리 1875-152

◷ 24시간

₩ 무료

❼ 용담호

금강 상류에 용담댐이 들어서며 자연스레 형성된 인공 호수다. 호수 주변의 자연환경이 빼어나 구불구불한 호수를 따라 드라이브하는 맛이 있다. 소소한 볼거리도 틈틈이 등장하니 너무 속도를 내진 말자. 조각공원, 물문화관, 사진문화관 등이 호수변에 가지런히 자리한다.

◎ 전북 진안군 안천면 삼락리 1136-10

◷ 24시간

₩ 무료

❽ 부귀편백숲산림욕장

1970년대부터 진안 부귀면에 뿌리를 내리기 시작한 편백은 어느새 수령 50년을 맞이하며 한껏 키를 높였다. 광활한 편백숲에 고마움을 건네며 산책을 이어가면 몸도 마음도 한껏 가벼워진다. 편백나무 외에도 산책로를 따라 각종 나무가 나타나 푸른 숲을 이룬다.

◎ 전북 진안군 부귀면 거석리 산89

◷ 24시간

₩ 무료

❾ 진안홍삼스파

진안 하면 홍삼 아니던가. 진안에선 홍삼을 먹고 마시는 걸로 끝나지 않고 놀랍게도 홍삼물에 몸을 담글 수도 있다. 그 귀한 물에 목욕하고 나면 피로가 풀리는 건 당연하고 오장육부에 건강이 샘솟는 느낌까지 든다. 다양한 테라피도 제공하고 있어 선택의 폭이 넓다. ◎ 전북 진안군 진안읍 외사양길 16-10 ◷ 매일 09:00~18:00(입장 마감 15:00) ₩ **주중** 대인(13세 이상) 39,000원, 소인 30,000원 **주말** 대인 42,000원, 소인34,000원

❿ 산약초타운

마이산을 벗 삼아 진안 구석구석에 뿌리를 내린 지역 약초를 활용해 테마공원을 만들었다. 전시관에 방문해 어떤 약초가 있는지 열심히 예습한 뒤 야외의 약초원으로 발걸음하자. 사상체질원과 약초효능원 등 제법 넓은 공간이 이어진다. 곳곳에 포토 스폿도 설치해놨다.

◎ 전북 진안군 진안읍 단양리 827

◷ 24시간

₩ 무료

진안의 맛집과 카페

초가정담

늘푸른쉼터

카페공간153

초가정담 마이산 등산로 초입엔 많은 산채 정식집이 자리한다. 대부분 기본은 훌쩍 넘는 수준이다.
전북 진안군 마령면 마이산남로 213 매일 09:00~21:00

늘푸른쉼터 마이산엔 등갈비 골목이 따로 있을 만큼 등갈비도 명물이다. 쫄깃한 살점을 맛보자.
전북 진안군 마령면 마이산남로 201 매일 08:30~20:00

연꽃두부 보기만 해도 예쁜 삼색두부가 제공되는 연잎밥 정식이 두루두루 만족스럽다.
전북 진안군 진안읍 전진로 3071-21 목~화 10:00~15:00(수 휴무)

카페공간153 커피 트럭을 끌고 전국을 누비던 주인장이 진안에 터를 잡았다. 공간도 음료도 훌륭하다.
전북 진안군 진안읍 당산길 26-2 월 10:00~19:00, 화~목 10:00~20:30, 금 10:00~19:00, 토~일 11:00~20:00

기배기카페 용담호를 끼고 이어지는 야외 정원이 빛난다. 다양한 빵과 디저트도 미소를 안긴다.
전북 진안군 상전면 진성로 373-20 목~화 10:00~20:00(수 휴무)

011 Jeonbuk 장수군

논개의 의로움이 뿌리내린 곳

❶ 의암공원 의암사

의로운 여인 주논개는 장수 출신이다. 그녀는 임진왜란 당시 남편 최경회가 진주성에서 왜적과 싸우다 자결하자 촉석루에서 잔치를 벌이던 일본군 장수를 끌어안고 남강으로 투신했다. 나라와 지아비를 위해 항거한 논개의 충절을 기리고자 장수 읍내에 그녀의 사당인 의암사를 건립했고 그 앞으로 공원을 조성했다. 널찍한 호수를 중심으로 둘레길이 형성돼 있고 가볍게 소풍을 즐길 수 있는 쉼터가 마련되어 언제나 군민들의 웃음소리가 들린다. 공원 주변을 가득 채운 수목과 포토 스폿도 눈을 즐겁게 한다. 가을이 되면 진한 단풍이 찾아온다.

◎ 전북 장수군 장수읍 두산리 401

◷ 24시간

₩ 무료

❷ 장수승마레저파크

2018년 장수군이 말산업 특별구역으로 지정된 것을 기념해 승마를 주제로 한 공간이 탄생했다. 말과 관련된 체험과 전시, 교육이 알차게 진행된다. 커다란 트로이 목마 조각상이 가장 먼저 눈길을 끄는 가운데 승마 체험은 언제나 인기다. 전문가의 보호 아래 진행되기 때문에 초등학생부터 누구나 쉽게 승마를 즐길 수 있다. 아담한 놀이동산인 포니랜드와 레스토랑, 카페도 함께 운영되고 있다. 레저파크 위로 난 언덕에 오르면 장수말역사체험관이 있다. 말에 대한 수많은 자료와 함께 놀이 위주의 체험이 가득해 아이와 함께하면 더욱 좋다.

◎ 전북 장수군 장수읍 승마로 74

◷ 화~일 09:30~18:00(휴게시간 12:00~13:00, 월 휴무) ₩ 체험별 상이

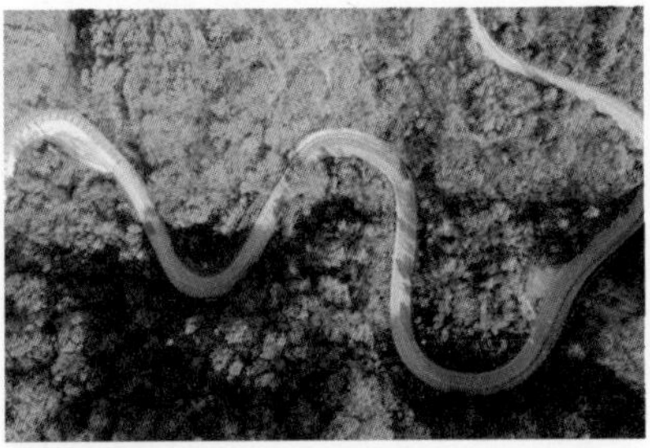

❸ 장안산

소백산맥의 서쪽 비탈을 끼고 움튼 산으로 1,237미터의 높이를 자랑하는 장수 제일의 산이다. 능선을 꽉 채우는 억새의 향연이 장관이라 가을이면 등산객이 폭증한다. 단풍은 덤이다. 기암과 원시림이 조화를 이룬 멋진 계곡도 여럿 품었다. 덕산계곡과 지지계곡이 대표적이다.

◎ 전북 장수군 계남면

⏱ 24시간

₩ 무료

❹ 와룡자연휴양림

장수와 진안의 경계, 사방이 산으로 둘러 막힌 완전무결한 자연 속에 와룡자연휴양림이 빛난다. 실제로 야생동물이 서식하고 여러 종의 야생화가 피어나는 지점에 위치한다. 주변의 산과 연계된 산책로와 등산로를 따라 폐에 맑은 공기를 선물하자. 숙박동도 넉넉한 편이다.

◎ 전북 장수군 천천면 비룡로 632

⏱ 24시간

₩ 숙박동별 요금 상이

❺ 장수누리파크

장수의 특산물인 사과와 한우, 오미자와 토마토는 모두 붉은 빛을 띠고 있어서 일명 '레드푸드'라 불린다. 이 레드푸드에 초점을 맞춰 재미있는 테마공원이 문을 열었다. 넓은 부지에 귀여운 조형물과 꽃이 어우러져 사진 찍기 좋다. 레드푸드를 이용한 요리체험도 가능하다.

◎ 전북 장수군 장수읍 논개사당길 65

⏱ 24시간

₩ 무료

❻ 논개생가지

대곡저수지 건설로 수몰 위기에 처했던 논개의 생가를 그녀의 고향 주촌마을에 복원했다. 돌담 너머로 소박한 초가집 한 채가 보인다. 논개의 삶이 시작된 곳이라 생가 둘레를 기념공원처럼 꾸몄다. 기상이 느껴지는 주논개비와 의인의 생애를 담은 논개기념관이 자리한다.

◎ 전북 장수군 장계면 의암로 558

⏱ 24시간

₩ 무료

❼ 방화동가족휴양촌

장안산 남쪽의 방화계곡에 자연휴양림과 가족 휴양촌이 들어섰다. 자연이 수놓은 곱디고운 풍경 안에서 쉼표를 찍을 수 있다. 무엇보다 S자로 굽이치는 물길을 따라 오토캠핑장이 자리해 캠핑을 사랑하는 가족들에겐 최고의 장소다. 계곡을 거슬러 훌륭한 경치를 만끽하자.

◎ 전북 장수군 번암면 방화동로 778

◷ 24시간

₩ 숙박동별, 캠핑사이트별 상이

❽ 뜬봉샘생태공원

전북과 충청을 시원하게 적시는 금강의 시작점이 장수에 있다. 금강의 발원지로 알려진 뜬봉샘이 그 주인공. 봉황이 날아 올랐다는 거창한 뜻이 담겼다. 이 일대에 생태공원이 생겨났다. 금강사랑물체험관과 자생식물 온실이 볼 만하고 생태숲길을 따라 걷는 것도 즐겁다.

◎ 전북 장수군 장수읍 수분리 산39-3

◷ 24시간

₩ 무료

❾ 토옥동계곡

덕유산 최남단의 깊은 골짜기에 은둔하듯 자리한 계곡이다. 우거진 원시림 사이로 물줄기가 힘차게 달린다. 암벽 너머 쏟아지는 아담한 폭포도 제법 시원하다. 한여름의 더위도 여기선 한풀 꺾인다. 이 맑은 물에서 양식한 송어를 파는 횟집이 계곡 안쪽에 있으니 찾아가 보자.

◎ 전북 장수군 계북면

◷ 24시간

₩ 무료

❿ 장안문화예술촌

장안초등학교가 문을 닫은 뒤 문화공간으로 부활했다. 전문 작가들이 하나둘 몰려들어 예술촌을 형성하고 창작 활동을 이어가고 있다. 또한, 지역과 연계해 문화 행사를 개최하고 교육 프로그램을 운영해 시골 마을에 예술의 바람을 일으킨다. 장수미술관도 함께 자리하고 있다.

◎ 전북 장수군 계남면 장안산로 315-5

◷ 미술관 월~금 10:00~17:00

(휴게시간 12:00~13:00, 토~일 휴무) ₩ 무료

장수의 맛집과 카페

장수한우명품관

크래프트브루어리

긴물찻집

장수한우명품관 이름답게 장수의 명품 한우를 매우 저렴하게 제공한다. 각종 탕과 육회비빔밥도 명품이다. ◎ 전북 장수군 장수읍 군청길 19 ◷ 매일 11:00~21:00

영광분식 다슬기를 재료로 음식을 만든다. 인기 좋은 다슬기 수제비를 대표로 칼국수와 탕도 판다. ◎ 전북 장수군 천천면 춘송길 13 ◷ 매일 10:00~19:00(매달 1·3번째 일요일 휴무)

크래프트브루어리 논개 생가 근방에 있는 수제맥줏집. 에일을 비롯해 맥주도 맛나지만 화덕 피자도 훌륭하다. ◎ 전북 장수군 장계면 의암로 583-8 ◷ 화~일 11:00~21:00(월요일 휴무)

긴물찻집 그야말로 첩첩산중 산골짜기에 위치한 찻집. 품을 들여 꽃차와 꽃피자를 맛볼 가치가 있다. ◎ 전북 장수군 천천면 삼고길 270-3 ◷ 화~일 11:00~17:00(월 휴무)

137 장수 읍내에 위치한 한옥 카페로 고즈넉한 분위기에서 양질의 빵과 커피를 즐길 수 있다. ◎ 전북 장수군 장계면 한들로 137 ◷ 월~토 09:00~21:00, 일 11:00~21:00(매달 2·4번째 월요일 휴무)

장수군 여행 지도

012 임실군

Jeonbuk

대한민국 치즈 역사의 시작

❶ 임실치즈테마파크

축구장 22개 크기의 초원 위로 유럽풍 건물이 줄지어 나타난다. 드넓은 꽃밭과 연못, 분수까지 어우러져 어디서나 낭만이 활짝 피어오른다. 국내 유일의 치즈 테마파크가 자랑하는 모습이다. 임실 치즈의 시작은 60여 년 전으로 거슬러 올라간다. 벨기에 출신으로 임실성당에 부임한 지정환 신부는 임실 농가의 소득을 증대시키고자 한국 최초의 치즈 농협을 출범시켰다. 테마파크의 중심은 역사홍보관과 레스토랑을 갖춘 웅대한 치즈 캐슬이다. 그 곁으로 치즈관과 홍보탑, 4D영상관 등이 있으며 치즈 요리 체험장과 임실 치즈 판매장까지 갖췄다.

◎ 전북 임실군 성수면 도인2길 50

◷ 화~일 09:00~18:00(월 휴무)

₩ 입장 무료, 체험별 요금 상이

❷ 사선대관광지

사선대는 섬진강 상류의 오원천에 자리하고 있다. 임실 운수산의 두 신선과 진안 마이산의 두 신선이 이곳의 경치에 푹 빠져 노니는 동안 하늘에서 네 선녀가 내려와 함께 어울렸다 하여 사선대라 불린다. 이 정도의 전설을 가진 곳이니 여전히 아름답지 아니할 수가 없다. 맑은 물과 절벽, 꽃과 나무가 합심하여 수려한 경관을 만들어 낸다. 봄이면 벚꽃이 흩날리고 가을이면 단풍과 핑크뮬리가 붉게 타오른다. 저명한 작가들의 작품이 즐비한 사선대 조각공원도 큰 볼거리다. 언제 방문하더라도 자연과 예술에 둘러싸여 평온한 시간을 보낼 수 있다.

◎ 전북 임실군 관촌면 사선2길 68-7

◷ 24시간

₩ 무료

❸ 옥정호

섬진강 다목적 댐이 건설되며 임실과 정읍 사이에 드넓은 인공 호수가 태어났다. 주변의 평야를 적셔 주는 역할을 맡았지만 이제는 여행지로서 인기가 좋다. 특히 봄과 가을이 인상적이다. 큰 일교차 덕에 아침 일찍 물안개가 피어오르기 시작하면 꿈결 같은 풍경이 펼쳐진다.

◎ 전북 임실군 운암면 입석리 458

◷ 24시간

₩ 무료

❹ 임실치즈마을

한국 치즈의 본향은 임실이란 사실에 방점을 찍어 주는 마을이다. 마을 주민들이 직접 치즈 낙동체험을 알차게 제공한다. 모짜렐라 치즈 체험, 피자 만들기 등이 주로 진행된다. 마을 초입에 있는 치즈 판매점도 꼭 들르자. 수십 가지 임실 치즈 제품을 알뜰하게 구매할 수 있다.

◎ 전북 임실군 임실읍 치즈마을길 96

◷ 체험 화~금 11:00~15:00, 토~일 10:00~16:00

₩ 모짜렐라 치즈 체험 13,000원, 그 외 체험별 요금 상이

❺ 전라북도119안전체험관

딱딱할 수 있는 안전 교육을 놀이와 체험을 결합해 재미있게 풀어낸다. 전북소방본부에서 진행하기에 더욱 믿음직스럽다. 화재와 태풍, 지진 등 살면서 마주할 수 있는 재난에 대한 예방 교육을 놀이하듯 진행해 아이들에겐 꼭 필요한 공간이다. 체험은 사전 예약이 필수다.

◎ 전북 임실군 임실읍 이도리 947-2

◷ 체험시작 시간 11:00, 13:00, 15:00

₩ 체험별 요금 상이

❻ 국사봉전망대

옥정호를 한눈에 담고 싶다면 이곳에 오르면 된다. 국사봉은 해발 475미터의 산으로 호수를 향해 튀어나온 능선에 전망대가 있어 옥정호의 전경을 사진으로 담아내기 완벽한 곳이다. 도로가 뚫려 있어 접근성까지 뛰어나며 전망대 주변은 온통 숲이라 공간 자체도 참 좋다.

◎ 전북 임실군 운암면 국사봉로 624

◷ 24시간

₩ 무료

❼ 오수의견관광지

술에 취해 거리에서 잠든 주인. 산불이 발생해 주인 근처까지 불이 번지자 자신의 몸에 물을 묻혀 주인을 구하고 지쳐 죽은 개. 누구나 한 번쯤 들어봤을 이 훈훈한 이야기가 전해지는 곳이 임실이다. 이에 공원을 만들어 기념하고 있으며 가까운 곳에 의견비도 설치했다.

◎ 전북 임실군 오수면 금암리 252-3

◷ 24시간

₩ 무료

❽ 필봉농악전수관

호남 좌도농악의 대표주자 임실 필봉농악을 집대성해놓은 곳이다. 필봉농악은 대한민국의 굵직한 행사에 초청될 정도로 지역을 상징하는 전통문화로서 긴 시대에 걸쳐 전수되고 있다. 전수관이 속한 필봉문화촌에선 정기적으로 공연과 행사를 개최하며 한옥스테이도 제공한다.

◎ 전북 임실군 강진면 강운로 272

◷ 24시간

₩ 숙박동별 요금 상이

❾ 양요정

옥정호 안쪽으로 깊숙하게 들어가 섬처럼 느껴지는 땅 위에 조선 중종 때 만든 중후한 멋의 정자가 있다. '어진 사람은 산을 좋아하고 지혜로운 사람은 물을 좋아한다'라는 맹자의 '인자요산 지자요수'에서 이름을 따왔다. 강변에 있던 것을 댐 공사 이후 현재의 위치로 옮겼다.

◎ 전북 임실군 운암면 입석리

◷ 24시간

₩ 무료

❿ 강변사리마을

물우리, 장암리, 일중리, 천담리. 섬진강 곁에 모여있는 소박한 4개의 마을이 모여 강변사리마을을 구성한다. 네 마을이 건네는 섬진강의 풍광을 따라 자전거를 타거나 트레킹을 하기 좋다. 캠핑장과 글램핑장을 운영하고 있어서 최근 들어 캠핑 명소로 입소문이 나고 있다.

◎ 전북 임실군 덕치면 강동로 865-20

◷ 24시간

₩ 무료

임실의 맛집과 카페

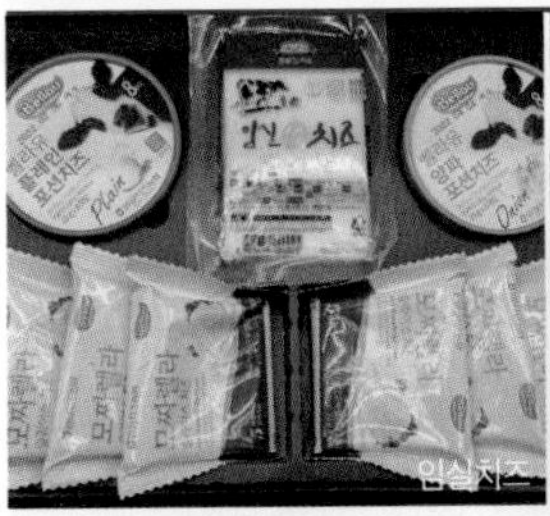

임실치즈

대원기사식당

미텐발트

임실 치즈 임실까지 와서 치즈를 맛보지 않는 건 배신이다. 임실군의 공식 브랜드는 '임실N치즈'다.

옥정호산장 오랜 시간동안 현지인과 여행객 모두에게 사랑받아온 민물매운탕 전문점.
전북 임실군 운암면 운정길 7 목~화 10:30~21:00(수 휴무)

대원기사식당 이곳의 깔끔한 다슬기탕을 먹고자 줄을 선다. 함께 판매하는 제육볶음도 많이 찾는다.
전북 임실군 관촌면 사선로 83 불규칙

미텐발트 옥정호가 한눈에 보이는 고지대에 위치한 대형 카페. 옥정호 앞 야외 좌석은 늘 눈치싸움.
전북 임실군 운암면 종운로 802-18 매일 10:30~20:00

우유일기 치즈마을 인근의 체형험 카페다. 커피와 디저트를 즐기고 토끼와 염소를 만날 수 있다.
전북 임실군 임실읍 치즈마을길 193 매일 11:00~18:00

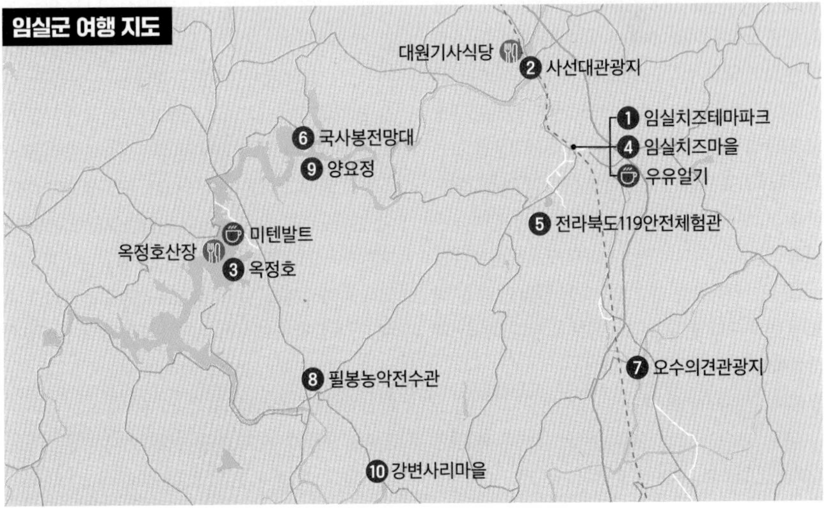

013
Jeonbuk

남원시

성춘향과 이몽룡의 사랑 노래

❶ 광한루원

광한루원은 조선 시대 인물이 이어 달리듯 세대를 거쳐 만든 누원이다. 1419년 남원으로 유배된 황희의 손길이 닿은 누각도, 1461년 부사 장의국이 만든 은하수를 상징하는 호수도, 1582년에 전라도 관찰사 정철이 꾸몄다는 섬도 각각의 아름다움을 뽐낸다. 그리고 그 모든 것이 조화를 이룰 때 아름다움은 한층 더 배가된다. 이토록 낭만이 넘치는 곳이니 춘향과 이몽룡도 여기서 만나자마자 첫눈에 반하지 않았겠는가. 광한루를 지나 오작교를 건너 정원 한 바퀴 돌면 누구나 춘향이 되고 몽룡이 된다. 야경마저 환상적이니 밤에도 걸음을 해보자.

◎ 전북 남원시 요천로 1447

◷ 매일 08:00~21:00(동절기는 20시까지) ₩ 성인 4,000원, 청소년 2,000원, 어린이 1,500원

❷ 춘향테마파크

춘향의 사랑 이야기는 광한루에서 끝나지 않는다. 강 건너엔 아예 <춘향전>을 주제로 잡은 큼직한 테마파크가 있다. 파란만장한 춘향의 일대기가 만남의 장, 맹약의 장, 이별의 장, 시련의 장, 축제의 장을 따라서 이어진다. 아는 내용임에도 갈수록 흥미롭다. 주인공 춘향과 이몽룡뿐 아니라 조연 월매와 향단이, 변사또까지 만날 수 있어 반갑다. 사건의 현장도 재현되어 있어 익살스러운 사진도 남길 수 있다. '에어레일'이라 불리는 귀여운 모노레일도 테마파크 위를 오간다. 작자 미상의 고전 소설이 후대에 이렇게나 큰 재미를 주는 것이 신기하다.

◎ 전북 남원시 양림길 43

◷ 매일 09:00~22:00(11월~3월은 21시까지)

₩ 성인 3,000원, 청소년 2,500원, 어린이 2,000원

❸ 남원시립김병종미술관

남원 출신의 화가 김병종이 자신의 작품을 대량 기증하며 남원을 상징할 만한 시립미술관이 탄생했다. 전통과 현대가 공존하는 김 화백의 예술세계를 만끽할 수 있다. 기하학적인 외관도, 개방감 있는 내부도 건축적으로 뛰어나 미술관 건물 자체도 하나의 커다란 작품이 된다.

◎ 전북 남원시 함파우길 65-14

◷ 화~일 10:00~18:00(월 휴무)

₩ 무료

❹ 혼불문학관

최명희 작가의 대하소설 <혼불>의 배경으로 들어가 보자. 소설의 무대가 된 남원의 노봉마을에 소설을 기념하는 문학관이 있다. 일제강점기에 치열하게 살아간 소설 주인공의 이야기가 담겼다. 불꽃 같은 짧은 생을 살고 우리 곁을 떠난 최 작가의 일대기도 기록되어 있다.

◎ 전북 남원시 사매면 노봉안길 52

◷ 화~일 09:00~18:00(월 휴무)

₩ 무료

❺ 지리산허브밸리

지리산의 깨끗한 자연을 품은 남원엔 1,000종이 넘는 허브가 곳곳에 자생하고 있다. 이에 바래봉 자락 해발 600미터 지점에 세계 최대의 허브테마 관광단지를 꾸몄다. 허브 정원은 기본이고 허브를 활용한 즐길 거리와 체험 거리를 아낌없이 제공한다. 허브향에 코까지 즐겁다.

◎ 전북 남원시 운봉읍 용산리 265-4

◷ 09:00~18:00(11월~2월은 17시까지, 월 휴무)

₩ 성인 3,000원, 청소년 2,000원, 어린이 1,500원

❻ 구서도역영상촬영장

<혼불>에도 등장하는 서도역은 1932년부터 남원 시민을 실어나르던 역사의 공간이다. 2002년 철도 이설로 신역사가 생겨났지만 옛 서도역은 여전히 제자리에 남아 국내에서 가장 오래된 폐역으로 많은 이들의 발걸음을 이끌어낸다. 현재는 영상촬영장으로도 많이 이용된다.

◎ 전북 남원시 사매면 서도길 32

◷ 24시간

₩ 무료

⑦ 남원실상사

828년 통일신라 시대에 홍척 스님이 창건한 실상사는 선종의 아홉 종파 '구산선문' 중 으뜸으로 손꼽힌다. 국보인 백장암 삼층석탑을 비롯하여 10여 점의 보물을 소장하고 있어 보물 창고로 불러도 손색없는 사찰이다. 지리산 끝자락에 맞닿아 있어 풍경까지 시원시원하다.

◎ 전북 남원시 산내면 입석길 94-129

◷ 24시간

₩ 무료

⑧ 남원백두대간전시관

북녘의 백두산에서 시작해 금강산과 설악산을 휘감은 뒤 지리산에 이르는 백두대간의 모든 것을 담아냈다. 산줄기에서 관찰되는 생명체를 마주하고 영상을 통해 지리산의 생생한 자연을 탐험하다 보면 한반도의 척추나 다름없는 백두대간에 대한 지식이 자연스레 습득된다.

◎ 전북 남원시 운봉읍 운봉로 151

◷ 화~일 10:00~17:00(월 휴무)

₩ 성인 2,000원, 청소년 1,500원, 어린이 1,000원

⑨ 흥부골자연휴양림

지리산 레인저의 이야기를 담았던 드라마 <지리산>의 촬영장소로 활용되었던 공간이다. 여전히 촬영 당시 사용했던 세트와 소품이 남아 있어 입소문을 탔다. 최근엔 캠핑 명소로 거듭나고 있다. 샤워실과 개수대까지 갖춘 쾌적한 캠핑장에서 지리산의 기운을 얻을 수 있다.

◎ 전북 남원시 인월면 구인월길 125

◷ 24시간 ₩ 성인 2,000원, 어린이 1,000원(캠핑 사이트별 요금 상이)

⑩ 남원항공우주천문대

천문대뿐 아니라 항공우주 과학관의 역할까지 해낸다. 항공우주의 역사를 알차게 선보이는 전시실과 돔 스크린을 통해 밤하늘의 모습을 보여주는 천체투영실에서 가볍게 몸을 푼다. 하이라이트는 역시 주관측실. 600mm 반사망원경으로 은하계를 관찰하며 절정에 치닫는다.

◎ 전북 남원시 양림길 48-63 ◷ 화~일10:00~22:00(휴게시간 12:00~13:00, 17:00~18:00, 월 휴무)

₩ 성인 4,000원, 청소년·어린이 2,000원

남원의 맛집과 카페

새집추어탕

경방루

명문제과

새집추어탕 추어탕의 고장 남원에서도 1959년에 개업해 원조 격으로 꼽힌다. 추어튀김도 맛이 좋다.
전북 남원시 천거길 9 매일 09:00~20:30

경방루 광한루 근처의 탕수육 맛집이다. 오직 탕수육만 주문하는 사람도 많다. '부먹'으로 나온다.
전북 남원시 광한북로 29 11:00~21:00(브레이크 타임 15:30~17:00, 매월 1·3번째 월요일 휴무)

두레식당 불향 가득한 오징어 볶음 하나로 남원을 평정했다. 함께 제공되는 청국장도 만만찮다.
전북 남원시 서문1길 14 수~월 11:00~21:00(브레이크 타임 15:00~17:00, 라스트 오더 20:10, 화 휴무)

명문제과 생크림 소보로를 맛보러 빵지 순례객이 몰린다. 빵 나오는 시간에 맞춰 번호표부터 받자.
전북 남원시 용성로 56 화~일 10:00~20:00(월 휴무)

월향재 한옥 스타일의 카페 내부에 기품이 넘친다. 떡이 올려진 말차가배가 시그니처다.
전북 남원시 동헌길 114 화~토 10:30~21:00, 일~월 10:30~18:00

남원시 여행 지도

014 Jeonbuk

순창군

전통 고추장의 빨간 맛

❶ 채계산출렁다리

아래서 올려다보기만 해도 어질어질하다. 비녀를 꽂은 여인을 닮았다는 채계산은 동계 채계산과 적성 채계산으로 나눠지는데 두 봉우리를 새빨간 출렁다리가 잇고 있다. 다리의 높이는 최고 90미터. 바로 아래는 차가 쌩쌩 다니는 도로이고 다리 곳곳엔 구멍이 뻥뻥 뚫려 있어 더 아찔하다. 길이만 270미터라 대략 5분 정도는 공포를 참으며 발걸음을 옮겨야 한다. 그러나 도전에 대한 보상은 확실하다. 다리 중간에 서면 채계산의 자연이 눈에 담기고 그 너머로 드넓은 평야의 전경이 인사를 건넨다. 다리를 건너 산 중턱의 정자까지 올라보자.

◎ 전북 순창군 적성면 괴정리 1607

◷ 매일 09:00~18:00(11월~2월은 17시까지)

₩ 무료

❷ 용궐산하늘길

순창에서의 스릴은 출렁다리로 끝나지 않는다. 순창의 또 다른 명산 용궐산은 산세가 험준하고 가파른 암반으로 이뤄져 등산이 쉽지 않다. 하지만 걱정할 필요 없다. 산허리의 깎아지른 절벽을 따라 놀랍게도 잔도가 설치됐다. 하늘길이란 표현이 딱 맞을 정도로 공중에 뜬 기분을 느끼며 걸음을 이어갈 수 있다. 아득한 높이라 현기증도 나지만 아래로는 굽이치는 섬진강의 물줄기가 보이고, 주변으론 웅장한 산군이 병풍처럼 펼쳐져 있어 걷는 내내 탄성이 쏟아진다. 개통과 동시에 순창의 명소가 되었다. '용궐산 치유의 숲'을 검색하고 찾아가면 된다.

◎ 전북 순창군 동계면 어치리 522

◷ 24시간

₩ 무료

❸ 강천산

1981년 국내 최초 군립공원에 지정되었을 정도로 강천산은 많은 매력을 품고 있다. 특히 산 안쪽으로 끝없이 이어지는 계곡이 일품이다. 계절마다 피는 화목도 강천산을 빛낸다. 봄이면 산벚꽃과 진달래가, 가을이면 아기단풍이 고운 얼굴을 내민다. 폭포와 기암괴석도 지천이다.

◎ 전북 순창군 팔덕면 청계리 산263-1

🕓 매일 07:00~18:00(11월~3월은 17시까지)

₩ 성인 3,000원, 청소년·어린이 2,000원

❹ 장군목유원지

거인이 콕콕 찌른 듯 구멍 뚫린 바위 군락이 신기하다. 강한 물살이 바위 위로 수만 년간 지나가며 새긴 걸작이다. 이런 괴상한 바위가 섬진강 물줄기 따라 3킬로미터 이어진다. 그중 2미터 깊이로 움푹 패인 요강바위를 최고로 친다. 아이를 갖게 해준다는 전설이 내려온다.

◎ 전북 순창군 동계면 장군목길 686-1

🕓 24시간

₩ 무료

❺ 순창전통고추장민속마을

순창이 국내 대표 고추장 도시라는 사실엔 아무 이견이 없을 것이다. 순창고추장과 전통 장류의 명성을 이어가고 비법을 전수하기 위해 민속 마을이 조성됐다. 장류박물관과 장류연구소가 들어섰고 전통 가옥 너머로 장인들의 손맛이 담긴 장으로 가득 찬 항아리가 즐비하다.

◎ 전북 순창군 순창읍 백산리 265-66

🕓 업체별 상이

₩ 무료

❻ 전라북도산림박물관

순창과 정읍의 경계, 내장산 끝자락에 산림박물관을 만들어 산림과 목재에 대한 이해를 돕고 있다. 우리나라 산과 그 안의 생태계를 소개하는 1전시실을 시작으로 총 5개의 상설전시관을 운영 중이다. 정기적으로 특별전이 개최되며 야외에선 체험 프로그램이 진행된다.

◎ 전북 순창군 복흥면 추령로 1777

🕓 화~일 09:00~18:00(11월~2월은 17시까지, 월 휴무)

₩ 무료

❼ 푸드사이언스관

고추장 마을과 함께 형성된 순창발효테마파크 내에 위치한다. 음식에 대한 정보와 함께 식품을 구성하는 영양소에 대해 흥미진진한 전시가 이어진다. 세계 각국의 과자 박스로 쌓은 무지개색 벽은 눈길을 사로잡는다. 미디어관에서 진행되는 황홀한 미디어 아트도 인상 깊다.

◎ 전북 순창군 순창읍 장류로 55

⏲ 화~일 10:00~17:00(월 휴무)

₩ 성인 3,000원, 청소년·어린이 2,500원

❽ 훈몽재

조선 중기의 유학자 하서 김인후가 지은 강학당이다. 김인후는 부인의 고향인 순창에 자리를 잡은 뒤 훈몽재를 짓고 후학을 양성했다. 임진왜란과 한국전 등으로 몇 차례 소실되었으나 2009년 현재의 위치에 재건되었다. 전통 건축물이 산수와 조화를 이룬 모습이 그림 같다.

◎ 전북 순창군 쌍치면 둔전리 산15-5

⏲ 24시간

₩ 무료

❾ 회문산자연휴양림

회문산은 의병들의 진지가 있었던 곳이며 한국전 땐 빨치산이 숨어들던 현장이다. 그만큼 깊은 계곡과 원시의 산림을 갖춘 회문산에 자연휴양림이 있다. 우거진 숲 사이에서 자연과 호흡할 수 있으며 국내 시인들의 시비가 설치된 '해원의 숲'에선 큰 위로를 얻을 수 있다.

◎ 전북 순창군 구림면 안심길 295

⏲ 수~월 09:00~18:00(화 휴무)

₩ 성인 1,000원, 청소년 600원, 어린이 300원

❿ 향가터널 향가유원지

일제강점기 당시 일제가 순창과 인근 지역의 쌀을 수탈하기 위해 철로를 건설하며 뚫은 터널이다. 아픈 역사가 서린 터널이 이젠 순창을 추억하는 공간으로 변모했다. 터널 벽엔 순창의 옛 모습이 담긴 사진과 조각이 걸렸다. 터널 밖 섬진강엔 캠핑장을 갖춘 유원지가 있다.

◎ 전북 순창군 풍산면 대가리

⏲ 24시간

₩ 무료

순창의 맛집과 카페

가마솥추어탕곰탕

베르자르당

가마솥추어탕곰탕 구수한 추어탕도 맛있고 고춧가루를 넣은 순창식 빨간 곰탕은 독특하다.
전북 순창군 순창읍 순창로 205-9 매일 09:00~20:00

새집 순창의 푸짐한 밥상을 받아보자. 한정식 전문으로 '상다리 부러진다'라는 표현이 절로 나온다.
전북 순창군 순창읍 순창6길 5-1 매일 12:00~19:00

진도식당 가성비 뛰어난 백반이 식객을 끌어모은다. 생선과 국을 제외해도 반찬만 거의 스무 가지다.
전북 순창군 구림면 구림로 474 매일 10:00~15:00(폐점시간 불규칙)

베르자르당 카페 한가운데에 키다리 야자수가 있다. 이국적인 분위기를 가진 대형 베이커리 카페다.
전북 순창군 순창읍 순창로 102-2 매일 10:00~22:00

카페오늘 카페 외관에서 건축미가 느껴진다. 갤러리 같은 내부도 인상적이고 야외엔 분수가 솟는다.
전북 순창군 순창읍 경천1로 34 매일 10:00~21:50

순창군 여행 지도

PART 8

전라남도

001
Jeonnam

여수시

대한민국 낭만 여행의 시작

❶ 오동도

동백꽃 하면 떠오르는 그곳, 여수 하면 떠오르는 그 섬. 바로 오동도다. 여수 시내에 딸린 작은 섬으로 기차역에서의 접근성이 좋아 여수 여행의 시작점으로 애용되는 인기 만점 여행지다. 섬의 모양이 오동잎처럼 보이기도 하고 섬 자체에 오동나무가 많아 오동도라는 이름을 얻었다. 그럼에도 이곳의 상징은 역시 동백이다. 매우 이른 늦겨울부터 꽃망울을 터뜨리기 시작해 3월이면 화려하게 만개한다. 섬이지만 방파제를 통해 걸어 들어갈 수 있고 동백열차가 시내와 섬을 잇기도 한다. 등대가 우뚝 선 전망대에 오르면 다도해가 보석처럼 빛난다.

◎ 전남 여수시 수정동 산1-11

◷ 24시간

₩ 무료

❷ 여수해상케이블카

국내 최초 해상케이블카의 타이틀은 여수의 차지다. 2014년 개통 당시 바다 위를 가로지르는 케이블카는 신선한 충격이었다. 시내에 있는 자산공원에서 출발해 돌산도까지, 육지와 섬을 잇는다. 왕복 약 3킬로미터 구간을 날아다니며 25분 정도가 소요된다. 운행 내내 거북선대교, 돌산대교, 하멜등대 같은 미항 여수의 상징물이 시야에 들어온다. 그러나 가장 큰 감동을 안기는 건 역시 여수의 바다. 공중에서 바라보는 한려해상의 푸른 물결은 탑승객 모두를 벌떡 일으켜 세운다. 담력이 좋다면 바닥까지 투명한 크리스탈 캐빈에 도전해보자.

◎ 전남 여수시 자산4길 39 ◷ 24시간 ₩ **일반캐빈** 왕복 대인(중학생 이상) 15,000원, 소인 11,000원 **크리스탈캐빈** 왕복 대인 22,000원, 소인 17,000원

③ 향일암

해가 뜨기도 전인 이른 새벽부터 많은 이들이 가쁜 숨을 내쉬며 언덕 위를 오른다. 일출 명소로 소문난 이 암자에서 뜨는 해를 마주하기 위해서다. 암자 이름부터 향일암 아니겠는가. 원효대사가 창건한 것으로 전해지며 많은 바위 동굴을 통과해 높은 곳까지 오를 수 있다.

◎ 전남 여수시 돌산읍 향일암로 60

◷ 24시간

₩ 성인 2,500원, 청소년 1,500원, 어린이 1,000원

④ 이순신광장

여수 시내 한복판에 우리의 이순신 장군이 자신이 호령했던 바다를 향해 늠름하게 서 있다. 그 앞엔 거북선 모형이 있고 옆으론 거북선 모양의 쉼터 겸 전망대가 있어 언제나 여행자들로 북적인다. 멀지 않은 곳에 충무공이 전라좌수영 본영으로 사용했던 진남관이 남아있다.

◎ 전남 여수시 선어시장길 6

◷ 24시간

₩ 무료

⑤ 아르떼뮤지엄여수

제주에서 첫선을 보이자마자 관람객의 극찬을 얻어냈던 아르떼뮤지엄이 여수에 상륙했다. 세계적 디지털 디자인 컴퍼니 'd'strict'가 구현한 초대형 미디어아트를 마주하는 순간 누구나 압도적인 황홀감에 휩싸이게 된다. 시각적 충격에 가까운 미디어아트가 계속해서 이어진다.

◎ 전남 여수시 박람회길 1 국제관 A동 3층

◷ 매일 10:00~20:00

₩ 성인 17,000원, 청소년 13,000원, 어린이 10,000원

⑥ 여수예술랜드

여수 바다에 예술과 액티비티를 한 스푼씩 얹었다. 여수예술랜드는 재미난 착시 사진을 찍을 수 있는 트릭아트관과 환상적인 몰입형 영상을 내뿜는 미디어아트관으로 나뉜다. 커다란 '미다스의 손'이 있는 조각공원도 수준 높고, 카트나 짚코스터 등의 액티비티까지 가능하다.

◎ 전남 여수시 돌산읍 무술목길 142-1

◷ 매일 09:00~18:00 ₩ 트릭아트+미디어아트 통합권 대인(중학생 이상) 25,000원, 소인 15,000원

❼ 유월드루지테마파크

1.3킬로미터나 되는 긴 트랙 위를 루지를 타고 질주해보자. 경사도 제법 가팔라 속도감이 증폭된다. 급격히 휘는 커브 구간도 흥미롭다. 아이와 함께 갔다가 부모까지 스릴을 즐기는 곳이다. 루지로 끝이 아니다. 공룡을 주제로 한 커다란 테마파크가 있어 아이들이 뒤집어진다.

◎ 전남 여수시 소라면 안심산길 155

◷ 매일 10:00~19:00 ₩ 루지 2회권 대인(초등학생 이상) 21,000원, 소인(미취학 아동) 12,000원

❽ 엑스포해양공원

2012 여수 세계박람회의 시설을 기반으로 조성된 대규모의 해양공원이다. 여수의 밤하늘을 현란한 빛과 분수로 수놓는 빅오쇼를 필두로 많은 볼거리가 여수 바다 곁에 늘어서 있다. 시멘트 저장고를 개조해 만든 스카이타워 전망대나 수족관 아쿠아플래닛은 늘 인기가 좋다.

◎ 전남 여수시 수정동 ◷ 스카이타워 매일 10:00~19:00 ₩ 스카이타워 성인 2,000원, 청소년 1,500원, 어린이 1,000원

❾ 금오도

여수가 품고 있는 350여 개나 되는 섬 중 금오도는 최고의 트레킹 코스를 가진 섬이다. 총 5개의 코스로 이뤄진 '비렁길'를 따라 걷기만 해도 한려해상국립공원의 매력에 흠뻑 빠져들게 된다. 비렁은 벼랑의 여수 사투리로 실제 벼랑길을 따라 아찔한 풍경이 계속된다.

◎ 전남 여수시 남면 심장리

◷ 하루 7차례 출항

₩ 무료

❿ 전라남도해양수산과학관

이순신 장군이 임진왜란 때 큰 승리를 거두었던 무술목에 위치한다. 해양수산과 수산과학에 관한 이야기도 흥미롭지만 아쿠아리움에 가까운 수족관 전시실이 인상적이다. 수십 개의 수조에 5,000여 마리의 물고기가 헤엄친다. 엄청난 양의 어패류를 보관한 전시실도 흥미롭다.

◎ 전남 여수시 돌산읍 돌산로 2876

◷ 화~일 09:00~18:00(월 휴무)

₩ 성인 3,000원, 청소년·어린이 2,000원

여수의 맛집과 카페

명동게장

로타리식당

모이핀

명동게장 매우 저렴한 가격에 게장 백반을 즐길 수 있어 항상 붐빈다. 게장은 세 번까지 리필 가능.
전남 여수시 봉산남4길 23-26 매일 07:00~20:50(라스트 오더 20:20)

로타리식당 골목길에 숨겨진 가정식 백반집이다. 현지인에게 입소문을 타다가 이젠 여행자도 몰린다.
전남 여수시 서교3길 2-1 매일 08:00~20:00

바다김밥 특색 있는 김밥을 만든다. 여수 특산물 갓김치를 넣은 갓참치김밥이 가장 인기가 좋다.
전남 여수시 통제영5길 10-4 매일 08:00~20:00(라스트 오더 19:00)

모이핀 '안녕 핀란드'라는 뜻의 북유럽 감성의 오션뷰 카페. 탁 트인 잔디광장과 루프톱을 갖췄다.
전남 여수시 돌산읍 무술목길 50 매일 09:00~21:00(라스트 오더 20:30)

카페라피끄 여수예술랜드와 지척이다. 오션뷰를 떠나 나가면 그냥 해변이다. 빵의 종류도 풍성하다.
전남 여수시 돌산읍 무술목길 142-1 매일 09:00~20:00(라스트 오더 19:30)

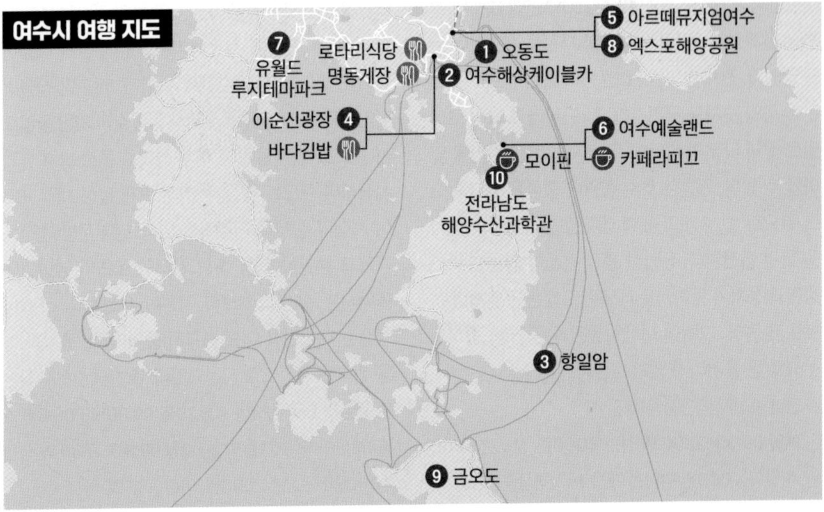

002 Jeonnam

순천시

꽃과 나무에 취한 정원 도시

❶ 순천만국가정원

대한민국 제1호 국가정원이다. 2013년에 개최된 순천만 국제정원박람회의 시설과 자원을 개조하여 문을 열었다. 전체 면적만 30만 평이 훌쩍 넘으며 식재된 수목의 숫자도 무려 '100만' 단위라고 하니 그야말로 꽃과 나무의 바다에 푹 빠져 찬란한 순간을 맞이할 수 있다. 거창한 호수 정원이 중심을 잡고 있고 그 곁으로 십 수개의 세계 테마정원이 각자의 매력을 한껏 발산한다. 유럽식 궁전 건물이 있는 프랑스 정원과 풍차가 돌아가는 네덜란드 정원은 언제나 선호도가 높다. 그밖에 야생동물원과 공연장, 숨겨진 산책로 등 볼거리가 넘쳐 흐른다.

◎ 전남 순천시 국가정원1호길 47

◷ 매일 09:00~21:00 ₩ 성인 8,000원, 청소년 6,000원, 어린이 4,000원(박람회 개최 시 가격상승)

❷ 낙안읍성

낙안읍성은 서산의 해미읍성, 고창의 고창읍성과 함께 국내 3대 읍성으로 꼽히며 그 안에 민속 마을이 들어서 있어 구경하는 재미가 크다. 왜구의 침입이 잦아지자 1397년 낙안 절제사 김빈길이 의병을 일으켜 흙으로 성을 쌓았다. 이후 성벽을 돌로 고쳐 쌓기 시작하며 규모는 점점 커졌다. 현재 읍성 내엔 100여 세대가 실제로 거주하고 있다. 남부지방의 전통 가옥과 생활방식 등 조선 시대의 모습이 남아있어 들어서는 순간 과거로의 여행이 시작된다. CNN이 선정한 대한민국 대표 관광지 중 하나다. 읍성과 마을 전역은 사적으로 지정되었다. ◎ 전남 순천시 낙안면 평촌리 6-4 ◷ 2월~4월·10월 09:00~18:00 5월~9월 08:30~18:30 1월·11월~12월 09:00~17:30 ₩ 성인 4,000원, 청소년 2,500원, 어린이 1,500원

③ 순천만습지

순천의 해안 사구에 드넓은 습지가 자리한다. 세계 5대 연안 습지로 인정받는 생태계의 보물창고다. 하늘거리는 갈대의 물결은 끝이 보이지 않는다. 갯벌 위로 오가는 칠게와 짱뚱어도 반갑다. 겨울엔 철새가 날아든다. 습지 남쪽 용산전망대에서 보는 일몰이 정점을 찍는다.

◎ 전남 순천시 순천만길 513-25

◷ 매일 09:00~19:00

₩ 성인 8,000원, 청소년 6,000원, 어린이 4,000원

④ 순천드라마촬영장

옛 육군 부지의 활용 방안을 고민하다 대규모 드라마세트장을 건설했다. 시작은 SBS의 <사랑과 야망>이었다. 해당 드라마를 위해 만든 세트엔 현재 1950년대부터 80년대까지의 옛 풍경이 재현되어있다. 200여 채의 달동네 집 사이를 거닐면 묘한 그리움과 애틋함이 느껴진다.

◎ 전남 순천시 비례골길 24

◷ 매일 09:00~18:00

₩ 성인 3,000원, 청소년 2,000원, 어린이 1,000원

⑤ 선암사

선암사는 순천의 명산 조계산 자락에 폭 안겨있다. 그 역사가 542년으로 거슬러 올라갈 만치 유서 깊은 고찰이다. 경내에 보이는 대부분이 국가 지정 문화재다. 긴 세월의 흔적이 담긴 대웅전과 삼층석탑은 보물이다. 성보박물관에 보관된 수많은 출토 유물도 반드시 훑어보자.

◎ 전남 순천시 승주읍 선암사길 450 ◷ 하절기 06:00~19:30, 춘추기 07:00~19:00, 동절기 07:00~18:00

₩ 성인 3,000원, 청소년 1,500원, 어린이 1,000원

⑥ 송광사

선암사와 함께 순천 사찰 기행의 핵심이다. 역시 백제 시대에 조계산에 터를 잡았으며 훌륭한 승려를 많이 배출한 '승보사찰'로 유명하다. 16명의 국사를 배출했을 정도. 16국사를 모신 국사전이 따로 있고 이는 국보로 지정됐다. 통도사, 해인사와 함께 삼보사찰을 이룬다.

◎ 전남 순천시 송광면 송광사안길 100

◷ 매일 06:00~18:00

₩ 성인 3,000원, 청소년·어린이 2,000원

❼ 죽도봉공원

오랜 시간 순천시민의 사랑을 담뿍 받는 도심 속 공원이다. 대나무가 빽빽하고 봉우리가 섬 같다 하여 죽도라 불린다. 해발 100미터 죽도봉 정상까지 오르는 동안 시야를 가득 채우는 숲과 꽃이 발걸음에 힘을 실어준다. 정상에서 바라보는 순천 시내의 모습도 작품이다.

◎ 전남 순천시 조곡동 295-8

◷ 24시간

₩ 무료

❽ 순천문학관

한국 문학의 걸작 <무진기행>의 김승옥 소설가와 성인동화의 대가로 꼽히는 <오세암>의 정채봉 작가의 문학 정신을 기리고 추억하는 곳이다. 초가집 형태로 지어진 여러 채의 건물에 두 작가의 저서와 유품, 육필원고를 모아 놓았다. 순천만 습지 근처라 연계하기 알맞다.

◎ 전남 순천시 무진길 130

◷ 화~일 09:00~18:00(월 휴무)

₩ 무료

❾ 순천아랫장

예부터 순천 경제의 원동력이 되었던 장터가 아직도 제몫을 해낸다. 1970년대부터 본격적으로 운영되기 시작했고 2일과 7일에 서는 오일장이다. 규모가 엄청나 아예 '남부오일장'으로 불리기도 하며 순천 주변 도시에서도 장을 보러 온다. 북쪽엔 규모가 더 작은 웃장도 있다.

◎ 전남 순천시 북부시장3길 67

◷ 업체별 상이

₩ 무료

❿ 고인돌공원

순천 일대에서도 고인돌이 출토됐다. 이곳에서 그 모습을 확인할 수 있다. 1991년 주암댐 건설로 인해 수몰 위기에 처했던 선사 유적을 공원을 조성한 뒤 모아두었다. 널찍한 잔디밭 위에 고인돌과 옛 움집이 흩어져 있다. 유물전시관에서 그 역사와 출토과정까지 확인하자.

◎ 전남 순천시 송광면 우산리 454

◷ 매일 09:00~18:00

₩ 성인 1,000원, 청소년 700원, 어린이 500원

순천의 맛집과 카페

순천건봉국밥

풍미통닭

화월당

순천건봉국밥 순천 아랫장에 40년 가까이 자리를 지키고 있다. 호남의 재료로만 정성스레 국밥을 만든다. 전남 순천시 장평로 65 매일 06:30~21:00(브레이크 타임 15:00~16:00, 라스트 오더주말엔 없음 20:30)

풍미통닭 1984년에 개업했다. 국내산 마늘과 당일 염지한 닭으로 튀긴 마늘통닭이 불티나게 팔린다.
전남 순천시 성남뒷길 3 매일 11:00~24:00

도원경 벌교에 결코 뒤지지 않는 꼬막 요리로 이름났다. 짱뚱어탕도 훌륭하기는 마찬가지다.
전남 순천시 순천만길 309 매일 11:00~21:00(라스트 오더 20:00)

화월당 3대째 오로지 찹쌀떡과 볼카스테라로 승부한다. 사실상 예약 없인 맛볼 수 없다.
전남 순천시 중앙로 90-1 매일 10:00~18:00(매월 마지막 주 일요일 휴무)

브루웍스 중후한 분위기가 감도는 카페다. 커피의 수준도 높고 카카오로 만든 제품도 추천한다.
전북 정읍시 정읍사로 388 매일 10:00~22:00

순천시 여행 지도

003 Jeonnam

광양시

매화꽃 흩날리는 해양관광도시

❶ 섬진강매화마을

봄이 막 시작되는 3월 중순이면 광양 섬진강 자락은 새하얀 눈이 덮인 것처럼 반짝인다. 매화마을의 매화가 절정을 맞이하기 때문이다. 섬진강 서쪽 백운산 언덕, 33만 제곱미터의 넓은 부지 위에 셀 수 없이 많은 매화나무가 자라난다. 흰 매화뿐 아니라 진분홍빛 홍매화까지 합세해 눈이 더 즐겁다. 섬진강의 맑은 물, 남도의 파란 하늘과 어우러진 매화는 광양을 상징하는 장면이다. 수십 년 전 매실 명인 홍쌍리 여사가 이곳에 매화를 심기 시작한 것이 지금에 이른다. 꽃 사이로는 초가집과 장독대, 재미난 조각이 있어 사진의 모델이 되어준다.

◎ 전남 광양시 다압면 목길 31-5

◷ 24시간

₩ 무료

❷ 전남도립미술관

옛 광양역이 있던 자리에 오랜 시간 공사를 한 끝에 2021년 문을 열었다. 전라남도를 대표하는 미술관답게 세련된 외관부터 눈길을 사로잡는다. 소장품의 면면도 무척 화려하다. 백남준, 천경자, 김환기, 오윤 등 미술 애호가라면 이름만 들어도 가슴이 떨리는 한국 근대 예술가들의 작품을 다수 전시 중이다. 그 외에도 '세계 현대미술과의 교류'라는 비전에 맞춰 현대미술에 무게중심을 두고 있다. 상설전시뿐 아니라 뚜렷한 특색을 가진 특별전도 자주 개최된다. 총 3개 층에 이어지는 전시관을 둘러보는 동안 무한한 예술적 상상력이 꿈틀댄다.

◎ 전남 광양시 광양읍 순광로 660

◷ 화~일 10:00~18:00(월 휴무)

₩ 성인 1,000원, 청소년·어린이 700원

❸ 광양와인동굴

폐장한 기차 터널 안에 와인을 주제 삼아 볼거리 가득한 문화공간을 꾸몄다. 세계 각국의 와인을 한 자리에서 만나는 것이 큰 즐거움이며 미디어 파사드 영상쇼와 빛 터널, 트릭아트 포토존이 차례로 이어진다. 아이들을 위한 동굴학습체험장, 광양에코파크도 함께 운영한다.

전남 광양시 광양읍 강정길 33

매일 09:30~18:30

₩ 성인 7,000원, 청소년·어린이 5,000원

❹ 구봉산전망대

해발 473미터 구봉산 정상에 설치되었다. 옛 봉수대가 있던 자리엔 매화꽃이 피어오르는 모습을 형상화하여 메탈 아트 봉수대를 만들었다. 전망대에 오르면 순천과 여수, 하동과 남해까지. 파노라마 전망이 펼쳐진다. 이곳에서 바라보는 국가산업단지의 야경도 환상적이다.

전남 광양시 구봉산전망대길 155

24시간

₩ 무료

❺ 백운산자연휴양림

지리산을 마주하고 솟은 1,222미터의 백운산 자락에 광양 제일의 휴양림이 있다. 소나무와 삼나무, 편백이 부대끼고 있어 그 틈을 걷기만 해도 몸과 마음이 정화되는 기분이 든다. 자연을 벗삼아 목공예체험과 산림치유프로그램도 운영하며 숙박동과 야영장도 넉넉하다.

전남 광양시 옥룡면 백계로 405

매일 09:00~18:00(매달 2·4번째 월요일 휴무)

₩ 무료

❻ 망덕포구

망덕포구 하면 전어다. 고소한 전어를 활어로 가장 먼저 개발한 곳이 망덕포구로 가을이면 전어축제가 열린다. 포구 앞 배알도까지 '배알도 별 헤는 다리'가 개통되면서 여행지로서도 매력적이다. 포구 인근 정병욱 가옥에 보존된 윤동주의 시집에서 감성적인 이름을 따왔다.

전남 광양시 진월면 망덕리 845-1

24시간

₩ 무료

⑦ 광양항해양공원

광양항 동쪽에 위치한다. 웅대한 이순신대교를 멀찌감치서 조망할 수 있다. 대교뿐 아니라 또 다른 방식으로 이순신 장군을 마주할 수 있다. 곳곳에 영화 <명량> 장면이 담긴 사진이 있기 때문. 1,761만 명으로 역대 최다 관객을 동원한 <명량>은 광양에서 주로 촬영되었다.

⊙ 전남 광양시 중동 1894

◷ 24시간

₩ 무료

⑧ 어치계곡

백운산에서 시작되는 성불, 동곡, 어치, 금천 계곡은 백운산 4대 계곡으로 불리며 합심해 멋진 풍광을 만든다. 그중 어치계곡은 접근성이 좋고 길이가 7킬로미터에 달해 인기가 좋다. 또한 '백운산 고로쇠 약수'의 공급처인 곳이라 고로쇠 약수를 맛보러 많은 이가 걸음 한다.

⊙ 전남 광양시 진상면 황죽리

◷ 24시간

₩ 무료

⑨ 광양불고기특화거리

얇게 저민 소고기를 먹기 직전에 조미한 뒤 참숯을 피워 구리석쇠에 구워낸 광양불고기는 명실상부 광양 최고 향토 음식이다. 그 명성에 걸맞게 광양 읍내에 광양불고기 특화거리가 있다. 수십 년 전통의 불고기 집이 즐비하고 소를 주제로 한 조각이 여기저기 눈에 띈다.

⊙ 전남 광양시 광양읍 서천1길 44

◷ 24시간

₩ 무료

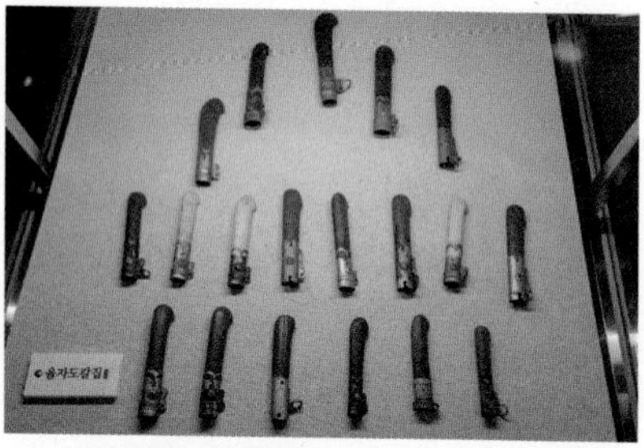

⑩ 광양장도박물관

장도를 전시하는 이색박물관이다. 일명 은장도로 널리 알려진 장도는 추측과는 다르게 칼집이 있는 작은 칼을 뜻한다. 부녀자가 호신용으로 주로 사용했으며 광양의 장도는 세종이 차고 다닐 만큼 명품으로 알려졌다. 무형문화재 장도장이 만들고 수집한 장도가 가득하다.

⊙ 전남 광양시 광양읍 매천로 771

◷ 월~토 09:30~18:00(일 휴무)

₩ 무료

광양의 맛집과 카페

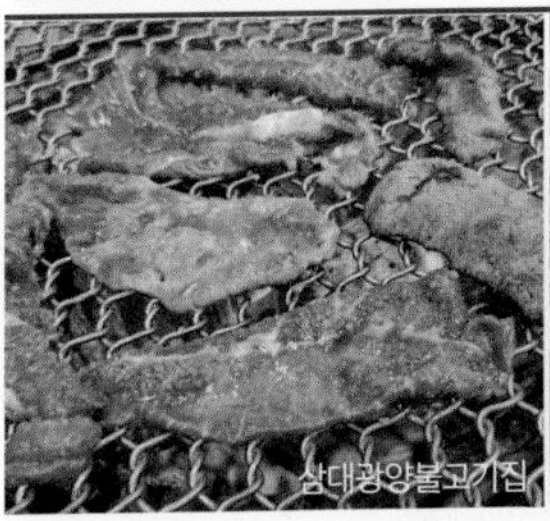

삼대광양불고기집 이름처럼 3대에 걸쳐 운영 중이다. 광양불고기 특화거리에서도 가장 많은 인파가 몰린다. 전남 광양시 광양읍 서천1길 52 매일 11:00~21:00(라스트 오더 20:00)

생선공방 일식 덮밥집으로 모든 메뉴가 정갈하고 실속 있다. 생연어장덮밥, 스테이크덮밥이 훌륭하다.
전남 광양시 항만13로 7-8 화~일 11:30~20:30(브레이크 타임 14:30~17:00, 월 휴무)

청룡식당 바닷가에 위치한 재첩 요리 전문점이다. 재첩회가 주력이며 부담 없는 재첩국도 괜찮다.
전남 광양시 진월면 섬진강매화로 160-1 화~일 10:00~19:30(월 휴무)

돌담 돌담과 돌하르방, 야자수. 광양에서 제주의 감성을 한껏 느낄 수 있는 디저트 카페다.
전남 광양시 진상면 신시길 146 매일 11:00~19:00

구루커피 수많은 로스팅 콘테스트에서 상을 받았다. 커피가 메인이나 체리와 청포도 음료도 인기 있다.
전남 광양시 광양읍 서천2길 4 매일 10:00~23:00

004 Jeonnam

보성군

녹차 향기 가득한 관광 도시

❶ 대한다원 보성녹차밭

차밭이라는 공간이 어쩌면 이토록 눈부시게 아름다운지 보면서도 믿기 힘들다. 방문객 모두의 눈동자를 진한 녹색으로 물들이는 총 170만 평 규모의 차밭 풍경은 그 어떤 미사여구를 붙인다 한들 아깝지 않다. 차나무만 총 600여만 그루. 삼나무와 편백, 향나무와 밤나무 등 차밭을 감싼 수목도 300만 그루에 달해 광대한 수목원처럼 느껴지기도 한다. 차나무 사이를 바지런히 오가고 곳곳의 전망대에서 자연을 내려다보는 내내 행복한 감정이 물밀 듯 밀려든다. 옷을 곱게 차려입고 기념사진을 남기는 여행자마저 여기선 그림의 일부가 된다.

전남 보성군 보성읍 녹차로 763-43

매일 09:00~18:00(11월~2월은 17시까지)

₩ 성인 4,000원, 청소년(초등생 이상) 3,000원

❷ 율포솔밭해수욕장

여름철이 되면 솔밭 너머로 이어지는 1.2킬로미터의 긴 백사장이 피서객으로 꽉 찬다. 선뜻 바다가 떠오르지 않는 보성에도 빼어난 풍치의 해변이 있다는 사실을 몸소 알려준다. 100년 수령의 소나무가 화려하고 청정해역 득량만을 파고든 바닷물은 깨끗하다. 편의시설도 잘 갖춰져 있을 뿐 아니라 캠핑도 가능해 해수욕을 즐기기에 부족한 부분이 없다. 물놀이의 피로함을 풀고 싶다면 해변가에 위치한 율포해수녹차센터에 들러보자. 탕 안에서 심해수와 함께 짙은 색의 녹차가 콸콸 샘솟아 녹차로 목욕재계할 수 있는 잊지 못할 경험을 전해준다.

전남 보성군 회천면 동율리 544-13

24시간

₩ 무료

❸ 태백산맥문학관

보성의 벌교 지역은 대하소설 <태백산맥>의 주 무대다. 이에 벌교읍 한편에 큰 문학관을 건설했다. 단일 문학작품의 전시관으론 전국 최대 규모. 조정래 작가가 쓴 1만 6,500장의 육필원고와 취재 때 쓴 수첩과 지도, 사진기와 펜을 살펴보며 대작의 탄생과정을 살필 수 있다.

◎ 전남 보성군 벌교읍 홍암로 89-19
◷ 화~일 09:00~18:00(동절기는 17시까지, 월 휴무)
₩ 성인 2,000원, 청소년 1,500원, 어린이 1,000원

❹ 비봉공룡공원-공룡알화석지

보성의 또 다른 명물은 공룡이다. '코리아노사우루스 보성엔시스'라는 최초로 한국 이름을 딴 토종 공룡이 백악기에 보성을 누빈 것으로 추정된다. 비봉공룡공원에선 자료 전시는 물론이고 공룡알 쇼와 워킹공룡 쇼 등 공룡을 '쇼'로 보여준다. 가까운 곳에 공룡알 화석지가 있다.

◎ 전남 보성군 득량면 공룡로 822-51
◷ 화~일 10:00~18:00(7월~8월은 19시까지, 월 휴무)
₩ 성인 6,000원, 청소년 5,000원, 어린이 4,000원

❺ 한국차박물관

녹차 수도로서의 보성의 역사와 차 문화를 집대성했다. 1층에서 3층까지, 동선을 따라 차문화관, 차역사관, 차생활관을 훑고 나면 우리 차의 훌륭함을 다시금 깨닫게 된다. 세계 각국의 차 문화를 살피는 것도 재밌다. 취향에 맞는 차를 직접 만들어 시음하는 공간도 있다.

◎ 전남 보성군 보성읍 녹차로 775
◷ 화~일 10:00~17:00(월 휴무)
₩ 성인 1,000원, 청소년 700원, 어린이 500원

❻ 득량역 추억의거리

1930년에 문을 연 득량역은 여전히 드문드문 기차가 오가지만 전성기보다 수요가 급감하여 꽤 한적하다. 이곳에 활기를 불어넣기 위해 역 근방의 옛 건물에 추억의 소품을 채우고 벽화를 그려 70~80년대의 풍경을 재현했다. 복고풍의 거리를 배경으로 사진을 남기기 좋다.

◎ 전남 보성군 득량면 오봉리 909-35
◷ 24시간
₩ 무료

❼ 대원사

천봉산에 숨겨진 고요한 사찰이다. 503년에 창건된 것으로 전해진다. 보물로 지정된, 흔치 않은 달마대사의 벽화를 보러 많은 순례객이 찾는다. 대원사로 향하는 벚꽃길은 드라이브 명소로 꼽히며 사찰 입구엔 티베트 불교 문화와 유물을 소개하는 티벳 박물관이 있다.

◎ 전남 보성군 문덕면 죽산길 506-8

◷ 24시간

₩ 무료

❽ 보성여관

1935년에 건설된 일본식 2층 목조가옥으로 건설 당시엔 특급 호텔이었다. 소설 <태백산맥>의 토벌대원들이 머물던 '남도여관'의 실제 장소라 인지도가 높아졌다. 현재도 건물 일부를 숙소로 사용하며 관련 역사를 기록해 놓은 전시관도 운영된다. 2층 다다미방에도 올라가 보자.

◎ 전남 보성군 벌교읍 태백산맥길 19

◷ 매일 10:00~17:00

₩ 성인 1,000원, 청소년 800원, 어린이 500원

❾ 봇재

보성읍에 있는 고개인 '봇재'를 이름 삼아 만든 차 문화 복합시설이다. 건물의 생김새가 매끈하다. 보성역사문화관이 1층에 자리하고 2층엔 보성의 차를 마시고 구매할 수 있는 고급 카페 '그린다향'이 들어섰다. 3층엔 체험형 전시공간 보성에코파빌리움이 방문객을 맞이한다.

◎ 전남 보성군 보성읍 녹차로 750

◷ 화~일 09:00~18:00(월 휴무) ₩ 보성에코파빌리움 성인 2,000원, 청소년 1,500원, 어린이 1,000원

❿ 월곡영화골 벽화마을

벌교읍 골목길 곳곳에서 인기 영화캐릭터가 튀어나온다. 월곡마을의 낡고 오래된 담벼락에 영화를 주제로 벽화가 그려지기 시작했다. <어벤져스>의 슈퍼히어로는 물론이고 디즈니와 지브리의 애니메이션 주인공도 인사를 건넨다. 황폐했던 작은 마을에 다시금 활기가 넘친다.

◎ 전남 보성군 벌교읍 월곡길 18-31

◷ 24시간

₩ 무료

보성의 맛집과 카페

고려회관

모리씨빵가게

고려회관 벌교에 왔는데 꼬막을 외면할 순 없다. 꼬막백반과 정식을 기막히게 하는 걸로 유명하다.
전남 보성군 벌교읍 채동선로 294 매일 10:00~20:30(라스트 오더 19:10)

율포봇재가든 율포해변에 위치한 우렁쌈밥 전문점이다. 보성답게 녹차우렁강된장을 내어준다. 전남 보성군 회천면 남부관광로 2299 매일 09:00~20:00(월~금 브레이크 타임 15:00~17:00)

보성녹차떡갈비원조 보성 떡갈비엔 역시 녹차가 첨가된다. 큼직한 떡갈비가 보기만 해도 먹음직스럽다. 전남 보성군 보성읍 흥성로 2541-4 매일 10:30~19:30(브레이크 타임 15:00~17:00, 라스트 오더 19:20)

모리씨빵가게 벌교읍에 위치한 작은 빵 가게가 늘상 복작인다. 천연 효모로 만든 건강한 빵을 구워낸다. 전남 보성군 벌교읍 태백산맥길 40 수~일 10:30~15:30(월~화 휴무)

카페모던 2층 규모의 큼직한 로스터리 카페다. 세계 각국의 원두로 만든 커피를 맛볼 수 있다. 전남 보성군 회천면 우암길 27-60 매일 09:00~21:00

005
Jeonnam

고흥군

대한민국 우주 과학의 시작점

❶ 나로우주센터우주과학관

한국 우주 과학 역사에 있어 큰 획을 그은 장소다. 2009년 국내 최초의 위성발사장인 나로우주센터가 완공되며 우리나라는 세계 13번째 우주 기지 보유국이 되었다. 우주과학관을 함께 건립하여 그 과정과 역사, 우주 과학의 정보를 실속 있게 정리해 놓았다. 과학관 앞 광장엔 실물 크기의 로켓도 위용을 드러낸다. 과학관 내에선 우주 과학의 기본 원리와 로켓, 인공위성을 주제로 한 전시품 90여 점을 만나게 된다. 나로호 및 우주 발사체의 엔진과 내부구조까지 볼 수 있어 놀랍다. 그밖에도 3D영상관과 4D돔 영상관을 통해 간접 우주체험이 가능하다.

◎ 전남 고흥군 봉래면 하반로 490

🕓 화~일 10:00~17:30(월 휴무)

₩ 성인 3,000원, 청소년·어린이 1,500원

❷ 녹동항 바다정원

고흥의 관문이라 할 수 있는 국가 지정 어항이다. 어업인과 상인, 관광객이 끝없이 교차하고 제주도와 거문도로 향하는 배가 출발해 언제나 활기차다. 인근 섬에서 생산되는 양질의 김과 다시마를 비롯해 멸치와 활어 등의 신선한 해산물을 저렴한 가격에 구매할 수 있어 쇼핑을 목적으로 찾는 이도 많다. 항구 앞바다엔 동그란 녹동 바다정원이 섬처럼 떠있다. 다리를 통해 안으로 들어서면 바다를 주제로 한 정원이 예쁘게 꾸며져 있다. 물고기 조각이 곳곳에 심겨 있고, 커다란 감성돔 모양의 전망대도 있다. 조명이 반짝이는 밤 풍경도 화려하다.

◎ 전남 고흥군 도양읍 봉암리 3953

🕓 24시간

₩ 무료

❸ 고흥우주발사전망대

해변 옆 언덕에 늠름하게 서 있는 고흥 최고의 전망 포인트다. 지하 1층, 지상 7층 규모로 꼭대기에 오르면 다도해의 풍광과 함께 멀리 나로우주발사대까지 보인다. 7층의 전망 카페는 360도 회전해 가만히 앉아만 있어도 전망대 주변의 모든 풍경을 눈에 담을 수 있다. ◎ 전남 고흥군 영남면 남열리 산76-1 ⓒ 화~일 09:00~18:00(12월~1월은 17시까지, 7월~8월은 19시까지, 월 휴무) ₩ 성인 2,000원, 청소년 1,500원, 어린이 1,000원

❹ 남열해돋이해수욕장

고흥우주발사전망대 옆에 위치한 남열해돋이해수욕장은 고흥에서도 동쪽에 위치해 이름처럼 일출 명소로 꼽힌다. 해변의 모습 자체도 뛰어나다. 고운 백사장이 시원스레 펼쳐지고 곰솔과 해안절벽이 이를 감싼다. 파도가 높아 주의해야 하지만 되레 그 점이 장점이 되어 서퍼들이 몰려든다.

◎ 전남 고흥군 영남면 남열리

ⓒ 24시간

₩ 무료

❺ 소록도

멀찌감치서 보면 작은 사슴 모양이라 소록도로 불린다. 차별과 탄압에 노출된 한센병 환자들이 살던 곳이었으나 오스트리아 출신의 두 간호사 마리안느와 마가렛은 40여 년간 정성을 다해 환자를 살피고 인권을 회복시켰다. 그녀들이 머물던 사택과 병원이 보존되어 있다.

◎ 전남 고흥군 도양읍 소록리

ⓒ 24시간

₩ 무료

❻ 외나로도편백숲

아는 사람만 아는, 고흥이 감춰놓은 비밀의 숲이다. 그 비경을 만나기 위해선 외나로도의 봉래산으로 향해야 한다. 꽤 오랫동안 깊은 산속으로 들어가야 하지만 큰 수고를 들이고 마주하는 100년 수령의 편백숲은 큰 감동을 안긴다. 든든한 삼나무도 그 곁에 함께한다.

◎ 전남 고흥군 봉래면 예내리

ⓒ 24시간

₩ 무료

❼ 고흥분청문화박물관

고흥 운대리에서 발견된 고려청자 요지와 분청사기 요지를 토대로 설립한 박물관이다. 운대리 도요지의 출토품과 전국 주요 가마터에서 발굴된 도자기를 소장하고 있다. 분청사기에 담긴 우리 고유의 미를 찬찬히 감상해보자. 신안 앞바다에서 건져 올린 해저 유적도 신기하다.

📍 전남 고흥군 두원면 운대리 141-6

🕓 화~일 09:00~18:00(월 휴무)

₩ 성인 2,000원, 청소년 1,500원, 어린이 1,000원

❽ 고흥우주천문과학관

우주 과학의 고장이 보유한 천문대다. 고흥 서쪽 장계산 정상에 자리하고 있어 일단 이곳에서 바라보는 바다 전망이 일품이다. 국내에서도 흔치 않은 800mm 초고배율 주망원경을 통해 우주의 세계로 빠져들어 보자. 날이 흐리다면 천체투영실의 돔에서 별자리를 만나면 된다.

📍 전남 고흥군 도양읍 장기산선암길 353

🕓 화~일 14:00~22:00(월 휴무)

₩ 성인 3,000원, 청소년 2,000원, 어린이 1,500원

❾ 영남용바위

바다와 면한 120미터 높이의 바위산으로 흡사 섬처럼 보이기도 한다. 기이하게 퇴적된 암벽으로 둘러싸여 있어 대단한 풍경을 만든다. 암벽을 타고 용이 승천했다는 전설이 있어 용바위라 불리며 산 위에 황금으로 된 용 조각이 있다. 현지 휴양객과 낚시꾼이 자주 찾는다.

📍 전남 고흥군 영남면 우천리

🕓 24시간

₩ 무료

❿ 팔영산자연휴양림

팔영산은 고흥에서 가장 높다. 도립공원이었으나 다도해국립공원 팔영산 지구로 승격될 만치 훌륭한 산세를 가졌다. 그 안에 들어선 휴양림에서 명산이 전해주는 대자연의 선물을 마음껏 누릴 수 있다. 등산로도 꾸며놨으니 탄력을 받았다면 팔영산의 여덟 봉우리로 향해보자.

📍 전남 고흥군 영남면 팔영로 1347-418

🕓 24시간

₩ 무료

고흥의 맛집과 카페

원조소문난갈비탕

유자골고흥한우프라자

과역기사님식당 저렴한 가격에 양질의 삼겹살 백반을 제공해 고흥 최고의 인기 맛집으로 꼽힌다. ◎ 전남 고흥군 과역면 고흥로 2959-3 ◷ 화~일 07:00~20:30(토~일 브레이크 타임 15:00~17:00, 라스트 오더 20:00, 월 휴무)

원조소문난갈비탕 계란을 푼 뒤 매콤하게 끓여낸 갈비탕이 독특하다. 갈비도 넉넉하게 넣어준다.
◎ 전남 고흥군 동강면 고흥로 4259 ◷ 매일 08:00~20:00(매달 2·4번째 월요일 휴무)

유자골고흥한우프라자 고흥 농가와의 직거래를 통해 질 좋은 한우를 제공한다. 육회비빔밥과 냉면도 잘 나간다. ◎ 전남 고흥군 동강면 한천리 334-9 ◷ 매일 11:00~21:00(브레이크 타임 15:00~17:00, 라스트 오더 14:30, 20:30)

mkr coffee 녹동항에 자리한 고급스런 분위기의 아담한 카페. 하지만 커피 맛은 최상을 자부한다.
◎ 전남 고흥군 도양읍 비봉로 177 ◷ 목~화 11:00~21:00(라스트 오더 20:30, 수 휴무)

산티아고커피 녹동항이 훤히 내려다보이는 건물 2층에 자리한다. 해 질 무렵 풍경이 예술이다.
◎ 전남 고흥군 도양읍 비봉로 159 2층 ◷ 수~월 10:00~21:00(라스트 오더 20:00, 화 휴무)

006
Jeonnam

목포시

목포는 '볼거리, 즐길 거리 넘치는' 항구다

❶ 목포해상케이블카

'목포는 항구다'란 사실을 해상케이블카가 단번에 설명해준다. 케이블카에 몸을 싣고 공중으로 떠오르면 바다와 면한 항구도시 목포의 전경이 시원스레 펼쳐진다. 유달산과 목포대교의 모습도 차례로 눈에 담긴다. 유달산 북쪽의 스테이션에서 출발해 고하도까지 연결된다. 왕복 약 40분이 소요되며 탑승 구간은 3.23킬로미터. 건설 당시 국내 최장 관광 케이블카였다. 고하도에 닿은 뒤 바로 목포로 돌아가는 우를 범하지 말자. 고하도엔 목포대교 인근까지 해안데크길이 놓여있다. 충무공의 판옥선 본 따 쌓아 올린 특별한 형태의 전망대도 큰 볼거리다.

◎ 전남 목포시 해양대학로 240 ◷ 월~목 09:30~20:00, 금~일 09:00~21:00 ₩ **일반 캐빈** 왕복 대인(중학생 이상) 24,000원, 소인 18,000원 **크리스탈 캐빈** 왕복 대인 29,000원, 소인 23,000원

❷ 유달산

자타공인 목포의 얼굴은 유달산이다. 시내 중심에 솟아올라 도시를 굽어보고 있는 유달산은 오랜 시간 목포 시민들에게 자신의 모든 것을 아낌없이 건넸다. 계절마다 각양각색의 꽃이 피어 축제가 벌어지고 노적봉과 시민공원, 전망대 등 볼거리와 즐길 거리가 곳곳에 위치한다. 산의 높이는 228미터로 낮은 편이나 산세가 험하고 가팔라 등반이 만만치 않다. 그래도 정상에서 마주하는 목포 시내와 다도해의 풍광은 모든 수고를 잊게 만든다. 케이블카 건설로 정상 부근까지 힘들이지 않고 오르는 것도 가능하다. 산에서 바라보는 야경도 완벽하다.

◎ 전남 목포시 죽교동 산27-3

◷ 24시간

₩ 무료

❸ 목포근대역사관

많은 항구도시가 그러했듯 목포 역시 일제강점기 때 수탈을 목적으로 일제가 들락거렸다. 당시 세워진 건물이 근대역사관으로 쓰이고 있다. 1관은 일본영사관으로, 2관은 일본의 국책회사로 사용하던 건물이다. 모두 100년 이상의 역사를 가졌으며 많은 자료를 전시한다.

◎ 전남 목포시 영산로29번길 6

🕓 화~일 09:00~18:00(월 휴무)

₩ 성인 2,000원, 청소년 1,000원, 어린이 500원

❹ 갓바위

<스타 워즈> 팬이라면 다스베이더의 투구를 떠올릴 것이다. 삿갓 쓴 사람 형상을 한 암석이라 갓바위라 불리며 강 위에서 오랜 시간 풍화작용과 해식작용을 거치며 형성되었다. 암석을 자세히 보면 벌집처럼 구멍이 뚫렸는데 이를 풍화혈이라 한다. 천연기념물로 지정됐다.

◎ 전남 목포시 용해동 산86-24

🕓 매일 06:00~23:00

₩ 무료

❺ 연희네슈퍼

실제 물건을 파는 슈퍼는 아니다. 6월 민주항쟁의 역사를 그려낸 영화 <1987>의 촬영지로 쓰이던 곳이다. 영화 주인공인 김태리가 분한 '연희'가 살던 곳으로 폐 문구점을 개조해 세트장을 만들었다. 1980년대의 풍경이 담겨있고 당시의 물건과 소품이 있어 향수를 전해준다.

◎ 전남 목포시 해안로127번길 14-2

🕓 24시간

₩ 무료

❻ 목포자연사박물관

국내에서 최고의 시설을 갖춘 자연사박물관으로 손꼽힌다. 46억 년 지구의 역사를 찬찬히 탐험해 보자. 천연기념물 '육식공룡 알둥지 화석'과 희귀 해양파충류 등 원본 화석을 포함해 2만여 점의 표본을 소유하고 있다. 문예역사관과 생활도자박물관도 곁에 함께 운영 중이다.

◎ 전남 목포시 남농로 135

🕓 화~일 09:00~18:00(월 휴무)

₩ 성인 3,000원, 청소년 2,000원, 어린이 1,000원

❼ 목포스카이워크

바다를 향해 15미터 높이의 스카이워크를 설치했다. 유리로 만들어진 투명한 길을 따라 성큼성큼 나아가면 정면으론 고하도의 전경이 오른편으론 목포대교의 모습이 눈에 담긴다. 바닥이 그물로 된 아찔한 포인트에선 꼭 사진을 남겨보자. 유달산과 연계해 여행하기 좋다.

◎ 전남 목포시 해양대학로 59

◷ 매일 09:00~21:00(동절기엔 20시까지)

₩ 무료

❽ 삼학도크루즈

목포에서 색다른 추억을 남기고 싶다면 크루즈에 올라타자. 80분간 유유자적 목포 근해를 부유하며 육지에선 보지 못했던 모습을 만난다. 삼학도 계류장을 출항해 155미터의 초대형 케이블카타워를 지나고 목포대교 아래를 통과한 뒤 고하도까지 훑고 제자리로 돌아온다.

◎ 전남 목포시 삼학로92번길 104

◷ 매일 10:00~21:00

₩ 대인(중학생 이상) 20,000원, 소인 12,000원

❾ 김대중노벨평화상기념관

국내 최초이자 현재까지는 유일하게 노벨상을 수상한 고 김대중 전 대통령의 시대정신을 보여주는 기념관이다. 신안 출신의 김 전 대통령은 목포에서 정치 생활을 시작했다. 그의 파란만장한 인생사를 압축해 보여주며 노벨상에 관련한 귀중한 자료들이 가득 전시되어 있다.

◎ 전남 목포시 삼학로92번길 68

◷ 화~일 09:00~18:00(월 휴무)

₩ 무료

❿ 유달산조각공원

유달산 자락에 자리한 많은 위락 시설 중에 단연 돋보이는 공간이다. 목포 시내가 훤히 내려다보이는 전망 좋은 지점에 한국조각연구회 회원들의 수준 높은 작품 100여 점이 흩어져 있다. 꽃과 나무, 연못과 분수가 조각 사이의 틈을 메운다. 정상엔 전망대 겸 카페가 있다.

◎ 전남 목포시 죽교동 121-32

◷ 24시간

₩ 무료

목포의 맛집과 카페

송학낙지회관 목포에서 낙지를 외면할 순 없다. 연포탕과 낙지비빔밥, 탕탕이 등이 두루두루 괜찮다.
◎ 전남 목포시 하당로30번길 9 ◷ 수~월 11:00~21:00(화 휴무)

중화루 목포에만 있는 짜장면 '중깐'을 맛보자. 양념을 매우 잘게 다진 뒤 얇은 면에 비벼 먹는다.
◎ 전남 목포시 영산로75번길 6 ◷ 매일 11:00~19:00(브레이크 타임 15:00~16:30)

소래기냉면 수육 무침으로 맛을 평정했다. 보통 사리를 추가해 먹는데 소고기 비빔냉면이라 보면 된다.
◎ 전남 목포시 미항로 81 ◷ 목~화 11:00~17:00(수 휴무)

씨엘비베이커리 목포 시내에 위치한, 줄 서서 먹는 인기 빵집으로 새우바게트와 크림치즈바게트가 잘 팔린다. ◎ 전남 목포시 영산로75번길 14 1층 ◷ 매일 08:00~21:00

카페델마르 목포해양대학교에 붙어있다. 통창 너머로 목포대교가 훤히 보인다. 테라스도 낭만 넘친다.
◎ 전남 목포시 해양대학로 77 3층 ◷ 매일 11:40~22:30(라스트 오더 22:00)

007 해남군

Jeonnam

땅끝에서 시작되는 다채로운 여정

❶ 대흥사

한국에 야자수가 꿈틀대는 사찰이 있다. 해남 최고의 사찰 대흥사의 대웅보전 좌우로 2그루의 야자나무가 호위무사처럼 서 있어 이색적이다. 국토 최남단 두륜산에 안긴 대흥사는 창건 연대가 불분명하고 수차례 이름이 바뀌었지만 굵직한 역사를 많이 간직했다. 13대 강사와 13대 종사를 배출했으며 임진왜란 때는 서산대사가 이끄는 승군의 총본영이었다. 조선 후기엔 차 문화의 부흥을 이끈 초의선사가 기거했고 그가 심은 매화가 여전히 남아있다. 대웅보전과 더불어 천불상이 봉인된 천불사, 서산대사를 모신 표충사도 반드시 방문할 곳이다.

◎ 전남 해남군 삼산면 대흥사길 400

🕓 24시간

₩ 무료

❷ 땅끝마을

한국인이라면 누구도 모를 수 없는 대한민국을 상징하는 마을 중 하나다. 해남반도의 끝이자 한반도의 최남단에 자리한다. 북위 34도 17분 32초. 남쪽 끝인 이곳에서 서울까지 천 리, 서울에서 북쪽 끝 함경북도 온성까지 2천 리라 하여 '삼천리' 금수강산이란 말이 탄생했다. 지리적 특성으로 이 일대는 관광지로 개발되었다. 많은 여행지 앞에 자연스레 '땅끝'이라는 단어가 붙는다. 그중 땅끝전망대에 가장 많은 관광객이 몰려든다. 정상에 오르면 완도에서 진도까지의 바다 풍경이 담긴다. 모노레일도 운영된다. 전망대 인근엔 땅끝탑이 솟아 있다.

◎ 전남 해남군 송지면 송호리

🕓 24시간

₩ 무료

❸ 명량해상케이블카

이순신 장군이 큰 승리를 거뒀던 노량대첩의 현장 울돌목에 케이블카가 설치되었다. 해남과 진도 사이의 1킬로미터 구간을 운행한다. 케이블카를 타고 역사의 현장을 굽어보는 기분이 묘하다. 주변엔 충무공의 위대한 삶을 기념하는 우수영관광지와 울돌목스카이워크가 있다. ◎ 전남 해남군 문내면 관광레저로 12-20 ◷ 월~금 10:00~18:00, 토~일 09:30~18:30 ₩ **일반 캐빈** 왕복 대인(중학생 이상) 13,000원, 소인 11,000원 **크리스탈 캐빈** 왕복 대인 17,000원, 소인 15,000원

❹ 해남공룡박물관

우항리 공룡 화석지에 들어섰으며 공룡박물관 중엔 국내 최대의 크기를 자랑한다. 총 3층 규모의 박물관은 공룡의 뼈대와 화석, 관련 자료와 정보로 빈틈이 없다. 공룡 화석지에선 공룡은 물론 익룡과 새의 발자국을 모두 관찰할 수 있다. 발자국이 너무 또렷해 놀라울 정도다.

◎ 전남 해남군 황산면 공룡박물관길 234

◷ 화~일 09:00~18:00(월 휴무)

₩ 성인 5,000원, 청소년 4,000원, 어린이 3,000원

❺ 포레스트수목원

정식명칭은 4est수목원이다. 별star, 돌stone, 이야기story, 학습study 등 네 가지의 'st'를 담은 숲을 뜻한다. 계절에 맞춰 가지각색의 꽃과 나무가 피어올라 명장면을 연출한다. 여름이면 숲을 뒤덮는 수국과 가을의 전령임을 알리는 팜파스그라스, 핑크뮬리는 하이라이트다.

◎ 전남 해남군 현산면 황산리 산1-33

◷ 매일 08:00~19:00(동절기는 17시까지)

₩ 성인 5,000원, 청소년·어린이 4,000원

❻ 도솔암

대체 이런 곳에 어떻게 암자를 지었을까, 감탄의 의미로 헛웃음만 나온다. 달마산 정상 부근 비좁은 바위틈에 자리한다. 주변으론 석축까지 쌓았다. 의상대사가 창건한 것으로 전해진다. 산과 밭과 바다가 한 장면에 뒤섞인, 도솔암으로 가는 길에 보이는 풍경도 기가 막히다.

◎ 전남 해남군 송지면 마봉리 산87-1

◷ 24시간

₩ 무료

❼ 땅끝송호해수욕장

이름에 해변의 특징을 모두 담았다. 한반도 최남단에 위치한 해변이고 주위로 소나무가 무성하며 파도는 호수처럼 잔잔하다. 특히 해송 숲엔 수령 100년 안팎의 소나무 600여 그루가 이어진다. 백사장이 길고 물이 맑아 해수욕의 조건도 뛰어나다. 해넘이마저 극적인 곳이다.

◎ 전남 해남군 송지면 땅끝해안로 1827

◷ 24시간

₩ 무료

❽ 땅끝해양자연사박물관

박물관 외관부터 보통이 아니다. 거대한 문어가 건물을 휘감고 있고 입구엔 상어가 큰 입을 벌리고 있다. 해양수산학을 전공한 관장이 40년간 수집한 5만여 점의 해양 자연사 자료가 전시되어 있다. 손톱만한 고둥부터 압도적 크기의 대왕고래 뼈대까지 볼거리가 철철 흐른다.

◎ 전남 해남군 송지면 땅끝마을길 89

◷ 화~일 10:00~17:00(월 휴무)

₩ 성인 5,000원, 청소년 4,000원, 어린이 3,000원

❾ 두륜산케이블카

700미터 높이의 두륜산은 해남 제일의 산이다. 산북쪽에서 케이블카가 하늘을 가른다. 상부에 있는 역사까지 1.6킬로미터의 비행이 지속된다. 두륜산의 산세와 해남의 논밭을 감상하며 산 중턱에 도착하면 두륜산 봉우리 중 하나인 고계봉까지 이어지는 계단이 나타난다.

◎ 전남 해남군 삼산면 대흥사길 88-45

◷ 매일 09:00~18:00

₩ 대인(중학생 이상) 13,000원, 소인 10,000원

❿ 고산윤선도유적지

국문학의 시조로 회자되는 조선의 문신 고산 윤선도 선생이 머물던 유적지다. '초록 비가 내리는 집'이란 예쁜 뜻이 담긴 녹우당은 고산이 기거하던 사랑채다. 그 앞에 우뚝 솟은 500년 수령의 은행나무도 큰 울림을 준다. 윤선도유물전시관에서 고산의 삶과 철학도 만나보자.

◎ 전남 해남군 해남읍 녹우당길 135

◷ 화~일 09:00~18:00(월 휴무)

₩ 성인 2,000원, 청소년 1,500원, 어린이 1,000원

해남의 맛집과 카페

소망식당

신창손순대국밥

원조해남고구마빵피낭시에

소망식당 뚝배기주물럭 하나로만 30년 넘게 영업 중이다. 맛보면 다른 메뉴는 필요 없단 생각이 든다.
전남 해남군 해남읍 구교2길 2 월~토 10:30~20:00(라스트 오더 19:30, 일 휴무)

천일식당 1924년에 개업한, 그야말로 백년 식당이다. 떡갈비 한정식으로 맛을 평정했다.
전남 해남군 해남읍 읍내길 20-8 매일 10:00~21:00

신창손순대국밥 영암과 진도에서도 이곳의 국밥을 먹으러 온다. 바다를 보며 구수한 순대국밥을 즐기자. 전남 해남군 산이면 관광레저로 1673 화~일 09:30~16:30(월 휴무)

원조해남고구마빵피낭시에 해남의 상징 고구마로 피낭시에와 타르트 등 갖가지 빵을 만들어 큰 관심을 끈다. 전남 해남군 해남읍 읍내길 8 매일 09:30~20:00

트윈브릿지 울돌목 진도대교 앞에 있던 횟집이 오션 뷰 카페로 화려하게 재탄생했다.
전남 해남군 문내면 관광레저로 5 매일 10:30~21:00(라스트 오더 20:30)

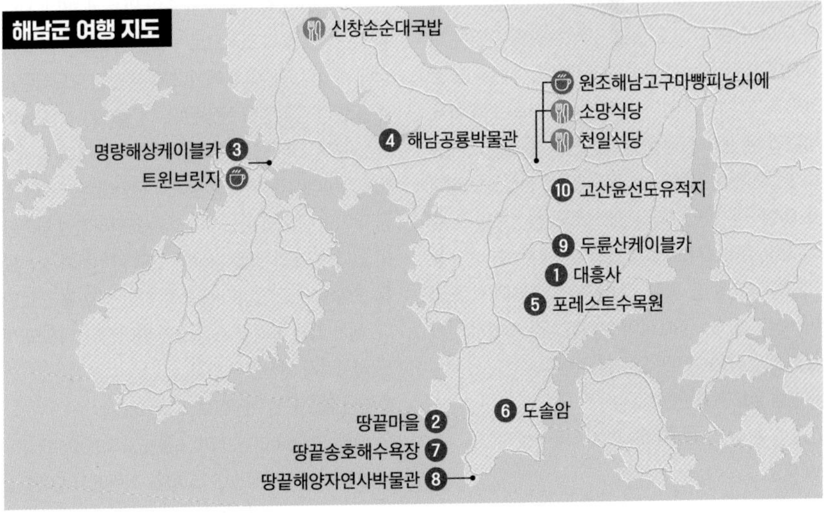

008
Jeonnam

완도군

해상왕의 숨결 가득한 해양 관광 수도

❶ 청산도

이름처럼 사시사철 푸른 청산도에선 느림과 여유가 미덕이 된다. 그도 그럴 것이 문화와 자연을 보호하며 느린 삶을 추구하는 국제운동, '슬로시티'로 2007년에 지정된 섬이다. 이는 아시아 최초의 쾌거. 바다와 산, 논과 돌담을 원하는 만큼 눈에 담으며 설렁설렁 천천히 섬을 도는 것이야말로 청산도를 제대로 여행하는 방법이다. 11개 코스의 청산도 슬로 길을 따라 걸어보자. 그렇게 섬을 누비다 보면 여러 볼거리를 내어준다. 영화 <서편제>의 촬영지와 드라마 <봄의 왈츠> 세트장이 보이고 바닷가에서 한가로이 작업하던 어민은 인사를 건넨다.

◎ 전남 완도군 청산면

◷ 완도항에서 7시부터 18시까지 하루 6회 출항

₩ 무료

❷ 완도타워

단순히 전망대 하나만 우뚝 솟아 있는 게 아니다. 타워 주변으로 꽃과 조각으로 꾸며진 산책로와 일출 감상에 최적인 공원이 함께한다. 여유 만점 모노레일과 스릴 만점 짚라인도 운영된다. 이 일대가 작은 놀이동산 같다. 그래도 그중 대장은 역시 76미터 높이의 완도타워다. 첨탑까지의 높이라 전망대는 그보다 조금 낮지만 완도의 파노라마 뷰를 조망하기엔 부족함이 없다. 일출과 일몰 감상이 모두 가능하며 청산도를 포함해 완도 앞바다에 콕콕 박힌 섬도 멀리 보인다. 해가 지면 화려한 조명 쇼가 벌어진다. 타워의 색도 시시각각 변신을 거듭한다.

◎ 전남 완도군 완도읍 장보고대로 330

◷ 10월~5월 09:00~21:00, 6월~9월 09:00~22:00

₩ 성인 2,000원, 청소년 1,500원, 어린이 1,000원

❸ 완도수목원

한반도 남쪽 끝자락에서 온화한 기후를 유지하는 완도의 특성을 잘 살린, 국내 유일 난대수목원이다. 아열대온실엔 파파야나 야자, 알로에처럼 국내에선 거의 보기 힘든 수목까지 있다. 규모도 엄청나 뒷산 상왕산까지 산책로가 뻗어있다. 물론 그 길엔 꽃과 나무가 지천이다.

◎ 전남 완도군 군외면 초평1길 156 ◷ 매일 09:00~18:00(11월~2월은 17시까지, 매달 1번째 월요일 휴무)

₩ 성인 2,000원, 청소년 1,500원, 어린이 1,000원

❹ 장도청해진장보고유적

장보고를 해상왕으로 만든 곳이다. 당나라에 머물던 장보고는 중국 해적이 동족 신라인을 잡아 노비로 파는 것에 격노해 귀국길에 올랐다. 이후 청해진 대사가 되어 장도에 청해진을 치고 해적을 소탕한 뒤 해상무역의 패권을 장악했다. 당시의 흔적을 유적지에 복원해놓았다.

◎ 전남 완도군 완도읍 장좌리 787

◷ 24시간

₩ 무료

❺ 청해포구촬영장

장보고의 삶을 그린 드라마 <해신>은 당연히 장보고의 고장 완도에서 촬영되었다. 청해포구 촬영장이 바로 그 무대다. 신라 시대의 포구와 저잣거리, 건물 등이 고증을 통해 재현되어 있어 그 사이를 거닐기만 해도 흥미롭다. <해신> 이후로도 수많은 드라마가 여기서 촬영됐다.

◎ 전남 완도군 완도읍 청해진서로 1161-8

◷ 매일 08:00~19:00(동절기는 17:30까지)

₩ 성인 5,000원, 청소년 3,000원, 어린이 2,000원

❻ 명사십리해수욕장

해변 길이가 3.8킬로미터에 달한다. 백사장의 폭도 150미터나 되며 물이 맑고 경사가 낮아 완도에서 해수욕을 즐기기에 이만한 곳이 없다. 해변 한쪽, 친숙한 스머프 인형이 보인다. 친환경적 해변에만 부여하는 '블루 플래그' 국제 인증으로 그만큼 청정한 해변이란 뜻이다.

◎ 전남 완도군 신지면 신리

◷ 24시간

₩ 무료

❼ 장보고동상 장보고기념관

남서해안을 호령했던 장보고 대사의 위용이 느껴진다. 바다를 향해 뻗은 오른손의 칼은 장군으로서의 장보고를, 왼손에 쥔 교역 물품록은 해상 중계무역을 펼쳤던 상인 장보고를 상징한다. 동상과 장도 청해진 유적 사이엔 장보고기념관과 장보고공원이 있으니 함께 둘러보자.

◎ 전남 완도군 완도읍 청해진로 1565-2

◷ 24시간

₩ 무료

❽ 완도정도리구계등

명승으로 지정된 자갈 해안이다. 수많은 돌이 파도에 의해 바다로 쓸려 들어갔다가 해안으로 올라오길 반복하면서 동글동글한 몽돌이 되었다. 모양도 크기도 제각각인 자갈이 800미터 가량 이어져 멋진 풍광을 이룬다. 자갈밭 뒤로는 울창한 방풍 숲이 있어 조화를 이룬다.

◎ 전남 완도군 완도읍 정도리 152-1

◷ 24시간

₩ 무료

❾ 해조류센터

2014 완도국제해조류박람회의 주제관을 활용해 만들었다. 김과 미역, 다시마 등 해조류 생산 일등 도시 완도의 저력을 보여준다. 해조류와 관련된 정보와 자료를 공유할 뿐 아니라 벽화와 영상, 유리미로 등 흥미로운 볼거리도 제공한다. 옥상의 정원은 전망대 역할을 한다.

◎ 전남 완도군 완도읍 해변공원로 52

◷ 화~일 09:00~18:00(월 휴무)

₩ 무료

❿ 완도군해양생태전시관

바닷속 생태계를 육지에 복원해놓은 듯 많은 양의 해양 생물 표본을 전시한다. 어패류는 물론이고 해조류와 갑각류 등 그 종류도 다양하다. 동시에 기후변화와 해양 오염에 대한 경각심을 일깨우는 전시도 진행된다. 누가 완도 아니랄까 봐 장보고 관련 전시실도 따로 있다.

◎ 전남 완도군 완도읍 청해진로 1459

◷ 화~일 09:00~18:00(월 휴무)

₩ 성인 1,000원, 청소년·어린이 500원

완도의 맛집과 카페

완도어반

명품전복궁

달스윗

완도어반 대형 화덕으로 구워낸 생선구이가 일미다. 전복구이 정식도 평이 좋다.
전남 완도군 완도읍 장보고대로 334 매일 09:30~22:00(라스트 오더 21:30)

명품전복궁 완도 전복을 다양하게 요리해 '전복한상'을 안긴다. 혼자라면 죽이나 비빔밥도 좋은 선택.
전남 완도군 완도읍 개포로 34-1 목~화 10:30~21:00(브레이크 타임 15:00~17:00, 라스트 오더 20:00, 수 휴무)

개성순두부전문점 해물 천지 완도에서 순두부로 승부한다. 재료를 아낌없이 넣은 순두부의 맛이 깊다.
전남 완도군 완도읍 개포로 19 매일 05:30~19:30(브레이크 타임 14:30~17:00, 라스트 오더 19:00)

달스윗 일명 '장보고빵'으로 불리는 전복 하나를 통째로 넣은 빵이 이색적이다. 커피도 수준 높다.
전남 완도군 완도읍 군내길 3 매일 09:00~21:00

카페완도리 명사십리라떼, 완도밤바다, 오봉산호랑이라떼. 직접 개발한 수제차가 이름도 모습도 재밌다. 전남 완도군 완도읍 개포로114번길 45 월~토 10:00~22:00, 일 12:00~22:00

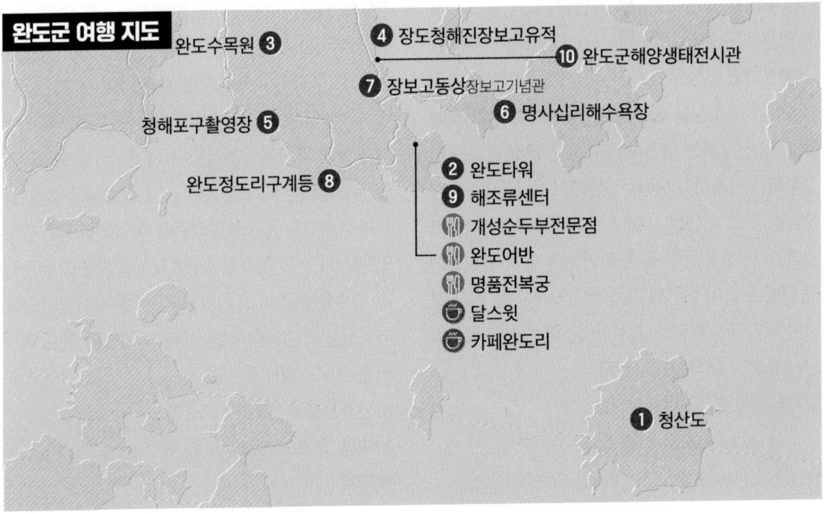

009 진도군

Jeonnam

자신만의 색깔을 가진 보배섬

❶ 운림산방

조선 후기를 빛낸 화가 소치 허련이 작품 활동을 하던 아름다운 화실이다. 어려서부터 그림에 두각을 나타낸 허련 선생은 30대에 서울로 올라가 추사 김정희에게 가르침을 받은 뒤 남종화의 대가가 되었다. 그의 산수화는 여전히 회자된다. 1856년 스승인 김정희가 타계하자 허련은 고향 진도로 내려와 운림산방을 짓고 여생을 보냈다. 소치의 고택과 화실이 남아있다. 옛 건물이 정원의 연못과 우아하게 조화를 이룬 모습이 허련의 그림 못지않게 인상 깊고 고상한 정취가 느껴진다. 소치기념관에 허련의 작품이 전시 중이니 대작을 만나보자.

◎ 전남 진도군 의신면 운림산방로 315

🕓 매일 09:00~18:00(11월~2월은 17시까지)

₩ 성인 2,000원, 청소년 1,000원, 어린이 800원

❷ 진도개테마파크

진도의 얼굴이자 천연기념물인 진돗개를 위한 공간이다. 뿌리가 석기 시대까지 올라간다는 진돗개는 섬인 진도의 지리적 특성상 순수 혈통이 잘 보존되었다. 국내에선 보호 육성법이 지정되어 관리 중이며 세계 명견 목록에도 올라있다. 테마파크 홍보관에서 진돗개에 대한 이해를 돕고 있다. 생김새와 체격, 습성과 능력까지 꼼꼼히 알려준다. 야외에선 직접 진도의 명견과 눈을 마주칠 수 있다. 주말이면 이 친구들이 경주를 하거나 묘기를 부리는 행사가 벌어진다. 아이들을 위한 놀이시설과 정원도 갖췄다. 진도 여행의 필수 코스임은 틀림없다.

◎ 전남 진도군 진도읍 성죽골길 30

🕓 매일 09:00~18:00

₩ 무료

❸ 진도타워

타워의 높이는 60미터지만 115미터 높이의 망금산 정상에 건설돼 훨씬 더 멀리 볼 수 있다. 타워 7층에 닿으면 충무공의 전승지인 울돌목과 그 위를 오가는 케이블카의 행렬이 눈에 들어온다. 우수영관광지와 건너편 해남의 모습도 담긴다. 타워 2~5층엔 전시장, 카페 등이 있다.

◎ 전남 진도군 군내면 만금길 112-41
◷ 매일 09:00~18:00(11월~2월은 17시까지)
₩ 1,000원

❹ 세방낙조전망대

의심의 여지 없는 진도 최고의 일몰 감상지다. 진도에서도 가장 서쪽으로 툭 튀어나온 도롯가에 위치해 시야에 아무런 방해를 받지 않고 완벽하게 낙조를 감상할 수 있다. 바다 위에 옹기종기 뜬 섬 위에 붉은빛을 뿌리며 떨어지는 해는 장관이란 표현으로도 한참 부족하다.

◎ 전남 진도군 지산면 가학리 산27-3
◷ 24시간
₩ 무료

❺ 국립진도자연휴양림

뒤로는 그 끝이 보이지 않는 산과 숲이, 앞으론 광활한 바다가 드러난다. 전국의 수많은 국립자연휴양림 중에서도 보이는 풍광으로 따진다면 최상권에 등극할 만하다. 초록과 파랑 사이에 낀 채 만끽하는 휴양은 황홀하다. 산림문화휴양관은 거북선 모양으로 만들어놨다.

◎ 전남 진도군 임회면 동령개길 1-92
◷ 수~월 09:00~18:00(화 휴무)
₩ 성인 1,000원, 청소년 600원, 어린이 300원

❻ 진도남도진성

삼국 시대에 축성된 것으로 알려졌다. 1270년경 고려의 배중손 장군이 삼별초를 이끌고 이 성에서 몽골과 싸웠고 조선 시대엔 왜군의 침입을 막기 위해 증축한 것으로 여겨진다. 현재 관아와 내아, 객사 등이 복원되어 있다. 견고한 성곽 너머로 호국의 함성이 들리는 듯하다.

◎ 전남 진도군 임회면 남동리 149
◷ 24시간
₩ 무료

❼ 가계해수욕장

진도에서 가장 긴 3킬로미터의 길이의 해변이다. 뒤로는 청소년수련관과 해양생태관이 있어 단체 수련회가 자주 열리고 캠핑족도 많이 몰린다. 해변 바로 남쪽엔 그 유명한 '신비의 바닷길'이 있다. 특정 시기마다 조수 간만의 차로 바다가 갈라지면서 40여 미터의 길이 난다.

◎ 전남 진도군 고군면 금계리 153

◷ 24시간

₩ 무료

❽ 급치산전망대

가파른 산길을 오르는 수고를 들여야 하지만 보상은 달콤하다. 급치산 정상 부근에서 바다 위의 수많은 섬을 하나하나 훑다보면 이 주위를 왜 '다도해'라 부르는지 고개가 끄덕여진다. 진도 최남서단 높은 곳에 위치해 가장 늦게까지 일몰을 감상할 수 있는 곳이기도 하다.

◎ 전남 진도군 지산면 가학리 산105

◷ 24시간

₩ 무료

❾ 송가인마을

진도 출신의 트로트 스타 송가인의 인기와 명성이 어찌나 대단한지 그녀의 집이 속한 마을을 관광지로 조성했을 정도다. 마을 초입엔 코스모스 만발한 송가인 공원이 있고 마을로 향하는 진도 1호 명예도로는 '송가인길'이다. 응원 문구가 빼곡한 송가인 집에서 방점을 찍는다.

◎ 전남 진도군 지산면 앵무리 1280

◷ 24시간

₩ 무료

❿ 아리랑마을관광지

'아리아리랑 쓰리 쓰리랑 아라리가 났네'. 진도 하면 흥얼거리게 되는 진도아리랑을 포함, 우리의 아리랑은 유네스코 인류무형문화유산에 빛난다. 진도 남쪽에 아리랑 마을이 있다. 팔도 아리랑의 자료가 담긴 아리랑체험관, 진도 전통주인 홍주의 이야기를 담은 홍주촌으로 구성돼 있다.

◎ 전남 진도군 임회면 상만리 11-4

◷ 24시간

₩ 무료

진도의 맛집과 카페

신호등회관

그냥경양식

모도상회

신호등회관 합리적 가격에 실속 있는 양념게장백반을 즐길 수 있다. 간장게장과 꽃게살비빔밥도 인기.
전남 진도군 진도읍 남동1길 66 수~월 10:00~20:30(월, 수~금 브레이크 타임 15:00~17:00, 라스트 오더 20:00, 화 휴무)

그냥경영식 돈까스에서 향수의 맛이 느껴진다. 고기는 잘 튀겨 바삭하고 소스는 담백하다.
전남 진도군 진도읍 철마길 3-8 화~일 11:10~20:00(브레이크 타임 16:00~17:00, 월 휴무)

용천식당 진도에서 낙지요리로는 독보적이다. 탕탕이와 낙지볶음, 탕과 비빔밥 뭐든 실망은 없다.
전남 진도군 의신면 초평길 64 매일 10:00~20:00(브레이크 타임 15:00~17:00)

모도상회 바닷가에서 특유의 감성을 뽐내는 카페다. 자개장과 옛 물건이 전해주는 느낌이 따뜻하다.
전남 진도군 의신면 초평길 54 매일 10:00~19:00(라스트 오더 18:30)

도캐도캐 진도의 얼굴, 진돗개를 귀엽게 형상화한 만주, 도캐빵이 유명하다. 선물용으로도 좋다.
전남 진도군 진도읍 서문길 1 일~금 10:00~17:00(라스트 오더 16:50, 토 휴무)

진도군 여행 지도

010
Jeonnam

신안군

서해를 가득 메운 천사의 섬

❶ 홍도

천 개가 넘는 섬을 가져 천사의 섬이라 불리는 신안군. 그 수많은 섬 중에서도 홍도는 가장 신비스러운 섬으로 통한다. 육지에서 서쪽으로 한참 떨어져 있어 쾌속선을 타도 2시간 반 이상 소요된다. 그 긴 시간을 투자해도 전혀 아깝지 않을 만큼 홍도는 방문객에게 대자연의 절경을 선물한다. 수면을 뚫고 솟아오른 기묘한 바위가 섬 주위로 끊이질 않는다. 병풍바위와 독립문바위 등 '홍도 33경'이라 불리는 비경을 유람선을 타고 차례로 만나는 것이 홍도 여행의 핵심이다. 그 와중에 유람선으로 선상 횟집이 다가와 입까지 즐겁게 만들어준다.

◎ 전남 신안군 흑산면 홍도1길 21-5

◷ 목포항에서 하루 2회 정도 출항

₩ 무료

❷ 신안튤립공원

혹여라도 4월에 신안군을 찾았다면 어느 섬으로 먼저 가야 할지 고민할 필요가 없다. 임자대교를 지나 곧바로 임자도로 들어가자. 4월 초중순이면 신안튤립공원에서 무려 100만 송이의 튤립이 만개하기 때문이다. 노랑, 빨강, 보라 등 진한 원색의 꽃을 피운 튤립이 임자도 한 켠을 뒤덮는다. 이 장관을 보고 있노라면 '사람이 꽃보다 아름답다.'라는 노래 가사에 잠시나마 이의를 제기하고 싶어진다. 튤립의 나라 네덜란드를 상징하는 풍차와 흥미로운 조형물, 조각이 함께 들어서 포토존을 형성한다. 4월만큼은 국내에서 가장 화려한 곳이 아닐까 싶다.

◎ 전남 신안군 임자면 대광해수욕장길 172-7

◷ 화~일 09:00~18:00(11월~2월은 17시까지, 월 휴무, 축제 시 무휴) ₩ 축제 기간 성인 10,000원, 청소년 4,000원, 어린이 2,000원

❸ 천사섬분재정원

압해도 서쪽을 꽃과 나무로 물들인다. 신안 앞바다가 내려다보이는 넓디넓은 대지 위에 여러 형형색색의 분재와 꽃이 각자의 매력을 뽐내며 이어진다. 아무리 넓어도 동선을 잘 짜놓아 걱정하지 않아도 된다. 여유로운 마음으로 수목과 연못 사이를 거닐며 사색에 잠겨보자.

◎ 전남 신안군 압해읍 무지개길 330

◷ 화~일 09:00~17:00(월 휴무)

₩ 성인 10,000원, 청소년 5,000원, 어린이 2,000원

❹ 퍼플교

안좌도의 두리 선착장과 박지도, 반월도를 보라색 다리가 잇는다. 섬의 바닥과 주택 지붕에까지 보라색을 칠해놨다. 가을엔 라벤더가 핀다. 그야말로 모든 것이 보라색인 세상. 이 진기한 모습을 보기 위해 외딴 섬에 관광객이 몰려든다. 보라색 옷을 걸치면 입장료가 무료다.

◎ 전남 신안군 안좌면 박지리

◷ 매일 09:00~18:00

₩ 성인 5,000원, 청소년 3,000원, 어린이 1,000원

❺ 태평염전 소금박물관

육안으로는 그 끝을 보기 힘들다. 증도에 위치한 태평염전은 우리나라에서 가장 많은 소금이 채취되는 곳이며 규모 또한 전국 최대다. 우리에게 늘 깨끗한 천일염을 제공한다. 염전의 소금 창고였던 곳이 현재는 소금박물관으로 쓰인다. 소금 관련 흥미로운 이야기가 담겼다.

◎ 전남 신안군 증도면 지도증도로 1058

◷ 매일 09:00~18:00

₩ 성인 3,000원, 청소년·어린이 1,500원

❻ 무한의다리

자은도 북쪽의 무인도 사이를 거닐 수 있는 방법이 생겼다. 2019년 무한의 다리가 생긴 까닭이다. 무한의 다리는 무한대(∞)의 뜻을 담은 8월 8일 섬의 날을 기념하고 섬과 섬이 연결된 연속성을 상징한다. 구리도와 할미도까지 신안군답게 1,004미터의 길이로 만들었다.

◎ 전남 신안군 자은면 한운리 산231-2

◷ 24시간

₩ 무료

⑦ 흑산도

상록수로 뒤덮인 섬과 바다가 푸르다 못해 검게 보인다 하여 흑산도다. <흑산도 아가씨>와 홍어의 고장. 정약전이 유배 생활 중 <자산어보>를 남긴 섬. 신안에서 무척 잘 알려진 섬 중 하나다. 섬이 크고 산이 많아 트레킹 하기 그만이다. 해안도로 일주 버스에 몸을 맡겨도 좋다.

◎ 전남 신안군 흑산면

Ⓛ 목포항에서 하루 4회 정도 출항

₩ 무료

⑧ 대광해수욕장

국내에서 가장 긴 해변이다. 백사장의 길이만 12킬로미터, 폭도 300미터에 달한다. 임자도 서쪽 신안 튤립공원과 접해 있어 함께 둘러보기 수월하다. 유리의 재료로 쓰일 만치 부드러운 규사토 모래가 이어지고 물이 따뜻하며 곰솔이 울창해 여러모로 해수욕하기에 즐겁다.

◎ 전남 신안군 임자면 대광해수욕장길 179

Ⓛ 24시간

₩ 무료

⑨ 에로스서각박물관

애들은 가라. 솔직히 어른이 봐도 얼굴이 화끈거릴 높은 수위의 작품이 줄을 잇는다. 당혹스러울 정도다. 단언컨대 위에 실린 사진은 이곳에서 가장 수위가 낮은 편이다. 하지만 이 또한 예술이고 작품이다. 서각과 관련된 전시물과 수석도 함께 선보여 마음을 다잡을 수 있다.

◎ 전남 신안군 암태면 박달로 362-26

Ⓛ 매일 09:00~18:00(11월~2월은 17시까지)

₩ 성인 5,000원(미성년자 관람 불가)

⑩ 암태도동백벽화

바라만 봐도 흐뭇한 웃음이 나온다. 어느 노부부 집의 담벼락에 그려진 이 기발한 벽화는 동백나무도 그림의 일부가 된다. 벽화에 등장하는 인물은 집주인 노부부다. 할머니가 먼저 그려진 뒤 자발적 요청으로 할아버지가 추가됐다. 애기동백이 두 분의 '파마' 머리가 된다.

◎ 전남 신안군 암태면 기동리 680

Ⓛ 24시간

₩ 무료

신안의 맛집과 카페

이학식당

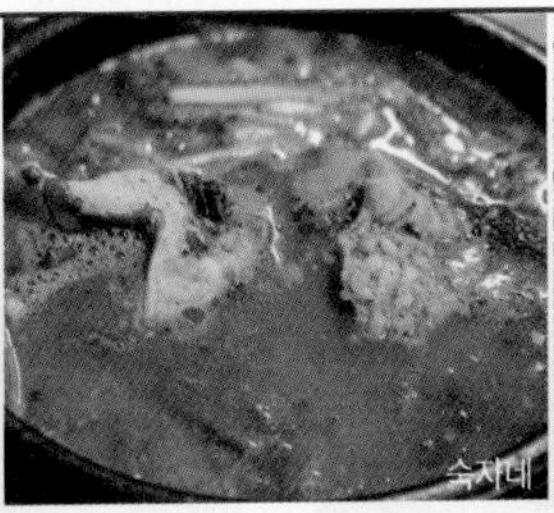
숙자네

소금항카페

이학식당 증도에 자리한 짱뚱어탕 맛집이다. 독특한 짱뚱어탕은 비린내 없이 칼칼하고 깔끔하다.
전남 신안군 증도면 증도중앙길 39 매일 09:00~20:00

숙자네 자은도 중심에 위치한다. 장어를 풍성하게 넣고 끓인 장어탕을 먹으러 늘 사람이 몰린다.
전남 신안군 자은면 구영2길 54-3 매일 08:00~20:00(브레이크 타임 15:00~17:00)

하나로식당 병어조림으로 이름을 날린 집이다. 가성비 좋은 백반도 많이 찾는다. 암태도에 있다.
전남 신안군 암태면 장단고길 33-17 매일 09:00~20:00 (라스트 오더 19:30)

소금항카페 태평염전 근방에 있는 풍경 좋은 카페다. 소금라떼와 소금빵의 조합을 맛보자.
전남 신안군 증도면 지도증도로 1053-11 매일 10:00~18:00

바다정원 카페 건물은 평범하나 이름처럼 바다 쪽으로 드넓은 정원을 내어 여유를 즐기기 괜찮다.
전남 신안군 압해읍 압해로 820 월~금 09:00~19:00, 토~일 09:00~19:30

011
Jeonnam

담양군
대숲 사이로 흐르는 행복의 미소

❶ 죽녹원

시선을 어느 방향으로 향하든 빈틈 없이 대나무가 솟아 있어 잠시 다른 세상에 들어선 듯하다. 무념무상 도인이 되어 그 사이를 걷노라면 지쳤던 마음속 가득 평안이 잦아든다. 죽녹원은 면적이 16만 제곱미터에 이르는 광대한 대나무 정원이다. 대숲 사이로 8개의 주제를 가진 산책로가 사방으로 뻗어있다. 죽마고우길, 철학자의 길. 산책로의 이름도 참 예쁘다. 이쪽으로 들어서면 아담한 폭포가 쏟아지고 저쪽으로 향하면 고요한 연못이 나타난다. 귀를 기울이면 들리는 대나무 바람마저 웃음을 안긴다. 여기선 모든 풍경과 소리가 위로가 된다.

⊙ 전남 담양군 담양읍 죽녹원로 119

◷ 매일 09:00~19:00(11월~2월은 18시까지)

₩ 성인 3,000원, 청소년 1,500원, 어린이 1,000원

❷ 메타세쿼이아가로수길

대나무에 이은 담양의 또 다른 스타 나무는 메타세쿼이아다. 담양에서 전북 순창으로 통하는 국도 옆, 하늘을 향해 곧게 뻗은 메타세쿼이아가 2킬로미터 가까이 이어져 나무 터널길을 만든다. 1970년대 초반, 가로수 조성사업이 장려되던 시기에 식재되었던 꼬맹이 묘목들이 훌쩍 자라 지금과 같은 모습이 되었다. 원래 현재의 가로수길이 국도였으나 옆으로 새 도로를 내며 메타세쿼이아 길은 여행자들에게 큰 선물이 되어 나타났다. 나무 사이로 사뿐사뿐 걷는 내내 들숨에선 행복이 스며들고 날숨에선 웃음이 스며 나온다. 원하는 만큼 그 순간을 만끽하자.

⊙ 전남 담양군 담양읍 학동리 633

◷ 매일 09:00~19:00(동절기는 18시까지)

₩ 성인 2,000원, 청소년 1,600원, 어린이 1,000원

❸ 관방제림

담양읍을 가로지르는 담양천을 따라 수령 300년 이상의 굵직한 나무가 줄을 잇는다. 조선 시대에 수해 방지를 위해 하천 주변에 나무를 심기 시작하면서 숲이 되었다. 푸조나무와 느티나무 등 180여 그루의 노거수가 울창하다. 이는 천연기념물로 지정되어 보호되고 있다.

전남 담양군 담양읍 객사7길 37

24시간

₩ 무료

❹ 소쇄원

죽녹원에 이어 대나무의 운치를 즐길 수 있으나 그 역사는 가슴 아프다. 1530년경 조선의 문인 양산보는 자신의 스승 조광조가 기묘사화로 숙청되자 충격에 세상을 등지고 고향에 내려와 소쇄원을 지었다. 역설적이게도 대숲과 옛 건물의 조화가 잔잔한 아름다움을 만든다. 전남 담양군 가사문학면 소쇄원길 17 11월~2월 09:00~17:00, 5월~8월 09:00~19:00, 3월~4월·9월~10월 09:00~18:00 ₩ 성인 2,000원, 청소년 1,000원, 어린이 700원

❺ 메타프로방스

유럽인이 사랑하는 휴양지, 프랑스 남부의 프로방스 지역을 그대로 재현한 마을이다. 알록달록한 파스텔톤 건물과 연못가에서 돌아가는 풍차가 낭만적인 감성을 이끌어낸다. 카페와 펜션, 상점이 구역별로 나뉘어 있어 휴양과 숙박, 쇼핑까지 한 번에 해결할 수 있다.

전남 담양군 담양읍 깊은실길 2-17

매일 09:00~18:00

₩ 무료

❻ 명옥헌원림

명승으로 지정된 조선 시대 정원이다. 조선 중기의 문신 오희도가 머물던 곳으로 그의 아들인 오이정이 아담한 정자를 짓고 주변에 연못을 가꾸었다. 샘물이 졸졸 흐르는 소리가 옥구슬 소리 같다 하여 명옥헌이란 이름이 붙었다. 늦여름이면 배롱나무가 활짝 꽃을 피운다.

전남 담양군 고서면 후산길 103

24시간

₩ 무료

❼ 한국대나무박물관

죽향 담양엔 대나무의 모든 것을 담아낸 박물관도 있다. 1981년에 개관한 죽물박물관이 그 효시로 이후 현재의 자리로 확장 이전하며 대나무박물관이 되었다. 대나무의 역사와 사용 방식을 알려주고 섬세한 죽세공품과 더불어 2,000여 점의 대나무 관련 자료가 소장되어 있다.

◎ 전남 담양군 담양읍 죽향문화로 35

Ⓛ 24시간

₩ 성인 2,000원, 청소년 1,000원, 어린이 700원

❽ 한국가사문학관

가사문학은 3·4조 혹은 4·4조를 기조로 하는 산문과 시의 중간 격 문학으로 담양이 그 중심지다. 조선 유림들은 담양에 많은 정자와 누각을 짓고 자연과 호흡하며 시문을 노래했다. 가사문학관에 그 역사가 있다. 담양권 가사 18편의 문헌과 1만여 점의 관련 유적을 전시한다. ◎ 전남 담양군 가사문학면 가사문학로 877 Ⓛ 11월~2월 09:00~17:00, 5월~8월 09:00~19:00, 3월·4월 09:00~18.00 ₩ 성인 2,000원, 청소년 1,000원, 어린이 700원

❾ 식영정

가사문학이 울려 퍼지던 정자 중 하나로 조선 중기의 무신 임억령의 작품이다. 가사문학의 대가 <관동별곡>의 정철도 머물던 곳으로 주변의 환벽당, 송강정과 함께 정송강 유적이라 불린다. 자연에 둘러싸인 채 독야청청 빛나는 정자에 오르면 누구나 노랫가락을 읊게 된다.

◎ 전남 담양군 가사문학면 가사문학로 859

Ⓛ 24시간

₩ 무료

❿ 담양추억의골목

'근현대사전시관'이란 주제로 해방 이후부터 1970~80년대의 풍경까지 꼼꼼하게 재현해놓았다. 이제는 유물이 되어가고 있는 추억의 과자와 옛 장난감이 향수를 자극한다. 오래된 거리나 가정집을 배경으로 사진을 찍는 것도 재미있다. 80년대의 교복도 빌려주니 도전해보자.

◎ 전남 담양군 금성면 금성산성길 282-6

Ⓛ 매일 09:30~19:00

₩ 성인·청소년 7,000원, 어린이 5,000원

담양의 맛집과 카페

담양애꽃 담양의 주요 먹을거리, 떡갈비 정식을 마치 코스 요리처럼 고급스럽고 알차게 제공한다. 전남 담양군 봉산면 죽향대로 723 목~월 11:20~21:00, 화 11:20~16:00(월·목~금 브레이크 타임 15:00~21:00, 수 휴무)

담양국수거리 죽녹원 건너편에 국수거리가 형성되었다. 멸치국수, 비빔국수, 죽순닭국수가 오르내린다. 전남 담양군 담양읍 객사리 일대 업체별 상이

전통식당 3대가 함께하는 소문난 한정식집이다. 정성이 가득 담긴 푸짐한 한 상이 기다린다. 전남 담양군 고서면 고읍현길 38-4 1층 매일 11:00~20:00(토~일 브레이크 타임 15:30~16:30, 라스트 오더 19:00)

몽에뜨와르제빵소 한옥으로 멋스럽게 지어진 베이커리 카페다. 빵 종류와 음료의 종류가 정말 어마어마하다. 전남 담양군 수북면 한수동로 524 매일 10:00~21:30

기역니은디귿 우리의 모음을 모아놓은 예쁜 이름을 가진 카페다. 한옥 건물도 우리의 멋을 살렸다. 전남 담양군 월산면 담장로 114 월~금 11:00~20:00, 토~일 11:00~21:00(라스트 오더 19:30, 20:30)

담양군 여행 지도

012
Jeonnam

곡성군
도시 전체가 기차테마파크

❶ 섬진강기차마을

장미꽃 너머로 꼬마 기차가 오가고 한쪽에선 대관람차가 빙글빙글 돌아간다. 전라선 복선 공사로 문을 닫은 옛 곡성역과 폐선을 활용하여 기차를 주제로 대규모 놀이공원을 만들었다. 볼거리, 즐길 거리가 워낙 많아 반나절은 너끈하게 보낼 수 있다. 미니 기차와 레일바이크로 몸을 풀고 장미정원으로 향하자. 5월에 장미축제가 열린다. 동물농장에서 가축들에게 먹이를 건넨 뒤엔 드림랜드로 이동해 갖가지 놀이기구에 몸을 맡기면 좋다. 크기는 작아도 있을 건 다 있다. 기차를 활용한 포토 스폿에서 사진까지 여러 장 남기면 몇 달 치 추억은 충분하다.

◎ 전남 곡성군 오곡면 기차마을로 232
◷ 매일 09:00~19:30
₩ 대인(중학생 이상) 5,000원, 어린이 4,500원

❷ 섬진강레일바이크-증기기관차

곡성이 기차의 고장이란 사실에 더욱 힘을 실어주는 시설이다. 역시 문을 닫은 가정역을 잘 활용했다. 레일바이크는 역을 출발한 뒤 봉조 반환점을 돌고 되돌아오는 코스로 운영된다. 왕복 3.8킬로미터, 약 30분간 페달을 밟는 동안 바로 옆으로 섬진강이 길동무가 되어준다. 반대편으론 초록의 숲이 동행하니 힘든 줄 모르고 철로 위를 신나게 달리게 된다. 가정역에서 기차 마을까지 새까만 증기기관차도 운행된다. 실제 몇십 년 전까지 국내에서 운행됐던 미카형 증기기관차를 모델로 하고 있어 옛 감성 가득 담아 섬진강 강변을 부지런히 오간다.

◎ 전남 곡성군 오곡면 섬진강로 1465
◷ 매일 09:30~17:30(휴게시간 12:00~13:00)
₩ 2인 20,000원, 3인 25,000원, 4인 30,000원

❸ 도림사

동악산에서 뻗어 나온 성출봉에 뿌리내린 고찰이다. 원효대사가 660년에 창건했다 전해진다. 이후 도선국사가 중창했고 사명대사와 서산대사 등 도인이 숲처럼 많이 모였다 하여 도림사라 칭했다. 사찰 앞으로는 전남 기념물로 지정될 만치 아름다운 도림사 계곡이 나타난다.

◎ 전남 곡성군 곡성읍 도림로 175

◷ 24시간

₩ 무료

❹ 압록유원지

곡성 내에서 한여름 피서지로 이만한 곳이 없다. 섬진강과 보성강이 만나 한 몸이 되는 지점에 해변처럼 백사장이 넓게 들어섰다. 여름에도 물이 시원하고 맑아 발만 담가도 더위가 싹 가신다. 캠핑족이 이를 놓칠 리 만무. 성수기에는 만만치 않은 자리싸움이 벌어진다.

◎ 전남 곡성군 죽곡면 섬진강로 1012

◷ 24시간

₩ 무료

❺ 심청한옥마을

딸을 기다리는 심봉사가 보이고 연꽃 위로 다시 태어난 심청이가 보인다. 심청전을 주제 삼아 만든 흥미로운 한옥 펜션 단지다. 산 중턱에 고급스러운 전통 한옥과 정겨운 초가집이 모여 있다. 모두 숙소로 사용된다. 풍성한 자연이 곁에 있기에 더욱 호젓한 쉼을 누릴 수 있다.

◎ 전남 곡성군 오곡면 심청로 178

◷ 매일 08:00~21:00

₩ 숙박동별 요금 상이

❻ 대황강출렁다리

보성강으로도 불리는 대황강 위를 가로지른다. 죽곡면의 태평리와 목사동면의 구룡리를 연결한다. 총 길이는 185미터로 하천 내에 설치된 출렁다리치고는 꽤나 긴 편이다. 10분만 투자해 다리를 왕복하며 여유를 즐겨보자. 대황강과 어우러진 한적한 시골 풍경이 운치 있다.

◎ 전남 곡성군 목사동면 구룡리 395

◷ 24시간

₩ 무료

❼ 곡성메타세쿼이아길

곡성에서 구례로 향하는 길. 17번 국도에 메타세쿼이아가 800미터 가량 줄지어 있다. 한적한 시골길을 따라 싱그러움이 피어난다. 영화 <곡성>의 일부가 이곳에서 촬영되기도 했다. 다만 나무 사이는 찻길이므로 안전에 유의하자. 섬진강기차마을에서 차로 2분 거리에 있다.

◎ 전남 곡성군 곡성읍 읍내리 834-2

◷ 24시간

₩ 무료

❽ 곡성섬진강천문대

섬진강 변의 언덕 위에 세워진 천문대다. 맑은 밤이면 섬진강 위로 쏟아지는 별과 천체를 관찰하는 프로그램을 운영한다. 천체망원경 중 하나는 한국 천문연구원에서 순수 우리 기술로 만들어낸 600mm 반사망원경이다. 곡성군에서 운영하지만 주소는 구례인 점에 유의하자.

◎ 전남 구례군 구례읍 섬진강로 1234

◷ 화~일 14:00~22:00(월 휴무)

₩ 성인 4,000원, 청소년 3,000원, 어린이 2,000원

❾ 섬진강도깨비마을

2012년에 사회적 기업으로 문을 열었다. 우리 설화의 단골 주인공인 도깨비를 주제로 잡고 있다. 주로 아이들을 대상으로 한 흥미로운 인형극과 공연이 무대에 오른다. 여러 가지 만들기 체험도 진행한다. 전시관에서 수많은 도깨비를 만나는 것도 빼놓을 수 없는 재미다.

◎ 전남 곡성군 고달면 호곡도깨비길 119-97

◷ 목~일 10:00~17:00(월~수 휴무)

₩ 5,000원

❿ 가정역

철길 개편으로 문을 닫았지만 레일바이크와 증기기관차가 운영되며 다시금 활기를 찾았다. 곡성 관광의 거점답게 주변에 볼거리가 많다. 섬진강 위로 지나는 출렁다리를 걸어보는 것도 괜찮고 역 주변에 들어선 예술마을과 갤러리에서 잠시 예술의 여운을 느끼는 것도 좋다.

◎ 전남 곡성군 오곡면 오지3길 5

◷ 24시간

₩ 무료

곡성의 맛집과 카페

섬진강 은어

01DORA

섬진강 은어 섬진강 1급수에서 잡은 은어는 곡성의 천하일미로 불린다. 구이로 많이 먹고 회와 튀김으로도 먹는다. 매운탕과 참게탕도 유명하다. 압록유원지 근처에 맛집이 많다.

청계참다슬기 푸짐한 다슬기 닭백숙이 문전성시의 비결이다. 사전 예약 없이는 만나기 힘든 귀한 몸이다. 전남 곡성군 곡성읍 청계동로 409 매일 11:00~21:00(매달 1·3번째 화요일 휴무)

지리산가는길 상호명과는 다소 거리가 있어 보이지만 일식 수제 돈가스로 이름난 집이다. 전남 곡성군 죽곡면 대황강로 1334 매일 11:00~19:00(토,일 브레이크 타임 16:00~17:00, 라스트 오더 18:30)

01DORA 기차마을에 붙어있는 대형 카페다. 야외 공간과 정원의 조경이 훌륭해 감탄이 나온다.
전남 곡성군 오곡면 기차마을로 260 매일 10:00~22:00

씨엘로957 저수지 바로 앞에 위치해 탁 트인 전망을 자랑한다. 포토 스폿 '천국의 계단'은 늘 북적인다.
전남 곡성군 겸면 입면로 163-14 화~금 11:00~19:00, 토~일 11:00~20:00(라스트 오더 18:30/19:30, 월 휴무)

곡성군 여행 지도

013
Jeonnam

구례군

섬진강과 지리산의 만남

❶ 구례화엄사

국내에서 가장 널리 알려진 사찰 중 하나인 화엄사는 백제 성왕 때인 544년 인도의 승려 연기조사가 창건한 것으로 전해진다. 고대 불교 경전인 화엄경에서 이름을 가져왔다. 경내의 건축물이 태극의 형상으로 배치된 점이 특별하다. 대웅전보다 주목받는 건축물은 국보에 빛나는 각황전이다. 장엄하다는 표현이 딱 맞는 거대 목조 건축물 앞에서 모두가 넋을 잃는다. 밖에선 중층 구조로 보이지만 내부는 단층이다. 각황전 뒤 언덕엔 역시 국보로 지정된 사사자 삼층석탑이 있다. 네 마리의 돌사자를 기초 삼아 3층으로 쌓아 올린 불탑이 매우 섬세하다.

◎ 전남 구례군 마산면 화엄사로 539

◷ 매일 일몰시까지 입장

₩ 무료

❷ 구례산수유마을

산동면 일대의 산수유 마을은 봄마다 상춘객으로 복작인다. 산수유의 노란빛이 가장 진할 때면 그 숫자가 더욱 늘어난다. 마을 주변은 땅이 척박하고 비탈이 져 농사가 어려웠다. 이 어려움을 타계하고자 그 환경에서 잘 자라는 산수유를 심기 시작했고 이것이 전화위복이 되어 엄청난 방문객을 불러들이는 관광효자상품이 되었다. 이곳의 산수유는 전국 산수유의 60% 이상을 점유하고 있으니 마을 전체가 노랑으로 뒤덮인다는 표현이 딱 맞다. 산비탈에도, 개울가에도, 민가 지역에도 어디에나 산수유가 반기니 여유를 가지고 천천히 둘러보자.

◎ 전남 구례군 산동면 일대

◷ 24시간

₩ 무료

❸ 지리산치즈랜드

지리산 호수공원 옆 언덕에 귀여운 아기 양이 뛰논다. 듬성듬성 송아지도 눈에 띈다. 지리산치즈랜드는 이들에게 먹이를 건네고 자연과 호흡할 수 있는 목장이다. 봄에는 수선화가 피어나 목장이 더욱 화려해진다. 그 앞으론 오토 캠핑장이 있어 가족 단위 소풍에 딱 알맞다.

◎ 전남 구례군 산동면 산업로 1590-62

◷ 매일 09:00~18:00

₩ 대인(중학생 이상) 5,000원, 소인 3,000원

❹ 사성암

바위에 콕 박혀있는 사성암의 기묘한 모습을 만나기 위해 꾸준히 순례객이 몰려든다. 연기조사가 화엄사를 창건한 뒤에 건립한 것으로 알려졌으며 원효와 의상, 도선과 진각까지 4명의 고승이 수도했다 하여 사성암이다. 이곳에서 내려다보는 구례평야의 전경도 인상 깊다.

◎ 전남 구례군 문척면 사성암길 303

◷ 24시간

₩ 무료

❺ 섬진강대나무숲길

섬진강을 따라 걷는 것만으로도 기분에 상쾌해지는데 거기에 대나무까지 추가되니 고마울 따름이다. 대숲은 길지 않으나 마음의 평안을 얻기에 부족한 길이는 아니다. 섬진강의 물소리와 대바람 소리도 음미해보자. 그네 포토존에서 사진을 남기는 것도 잊어선 안 된다.

◎ 전남 구례군 구례읍 원방리 1

◷ 24시간

₩ 무료

❻ 구례자연드림파크

친환경농산물의 생산 과정을 가까이서 살펴볼 수 있는 복합 단지다. 십수 개의 식품 공방에 유리를 설치해 식품의 생산과 제조 모습을 공개한다. 친환경 제품을 맛볼 수 있는 음식점과 체험공방, 영화관 등이 있고 아이들이 뛰놀 공간이 많아 가족 단위 여행지로 손색이 없다.

◎ 전남 구례군 용방면 용산로 107-66

◷ 공방 견학 화~일 09:30, 10:30, 13:00(월 휴무)

₩ 공방 견학 1인 10,000원

❼ 천개의향나무숲

자연을 동경하는 부부가 오랜 시간 정성을 들여 가꾼 결과물이다. 토종 향나무뿐 아니라 서양 향나무까지, 천여 그루의 향나무가 동행하는 숲은 어디서도 보기 힘든 멋진 풍광이다. 숲 사이로는 쉬어가기 좋은 광장과 정원, 사진기를 들게 만드는 포토 스폿과 조각이 자리한다.

◎ 전남 구례군 광의면 천변길 12
◷ 매일 09:00~18:00
₩ 성인 5,000원, 청소년·어린이 3,000원

❽ 섬진강어류생태관

섬진강의 민물고기를 눈높이에서 만나보자. 눈길을 잡아끄는 생태관 입구의 커다란 원통형 수조 앞에서 감탄사를 내뱉은 뒤 전시관으로 들어서면 100여 종 3,000마리 이상의 어류가 각각의 수조에서 유영하고 있어 무료할 틈 없다. 천연기념물과 희귀종도 여럿 눈에 띈다.

◎ 전남 구례군 간전면 간전중앙로 47
◷ 화~일 09:00~18:00(월 휴무)
₩ 성인 3,000원, 청소년·어린이 2,000원

❾ 섬진강수달생태공원

어류생태관 앞에 새로 생겨 함께 둘러보면 좋다. 1급수를 자랑하는 섬진강에선 종종 수달이 목격된다. 전시관의 영상을 통해 그 모습과 자료를 만나보자. 수달 조각이 있는 공원엔 물놀이장과 놀이터가 있다. 수달사도 있어 매우 운이 좋다면 야생의 수달과도 조우할 수 있다.

◎ 전남 구례군 간전면 간전중앙로 49
◷ 화~일 09:00~21:00(휴게시간 12:00~13:00, 월 휴무) ₩ 무료

❿ 수락폭포

지리산 끝자락에서 쏟아지는 15미터 높이의 수락폭포는 웬만한 가뭄에도 물이 마르지 않는다. 폭포 주위로는 숲과 괴석이 경관을 이룬다. 그 아래서 직접 물을 맞을 수 있어 인기가 더 좋다. 신경통과 근육통에 좋다는 소문이 자자해 여름이면 물맞이하는 사람들이 보인다.

◎ 전남 구례군 산동면 원달리
◷ 24시간
₩ 무료

구례의 맛집과 카페

지리산수라간 점심이면 길가까지 긴 줄이 늘어선다. 맛도 가격도 최고인 강된장 비빔밥을 먹기 위해서다. 전남 구례군 마산면 화엄사로 336 수~월 09:00~15:00(화 휴무)

섬진강재첩국수 섬진강에서 잡은 재첩으로 깊은 맛의 국수를 만든다. 전병까지 곁들이면 완벽하다.
전남 구례군 토지면 섬진강대로 4276 금~수 11:30~19:00(목 휴무)

세자매가든 식탁 위에 꽃이 핀다. 빈말이 아니다. 꽃밥상을 시키면 꽃으로 치장된 정식이 등장한다.
전남 구례군 광의면 매천로 346 목~화 09:00~19:00(라스트 오더 18:00, 수 휴무)

목월빵집 현지인 사이에서 알음알음 인기를 끌다 전국구 인기를 끌며 확장 이전한 지역 대표 빵집.
전남 구례군 구례읍 서시천로 85 매일 10:00~20:00(토~일 브레이크 타임 12:30~13:30/15:00~15:30)

숲과브런치 브런치를 즐기기에 그만이다. 김치오므라이스와 분짜샐러드 등 특색 있는 메뉴를 개발했다.
전남 구례군 광의면 노고단로 15 목~화 10:00~19:00(수 휴무)

014 나주시

Jeonnam

영산강 물줄기에 풍류를 더하다

❶ 나주영상테마파크

국내에서 최고 시청률 50% 이상을 찍었음은 물론 전 세계에 K드라마 광풍을 일으켰던 대하사극 <주몽>의 역사는 여기서 시작되었다. <주몽>의 분량 대다수가 촬영된 이 테마파크는 14만 제곱미터의 규모로 국내 드라마세트장 중에선 가장 크다. 고구려 건국에 초점을 맞춘 드라마였기에 그 시대에 맞는 건축물과 거리, 소품을 완벽하게 재현해 놓았다. 웅장한 왕궁이나 성문은 그 크기가 놀라울 정도다. 각 건물의 내부마저 빈틈없이 세심하게 꾸며놨다. <주몽> 이후 <태왕사신기>, <이산> 등이 촬영됐다. 명작 뒤엔 늘 나주영상테마파크가 있었다.

◎ 전남 나주시 공산면 덕음로 450 ⓒ 화~일 09:00~18:00(11월~3월은 17시까지, 월 휴무)

₩ 성인 2,000원, 청소년 1,500원, 어린이 1,000원

❷ 금성관

조선 초기에 나주 목사 이유인이 건립한 것으로 추정되는 객사 건물이다. 이곳에선 왕의 초상을 대신하던 전패와 궁궐을 상징하는 궐패를 모시고 매월 1일과 15일에 왕과 궁궐을 향해 예를 올렸다. 동시에 의례를 행하기 위해 내려온 중앙 관리나 외국 사신들이 머물던 숙소 역할도 했다. 현재의 건물은 1970년대 후반에 재건된 것이나 전국에 산재한 수많은 객사 건물 중 규모가 가장 큰 편이다. 대궐 같은 금성관 곳곳을 누비면 잠시 왕이 된 듯한 기분이 든다. 바로 앞에 나무목문화관이 위치한다. 조선 시대 나주의 역사가 잘 정리되어 있다.

◎ 전남 나주시 금성관길 8

ⓒ 24시간

₩ 무료

❸ 국립나주박물관

시내 중심가가 아닌 한적한 시골 길가에 위치한 국립박물관이라 이색적이다. 호남에서 출토된 역사 유물과 영산강 유역의 고고학 자료를 수집해 보존, 전시하고 있다. 국보로 지정된 나주 신촌리 금동관의 모습이 가장 찬란하다. 주변으로 신촌리, 덕산리 고분군이 위치한다.

◎ 전남 나주시 반남면 고분로 747

◷ 화~금 09:00~18:00, 토~일 09:00~19:00(월 휴무)

₩ 무료

❹ 영산포홍어거리

나주의 영산포 홍어의 인기는 전국구다. 이곳에서 삭혀진 홍어는 전국 곳곳으로 퍼져나간다. 이 거리에만 수십 개의 홍어 음식점이 있다. 백제 시절 왜구의 침입을 피해 흑산도에서 넘어온 백성들이 항해 중 홍어가 상할 것을 우려해 삭히기 시작한 것이 현재에 이르고 있다.

◎ 전남 나주시 영산동 251-5

◷ 24시간

₩ 무료

❺ 느러지전망대

나주의 영산강 하류, 물길이 S자로 급격하게 꺾이는 지점에 한반도와 흡사한 지형이 눈에 담긴다. 일명 영산강 한반도 지형이라 불리는 이 비경을 내려다볼 수 있는 앞산 언덕에 느러지전망대가 설치되었다. 한반도 지형뿐 아니라 영산강의 근사한 물줄기까지 눈에 담긴다.

◎ 전남 나주시 동강면 동강로 307-226

◷ 24시간

₩ 무료

❻ 빛가람호수공원

나주혁신도시가 건설되며 만들어진 시민 친화적 호수공원이다. 공원 중앙에 있는 배메산이 큰 역할을 담당한다. 산이 높진 않으나 꼭대기에 있는 전망대까지 모노레일이 운행된다. 산책로도 잘 갖춰져 있어 호수에서 솟아오르는 멋진 분수를 감상하며 산보를 이어갈 수 있다.

◎ 전남 나주시 호수로 77

◷ 24시간

₩ 무료

❼ 드들강솔밭유원지

영산강의 지류인 지석강 삼각주에 소나무숲이 울창하다. 드들강은 지석강 특정 구간의 또 다른 이름. 숲과 강이 조화를 이뤄 시민들 사이에선 자연 속 휴식처로 늘 인기가 높다. 강태공과 캠핑족도 자주 찾는다. 도심에서 조금만 벗어나도 이런 공간이 있다는 사실이 고맙다.

◎ 전남 나주시 남평읍 남석리 779

◷ 24시간

₩ 무료

❽ 나주배박물관

달콤한 나주배는 떠올리기만 해도 입안에 침이 잔뜩 고인다. 이 나주의 특산물을 홍보하고 알리기 위해 박물관이 세워졌다. 배의 역사로 시작되는 전시는 재배 기술과 배의 종류, 배로 만든 음료와 식품 등으로 이어진다. 소박한 규모지만 배의 고장에 왔으니 들러볼 만하다.

◎ 전남 나주시 금천면 영산로 5838

◷ 매일 09:00~18:00

₩ 무료

❾ 천연염색문화관

나주는 국가무형문화재 염색장 기능보유자를 배출한 천연염색의 성지다. 영산강 유역에서 염색 재료인 쪽과 뽕나무 재배가 적합해 일찍이 염색문화가 발달했다. 이를 계승하기 위해 탄생한 문화관이다. 400여 점의 천연염색 공예품이 전시되어 있고 염색 체험도 제공한다.

◎ 전남 나주시 다시면 백호로 379

◷ 매일 09:00~18:00

₩ 체험별 상이

❿ 나주곰탕거리

나주의 향토 음식 곰탕은 이제 전국에서 모르는 사람이 없다. 나주 오일장에서 서민과 상인을 위해 만들던 국밥이 대한민국 밥상의 인기 메뉴가 되었다. 나주곰탕은 국이 매우 맑으며 보통 밥을 말아 내온다. 금계동 곰탕거리엔 나주의 맛을 즐기기 위해 늘 긴 줄이 늘어선다.

◎ 전남 나주시 금계동

◷ 24시간

₩ 무료

나주의 맛집과 카페

나주곰탕하얀집

왕곡가든

유딜라이트

나주곰탕하얀집 나주에서 곰탕의 위상은 말할 필요도 없다. 곰탕거리에서도 줄이 가장 긴 집이다.
전남 나주시 금성관길 6-1 매일 08:00~20:00(매달 1·3번째 월요일 휴무)

왕곡가든 육회비빔밥이 아니다. 생고기 비빔밥이다. 고기의 양이 압도적이라 씹는 맛이 대단하다.
전남 나주시 왕곡면 나주서부로 389 월~토 11:00~15:00(일 휴무)

다복가든 나주 홍어 거리에 위치한다. 넉넉하게 제공되는 홍어정식을 찾아 백반 마니아가 몰린다.
전남 나주시 영산포로 192 매일 11:00~21:00

유딜라이트 특이한 샹들리에와 예쁜 인테리어로 시선을 잡아끈다. 케이크 맛집으로도 유명하다.
전남 나주시 남평읍 강변1길 36 매일 10:30~22:00

스테이케이션 머뭄과 휴식이라는 이름에 맞게 혁신 도시 한가운데서 편안한 분위기를 안겨준다.
전남 나주시 빛가람동 159-5 화~금 08:00~22:00, 토~일 10:30~20:00(월 휴무)

015 Jeonnam

무안군

청정 갯벌 생태여행지

❶ 무안황토갯벌랜드

무안 최고의 관광 자원인 갯벌을 활용해 엄청난 규모의 테마공원을 만들었다. 무게중심을 잡아주는 공간은 무안생태갯벌과학관이다. 전국 최초 갯벌습지 보호구역으로 지정된 무안 갯벌에 관한 이야기가 풍성하게 펼쳐진다. 시청각 자료를 통한 체험도 알차다. 해상안전체험관은 아이들에게 유익하다. 해안 및 바닷가에서 발생할 수 있는 위기 상황에 슬기롭게 대처할 수 있는 방법을 알려준다. 갯벌 위로 난 데크와 갯벌랜드 전역에 조성된 산책로를 한가로이 거닐기만 해도 좋다. 황토이글루, 카라반, 오토 캠핑장이 있어 숙박에도 전혀 문제가 없다.

◎ 전남 무안군 해제면 유월리 16-51

🕓 화~일 09:00~18:00(주말은 17시까지, 월 휴무)

₩ 성인 4,000원, 청소년 3,000원, 어린이 2,000원

❷ 회산백련지

대한민국을 넘어 동양에서 가장 큰 백련 자생지다. 둘레만 3킬로미터에 달하는 넓은 인공 호수에 백련이 빼곡하게 들어찼다. 백련의 꽃봉오리는 7월에서 8월 사이에 활짝 열린다. 연못 위로 데크 산책로가 구석구석 이어져 사방팔방 가득한 연꽃의 향연을 즐기며 발걸음을 내디딜 수 있다. 옆으로 공원도 함께 조성되었다. 이곳은 원래 일제강점기에 축조된 저수지로 농업용수를 공급하고 있었다. 그러던 중 1950년대에 한 주민이 물가에 백련 뿌리를 소소하게 심은 것이 번성해 지금에 이르고 있다. 백련이 만개하는 여름철엔 연꽃축제가 벌어진다.

◎ 전남 무안군 일로읍 산정리

🕓 24시간

₩ 무료

❸ 초의선사탄생지

조선 후기의 승려 초의선사는 우리의 차를 널리 알리고 다도 문화를 중흥시켜 '다성'이라 불리는 인물이다. 그의 탄생지가 무안에 있다. 초의 생가와 기념전시관이 있어 초의선사의 업적이 기록되어 있고 차 교육관과 체험관도 운영된다. 자연과 벗한 공간 자체도 참 근사하다.

◎ 전남 무안군 삼향읍 초의길 30

◷ 24시간

₩ 무료

❹ 식영정

병자호란 당시 남한산성을 지키다 무안으로 내려온 한호 임연 선생이 학문을 닦고 묵객과 교류하기 위해 만든 정자다. 그림자가 잠깐 쉬어간다는 의미를 내포한다. 곁으로 수백 년 수령의 팽나무가 그늘을 만들어 그 뜻을 헤아리게 된다. 앞으론 영산강이 흘러 운치가 넘친다.

◎ 전남 무안군 몽탄면 이산리 551

◷ 24시간

₩ 무료

❺ 톱머리해수욕장

날씨가 더워지기 시작하면 무안에서 가장 붐비는 곳 중 하나가 된다. 해변이 해송 숲으로 둘러싸여 있어 전체적인 경관이 뛰어나다. 간조 때면 길이 2킬로미터, 너비 100미터의 광활한 백사장이 드러나 해수욕하기 좋다. 주변에 숙소와 식당 등 편의시설도 넉넉한 편이다.

◎ 전남 무안군 망운면 피서리

◷ 24시간

₩ 무료

❻ 도리포유원지

무안과 영광, 함평. 3개의 군이 만나는 지점에 도리포가 있다. 바다 쪽으로 좁고 길게 튀어나와 있어 서해안임에도 일출 감상이 가능해 해맞이 행사가 열린다. 도리포구는 숭어회로도 유명해 겨울 제철엔 미식가가 몰려든다. 바다낚시로 완벽한 곳이라 강태공도 꾸준히 찾는다.

◎ 전남 무안군 해제면 송석리 4-15

◷ 24시간

₩ 무료

❼ 밀리터리테마파크

공군참모총장 출신의 옥만호 장군이 사재를 들여 만든 호담항공전시장을 개조해 확장했다. 비행의 역사부터 공군의 활약상까지 유익한 전시가 계속된다. 시뮬레이션을 통해 비행을 간접 체험할 수도 있다. 야외엔 실물 공군 수송기가 있으니 탑승해 보는 것도 빼먹지 말자.

◎ 전남 무안군 몽탄면 우명길 21

◷ 화~일 09:00~18:00(11월~2월은 17시까지, 월 휴무)

₩ 성인 2,000원, 청소년·어린이 1,000원

❽ 못난이미술관

이름부터 유쾌한 못난이미술관은 김판삼 조각가의 작품으로 꾸며진 작은 미술관이다. 웃음을 유발하는 익살스러운 전시물이 내부를 빼곡히 채운다. 역시 못난이들이 반갑게 인사를 건네는 야외 연못 정원도 인기를 끈다. 소소한 지역 행사도 개최해 예술의 바람을 일으킨다.

◎ 전남 무안군 일로읍 상사바위길 125

◷ 매일 09:00~19:00

₩ 무료

❾ 무안전통생활문화테마파크

폐교된 초등학교가 추억저장소로 다시 태어났다. 아이들이 조잘대던 교실엔 60~70년대에나 사용되었던 낡은 책걸상과 난로가 들어섰고 복도를 따라서 옛 모습의 구멍가게와 양복점, 사진관이 늘어섰다. 점점 자취를 감추고 있는 근대 생활용품과 유물도 잔뜩 모아두었다.

◎ 전남 무안군 몽탄면 사옥길 12

◷ 화~일 09:00~18:00(11월~2월은 17시까지, 월 휴무)

₩ 성인 2,000원, 청소년·어린이 1,000원

❿ 무안낙지골목

무안의 청정 갯벌에서 건져 올린 뻘낙지는 식감이 부드럽고 쫄깃해 이미 전국적으로 그 명성이 자자하다. 특히 다리가 가늘다는 뜻의 세발낙지는 무안 특산품이다. 무안읍 한복판에 위치한 낙지골목은 그 맛을 즐기기 가장 완벽한 곳이다. 골목 좌우로 낙지 음식점이 빼곡하다.

◎ 전남 무안군 무안읍 성남1길 171

◷ 24시간

₩ 무료

무안의 맛집과 카페

무안낙지

두암식당

백련카페

무안낙지 무안하면 낙지요리를 빼놓을 수 없다. 연포탕과 낙지볶음은 언제나 인기를 끌며 탕탕이와 호롱구이도 여행자를 유혹한다.

두암식당 1,000도의 고온에서 구워낸 짚불 삼겹살구이를 70년째 판다. 특제 칠게장도 기막히다.
전남 무안군 몽탄면 우명길 52 금~수 11:00~20:00(브레이크 타임 15:00~16:00, 라스트 오더 19:00, 목 휴무)

한양푸드 무안에서 소문난 한식 뷔페집이다. 매일 30여 가지 반찬을 아주 깔끔하게 제공한다. 전남 무안군 삼향읍 남악로250번길 6 월~토 11:00~20:00(브레이크 타임 14:00~17:00, 라스트 오더 19:30, 일 휴무)

백련카페 회산백련지에 있어 카페를 연꽃 모양으로 만들었다. 내부엔 식물원까지 조성했다.
전남 무안군 일로읍 복룡리 422-45 매일 11:00~21:00

일로일로 '일로읍 삼일로'에 있다. 카페의 건축미가 돋보인다. 시그니처는 쌀을 넣은 일로일로라떼.
전남 무안군 일로읍 삼일로 613 매일 10:00~22:00(라스트 오더 21:00)

016
Jeonnam

영암군

월출산의 정기가 한가득

❶ 월출산

월출산은 국내의 내로라하는 산들과 견주어도 결코 뒤지지 않는 영암의 대표 선수다. '달이 뜨는 산'이란 멋스러운 이름처럼 능선을 따라 기묘하고 장대한 바위가 수두룩하게 솟아 있어 기암괴석 전시장이나 다름없다. 빼어난 계곡과 폭포, 고풍스러운 사찰과 유적도 도처에 널려있어 눈이 쉴 틈이 없다. 810미터 최고봉인 천황봉까지 등반이 비교적 어렵지 않은 편이다. 동서남북 사방에서 출발하는 등산 코스가 다양하다. 그중 산 중턱에 설치된 붉은 출렁다리는 최고의 사진 명소로 알려졌다. 두 암봉 사이, 허공에 떠 있는 다리를 건너면 현기증이 난다.

◎ 전남 영암군 군서면 도갑리 산56-1

◷ 24시간

₩ 무료

❷ 월출산기찬랜드 박물관 다수

월출산은 우리나라에서 가장 기가 좋은 산으로 거론된다. 아예 기를 받고자 산을 찾는 사람도 많을 정도. 그 장점을 활용해 월출산 북쪽에 기찬랜드를 조성했다. 월출산에서 흘러나오는 천연수를 활용해 만든 천연 야외풀장이 가장 큰 인기를 자랑한다. 그밖에도 각종 편의시설과 즐길 거리가 많아 가족 단위의 여행객에게 적합하다. 다양한 주제를 가진 박물관도 곳곳에 자리한다. 트로트의 모든 역사가 담긴 한국트로트센터, 가야금의 흐름을 읽을 수 있는 가야금산조기념관, 아이들에게 흥미진진한 체험을 안겨주는 영암곤충박물관 등이 그것이다.

◎ 전남 영암군 영암읍 기찬랜드로 19-10

◷ 기관별 상이

₩ 기관별 상이

❸ 왕인박사유적지

백제의 위대한 학자 왕인 박사가 탄생한 곳에 거대한 기념 공간을 마련했다. 왕인 박사는 <논어>와 <천자문>을 가지고 일본으로 건너가 학문과 문화를 전파하고 일본 아스카문화의 시조가 되었다. 그의 묘와 기념관이 위치하며 박사의 명성답게 일본인 관광객도 많이 찾는다.

◎ 전남 영암군 군서면 왕인로 440

◷ 24시간

₩ 성인 1,000원, 청소년 800원, 어린이 500원

❹ 도갑사

월출산 내에서 가장 이름난 사찰이다. 신라 말기 도선 국사에 의해 역사가 시작됐다. 입구 격인 해탈문은 화재와 전쟁 등으로 수차례 파괴된 사찰 내에서도 원형이 잘 보존되어 있어 국보로 지정됐다. 복원된 대웅보전과 노거수, 오층석탑이 조화를 이루는 풍경이 아름답다.

◎ 전남 영암군 군서면 도갑사로 306

◷ 24시간

₩ 무료

❺ 영암국제자동차경주장

2010년, 대한민국 자동차 경주 역사에 길이 남을 사건이 벌어졌다. 전 세계 수억의 팬을 거느린 F1 그랑프리가 역대 최초로 한국에서 개최된 것. 영암의 국제 자동차경주장이 그 무대였다. 2013년까지 그 역사는 계속되었고 여전히 국내외 자동차 경주 대회가 종종 열린다.

◎ 전남 영암군 삼호읍 에프원로 2

◷ 24시간

₩ 무료

❻ 영암국제카트경기장

자동차경주장 한편에 마련된 국제 대회 규격의 카트장이다. F1 서킷을 축소해 만들었으며 대회용 서킷과 레저용 서킷으로 나뉜다. 레저용 서킷에선 누구나 간단한 교육을 마친 뒤 카트를 타볼 수 있다. 속도감이 은근히 빠르고 코스도 만만찮아 스릴 만점의 체험이 가능하다. ◎ 전남 영암군 삼호읍 에프원로 2 ◷ 수~월 09:00~17:00(휴게시간 11:40~13:00, 화 휴무) ₩ 1인승(2인승) 카트 주중 13,000원(20,000원), 주말·공휴일 16,000원(23,000원)

❼ 전라남도농업박물관

우리 곁에서 점점 사라져가는 농기구와 농경 유물을 보존, 전시하고 있다. 일찍이 비옥한 토지와 따뜻한 기후를 활용해 곡창 지대로 이름났던 전남의 특성을 잘 살렸다. 농경문화관과 남도생활민속관, 쌀문화관으로 구성된다. 농기구를 직접 사용해 볼 수 있는 체험관도 있다.

◎ 전남 영암군 삼호읍 녹색로 653-11

◷ 화~일 09:00~18:00(월 휴무)

₩ 무료

❽ 상대포역사공원

영산강 포구 중 하나였던 상대포는 왕인 박사의 역사적인 여정이 시작된 곳이다. 4세기경 일본에서 백제에 학자를 요청하자 왕인 박사는 서적을 배에 싣고 상대포를 출발해 일본에 닿았다. 현재 그 터엔 꽃이 만발하고 물길 따라 산책로가 이어져 준수한 쉼터가 되고 있다.

◎ 전남 영암군 군서면 서구림리 783-1

◷ 24시간

₩ 무료

❾ 영암도기박물관

국내 최초의 유약 도기 생산터로 알려진 구림마을에 박물관을 짓고 관련 유물을 전시한다. 구림 도기 가마터에서 출토된 유물 및 시대별 다양한 도기류를 소장하고 있다. 아이들을 위한 도기 빚기 체험도 제공하며 영암에서 생산된 수준 높은 도기 상품 판매도 겸하고 있다.

◎ 전남 영암군 군서면 서호정길 5

◷ 매일 09:00~18:00

₩ 무료

❿ 군립하정웅미술관

재일교포 사업가인 하정웅이 기증한 수집품을 토대로 개관한 미술관이다. 회화 작품은 물론 판화와 조각, 서예와 사진 등 3,000점이 넘는 예술품을 소장하고 있으며 기획전을 통해 순환 전시하고 있다. 자신의 분신과도 같은 작품을 아낌없이 건넨 이에게 존경심이 느껴진다.

◎ 전남 영암군 군서면 구림로 96

◷ 화~일 10:00~21:00(휴게시간 12:00~13:00, 월 휴무) ₩ 무료

영암의 맛집과 카페

더자반본점

수연식당백반

더자반본점 생선구이 맛집이다. 모듬구이를 시키면 고등어, 임연수, 볼락, 대구. 바다 잔치가 벌어진다. 전남 영암군 삼호읍 난전로 83 화~일 11:00~20:00(브레이크 타임 15:30~17:00, 라스트 오더 14:30/19:00, 월 휴무)

수연식당백반 가마솥밥에 연탄불고기와 생선, 거기에 20여 가지의 반찬까지. 백반의 수준이 매우 높다. 전남 영암군 삼호읍 용당로 84 수~월 08:30~20:30(브레이크 타임 15:30~16:30, 라스트 오더 20:00, 화 휴무)

국보옛날두부 국산 햇콩으로 만든 고소한 생두부가 명품이다. 두부제육보쌈과 비지백반은 별미이다. 전남 영암군 금정면 영나로 23 매일 09:00~21:00

월요 시골 마을에 떡하니 들어선 한옥 건물이 잘 어울린다. 통창 너머 월출산이 액자가 된다. 전남 영암군 군서면 학암길 9-11 화~일 10:00~18:30(월 휴무)

피크니처 월출산을 마주한 브런치 카페다. 팬케이크 브런치와 각종 파스타, 샐러드가 죄다 화려하다. 전남 영암군 영암읍 천황사로 280-25 매일 11:00~20:00(라스트 오더 19:30)

017 화순군

Jeonnam

곳곳에 숨겨진 역사의 흔적

❶ 화순적벽

이서면 창랑천 일대, 품격 넘치는 절벽이 7킬로미터 이어진다. 1519년 유배 중이던 문신 최산두는 이곳의 풍광이 중국의 적벽에 버금간다 하여 적벽이라 이름 지었다. 이후 김삿갓을 비롯 많은 묵객도 장관을 노래했다. 그러나 우리에게 모습을 드러낸 건 얼마 전이다. 1985년 동복댐 건설 후 일대가 상수원 보호구역으로 묶여 출입이 금지된다. 그렇게 발걸음도 허락하지 않던 화순적벽은 2014년에 전격 개방되며 화순 제1경이 되었다. 노루목 적벽 외 다수의 적벽이 몽환적인 모습을 드러낸다. 화순 적벽 투어를 통해서만 접근이 가능하다.

◎ 전남 화순군 이서면 월산리 산25-3

ⓒ 수·토~일만 투어로 운영 09:30~12:00

₩ 투어비 10,000원

❷ 화순운주사

국내에서 가장 특색 있는 사찰로 꼽힌다. 일주문을 지나면 으레 보이는 천왕문이나 사찰 건물 대신 석탑과 석불만 산재해있다. 누가 창건했는지 언제 만들었는지조차 불명확하다. 도선이 천 개의 불상과 불탑을 지었다는 전설이 있어 '천불천탑'의 사찰이라 불리나 현재는 100개 안쪽만 남았다. 석탑의 형태나 석상의 모습도 이채롭다. 국내에선 좀처럼 보기 힘든 둥근 형태의 석탑이 많고 가장 유명한 석불은 하늘을 향해 누워 있는 형상이다. 국보급 유산이 즐비한 건 아니나 순례객에게 무한한 상상력과 호기심을 안기는 것이 운주사의 미덕이다.

◎ 전남 화순군 도암면 대초리 19-2

ⓒ 24시간

₩ 무료

❸ 화순고인돌유적

화순 도곡면 효산리에서 춘양면 대신리로 넘어가는 고개에 선사 시대의 흔적이 지천이다. 이곳에 분포한 고인돌의 숫자만 600여 기에 이른다. 보존 상태도 무척 뛰어나다. 더욱이 그 주위로 채석장이 남아있어 고인돌의 축조과정이나 돌을 다루는 기술까지 추측해볼 수 있다.

◎ 전남 화순군 도곡면 효산리 64

◷ 24시간

₩ 무료

❹ 세량제

화순 외곽에 위치한 저수지로 미국 CNN 선정 '한국에서 꼭 여행 해야 할 50곳' 중 한 곳으로 뽑히며 더 큰 인기를 얻기 시작했다. 저수지 위에 반사된 주변 숲과 나무의 모습이 근사하다. 특히 벚꽃이 만개하는 봄, 물안개가 피어오르는 새벽의 벚꽃 반영을 최고로 꼽는다.

◎ 전남 화순군 화순읍 세량리 98

◷ 24시간

₩ 무료

❺ 무등산편백자연휴양림

무등산은 광주를 넘어 화순까지 뻗어있다. 무등산의 한 줄기인 안양산에 편백자연휴양림이 위치한다. 40년 수령 이상의 편백과 삼나무가 셀 수 없이 많이 이어져 피톤치드 범벅의 건강한 산행에 나설 수 있다. 건너편 언덕엔 무등산양떼목장이 있으니 연계하여 들러보자.

◎ 전남 화순군 이서면 안양산로 685

◷ 매일 09:00~18:00(동절기는 17시까지)

₩ 성인·청소년 2,000원, 어린이 1,000원

❻ 화순동복연둔리숲정이

동복면 연둔리 둔동마을엔 오랜 수령의 아름드리나무가 동복천을 따라서 주욱 이어진다. 예쁜 순우리말 '숲정이'는 마을 근처에 있는 숲을 뜻하며 이곳엔 하늘거리는 수양버들을 비롯해 느티나무와 서어나무 등 200그루 이상의 큰 나무가 숲을 이뤄 장관을 만들어 낸다.

◎ 전남 화순군 동복면 연둔리 46-3

◷ 24시간

₩ 무료

❼ 동구리호수공원

화순읍 북쪽의 만연산 앞으로 제법 넓은 호수가 반짝인다. 3월이면 벚꽃이, 4월이면 철쭉이 만개하고 여름엔 녹음이 우거진다. 호수 주위로 둘레길이 형성돼 있어 자연과 호흡하며 산책하기 그만이다. 내친김에 10분 거리에 있는 천년고찰 만연사까지 함께 둘러보면 좋다.

전남 화순군 화순읍 동구리 123

24시간

₩ 무료

❽ 영벽정

지석강 상류에 자리 잡은 커다란 정자로 조선 시대의 것으로 추정된다. 곁으로 맑은 물이 흐르고 풍성한 숲이 조성되어 있어 그 자체로 그림이 된다. 강 건너 연주산이 지석강에 투영된 모습을 볼 수 있다 하여 영벽정이다. 과연 모습도 시조 한 수 읊어야 할 듯 운치가 넘친다.

전남 화순군 능주면 관영리

24시간

₩ 무료

❾ 서유리공룡발자국화석지

공룡 발자국이 너무도 또렷해 의심의 여지가 없다. 중생대 백악기, 약 1억 년 전에 생성된 공룡의 흔적이다. 1999년 화순 온천지구 답사 중 우연히 발견되었다. 이 주위에만 찍힌 육식공룡과 초식공룡의 발자국이 1,800여 개나 된다. 가치를 인정받아 천연기념물이 되었다.

전남 화순군 백아면 서유리 산150-1

24시간

₩ 무료

❿ 세계거석테마파크

거석 유적 고인돌을 보유한 화순의 특성을 살려 세계 각국의 거석 모형을 설치한 공원을 만들었다. 총 17개국의 거석이 한데 모여있다. 인도의 우산돌, 아프리카의 환상열석 등 일부는 실물 크기로 제작됐다. 칠레 이스터섬의 모아이 석상도 화순 고인돌을 향해 줄지어 서 있다.

전남 화순군 도곡면 효산모산길 45-16

24시간

₩ 무료

화순의 맛집과 카페

수림정

벽오동

카페아더맨

수림정 한우떡갈비정식과 보리굴비정식이 고급스레 나와 대접받는 기분이 든다. 전남 화순군 화순읍 진각로 154 매일 11:10~21:00(브레이크 타임 15:00~17:00, 라스트 오더 20:00)

화순집 화순 읍내 골목에 숨겨진 닭칼국수 맛집이다. 생뚱맞지만 고르곤졸라 피자도 훌륭하다. 전남 화순군 화순읍 부처샘길 1-7 화~토 11:30~21:00(브레이크 타임 15:00~17:00, 라스트 오더 20:00, 일~월 휴무)

벽오동 만연산으로 오르는 길에 거창한 한옥 건물이 등장한다. 보리밥 정식으로 이름났다. 전남 화순군 화순읍 안양산로 145 매일 11:00~21:00(브레이크 타임 15:00~17:00)

카페아더맨 시골길에 불현 듯 심어놓은 빨간 지붕 건물이 인상적이다. 커피에서 진심이 느껴진다.
전남 화순군 화순읍 연양1길 28 매일 11:00~20:00(라스트 오더 19:30)

도곡에서 도곡면에 위치한다. 넓은 정원에서 북유럽 가정식 밀크티와 케이크를 즐겨보자.
전남 화순군 도곡면 효산리 722-80 매일 10:00~20:00(라스트 오더 19:30)

화순군 여행 지도

018 Jeonnam 영광군

상사화 붉게 물드는 굴비의 고장

❶ 불갑사

법성포를 통해 영광으로 들어와 백제에 최초로 불교를 전파한 인도 승려 마라난타가 창건했다고 전해진다. 이후 고려 후기에 각진국사가 중창하고 머물며 크게 번창하기 시작했다. 경내엔 여섯 번이나 중건된 보물 대웅전과 전남 유형문화재인 천왕문, 만세루, 범종각 등이 자리한다. 이 불갑사가 가장 북적이는 시기는 역시 상사화 축제가 벌어지는 9월이다. 통상 꽃무릇이라고도 불리는 붉은 상사화가 불갑사로 향하는 1킬로미터의 길을 완전히 뒤덮는다. 걷는 내내 환호성이 터지는 장관이다. 사찰 초입에 있는 영광산림박물관도 함께 볼 만하다.

◎ 전남 영광군 불갑면 불갑사로 450

◷ 24시간

₩ 무료

❷ 백수해안도로

서해 최고의 드라이브 코스라는 주장에 반대 의견을 내긴 어려울 것이다. 백수읍 길용리에서 대신리를 지나 백암리 석구미마을까지, 해안가를 따라 16.8킬로미터나 이어지는 도로다. 차를 몰고 구불구불한 길을 따라 달리다 보면 창밖 너머로 서해가 끊임없이 눈에 담긴다. 시간에 따라 바다는 갯벌로 변신하기도 한다. 기암과 해안절벽, 바다 위에 뜬 섬도 기막힌 풍경화의 일부가 된다. 풍광에 심취해 교통안전에 소홀하지 않길 바란다. 당연히 낙조 또한 대단하다. 도로 남쪽 끝자락에 위치한 백암해안전망대가 제일의 일몰 감상지로 통한다.

◎ 전남 영광군 백수읍 구수리 419-5

◷ 24시간

₩ 무료

❸ 법성포

그 유명한 영광의 굴비는 다 어디 갔나 했더니 이곳에 모였다. 법성포는 서해에서 가장 번성한 항구였고 영광에게 풍요로움을 선사했던 곳이다. 현재는 많이 쇠퇴했으나 여전히 '법성포 굴비' 하나로 이름을 날린다. 마치 곶감 말리듯 포구 어디나 굴비가 주렁주렁 매달려 있다.

◎ 전남 영광군 법성면 법성리

ⓒ 24시간

₩ 무료

❹ 영광칠산타워

전남의 전망대 중 이보다 더 높은 곳은 없다. 111미터의 높이를 뽐내는 칠산타워 정상에 오르면 영광과 무안을 잇는 칠산대교가 가장 먼저 눈에 들어온다. 서해와 그 위에 뜬 섬, 오가는 배가 보이는 것도 물론이다. 타워 1층은 송이도로 향하는 여객선 출발지로 이용된다.

◎ 전남 영광군 염산면 향화로 2-10

ⓒ 화~일 09:00~20:00(월 휴무)

₩ 성인 2,000원, 청소년 1,500원, 어린이 1,000원

❺ 백제불교최초도래지

백제불교를 가장 먼저 꽃피운 곳이 영광군이다. 인도의 고승 마라난타가 384년 백제에 불교를 전파하기 위해 법성포로 들어왔다. 이를 기념하기 위해 공간을 마련했다. 국내에선 보기 힘든 인도 간다라 양식의 사원과 탑이 눈길을 끈다. 24미터 높이의 사면 대불상도 웅장하다.

◎ 전남 영광군 법성면 진내리 828

ⓒ 24시간

₩ 무료

❻ 가마미해수욕장

영광구경 중 하나로 선정된 가마미해수욕장은 백사장의 폭이 넓고 모래의 입자가 고와 모래찜질하는 사람이 많이 보인다. 수심이 낮은 편이고 수온은 높아 물놀이에 좋은 조건을 갖추고 있는 것은 물론, 200여 그루의 곰솔이 해변을 감싸고 있어 풍경마저 나무랄 데 없다.

◎ 전남 영광군 홍농읍 가마미로 341-6

ⓒ 24시간

₩ 무료

❼ 숲쟁이꽃동산

숲쟁이는 '숲으로 된 성'을 의미한다. 조선 중종 때 쌓은 법성진성의 연장선으로 심고 가꾸기 시작한 나무가 팽창해 숲을 이루었다. 수백 년 수령의 나무와 알록달록한 꽃이 공간을 나눠쓰며 각각의 색과 향을 여행객에게 전한다. 백제불교 최초 전래지까지 산책로를 이어놨다.

◎ 전남 영광군 법성면 진내리

◷ 24시간

₩ 무료

❽ 영광불갑테마공원

불갑사로 향하는 길, 불갑저수지 수변에 압도적 크기의 물레방아가 돌아간다. 영광불갑테마공원에 설치된 '천년방아'는 국내 최대 규모의 물레방아다. 그 곁으로 디딜방아와 연자방아도 보인다. 물 위로 데크 길이 있어 산책하기도 좋고 정자와 편의시설이 있어 쉬어가기도 좋다.

◎ 전남 영광군 불갑면 금계리 629-4

◷ 24시간

₩ 무료

❾ 내산서원

조선 중기의 학자이자 의병장이었던 강항 선생을 모신 서원으로 1635년 건립되었을 땐 용계사라 불렸다. 사원철폐령으로 훼손된 뒤 1974년에 현재 위치에 복원되며 내산서원으로 개칭됐다. 꽃과 나무, 연못과 옛 건물의 조화로움이 뛰어나 느긋하게 마음을 가다듬게 된다.

◎ 전남 영광군 불갑면 강항로 101

◷ 24시간

₩ 무료

❿ 영광매간당고택

국가민속문화재로 지정되어 역사적 가치를 인정받은 조선 시대 가옥이다. 1868년 건설 당시의 모습이 보존되어 있어 조선 후기 상류층의 건물과 생활상을 엿볼 수 있다. 높이 솟은 대문채부터 고급스럽다. 안채와 사랑채, 곳간채 등을 비롯 정원과 연못까지 갖춘 양반집이다.

◎ 전남 영광군 군남면 동간길2길 83-1

◷ 24시간

₩ 무료

영광의 맛집과 카페

갈매기식당

영광백수식당

카페보리

갈매기식당 풍성하게 차려진 보리굴비정식 하나로 진검 승부한다. 공깃밥 추가를 안 할 수가 없다. 전남 영광군 법성면 진굴비길 46 수~월 10:30~20:00(브레이크 타임 15:00~16:00, 라스트 오더 14:30/19:30, 화 휴무)

영광백수식당 굴비의 틈에서 벗어나고 싶다면 백합은 어떨까. 백합으로 구이와 탕, 회, 죽 다 준비했다. 전남 영광군 백수읍 천마길 9 매일 11:00~20:00(브레이크 타임 15:00~16:00, 매달 2·4번째 월요일 휴무)

밀향기 주꾸미와 새우, 바지락을 충분하게 넣은 해물칼국수가 시원하다. 바삭한 녹두전도 괜찮다. 전남 영광군 영광읍 함영로 3448 매일 11:00~20:00

카페보리 광고가 촬영될 만큼 분위기 좋은 바닷가 카페다. 커피도 훌륭하고 공간은 더 훌륭하다. 전남 영광군 백수읍 해안로 787 매일 10:00~21:00(라스트 오더 20:20)

레드힐카페 통창 너머로 바다가 손에 잡힐 듯 가깝다. 노을 명소로 꼽혀 해 질 무렵엔 많이 붐빈다. 전남 영광군 백수읍 해안로 917 매일 10:00~21:00

019 장성군

Jeonnam

볼거리 풍성한 옐로 시티

❶ 백양사

장성에서 백양사가 차지하는 비중은 아무리 강조해도 지나치지 않다. 조계종 본사 중 하나로 호남권 40여 개의 사찰을 관리하는 거찰이다. 백제 무왕 때인 632년에 여환 스님이 창건했다. 사찰에 본격적으로 입장을 하기도 전에 큼직한 정자 쌍계루가 시선을 잡아끈다. 그 뒤로 보이는 백암산 백학봉의 경관도 빼어나 정도전, 정몽주 등의 인사가 찾아와 찬양했다. 경내의 주요 건물은 몇 차례 중건을 거쳤으나 옛 모습을 잘 간직하고 있다. 1500년대에 지어진 대웅보전이 중심을 잡는다. 잉어가 노니는 연못도 중후한 옛 건물들과 곧잘 어울린다.

◎ 전남 장성군 북하면 백양로 1239

◷ 24시간

₩ 무료

❷ 축령산삼나무편백숲

장성군의 허파, 축령산에 삼나무와 편백이 촘촘하게 밀집된 지대가 있다. 그 숫자를 일일이 세는 것 자체가 불가하지만 통상 100만 그루 단위로 알려졌다. 놀랍게도 이 숲은 단 한 사람으로부터 시작됐다. 한국전 직후 황폐화된 축령산에 영웅이 나타난다. 독림가 임종국은 민둥산이나 다름없던 산에 사재를 털어 삼나무와 편백을 심고 가꾸기 시작했다. 그 수고는 20년 넘게 이어졌고 현재의 모습을 만들었다. 결국 개인의 희생을 통해 탄생한 숲이 모두에게 휴양의 장이 되고 있는 것. 그 뜻을 기리며 피톤치드 향 가득한 숲을 탐방해보자.

◎ 전남 장성군 북일면 문암리

◷ 24시간

₩ 무료

❸ 장성호수변길

1976년 장성댐이 개발되며 생겨난 거대 호수, 장성호를 관광에 활용해 매력 만점의 수변 산책로를 만들었다. 숲과 호수를 양쪽에 품고 거닐 수 있는 데크길을 뚫어놨고 전망 포인트와 쉼터를 곳곳에 마련했다. 출렁다리도 2개나 있다. 주말 입장료는 장성상품권으로 돌려준다.

◎ 전남 장성군 장성읍 용강리
◷ 매일 09:00~18:00(11월~2월은 17시까지)
₩ 토·일·공휴일만 징수 3,000원(장성군민은 무료)

❹ 황룡강생태공원

장성이 '옐로시티'라 불리고 도시의 상징물이 대부분 노란색인 이유는 바로 황룡강 때문이다. 장성군을 가로지르는 황룡강은 생태계 보존이 훌륭해 늘 새들이 날아들고 강변엔 계절별로 각양각색의 꽃이 피고 축제가 열린다. 생태공원에서 이 모두를 직접 확인할 수 있다.

◎ 전남 장성군 장성읍 기산리 57-14
◷ 24시간
₩ 무료

❺ 방장산자연휴양림

내장산 서쪽 줄기에 포함된 방장산에 터를 잡은 휴양림이다. 참나무류를 중심으로 여러 종의 활엽수가 무성하며 그 사이로 구불구불한 나무 데크 산책로가 구축되어 있다. 숲속공예마을과 유아숲체험원은 아이들에게 유익한 시간을 제공한다. 숲 해설 프로그램도 진행한다.

◎ 전남 장성군 북이면 방장로 353
◷ 수~월 09:00~18:00(화 휴무)
₩ 성인 1,000원, 청소년 600원, 어린이 300원

❻ 필암서원

하서 김인후는 조선의 왕세자 교육기관 세자시강원에서 세자 시절의 인종을 가르치던 위대한 학자였다. 필암서원은 그를 배향하고 있다. 서원 전면엔 학습을 위한 공간이, 후면엔 하서를 모신 사당이 위치한다. 송시열의 글씨도 숨어있다. 유네스코 세계유산 서원 중 하나다.

◎ 전남 장성군 황룡면 필암서원로 184
◷ 24시간
₩ 무료

❼ 홍길동테마파크

홍길동은 소설 속 주인공으로 친숙하나 조선왕조실록의 고증을 통해 실존 인물로 확인됐다. 심지어 장성에선 홍길동의 생가로 추정되는 곳이 발견되었다. 이에 그를 주제로 공원을 꾸몄다. 고증 과정과 홍길동의 삶을 기록한 전시관과 생가터 및 캠핑장과 놀이광장 등이 있다.

◎ 전남 장성군 황룡면 아곡리 384

◷ 24시간

₩ 무료

❽ 금곡영화마을

영화마을, 하면 으레 인위적으로 형성된 세트장이 연상되지만 금곡영화마을은 그 자체로 영화의 한 장면 같은 옛 모습을 간직하고 있다. 다정함이 넘치는 이 풍경 덕에 장성 출신 임권택 감독의 <태백산맥>과 <내 마음의 풍금>, <만남의 광장> 같은 영화가 여기서 촬영됐다.

◎ 전남 장성군 북일면 영화마을길 254-7

◷ 24시간

₩ 무료

❾ 남창계곡

내장산 국립공원 내 입암산 기슭에서 시작되는 남창계곡은 다시 새재계곡, 자하동계곡 등 여섯 갈래로 나뉜다. 모든 골짜기마다 자그마한 폭포와 소, 무성한 숲이 나타나 여름철 무더위를 가져가 버린다. 계곡 일부 구간엔 무장애 탐방로가 있어 누구나 쉽게 접근할 수 있다.

◎ 전남 장성군 북하면 신성리

◷ 24시간

₩ 무료

❿ 요월정원림

황룡강 앞 조용한 시골 마을 언덕에 위치한다. 조선 중기에 관직에 머물던 김강우가 장성으로 내려와 자연과 벗하기 위해 건물을 짓고 정원을 꾸몄다. 주변으로 배롱나무와 소나무가 우거졌다. 이 풍경에 반해 하서 김인후와 고봉 기대승 등이 방문해 함께 자연을 노래했다.

◎ 전남 장성군 황룡면 요월정로 84-5

◷ 24시간

₩ 무료

장성의 맛집과 카페

황룡우시장국밥집

초동순두부

오데온

황룡우시장국밥집 3대째 운영 중이다. 부속이 어떻게 이리 부드럽고 쫄깃한지, 최고의 국밥이라 할 만하다. 전남 장성군 황룡면 강변로 521-1 매일 07:00~15:00

초동순두부 마치 카페처럼 깔끔한 인테리어가 눈에 띈다. 다섯 가지 순두부 메뉴가 두루 잘 팔린다.
전남 장성군 진원면 초동길 1 매일 10:30~20:30(월~금 브레이크 타임 15:00~17:00, 라스트 오더 20:00)

해운대식당 매운갈비찜을 먹으러 갔다가 스무 가지가 넘는 반찬에 놀란다. 물론 갈비찜도 맛있다.
전남 장성군 장성읍 청운길 5 월~금 10:30~22:00, 토~일 10:30~21:00

오데온 한적한 길가에 자리한 대형 카페로 특히 야외 공간이 드넓어 따뜻한 쉼을 즐기기 좋다.
전남 장성군 진원면 노사로 514 매일 11:00~21:00(라스트 오더 20:15)

구르미머무는 전통차를 주력으로 하는 한옥 카페다. 여기선 커피 대신 전통차와 과일차를 마셔보자.
전남 장성군 진원면 불태3로 168 매일 10:00~21:00(라스트 오더 20:30)

020 Jeonnam

함평군

함평 나비의 화려한 날갯짓

① 함평엑스포공원

나비로 대표되는 함평의 풍부한 곤충 생태계는 2008년 세계나비·곤충엑스포를 이끌어냈다. 그 역사가 펼쳐졌던 공간이 이후로도 잘 가꾸어져 엑스포공원이 되었다. 공원에 입장하자마자 원색의 꽃으로 치장된 화려한 나무 조형물과 큼직한 곤충 모형이 단숨이 시선을 채간다. 공원 전역에 수목이 들어차 어디로 향하든 예쁜 사진을 남길 수 있다. 나비·곤충생태관과 다육식물관, 주제영상관 등 볼거리와 체험거리로 꽉 찬 전시관에서도 즐거운 한때를 보낼 수 있다. 여름에는 파도풀과 워터슬라이드까지 갖춘 물놀이장이 개장해 아이들을 불러 모은다.

전남 함평군 함평읍 곤재로 27

매일 09:00~18:00

₩ 성인 5,000원, 청소년 3,500원, 어린이 2,500원

② 꽃무릇공원 용천사

9월이면 활짝 핀 꽃무릇이 용천사 주위를 새빨갛게 물들인다. 함평에서 만날 수 있는 가장 극적인 풍경 중 하나다. 붉은 꽃잎이 기묘하게 솟은 꽃무릇은 수선화과의 여러해살이풀로 열매를 맺지 못하며 꽃이 진 뒤에 녹색의 잎이 자라난다. 꽃무릇공원엔 조롱박이 매달린 터널과 장독대를 쌓아 만든 작품들이 함께해 꽃구경에 재미를 더해준다. 공원을 지나 북쪽으로 조금만 발걸음을 이어가면 백제 시대에 창건된 사찰 용천사가 모습을 드러낸다. 한국전 당시 소실되었으나 옛 모습을 잘 복원해놨다. 가을엔 용천사 내부에도 꽃무릇이 지천이다.

전남 함평군 해보면 용천사길 209

24시간

₩ 무료

❸ 주포지구한옥전원마을

함평 주포항 인근, 불현듯 한옥으로 가득 찬 마을이 나타난다. 50여 동의 한옥이 바다와 조화를 이룬 풍경이 여유롭고 아늑하다. 그 틈에 미로처럼 얽힌 돌담길 역시 정겹다. 한옥 30여 동은 민박집으로 운영 중이라 쉼표를 찍어가기 좋다. 언덕 위엔 억새단지가 있다.

◎ 전남 함평군 함평읍 주포한옥길 3

◷ 24시간

₩ 무료

❹ 돌머리해수욕장

오해는 마시라. 육지 끝이 바위로 되어 있어 돌머리다. 같은 이유로 마을 이름도 석두마을이다. 곰솔 숲 앞으로 너른 백사장이 자리한다. 조수 차를 이용한 인공 해수 풀장이 있어 물이 빠져도 해수욕이 가능하다. 해변 옆으로 바다를 향해 놓인 다리가 있어 많은 이가 오간다.

◎ 전남 함평군 함평읍 석성리 523

◷ 24시간

₩ 무료

❺ 함평자연생태공원

남녀노소 누구나 청정한 자연을 만끽한다. '하늘에는 나비와 잠자리, 땅에는 꽃과 난초, 물에는 수생식물과 물고기'라는 주제로 운영 중인 생태공원은 그에 걸맞게 20개가 넘는 테마 공간을 운영하며 각종 생물과의 교감은 물론 전시와 체험, 놀이와 휴식을 한꺼번에 선사한다.

◎ 전남 함평군 대동면 학동로 1398-77

◷ 화~일 09:00~18:00(월 휴무)

₩ 성인 5,000원, 청소년 4,000원, 어린이 2,500원

❻ 함평양서류파충류생태공원

자연생태공원 초입에 있는 국내 최대 양서류, 파충류 전문 전시관이다. 뱀이 똬리를 튼 건물부터 개성 넘친다. 거대한 아나콘다부터 귀여운 꼬마 개구리까지 90여 종 600마리 이상의 양서류와 파충류가 살아 숨쉰다. 한국관, 사막관, 열대관 등 지역별로 구분이 잘 되어 있다.

◎ 전남 함평군 신광면 학동로 1398-9

◷ 화~일 09:00~18:00(11월~2월은 17시까지, 월 휴무)

₩ 성인 5,000원, 청소년 4,000원, 어린이 2,500원

❼ 일강김철선생기념관

함평 출신의 독립투사 일강 김철 선생의 업적을 알리고 뜻을 기린다. 일강은 조국 광복을 위해 상해로 망명해 임시정부 수립의 한 축을 맡았고 많은 독립거사를 후원하다 1934년에 폐렴으로 급사했다. 그의 생애와 독립운동 과정이 기념관 안에 상세하게 정리되어 있다.

◎ 전남 함평군 신광면 일강로 873-12

🕓 화~일 09:00~18:00(월 휴무)

₩ 무료

❽ 함평해수찜

함평에 온 김에 조선 시대부터 유명했다는 해수찜을 즐기며 여독을 풀어보자. 유황과 알칼리 성분이 많은 돌과 약초를 듬뿍 넣고 소나무 장작불로 쪄낸 뒤 해수가 든 탕에 넣고 찜질한다. 약찜과 온천욕이 두루 가능하다. 살균 작용과 함께 신경통, 피부질환 등에 효험 있다.

◎ 전남 함평군 손불면 석산로 일대

🕓 업체별 상이

₩ 업체별 상이

❾ 함평고막천석교

함평과 나주 사이에 흐르는 고막천 위에 있는 돌다리다. 크기도 작고 모습도 평범하지만 그 역사적 가치는 매우 크다. 고려 원종 때인 1273년경 고막대사가 도술을 부려 다리를 놓았다는 전설이 있다. 700여 년의 시간을 그대로 간직했으며 여전히 현역으로 역할을 다 한다.

◎ 전남 함평군 학교면 고막리

🕓 24시간

₩ 무료

❿ 자산서원

조선 중기의 학자 곤재 정개청 선생을 배향한 서원이다. 정개청은 1616년 정여립 모반 박해 사건인 '기축옥사'에 휘말려 유배를 떠났다가 병사했다. 이에 그의 제자들이 신원 운동을 전개하며 사우를 마련하고 위패를 모셨다. 정개청이 쓴 <곤재 우득록> 목판이 소장되어 있다.

◎ 전남 함평군 엄다면 곤재로 688

🕓 24시간

₩ 무료

함평의 맛집과 카페

대흥식당

옥당기사식당

키친205함평본점

대흥식당 생고기(육회)비빔밥은 함평을 대표하는 맛. 비빔밥도, 함께 나오는 선짓국도 훌륭하다. 전남 함평군 함평읍 시장길 112 매일 11:00~21:00(매달 2·4번째 화요일 휴무)

옥당기사식당 기사님뿐 아니라 현지인도 북적이는 뷔페식당. 앉는 순간 개인 김치찌개부터 내어준다. 전남 함평군 함평읍 함영로 1348 매일 07:00~20:00

장안식당 흔치 않은 곱창국밥으로 손님을 불러모은다. 식감도 재밌고 진한 국물은 구수하다. 전남 함평군 함평읍 함평천우길 54 화~일 11:00~20:00(브레이크 타임 14:00~17:30, 월 휴무)

키친205함평본점 딸기 천국이고 케이크 천국이다. 당일 생산, 당일 판매가 원칙이라 품질도 확실하다. 전남 함평군 함평읍 함평천우길 52 매일 11:00~19:00

포베오커피 주포한옥마을에 있다. 서해와 맞닿아 있어 일몰 즈음 가면 명장면이 펼쳐진다. 전남 함평군 함평읍 주포로 395 매일 10:00~20:50

021 Jeonnam

강진군

다산의 정신이 깃든 남도 답사 중심지

❶ 가우도

강진 여행의 뼈대가 되는 가우도는 많은 관광 자원을 가졌다. 섬으로 이어지는 인도교 '청자다리'를 건너는 것으로 여행이 시작된다. 섬에 입도하면 바로 앞에 섬 정상으로 향하는 깜찍한 모노레일이 오간다. 정상엔 커다란 고려청자 형상의 타워가 있고 육지까지 짜릿한 짚트랙이 운행된다. 섬 전역에 둘레길이 조성되어 바다를 바라보며 호젓한 산책을 이어갈 수 있다. 북쪽을 향해 발걸음을 옮기면 150미터 길이의 출렁다리가 나타난다. 제법 흔들려 재미있다. 섬 주변을 훑는 제트보트까지 운행되니 가우도는 테마파크 섬이라 해도 무리가 없다.

◎ 전남 강진군 도암면 신기리 산31-2

Ⓛ 24시간

₩ 무료

❷ 다산초당-다산박물관

다산초당은 실학의 대가 다산 정약용 선생이 강진 유배 당시 머물던 건물이다. 다산은 이곳에 10년간 머물며 <목민심서>와 수백 권의 책을 저술하고 실학을 집대성했다. 또한, 인근의 백련사와 만덕산에서 생각을 정리하고 마음을 정화했다. 우리 역사의 큰 어르신인 다산의 정신에 지대한 영향을 미친 곳이기에 역사적 의미가 크다. 초당은 원래 소박한 초가였으나 후손들에 의해 기와집으로 재건되었다. 만덕산을 내려오면 다산박물관이 있다. <목민심서>의 필사본과 다산과 관련된 다양한 유적이 있음은 물론 그의 생애를 꼼꼼하게 기록해 놓았다.

다산박물관 정보 ◎ 전남 강진군 도암면 다산로 766-20

Ⓛ 화~일 09:00~18:00(월 휴무)

₩ 성인 2,000원, 청소년 1,000원, 어린이 500원

❸ 강진만생태공원

탐진강과 강진만이 만나는 지점에 생태공원이 넓게 펼쳐진다. 민물과 바다가 합쳐지는 기수지역이라 생물 다양성이 풍부하다. 1,000여 종의 생물이 서식하는데 천연기념물 큰고니의 집단 서식지로 유명하다. 큰고니를 형상화한 다리가 있고 구석구석 데크 산책로가 잘 뚫려있다.

◎ 전남 강진군 강진읍 생태공원길 47

◷ 24시간

₩ 무료

❹ 백련사

만덕산 중턱에 자리한다. 839년 통일신라의 승려 무염국사가 창건했다. 고려의 8국사를 배출해 명사찰로 통한다. 정약용의 <만덕사지>에도 등장한다. 사찰도 사찰이나 그 곁으로 이어지는 1,500그루의 동백나무가 장관이다. 이른 봄에 피는 춘백으로 천연기념물로 지정됐다.

◎ 전남 강진군 도암면 백련사길 145

◷ 24시간

₩ 무료

❺ 백운동정원

조선 중기, 초야의 선비였던 이담로가 옛 사찰터를 은거지로 만들며 정원을 꾸몄다. 월출산을 병풍 삼아 자연과 조화를 이룬 정원의 경치가 빼어나 정약용과 초의선사 등 많은 예술가와 선비들이 차를 마시고 풍류를 즐겼다. 소쇄원, 부용동정원과 호남 3대 정원으로 꼽힌다.

◎ 전남 강진군 월하안운길 100-63

◷ 24시간

₩ 무료

❻ 설록다원강진

정약용 선생의 호가 차의 산이란 뜻인 '다산'일 정도로 강진은 예부터 차의 고장이라 불려왔다. 현재는 월출산 자락에 그 증거가 있다. 끝이 보이지 않을 만큼 넓게 펼쳐진 차밭은 마치 초록의 바다 같다. 삐죽삐죽 솟은 월출산의 기암과 조화를 이루며 더욱 극적인 풍경이 된다.

◎ 전남 강진군 성전면 월남리 1209-1

◷ 24시간

₩ 무료

❼ 영랑생가

<모란이 피기까지는>, <돌담에 속삭이는 햇발같이>의 주인공 서정시인 김영랑이 나고 자란 곳이다. 옛 초가의 모습이 잘 보존되어 있다. 영랑은 일제강점기에 시를 통해 한민족의 기상을 전하고 문학에 젊음을 바쳤다. 그의 삶이 궁금하다면 바로 앞 시문학파기념관으로 향하자.

전남 강진군 강진읍 영랑생가길 15

24시간

₩ 무료

❽ 고려청자박물관

강진군에서만 200여 개의 청자 요지가 발굴되었을 만큼 강진은 고려청자의 1번지다. 도요지에서 출토된 청자와 파편 등 수만 점의 자료를 전시하고 있어 고려청자가 발산하는 한국의 미에 흠뻑 빠지게 된다. 청자빚기체험장과 고려청자디지털박물관도 함께 운영 중이다.

전남 강진군 대구면 청자촌길 33

화~일 09:00~18:00(월 휴무)

₩ 성인 2,000원, 청소년 1,500원, 어린이 1,000원

❾ 한국민화뮤지엄

전통 민화의 계승과 발전을 위해 건립된 박물관으로 방대한 민화를 소장하고 있다. 총 4,500여 점의 소장품 중에서 수백여 점을 순환 전시하고 쉽게 접하기 힘든 민화를 마음껏 감상할 수 있다. 전문 해설가가 동행하며 작품에 대한 설명을 꼼꼼하게 해주어 이해가 쉽다.

전남 강진군 대구면 청자촌길 61-5

화~일 09:30~18:00(월 휴무) ₩ 성인 6,000원, 청소년·어린이 5,000원, 유치원생 4,000원

❿ 전라병영성지

병마절도사 마천목 장군이 1417년에 축조한 성곽이다. 축성 이후 전라도 53주 6진을 모두 관리했던 전라도 육군의 총지휘부이자 방어기지로 사용되었다. 제주에 표류했던 하멜이 이곳으로 끌려와 8년간 억류 생활을 했다. 이 사실을 바탕으로 성 앞에 하멜기념관이 건설됐다.

전남 강진군 병영면 홍교로 593

24시간

₩ 무료

강진의 맛집과 카페

설성식당

가우도국밥

벙커

설성식당 연탄불고기는 강진 별미로 꼽힌다. 넉넉한 반찬을 추가해 연탄불고기 백반을 내어준다.
전남 강진군 병영면 병영성로 92 화~일 11:00~19:00(브레이크 타임 15:00~17:00, 월 휴무)

가우도국밥 국내산 한우 암소만을 가마솥에 푹 고아 국밥을 만다. 가우도 가는 길에 있는 휴게소 같다.
전남 강진군 칠량면 청자로2길 90 수~월 07:30~20:00(브레이크 타임 15:00~16:30, 화 휴무)

청자골종가집 전통 한옥에서 정통 남도식 한정식을 즐겨보자. 가격이 꽤 높지만 값어치는 충분히 한다.
전남 강진군 군동면 종합운동장길 106-11 매일 11:30~20:30

벙커 바닷가에 위치한 분위기가 이국적인 카페다. 야외엔 야자수와 그네가 나란히 위치한다.
전남 강진군 마량면 까막섬로 73 화~일 10:30~20:00(월 휴무)

백운차실 차의 고장 강진에서 제대로 차를 음미하고 싶다면 이곳으로. 다원과 월출산이 병풍이다.
전남 강진군 성전면 백운로 107 매일 10:00~18:30

강진군 여행 지도

022 장흥군

Jeonnam

시원스런 산과 바다, 정남진 장흥

❶ 정남진편백숲우드랜드

피트치드와 음이온의 세계로 빠져보자. 억불산의 정기를 이어받은 60년 이상 수령의 편백이 한낮의 햇빛조차 가려버릴 만큼 울창하다. 그 사이로는 완만한 산책로가 이어져 어렵지 않게 몸과 마음에 큰 선물을 안길 수 있다. 편백이 중심을 잡는 가운데 다양한 볼거리가 흩어져 있다. 온실과 수생원, 암석원 등으로 나뉜 난대 자생식물원은 각종 희귀식물을 여럿 품고 있다. 목재에 대한 이해를 돕는 전시물과 나무로 만든 작품이 가득한 목재문화전시관도 알차다. 숙박과 체험 프로그램까지 갖춰 가족과 함께하는 1박 여행지로 훌륭하다.

◎ 전남 장흥군 장흥읍 우드랜드길 180

◷ 매일 09:00~18:00

₩ 성인 3,000원, 청소년 2,000원, 어린이 1,000원

❷ 선학동유채마을

마주한 득량만 바다와 경쟁하듯 봄마다 드넓은 유채밭이 샛노란 바다를 이룬다. 장흥 남쪽 끝에 위치한 이 작은 마을은 봄이면 제주도가 부럽지 않다. 흔들리는 유채꽃을 바라보며 발걸음을 옮길 때마다 입가엔 절로 미소가 새겨진다. 이름에서 알 수 있듯 이청준의 소설 <선학동 나그네>의 배경이 된 마을이다. 한국 문학에 굵직한 발자취를 남긴 이청준 작가는 장흥 출신이다. 영화계 거장 임권택 감독도 이곳을 영화의 배경으로 활용했다. <천년학>에 등장하는 유채밭이 바로 이곳이다. 가을이 되면 메밀꽃이 배턴을 이어받아 하얀 물결을 이룬다.

◎ 전남 장흥군 회진면 회진리 201

◷ 24시간

₩ 무료

❸ 정남진전망대

강릉에 정동진이 있다면 장흥엔 정남진이 있다. 장흥은 서울 광화문 기준으로 정남쪽 방향에 위치한 정남진이라 불린다. 그 이름을 딴 전망대에 오르면 푸른 남해와 함께 득량만을 채운 섬이 눈에 담긴다. 10층 규모 전망대의 1~8층에도 다양한 전시관이 자리한다.

◎ 전남 장흥군 관산읍 정남진해안로 242-58

◷ 화~일 09:00~20:00(월 휴무)

₩ 성인 2,000원, 청소년 1,500원, 어린이 1,000원

❹ 천관산

수많은 바위가 솟아오른 모습이 마치 천자의 면류관 같다고 하여 천관산으로 불린다. 지리산, 내장산, 월출산, 내변산과 함께 호남 5대 명산으로 꼽힌다. 산 등성이를 따라 괴석이 줄을 잇고 가을엔 억새가 대단한 풍광을 이룬다. 산 남쪽으로 드넓게 펼쳐지는 평야의 모습도 인상적이다.

◎ 전남 장흥군 관산읍

◷ 24시간

₩ 무료

❺ 하늘빛수목정원

개인이 25년이 넘는 시간 동안 일구어낸 민간 정원이다. 300여 종의 조경수와 500여 종의 야생화, 지피 식물이 어우러져 화려함을 뽐낸다. 장미 터널을 지나 온실과 동물농장을 거쳐 편백숲까지 훑으면 더할 나위 없는 산책코스가 된다. 고급스러운 글램핑장도 함께 운영한다.

◎ 전남 장흥군 용산면 장흥대로 2746

◷ 매일 09:00~18:00 ₩ 성인 5,000원, 청소년·어린이 4,000원, 유치원생 3,000원

❻ 소등섬

한산한 바닷가 마을 앞에 뜬 섬 하나에 자꾸 눈이 간다. 바다로 나간 가족을 위해 호롱불을 켜고 무사 귀환을 빌었다 하여 소등섬이라 불리는 작은 무인도는 소나무 군락으로 뒤덮여 독특한 풍광을 이룬다. 물이 빠지면 섬으로 연결된 길이 모습을 드러내 걸어 들어갈 수 있다.

◎ 전남 장흥군 용산면 상발리 산225

◷ 24시간

₩ 무료

❼ 정남진장흥토요시장

토요일마다 흥겨운 축제가 벌어진다. 주말 관광형 시장인 토요시장에선 장을 보는 것은 물론 다양한 전통 공연도 구경할 수 있다. 한국관광 100선에 선정된 이력이 있는 활기찬 분위기의 시장이다. 장흥의 맛을 상징하는 표고버섯과 매생이, 한우가 매우 활발하게 거래된다.

◎ 전남 장흥군 장흥읍 토요시장1길 53

🕓 매일 06:00~19:00

₩ 무료

❽ 정남진천문과학관

억불산 중턱에 자리 잡은 전남 최초의 천문과학관이다. 과학관 앞으로 태양계의 행성이 나열되어 있으니 입장 전에 챙겨보자. 3D 입체영상이 상영되는 시청각실과 천체투영실, 2개의 관측실을 갖췄다. 원형 돔의 주관측실에서 갖가지 행성을 관찰하는 프로그램이 운영된다.

◎ 전남 장흥군 장흥읍 평화우산길 180-608

🕓 화~일 14:00~22:00(월 휴무)

₩ 성인 3,000원, 청소년 2,000원, 어린이 1,000원

❾ 보림사

순천 송광사의 말사로 통일신라의 승려 체징이 860년에 창건했다. 가지산 앞 평평한 부지 위에 웅대한 대웅보전과 함께 국보급 문화재가 가득하다. 남북 삼층석탑과 석등과 철조비로자나불좌상은 국보이며 동승탑과 서승탑, 보조선사탑은 보물이다. 동양 3대 보림 중 하나다.

◎ 전남 장흥군 유치면 보림사로 224

🕓 24시간

₩ 무료

❿ 유치자연휴양림

400여 종의 수목으로 구성된 천연림을 끼고 휴양림이 형성되었다. 물놀이장과 잔디운동장, 캠핑장이 붙어있어 여름철에 아이와 함께 추억을 쌓기에 딱이다. 대다수의 숙박동이 숲을 낀 언덕에 위치하고 있어 편백, 비자나무 등으로 둘러싸인 채 하루를 묵어가기도 좋다.

◎ 전남 장흥군 유치면 신월리 산2-1

🕓 매일 07:00~20:00

₩ 성인·청소년 2,000원, 어린이 1,000원

장흥의 맛집과 카페

장흥 한우

수복식당

원앤식스

장흥 한우 장흥은 1등급 한우 생산이 많은 고장이다. 장흥토요시장뿐 아니라 도시 전역에 한우 구이집이 넘쳐난다. 표고버섯과 키조개 관자와 삼합을 해 먹기도 한다.

수복식당 생선구이백반의 가성비가 매우 뛰어나다. 생선을 뺀 반찬만 봐도 돈이 아깝지 않을 정도다.
전남 장흥군 장흥읍 건산로 42 매일 10:00~22:00

장흥갯마을 장흥의 명품 키조개를 재료로 다양한 요리를 만든다. 키조개회가 매혹적이다.
전남 장흥군 안양면 수문용곡로 141 수~월 10:40~21:00(화 휴무)

오차현 주택가에 위치한 깔끔하고 현대적인 분위기의 카페로 음료 외에도 디저트가 다양하다.
전남 장흥군 장흥읍 동교1길 2 화~토 11:00~22:00, 일 13:00~20:00(월 휴무)

원앤식스 멀리 탐진강을 바라보며 음료를 즐길 수 있다. 와플과 젤라또, 빙수도 인기를 끈다.
전남 장흥군 장흥읍 동교3길 5 매일 09:00~22:00

PART 9

경상북도

001
Gyeongbuk

경주시

신라의 향기가 퍼지는 국내 여행의 성지

① 불국사

뻔해도 별수 없다. 시대가 지나도 세대가 바뀌어도 불국사는 영원한 경주의 상징이다. 761년 신라의 재상 김대성이 창건한 것으로 알려졌으며 1973년 현재의 모습으로 복원했다. 불교를 추앙했던 신라인은 정성을 다해서 부처님의 나라, 불국사를 건설했다. 그 고귀한 존재를 만나기 위해선 국보로 지정된 청운교와 백운교를 건너야 했다. 하지만 지금은 문화재보호를 위해 우회하여 절로 들어간다. 경내에 이르면 석가모니 부처를 모신 대웅전이 등장한다. 그 곁으론 다보탑과 석가탑이 호위 무사처럼 서 있다. 비로전과 관음전도 대웅전과 함께 사찰의 중심을 이룬다.

경북 경주시 불국로 385

매일 09:00~18:00

₩ 무료

② 경주대릉원

시내 한복판에 23기의 봉분이 솟아있다. <삼국사기>의 기록을 통해 대릉원이란 이름을 안긴 미추왕릉을 비롯하여 신라의 왕족과 귀족의 무덤이다. 수많은 여행자가 그 사이를 누비며 사진을 남긴다. 천년의 세월을 초월해 선조의 혼과 후손의 육신이 공존하는 기묘한 공간이다. 유일하게 내부 입장이 가능한 천마총은 대릉원의 백미다. 1973년 발굴 당시 1만 1,500여 점의 유물이 쏟아졌다. 그중 자작나무 껍질에 하늘을 나는 말을 그린 천마도는 지금껏 세상에 드러나지 않았던 신라 고미술의 정수로 꼽힌다. 화려함의 극치, 신라 금관도 놀랍긴 마찬가지다.

경북 경주시 황남동 31-1

매일 09:00~22:00

₩ 무료

③ 석굴암

불국사를 창건한 김대성이 토함산에 석굴을 판 뒤 그 안에 정교한 모습의 석가여래불상을 모셨다. 세계 어디에도 유래가 없는 인조 석굴로 전 세계가 극찬하는 희대의 명작이자 우리의 유산 중에서도 가장 찬란한 종교 유적으로 꼽힌다. 유적 보호를 위해 촬영은 금지되었다.

◎ 경북 경주시 석굴로 238

◷ 매일 09:00~18:00

₩ 무료

④ 동궁과월지

누군가에겐 안압지란 이름이 더 친숙할 것이다. 나라에 경사를 위해 축하연을 벌이던 별궁인 동궁과 월지라는 이름의 연못이 함께 있어 2011년 동궁과 월지로 명칭이 바뀌었다. 연회를 베풀던 건물과 연못이 근사하게 어우러진다. 자타공인 경주 최고의 야경 명소이기도 하다.

◎ 경북 경주시 원화로 102

◷ 매일 09:00~22:00

₩ 성인 3,000원, 청소년 2,000원, 어린이 1,000원

⑤ 국립경주박물관

신라의 눈부신 보물과 유물이 흘러넘치는 경주이니 그 박물관의 수준도 국내 최고 수준이다. 신라역사관과 신라문화관, 월지관 등에 3,000여 점의 문화재를 전시하고 있다. 에밀레종으로 알려진 선덕대왕신종과 금관총 금관, 얼굴무늬 수막새 등 친숙한 국보와 보물이 넘쳐난다. ◎ 경북 경주시 일정로 186 ◷ 매일 10:00~18:00(토~일, 공휴일은 19시까지, 매달 마지막 주 수요일과 3월~12월 매주 토요일은 21시까지 야간 개장) ₩ 무료

⑥ 황리단길

역사 유적과 문화재가 그득한 경주에서 현대적 감각이 집약된 '핫플'이다. 700미터 가량 되는 길을 따라 옛것과 새것이 탁월하게 조화를 이룬 카페와 레스토랑, 기념품점과 상점이 줄을 잇는다. 독특한 볼거리와 먹을거리로 1년 내내 엄청난 숫자의 여행자를 불러 모은다.

◎ 경북 경주시 포석로 1080

◷ 24시간

₩ 무료

❼ 첨성대

신라인도 반짝이는 별을 보며 감상에 빠졌을 거란 상상을 해본다. 선덕여왕 때인 600년대에 축조된 첨성대는 동양에서 제일 오래된 천문 관측 시설이다. 몸체를 이루는 돌 하나하나마다 별자리와 절기 등 깊은 의미가 담겨있어 신라 과학기술의 수준을 몸소 증명해주고 있다.

◎ 경북 경주시 인왕동 839-1

◷ 24시간

₩ 무료

❽ 월정교 교촌마을

월정교는 760년, 경덕왕 19년에 만든 다리로 경주 남산과 궁을 잇는 왕의 길이었다. 2009년 66미터 길이로 복원되어 이제는 누구나 자유롭게 거닐 수 있다. 중후한 멋의 월정교 너머로는 교촌한옥마을이 넓게 자리한다. 경주 교동 최씨의 고택과 전통가옥이 어깨를 부대낀다.

◎ 경북 경주시 교동 274

◷ 24시간

₩ 무료

❾ 경주월드

보문관광단지 중심에서 비명이 울려 퍼진다. 경주월드의 인기 롤러코스터인 '드라켄'의 탑승객이 스릴을 즐기며 내지르는 소리다. 남부권 최대의 테마파크 경주월드는 30여 종의 놀이기구를 넉넉히 갖췄다. 여름엔 이국적 분위기의 워터파크, 캘리포니아 비치까지 문을 연다.

◎ 경북 경주시 보문로 544 ◷ 매일 10:00~18:00(토~일, 공휴일은 20시까지) ₩ 종일권 성인 48,000원, 청소년 42,000원, 어린이 36,000원

❿ 경주엑스포대공원

1998년부터 시작된 '경주세계문화엑스포'가 개최되는 장소를 1년 내내 개방한다. 황룡사구층목탑을 새긴 82미터 높이의 경주타워가 공원의 상징이다. 타워 정상에서 내려다보는 경주의 모습이 시원하다. 그 외에도 3D 극장, 미술관, 역사관이 있다. 야간엔 레이저쇼가 벌어진다.

◎ 경북 경주시 경감로 614

◷ 매일 10:00~19:00

₩ 성인 12,000원, 청소년·어린이 10,000원

경주의 맛집과 카페

향화정 물회와 육회가 오묘하게 조합된 경주물회와 꼬막무침비빔밥이 황리단길의 유행을 이끈다.
경북 경주시 사정로57번길 17 매일 11:00~21:30(브레이크 타임 15:00~17:00, 라스트 오더 20:30)

교리김밥본점 한입에 먹기 버거울 정도로 달걀을 가득 넣은 김밥은 경주의 대표 음식 중 하나가 되었다.
경북 경주시 탑리3길 2 목~화 08:30~17:30(토~일, 공휴일은 18:30까지, 수 휴무)

서민식당 구워져 나오는 통삼겹숯불갈비와 한우숯불떡갈비를 맛보려면 늘 긴 줄을 서야 한다.
경북 경주시 경감로 633 매일 11:00~21:00(라스트 오더 20:20)

황남빵 1939년부터 시작된 경주빵의 시초다. 경주시 특산 명과이자 경북 명품으로 지정된 팥빵.
경북 경주시 태종로 783 매일 08:00~22:00

카페오하이 황리단길에 있는 전통건축 양식의 카페다. 루프톱에 오르면 황리단길의 전경이 모두 담긴다.
경북 경주시 포석로 1070 매일 10:00~22:00

경주시 여행 지도

Special Info 경주의 신라왕릉

경주는 신라의 도읍이었던 만큼 역사를 빛낸 신라의 왕이 곳곳에 잠들어 있다. 대릉원 외에도 빼놓지 말고 방문해 봐야 할 왕릉이 많다는 뜻이다. 대표적인 왕릉 여섯 곳을 골랐다. 왕릉으로 역사 산책을 떠나자.

❶ 문무대왕릉

신라 30대 문무왕은 경주 바다에 수장되었다. 죽어서도 바다의 용이 되어 신라를 지키겠다는 문무왕의 호국 정신이 수중릉이라는 독특한 능을 탄생시켰다. 바다에 있어서 갈 수 없지만, 그래서 더 소중하게 생각된다. 아들 신문왕이 아버지를 그리며 바라보았다고 전해지는 이견대에서의 전망이 제일 좋다.

경주시 문무대왕면 봉길리 30-1

❷ 무열왕릉

당과 연합해 백제를 정벌하고 삼국통일의 기틀을 다진 29대 무열왕 김춘추의 무덤이다. 무열왕 직계 조상을 모신 것으로 추정되는 서악동 고분군에 있다. 경내 비각에 국보로 지정된 태종무열왕릉비가 있다. 이 비석 덕에 이 무덤의 주인이 무열왕임을 알게 되었다. 무열왕은 문무왕의 아버지이다.

경주시 서악동 842

❸ 경주오릉

경주시 탑동 첨성대 남서쪽에 있다. 첨성대에서 약 2.3킬로미터 떨어져 있다. 신라의 시조인 박혁거세와 그의 왕후 알영부인, 2대 남해왕, 3대 유리왕, 5대 파사왕 등 신라 초기 다섯 왕족의 묘소로 알려져 있다. 중앙의 큰 능을 나머지 4개 능이 감싸듯 누워 있다. 숲이 울창해 산책 명소로도 손에 꼽힌다.

◎ 경주시 포석로 907

❹ 경주배동삼릉

경주시 배동 소나무 숲에 있다. 포석정에서 남쪽으로 1킬로미터 떨어져 있다. 8대 아달라왕과 53대 신덕왕, 54대 경명왕이 나란히 잠들어 있다. 능 주변을 감싼 휘어진 소나무 숲이 장관이다. 특히 안개가 내리면 아주 몽환적이다. 소나무 사진의 대가 배병우 작품으로 유명해졌다. 드라마 <미스터 션샤인> 촬영지이다.

◎ 경주시 배동 산73-1

❺ 선덕여왕릉

드라마를 통해 전 국민에게 친숙한 신라 최초의 여왕, 27대 선덕여왕의 능이다. 경주 남동쪽 외곽의 낭산 정상 부근에 위치하고 있다. <삼국유사>에 따르면 여왕은 죽기 전에 "내가 죽으면 도리천에 장사를 지내라."고 말했는데, 그곳이 곧 낭산이다. 왕릉으로 가는 길이 좁으니 운전에 유의하자.

◎ 경주시 보문동 산79-2

❻ 김유신묘

경북 북서쪽 송화산에 있다. 김유신 장군은 무열왕을 도와 삼국통일에 결정적 공을 세운 신라의 영웅이다. 왕은 아니었지만, 십이지신상이 둘러싸 보호하고 있는 봉분을 보면 왕릉처럼 웅장하다. 그의 묘는 김유신이 신라 역사에서 얼마나 높은 평가를 받는지 말해준다. 봄이면 묘로 가는 길에 벚꽃이 만개한다.

◎ 경주시 충효2길 44-7

002 Gyeongbuk

포항시

영일만과 호미곶이 주고받는 다양한 매력

❶ 호미곶

포항 장기 반도의 동쪽 끝, 호랑이 형상의 한반도에서 호랑이 꼬리에 해당해 호미곶으로 불린다. 국내 최고의 일출 성지로 명성이 높다. 특히 <상생의 손> 위로 뜨는 해는 그 열기만큼이나 뜨거운 감동을 선사한다. 1999년, 새천년을 기념해 만든 상생의 손은 왼손은 육지에, 오른손은 바다에 설치됐다. 희망찬 21세기에 온 국민이 화합하자는 의미를 담았다. 매년 새해 첫날이면 호미곶 앞 광장에서 한민족 해맞이 축전이 성대하게 개최된다. 광장 한편에 우뚝 선 호미곶 등대와도 눈을 맞추자. 1908년에 완공되어 문화재로 지정된 근대 유산이다.

◎ 경북 포항시 남구 호미곶면 대보리

Ⓒ 24시간

₩ 무료

❷ 스페이스워크

우주를 유영하는 기분이 이런 것일까. 2021년 환호공원에서 모습을 드러내자마자 단숨에 포항 여행의 핵심이 되었다. 포스코가 직접 제작해 포항에 기부한 스페이스워크는 마치 롤러코스터의 트랙처럼 보인다. 그러나 이 트랙은 열차 대신 두 발로 누벼야 한다. 기하학적으로 뒤틀려 있는 구조물에 오르면 717개의 계단을 통해 333미터의 트랙을 완주하게 된다. 단, 고소고포증이 있다면 도전이 쉽지 않을 것이다. 이밖에도 환호공원엔 포항시립미술관과 조각공원, 야생화동산과 전망대 등 다양한 볼거리가 산재해 있으니 시간을 넉넉히 배정하자. ◎ 경북 포항시 북구 두호동 산8 Ⓒ 월~금 10:00~20:00, 토~일 10:00~21:00(11월~3월은 17시, 18시까지, 매달 1번째 월요일 휴무) ₩ 무료

❸ 영일대해수욕장

포항 시내를 수놓는 1,750미터 길이의 긴 백사장이 시원스럽다. 영일만의 한 축을 맡으며 현지인, 여행자 할 것 없이 모두에게 사랑받는 포항의 상징 같은 해변이다. 바다 너머로 보이는 제철소의 전경도 역동적이다. 해변 북쪽엔 바다 위로 놓인 영일교와 장미원이 위치한다.

◎ 경북 포항시 북구 두호동 685-1

◷ 24시간

₩ 무료

❹ 이가리닻전망대

항구 도시 포항의 특징을 살려 닻 모양으로 전망대를 설치했다. 높이 10미터, 길이 102미터이며 닻의 끝부분은 독도를 향하고 있어 독도 수호 의지를 담고 있다. 뒤로는 해송 숲이 우거져 있어 아름다움을 더한다. 강조하건대 '이가리'다. 점 하나 더 찍는 우를 범하지 말자.

◎ 경북 포항시 북구 청하면 이가리 산67-3

◷ 09:00~18:00(6월~8월은 20시까지)

₩ 무료

❺ 구룡포일본인가옥거리

과메기로 유명한 구룡포에 쓰라린 역사가 남아있다. 일제강점기 당시 일제에 의해 마을이 형성된 뒤 어업기지 삼아 침탈이 이어졌다. 어두운 과거를 뒤로하고 현재는 100년 전 풍경을 보여주는 근대역사거리로 재단장했다. 드라마 <동백꽃 필 무렵>이 촬영되며 주목받았다.

◎ 경북 포항시 남구 구룡포읍 구룡포리

◷ 24시간

₩ 무료

❻ 연오랑세오녀테마공원

삼국유사에 등장하는 <연오랑 세오녀> 이야기를 주제로 영일만 바다가 훤히 보이는 언덕에 대형 공원을 꾸몄다. 일본으로 건너가 왕과 왕비가 된 부부의 전설이 전시관 안에서 흥미롭게 진행된다. 야외엔 재현된 부부의 집과 쉼터, 정자가 있어 따사로운 햇살을 머금기 좋다.

◎ 경북 포항시 남구 동해면 호미로 3012

◷ 24시간

₩ 무료

⑦ 오어사

시내에서 벗어난 운제산에 위치해 조용하고 평화롭다. 혜공과 원효, 자장과 의상 등 신라의 전설적인 승려들이 수행하던 명사찰이다. 유물전시관에 원효대사가 쓰던 낡고 헤진 삿갓이 있어 놀랍다. 사찰 앞 오어지에 조성된, 온통 자연으로 뒤덮인 둘레길을 걷는 것도 필수다.

경북 포항시 남구 오천읍 항사리 산28-14

24시간

₩ 무료

⑧ 포항해상스카이워크

2022년에 문을 열었다. 그와 동시에 국내에서 가장 긴 해상스카이워크란 자격을 획득했다. 총 463미터의 길이로 바다 위에 뜬 큰 원과 작은 원 2개가 유리로 만든 길을 통해 이어진다. 큰 원 중앙엔 해수 풀이 있어 미니 수영장이 된다. 야간 조명이 화려해 야경도 멋지다. 경북 포항시 북구 해안로 518

월~금 10:00~20:00, 토~일 10:00~21:00(12월~2월 평일은 17시, 토~일은 18시까지)

₩ 무료

⑨ 보경사12폭포

포항의 북쪽 끝자락에 있는 내연산에 보석이 연달아 나타난다. 산 초입의 보경사를 지나 계곡 깊숙한 곳으로 발걸음을 옮기면 저마다의 개성을 가진 12개의 폭포가 산행 내내 동행한다. 처음 등장하는 상생폭포와 7번째에 나타나는 연산폭포의 인기가 가장 높다.

경북 포항시 북구 송라면 보경로 523

24시간

₩ 보경사 성인 3,500원, 청소년 2,000원, 어린이 무료

⑩ Park1538포스코역사박물관

'포항제철'로 더 친숙한 포스코는 포항뿐 아니라 대한민국 경제를 비약적으로 발전시킨 굴지의 기업이다. 1968년 포항에 개장한 이래 국내 철강 산업을 이끌고 있는 포스코의 창업 초기부터 현재까지의 역사를 압축하여 보여준다. 야외에선 국내 최초의 용광로도 볼 수 있다.

경북 포항시 남구 동해안로6213번길 14

월~금 09:00~18:00, 토 10:00~17:00(일 휴무)

₩ 무료 (예약제)

포항의 맛집과 카페

환여횟집 물회 고수들이 치열한 경쟁을 벌이는 포항에서도 선호도가 가장 높은 곳. 깔끔 그 자체다.
경북 포항시 북구 해안로 189-1 매일 10:00~20:30(브레이크 타임 15:00~16:00, 라스트 오더 19:30)

평남식당 40년 넘게 운영 중인 한우 곰탕집이다. 진한 맛이 일품이며 수란이 올라가는 게 특징이다.
경북 포항시 북구 죽도시장3길 9-16 화~일 08:00~19:00(브레이크 타임 14:00~15:00, 라스트 오더 18:40, 월 휴무)

반송정국시 메밀소바가 찰지고 신선하다. 직접 숙성시켜 만든 장도 무척 훌륭하다.
경북 포항시 북구 송라면 해안로 2798 수~월 11:00~19:30(브레이크 타임 15:00~17:30, 화 휴무)

시민제과 이름에 걸맞게 1949년부터 오랜 시간 포항 시민과 함께한 빵집. 단팥빵과 찹쌀떡이 인기.
경북 포항시 북구 불종로 48 매일 09:00~22:00

오브레멘 브레멘 음악대가 몰려와도 될 만치 큼직한 감성 카페. 최고의 포토존, 회전목마가 있다.
경북 포항시 북구 해안로 191-1 매일 10:00~22:30(라스트 오더 22:00)

포항시 여행 지도

003 Gyeongbuk

영덕군

대게가 꿈틀대는 짙푸른 바다

❶ 영덕해맞이공원

눈앞에서 부서지는 짙푸른 파도에 머리와 마음을 짓누르던 스트레스마저 깨끗이 쓸려나간다. 바다에 딱 붙어 시원함을 전하는 영덕해맞이공원은 형성 과정도 의미 있다. 1997년에 발생한 산불로 인해 잿더미가 되었던 곳을 오랜 작업 끝에 힐링 장소로 재탄생시켰다. 이제는 공원 언덕에도 다시 푸른 풀과 나무가 돋아났다. 해안을 따라 산책로와 쉼터가 이어져 바다를 보며 쉬어가기 참 좋다. 대게의 집게발이 꽉 붙들고 있는 하양 빨강의 창포말 등대도 여행의 낭만을 더해준다. 이름에서 알 수 있듯 일출이 멋지단 사실은 두말하면 잔소리다.

◎ 경북 영덕군 영덕읍 대탄리

◷ 24시간

₩ 무료

❷ 강구항-영덕대게거리

영덕의 대게 사랑은 상상 그 이상이다. 영덕 내의 공원, 거리, 다리, 안내판, 심지어 화장실에서도 대게 모형이 튀어나온다. 그 영덕의 인기 스타를 원 없이 마주하려면 역시 강구항으로 향해야 한다. 항구에 막 도착한 싱싱한 대게가 어시장에서 활발하게 거래된다. 강구항을 따라 대게 가게가 줄줄줄 이어지는 대게 거리에선 대게찜은 당연하고 각종 대게 요리를 맛볼 수 있다. 모두 품질은 말할 것도 없이 훌륭하니 가격만 잘 확인하면 된다. 대게 거리 뒤로 돌아가면 바닷가에 광활한 공원이 나타난다. 배를 채우고 소화시킬 겸 산책하면 딱이다.

◎ 경북 영덕군 강구면 강구리

◷ 24시간

₩ 무료

❸ 고래불해수욕장

영덕의 해안이 얼마나 아름다운지 증명하기 위해 존재하는 해수욕장 같다. 수 킬로미터에 달하는 금빛 모래가 거의 원형을 이루며 휘어지고 그 안으로 푸른 바다가 밀려든다. 해변 뒤는 해송 숲이다. 고려의 학자 이색 선생이 고래가 물을 뿜는 모습을 보고 이름을 지었다.

◎ 경북 영덕군 병곡면 고래불로 68

◷ 24시간

₩ 무료

❹ 벌영리메타세쿼이아숲

영덕 영해면 벌영리에 개인이 오랜 시간 정성 들여 가꾼 메타세쿼이아가 울창하게 숲을 이룬다. 키도 얼마나 큰지 꼭대기를 보려면 고개를 한참 꺾어야 한다. 측백나무와 편백까지 합세해 더욱 풍성하다. 사유지임에도 이 멋진 곳을 대가 없이 공개하니 감사할 따름이다.

◎ 경북 영덕군 영해면 벌영리 산54-1

◷ 24시간

₩ 무료

❺ 장사해수욕장

영덕 최남단에 위치한 해변으로 900미터 길이의 백사장이 완만해 해수욕 즐기기 제격이며 솔숲이 길게 이어져 산책만 즐겨도 좋다. 아름다움으로 꽉 찬 공간이지만 한국전 땐 수많은 학도병이 희생당한 장사 상륙작전의 무대였다. 해변 남쪽 군함에 전승기념관이 있다.

◎ 경북 영덕군 남정면 장사리

◷ 24시간

₩ 무료

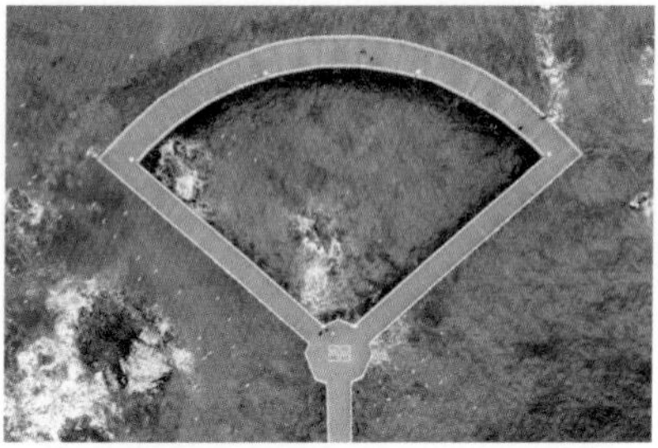

❻ 삼사해상산책로

바다를 향해 230여 미터 뻗어있는 해상 데크 산책로다. 갯바위와 맑은 바다를 둘러보며 동해 깊숙이까지 발걸음을 이어가는 기분이 상쾌하다. 산책로 중간 지점은 바닥이 투명해 소소한 스릴을 준다. 유난히 많은 갈매기가 몰려들어 새우 과자가 불티나게 공급된다.

◎ 경북 영덕군 강구면 삼사리

◷ 하절기 08:00~20:00, 동절기 09:00~17:00

₩ 무료

7 영덕어촌민속전시관

어촌의 생활 방식과 문화를 기록한 어촌민속전시관은 전망대를 포함해 총 4층 규모다. 어업과 어촌에서의 삶을 다룬 학습적인 전시관과 함께 바다 화석이나 수산동식물을 나열한 공간도 있다. 영덕이라는 이름에 걸맞게 건물 중앙엔 대게를 잡는 큰 어선의 모형이 위치한다.

경북 영덕군 강구면 해상공원길 96-8

화~일 09:00~18:00(월 휴무)

₩ 성인 2,000원, 청소년·어린이 1,000원

8 괴시리전통마을

고려 말에 활동했던 학자 목은 이색 선생이 탄생한 전통마을이 남아있다. 목은이 사신으로 중국에 갔다가 고향이 중국 괴시와 비슷하다 하여 마을 이름을 붙였다. 현재는 영양 남씨의 세거지가 되었다. 200년이 된 양반집 전통가옥이 30여 채 남아 과거의 영화를 전한다.

경북 영덕군 영해면 호지마을1길 11-2

24시간

₩ 무료

9 옥계계곡

영덕의 바다만 맑고 투명한 게 아니다. 산골짜기로 내달리는 계곡물 역시 바닥을 보여줄 만치 깨끗하다. 팔각산 자락에 터를 잡은 옥계계곡이 좋은 예다. 침식으로 생겨난 기암과 작은 폭포도 풍경을 더 특별하게 만든다. 풍류를 즐기기 딱 좋은 위치엔 침수정이 들어앉았다.

경북 영덕군 달산면 팔각산로 662

24시간

₩ 무료

10 영덕블루로드

영덕의 그림 같은 해안선을 따라 걷는 64.6킬로미터의 도보여행 길이다. 국내에 조성된 많고 많은 걷기길 중에서도 최고의 풍경을 품은 길 중 하나로 손꼽힌다. A코스부터 D코스까지 4개의 코스가 준비되어 있다. 걸어서 각 구간을 완주하는 데 평균 5~6시간 정도 걸린다.

경북 영덕군 강구면 일대

24시간

₩ 무료

영덕의 맛집과 카페

영덕대게

동해바지락칼국수

카페봄

영덕대게 임금에게 진상했을 정도니 영덕대게의 우수성과 인기는 굳이 길게 설명할 필요가 없지 싶다. 참고로 대게의 다리가 대나무 마디 같다 하여 '대'게다.

동해바지락칼국수 바지락을 아낌없이 투하해 국물 맛이 매우 시원하다. 매운 게 싫다면 고추를 빼달라 하자. 경북 영덕군 강구면 동해대로 4389 매일 09:00~20:00

생선구이집 생선구이정식이 가격도 저렴한 편이며 양도 풍부하고 맛까지 있으니 더 바랄 게 없다.
경북 영덕군 강구면 영덕대게로 153-1 목~화 08:00~19:30(라스트 오더 19:00, 수 휴무)

카페봄 갯바위 위에 지은 카페라 정말 바로 옆에서 파도가 부서져 아찔하다.
경북 영덕군 강구면 영덕대게로 192 10:00~20:00(라스트 오더 19:30)

무브온커피 강구항에서 조금 벗어나 있어 더 여유로이 바닷가 풍경을 즐기며 음료를 마실 수 있다.
경북 영덕군 강구면 영덕대게로 411 매일 10:00~20:00(라스트 오더 19:50)

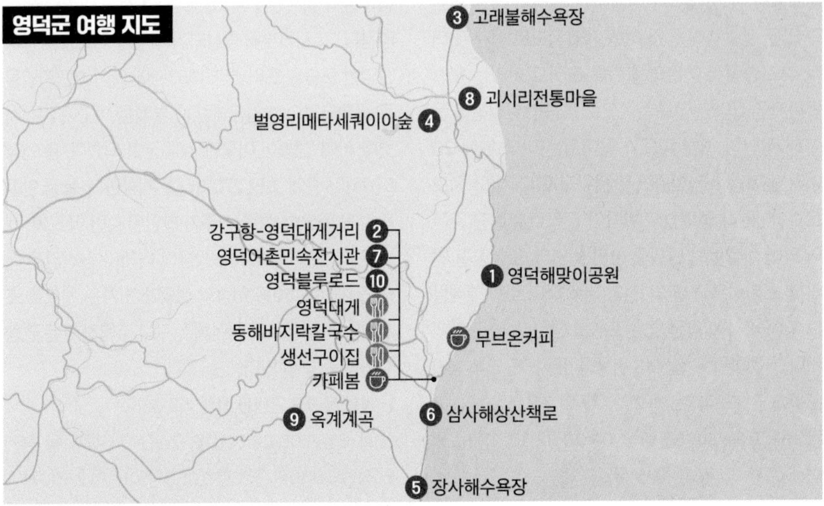

004 울진군

Gyeongbuk

어디로 향하든 매력 철철 여행지가 가득

❶ 등기산스카이워크 후포항

후포항은 울진 대게가 넘쳐나는 지역의 대표 항구라 많은 관광객이 울진 여행 시작점으로 삼는 곳이다. 후포항에서 어촌의 활기를 느끼고 맛있는 해산물까지 즐겼다면 항구 동쪽으로 조금만 발걸음을 옮기자. 유난히 거친 파도가 몰아치는 바다 위에 20미터 높이의 스카이워크가 세워져 있다. 바다 쪽으로 135미터나 뻗어있고 바닥이 유리로 이뤄진 구간이 있어 아찔함의 단위를 한껏 높인다. 모험심을 발휘해 스카이워크 끝의 전망대에 다다르면 에메랄드 색의 바다에 기분 좋은 포위를 당한다. 바로 옆의 커다란 갯바위도 합세해 감동을 준다. ◎ 경북 울진군 후포면 후포리 산141-21 ◷ 화~일 3월~5월·9월~10월 09:00~17:30, 6월~8월 09:00~18:30, 11월~2월 09:00~17:00(월 휴무) ₩ 무료

❷ 성류굴

성류굴의 역사는 2억 5,000만 년 전까지 거슬러 올라간다. 그 시기부터 형성되기 시작한 석회암 동굴이 장엄한 모습을 드러낸다. 1963년에 이미 천연기념물로 등록되었으며 임진왜란 때 부처를 이곳에 피신시켰다 하여 '성불이 머물던' 성류굴이 되었다. 총 연장 870미터 중에 초반 270미터를 개방한다. 동굴 안을 꽉 채운 종유석, 석순, 석주가 확인된 것만 약 50만 개나 된다. 동굴에 호수와 광장이 나타나 신비감은 더욱 진해진다. 50종 이상의 생명체가 사는 것으로 조사되었다. 탐방로가 완만해 누구나 수월하게 동굴 탐사에 집중할 수 있다.

◎ 경북 울진군 근남면 성류굴로 221

◷ 화~일 09:00~18:00(11월~2월은 17시까지, 월 휴무)

₩ 성인 5,000원, 청소년 3,000원, 어린이 2,500원

❸ 불영사

651년 의상대사가 울진 천축산에 창건했다. 사찰의 중심이 되는 연못, 불영지와 옛 건물의 조화가 무척 운치 있다. 2022년 발생한 큰 산불로 전소 위기에 처했지만, 사찰 앞에서 극적으로 불이 진화됐다. 사찰 서쪽의 산 위, '불영'의 유래가 된 부처바위가 수호한 것이 아닐까.

◎ 경북 울진군 금강송면 하원리 산34

◷ 24시간

₩ 성인 2,000원, 청소년 1,500원, 어린이 1,000원

❹ 죽변해안스카이레일

죽변항에서 봉수항에 이르는 왕복 2.8킬로미터 구간에 깜찍한 모노레일이 멋진 바다 풍경을 보여주겠다며 바지런히 움직인다. 2021년 개장과 동시에 죽변항의 명소로 등극했다. 코스 중간쯤 하트 모양의 해변이 모습을 드러내니 연인과 함께라면 배경 삼아 인증 샷을 남길 것. ◎ 경북 울진군 죽변면 죽변항길 124 ◷ 월~금 09:30~17:30, 토~일 09:00~18:00 ₩ 1~2인 탑승 21,000원, 3인 탑승 28,000원, 4인 탑승 35,000원

❺ 망양정해맞이광장

숙종이 '관동제일루'라는 현판을 하사한 망양정은 고색창연함을 뽐내며 관동팔경의 한 자리를 차지한다. 주변 언덕으로 일출 조망을 위해 조성된 광장이 너르다. 거창한 울진대종이 자리하고 언덕 끝엔 소망나무 전망탑이 있다. 해안도로와 푸른 바다를 한눈에 감상할 수 있다.

◎ 경북 울진군 근남면 산포리 664

◷ 24시간

₩ 무료

❻ 울진아쿠아리움

150종 6,000여 마리의 어류와 해양 생물이 제각각 신비스러운 자태를 뽐낸다. 웬만해선 대면하기 어려운 희귀종도 눈에 띈다. 서해에서 종종 발견되는 귀여운 점박이물범과 왕피천 출신의 수달, 왕돌초 수조에서 꿈틀대는 각종 상어와 커다란 바다거북은 반드시 찾아보자.

◎ 경북 울진군 근남면 엑스포로 25

◷ 화~일 09:00~18:00(11월~2월은 17시까지, 월 휴무)

₩ 성인 7,000원, 청소년 6,000원, 어린이 5,000원

❼ 월송정

바다를 향해 있는 월송정 주위로는 소나무가 과할 정도로 빽빽하다. 고려 때 건립되어 조선 때 중건되었고 일제가 철거한 것을 1980년에 재건했다. 솔숲과 정자, 파도가 만드는 어우러짐이 매우 근사해 오래전부터 명승으로 꼽혀왔다. 겸재 정선도 이 풍경을 화폭에 옮겼다.

◎ 경북 울진군 평해읍 월송정로 517

◷ 24시간

₩ 무료

❽ 국립해양과학관

바다에 대한 정보와 자료를 일목요연하게 정리해 놓은 과학관으로 2020년 개관했다. 1존에서 10존에 이르는 방대한 규모의 전시가 이어진다. 본관 밖, 393미터 길이의 해상통로 '바다마중길 393'을 지나면 해저 7미터 지점에 '바닷속전망대'가 나타나 해저 탐험이 가능하다.

◎ 경북 울진군 죽변면 해양과학길 8

◷ 화~일 09:30~17:30(월 휴무)

₩ 무료

❾ 민물고기생태체험관

토종 물고기와 외래종까지 100종이 훌쩍 넘는 민물고기를 한데 모았다. 황쏘가리나 어름치 같은 천연기념물과 멸종 위기에 처한 민물고기는 물론 수달이나 자라, 남생이도 만날 수 있다. 하이라이트는 초대형 연어 수조다. 수백 마리의 연어가 빙글빙글 도는 모습이 인상 깊다. ◎ 경북 울진군 근남면 불영계곡로 3532 ◷ 화~일 09:00~18:00(11월~2월은 17시까지, 월 휴무) ₩ 성인 3,000원, 청소년 2,000원, 어린이 1,500원

❿ 이현세만화거리

담벼락마다 친숙한 만화 캐릭터가 보인다. <공포의 외인구단>으로 유명한 만화가 이현세의 작품이다. 매화마을이 그의 부친의 고향이라 연이 닿았다. 어느 골목으로 들어서든 추억의 만화가 한가득이다. 마을 복지회관 옆엔 2,000권의 만화책을 보유한 매화만화도서관이 있다.

◎ 경북 울진군 매화면 매화4길 3

◷ 24시간

₩ 무료

울진의 맛집과 카페

울진대게

죽변우성식당

물치상회

울진대게 울진은 대게를 두고 영덕과 치열한 경쟁을 벌인다. 그러나 같은 바다에서 올라왔으니 그 승부를 내긴 어렵다. 탱글하고 두툼한 게살을 마음껏 즐겨보자.

죽변우성식당 일반에겐 생소한 곰치로 국을 끓인다. 칼칼하고 시원한 향토 음식이나 호불호가 나뉜다.
경북 울진군 죽변면 죽변항길 69 화~일 07:00~15:00(월 휴무)

예원 게살과 더불어 해물이 잔뜩 들어간 시그니처 죽변짬뽕으로 죽변항의 맛을 책임진다.
경북 울진군 죽변면 죽변중앙로 218 매일 10:00~20:00

물치상회 등기산과 바다 사이에 있는 자그마한 애견 동반 카페로 낭만적인 감성이 묻어난다.
경북 울진군 후포면 울진대게로 289-1 매일 10:00~20:00

르카페말리 2층 통창 너머로 보는 죽변 바다가 아름답다. 디저트도 인기가 좋고 울진 기념품도 판다.
경북 울진군 죽변면 죽변중앙로 32 매일 10:00~22:00(일요일은 18시까지, 라스트 오더 21:30)

005 울릉군

Gyeongbuk

우리 땅 독도를 품은 신비의 섬

❶ 독도

대한민국 국적의 작가가 쓴 대한민국 가이드북에 등장하니 독도는 의심의 여지 없이 대한민국의 영토다. 울릉도 동남쪽으로 87.4킬로미터 떨어진 섬으로 배를 타고 1시간 반 안팎 걸린다. 우리에게 익숙한 동도와 서도를 포함해 89개의 부속 섬으로 이루어졌다. 접안이 가능할 경우 동도에 발을 디딜 수 있다. '대한민국 동쪽 땅끝'이라 새겨진 기념비 앞에서, '독도이사부길' 팻말 앞에서 기념사진을 남기는 건 필수다. 천혜의 자연을 가진 독도에서 바라보는 풍광은 역시 기대를 한참 뛰어넘는다. 독립문 바위 등 수많은 기암이 섬을 둘러싼다.

◎ 경북 울릉군 울릉읍 독도안용복길 3

◷ 성수기 기준 울릉도에서 하루 4~5편의 페리가 출발

₩ 무료

❷ 관음도

오랜 시간 사람의 발길이 닿지 않아 원시림과 날것 그대로의 자연이 꿈틀대는 무인도다. 그러나 2012년에 섬으로 통하는 140미터 길이의 연도교가 건설되어 이제는 누구나 그 품 안으로 걸어 들어갈 수 있다. 다리 중간쯤에 서면 울릉도에 새겨진 방사상 주상절리가 보인다. 길을 잃지 않도록 섬 안엔 지질탐방로가 잘 조성돼 있다. 말오줌나무, 보리밥나무 등 울릉의 독특한 식생이 관찰된다. 섬 북동부엔 울릉의 비경이라 알려진 해식 동굴 '관음 쌍굴'이 있고 탐방로 주요 지점에 설치된 전망대에서 바라보는 전경은 하나같이 매혹적이다.

◎ 경북 울릉군 북면 천부리

◷ 매일 09:00~18:00(16:30 입장 마감)

₩ 성인 4,000원, 청소년 3,000원, 어린이 2,000원

❸ 예림원

개인이 정성을 다해 가꾼 식물원이지만 단순히 식물원이라 하기엔 볼거리가 너무 많다. 형형색색의 꽃과 나무, 분재로 가득 찬 정원과 연못이 기본을 다지고 어디에도 없는 문자 조각 공원이 흥을 돋운다. 전망대에 오르면 울릉 북쪽 풍경이 모두 담기며 사슴 농장도 있다.

◎ 경북 울릉군 북면 울릉순환로 2746-24

◷ 매일 09:00~18:00

₩ 성인 5,000원, 청소년·어린이 4,000원

❹ 나리분지

거의 산지로 이뤄진 울릉도에서 유일하게 평지가 펼쳐지는 곳으로 화산이 폭발한 뒤 분화구가 내려앉으며 형성된 분지다. 마을 개척 당시에 지어진 너와집과 투막집이 있다. 여행자들은 주로 동쪽으로 향한다. 놀이터와 식당이 있고 숲과 분화구로 통하는 탐방로가 이어진다.

◎ 경북 울릉군 북면 나리

◷ 24시간

₩ 무료

❺ 봉래폭포

성인봉 자락에서 흘러내린 물줄기가 폭포로 변해 3단에 걸쳐 시원스레 쏟아진다. 높이는 30미터로 수량이 풍부해 거의 가물지 않는다. 폭포수는 울릉 주민들의 식수원으로 사용되기도 한다. 서늘한 바람이 솟는 냉혈과 울창한 삼나무숲이 폭포로 가는 길을 즐겁게 만든다.

◎ 경북 울릉군 울릉읍 저동리

◷ 매일 08:00~17:00

₩ 성인 2,000원, 청소년 1,500원, 어린이 1,000원

❻ 대풍감

자연이 만든 울릉 최고의 전망대다. '바람을 기다리는 언덕'이란 의미도 고상하다. 울릉도 북서쪽 꼭짓점에 위치해 섬 북쪽의 해안선과 서쪽의 능선이 번갈아 눈에 들어온다. 하얀 태하 등대가 설렘 지수를 더 높인다. 정상 부근까지 관광모노레일이 운행되니 큰 부담도 없다.

◎ 경북 울릉군 서면 태하리

◷ 24시간

₩ 무료

❼ 독도일출전망대-케이블카

도동항 인근에서 320여 미터 망향봉 정상까지 케이블카가 운행된다. 시계가 좋은 날엔 전망대에서 아주 멀리 독도의 모습이 보이지만 1년에 며칠 되지 않는다. 산 정상부로 조금 더 올라가면 해안 절벽과 하나 된 울릉 읍내와 성인봉의 전경이 나타나니 실망할 필요는 없다.

◎ 경북 울릉군 울릉읍 약수터길 99

◷ 화~일 09:00~18:00(11월~3월은 17시까지, 월 휴무)

₩ 성인 7,500원, 청소년 5,500원, 어린이 3,500원

❽ 내수전몽돌해변

크고 작은 몽돌이 바닷물을 머금었다 뱉었다 하기를 반복하며 차르륵 정겨운 소리를 낸다. 크기는 아담하지만 물이 매우 맑고 파도가 높지 않아 물놀이하기 괜찮은 해변이다. 외딴 섬 주도의 모습도 보인다. 무엇보다 울릉도 동쪽에 자리하고 있어 환상적인 일출까지 볼 수 있다.

◎ 경북 울릉군 울릉읍 저동리

◷ 24시간

₩ 무료

❾ 울릉도독도해양연구기지

해양 연구를 목적으로 건립된 국가 기관이나 울릉도·독도 해양생태관을 운영하고 있어 누구나 자유롭게 방문이 가능하다. 울릉도 인근의 해저 지형과 해양 생명체를 매우 체계적으로 전시해 놓아 방문 가치가 높다. 한때 독도 인근에서 자주 출몰했던 바다사자의 모형도 있다.

◎ 경북 울릉군 북면 현포2길 121

◷ 월~토 09:00~18:00(일, 공휴일 휴무)

₩ 무료

❿ 천부해중전망대

보통 전망대 하면 높은 곳에서 전경을 내려다보는 장소라 생각하지만 이곳은 다르다. 바닷속 전망을 보여준다. 100미터 길이의 해상교를 지나면 해저 6미터로 내려가는 계단이 나온다. 창 너머로 헤엄치는 물고기를 보면 몸에 물 한 방울 안 묻히고 스노클링을 하는 기분이다.

◎ 경북 울릉군 북면 울릉순환로 3137

◷ 매일 09:00~18:00(동절기는 17시까지)

₩ 성인 4,000원, 청소년 3,000원, 어린이 2,000원

울릉도의 맛집과 카페

오징어내장탕 오징어가 워낙 흔한 동네다 보니 울릉에선 잉여의 오징어 내장으로 탕을 끓여 먹는다. 울릉에서만 맛볼 수 있는 별미로 고추와 콩나물을 담뿍 넣어 시원하고 칼칼하다.

따개비칼국수 따개비를 재료로 만든 음식도 울릉도에서 꼭 맛봐야 할 향토 음식이다. 항구 주변에서 따개비칼국수와 따개비밥을 쉽게 만날 수 있다. 어느 집이든 따개비를 아끼지 않는다.

독도새우 높은 가격으로 악명 높지만 독도에 왔다면 도전해 볼 만하다. 일반적으로 독도새우라 함은 '도화새우'로 깊은 수심에서 잡아 올린다. 살이 찐득하고 쫄깃쫄깃하다.

카페울라 자타공인 울릉도 최고 인기 카페다. 카페 앞에 선 고릴라 캐릭터 '울라'가 시그니처다.
경북 울릉군 북면 추산길 88-13 매일 10:00~18:00(라스트 오더 17:30)

오브레 빵지 순례객이 울릉도에 왔다면 여기부터 가야 한다. 오징어먹물빵이 대단한 인기다.
경북 울릉군 울릉읍 도동길 53 매일 09:00~21:00(라스트 오더 20:50, 겨울 시즌은 휴무)

Special Info 울릉도의 특별한 바위

울릉도엔 동서남북 어디나 별의별 이름이 붙은 특이한 바위가 흩어져 있다. 섬 일주도로를 달리다 보면 불현듯 하나씩 등장하니 숨은 바위 찾기의 재미에 빠져보자.

❶ 거북바위

거북이 여러 마리가 바위 위로 올라가는 모습이 보이기도 하고 바위 전체가 거북이의 모습을 닮기도 했다. 거북이가 통으로 들어간다 해서 주변 마을 이름도 통구미 마을이다.

❷ 삼선암

울릉도의 명승 중 하나로 꼽히는 바위다. 세 선녀가 울릉도에 반해 하늘로 올라가는 시간을 놓쳐 돌이 되었다는 전설이 내려온다. 다소 뻔한 전설이나 그 자태는 뻔하지 않다.

❸ 코끼리바위

여느 섬마다 있는 코끼리바위가 울릉도에 없을 리 없다. 울릉도의 그것도 영락없이 물속에 코를 담근 코끼리의 모습이다. 바위에 구멍이 뚫려있다 하여 공암으로 불리기도 한다.

❹ 곰바위

절벽 끝에 곰이 두 손을 모은 채 기도를 올리는 듯한 형상의 바위가 있다. 혹은 엄마곰이 아기곰을 업고 있는 모양처럼 보인다. 둘 중 어떻게 보이든 신기한 것만은 틀림없다.

❺ 버섯바위

나선형 도로로 유명한 수층교 근처에 버섯바위가 숨겨져 있다. 이는 용암이 수중에서 분출할 때 화산쇄설물 입자가 퇴적된 응회암이다. 층층이 쌓인 지층이 상황버섯을 꼭 닮았다.

❻ 촛대바위

울릉도에서 가장 큰 항구인 저동항의 방파제를 따라 걷다 보면 굵직한 촛대바위가 눈에 띈다. 어업 나간 아버지를 기다리던 딸이 돌로 굳었다는 이야기가 전해져 효녀바위로도 불린다.

❼ 노인봉

섬 북쪽 현포항 인근에 칼처럼 날카로운 바위가 거대한 위용을 드러낸다. 자세히 보면 그 끝이 자글자글한 주름살처럼 보여 노인봉이란 이름을 얻었다. 마그마의 통로인 화도가 굳으며 형성되었다.

❽ 송곳산

이름처럼 뾰족한 송곳 모양의 바위산이다. 높이는 430미터쯤 되며 노인봉과 마찬가지로 화도가 식어 굳으면서 만들어졌다. 송곳을 세워놓은 듯한 모습이 특이해 이정표가 된다.

006 Gyeongbuk

안동시

대한민국 유교 문화의 본향

❶ 안동하회마을

안동으로 여행지가 결정된 순간, 십중팔구는 이곳을 방문 1순위로 낙점할 것이다. 낙동강 물길이 마을 앞에 굽이쳐 '물이 돈다'란 뜻의 하회마을은 안동의 명문가 풍산 류씨의 집성촌이다. 600년 전통의 수많은 고택이 강산과 완벽히 어우러져 한국적인 멋이 최고조에 달한다. 그 덕에 2022년에 서거한 영국 엘리자베스 여왕도 방한 당시 이 마을을 찾았으며 2010년엔 유네스코 세계문화유산 마을이 되었다. 집안의 대종택인 양진당과 충효당, 염행당 등 주요 고택을 찬찬히 둘러보자. 마을 초입의 탈놀이전수관에서 하회탈 공연을 보는 것도 잊지 말자. 하회탈이 전시된 하회세계탈박물관도 놓치면 아깝다.

◎ 경북 안동시 풍천면 전서로 186

◷ 매일 09:00~18:00(11월~3월은 17시까지)

₩ 성인 5,000원, 청소년 2,500원, 어린이 1,500원

❷ 도산서원

조선을 빛낸 많은 유학자 중 단연 최고는 역시 퇴계 이황 선생이다. 퇴계가 낙향한 뒤 학문을 연구하고 후학을 양성하던 도산서당이 도산서원의 시작이다. 그가 임종한 뒤 제자들이 서당 뒤로 사당과 추모 공간을 마련하며 서원으로 확장하였고 이후 선조가 '도산'이란 편액을 하사하면서 사액서원이 되었다. 현판의 글씨는 한석봉의 작품이니 그냥 지나치지 말자. 규모가 작진 않으나 명성에 비하면 대부분의 건물이 수수하고 간결한 편이다. 이는 검소한 삶을 산 퇴계의 성품을 잘 나타낸다. 수천 권의 장서와 퇴계의 유품이 서원 내에 남아있다.

◎ 경북 안동시 도산면 도산서원길 154

◷ 매일 09:00~18:00(11월~2월은 17시까지)

₩ 성인 1,000원, 청소년 700원, 어린이 600원

❸ 월영교

달이 비치는 다리라니 그 이름 한 번 낭만적이다. 댐 건설로 수몰 위기에 몰렸던 월영대가 이 주변으로 옮겨지며 다리에도 월영이란 이름이 붙었다. 낮에도 운치가 넘치고 조명이 들어오는 야간의 모습도 예쁘다. 봄~가을 특정 시간엔 다리 곳곳에서 분수가 뿜어져 나온다.

◎ 경북 안동시 상아동 569

◷ 24시간

₩ 무료

❹ 부용대

하회마을을 조망하기 위한 자연 전망대나 다름없다. 부용대는 하회마을 북쪽에 자리한 64미터 높이의 절벽으로 정상에 오르면 낙동강의 물줄기와 마을의 전경, 기나긴 산맥이 모두 시야에 들어온다. 휘어진 소나무가 산책로를 만들어 정상으로 향하는 길마저 감탄을 부른다.

◎ 경북 안동시 풍천면 광덕리 산23-3

◷ 24시간

₩ 무료

❺ 낙강물길공원

안동이 감춰놓은 비밀의 숲이라 불렸으나 그 모습이 워낙 고와 이제 소문이 다 나버렸다. 아담하고 잔잔한 호수 주위로 봄이면 벚꽃과 산수유가 얼굴을 내밀고 가을이면 단풍이 물든다. 여기선 폭포가 쏟아지고 저기선 분수가 솟아난다. 누구에게나 공평하게 힐링을 건넨다.

◎ 경북 안동시 상아동 423

◷ 24시간

₩ 무료

❻ 만휴정

이렇게나 수려한 자연을 곁에 두고 책이 눈에 들어왔을까 싶지만 만휴정은 조선 전기의 문신 보백당 김계행이 독서와 학습을 위해 지은 정자다. 그 앞의 외나무다리마저 고상한 멋이 있다. 정자에 앉아 주위를 훑으면 보백당이 왜 말년을 이곳에서 보냈는지 절로 이해된다.

◎ 경북 안동시 길안면 묵계하리길 42

◷ 매일 10:00~18:00

₩ 1,000원

❼ 봉정사

유네스코 세계문화유산에 속한 7개의 산지 승원 중 한 곳이 안동에 있다. 672년 창건한 것으로 전해지는 봉정사는 규모가 크진 않다. 하지만 1363년에 지은 국내에서 가장 오래된 목조건물로 추정되는 극락전을 간직해 역사적 가치가 매우 높다. 웅장한 대웅전과 함께 국보로 지정됐다.

◎ 경북 안동시 서후면 봉정사길 222

◷ 하절기 07:00~19:00, 동절기 08:00~18:00

₩ 무료

❽ 신세동벽화마을

하나둘 마을 주민이 떠나고 쇠락하던 달동네가 안동 시내의 인기 여행지로 반전을 이뤄냈다. 2009년 벽화가 그려지기 시작하면서부터이다. 골목을 누비는 동안 튀어나오는 벽화의 수준이 하나같이 훌륭해 놀랍다. 그 사이를 꼼꼼하게 채우는 다정한 조각도 재미를 더한다.

◎ 경북 안동시 동문동 일대

◷ 24시간

₩ 무료

❾ 안동탈춤공원

눈가에 주름이 질 정도로 환히 웃고 있는 하회탈은 안동 최고의 명물. 이를 주제로 꾸민 공원은 국제탈춤축제의 무대다. 공원 내에 거대한 하회탈 동상과 각종 탈 조형물이 있다. 1년 중 이곳이 가장 빛날 때는 3월 말. 공원 주변이 온통 벚꽃으로 뒤덮여 벚꽃 축제가 벌어진다.

◎ 경북 안동시 민속촌길 13

◷ 매일 09:00~18:00

₩ 무료

❿ 선성수상길

안동의 유교 유적을 따라 걷는 선비순례길 코스에 특별한 길이 하나 있다. 예끼마을부터 안동호반자연휴양림까지 이어지는 물 위의 길이다. 안동호 위로 약 1킬로미터의 부교가 설치되어 바람 따라 흔들리는, 호수 수위에 따라 오르락내리락하는 재미있는 수상길이 탄생했다.

◎ 경북 안동시 도산면 서부리

◷ 24시간

₩ 무료

안동의 맛집과 카페

종가찜닭

일직식당

진성식당

종가찜닭 찜닭골목에선 매일 소리 없는 찜닭 전쟁이 벌어진다. 그래도 인지도로 따진다면 여기가 으뜸.
경북 안동시 번영길 11 매일 10:00~21:30

일직식당 안동 간고등어의 원조 격인 식당이다. 간고등어구이는 물론 고등어조림도 매력 있다.
경북 안동시 경동로 676 화~일 08:00~21:00(라스트 오더 20:30, 월 휴무)

진성식당 양 많고 맛 좋은 돈가스로 큰 성공을 거뒀다. 자신 있다면 매운해물돈가스에 도전해보자.
경북 안동시 태사길 25 월~토 11:00~19:00(브레이크 타임 15:00~16:30, 라스트 오더 18:55, 일 휴무)

맘모스베이커리 국내에서 빵집으론 다섯 손가락 안에 꼽힌다. 쫀득한 크림치즈빵의 인기가 난리도 아니다. 경북 안동시 문화광장길 34 매일 08:30~19:00

월영당 안동의 옛 양반집 같은 카페 건물에서 품격이 느껴진다. 월영교에 갔다면 들러보자.
경북 안동시 민속촌길 26 매일 10:00~22:00(라스트 오더 21:30)

Special Info 안동의 서원과 고택

오랫동안 한국 정신문화의 본향이었던 안동은 저명한 학자를 셀 수 없이 많이 배출했다. 그 중심엔 언제나 서원이 있었다. 명문가의 종택도 안동의 자랑이다. 안동에서 꼭 가야 할 서원과 종택을 소개한다.

❶ 병산서원

임진왜란을 승리로 이끌었던 조선의 문신 류성룡을 배향한 서원으로 산수와 어우러진 모습이 아름답다. 유네스코 세계문화유산으로 지정된 9개의 서원 중 하나다. 강당으로 쓰인 만대루에서 바라보는 낙동강과 병산의 모습이 절경이다. 하회마을과 그리 멀지 않으므로 함께 둘러보면 더 좋다.

📍 안동시 풍천면 병산길 386

❷ 묵계서원

조선 전기의 대표 학자 보백당 김계행과 응계 옥고를 추모하고자 1687년에 만들었다. 길안면 묵계리의 묵계종택에서 마을 안쪽으로 조금 더 들어가면 나온다. 1869년 서원철폐령으로 훼손되었다가 1925년에 복원되었다. 입구의 누각 읍청루가 웅장하다. 강 건너에 <미스터 션샤인> 촬영지 만휴정이 있다.

📍 안동시 길안면 국만리길 70

③ 호계서원

1573년 안동의 선비들이 절터에 서원을 짓고 이황 선생의 위패를 모셨던 여강서원이 시초이다. 1676년 숙종의 사액을 받고 이름을 호계서원으로 바꿨다. 호계서원은 오랜 시간 안동의 문화를 이끌던 유림의 본거지였다. 안동댐 건설 당시 예안면에서 도산면의 지금 위치로 옮겼다.

도산면 퇴계로 2001-36

④ 역동서원

안동 지역 최초의 서원이다. 1570년 역동 선생으로 불렸던 고려 후기의 유학자 우탁을 배향하기 위해 안동의 선비들이 뜻을 모아 건립했다. 1871년 흥선대원군의 서원철폐령으로 훼손되었다가 복원되었다. 원래는 예안면 부포리에 있었으나 안동댐 건설할 때 지금의 송천동 안동대학교 안으로 이전했다.

안동시 경동로 1375

⑤ 퇴계종택

조선 성리학의 거목 퇴계 이황의 종택이다. 안타깝게도 본래의 종택은 1907년 일본군에 의해 불타 파괴되었고 현재의 종택은 20여 년 뒤 후손이 다시 지은 것이다. 이때 1907년에 화마를 입은 사당과 정자 추월한수정도 다시 지었다. 종택과 사당, 정자 추월한수정을 담장으로 구분한 게 인상적이다.

안동시 도산면 백운로 268

⑥ 농암종택

조선 초기 문장가 농암 이현보의 종택이다. 이현보는 윤선도의 <어부사시사>에 영향을 준 <어부가>를 지었다. 원래 도산면 분천리에 있었는데, 안동댐 건설로 수몰 위기를 맞자 지금의 청량산 자락 가송리로 이전했다. 산과 강에 둘러싸인 고택 풍경이 멋스럽다. 숙박이 가능해 여행자들이 즐겨 찾는다.

안동시 도산면 가송길 162-133

007 Gyeongbuk

영주시

옛 선비의 풍류를 느끼는 여정

❶ 부석사

전 국립중앙박물관장 최순우 선생이 쓴 <무량수전 배흘림기둥에 기대서서>는 여전히 우리 문화재의 아름다움을 다룬 최고의 인문서로 회자된다. 그 책의 제목을 장식할 만치 부석사 무량수전은 국가의 귀한 보배다. 배흘림기둥은 중간이 넓고 위아래가 좁은 항아리 모양의 목조 기둥으로 국내에 몇 남지 않아 가치가 높다. 부석사는 의상대사가 왕명을 받들어 676년에 창건한 한국 화엄종의 근본 도량이다. 의상과 그의 많은 제자에 의해 전통이 잘 계승되었으며 무량수전과 그 앞의 석등을 비롯하여 5점의 국보와 8점의 보물이 있는 중요 사찰이다.

◎ 경북 영주시 부석면 부석사로 345

◷ 24시간

₩ 무료

❷ 무섬마을

영주의 남쪽 끝자락, 낙동강의 지류 내성천 곁에 고택이 빼곡하다. 무섬마을은 조선 시대부터 선비와 사대부가 모여 살던 전통마을이다. 여전히 40동이 넘는 한옥과 초가가 남아있어 돌담을 따라 걷기만 해도 옛 정취가 느껴진다. 하지만 이 마을의 진짜 주인공은 내성천 위를 가로지르는 외나무다리다. 폭이 30센티미터에 불과한 S자 형태의 긴 다리는 콘크리트 다리가 생기기 전까지 마을에서 외부로 통하는 유일한 길이었다. 꽃가마도 상여도 이 다리를 지났다. 복원된 뒤에는 여행자 사이에서 입소문이 나며 영주의 관광 명소로 자리매김했다.

◎ 경북 영주시 문수면 수도리

◷ 24시간

₩ 무료

❸ 소수서원

단 하나의 사실만으로도 중요도를 가늠할 수 있다. 소수서원은 국내 최초의 사액서원이다. 왕으로부터 편액을 하사받고 권위를 인정받은 역사상 첫 사립학교라는 뜻. 퇴계 이황이 풍기군수로 왔을 당시 국가에 지원을 요청한 덕이다. 그 역사적 사료가 서원에 전시되어 있다. ◎ 경북 영주시 순흥면 내죽리152-8 ⓒ 매일 09:00~18:00(6월~8월은 19시까지, 11월~2월은 17시까지) ₩ 소수서원+소수박물관+영주선비촌 통합권 성인 3,000원, 청소년 2,000원, 어린이 1,000원

❹ 영주선비촌

영주가 선비의 고장임을 알리듯 소수서원 곁에 선비촌이 들어섰다. 조선 영주 선비들의 생활공간을 고스란히 복원했다. 수많은 기와집과 초가가 줄을 잇고 저잣거리와 주막의 모습도 흥미롭다. 한옥 숙박이 가능하며 한지 공예와 염색 같은 전통문화 체험도 준비되어 있다. ◎ 경북 영주시 순흥면 소백로 2796 ⓒ 매일 09:00~18:00(6월~8월은 19시까지, 11월~2월은 17시까지) ₩ 소수서원+소수박물관+영주선비촌 통합권 성인 3,000원, 청소년 2,000원, 어린이 1,000원

❺ 국립산림치유원

우리는 몸과 마음의 치유가 필요할 때 예외 없이 초록의 대자연 안으로 들어간다. 국립산림치유원은 그 사실을 잘 알고 있는 듯하다. 숲이 가진 긍정적 요소를 활용해 심신을 수련하고 스트레스를 줄이는 프로그램을 운영한다. 숙박도 제공해 자연 안에서 쉬어갈 수 있다.

◎ 경북 영주시 봉현면 테라피로 209

ⓒ 매일 09:00~21:00

₩ 프로그램별 요금 상이

❻ 영주인삼박물관

영주 풍기읍의 인삼이 얼마나 유명한지는 두말하면 잔소리다. 아주 오래전부터 전국 각지로 퍼져나가며 귀한 약재로 쓰이고 있다. 인삼박물관에서 풍기인삼에 관한 이야기를 들어보자. 단순한 전시 위주가 아닌 다양한 체험이 가능한 박물관이라 아이들에게도 흥미를 준다.

◎ 경북 영주시 풍기읍 죽령로 1378

ⓒ 화~일 09:00~18:00(11월~2월은 17시까지, 월 휴무)

₩ 무료

❼ 여우생태관찰원

1960년대의 쥐잡기 운동은 토종 여우에겐 치명적이었다. 쥐약에 중독된 쥐를 먹고 여우는 사실상 국내에서 멸종됐다. 다행히 국립공원연구원의 개체 복원 노력 덕에 여우는 겨우 명맥을 유지하고 있다. 야생으로 보내기 전에 보호 중인 여우를 직원과 동행하며 만나게 된다.

◎ 경북 영주시 순흥면 소백로2481번길 33

◷ 화~일 10:30, 14:00, 16:00 탐방 시작
(휴게시간 12:00~13:00, 월 휴무) ₩ 무료

❽ 희방폭포

소백산맥이 영남 지방을 훑으며 내려가다 영주에 남긴 선물이다. 희방폭포는 28미터 높이로 내륙의 폭포로는 매우 큰 규모에 속한다. 예부터 소백산의 절경 중 하나로 널리 알려졌으며 영주 최고의 피서지로도 꼽힌다. 폭포에 간 김에 그 곁의 희방사까지 산행을 이어가 보자.

◎ 경북 영주시 풍기읍 수철리

◷ 24시간

₩ 무료

❾ 소백산풍기온천리조트

영주를 꼼꼼히 여행했다면 이곳에서 쉴 자격이 충분하다. 인삼박물관 인근에 자리한 온천을 갖춘 리조트로 소백산에 둘러싸여 휴식을 취하기에 더욱 좋다. 숙박 시설과 워터파크도 운영하고 있어 가족 단위 여행객에게 추천한다. 모든 시설에 유황 온천수가 공급된다.

◎ 경북 영주시 풍기읍 죽령로 1400

◷ 매일 06:00~20:00

₩ 온천 성인 9,000원, 소인(7세 이하) 5,000원

❿ 순흥읍내리벽화고분

영주 읍내리 서쪽에 매우 오래된 고분군이 있다. 삼국 시대의 것으로 추정되는데 놀랍게도 안에서 벽화가 발견됐다. 벽면에 채색화가 그려져 있어 삼국 시대의 생활상과 문화를 파악하는 데 큰 도움을 주었다. 유적 보호를 위해 현재는 복제된 고분 안에서 관찰이 가능하다.

◎ 경북 영주시 순흥면 읍내리

◷ 24시간

₩ 무료

영주의 맛집과 카페

나드리 잘 알려지지 않았지만, 영주의 소울푸드는 쫄면이다. 나드리와 중앙분식이 수십 년째 라이벌.
경북 영주시 중앙로 89 매일 11:00~20:30

아테네레스토랑 이름부터 레트로하다. 돈가스로 대표되는 경양식 메뉴도, 소파도, 그릇도, 컵도 다 옛 감성. 경북 영주시 영주로231번길 13 매일 11:00~21:00(매달 1·3·5번째 일요일 휴무)

순흥전통묵집 사실상 전통묵밥 하나로만 승부를 건다. 부드럽고 고소한 묵이 그 이유를 설명해준다.
경북 영주시 순흥면 순흥로39번길 21 매일 10:00~19:30

정도너츠본점 영주 특산물 인삼을 넣은 도넛이 백미다. 그 외 갖가지 도넛을 고르는 재미도 있다.
경북 영주시 풍기읍 소백로 2000 화~일 10:00~18:00(월 휴무)

태극당 카스테라인절미라는 기묘한 메뉴로 수십 년 동안 사랑을 받았다. 상당히 중독적인 맛이다.
경북 영주시 번영로 154 월~토 08:00~21:00(일 휴무)

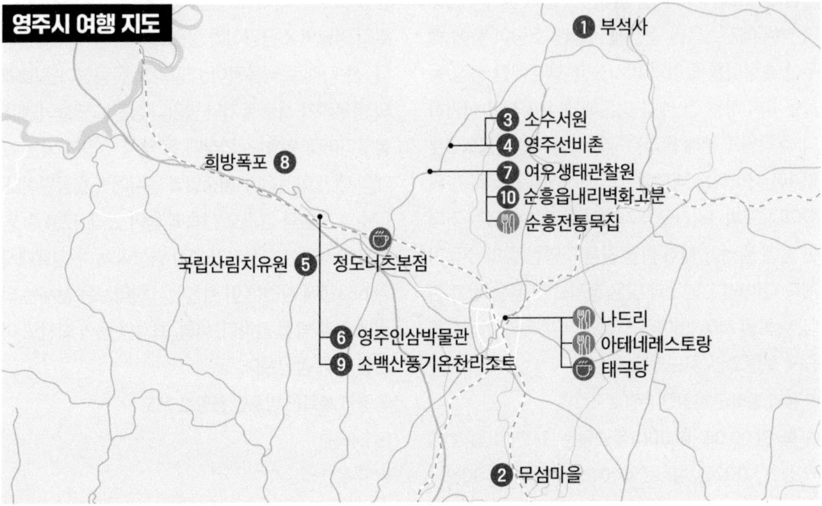

008 봉화군

Gyeongbuk

백두대간 줄기에 안긴 비경의 연속

① 국립백두대간수목원

눈앞에서 호랑이가 어슬렁대는 모습이 믿기지 않는다. 백두대간수목원 중간에 조성한 호랑이 숲에 백두산 호랑이를 들여와 방사했다. 백두대간 상징 동물을 마주하는 건 애나 어른에게나 똑같이 신기하다. 수목원의 본래 목적은 우리나라 자생식물의 3분의 1이 서식하는 백두대간의 생태계를 보전하기 위함이다. 꼬박 3시간을 투자해야 완주할 수 있는 거대한 숲에 일일이 세기 힘들 만큼 다양한 종의 수목이 계속 나타난다. 연못과 많은 정원도 그 틈을 파고 든다. 수목원 지하 46미터 지점엔 세계 유일 야생식물 종자 보존고인 '시드볼트'가 있다.

경북 봉화군 춘양면 춘양로 1501

화~일 09:00~18:00(11월~2월은 17시까지, 월 휴무)

₩ 성인 5,000원, 청소년 4,000원, 어린이 3,000원

② 청량산

산을 오르는 내내 그 이름처럼 청량감이 터진다. 예부터 영남의 소금강이라 불렸으니 그 풍치가 대단하다. 산 아래로 낙동강이 내달리고 산등성이엔 12개의 봉우리가 서로 주거니 받거니 장관을 만들어낸다. 봉우리마다 원효대, 의상대 등 역시 그림이 되는 12개의 대가 이어진다. 명승임과 동시에 도립공원이다. 다수의 사찰과 암자도 산속에 숨어 있다. 12봉 중 연화봉에 자리한 청량사가 가장 명성이 높다. 원효대사가 663년에 창건한 이 사찰에서 바라보는 산세는 뇌리에 깊게 박힐 만하다. 이황, 최치원 등의 학자도 이 산을 찾아 감탄했다.

경북 봉화군 명호면 청량로 255

24시간

₩ 무료

❸ 분천역산타마을

여기선 날마다 크리스마스다. 영동선이 지나는 분천역 주변을 크리스마스 분위기가 한껏 나도록 꾸몄다. 트리와 썰매, 산타와 루돌프가 튀어나와 사진 배경이 돼준다. 주변 건물의 지붕까지 죄다 빨갛다. 여기서 끝이 아니다. 분천역에서 강릉까지 '동해산타열차'가 운행된다.

◎ 경북 봉화군 소천면 분천길 49
◷ 24시간
₩ 무료

❹ 봉화만회고택

과거에 급제한 이후 부사와 현감 등 수많은 관직을 역임한 조선 후기의 문신 만회 김건수가 머물던 집이다. 정확한 창건 연대는 전해지는 바 없으나 사랑채인 명월루가 1850년에 중수되었다는 기록이 있다. 아직도 원형 그대로 보존되어 한국의 멋을 은은하게 풍기고 있다.

◎ 경북 봉화군 봉화읍 바래미1길 51
◷ 24시간
₩ 무료

❺ 범바위전망대

호랑이가 낙동정맥을 향해 포효하고 있다. 조선의 선비 강영달이 조상의 묘를 향해 예를 갖추다가 만난 호랑이를 때려잡았다는 전설이 전해지는 곳이다. 전망대의 호랑이 조형물 옆에 서면 607미터 높이의 황우산과 그 아래로 굽이도는 낙동강을 한 장면에 담을 수 있다.

◎ 경북 봉화군 명호면 도천리 산343-1
◷ 24시간
₩ 무료

❻ 봉화목재문화체험장

본관에 목재의 종류와 쓰임새에 대한 정보를 모아놓았다. 나무를 깎고 다듬어 만든 훌륭한 예술품도 즐비하다. 쉽게 해볼 수 없는 목공 체험은 아이들에게 큰 재미를 준다. 본관 뒤로는 창평산림욕장이, 앞으로는 식물단지와 목재놀이터가 있어 나무와의 친근감을 더욱 높인다.

◎ 경북 봉화군 봉성면 구절로 151
◷ 화~일 09:00~18:00(월 휴무)
₩ 무료

7 석천계곡

태백산에서 솟은 물이 바지런히 흐르고 흘러 석천 계곡까지 닿았다. 주변 지형이 완만하고 물살도 강하지 않아 계곡을 거슬러 트레킹을 이어가기도 좋고 여름철 피서지로도 적합하다. 조선 전기의 문신 권벌의 고택을 중심으로 형성된 옛 마을, 닭실마을이 주변에 위치한다.

◎ 경북 봉화군 봉화읍 유곡리

◷ 24시간

₩ 무료

8 다덕약수탕

봉화는 곳곳에 청정 약수를 숨겨 놓았다. 그중에서 다덕약수는 잘 알려진 편으로 탄산이 제법 강하다. 예부터 워낙 많은 사람이 이 약수의 덕을 보았다 해 다덕이란 명칭이 붙었다. 피부와 위장에 좋은 영향을 끼친다 알려졌다. 주변 음식점은 이 약수를 길어다 요리한다.

◎ 경북 봉화군 봉성면 우곡리 584-6

◷ 24시간

₩ 무료

9 도암정

정자 앞 연못에 연꽃이 가득하고 개구리가 뛰논다. 도암정은 조선 효종 때 활약했던 문신 김종걸이 1650년에 건립했다. 주위의 소나무도 이곳을 더욱 빛나게 만든다. 많은 학자가 이곳에 찾아와 김종걸과 교류했고 묵객과 예술가가 몰려들어 풍경을 노래하고 시를 읊었다.

◎ 경북 봉화군 봉화읍 거촌리 502

◷ 24시간

₩ 무료

10 워낭소리공원

독립 다큐멘터리로는 불가능에 가까운, 300만 관객을 끌어모았던 <워낭소리>의 무대가 이곳이다. 영화 주인공 최 노인 내외의 집 주변에 아담하게 공원을 꾸며놓았다. 최 노인과 그의 자식이나 다름없었던 소의 동상이 있다. 영화의 감동을 곱씹으며 풍경 속을 거닐어 보자.

◎ 경북 봉화군 상운면 하눌리 726

◷ 24시간

₩ 무료

봉화의 맛집과 카페

솔봉이

고향집식당

솔봉이 봉화는 송이와 능이의 고장이다. 송이버섯을 활용한 돌솥밥과 전골을 내어준다. 경북 봉화군 봉화읍 내성천1길 76-1 매일 09:30~21:00

고향집식당 순두부까지 얹어주는 청국장을 너무 저렴하게 판다. 더욱이 맛과 품질도 빼어나다. 경북 봉화군 봉성면 다덕로 539 매일 10:00~19:00(매달 2·4번째 일요일 휴무)

봉화객주화덕피자 참나무 장작불을 활용해 화덕에서 피자를 굽는다. 치킨 스테이크도 한정 판매된다. 경북 봉화군 물야면 문수로 1541 화~일 11:00~20:00(라스트 오더 19:30, 월 휴무)

비진숲커피 이름처럼 사방이 숲으로 둘러싸였다. 규모도 크고 메뉴도 다양해 쉼을 취하기 알맞다. 경북 봉화군 상운면 예봉로 1573-33 매일 11:00~18:00(라스트 오더 17:30, 휴무일은 SNS에 수시 공지)

카페릴케 아침마다 천연발효빵을 만든다. 밀가루 소화가 힘든 이들을 위해 쌀빵도 굽는다. 경북 봉화군 봉화읍 내성로1길 31 월~금 11:00~19:00(라스트 오더 18:00, 토~일 휴무)

009
Gyeongbuk

의성군

청정무구 자연의 멋, 풍미가득 마늘의 맛

❶ 고운사

신라 신문왕 원년인 681년에 의상대사가 창건했다. 처음엔 '높이 뜬 구름'을 뜻하는 고운사(高雲寺)였으나 신라 말기에 최치원이 여지와 여사, 두 승려와 함께 가운루와 우화루를 건설하고 이를 기념하기 위해 최치원의 호를 따서 고운사(孤雲寺)로 이름을 바꾸었다. 한자 표기가 바뀐 것이다. 조계종 16교구의 본사 역할을 맡은 큰 절이며 의성 주변 도시의 조계종 사찰을 관할하고 있다. 경내에 들어서면 건물 자체가 오래된 예술품 같은 보물 연수전을 비롯 다수의 문화재가 모습을 드러낸다. 주위 산세와 조화를 이룬 전경도 아름답다.

◎ 경북 의성군 단촌면 고운사길 415

◷ 24시간

₩ 무료

❷ 조문국박물관

삼한 시대 초기, 의성엔 '조문국'이라 불렸던 부족 국가가 존재했다. <삼국사기>, <신증동국여지승람>의 기록이 그 사실을 뒷받침한다. 규모는 작았으나 자신들만의 독자적인 문화를 만들어나갔던 조문국의 역사가 이 박물관에 잘 정리되어 있다. 박물관 인근의 고분군에서 출토된 유물이 주를 이룬다. 고대 의성 지역을 호령했던 지배자들의 장신구와 무기류가 반짝거린다. 그 외에도 조문국 시대 이후 의성의 역사도 다루고 있으며 열린 수장고에선 소장품과 기증 물품을 공개한다. 야외엔 아이들을 위한 물놀이장이 있어 여름철 여행지로 삼기 좋다.

◎ 경북 의성군 금성면 초전1길 83

◷ 화~일 09:00~18:00(월 휴무)

₩ 무료

❸ 최치원문학관

신라 말의 학자이자 문장가 고운 최치원의 작품 세계를 집대성한 공간이다. 고운은 정치에 능할 뿐 아니라 많은 시문을 남겨 당시의 문학사를 빛냈다. 유년기부터 학자로 활약했던 시기까지 그의 생애가 기록되어 있으며 주옥같은 글이 실린 고서와 관련 자료가 촘촘하다.

◎ 경북 의성군 단촌면 고운사길 241

🕓 화~일 09:00~18:00(월 휴무)

₩ 성인 2,000원, 청소년 1,500원, 어린이 1,000원

❹ 의성금성산고분군

금성산 일대에 모양도 크기도 다른 수백 기의 봉분이 솟아있다. 조문국 지배층의 무덤으로 알려졌으며 내부에서 출토된 유물은 5~6세기의 것으로 여겨진다. 경주의 대릉원을 보는 듯 특색 있는 풍경이며 고분 모양의 전시관에서 고분 내부의 모습과 유물을 살펴볼 수 있다.

◎ 경북 의성군 금성면 대리리

🕓 24시간

₩ 무료

❺ 빙계계곡

한여름에도 시원한 바람이 솟아나며 반대로 겨울엔 더운 김이 나는 신비의 계곡이다. 땅속에서 찬 바람이 새어 나오는 구멍인 풍혈과 빙혈이 계곡 틈에 있다. 그 틈은 여름엔 영하로 내려가 얼음이 얼고 겨울에는 영상을 유지한다. 얼음골야영장에 머물며 둘러보면 더욱 좋다.

◎ 경북 의성군 춘산면 빙계리 896

🕓 24시간

₩ 무료

❻ 산운생태공원

역사 속으로 사라진 산운초등학교를 모두가 뛰놀 수 있는 생태공원으로 탈바꿈시켰다. 학교 건물은 생태관으로 변신했다. 공룡을 포함해 자연사 관련 전시물이 가득하고 의성군 홍보물도 있다. 운동장과 그 주위 숲에는 아이들의 눈이 번쩍 뜨일 만한 공룡 조형물이 설치됐다.

◎ 경북 의성군 금성면 수정사길 19

🕓 화~일 09:00~18:00(11월~2월은 17시까지, 월 휴무)

₩ 무료

❼ 금성산

의성 남쪽에 위치한 530미터 높이의 산이다. 평야 지대에 솟아올라 주변 마을을 굽어보고 있다. 우리나라 최초의 화산이란 점이 큰 특징. 백악기 무렵 화산 활동이 있었던 걸로 추정되는 사화산이다. 터가 좋아 예부터 이곳에 묘를 쓰면 큰 부자가 된다는 전설이 내려온다.

◎ 경북 의성군 금성면 탑리리
⏱ 24시간
₩ 무료

❽ 사촌전통마을

안동 김씨와 풍산 류씨의 집성촌으로 조선 시대엔 많은 학자와 선비를 배출했고 의성의 양반 마을로 명성이 높았다. 약 30동의 옛 가옥이 여전히 잘 보존되고 있고 임진왜란 이전에 지어진 목조건물 만취당은 보물로 지정되었다. 마을 앞을 메우는 가로숲은 천연기념물이다.

◎ 경북 의성군 점곡면 만취당길 69
⏱ 24시간
₩ 무료

❾ 의성제오리의공룡발자국화석

아무리 봐도 공룡 발자국이 너무 선명하게 남아있다. 1987년 도로 공사 도중 발견되었고 6년 후 천연기념물로 지정되었다. 발자국의 주인공은 무려 1억 1,500만 년 전, 중생대 백악기에 살았던 공룡이다. 초식 공룡 3종과 육식 공룡 1종의 흔적이 300개 넘게 뚜렷이 찍혀 있다.

◎ 경북 의성군 금성면 제오리
⏱ 24시간
₩ 무료

❿ 의성탑리리오층석탑

중학교 옆에 국보가 태연히 서 있다. 1962년에 일찌감치 국보에 이름을 올린 이 오층석탑은 9.6미터 높이로 통일 신라 시대의 것이다. 흙을 구워 만든 전탑의 양식과 목탑 양식이 혼재되어 있어 이 석탑 이전에 목탑과 전탑이 있었다는 강력한 근거로서 귀중한 자료가 된다.

◎ 경북 의성군 금성면 오층석탑길 5-3
⏱ 24시간
₩ 무료

의성의 맛집과 카페

의성마늘소덕향

달라스햄버거

향촌당

의성마늘소덕향 음식마다 의성 마늘을 담뿍 넣었다. 점심 특선인 150그릇 한정, 한우원기탕에 도전해 보자. ◎ 경북 의성군 봉양면 도리원3길 41 ⓒ 매일 11:00~21:30(라스트 오더 20:30)

달라스햄버거 추억의 체인점 달라스햄버거가 의성에 남아있다. 어머님이 40년 가까이 운영 중이다.
◎ 경북 의성군 의성읍 군청길 14-1 ⓒ 월~토 10:00~19:00(일 휴무)

촌국수가 물총칼국수와 비빔국수가 잘 나가며 구운 통마늘과 함께 먹는 마늘비빔만두도 별미다.
◎ 경북 의성군 단촌면 고운길 17 ⓒ 매일 11:00~18:00

향촌당 옛 방앗간을 카페로 개조했다. 카페에서 참기름을 팔고 오곡, 흑임자라떼를 파는 이유다.
◎ 경북 의성군 의성읍 전통시장3길 11-6 ⓒ 매일 10:30~20:00(라스트 오더 19:30)

MODERN29 좋은 재료를 사용해 매일 소량으로 만드는 수제 디저트와 케이크가 인상적이다.
◎ 경북 의성군 봉양면 도리원3길 29-1 ⓒ 매일 11:00~21:00(일요일은 18시까지, 라스트 오더 20:45)

010 청송군

Gyeongbuk

유네스코도 인정한 세계지질 명소

❶ 주왕산

주왕산의 미덕은 큰 힘을 들이지 않아도 인상적인 기암과 협곡, 주상절리와 폭포를 눈에 욱여넣을 수 있다는 점이다. 이미 등산로 초입에서부터 앞서 언급한 절경이 줄을 잇기 때문이다. 월외코스와 절골코스, 주봉코스 같은 주요 등산로를 따라 국립공원에 빛나는 주왕산 곳곳을 탐방하다 보면 감탄사는 점차 늘어나고 감동은 점점 깊어진다. 청학과 백학이 함께 둥지를 틀었다는 학소대, 주상절리가 또렷이 보이는 급수대, 주왕산의 이름이 된 중국 주왕의 전설이 얽힌 굴과 암석 등 일일이 나열하기 힘들 만큼 많은 명승이 여기저기서 쏟아진다.

◎ 경북 청송군 주왕산면 공원길 169-7

⏱ 24시간

₩ 무료

❷ 청송얼음골

애니메이션 <겨울왕국> 실사판을 한국에서 찍는다면 촬영지는 바로 여기다. 한여름에도 얼음이 언다는 신기한 얼음골. 그곳에 겨울이 찾아오면 인공 빙벽이 등장하며 오직 얼음뿐인 세상을 만든다. 빙벽의 높이는 60미터 이상, 너비도 100미터가량 되어 시각적 압도감을 선사한다. 국내 최고의 겨울 여행지로 손꼽히는 건 당연한 얘기다. 빙벽 앞으로는 무대가 설치되어 있는데 이는 아이스 클라이밍 월드컵이 열리는 곳이다. 1월 중순쯤 얼음골에 방문하면 아슬아슬하게 빙벽을 기어오르는 세계 각국의 등반가 모습까지 구경할 수 있다.

◎ 경북 청송군 주왕산면 팔각산로 228

⏱ 24시간

₩ 무료

❸ 주산지

주산지는 조선 경종 때인 1721년에 축조된 뒤 역사상 단 한 번도 바닥을 드러낸 적이 없다. 물 위로 솟아난 왕버들의 자태와 또 수면에 거꾸로 반영된 그 모습이 무척 몽환적이다. 이 신비스러운 풍광을 담기 위해 늘 사진작가가 몰려든다. 주위의 산과 이루는 조화도 빼어나다.

◎ 경북 청송군 주왕산면 주산지리 73

◷ 24시간

₩ 무료

❹ 참소슬마을 덕천마을

청송 도심에서 조금만 벗어났을 뿐인데 이 마을만큼은 시간이 조선 시대에 멈춰있는 듯하다. 청송 심씨의 집성촌으로 부잣집 가옥 수십여 채가 고상함을 뽐내며 줄지어 있다. 그중 심부자댁이라 불리는 송소고택이 가장 호화롭다. 7개동 99칸으로 으리으리하게 지어졌다.

◎ 경북 청송군 파천면 덕천길 89

◷ 24시간

₩ 무료

❺ 달기약수탕

부곡리 일대에 신비한 약수가 솟아난다. 일반적으로 약수가 한 곳에서 나는 것과 달리 달기 약수는 계곡을 따라 올라감에 따라 원탕, 중탕, 상탕 등 여기저기서 솟아난다. 약수의 양은 늘 일정하게 유지된다. 탄산이 있어 위장병뿐 아니라 관절염과 심장병에도 특효로 알려졌다.

◎ 경북 청송군 청송읍 약수길 16

◷ 24시간

₩ 무료

❻ 백석탄포트홀

청송엔 유네스코 세계지질공원으로 지정된 명소가 흩어져 있다. 주왕산 일대가 중심을 잡는 가운데 백석탄포트홀도 한 자리를 차지한다. '흰 돌이 반짝이는 개울'이란 뜻으로 오랜 시간 침식되고 풍화되어 돌개구멍이 생기거나 곡선으로 깎인 바위가 모여 기묘한 풍경을 이룬다.

◎ 경북 청송군 안덕면 백석탄로 133-70

◷ 24시간

₩ 무료

❼ 대전사

주왕산 등산로 초입에 위치한 사찰이다. 신라의 의상이 창건했다는 설이 유력하다. 보물인 보광전을 비롯해 경내에 있는 옛 건축물 너머로 주왕산의 바위 봉우리와 기암절벽이 드러나 환호성이 터진다. 방문객은 물론 막 등산을 시작하는 등반객에게도 힘을 실어주는 장면이다.

◎ 경북 청송군 주왕산면 상의리 442-6

⏱ 24시간

₩ 무료

❽ 산소카페청송정원

청송의 새 명소로 부상 중인 넓은 정원이다. 산이 감싸고 곁으로 물이 흐르는 4만여 평 부지 위에 계절별로 다양한 꽃이 핀다. 가을에 만개하는 백일홍이 그중 으뜸이다. 정원 곳곳에 청송의 특산품 사과 모양의 조형물과 그네, 큰 의자 등 많은 포토존이 마련되어 있다.

◎ 경북 청송군 파천면 청송로 5865

⏱ 매일 10:00~19:00

₩ 무료

❾ 신성리공룡발자국

약 1억 년 전 중생대 백악기의 퇴적암 위에 400여 개의 공룡 발자국이 찍혀 있다. 2003년 남해안을 강타했던 태풍 매미로 인해 산사태가 발생하며 그 모습이 드러났다. 탐방로와 안내문을 설치해 이해를 돕고 있다. 주위에 공룡 조형물을 다수 설치해 아이들의 관심을 끈다.

◎ 경북 청송군 안덕면 신성리 206

⏱ 24시간

₩ 무료

❿ 군립청송야송미술관

야송 이원좌 화백의 작품을 기증받아 폐교에 미술관을 건립했다. 청송 출신의 한국화가 야송은 2019년에 세상을 떠났지만, 그의 명작은 여전히 이곳에 남아 한국화가 가진 아름다움의 정수를 보여준다. 길이만 46미터에 달하는 청량대운도를 공개하는 전시관이 따로 있다.

◎ 경북 청송군 진보면 경동로 5162

⏱ 화~일 10:00~18:00(월 휴무)

₩ 무료

청송의 맛집과 카페

닭불고기

심부자밥상

백일홍

닭불고기 닭가슴살을 다져 갖은 양념을 넣고 전처럼 부친 닭불고기는 닭백숙과 함께 청송을 대표하는 음식이다. 달기약수탕 부근에 닭요리 거리가 있다.

심부자밥상 메뉴는 정식 하나뿐이지만 그걸로 충분하다. 십여 가지 반찬과 밥과 국이 풍성하게 나온다.
경북 청송군 파천면 덕천길 39 매일 08:00~20:00

주왕산청솔식당 청송의 특산물 더덕을 맛보자. 산채 더덕구이 정식에 주왕산에서 재배한 채소가 제공된다. 경북 청송군 주왕산면 공원길 164 매일 08:00~20:00

백일홍 송소고택 옆에 자리한 한옥형 카페다. 아늑한 내부에서 차 한 잔이면 힐링 그 자체다.
경북 청송군 파천면 송소고택길 21 매일 10:00~18:00

인더가든 탁 트인 산악 전경이 펼쳐지는 대형 무인카페다. 카페 앞 작은 풀장도 시원하다.
경북 청송군 주왕산면 주왕산로 508-9 월~금 11:00~22:00, 토~일 10:00~22:00

011
Gyeongbuk

영양군

영양가 만점 별천지 영양

❶ 선바위관광지

강 너머 절벽에 길쭉한 바위 하나가 우뚝 솟아올랐다. 선바위라 불리는 자연의 조각품을 배경 삼아 강가에 많은 볼거리와 즐길 거리가 어우러졌다. 먼저 높은 절벽 위에서 쏟아지는 인공폭포가 눈과 귀를 즐겁게 한다. 웅장한 규모로 건설된 분재야생화테마파크도 인상 깊다. 안에 자리 잡은 분재 하나하나가 그 자체로 예술이 되며 5,000여 본의 야생화도 산책 내내 눈에 들어온다. 영양의 자랑 고추도 빼놓을 수 없다. 영양 고추 홍보전시관에서 매콤한 맛을 느껴보자. 강 위의 다리를 건너 여유롭게 숲을 탐방하는 것도 이곳을 즐기는 방법이다.

경북 영양군 입암면 영양로 883-16

24시간

₩ 무료

❷ 국립검마산자연휴양림

영양의 동쪽에 위치한 검마산은 산세가 날카로운 칼을 닮았다 하여 이름 붙여졌다. 영양에서도 빼어난 경관을 가진 산으로 소문났으며 그 안에 1997년에 문을 연 자연휴양림이 있다. 깊은 산골에 위치해 접근성이 좋지 않지만, 오히려 그 덕에 외부와 차단된 채 청정무구한 자연 속에서 쉼을 누릴 수 있다. 휴양림 근처에 전국 최대 규모로 알려진 자작나무 숲이 있고 산책로를 따라 맑은 계곡이 동행해 언제든 지친 심신을 달래기에 그만이다. 애견인에겐 더욱 좋은 곳이다. 반려견 동반이 가능하며 반려견과 함께 하는 숲 산책 프로그램까지 운영한다.

경북 영양군 수비면 검마산길 191

수~월 09:00~18:00(화 휴무)

₩ 성인 1,000원, 청소년 600원, 어린이 300원

❸ 영양국제밤하늘보호공원

국제밤하늘협회 IDA는 전 세계에서 별빛이 밝은 밤하늘을 가진 곳을 찾아 밤하늘보호공원으로 지정한다. 2015년, 영양이 아시아 최초로 선정됐다. 그만큼 빛 공해가 매우 적어 맑은 밤이면 쏟아지는 별을 보며 큰 감동을 누릴 수 있다. 캠핑장과 숙박동, 체육시설을 갖췄다.

◎ 경북 영양군 수비면 반딧불이로 227

◷ 24시간

₩ 무료

❹ 영양반딧불이천문대

영양의 밤하늘을 더욱 자세히 관찰하고 싶다면 반딧불이 천문대의 천체 관측 프로그램에 참여해보자. 600mm 굴절망원경을 통해 별은 물론 행성과 성운, 성단까지 관측이 가능하다. 천체투영실의 돔에선 별자리 탐험이 시작된다. 태양계 모형이 있는 전시 공간도 흥미롭다.

◎ 경북 영양군 수비면 반딧불이로 129

◷ 화~일 13:00~22:00(휴게시간 18:00~19:30, 월 휴무)

₩ 성인 4,000원, 청소년·어린이 3,000원

❺ 두들문화마을

두들은 '둔덕'의 순우리말로 두들마을은 언덕에 자리한다. 1640년 병자호란 후 영양으로 온 석계 이시명이 마을을 개척하며 역사가 시작됐다. 석계가 후학을 양성했던 석천서당과 30여 동의 고택이 조선의 풍경을 연출한다. 비교적 덜 알려져 여유롭게 그 안을 거닐 수 있다.

◎ 경북 영양군 석보면 원리리 322

◷ 24시간

₩ 무료

❻ 지훈문학관

<승무>로 알려졌으며 박목월, 박두진과 함께 청록파로 저명한 영양 출신 조지훈 시인의 작품 세계와 생애를 다룬다. 시대의 지성인으로 그가 남긴 많은 시와 글은 물론 유품과 초상화를 전시한다. 전시관 옆 언덕의 시공원엔 지훈의 동상과 <승무>의 시구를 표현한 조각이 있다.

◎ 경북 영양군 일월면 주실길 55

◷ 화~일 09:00~18:00(11월~2월은 17시까지, 월 휴무)

₩ 무료

❼ 영양서석지

오래된 정자와 연못이 이룬 조화가 멋스럽다. 조선 중기의 문신 정영방의 작품이다. 그는 광해군 이후 나라가 혼란스러워지자 은둔을 시작했고 병자호란 후 이곳에 내려와 정원을 꾸미고 지냈다. 여름이면 연못에 연꽃이 피고 가을엔 400년 수령의 은행나무가 노랗게 물든다.

경북 영양군 입암면 연당리

24시간

₩ 무료

❽ 영양산촌생활박물관

영양은 국내에서도 유독 산골 오지가 많은 지역이다. 이에 산촌에서의 삶과 문화를 기록한 박물관을 건립했다. 첩첩산중에서 살기 위해 필요했던 생활용품과 민속자료를 알차게 모아 놓았다. 야외 전시장엔 산촌 농가를 재현해 더욱 실감 나게 산촌 생활상을 엿볼 수 있다.

경북 영양군 입암면 영양로 963

화~일 09:00~18:00(11월~2월은 17시까지, 월 휴무)

₩ 무료

❾ 수하계곡

어둠이 깔리면 반딧불이 관찰되는 청정한 계곡이다. 깨끗한 계곡물이 시원하게 굽이치다 작은 폭포로 변하기도 한다. 소나무로 울창한 산림이 호위하고 있어 더욱 감흥이 넘친다. 맑은 여름밤, 반딧불이의 꽁무니를 쫓고 싶다면 인근에 조성된 반딧불이 생태공원으로 향해보자.

경북 영양군 수비면 수하리 산121

24시간

₩ 무료

❿ 일월산자생화공원

영양군 최고봉인 일월산 자락에 위치한다. 일월산과 영양군 일대에 자생하는 토종 꽃이 고개를 내민다. 금낭화, 하늘말나리, 할미꽃 등 도심에선 쉽게 보기 힘든 야생화가 여러 종 식재되었다. 일제강점기 때 광물 수탈 목적의 제련소가 있던 자리라 멀리 채굴의 흔적이 보인다.

경북 영양군 일월면 용화리 394-2

24시간

₩ 무료

영양의 맛집과 카페

맘포식당

카페삼지

선바위가든 일월산에서 자란 산나물이 밥상 위에 오른다. 산채 정식에서 건강함이 느껴진다.
◎ 경북 영양군 입암면 영양로 883-17 ⓒ 화~일 11:00~20:00(라스트 오더 19:00, 월 휴무)

메밀나루막국수 시원한 막국수가 고소하고 식감도 좋다. 양이 부족하다면 메밀만두와 메밀전병이 기다린다. ◎ 경북 영양군 영양읍 팔수로2길 15 ⓒ 일~금 11:00~20:00(브레이크 타임 15:00~17:00, 라스트 오더 19:30, 토 휴무)

맘포식당 숯불갈비를 주력으로 팔지만 돼지주물럭도 현지인 사이에서 평가가 좋다.
◎ 경북 영양군 영양읍 시장3길 15 ⓒ 매일 11:00~22:00

카페삼지 아기자기하게 잘 꾸며진 삼지수변공원의 중심을 이루는 멋진 외관의 카페다.
◎ 경북 영양군 삼지길 55 ⓒ 월~토 12:00~21:00(일 휴무)

율 두들마을이 보이는 언덕에 위치해 보이는 풍광이 멋지다. 음료 가격도 매우 합리적이다.
◎ 경북 영양군 석보면 두들마을1길 39 ⓒ 매일 09:30~21:00

012
Gyeongbuk

문경시

새재 넘어 만나는 레포츠의 천국

❶ 문경새재도립공원

도포 자락을 휘날리며 간절한 마음으로 고개를 넘던 선비의 모습이 그려진다. 새도 날아 넘어가기 힘들다 하여 새재라는 이름이 붙은 이 고개는 영남과 한양을 잇던 길이다. 조선의 선비들이 과거를 보기 위해, 보부상이 물건을 팔러 바지런히 이 고개를 넘어 다녔다. 경부선이 뚫린 지금은 관광 자원으로 남아 후손들에게 여행의 즐거움을 건네고 있다. 주흘관, 조곡관, 조령관 등 3개의 관문을 지나며 트레킹 하는 내내 볼거리가 풍성하다. 새재의 역사를 담은 옛길박물관과 한양의 모습을 완벽하게 재현한 오픈세트장이 그중 가장 큰 재미를 준다. ⊙ 경북 문경시 문경읍 새재로 932 ⓒ 오픈세트장 매일 09:00~18:00(11월~2월은 17시까지) ₩ 오픈세트장 성인 2,000원, 청소년 1,000원, 어린이 500원

❷ 문경에코월드

생태 문화 콘텐츠를 다루는 대형 복합 테마파크로 2023년 에코렐라에서 에코월드로 이름을 변경했다. 폐광된 은성탄광을 활용해 만든 석탄박물관이 에코월드의 시초다. 여전히 탄광 관련 전시를 이어가고 있다. 테마파크의 중심이 되는 에코타운은 백두대간의 생태를 현란한 360도 멀티미디어쇼로 상영하고 스튜디오 체험을 제공해 아이들에게 인기가 높다. 자이언트 포레스트도 만만치 않다. 거인의 숲을 넘나들며 모험을 이어갈 수 있다. 증강현실 체험도 가능하다. 공중에 붕 떠 있는 듯 산속에 들어앉은 가은오픈세트장까지는 모노레일이 오간다.

⊙ 경북 문경시 가은읍 왕능길 114

ⓒ 매일 09:00~18:00

₩ 성인 10,000원, 청소년·어린이 9,000원

❸ 문경오미자테마터널

석탄 운반을 위해 문경과 점촌 사이에 뚫렸던 터널이 본래 역할을 마친 뒤 문경의 특산물 오미자를 알리는 임무를 새로 맡았다. 500여 미터 길이의 터널길을 따라 휘황한 빛이 뿜어나오고 익살스러운 벽화가 이어진다. 물론 오미자 관련 체험도, 오미자 와인 시음도 가능하다. ◎ 경북 문경시 마성면 문경대로 1356-1
ⓒ 화~금 09:00~18:00, 토~일 09:00~19:00(11월~2월은 10:00~18:00, 월 휴무)
₩ 성인 3,500원, 청소년 2,500원, 어린이 2,000원

❹ 문경단산모노레일

빨간 모노레일이 산등성이를 타고 아슬아슬하게 오르내린다. 하늘을 향해 펼쳐진 제단 같다 하여 단산으로 불리는 산에서 벌어지는 일이다. 최대 경사각이 42도나 되니 손에 땀이 날 만하다. 해발 820미터의 정상 승강장까지 왕복 3.6킬로미터의 구간을 1시간가량 운행한다. ◎ 경북 문경시 문경읍 활공장길 106
ⓒ 화~일 09:00~17:00(11월~3월은 09:30~16:00, 월 휴무) ₩ 왕복 성인 14,000원, 청소년 12,000원, 어린이 10,000원

❺ 문경철로자전거

1990년대까지 석탄이 오가던 철로 위로 이젠 여행객을 실은 자전거가 내달린다. 타는 재미에 더해 보는 재미까지 완벽하다. 열심히 페달을 밟다 보면 발 아래로는 맑은 강물이 머리 위로는 푸른 산이 교차한다. 중간중간 등장하는 다리와 터널도 소소한 즐거움을 덧붙인다. ◎ 경북 문경시 마성면 진남1길 155
ⓒ 매일 09:00~17:00(휴게시간 12:00~13:00, 진남역 월 휴무, 구랑리역 화 휴무)
₩ 2인 15,000원, 4인 25,000원

❻ 고모산성

신라가 군사 방어를 목적으로 쌓은 석성으로 산 중턱의 험준한 지형을 이용해 천연 요새를 만들었다. 470년경 축조된 것으로 추정된다. 성의 총 길이는 1.6킬로미터가량 되나 성벽의 대부분이 허물어졌다. 그럼에도 자연과 어우러진 모습이 빼어나 사진 명소로 이름이 났다.
◎ 경북 문경시 마성면 신현리
ⓒ 24시간
₩ 무료

❼ 진남교반

경북팔경 선정에서 제1경으로 뽑힌 이력이 있을 정도로 바라만 봐도 기분 좋은 풍경이다. 강물을 따라 우뚝 솟은 봉우리가 줄을 잇는 가운데 기이한 암석과 가파른 절벽이 합심하여 대단한 절경을 만들어낸다. 조선 시대였다면 묵객이 몰려와 수묵산수화를 그리고도 남았겠다.

◎ 경북 문경시 마성면 신현리 산41

◷ 24시간

₩ 무료

❽ 문경용추계곡

문경이 가진 많은 계곡 중에서도 최고의 비경으로 통한다. 대야산의 깊은 숲에 감춰진 용추계곡의 핵심은 바로 하트 모양의 소. 2단으로 떨어지는 용추폭포 아래로 바위의 양쪽이 패여 소가 만들어졌는데 눈높이에서 보면 영락없는 하트 모양이다. 아무리 봐도 신묘하다.

◎ 경북 문경시 가은읍 완장리

◷ 24시간

₩ 무료

❾ 문경활공랜드

레포츠 천국 문경에서 패러글라이딩이 빠지면 섭섭하다. 문경의 활공장은 패러글라이딩 국제 대회가 열렸을 만치 훌륭한 조건을 갖추고 있다. 대자연을 발아래 두고 하늘을 나는 희열은 이루 설명하기 어렵다. 숙련된 조교가 비행에 동행하니 첫 도전이라 해도 문제없다.

◎ 경북 문경시 문경읍 활공장길 80

◷ 매일 08:00~18:00(12월~3월은 09:00~16:00)

₩ 10분~30분 기준 130,000원~300,000원

❿ 문경관광사격장

군대에 가지 않아도 문경에 가면 총을 쏠 수 있다. 전문가의 도움을 받으며 야외에선 손맛이 짜릿한 클레이 사격을 즐길 수 있고 실내에선 고도의 집중력을 요구하는 권총과 공기총 사격이 가능하다. 실제 사격이 불가한 만 14세 미만의 어린이를 위해 스크린 사격장도 갖췄다.

◎ 경북 문경시 사격장길 155

◷ 매일 09:00~18:00

₩ **클레이사격** 25발 22,000원 **권총사격** 10발 15,000원

문경의 맛집과 카페

동화원산장식당

카페가은역

동화원산장식당 고등어산채정식이 정갈하고 풍성하다. 문경새재 오가는 길에 들러 먹기 좋다.
경북 문경시 문경읍 새재1길 48 매일 09:30~20:00

문경약돌한우타운 문경의 약돌을 먹여 키운 한우를 저렴하게 판매한다. 기름기가 적고 담백하다.
경북 문경시 문경읍 문경대로 2426 매일 10:00~21:00

미성레스토랑 피'망'과 '치'즈를 듬뿍 넣어 망치돈까스라 불리는 독특한 메뉴가 미식가 사이에 유명하다.
경북 문경시 점촌5길 4-1 매일 11:00~21:00

뉴욕제과 이름과 달리 찹살떡이 주력이다. 그 찹쌀떡을 먹으러 전국에서 사람이 몰려든다.
경북 문경시 산북면 금천로 557 화~일 08:30~소진 시까지(월 휴무)

카페가은역 폐역에 들어서 기차를 기다리며 음료를 즐기는 느낌이다. 사과밀크티가 시그니처.
경북 문경시 가은읍 대야로 2441 화~일 11:00~18:00(월 휴무)

문경시 여행 지도

013 상주시

Gyeongbuk

속리산 산길과 낙동강 물길을 함께 껴안다

❶ 경천섬공원

낙동강 위로 초록빛 섬이 둥둥 뜬 채 방문객을 반긴다. 상주보가 건설되며 인공적으로 생겨난 경천섬은 20만 제곱미터의 넓은 면적에 힐링 공간을 잔뜩 채워놓고 상주 시민, 여행자 할 것 없이 똑같이 나눠준다. 봄이면 유채꽃과 벚꽃이 만개하고 가을이면 코스모스와 메밀꽃이 하늘거린다. 섬 전역을 둘러볼 수 있는 산책로를 따라 낙동강 물길에 발을 맞춰 보자. 345미터 길이의 보도 현수교인 낙강교도 섬의 명물이다. 밤이면 화려한 조명이 다리를 수놓는다. 경천섬의 전경이 궁금하다면 섬 건너 동쪽 언덕에 위치한 학전망대에 오르면 된다.

◎ 경북 상주시 중동면 오상리 968-1

◷ 24시간

₩ 무료

❷ 국립낙동강생물자원관

체감상 세상에 존재하는 모든 생명체를 모아놓은 듯하다. 환경부 산하의 공공기관인 국립낙동강생물자원관은 담수 전문 생물 연구기관이다. 낙동강 일원과 영남 지역에 서식하는 동식물은 물론이고 세계 각 지역에 분포해 있는 생물의 표본을 6,000점가량 전시하고 있다. 심지어 도도새나 까치오리 등 이미 지구상에서 멸종한 동물의 표본까지 복원해 놓아 국내의 그 어느 곳보다 생물 다양성의 중요함을 깨달을 수 있는 공간이다. 전시 막바지엔 생물 표본을 어떻게 만들고 연구원은 자원관에서 어떤 활동을 하는지도 상세히 알려준다.

◎ 경북 상주시 도남2길 137

◷ 화~일 09:30~17:30(월 휴무)

₩ 성인 3,000원, 청소년·어린이 2,000원

❸ 경천대국민관광지

낙동강을 마주하고 기암절벽과 숲이 인상적인 조화를 이룬다. 그 뛰어난 풍경을 중심으로 관광지가 조성되며 전망대와 밀리터리 테마파크, 인공폭포와 조각공원 등이 들어섰다. 조선의 학자 채득기 선생이 은거하던 정자 무우정 옆의 전망대에서 보는 경치가 특히 뛰어나다.

◎ 경북 상주시 사벌국면 경천로 652

◷ 24시간

₩ 무료

❹ 상주자전거박물관

상주는 가구당 자전거 숫자가 2대에 이를 정도로 자전거에 대한 애정이 깊은 도시다. 이 사실을 바탕으로 국내 최초의 자전거박물관이 탄생했다. 상주의 자전거 역사를 보여주는 전시물부터 세계의 이색 자전거 수십여 점이 눈을 즐겁게 한다. 각종 체험도 준비되어 있다.

◎ 경북 상주시 용마로 415

◷ 화~일 09:30~17:30(월 휴무)

₩ 성인 1,000원, 청소년·어린이 500원

❺ 성주봉자연휴양림

온전히 자연을 만끽할 수 있도록 편의시설을 최소화했다. 예부터 산 좋고 물 맑기로 소문난 성주봉에 위치하고 있으니 주변 풍광은 딱히 말할 필요 없다. 계곡을 벗 삼아 야영을 위한 나무 데크가 들어섰고 작은 물놀이장도 보인다. 숲에는 숙박동과 수련장이 감춰져 있다.

◎ 경북 상주시 은척면 성주봉로 3

◷ 24시간

₩ 무료

❻ 상주곶감공원

떠올리기만 해도 입에 군침이 가득 고인다. 상주 최고의 특산물 곶감을 주제로 공원이 생겨났다. 전시관인 감락원에선 상주 곶감과 관련된 정보가 쏟아진다. 아이들을 위한 놀이 공간과 체험관도 있다. '호랑이와 곶감' 설화를 조형물로 풀어낸 야외 공간에도 볼거리가 많다.

◎ 경북 상주시 외남면 소은1길 59-12

◷ 24시간

₩ 무료

❼ 도남서원

그 규모만큼이나 많은 학자를 모시고 있다. 1606년 정몽주와 이황, 김굉필, 정여창, 이언적을 기리기 위해 창건한 뒤 노수신과 류성룡, 정경세를 추가 배향했고 1676년엔 숙종에게 편액을 받아 사액서원이 되었다. 2005년엔 이준의 위패가 봉안되어 현재는 총 9명의 뜻을 기린다.

경북 상주시 도남2길 91

24시간

₩ 무료

❽ 장각폭포

속리산에서부터 내달린 물줄기가 산 동쪽 끄트머리에서 절벽을 만나 6미터 높이로 쏟아진다. 그 곁의 기암 위에는 신선이 노닐 것 같은 금란정과 솔숲이 모습을 드러내 운치를 한껏 더한다. 폭포수가 장쾌하게 쏟아지며 만들어낸 깊고 푸른 용소도 신비한 매력을 전한다.

경북 상주시 화북면 상오리

24시간

₩ 무료

❾ 중덕지자연생태공원

끝이 보이지는 않는 연꽃의 향연에 눈이 반짝인다. 시내 북쪽에 있는 중덕저수지를 연꽃으로 가득 채운 뒤 탐방로와 수상 데크를 설치하여 근사한 생태공원을 만들었다. 함께 건설한 자연생태교육관도 연꽃 모양을 형상화했다. 시내 근교에서 산책하기 이보다 좋은 곳은 없다.

경북 상주시 중덕동 675-7

24시간

₩ 무료

❿ 상주박물관

조선 200년 동안 경상감영이 자리했던 상주의 역사적인 문화유산을 다수 품고 있다. 상주시에서 출토된 유물과 민속품이 2,000점이 넘는다. 삼한 시대에 지금의 상주 땅에 뿌리를 내렸던 작은 나라 사벌국에 대한 자료가 흥미롭다. 경천대 바로 옆에 있어 함께 둘러보기 좋다.

경북 상주시 사벌국면 경천로 684

화~일 09:30~17:30(월 휴무)

₩ 성인 1,000원, 청소년·어린이 500원

상주의 맛집과 카페

고려분식 시장 골목에 숨어있는 재야의 고수 같은 분식집. 땡초김밥과 쫄면, 군만두로 유명하다.
◎ 경북 상주시 중앙시장길 29 ◷ 화~일 11:30~20:00(월 휴무)

공아춘수타손짜장 현지인으로 붐비는 중식당. 직접 뽑은 수타면이 쫄깃하다. 간짜장과 짬뽕, 기본이 훌륭하다. ◎ 경북 상주시 경상대로 3197 ◷ 매일 10:30~21:00

남산가든 석쇠로 구워낸 돼지 불고기가 꾸준히 입소문을 탄다. 고추장과 간장 양념 선택이 가능하다. ◎ 경북 상주시 신서문1길 137 ◷ 매일 11:30~21:00(브레이크 타임 13:00~17:00, 매달 1·3·5번째 일요일과 2·4번째 월요일 휴무)

상주공간 루프탑이 있는 널찍한 카페다. 음료도 훌륭하고 팬케이크 등의 디저트 류도 호평을 받는다.
◎ 경북 상주시 남성2길 22 ◷ 매일 10:00~22:00

명주정원 찜질방이었던 곳을 멋진 카페로 재탄생시켰다. 온통 나무로 꾸민 내부가 인상적이다.
◎ 경북 상주시 함창읍 새잼이길 7 ◷ 매일 10:00~22:00(라스트 오더 21:30)

014 Gyeongbuk

예천군

과거와 현재가 공존하는 곤충 생태 관광지

❶ 회룡포

육지 속에 섬이 하나 들어앉았다. 내성천이 낙동강으로 흘러들기 전 크게 굽이치며 만든 묘한 풍경이다. 물길이 마을로 가는 길을 거의 360도 막아서며 정말 섬과 같은 모습을 가지게 되었다. 퇴적된 모래가 넓게 펼쳐져 더욱 특색 있는 모습이다. 일명 '뿅뿅다리'라 불리는 낮고 좁은 다리를 통해 회룡포 마을로 들어서게 된다. 우거진 소나무 아래로 무지갯빛 바람개비가 돌아가고 그 옆의 시골길을 따라 전기자전거에 몸을 맡긴 여행자가 오간다. 물론 두 발로 마을 구석구석을 누비는 것도 즐겁다. 마을 서쪽의 전망대에 오르면 전경이 눈에 담긴다.

경북 예천군 용궁면 회룡길 92-16

24시간

₩ 무료

❷ 예천곤충생태원

예천의 홍보 문구 앞에 '곤충 도시'라는 단어가 늘 들어가는 이유를 알려준다. 한나절을 둘러봐도 시간이 빠듯할 만치 큰 규모를 과시하는 곤충 생태 단지다. 곤충생태체험관에서 살아 움직이는 다양한 곤충과 교감하고 3D 영상을 보는 것으로 탐험이 시작된다. 바로 옆 곤충멀티체험관은 무당벌레 모양이라 그 자체로 포토존이다. 아이들을 위한 여러 체험을 운영한다. 이제 밖으로 나갈 차례. 모노레일을 타고 생태원을 넓게 한 바퀴 도는 동안 수변생태원과 곤충테마놀이터, 전망대 등을 차례로 만난다. 나비관찰원과 유리온실엔 직접 들어가 보자.

경북 예천군 효자면 은풍로 1045

화~일 09:00~18:00(월 휴무)

₩ 성인 5,000원, 청소년·어린이 4,000원

❸ 삼강주막

우리나라 최후의 주막이다. 1900년경에 생긴 뒤 2006년 마지막 주모가 세상을 떠날 때까지 영업했다. 이제는 문화재로 남아 보존되고 있지만, 뱃사람과 보부상, 방랑객에게 숙식을 제공하던 고마운 장소였다. 이제는 그 옆으로 현대식 주막이 생겨 전과 막걸리를 판매한다.

◎ 경북 예천군 풍양면 삼강리길 27-1

◷ 24시간

₩ 무료

❹ 용문사

예천에서 전통 사찰 하나 봐야겠다면 당연히 이곳을 추천한다. 신라 때인 870년에 창건되었고 창시자인 두운을 용이 영접했다 해 용문사라 이름 붙였다. 두 탑을 앞에 거느린 보광명전이 웅장하다. 대장전과 그 안에 있는 국내 유일 회전식 불경 보관대인 윤장대는 국보다.

◎ 경북 예천군 용문면 용문사길 285-30

◷ 24시간

₩ 무료

❺ 초간정

계곡과 숲 사이에 갇힌 정자가 그림이 아닌가 싶다. 20권에 달하는 우리나라 최초의 백과사전 <대동운부군옥>을 편찬한 학자 권문해가 짓고 마음을 다스리던 곳이다. 냇물이 깎아낸 암반 위에 우뚝 서 원림과 환상적인 조화를 이룬다. 선조들의 자리 선정에 대해 감탄할 뿐이다.

◎ 경북 예천군 용문면 용문경천로 874

◷ 24시간

₩ 무료

❻ 금당실전통마을

여전히 전통 생활 방식을 유지하여 수백여 가구가 살아가는 마을이다. 전통가옥과 초가가 쉽게 눈에 들어온다. 감천 문씨 집안이 마을을 이룬 것으로 알려졌으며 마을의 지형이 물에 뜬 연꽃을 연상케 해 금당실이란 이름이 붙었다. 많은 문화재 고택이 돌담길과 줄을 이룬다.

◎ 경북 예천군 용문면 상금곡리 산16-3

◷ 24시간

₩ 무료

❼ 소백산하늘자락공원

산자락도 아닌 하늘자락이라니 그 표현 한 번 기가 막히다. 공원의 하늘전망대에서 보이는 산악 절경은 더욱 기가 막힌다. 해발 730미터에 위치해 있다. 바로 앞까지 도로가 뚫려 있어 접근성이 좋으며 산책로인 '치유의 길'이 있어 차분하게 자연을 벗삼아 산보하기도 좋다.

경북 예천군 용문면 내지리
24시간
₩ 무료

❽ 예천박물관

박물관 앞마당에서 꽃과 분수가 반긴다. 예천 최고의 유물을 모았다. 1589년 발간된 국내 최초의 백과사전 <대동운부군옥>이 이곳에 보관되어 있으며 1670년에 나온 인물 백과사전 <해동잡록>도 소장하고 있다. 국내에서 가장 오래된 거문고 '희령군 어사금'에도 눈이 간다.

경북 예천군 감천면 복골길 150
화~일 09:00~18:00(11월~2월은 17시까지, 월 휴무)
₩ 무료

❾ 예천천문우주센터

우주 과학을 주제로 세워진 복합 문화 공간이다. 508mm 대형 반사 망원경으로 천체를 관측할 수 있는 천문대가 무게 중심을 잡으며, 각종 전시와 체험을 제공하는 스페이스타워는 전망대 역할까지 한다. 스타하우스라는 우주 콘셉트 카페에서 차와 식사도 즐길 수 있다.

경북 예천군 감천면 충효로 1078
스페이스타워 화~일 09:00~18:00(월 휴무) 천문대 사전예약제 ₩ 우주환경체험관 기본 체험 8,000원

❿ 강문화전시관

삼강리의 삼강은 낙동강과 내성천, 금천이 한곳에 모이는 지점이다. 이 사실을 기반으로 전시관이 개관했다. 낙동강 발원지인 태백 황지부터 그 끝인 부산 을숙도까지의 여정을 항공뷰로 담은 영상관이 압도적이다. 강과 연계해 자연과 사람, 문화와 역사 이야기를 풀어낸다.

경북 예천군 풍양면 삼강리길 53-23
화~일 10:00~17:30(11월~3월은 17시까지, 월 휴무)
₩ 성인 3,000원, 청소년·어린이 2,000원

예천의 맛집과 카페

백수식당

용궁순대

스너그커피하우스

백수식당 일반적인 육회와는 다르게 채 썬 듯한 육회를 올린 비빔밥이 아주 맛깔나다.
경북 예천군 예천읍 충효로 284 수~월 11:00~16:00(화 휴무)

용궁순대 두툼한 돼지 막창으로 만든 용궁순대는 예천의 특산 음식이니 꼭 맛보자.
경북 예천군 용궁면 용궁로 158 매일 08:00~21:00(라스트 오더 20:30, 매달 2번째 화요일 휴무)

윤훈식농가쌈밥 이름을 걸고 만드는 두루치기 쌈밥이 제대로다. 쌈채소는 농장에서 직접 수확한다.
경북 예천군 호명면 호명로 557-7 화~일 11:00~20:00(월 휴무)

스너그커피하우스 인테리어에 나무를 많이 써 따뜻한 느낌이 든다. 커피 외에도 음료 선택지가 무궁무진하다. 경북 예천군 예천읍 맛고을길 30-1 월~금 09:00~22:00, 토~일 10:00~22:00

용궁특별시 이것저것 모아놓은 잡학 박물관 같은 내부가 독특하다. 다양한 음료와 디저트를 제공한다.
경북 예천군 용궁면 용궁시장길 42 수~월 09:00~20:00(라스트 오더 19:30, 화 휴무)

예천군 여행 지도

015 Gyeongbuk 김천시
유구한 역사와 청정 산수의 교차점

❶ 직지사

황악산에 안긴 직지사는 조계종 8교구의 본사로서 수많은 말사를 거느린 거찰이다. 신라에 불교를 전파한 승려 아도화상이 창건했으며 그가 구미에 도리사를 먼저 창건한 뒤 '큰 절이 설 자리다'라며 황악산을 손가락으로 가리켜 직지라는 이름이 붙었다는 설이 있다. 신라와 조선을 거치며 크게 중창되어 김천의 간판이 되었다. 임진왜란 때 나라와 백성을 구한 사명대사가 출가한 사찰로도 이름이 났다. 대웅전과 대웅전 삼층석탑, 비로전 삼층석탑 등 보이는 유물 대부분이 보물이다. 주변에 볼거리가 집약되어 있어 김천 여행의 시작점으로 삼으면 좋다.

📍 경북 김천시 대항면 직지사길 95

🕓 매일 07:00~18:00

₩ 무료

❷ 부항댐 출렁다리-짚와이어

다목적댐인 부항댐이 건설되며 그 주변을 관광 자원으로 활용하고 있다. 호수 위를 가로지르는 출렁다리가 대표주자다. 256미터 길이로 다리 위를 걷는 내내 산수가 조화롭게 섞인 풍광을 만끽할 수 있어 여행자들의 발걸음이 잦다. 레인보우 짚와이어도 빼놓을 수 없는 재미다. 부항댐 양쪽에 각각 88미터, 94미터나 되는 구조물을 설치해 아찔한 높이에서 허공을 가르는 체험이 가능하다. 1.7킬로미터를 이동하니 짜릿함의 여운이 길다. 물을 주제로 잡은 산내들어드벤처파크와 오토캠핑장도 곁에 있어 가족과 한나절 즐거운 추억을 만들 수 있다.

📍 경북 김천시 부항면 신옥리 121

🕓 출렁다리 매일 09:00~22:00(12월~2월은 17시까지)

₩ 무료

❸ 사명대사공원

의병을 일으켜 왜군을 무찌른 직지사 출신의 영웅 사명대사의 이름을 딴 공원이다. 오층목탑인 평화의 탑이 제일 먼저 시선을 이끈다. 전시 공간이 마련된 탑 1층은 입장이 가능하다. 한옥카페 솔향다원과 체험시설도 함께 운영되며 숙박동이 있어 하루를 묵어갈 수도 있다.

◎ 경북 김천시 대항면 운수리 94-3

◷ 24시간

₩ 무료

❹ 김천시립박물관

사명대사공원 내에 위치한다. 대숲 너머로 나타나는 현대적인 건물 외관이 인상 깊다. 1전시실엔 김천에서 출토된 유적을 중심으로 선사 시대부터 조선까지의 역사를 담았다. 2전시실은 김천의 근대, 현대사와 관광 자원을 소개한다. VR패러글라이딩 체험은 아이들에게 제격.

◎ 경북 김천시 대항면 직지사길 130

◷ 화~일 09:00~18:00(월 휴무)

₩ 성인 1,000원, 청소년·어린이 500원

❺ 직지문화공원

직지사로 향하는 길목에 조성된 큰 규모의 공원으로 명시를 새긴 시비와 많은 조각이 흩어져 있어 예술의 향기가 매우 짙다. 공원 한편엔 음악분수가 있어 또 다른 볼거리를 제공한다. 직지사에서 흘러나온 물이 실개천을 이뤄 그 곁을 거니는 것 또한 공원을 즐기는 방법이다.

◎ 경북 김천시 대항면 운수리 44

◷ 24시간

₩ 무료

❻ 김천자산동벽화마을

김천역 인근, 자산공원을 에워싼 산동네가 세월의 흔적을 씻어내고 예쁜 벽화 옷을 입었다. 원도심 활성화 프로젝트로 벽화가 그려지기 시작했으며 골목마다 각기 다른 주제의 그림과 감동적인 글귀가 등장한다. 마을 정상에서 내려다보는 시내의 모습도 은근한 재미를 준다.

◎ 경북 김천시 모암동 128-10

◷ 24시간

₩ 무료

❼ 연화지

조선 초기에 농업용수 공급을 위해 축조된 연못이 여전히 김천 시내 한복판에 남아 김천 시민의 쉼터가 되고 있다. 연못 중앙엔 봉황대라는 정자가 있는데 조선의 묵객들이 술잔을 기울이고 시를 읊던 곳이다. 봄이면 연못 위로 벚꽃이 흩날려 더욱 그림 같은 풍경을 연출한다.

◎ 경북 김천시 교동 820-2

◷ 24시간

₩ 무료

❽ 김천세계도자기박물관

재일교포 수집가의 물품 기증을 통해 문을 열었다. 우리 고유의 도자기도 있으나 국내에선 쉽게 접하기 어려운 유럽 각국의 명품 자기가 박물관의 중심이다. 유럽 도자기만 500점이 넘게 전시되어 있다. 크리스탈과 유리로 만든 작품도 방문객의 두 눈을 반짝이게 만든다.

◎ 경북 김천시 대항면 직지사길 118

◷ 화~일 09:00~18:00(월 휴무)

₩ 성인 1,000원, 청소년·어린이 500원

❾ 김천녹색미래과학관

아이들에게 자연과 환경의 소중함을 일깨워주고 지속 가능한 녹색 미래를 위한 실천 방안을 제시한다. 4D 풀돔 영상과 각종 체험 시설이 준비되어 있어 흥미롭게 이해를 돕는다. 그린에너지관과 녹색미래관 등 과학관의 전시실을 모두 완주하면 모두가 환경운동가로 거듭난다.

◎ 경북 김천시 혁신6로 31

◷ 화~일 09:30~18:00(월 휴무)

₩ 성인 3,000원, 청소년 2,000원, 어린이 1,500원

❿ 무흘구곡 수도계곡

조선 중기의 학자 한강 정구 선생은 성주에서 김천에 이르는 매혹적인 계곡에 감탄하며 '무흘구곡'을 쓰고 읊었다. 그 시에 등장하는 아홉 계곡 중 6곡~9곡인 옥류동과 만월담, 와룡암과 용추폭포는 김천 수도계곡에 위치한다. 감탄이 절로 쏟아지는 비경이 내내 눈에 맺힌다.

◎ 경북 김천시 증산면 유성리 741

◷ 24시간

₩ 무료

김천의 맛집과 카페

명희네집

카페자산

호박해물칼국수 굴과 홍합으로 육수를 우리고 부추로 향을 낸 칼국수가 감칠맛 난다. 군만두도 찰떡궁합. ◎ 경북 김천시 대학로 98 ◷ 화~일 11:00~20:00(월 휴무)

한성식당 호남의 한정식이 부럽지 않다. 떡갈비와 산채, 어떤 한정식을 시켜도 상다리가 휘어진다.
◎ 경북 김천시 대항면 황학동길 35-7 ◷ 매일 09:00~20:00

명희네집 얼큰하고 칼칼한 해장짬뽕과 바삭한 고기 튀김을 먹으러 긴 줄이 늘어선다.
◎ 경북 김천시 아랫장터5길 15 ◷ 화~금 10:00~19:30, 토~일 10:00~14:30(평일 브레이크 타임 14:30~17:30, 월 휴무)

카페자산 자산동벽화마을에 숨겨진, 건축문화상을 수상한 고풍스러운 분위기의 한옥 카페다.
◎ 경북 김천시 자산3길 36 ◷ 매일 12:00~18:00(월 휴무)

마루베이커리 빵지 순례 중이라면 김천에선 이곳이다. 이제는 김천의 특산품이 된 호두먹빵이 기다린다.
◎ 경북 김천시 혁신3로 10 ◷ 매일 08:30~21:00

016 Gyeongbuk

구미시

도심 속에 숨은 명소를 캐는 재미

❶ 금오산

기암절벽과 무성한 숲으로 치장한 금오산은 구미 여행의 중심이며 국내 최초의 도립공원이다. 옛 감성의 붉은 케이블카가 산 중턱까지 운행되어 관광 포인트를 하나 더 얹는다. 976미터 정상으로 오르는 동안 많은 볼거리가 나타나 산행을 즐겁게 만든다. 도선대사가 도를 깨우쳤다 전해지며, 전란 땐 주민들이 대피했던 도선굴이나 27미터 높이의 대혜폭포 등이 그 예다. 세상을 떠난 손자를 기리며 할아버지가 쌓은 수많은 오형돌탑, 신라 때 창건된 약사암도 놓칠 수 없다. 그래도 압권은 정상에서 바라보는 구미의 전경. 세상이 발아래 있다.

◎ 경북 구미시 남통동 288-2

◷ 24시간

₩ 무료

❷ 도리사

태조산에 숨겨진 신라 최초의 사찰이다. 고구려 승려 아도화상이 신라로 넘어와 불교를 전파하며 지은 첫 사찰이며 창건 연대는 눌지왕 시절인 417년으로 추정된다. 아도화상이 서라벌에 갔다 내려오는 길에 겨울임에도 복숭아꽃과 오얏꽃이 활짝 핀 것을 보고 특별하다 여겨 절을 짓고 도리사라 하였다. 1976년에 아도의 석상이 발견됐고 그 다음해엔 세존사리탑 해체 중 석가모니의 진신사리가 발견되며 사찰의 입지는 더욱 높아졌다. 진신사리를 모신 적멸보궁과 은은한 목조건물 극락전, 보물 삼층석탑 등은 우리 불교의 큰 유산으로 꼽힌다.

◎ 경북 구미시 해평면 도리사로 526

◷ 24시간

₩ 무료

❸ 구미에코랜드

아이와 함께라면 한나절 행복한 추억을 만들어줄 복합 생태공원이다. 이곳의 자랑인 생태탐방 모노레일을 타고 숲을 누비는 것으로 추억이 시작된다. 산림문화관은 전시물과 영상, 놀이시설과 체험관을 통해 자연의 소중함을 전한다. 식물원과 정원을 누비는 것도 즐겁다. ◎ 경북 구미시 산동읍 인덕1길 195
◷ 화~일 09:00~17:00(11월~2월은 16시까지, 휴게시간 11:50~12:50, 월 휴무) ₩ 모노레일 성인 6,000원, 청소년·어린이 5,000원

❹ 금오랜드

금오산으로 가는 길에 바이킹이 출렁이고 회전목마가 돌아간다. 놀이동산인 금오랜드는 1993년에 개장해 오랜 시간 구미 어린이와 시민에게 많은 즐거움을 선물하고 있다. 짜릿함이 넘치는 열댓 가지의 놀이기구를 갖추고 있으며 경사로엔 사계절 썰매장까지 설치했다. ◎ 경북 구미시 금오산로 341
◷ 월~금 10:00~18:00, 토~일 10:00~19:00
₩ 놀이기구 1회권 4,000원, 3회권 9,000원, 5회권 14,000원

❺ 금오산올레길

금오산 초입에 조성된 저수지인 금오지는 나들이 장소로, 또 산책 코스로 구미 시민들의 사랑을 듬뿍 받고 있다. 큼직한 잉어가 헤엄치는 저수지 주변으로 2.7킬로미터의 무장애 산책로가 잘 연결되었다. 연인과 함께라면 오리배를 타고 유람을 즐기는 것도 좋은 방법이다.

◎ 경북 구미시 남통동
◷ 24시간
₩ 무료

❻ 새마을운동테마공원

구미는 박정희 전 대통령의 고향이다. 그의 주요 업적으로 거론되는 새마을운동에 초점을 맞춘 공원이다. 드넓은 야외 공간과 전시관으로 나뉜다. 전시관을 통해 새마을운동이 우리 근현대사에 미친 영향과 역사에 관해 설명한다. 공원 한편엔 박 대통령의 생가가 위치한다.

◎ 경북 구미시 박정희로 155
◷ 화~일 09:00~18:00(월 휴무)
₩ 무료

❼ 천생산

정상 부근이 평평하여 한국의 '테이블마운틴'이라는 별칭을 얻었다. 금오산과 동서로 마주하고 있다. 하늘이 낳은 산이란 이름에 걸맞게 산림과 암석이 멋진 조화를 이룬다. 박혁거세가 축조한 것으로 알려진 천생산성이나 의병장 곽재우의 무용담이 서린 미덕암도 볼 만하다.

◎ 경북 구미시 신동

◷ 24시간

₩ 무료

❽ 구미성리학역사관

고려 말과 조선 초에 활약했던 위대한 성리학자 야은 길재 선생은 구미 출신이다. 그의 철학과 성리학의 역사를 집대성한 전시관이 문을 열었다. 조선 성리학의 계보와 관련 자료를 정리한 성리학역사관과 야은 선생의 사상을 살펴볼 수 있는 야은역사체험관으로 구성된다.

◎ 경북 구미시 금오산로 336-13

◷ 화~일 09:00~18:00(월 휴무)

₩ 무료

❾ 구미시승마장

말 위에 올라탄 채 낙동강과 주변의 자연 풍광을 음미할 수 있다. 구미시승마장은 국제 공인 경기장으로 지정될 정도로 완벽한 시설과 풍부한 승마 자원을 갖추고 있다. 간단한 교육을 거친 후 승마 체험이 가능하다. 일명 낙동강승마길로 불리는 훌륭한 길을 따라 움직인다.

◎ 경북 구미시 옥성면 선상동로 1174-7

◷ 화~일 09:00~18:00(월 휴무) ₩ 승마체험 성인 20,000원, 청소년 15,000원, 어린이 10,000원

❿ 일선리고택문화재마을

안동의 집성촌이 그대로 구미로 옮겨졌다. 1980년대 초, 안동 임하댐이 건설되며 수몰 지역으로 지정된 전주 류씨 집안은 가옥을 해체한 뒤 현재의 위치에 재건하며 다시 마을을 이뤘다. 그만큼 터가 좋다는 뜻. 수십여 채의 양반가 고택이 늘어선 모습이 예스럽고 평온하다.

◎ 경북 구미시 해평면 수류길 44-31

◷ 24시간

₩ 무료

구미의 맛집과 카페

싱글벙글복어

배키우동

오산골

싱글벙글복어 전국적 인기를 누리는 싱글벙글복어의 본점이다. 탕과 튀김, 껍질무침이 하나같이 완벽하다. 경북 구미시 역전로 10 매일 08:00~21:00(2·4번째 월요일 휴무)

배키우동 호르몬동(대창덮밥)과 부타동과 같은 메뉴부터 외관까지, 구미에 작은 일본이 들어섰다.
경북 구미시 금오산로18길 6-14 화~금 11:30~16:30, 토~일 11:30~18:30(라스트 오더 15:30, 17:30, 월 휴무)

오산골 금오산으로 향하는 길에 있는 유명 한우국밥 맛집. 김 가루 솔솔 뿌려 먹으면 더 맛있다.
경북 구미시 금오산로 221 매일 07:00~20:00

페트리코 금리단길의 필수 코스로 사랑받는 고급스러운 분위기의 카페. 뉴욕에 온 듯하다.
경북 구미시 원남로 106 수~월 12:00~22:00(라스트 오더 21:30, 화 휴무)

금오당 정원의 향취가 배어나오는 베이커리 카페. 시그니처 망치커피를 좌식 테이블에서 즐겨보자.
경북 구미시 선기로2길 6 매일 10:00~22:00

구미시 여행 지도

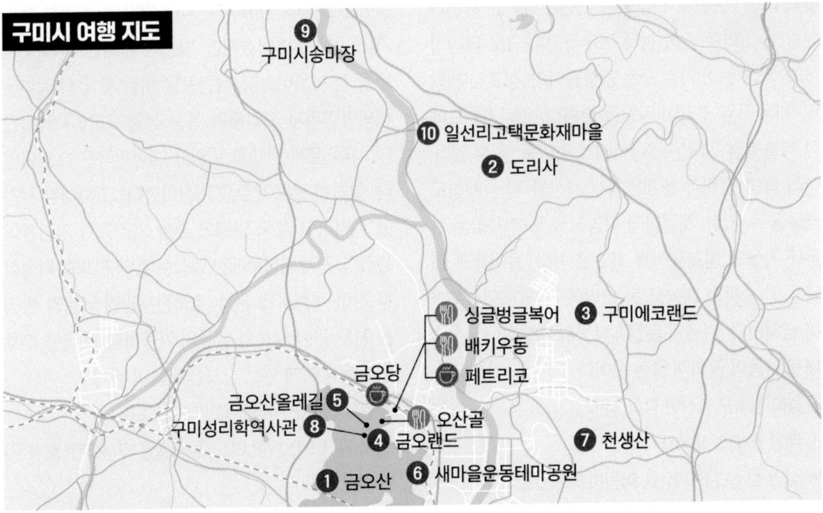

017
Gyeongbuk

칠곡군
대한민국 제일의 호국 성지

❶ 가산수피아

칠곡 여행 1순위로 손꼽히는 가산수피아는 자연과 예술, 놀이와 학습이 한데 어우러진 대규모 테마파크다. 가장 눈이 가는 곳은 공룡뜰이다. 정교히 제작된 거대 공룡 조각이 감탄을 부른다. 알파카랜드에선 복슬복슬 귀여운 알파카에게 먹이를 줄 수 있다. 여러 테마 정원과 분재원에서 사진을 찍는 재미도 빼놓을 수 없다. 계절마다 각양각색 꽃이 자라는 가운데 가을의 핑크뮬리를 최고로 친다. 놀이뜰과 배움뜰, 미술관과 캠핑장 등 그밖에도 재미있는 공간이 넘쳐난다. 겨울엔 눈썰매장까지 개장하니 1년 내내 즐거움이 끊이지 않는 곳이다.

◎ 경북 칠곡군 가산면 학하들안2길 105
◷ 매일 10:00~18:00
₩ 성인·청소년 8,000원, 어린이 6,000원

❷ 칠곡호국평화기념관

칠곡은 호국의 성지다. 한국전 발발 후 치열한 전투가 곳곳에서 벌어졌지만, 낙동강 방어선 전투는 국운을 건 싸움이었다. 낙동강을 뺏길 시 우리 정부는 해외망명까지 고려해야 하는 상황. 그러나 55일간의 사투 끝에 전세를 뒤엎고 대한민국은 수호되었다. 칠곡은 전투의 주요 거점이었다. 그 위대한 사건을 기억하고 호국 영령의 혼을 기리고자 기념관이 생겼다. 전투체험관에선 영상을 통해 전쟁의 처절함을 간접 체험하게 된다. 호국전시관엔 낙동강 방어선 전투 관련 자료와 유물이 가득하다. 조국을 수호한 영웅들에게 절로 감사한 마음이 든다.

◎ 경북 칠곡군 석적읍 강변대로 1580
◷ 화~일 09:00~18:00(11월~2월은 17시까지, 월 휴무)
₩ 무료

❸ 칠곡양떼목장

칠곡에서도 초원을 뛰노는 양들과 눈을 마주칠 수 있다. 규모도 큰 편이라 반나절은 충분히 자연 속에서 동물과 교감하는 게 가능하다. 양에게 먹이를 주는 체험은 기본이고 승마체험이나 깡통열차 체험도 운영한다. 양 외에도 염소, 사슴, 당나귀 등 여러 동물이 함께한다.

◎ 경북 칠곡군 지천면 창평로 209-42

◷ 매일 11:00~17:00

₩ 5,000원

❹ 칠곡보생태공원

낙동강 칠곡보 인근에 위치한 자연 친화적 공원이다. 기나긴 낙동강 물줄기 중에서도 자연과 생태가 잘 보존된 지점이고 풍광도 빼어나 잠시만 머물러도 흐뭇한 미소가 번진다. 자전거길과 산책로를 훌륭하게 조성했다. 군데군데 편의시설과 쉼터도 마련해 쉼을 취하기 좋다.

◎ 경북 칠곡군 석적읍 중지리 552

◷ 24시간

₩ 무료

❺ 꿀벌나라테마공원

벌꿀은 칠곡의 특산품 중 하나다. 꿀벌을 테마로 한 생태체험관이 칠곡에 자리하는 이유다. 먼저 야외에 마련된 큼직한 꿀벌 조형물과 포토존이 아이들의 흥미를 유발한다. 식물원처럼 꾸며진 넓은 전시관에선 다양한 체험형 전시가 이어진다. 세계 각국의 꿀도 시선을 끈다.

◎ 경북 칠곡군 석적읍 강변대로 1580-1

◷ 매일 09:00~18:00

₩ 무료

❻ 송정자연휴양림

칠곡군 중앙, 기반산 서쪽 자락에 안긴 휴양림으로 많은 종의 활엽수와 침엽수가 뒤엉켜 있어 숨을 들이쉴 때마다 상쾌함이 가득하다. 숙박 시설도 통나무와 황토 등 최대한 자연 재료를 활용해 만들어 만족도가 높다. 등산로도 완만해 여유롭게 숲에 몸을 맡길 수 있다.

◎ 경북 칠곡군 석적읍 반계3길 88

◷ 매일 09:00~22:00

₩ 성인 1,000원, 청소년 700원, 어린이 500원

❼ 동명지수변생태공원

동명지는 팔공산 끝자락에 붙은 아담한 저수지다. 물 위에 부잔교를 설치하고 주변에 산책 데크를 만들어 수변 공원을 구축했다. 현지인 사이에선 이미 산책 코스로 유명하다. 보너스처럼 주탑을 올린 출렁다리도 있어 재미를 더한다. 야간 조명이 예뻐 밤에 가도 괜찮다.

◎ 경북 칠곡군 동명면 구덕리 135-3

◷ 24시간

₩ 무료

❽ 국립칠곡숲체원

한국산림복지진흥원은 숲 체험을 통해 산림에 대한 이해를 높이고 치유의 시간을 보낼 수 있도록 전국 곳곳에 국립 숲체원을 운영한다. 칠곡의 숲체원은 유학산 아래에 자리하며 호수를 낀 무장애 데크 길을 포함해 산림 탐방로를 잘 조성했다. 산림교육프로그램도 운영된다.

◎ 경북 칠곡군 석적읍 유학로 532

◷ 매일 09:00~18:00(휴게시간 12:00~13:00)

₩ 성인 1,000원, 청소년 600원, 어린이 300원

❾ 행화촌자연테마파크

오토캠핑장이 중심을 잡는 아담한 테마파크지만 그 안에서 누릴 수 있는 건 풍부하다. 일단 산수가 조화를 이루는 풍경 속에 들어선 자체로 힐링이다. 아이들을 위한 가축 농장과 트램펄린, 어드벤처 챌린지가 준비되어 있다. 하이라이트는 여름에 개장하는 미니 워터파크다.

◎ 경북 칠곡군 지천면 지천로 798-7

◷ 24시간 ₩ **캠핑**(4인) 40,000원 **워터파크** 성인·청소년 10,000원, 어린이 15,000원

❿ 칠곡가산산성

가산의 산악 지형을 활용해 건설한 석성으로 사적으로 지정됐다. 임진왜란과 병자호란을 겪은 뒤 방어를 공고히 할 목적으로 1640년부터 쌓기 시작했다. 100년에 걸쳐 내성, 중성, 외성을 차례로 축성한 것이 큰 특징이다. 산성을 지나면 가산으로 향하는 등산로가 이어진다.

◎ 경북 칠곡군 가산면 가산리 산98-1

◷ 24시간

₩ 무료

칠곡의 맛집과 카페

한미식당

팔공산얼큰이

슈츠

한미식당 미군 부대 앞에서 기묘한 서양 음식을 판다. 코던블루, 시내소 이름도 생소하나 다 맛있다.
경북 칠곡군 왜관읍 석전로 159 매일 10:30~20:00

팔공산얼큰이 손수제비, 손칼국수 전문점이다. 이름에서 알 수 있듯 얼큰한 수제비가 더 잘 나간다.
경북 칠곡군 동명면 팔공산로 159 화~일 09:00~19:00(월 휴무)

신라궁 시골 마을에 한옥으로 멋스럽게 자리한 한정식집. 고급스러운 한정식이 코스별로 제공된다.
경북 칠곡군 동명면 한티로 578 목~화 11:30~20:00(라스트 오더 19:30, 수 휴무)

슈츠 카페 내부가 세련되었다. 커피도 훌륭하고 갖가지 특색 있는 베이커리류도 인상적이다.
경북 칠곡군 동명면 남원로3길 14 매일 11:00~22:00

러키더키 칠곡보에 위치한 베이커리 카페다. 도넛류가 뛰어나며 생맥주도 판다.
경북 칠곡군 석적읍 석적로 140 매일 10:00~22:00(라스트 오더 21:30)

018 성주군

Gyeongbuk

참외처럼 달콤하고 풍성한 여행의 맛

❶ 성밖숲

읍성 밖에 있는 숲이라 하여 직관적인 이름을 얻었다. 그러나 아름다움만큼은 성 안쪽보다 훨씬 우위에 있다. 천연기념물 목록에 오른 300~500년 수령의 거창한 왕버들이 수십 그루 모여 장관을 만든다. 오랜 세월을 버텼음에도 상태가 좋은 편이고 위기에 처한 나무마저 성주군이 열과 성을 다해 치료하고 관리해 명맥을 유지시킨다. 여름이면 보랏빛 맥문동이 왕버들 아래로 돋아난다. 숲속을 걷는 것 자체로 마음속에 행복감이 스며든다. 성주 여행의 중심이 되는 곳이라 지역 대표 축제인 생명문화축제와 참외축제도 여기서 열린다.

◎ 경북 성주군 성주읍 경산리

◷ 24시간

₩ 무료

❷ 성주역사테마공원

도심 한복판에 조선 시대의 풍경이 나타난다. 일제강점기에 대부분 파괴된 성주 읍성을 재건하고 전문가들의 고증을 거쳐 옛 모습을 재현해냈다. 발길 닿는 곳마다 모두 조선의 역사가 담겨있다. 읍성 밖의 연못은 성주 관아의 객사에 딸려 있던 쌍도정을 복원한 것이다. 성주를 상징하는 성지문을 통과하면 왼편으로 성주사고가 보인다. <조선왕조실록>을 보관했던 조선의 4대 사고 중 하나로 중요한 유적이다. 그 뒤로 이어지는 천문관측 기구 관천대는 창경궁의 관천대를 토대로 만들었다. 야경도 훌륭하다. 해가 지면 조명이 성을 뒤덮는다.

◎ 경북 성주군 성주읍 예산리 516

◷ 24시간

₩ 무료

❸ 회연서원

조선 중기에 활약했던 대학자 한강 정구 선생을 배향한 서원이다. 한강이 후학을 가르치던 회연초당이 후세에 의해 서원으로 거듭났으며 1690년 숙종에게 사액을 받았다. 넓은 서원 내에 교육과 추모를 담당하는 건물이 여럿 있다. 봄이면 인근이 온통 매화로 뒤덮인다.

◎ 경북 성주군 수륜면 동강한강로 9

◷ 24시간

₩ 무료

❹ 한개마을

600여 년의 역사를 가진 성산 이씨의 세거지다. 조선 세종 때 진주목사를 지냈던 이우가 1450년경 터를 잡은 것이 마을의 시작이다. 돌담길 사이를 누비면 100~200년씩 된 고택이 줄을 잇는다. 뒤로는 영취산이 앞으론 맑은 천이 흘러 풍수지리가 좋다는 사실이 실감 난다.

◎ 경북 성주군 월항면 한개2길 8-5

◷ 24시간

₩ 무료

❺ 성주성산동고분군

일제강점기에 일본 학자가 성산리 일대에서 다수의 봉분을 찾아냈다. 성산가야의 지배층이 잠든 무덤이 세상에 드러나는 순간이었다. 60여 기의 고분이 존재하고 주요 5개 고분에서만 1,000여 점의 유물이 출토되었다. 고분군 옆에 전시관을 건설해 유물을 전시하고 있다.

◎ 경북 성주군 성주읍 성산리

◷ 24시간

₩ 무료

❻ 가야산야생화식물원

가야산의 훌륭한 산림자원을 활용해 국내 최초 야생화 전문 식물원을 만들었다. 전시관을 찬찬히 둘러보면 생소하게만 느껴졌던 각종 야생화가 친숙해진다. 온실에선 사진으로 만났던 야생화를 실제로 보게 된다. 600종이 넘는 수목과 야생화가 넓은 공간에 식재되어 있다.

◎ 경북 성주군 수륜면 가야산식물원길 49

◷ 화~일 10:00~17:00(월 휴무)

₩ 무료

❼ 세종대왕왕자태실

옛 왕실에선 자손을 낳으면 아이의 태를 봉안하고 표석을 세웠다. 이를 태실이라 하는데 세종대왕 자녀들의 태실이 성주에 있다. 세종의 적서 18왕자와 손자 단종까지 19기의 태실이 조성되었으나 수양대군의 왕위 찬탈을 반대했던 다섯 왕자의 태실은 파괴되었다 복원됐다.

◎ 경북 성주군 월항면 인촌리

◷ 24시간

₩ 무료

❽ 성주참외체험형테마공원

성주에서 참외를 빼놓는다는 건 있을 수도 없는 일이다. 성주의 얼굴이자 상징이나 다름없는 참외를 주제로 만든 공원이다. 놀이기구도 의자도 조형물도 온통 참외를 형상화했다. 참외가 올려진 전시관에 들어서면 성주 참외에 대한 정보가 가득하다. 한편에 식물원도 있다.

◎ 경북 성주군 성주읍 참별로 2479

◷ 24시간

₩ 무료

❾ 성주호

1992년 성주댐이 건설되며 3,800톤의 풍부한 저수량을 가진 성주호가 만들어졌다. 주변으로 푸른 산이 둘러싸고 있어 풍경이 뛰어나다. 호수를 끼고 이어지는 도로는 드라이브 코스로 인기가 좋으며 데크길을 조성해 걷기에도 그만이다. 봄철엔 벚꽃이 흐드러져 더 아름다워진다.

◎ 경북 성주군 금수면 봉두리

◷ 24시간

₩ 무료

❿ 가야산역사신화테마관

가야 건국신화에 등장하는 여신 정견모주의 설화와 가야산의 역사와 문화를 집약해 놓은 전시관이다. 단순한 전시에 그치지 않고 화려한 영상과 4D체험, VR체험을 통해 더 흥미롭게 역사에 다가갈 수 있도록 돕는다. 가야산의 사계와 생태를 보여주는 전시관도 인상적이다.

◎ 경북 성주군 수륜면 가야산식물원길 17

◷ 24시간

₩ 무료

성주의 맛집과 카페

촌두부집 산 아래 외딴곳, 재야의 고수가 숨어있다. 허름한 건물 안에서 직접 고소한 두부를 만든다.
경북 성주군 월항면 지산로 64 매일 10:00~16:00

왜관식당 3대째 운영 중인 전통 깊은 식당으로 진한 청국장과 콩국수로 오랜 시간 사랑받고 있다.
경북 성주군 월항면 주산로 382 매일 09:00~20:00

전나무식당 매우 저렴한 가격에 양 많고 맛 좋은 칼국수를 제공한다. 가야산 가는 길목에 위치한다.
경북 성주군 수륜면 성주가야산로 116 월~토 10:00~18:00(일 휴무)

인송쥬 '꿈이 있는 곳'이란 뜻의 온실 카페로 푸른 식물 사이를 누비며 음료를 마시는 재미가 있다.
경북 성주군 수륜면 참별로 1009 금~화 11:00~20:00(수~목 휴무)

카페옐롱 참외를 주제로 카페를 열었다. 참외를 활용한 음료와 참외 디저트가 성주임을 일깨워준다.
경북 성주군 월항면 월항로 560 매일 10:00~19:00(라스트 오더 18:30)

성주군 여행 지도

019 고령군

Gyeongbuk

대가야의 비밀을 간직한 고을

❶ 대가야생활촌

후기 가야연맹체의 맹주로 이름을 날렸던 대가야는 철을 자유롭게 다루며 많은 장신구를 만들고 가야금을 제작해 음악을 연주하는 등 찬란한 문화를 꽃피웠던 고대 국가다. 그 도읍이 고령이었기에 고령 내엔 대가야와 관련된 유적과 여행지가 넘쳐난다. 대가야생활촌은 여행의 시작점으로 삼기에 완벽하다. 고증을 바탕으로 대가야 시대의 마을을 구현해 놓아 그 시기의 생활상을 학습할 수 있다. 영상관과 전시관에선 1,500년 전으로의 시간 여행이 시작되고 아이들에게 흥미를 안기는 여러 가지 체험도 제공된다. 여름에는 물놀이장이 문을 연다.

◎ 경북 고령군 대가야읍 신남로 81

🕓 화~일 09:00~18:00(11월~2월은 17시까지, 월 휴무)

₩ 성인 5,000원, 청소년 4,000원, 어린이 3,000원

❷ 지산동고분군

평지가 아닌 가파른 산비탈을 따라 고분이 이어지는 모습이 기이하다. 고분의 숫자가 700기가 넘는다니 놀라움은 더욱 치솟는다. 대가야가 맹위를 떨치던 400년경부터 멸망한 562년까지 그사이에 생긴 대가야의 왕족과 귀족의 무덤이다. 대가야인은 사후에도 하늘로 이어진 세계가 있다고 믿어 하늘에 더 가까운 곳에 무덤터를 잡았을 것이라 추측된다. 수많은 고분 사이로 탐방로가 잘 꾸며져 있다. 44호분과 45호분은 무덤 주인공의 주변인이 함께 매장된 순장 무덤으로 밝혀져 학계가 술렁였다. 토기와 장신구, 무기 등 많은 유물도 출토됐다.

◎ 경북 고령군 대가야읍 지산리

🕓 24시간

₩ 무료

❸ 대가야역사테마관광지

대가야생활촌이 옛 모습과 생활상에 초점을 맞췄다면 이곳은 흥미로운 체험 위주의 테마파크로 꾸몄다. 레일썰매장과 VR체험관은 아이들에게 즐거움을 안기고 하트 터널과 분수, 탐방 숲길의 미로는 연인들의 포토존이 된다. 통나무 펜션과 캠핑장이 있어 하루 묵기도 좋다.

◎ 경북 고령군 대가야읍 대가야로 1216

◷ 화~일 09:00~18:00(월 휴무)

₩ 입장료는 무료, 체험별 요금은 상이

❹ 다산딸기조합농원

고령 딸기는 전국으로 범위를 넓혀도 명품으로 인정받는다. 고령엔 많은 딸기 농장과 체험관이 산재해있는데 다산 농원은 가장 큰 인기를 누린다. 성수기 주말엔 줄이 늘어설 정도. 탐스러운 딸기를 직접 따고 맛보는 체험은 물론 딸기 퐁듀와 와플 만들기 체험도 있다.

◎ 경북 고령군 다산면 노곡리 101-11

◷ 매일 10:00~18:00

₩ 체험별 요금 상이

❺ 대가야박물관-왕릉전시관

고령을 여행하며 대가야에 관심이 생겼다면 박물관은 필수 관람 코스다. 대가야와 고령의 역사와 문화를 연대기별로 잘 정리했다. 박물관 옆 왕릉전시관은 순장 무덤으로 밝혀진 지산동 고분군 44호분의 내부 모습을 발견 당시 그대로 재현했다. 출토 유적도 전시 중이다.

◎ 경북 고령군 대가야읍 대가야로 1203

◷ 화~일 09:00~18:00(11월~2월은 17시까지, 월 휴무)

₩ 성인 2,000원, 청소년·어린이 1,500원

❻ 개실마을

영남학파의 시조인 조선의 성리학자 김종직의 후손이 370여 년간 전통을 지키며 살아가는 마을이다. 김종직의 종택과 유품이 문화재로 보존되고 있다. 꽃이 피는 아름다운 골짜기를 뜻하는 '개화실'에서 이름이 유래되었다. 그만큼 전통 가옥과 산수가 이룬 조화가 빼어나다.

◎ 경북 고령군 쌍림면 합가리 243-5

◷ 24시간

₩ 무료

❼ 우륵박물관

가야금을 발명한 가야국의 악성 우륵의 음악 세계와 삶을 풀어내고 있다. 박물관의 외관마저 우륵이 가야금을 연주하는 모습을 형상화했다. 우륵이 연주했다 전해지는 가야금 12곡의 자료를 상세히 전시한다. 가야국부터 현재까지, 가야금의 변천사도 역시 꼼꼼하게 정리했다.

◎ 경북 고령군 대가야읍 가야금길 98

◷ 화~일 09:00~18:00(11월~2월은 17시까지, 월 휴무)

₩ 무료

❽ 강정고령보

낙동강 위에 설치되어 고령과 대구 달성군을 잇는다. 4대 강 사업을 위해 건설된 보 중엔 950여 미터로 가장 길다. 대가야 시대의 토기와 우륵의 가야금을 주제로 잡아 설계되어 의미가 더 깊다. 설치된 다리의 이름도 우륵교다. 산책과 자전거를 즐기는 이들이 늘 오간다.

◎ 대구 달성군 다사읍 강정본길 57

◷ 24시간

₩ 무료

❾ 대가야수목원

복작이는 읍내에서 하천 위의 다리만 하나 건너면 동쪽으로 고요한 수목원이 모습을 드러낸다. 전쟁으로 황폐화한 산림을 다시 푸른빛으로 재건한 녹화 사업을 기리고자 조성되었다. 그를 기념하는 숲과 전시관이 있으며 산책로를 따라 핀 갖가지 꽃과 나무가 싱그럽다.

◎ 경북 고령군 대가야읍 장기리 산8-1

◷ 24시간

₩ 무료

❿ 고령대가야시장 고령5일장

상설 운영되는 가게도 있지만 4일과 9일마다 열리는 오일장이 핵심이다. 장날이면 아침부터 인산인해를 이룬다. 수백 여 개의 점포와 노점에서 흥정이 이어진다. 3대에 걸쳐 70년째 운영 중인, 요즘은 보기 힘든 대장간에 눈이 간다. 여전히 전통 방식으로 담금질을 한다.

◎ 경북 고령군 대가야읍 시장3길 29

◷ 업체별 상이

₩ 무료

고령의 맛집과 카페

수구레국밥

이소

수구레국밥 수구레는 소의 가죽 안쪽에서 떼어낸 쫄깃한 지방 육이다. 이 수구레를 재료로 끓여낸 수구레국밥은 고령의 대표 향토 음식. 고령대가야시장에서 맛볼 수 있다.

대원식당본점 어디에서도 보기 힘든 조합인 인삼도토리수제비를 만든다. 백숙과 비슷한 부분이 있다.
경북 고령군 쌍림면 대가야로 691 화~일 08:00~20:00(라스트 오더 19:30, 월 휴무)

두레두부마을 국산 콩으로 매일 품질 좋은 두부를 만들어 제공한다. 두부보쌈을 곁들인 정식이 인기 좋다. 경북 고령군 대가야읍 덕운로 45 화~일 10:00~20:00(월 휴무)

진미당제과 찹쌀떡이 너무도 쫄깃하고 팥의 품질도 엄청나다. 줄을 서도 못 먹는 경우가 허다하다.
경북 고령군 대가야읍 시장길 8-1 매일 09:00~16:00

이소 동화 속 풍경처럼 예쁘게 꾸며놓은 실내가 인상적이다. 에그타르트가 맛있다. 경북 고령군 대가야읍 지산길 7-7 월~금 10:00~21:00, 일 12:00~21:00(토 휴무)

고령군 여행 지도

020 Gyeongbuk

경산시

팔공산의 정기가 샘솟는 역사 문화 도시

❶ 팔공산갓바위

불상의 머리 위에 평평한 갓 모양의 형상이 얹어져 있는 것이 이채롭다. 그런 이유에서 '경산 팔공산 관봉 석조여래좌상'이란 정식 명칭 대신 팔공산 갓바위라 널리 불린다. 팔공산의 많은 명봉 중 하나인 해발 850미터 관봉 꼭대기에 위치한다. 이에 대한 역사적 기록이 사실상 전무해 누가 언제 조각했는지는 알려진 바가 없다. 하나의 돌로 대좌와 불상을 함께 조각했으며 머리 위의 갓은 나중에 만들어진 것으로 보인다. 간절하게 한 가지를 빌면 소원을 들어준다는 전설이 있어 입시 철이나 시험 철마다 간절한 마음을 가진 이들이 순례를 온다.

◎ 경북 경산시 와촌면 갓바위로 681-55

◷ 24시간

₩ 무료

❷ 반곡지

아담한 저수지와 그 곁을 감싼 수목의 어울림이 잔잔한 감흥을 준다. 그 사이를 천천히 거니는 사람마저 풍경이 된다. 반곡지는 1903년에 축조되어 100년이 훌쩍 넘는 긴 역사를 가졌다. 그 용도는 농업용수를 저장하기 위함이었으나 지금은 경산 여행자들의 사랑을 독차지하는 사진 명소가 되었다. 물가에 잎을 늘어뜨린 수백 년 수령의 왕버들은 늘 사진의 배경이 된다. 봄마다 꽃망울을 터뜨리며 반곡지를 핑크빛으로 물들이는 복사꽃도 사랑스럽다. 주변으로 분위기 좋은 카페가 많아 방금 거닌 풍경을 바라보며 차 한 잔 마시는 것도 행복이다.

◎ 경북 경산시 남산면 반곡리 246

◷ 24시간

₩ 무료

❸ 삼성현역사문화공원

삼성현은 경산 출신의 세 현인 원효와 설총, 일연을 일컫는다. 이들의 문화적 업적을 알리기 위해 기념 공원이 널찍하게 조성되었다. 삼성현에 대한 자료가 공원 중심 역사문화관에 가득 있다. 꽃밭과 분수, 쉼터와 놀이터가 어우러진 야외 공간은 소풍 나온 시민으로 붐빈다.

◎ 경북 경산시 삼성현공원로 59

◷ 문화관 화~일 09:00~18:00(11월~2월은 17시까지, 월 휴무) ₩ 무료

❹ 남매지

경산의 대표 호수다. 부모를 잃은 남매가 힘든 삶을 살다 호수에 몸을 던졌다는 이야기가 전해진다. 그러나 슬픈 전설과는 달리 현재는 복잡한 시내 중심에서 반짝이며 망중한을 즐기는 이들의 쉼터가 되어준다. 호수에서 분수를 뿜기도 하며 야경도 무척 훌륭하다.

◎ 경북 경산시 계양동

◷ 24시간

₩ 무료

❺ 포니힐링승마농원

승마를 중심으로 여러 가지 체험이 가능한 어린이 전용 농원이다. 귀여운 조랑말과 교감하며 즐기는 승마 체험이 아이들의 큰 관심을 끌며 원예 체험과 목공 체험도 제공한다. 농원 앞 저수지에서 낚시가 가능해 아빠들도 지루할 일은 없다. 방갈로와 펜션도 함께 운영한다.

◎ 경북 경산시 와촌면 갈밭길 102

◷ 매일 10:00~17:00(여름 야간 개장 시 21시까지)

₩ 6,000원(승마·낚시·공예별 체험료 상이)

❻ 경산자인의계정숲

국내에선 드물게 평지에 자연적으로 형성된 거대한 숲으로 경북 기념물로 지정되어 보호받고 있다. 이팝나무와 굴참나무, 느티나무 등 다양한 종이 혼재되어 가치가 더욱 크며 200년 수령 이상의 나무도 발견된다. 숲 내음을 즐기며 많은 시민이 여유롭게 산책을 이어간다.

◎ 경북 경산시 자인면 계정길 80

◷ 24시간

₩ 무료

❼ 경산동의한방촌

2020년에 개장한 한방 전문 체험관이다. 자연 속에서 누리는 전통 한방을 주제로 많은 프로그램이 준비되어 있다. 체형 검사, 한약재 족욕, 약차 만들어 마시기 등이 인기가 좋다. 피부 관리나 네일 케어 같은 미용 프로그램도 함께 운영한다. 물론 한의원 진료도 가능하다. ◎경북 경산시 남산면 삼성현공원로 38

Ⓛ화~금 09:00~18:00, 토~일 09:00~17:00(11월~2월은 09:00~17:00, 월 휴무)

₩ 체험별 비용 상이

❽ 경산시립박물관

경산의 역사와 문화를 체계적이고 효율적으로 잘 전시하고 있다. 고대문화실에선 경산의 뿌리가 되었던 고대 국가 압독국에 관한 이야기가 흥미진진하게 진행된다. 역사문화실은 조선 시대의 경산에 초점을 맞췄다. 임진왜란 때 활약한 의병장 최문병의 말 안장은 보물이다.

◎경북 경산시 박물관로 46

Ⓛ화~일 09:00~18:00(월 휴무)

₩ 무료

❾ 경산자연마당

이름 그대로 자연이 한 마당 춤을 춘다. 환경부 공모사업에 선정되어 남매지 서쪽 야트막한 언덕에 수목이 가득 식재되었다. 꽃구경으로 유명해 봄이면 벚꽃을 보러 가을이면 핑크뮬리를 보러 사람이 몰린다. 곳곳에 정자와 쉼터를 마련해놓아 시민들의 휴식처로 사랑받는다.

◎경북 경산시 중방동 683-1

Ⓛ24시간

₩ 무료

❿ 경산이발테마관

익숙했으나 어느 순간 사라져가는 이발소의 향수를 느껴보자. 1956년에 개업해 2014년에 문을 닫은 중앙이용원의 물품을 활용해 만들었다. 폐업 때까지 사용되던 이발소 의자와 가위, 이발기가 마냥 정겹다. 옛 이발소의 풍경과 이발사의 인터뷰도 영상을 통해 흘러나온다.

◎경북 경산시 서상길 57

Ⓛ월~금 10:00~17:00(주말, 공휴일 휴무)

₩ 무료

경산의 맛집과 카페

성화축산 농장에서 직접 키운 한우를 엄선해 판매한다. 언제나 현지인으로 바글바글하다.
경북 경산시 남산면 삼성현로 915 매일 10:40~20:40(라스트 오더 19:40)

소루 도심에 숨겨진 일식 덮밥 맛집이다. 맛깔난 간장새우밥과 연어장덮밥이 잘 나간다. 경북 경산시 백자로 76 매일 11:30~21:00(브레이크 타임 평일 15:00~17:00/주말 15:00~16:00, 라스트 오더 20:30)

잔치국수본점 잔치국수의 양이 엄청나다. 하지만 맛이 더 엄청나다. 진하게 우린 국물맛이 최고.
경북 경산시 압량읍 대학로 647 화~일 10:00~20:30(라스트 오더 20:00, 월 휴무)

호미호시 건축미가 돋보이는 카페다. 야외 공간도 내부 공간도 근사하다는 말이 딱 어울린다.
경북 경산시 원효로 275 매일 11:00~22:00(라스트 오더 21:00)

파스마 거대한 창고형 카페다. 디저트도 빵도 두루 맛이 좋다. 초록빛 벽이 눈을 시원하게 만든다.
경북 경산시 한의대로 96 매일 09:00~22:30(라스트 오더 22:00)

021 Gyeongbuk

청도군

와인의 향기와 황소의 숨이 이루는 묘한 어울림

❶ 청도와인터널

1904년에 완공되어 1937년에 문을 닫은 철도 터널 안에서 이제는 향긋한 와인의 향이 풍긴다. 청도의 명물인 감으로 만든 와인을 저장하는 창고로 사용이 되다가 방문객이 늘어나며 터널의 대부분이 개방되었다. 안으로 조금씩 들어갈 때마다 각기 다른 테마 공간이 등장한다. 화려한 빛과 조형물이 반짝이는 곳이 있는가 하면 방문자들의 소원을 빼곡하게 모아 놓은 곳도 있다. 와인 저장고를 구경할 수도 있다. 그러나 터널의 하이라이트는 와인 카페. 청도의 특산 와인을 즉석에서 마음껏 음미해볼 수 있으니 가급적 차는 두고 오는 것이 좋다.

◎ 경북 청도군 화양읍 송금길 100

◷ 월~금 09:30~17:30, 토~일 09:30~18:00

₩ 무료

❷ 운문사

신라 진흥왕 시절인 560년에 창건된 것으로 알려졌다. 이후 진평왕 때 원광국사가 크게 중건한 뒤 화랑들에게 세속오계를 전수하며 화랑정신의 기틀을 마련했다. 일연스님이 이곳에서 <삼국유사>를 집필했다는 기록도 있어 여러모로 역사적인 사찰이다. 현재는 전국 최대 규모의 비구니 승가대학으로 운영되고 있다. 경내에 들어서면 거대한 누각 만세루에서 쉼을 취하는 여행자들이 보인다. 그 뒤로 대웅보전과 옛 건물이 잘 보존되어 있다. 원응국사비와 삼층석탑 등 많은 보물을 품고 있으며 천연기념물인 처진 소나무의 웅장한 모습도 이채롭다.

◎ 경북 청도군 운문면 운문사길 264

◷ 매일 04:00~20:00

₩ 성인 1,000원, 청소년 1,000원, 어린이 500원

❸ 청도소싸움경기장

청도 하면 떠오르는 이미지 중 하나는 소싸움이다. 주말이면 거대한 돔형 경기장에서 그 치열한 싸움이 시작된다. 가쁜 숨을 내쉬며 머리를 맞대고 힘겨루기하는 황소의 모습을 보며 수천 명이 열광한다. 주중에 방문해 아쉽다면 바로 옆 청도소싸움미디어체험관으로 가보자.

◎ 경북 청도군 화양읍 남성현로 348

◷ 주말에 경기 운영

₩ 5,000원

❹ 청도프로방스

낭만의 대명사 프랑스 프로방스 지역의 풍경을 그대로 옮겨 놓았다. 프로방스를 사랑했던 화가 고흐가 여행자를 반기고 그 곁으로 보랏빛 마을 건물이 촘촘하다. 여기저기 마련된 포토존에선 찰칵 소리가 멈추지 않는다. 밤이 찾아오면 셀 수 없이 많은 LED 조명이 발광한다.

◎ 경북 청도군 화양읍 이슬미로 272-23

◷ 목~화 15:00~22:00(주말 및 공휴일은 14시부터, 수휴무) ₩ 입장료 10,000원

❺ 청도레일바이크

청도천을 따라 설치된 옛 철길을 활용해 레일바이크 운행을 시작했다. 왕복 5킬로미터를 달리는 동안 산수가 어우러진 풍광이 스쳐 지나간다. 레일바이크가 버거운 꼬마들을 위해 미니 기차도 운영된다. 캠핑장과 놀이터도 갖춰져 있어 가족 단위 여행객에겐 더욱 매력적이다.

◎ 경북 청도군 청도읍 신도리

◷ 월~금 09:00~17:00, 토~일 09:00~18:00

₩ 왕복 2인 25,000원, 3인 29,000원, 4인 33,000원

❻ 군파크루지테마파크

2021년 경북권 최초로 청도에 루지 체험 시설이 들어섰다. 알록달록한 루지에 몸을 싣고 1.88킬로미터나 되는 긴 트랙을 활강하는 동안 수많은 급커브가 이어져 더욱 흥분감이 넘친다. 주변으로는 청도가 자부하는 청아한 자연이 펼쳐져 흥분감은 이내 상쾌함으로 변한다. ◎ 경북 청도군 화양읍 남성현로 350-30 ◷ 하절기(7월 중순~8월 중순) 기준 평일 10:00~20:00, 주말 및 공휴일 10:00~21:00

₩ 1회 이용권 평일 17,000원, 주말 및 공휴일 20,000원

❼ 청도신화랑풍류마을

화랑도의 근본인 세속오계가 전파되었던 청도에 화랑의 뜻을 계승하는 공간이 탄생했다. 기념관과 VR 체험관에선 화랑의 기원과 세속오계에 관한 이야기를 최첨단 기술로 풀어낸다. 야외엔 수련장과 공연장, 연못과 잔디광장이 이어져 아이들이 원 없이 뛰어놀기에 완벽하다.

◎ 경북 청도군 운문면 신화랑길 1

◷ 화~일 09:00~17:00(휴게시간 12:00~13:00, 월 휴무) ₩ 성인 2,000원, 청소년·어린이 1,500원

❽ 청도읍성

방어를 목적으로 고려 시대부터 흙과 돌을 쌓아 만들기 시작한 성이다. 이후 조선 시대에 석축으로 다시 쌓아 1592년에 완성했다. 임진왜란 때 많은 부분 파괴되었으나 현재는 복원을 거듭한 뒤 군민들의 산책 코스로 인기를 끌고 있다. 봄이면 복사꽃과 작약꽃이 만개한다.

◎ 경북 청도군 화양읍 동상리 48-1

◷ 24시간

₩ 무료

❾ 한국코미디타운

한국 코미디의 100년 역사를 꼼꼼하게 담아냈다. 구봉서, 배삼룡, 이주일 같은 전설적 희극인부터 현재의 인기 개그맨까지. 그들의 이야기가 방문객의 웃음을 책임진다. 황당한 포토존, 몸개그 훈련소 등이 있어 스스로 코미디언으로 변신해 동행을 빵 터지게 만들 수 있다.

◎ 경북 청도군 이서면 이서로 565

◷ 화~일 09:30~18:00(월 휴무)

₩ 5,000원

❿ 새마을운동발상지기념공원

청도의 신도마을은 새마을 운동의 발상지로 통한다. 이를 기념하기 위해 큰 공원을 만든 뒤 볼거리와 즐길 거리를 꽉 채워 넣었다. 새마을운동의 정보를 담은 기념관, 추억을 불러일으키는 테마파크, 대통령 전용 열차가 복원된 새마을광장 등을 둘러보면 시간이 훅 지나간다.

◎ 경북 청도군 청도읍 새마을1길 34

◷ 화~일 09:30~17:30(월 휴무)

₩ 성인 2,000원, 청소년·어린이 1,500원

청도의 맛집과 카페

미나리삼겹살

청도가마솥국밥

버던트

미나리삼겹살 청도의 한재미나리는 국내 최상급의 미나리로 명성을 떨친다. 그런 이유로 삼겹살과 함께 미나리를 구워 파는 음식점이 수두룩하다. 청도에선 꼭 맛봐야 하는 조합이다.

청도가마솥국밥 가게 이름은 국밥집인데 육회비빔밥만 판다. 그러니 그 맛이 얼마나 좋단 말인가.
경북 청도군 청도읍 청화로 235 수~월 11:00~21:00(화 휴무)

시골집 이름도 생소한 웅치기닭으로 유명하다. 간장조림닭에 가깝다. 박봉김밥도 독특한 맛이다.
경북 청도군 청도읍 고수동5길 18 화~일 11:00~19:00(브레이크 타임 14:00~15:30, 라스트 오더 18:00, 월 휴무)

버던트 감각적인 인테리어가 돋보인다. 아보카도를 활용한 커피와 샌드위치를 맛보자.
경북 청도군 이서면 연지로 330 매일 10:00~22:00

엘파라이소365 논밭이 펼쳐진 시골 마을 언덕에 자리한 카페. 간단한 식사와 디저트도 판매한다.
경북 청도군 화양읍 소라2길 36-13 매일 10:00~21:00(라스트 오더 20:30)

청도군 여행 지도

022 Gyeongbuk

영천시

보현산과 팔공산이 교차하는 천혜의 환경

❶ 임고서원

<단심가>로 잘 알려진 고려 말의 충신 포은 정몽주의 충절과 덕행을 기리기 위해 건립된 서원이다. 조선 명종 8년인 1553년 지방 유림에 의해 부래산에 창건되었으나 임진왜란 때 소실되었고 1603년에 현재의 위치로 옮겨 재건되었다. 뛰어난 학자이자 왜구 토벌에도 큰 공을 세운 포은 선생의 충효 정신이 담긴 곳이라 영천의 문화재 중에서도 으뜸이 된다. 그의 마음을 헤아리며 널찍하고 고즈넉한 서원 내부를 거니는 것만으로도 마음에 평안이 깃든다. 서원 앞엔 수령 500년의 큼직한 은행나무 1그루가 서 있어 서원의 이정표가 되어준다.

경북 영천시 임고면 포은로 447

24시간

₩ 무료

❷ 은해사

조계종 제10교구의 본사로 경북 지역 50여 곳의 사찰을 관할할 만큼 규모가 크다. 신라 헌덕왕 원년인 809년에 혜철국사가 해안사라는 이름으로 창건한 것이 역사의 시작이다. 이후 흥망을 거듭하다 조선 명종 원년인 1546년에 천교화상이 현재의 팔공산 자락으로 이건하며 은해사가 되었다. 일주문에서 법당으로 향하는 긴 산책로에 적송 숲이 울창하다. 본전 영역으로 들어가는 보화루의 편액은 추사 김정희의 작품이다. 국보 거조암영산전과 함께 보물급 문화재를 다수 소장하고 있다. 팔공산에 안겨 참선을 하고 싶다면 템플스테이에 참여하자.

경북 영천시 청통면 청통로 951

하절기 08:00~18:00, 동절기 09:00~17:00

₩ 무료

❸ 화랑설화마을

천 년의 역사를 가진 화랑의 설화를 주제로 대규모의 복합 문화시설을 만들었다. 김유신 장군과 신라의 전성기를 이끈 화랑의 이야기를 현대적으로 재구성해 흥미로운 전시와 영상, 체험을 제공한다. 특히 화랑우주체험관과 4D돔영상관은 아이들에게 엄청난 인기를 누린다.

경북 영천시 금호읍 거여로 426-5
화~일 10:00~18:00(월 휴무) ₩ 신화랑우주체험관 성인 3,000원, 청소년 2,500원, 어린이 2,000원

❹ 시안미술관

미술관이 푸른 자연에 폭 안겨있다. 낡은 폐교를 현대적인 건축물로 부활시킨 시안미술관은 영천 시민을 위한 문화의 장 역할을 다 하고 있다. 유명 작가들의 특별전과 기획전이 끊임없이 개최된다. 조각작품이 놓인 드넓은 야외 공간도 건물과 함께 멋진 조화를 이룬다.

경북 영천시 화산면 가래실로 364
화~일 10:30~17:30(월 휴무)
₩ 성인 4,000원, 청소년·어린이 3,000원

❺ 최무선과학관

우리나라 역사상 처음으로 화약을 개발하고 신무기로 왜구를 격퇴시킨 최무선 장군을 기념하는 공간이다. 천자통총, 화차, 신기전 등 역사를 빛냈던 무기와 최 장군의 업적을 살펴볼 수 있다. 영상체험관과 화포가 등장했던 진포대첩을 경험하는 가상현실도 흥미진진하다.

경북 영천시 금호읍 창산길 100-29
화~일 10:00~17:00(월 휴무)
₩ 무료

❻ 보현산별빛테마마을

보현산은 청정 일수가 매우 많고 광해가 적어 별 관찰에 최적화된 산이다. 이에 그 주변에 별을 주제로 마을을 꾸몄다. 천체관측이 가능한 천문과학관과 우주에 대한 전시물이 가득한 천문전시체험관이 함께하며, 글램핑장과 캠핑장도 마련했다. 보현산 정상엔 천문대가 있다.

경북 영천시 화북면 정각길 22
24시간
₩ 무료

7 영천한의마을

우리 몸의 오장육부를 형상화한 한옥 단지가 특색 있다. 영천은 예부터 많은 약재가 생산되던 곳이라 한약방을 중심으로 한의술이 발전했다. 영천한의마을에선 자신의 체질을 알아보고 가상으로 한약을 처방받는 등 재밌는 한방 관련 체험이 가득하다. 한옥 숙박도 문제없다.

경북 영천시 화룡동 128

화~일 09:00~22:00(월 휴무) ₩ 유의기념관 성인 2,000원, 청소년 1,500원, 어린이 1,000원

8 돌할매공원

공원 내의 둥근 돌이 마을의 수호신이자 숭배의 대상인 '돌할매'다. 무게가 10킬로그램이나 나가는 돌할매는 방문객의 운세를 점쳐준다. 처음엔 그냥 돌을 들어본 뒤, 이어서 정성스레 소원을 빌고 들어본다. 두 번째 들 때 돌이 꿈쩍하지 않으면 소원이 이뤄진다고 전해진다.

경북 영천시 북안면 관리 219

24시간

₩ 무료

9 만불사

국내 어디에서도 보기 힘든 이색적인 사찰이다. 1995년에 문을 열어 역사는 길지 않으나 인도 부다가야에서 공수한 보리수와 스리랑카에서 인도받은 부처님의 진신사리가 있어 순례객이 몰린다. 1만 7,000여 개의 크고 작은 불상이 가득 차 있는 만불보전은 압도적이다.

경북 영천시 북안면 고지리 857-5

24시간

₩ 무료

10 영천전투메모리얼파크

한국전 당시 처절한 항쟁 끝에 낙동강 방어선을 지켜낸 영천 전투를 기념하기 위해 건립되었다. 영천 전투와 관련한 여러 전시물을 보여주고 있으며 참전 용사를 위한 추모 공간도 있다. 서바이벌 체험장을 함께 운영하고 있어 시가전과 고지전을 실감 나게 체험할 수 있다. 경북 영천시 교촌동 11-33

화~일 10:00~18:00(11월~2월은 17시까지, 월 휴무)

₩ 서바이벌 시가전체험장 성인 15,000원, 청소년·어린이 11,000원

영천의 맛집과 카페

삼송꾼만두본점 군만두도 하나의 메인 메뉴가 될 수 있다는 걸 보여준다. 속이 진짜 꽉 찬 만두가 바삭하다. ◎경북 영천시 중앙동1길 12 ◷매일 09:00~19:00(매달 2·4번째 화요일 휴무)

포항할매집 영천 시장 곰탕골목에서도 오랜 전통을 자랑한다. 푸짐한 곰탕이 마음까지 넉넉하게 만든다. ◎경북 영천시 시장4길 52 ◷매일 07:00~20:00(라스트 오더 19:30, 매달 1일·15일 휴무)

화평대군식당 육회비빔밥의 육회가 어찌나 쫄깃하고 신선한지 일반 육회 한 접시를 시키게 된다. ◎경북 영천시 최무선로 212 ◷매일 10:00~21:30

카페온당 임고서원 바로 앞에 위치한 깔끔한 카페. 한편에 작은 책방이 있어 더욱 좋다. ◎경북 영천시 임고면 포은로 452 ◷월·수~금 11:30~18:00, 토~일 10:00~19:00(라스트 오더 17:30·18:30, 화 휴무)

오픈그린 '자연 속 특별한 시간'을 주제로 공간을 대여한다. 가격대가 높지만 캠핑과 피크닉엔 최적. ◎경북 영천시 화산면 가래실로 364 ◷주말, 공휴일 예약제 운영

PART 10
경상남도

도장포유람선

001
Gyeongnam

창원시

벚꽃 흩날리는 경남 해양 관광의 관문

❶ 여좌천 진해군항제

도심을 관통하는 하천 위로 새하얀 벚꽃 비가 내린다. 매년 3월 말에서 4월 초, 여좌천 인근은 전국에서 가장 화려한 장소로 거듭난다. 천변에 늘어선 벚꽃 나무들이 동시다발적으로 꽃망울을 터뜨리며 대한민국을 넘어 세계 어디에서도 보기 힘든 벚꽃 장관을 연출하기 때문이다. 동시에 국내 최고의 축제로 꼽히는 군항제가 개최되어 화룡점정을 찍는다. 해군사령부는 일반인 출입이 불가했던 부대를 활짝 개방하고 군악대는 힘찬 연주와 함께 행진한다. 중원로터리에선 많은 행사가 진행되며 푸드 트럭과 노점이 들어서 축제 분위기를 더욱 띄운다.

◎ 경남 창원시 진해구 여좌동 217

◷ 24시간

₩ 무료

❷ 진해해양공원

진해구 앞바다에 떠 있는 작은 섬, 음지도를 해양공원으로 조성해 흥미로운 시설로 꽉 채웠다. 가장 먼저 눈에 들어오는 건 돛단배를 형상화한 136미터 높이 솔라타워. 태양광 발전시설 겸 전망대로 이용 중이며 음지도에서 1.4킬로미터 떨어진 소쿠리섬까지 활강하는 짚트랙이 운행된다. 해양생태계와 관련된 전시와 체험이 풍부한 해양생물테마파크와 아쿠아리움 격인 어류생태학습관도 여행객의 관심을 끌기엔 부족함이 없다. 창원이 군함의 도시인 만큼 해전사체험관도 한 자리를 차지한다. 그 앞엔 퇴역한 해군 군함이 있어 호기심을 자아낸다.

◎ 경남 창원시 진해구 명동로 62 ◷ 솔라타워 매일 09:00~20:00(11월~2월은 18시까지) ₩ 솔라타워 성인 3,500원, 청소년 2,500원, 어린이 1,500원

③ 주남저수지

창원시 북쪽에 자리 잡은 대규모의 저수지로 도심을 벗어나 자연 속에서 한적하게 휴식을 취하기 좋다. 저수지 둘레를 따라 계절에 맞는 꽃이 피고 습지를 찾아 희귀 철새가 날아든다. 멀리 보이는 산과 어우러진 풍광도 여유롭다. 남쪽엔 생태학습관과 람사르문화관이 있다.

◎ 경남 창원시 의창구 동읍

◷ 24시간

₩ 무료

④ 해양드라마세트장

영상 산업 지원의 일환으로 꾸며진 세트장이다. 2010년 드라마 <김수로> 촬영을 시작으로 십수년 간 <미스터 선샤인>, <육룡이 나르샤> 등 수많은 인기 드라마와 영화가 이곳을 배경 삼아 전파를 탔다. 주로 가야 시대의 거리 모습과 건물을 재현했으며 무료로 개방되고 있다.

◎ 경남 창원시 마산합포구 구산면 석곡리 산183-2

◷ 매일 09:00~18:00(11월~2월은 17시까지)

₩ 무료

⑤ 로봇랜드

아이들에겐 천국이나 다름없는, 로봇을 주제로 만든 테마파크다. 쾌속열차와 증기범퍼카를 포함해 아이들의 눈높이에 맞춘 열댓 가지의 놀이시설이 곳곳에 배치되었다. 로봇 체험 시설도 10곳이 넘는다. 우주항공로봇관, 미래로봇관 등에 머물면 시간이 순식간에 지나간다. ◎ 경남 창원시 마산합포구 구산면 로봇랜드로 250 ◷ 평일 10:00~18:00, 주말·공휴일 10:00~19:00(계절별 시간 변동) ₩ 종일이용권 성인 35,000원, 청소년 31,000원, 어린이 27000원

⑥ 창원의집

200여 년의 역사를 가진 고택이 시내 한복판에 잘 보존되어 있다. 순흥 안씨 5대조인 퇴은 두철이 살던 집이다. 현재는 민속촌처럼 꾸며져 누구나 출입이 가능하다. 한옥과 정원, 연못이 한데 어우러져 그림이 된다. 꽃과 나무도 합세한다. 전통 놀이시설까지 갖추고 있다.

◎ 경남 창원시 의창구 사림로16번길 59

◷ 화~일 09:00~18:00(월 휴무)

₩ 무료

❼ 창원수목원

신창원역 인근, 도시 한복판을 향해 진한 푸르름을 발산하는 고마운 수목원이다. '하늘정원', '암석원', '유럽식정원'을 비롯 15개의 테마를 가진 식물원과 선인장 온실로 구성되어 있다. 분수와 연못, 쉼터도 갖추고 있어 가족 나들이뿐 아니라 데이트 코스로도 부족함이 없다.

◎ 경남 창원시 성산구 삼동동 산14-1

◷ 화~일 09:00~17:00(월 휴무)

₩ 무료

❽ 용지호수공원

낙동강이 흘러들어 탄생한 용지호수를 주인공으로 아름다운 공원을 가꿨다. 호수를 아우르는 수변 산책로와 잔디광장은 휴식을 찾아 나온 시민으로 붐빈다. 전동 보트를 타고 호수 유람도 가능하다. 조각비엔날레에 출품되었던 작품도 반짝이고 밤이면 조명이 화려하다.

◎ 경남 창원시 성산구 용지로169번길 26

◷ 24시간

₩ 무료

❾ 창원단감테마공원

창원이 자랑하는 과일 단감을 널리 알리기 위해 만들어졌다. 창원 단감의 살아있는 역사인 100년 수령의 시배목이 공원을 수호하는 가운데 귀여운 단감 조형물은 포토존이 된다. 너른 잔디광장은 가족 나들이 장소로 제격이다. 홍보관에서 단감의 종류와 역사도 살펴보자.

◎ 경남 창원시 의창구 동읍 동읍로359번길 27

◷ 홍보관 화~일 10:00~17:00(월 휴무)

₩ 무료

❿ 돝섬해상유원지

마산만에 홀로 떠 있는 돝섬은 섬 전체가 유원지로 개발되어 볼거리와 즐길 거리를 쏟아낸다. 공작새가 멋진 날개를 펼치는 조류원과 섬 언덕의 꽃밭은 필수 여행지다. 갯벌체험장과 출렁다리에서도 즐거운 추억을 만들 수 있다. 마산항에서 섬으로 들어가는 배가 출발한다. ◎ 경남 창원시 마산합포구 돝섬2길 58

◷ 돝섬행 배가 9시부터 17시까지 30분 간격으로 운행

₩ 승선료 성인 9,000원, 청소년 8,000원, 어린이 6,000원

창원의 맛집과 카페

동부회센터 양질의 회를 상당히 저렴하게 제공해 손님이 끊이지 않는다. 포장도 많이 해간다. 경남 창원시 진해구 천자로 5 수~월 11:30~22:00(브레이크 타임 평일 15:00~16:00/주말 14:20~16:00, 라스트 오더 20:20, 화 휴무)

우동한그릇 우동과 닭튀김의 조합이 얼마나 뛰어난지 알려준다. 양이 풍부한 빠네 샐러드도 무난하다.
경남 창원시 마산합포구 가포로 706 매일 11:00~20:30(브레이크 타임 월~금 14:50~16:40)

임진각식당 일명 '소국물'이라 부르는 소국밥이 구수하다. 소고기를 짓다듬어 구운 불고기도 먹어보자.
경남 창원시 의창구 팔용로 515 매일 11:00~20:30(라스트 오더 20:00)

브라운핸즈마산 오래된 버스 차고지를 개조해 만들어 매우 이색적인 분위기다. 옆에 폐주유소까지 있다.
경남 창원시 마산합포구 가포순환로 109 일~목 10:00~22:00, 금~토 10:00~23:00

오우가 회색 건물 사이로 한옥형 베이커리가 보인다. 빵과 디저트에도 우리의 색을 입혔다.
경남 창원시 의창구 의안로17번길 12 매일 10:00~22:00(라스트 오더 21:30)

창원시 여행 지도

002 Gyeongnam

김해시

가락국의 역사가 시작된 땅

❶ 김해가야테마파크

백제, 신라, 고구려와 함께 제4의 국가로 오랜 번영을 누렸던 가야의 역사를 온몸으로 체감할 수 있는 테마파크다. 가야 민속마을과 복원된 왕궁을 통해 가야의 생활상을 엿볼 수 있다. 하지만 전통적인 것에만 초점을 맞추지 않았다. 흥분감을 전하는 '익사이팅 체험'의 인기가 대단하다. 70여 가지의 코스를 갖춘 익사이팅 타워와 와이어에 의존한 채 공중에서 자전거를 타는 익사이팅 사이클은 보기만 해도 아찔하다. 그 외에도 가야 왕국을 주제로 한 현란한 공연과 여러 가지 체험도 진행된다. 숙박을 원한다면 카라반 캠핑장이 준비되어 있다.

◎경남 김해시 가야테마길 161

◷매일 09:30~18:00

₩ 성인 5,000원, 청소년 4,000원, 어린이 3,000원

❷ 김해수로왕릉

약 2,200년 전 김해 지역에 뿌리를 내렸던 가락국, 즉 금관가야의 시조이자 김해 김씨의 시조인 김수로왕의 능이다. 김해 역사에 있어 핵심적인 인물이라 김해를 찾았다면 통과의례처럼 방문하게 되는 곳이다. 1963년에 사적으로 지정된 뒤 잘 보존되고 있다. 봉분은 원형봉토분 형태로 높이는 5미터가량 되며 왕릉치고는 매우 단촐한 편이다. 곁으로 수로왕과 왕비의 신위를 모신 숭선전이 위치해 매년 제례를 지낸다. 그 밖에도 안각향, 제기고, 전사청 등의 부속 건물이 배치되어 있다. 왕릉을 느긋하게 거닐며 가락국의 전설을 떠올려 보자.

◎경남 김해시 가락로93번길 26 ◷매일 3월·10월 08:00~19:00, 4월~9월 08:00~20:00, 11월~2월 09:00~18:00 ₩ 무료

❸ 김해연지공원

'도심 속 오아시스'라는 표현이 정확하다. 복잡한 김해 시내 복판에 위치해 시민들에게 뜻밖의 자연을 아낌없이 선물한다. 농업용수를 공급하던 저수지는 연꽃이 풍성한 호수가 되어 산책로를 제공하고 음악 분수를 뿜어낸다. 휴식 시설도 다양하며 봄엔 벚꽃이 흐드러지게 핀다.

경남 김해시 내동 106-1

24시간

₩ 무료

❹ 클레이아크김해미술관

흙을 뜻하는 '클레이'와 건축을 의미하는 '아크'를 조합한 미술관이다. 내부로 들어서는 순간 그 이름이 바로 이해된다. 황홀하다는 표현을 써도 무방한 멋진 미술관 내부에 훌륭한 도예 작품이 층마다 가득 차 있다. 도자 체험도 가능하며 야외에서도 흥미로운 전시가 이어진다.

경남 김해시 진례면 진례로 275-51

화~일 10:00~18:00(월 휴무)

₩ 성인 2,000원, 청소년 1,000원, 어린이 500원

❺ 국립김해박물관

가야의 건국 신화가 깃든 구지봉 언덕에 터를 잡았다. 역시 가야의 역사와 문화에 무게 중심을 두고 있다. 낙동강 하류 지역의 선사 문화부터 이야기를 시작해 가야의 성립과 발전으로 전시의 방점을 찍는다. 가야의 큰 자산인 철기 문화와 해상 활동도 세심하게 기록한다.

경남 김해시 가야의길 190

화~일 09:00~18:00(월 휴무)

₩ 무료

❻ 롯데워터파크

국내 최대 규모의 워터파크로 축구장 17개를 합친 크기와 맞먹는다. 남태평양에 위치한 폴리네시아를 콘셉트로 잡아 이국적인 분위기가 감돈다. 135미터의 실외 파도풀과 118미터 길이의 토네이도 슬라이드는 단연 이곳의 하이라이트. 김해 시민이 여름을 기다리는 이유다. 경남 김해시 장유로 555 실내 10:00~17:00, 실외 10:00~16:00 (봄, 여름철 운영)

₩ **미들시즌** 성인·청소년 46,000원, 어린이 37,000원 **하이시즌** 성인·청소년 56,000원, 어린이 49,000원

7 가야랜드

신어산 아래에 자리한 놀이동산이다. 열댓 가지의 놀이기구가 돌아가는 엔젤파크와 캠핑 데크와 글램핑장을 갖춘 달빛 야영장으로 나뉜다. 공포심을 심어줄 만한 놀이기구는 없어 아이와 함께하는 가족 여행객에게 제격이다. 키즈카페나 푸드코트 등의 편의시설도 있다.

경남 김해시 인제로 368

매일 10:00~18:00(월~금 휴게시간 12:00~12:30)

₩ 입장료 6,000원, 자유이용권 23,000원

8 화포천생태습지공원

화포천의 중류부터 낙동강과 합류하는 하류까지 이어지는 화포천 습지는 하천형 배후습지로는 국내 최대 규모를 자랑한다. 길이만 8킬로미터가 넘는다. 생태계의 보고인 이곳에선 수달이나 삵 같은 멸종위기 동물과 황새와 노랑부리저어새 등의 희귀 조류가 종종 관찰된다.

경남 김해시 한림면 한림로 183-300

24시간

₩ 무료

9 진영역철도박물관

진영역은 1905년 군용 철도 개통 후 100년 넘게 물자를 수송하고 여객을 실어날랐다. KTX가 정차하는 신역사가 생기며 2010년 문을 닫았지만, 철도박물관으로 재단장해 명맥을 유지하고 있다. 옛 승차권과 영수증, 역무원 유니폼과 철도 물품이 정겹게 여행자를 맞이한다.

경남 김해시 진영읍 진영로 145-1

화~일 09:00~18:00(월 휴무)

₩ 무료

10 김해대성동고분군

아파트 숲에 둘러싸인 고분군이다. 금관가야 지배층의 무덤으로 3세기에서 5세기 사이에 조성된 것으로 추정된다. 대단히 많은 유물이 출토되어 그 곁에 고분박물관을 세워 전시하고 있다. 현재는 김해 시민들의 쉼터로서 늘 고분 사이를 뛰노는 아이들의 웃음소리가 들린다.

경남 김해시 가야의길 126

박물관 화~일 09:00~18:00(월 휴무)

₩ 무료

김해의 맛집과 카페

대동할매국수

밀양돼지국밥

김덕규베이커리

대동할매국수 1959년에 문을 연 '구포국수' 전문점이다. 진한 멸치 육수와 풍성한 고명이 특징이다.
경남 김해시 대동면 동남로45번길 8 화~일 10:30~18:50(브레이크 타임 15:00~16:00, 월 휴무)

밀양돼지국밥 부추무침과 양념, 새우젓으로 간을 한 돼지국밥이 입맛을 사로잡는다. 늘 긴 줄이 늘어선다.
경남 김해시 인제로 91 월~토 09:00~22:00(일 휴무)

봄내 멸치쌈밥으로 큰 인기를 끈다. 비린내가 전혀 없고 칼칼함과 구수함을 모두 잡았다.
경남 김해시 율하카페길 1 매일 11:00~22:00(브레이크 타임 토~일 16:00~17:00)

김덕규베이커리 제과 명장이 운영하는 김해의 유명 빵집. 어떤 빵을 선택해도 후회는 없다. 음료도 판다.
경남 김해시 구지로 20 매일 08:00~22:00

해이담커피 무려 '왕릉 뷰' 커피숍이다. 수로왕릉 건너에 위치한다. 진한 커피도 썩 괜찮다.
경남 김해시 분성로 287-14 매일 12:00~21:00(라스트 오더 20:30)

김해시 여행 지도

003 Gyeongnam

양산시

낙동강 물줄기가 그림이 되는 곳

❶ 통도사

영남권을 대표하는 사찰이며 유네스코 세계문화유산 사찰 중 한 곳이다. 신라 선덕여왕 때인 646년에 고승 자장율사로부터 역사가 시작됐다. 200개가 넘는 말사와 17개의 산내 암자를 거느리고 있어 그 규모와 중요도를 가늠할 수 있다. 국보인 금강계단에 석가모니의 진신사리를 봉안하고 있어 대웅전에 따로 불상을 모시지 않은 점이 특징이다. 완만한 경사를 따라 상로전, 중로전, 하로전으로 가람이 배치되었고 그 안에 있는 건물과 문, 탑 대부분이 지정 문화재라 보면 된다. 3만여 점의 불교 유물을 소장한 성보박물관도 반드시 둘러보자.

경남 양산시 하북면 통도사로 108

매일 06:30~17:30

₩ 무료

❷ 법기수원지

일제 강점기에 부산 거주 일본인에게 물을 공급하기 위해 건설한 수원지가 이제는 대한민국 국민의 쉼터이자 나들이 명소로 거듭났다. 여전히 부산 시민들의 식수를 담당하고 있으며 상수도 보호를 위해 통제되던 곳이 개방된 뒤 방문객으로 넘쳐난다. 무엇보다 수림지 숲이 대단히 인상 깊다. 400그루가 넘는 편백을 비롯해 개잎갈나무, 벚나무 등 650여 그루의 나무가 촘촘히 숲을 이뤄 그림이 된다. 둑 위에 오르면 일명 '칠형제'라 불리는 수령 140년의 반송 7그루가 저수와 어우러져 장관을 만든다. 상하좌우로 뻗은 나뭇가지가 압도적이다.

경남 양산시 동면 법기로 198-13

매일 08:00~18:00(11월~3월은 17시까지)

₩ 무료

❸ 황산공원

양산의 허파와 같은 도심 속 대자연이다. 낙동강을 마주한 수변 공원으로 규모가 몹시 커서 다 둘러볼 엄두가 나지 않는다. 그저 자신의 속도에 맞춰 갈대 숲을 지나고 물길 따라 발을 디디면 그만이다. 시민 건강을 책임지는 체육시설이 많고 아이들을 위한 미니기차가 오간다.

◎ 경남 양산시 물금읍 물금리 162-1

◷ 24시간

₩ 무료

❹ 대운산자연휴양림

양산 동쪽의 대운산은 옛 문헌에도 자연경관을 극찬하는 기록이 있을 만치 빼어난 풍경을 가졌다. 그 안의 휴양림도 고스란히 그 풍경을 공유한다. 울창한 숲과 청량감 넘치는 계곡이 앞서거니 뒤서거니 이어진다. 그 사이에서 시작되는 캠핑은 큰 행복감과 함께 마무리된다.

◎ 경남 양산시 탑골길 208-124

◷ 24시간(화 휴무)

₩ 무료

❺ 홍룡폭포

천성산 골짜기를 적시던 물줄기가 높은 계곡을 만나 수직 낙하한다. 바위에 닿으며 하얗게 물보라를 만들면 무지개가 살포시 드러난다. 홍룡폭포에 무지개 '홍'자를 쓰는 이유다. 기암과 절벽, 폭포의 어울림이 보기 좋다. 폭포 곁에 자리한 아담한 사찰 홍룡사도 그윽하다.

◎ 경남 양산시 상북면 홍룡로 372

◷ 24시간

₩ 무료

❻ 양산타워

양산천이 낙동강으로 흘러드는 지점에 솟아 양산의 도심과 자연을 한꺼번에 보여주는 양산타워는 자원회수시설의 소각장 굴뚝을 활용했다. 혐오시설일 수 있는 장소를 슬기로운 방식으로 변환시킨 좋은 예라 할 수 있다. 총 160미터 높이로 멀리 부산과 울산까지 보인다.

◎ 경남 양산시 동면 강변로 264

◷ 화~일 10:00~23:00(동절기는 22시까지, 월 휴관)

₩ 무료

❼ 임경대

낙동강의 전경이 보이는 계곡 끝에 정자 한 채가 아슬하다. 누가 봐도 선조들이 풍류를 즐겼을 법한 곳으로 신라의 최치원 선생이 앞장섰단다. 그가 자주 찾던 곳이라 호를 따서 고운대라고도 불린다. 선생이 정자에 남긴 시는 세월이 앗아갔다고 하니 직접 시를 지어보자.

◎ 경남 양산시 원동면 원동로 285
◷ 24시간
₩ 무료

❽ 내원사계곡

천성산 골짜기에 있는 내원사는 사찰 자체로도 이름났지만, 그 길목의 계곡으로도 유명세를 탔다. 빼어난 자연미 덕에 소금강이라 불려왔다. 계곡을 지키듯 병풍처럼 이어지는 병풍 바위를 비롯해 기암이 차례차례 물줄기와 뒤섞인다. 원효대사가 창건한 내원사까지 방문하자.

◎ 경남 양산시 하북면 용연리
◷ 24시간
₩ 무료

❾ 한국궁중꽃박물관

세계 어디에도 없는 궁중 꽃을 주제로 삼은 박물관이다. 조선 시대에 나라의 경사와 잔치가 있을 때마다 비단과 모시 등으로 만든 장식 꽃, 궁중채화를 전시한다. 장인이 고문헌을 연구해 복원해 낸 궁중채화의 화려함과 아름다움은 우리 문화에 대한 자긍심을 느끼게 해준다.

◎ 경남 양산시 매곡외산로 232
◷ 수~일 10:00~17:30(휴게시간 12:00~13:00, 월~화 휴관) ₩ 성인 5,000원, 청소년·어린이 3,000원

❿ 양산디자인공원

양산 시내 복판에 위치해 시민들의 휴식처가 되고 있음은 물론 여행자에게도 매력적이다. 꽃과 나무가 가득 들어찬 공원 내에 예술가들의 손길이 닿은 조각과 작품을 다수 배치했다. 솔숲의 보호를 받으며 장쾌하게 흘러내리는 인공 폭포도 절로 발걸음을 멈추게 만든다.

◎ 경남 양산시 물금읍 부산대학로 16
◷ 24시간
₩ 무료

양산의 맛집과 카페

오봉해물칼국수

왓더버거

무타블랑

오봉해물칼국수 동죽과 바지락, 홍합 등 다양한 조개류와 해물을 듬뿍 넣고 칼국수를 끓인다. 경남 양산시 물금읍 동중4길 15 화~일 11:00~21:00(브레이크 타임 화~금 15:30~16:30, 라스트 오더 20:30, 월 휴무)

진리식당 물금역 인근, 일명 '서리단길'의 대표 맛집이다. 바삭한 튀김이 올라간 텐동이 시그니처다. 경남 양산시 물금읍 화산길 10-1 매일 11:00~21:00(브레이크 타임 15:00~17:00, 라스트 오더 20:00)

왓더버거 정통 미국 수제 버거와 견주어도 손색없다. 그 덕에 분점이 생기는 가운데 양산이 원조다. 경남 양산시 물금읍 백호2길 17-10 매일 10:30~21:00(라스트 오더 20:30)

무타블랑 카페보단 수목원에 가깝다. 소나무가 지천이고 핑크뮬리가 일렁인다. 음료보단 빵이 주력이다.
경남 양산시 상북면 수서로 164-10 매일 11:00~21:00

무이 카페 앞으로 낙동강이 유유히 흐른다. 개성 넘치는 음료와 디저트가 낙동강 감상을 돕는다.
경남 양산시 물금읍 화산길 78 월~금 10:00~21:30, 토~일 10:00~22:00(라스트 오더 21:00)

004 밀양시

Gyeongnam

밀양 아리랑의 정겨운 선율 따라

❶ 호박소계곡

호박소는 자연과 시간이 함께 만들어낸 걸작이다. 가지산 자락에서 내려온 물줄기가 모이고 모여 폭포를 이뤘고 폭포가 억겁의 세월 동안 쏟아져 그 아래 화강암에 깊은 구멍을 냈다. 움푹하게 패인 형상이 절구의 일종인 호박을 닮았다 하여 이런 이름을 얻었다. 패인 곳에 비취색 물이 고여 소를 이루는데 무척이나 신비롭고 아름답다. 소 안에 고였던 물은 다시 층층이 쌓인 암반 위를 휘젓고 내달리며 계곡을 이룬다. 계곡 옆 숲으로 산책로가 이어져 차근차근 자연이 건네는 절경을 감상할 수 있다. 여름이라면 물놀이 유혹을 뿌리치기 힘들 것이다. ⊙ 경남 밀양시 산내면 삼양리 산10-1

◷ 24시간

₩ 무료

❷ 트윈터널

삼랑진의 무월산 터널은 고종 황제의 명으로 건설된 역사적인 터널이다. 한때 경부선 열차가 통과했으나 KTX의 개통으로 역사의 뒤안길로 사라졌다. 그러나 2017년 테마파크로 화려하게 부활했다. 쌍둥이처럼 똑같은 모습의 상행선과 하행선을 이어 트윈터널이란 이름을 짓고 무려 1억 개의 LED 불빛을 심어 별천지를 만들었다. 십여 가지 테마로 이뤄진 양쪽 터널을 오가다 보면 남녀노소 구분 없이 누구나 휴대폰을 들이대는 포토존이 계속 이어진다. 의외의 수족관도 나타나고 전시관도 등장하며 카페까지 갖춰 즐거움의 끝이 없다.

⊙ 경남 밀양시 삼랑진읍 삼랑진로 537-11

◷ 월~금 10:30~19:00, 토~일 10:30~20:00

₩ 성인 8,000원, 청소년 6,000원, 어린이 5,000원

❸ 표충사

임진왜란 때 승병을 조직해 큰 공을 세운 밀양 출신 사명대사를 기리고자 국가에서 명명한 사찰이다. 본래 죽림사였으나 사명의 사당이 옮겨지며 표충사가 되었다. 화재 후 재건된 20여 동의 건물이 산세와 은은한 조화를 이룬다. 사명대사의 유물 약 300점을 보관하고 있다.

◎ 경남 밀양시 단장면 표충로 1338

◷ 24시간

₩ 무료

❹ 밀양아리랑우주천문대

외계 행성과 외계 생명에 관심을 기울인 특별한 콘셉트의 천문대다. 달과 우주를 배경으로 사진을 남기고 토성 세트장에서 VR게임을 즐길 수 있다. 14미터 스크린을 가진 천체투영관에선 완벽히 구현된 밤하늘을 만나게 된다. 물론 고성능 망원경을 갖춘 천체관측실도 있다. ◎ 경남 밀양시 밀양대공원로 86

◷ 화~일 10:00~22:00(휴게시간 17:30~19:30, 월 휴무)

₩ 성인 4,000원, 청소년·어린이 2,000(천체투영관, 야간프로그램 요금 별도)

❺ 영남알프스얼음골케이블카

얼음골은 밀양이 내세우는 자연의 신비다. 천황산 중턱, 뜨거운 여름에도 얼음이 어는 계곡이 있다. 이 놀라운 광경과 영남알프스로 불리는 주위의 산군을 보러 많은 사람이 몰려들자 케이블카를 설치해 여행을 더욱 풍성케 만들었다. 해발 1,020미터까지 10분 만에 올라간다.

◎ 경남 밀양시 산내면 얼음골로 241

◷ 월~금 09:20~17:00, 토~일 08:30~17:00

₩ 성인 16,000원, 청소년 14,000, 어린이 13,000원

❻ 영남루

보물로 지정된 조선 시대의 누각이 밀양 강가 언덕에 도도하게 자리 잡고 있다. 본래 밀양의 객사였던 밀양관의 부속 건물로 관리들이 연회를 베풀거나 손님을 맞던 곳이다. 규모가 엄청나 더욱 멋스러우며 보존 상태도 뛰어나 현재도 많은 사람이 올라 밀양강을 굽어본다.

◎ 경남 밀양시 중앙로 324

◷ 정문·후문 개방 매일 09:00~18:00

₩ 무료

❼ 참샘허브나라

한 농부가 20년 넘게 정성스레 꽃과 나무를 가꾸고 돌탑을 쌓아 놀라운 수준의 테마 농원을 만들었다. 정다운 글귀가 매달린 정원을 지나면 허브 향 가득한 허브원과 야생화 전시관, 농경유물전시관 등이 나타난다. 물놀이장과 썰매장 등 계절에 맞는 각종 체험도 제공한다.

- 경남 밀양시 초동면 방동길 129
- 월~금 09:00~17:30, 토·일 09:00~18:00
- ₩ 성인·청소년 5,000원, 어린이 3,000원

❽ 금시당

조선 중기의 문신 이광진이 고향으로 내려와 지은 별장이다. 밀양강이 훤히 보이는 언덕에 자리해 운치가 넘친다. 이광진이 직접 심었다 전해지는 460년 수령의 은행나무도 큰 볼거리다. 임진왜란 때 불탄 금시당을 재건한 백곡 이지운을 추모하는 백곡당이 함께 자리한다.

- 경남 밀양시 활성로 24-183
- 24시간
- ₩ 무료

❾ 국립밀양기상과학관

일상과 밀접한 관계를 이루는 날씨와 기상을 풍부한 전시와 체험을 통해 쉽게 해설한다. 대형 토네이도 체험과 기상캐스터 촬영 체험은 큰 재미를 안긴다. 가상현실과 증강현실 체험도 인기다. 2020년에 동시 개관한 아리랑우주천문대와 마주 보고 있어서 함께 둘러보기 좋다.

- 경남 밀양시 밀양대공원로 84
- 화~일 10:00~17:30(월 휴무)
- ₩ 성인 2,000원, 청소년·어린이 1,000

❿ 밀양아리랑대공원

다양한 문화 시설이 공존하는 도심 공원이다. 원형광장을 통과하면 너른 연못과 잔디밭이 펼쳐진다. 그 너머로는 높다란 월남참전비가 보인다. 숲과 산책로도 잘 조성되었다. 공원 입구엔 아트센터와 시립박물관, 독립운동기념관이 밀집되어 있어 자연스레 여행 코스가 된다.

- 경남 밀양시 교동 492
- 24시간
- ₩ 무료

밀양의 맛집과 카페

단골집

행랑채

단장면커피로스터스

단골집 부산 돼지국밥과 쌍벽을 이루는 밀양 돼지국밥을 제대로 맛보자. 밀양 국밥은 국이 뽀얗다.
경남 밀양시 상설시장3길 18-16 목~화 10:00~14:30(수 휴무)

행랑채 흑미밥에 나물을 넣고 슴슴하게 비벼 먹는 비빔밥이 별미다. 수제비가 짝을 이룬다. 경남 밀양시 산외면 산외로 731 화~일 10:00~20:00(월 휴무)

대설면옥 매콤달콤한 진주식 육전 냉면과 커다란 갈비가 풍덩 빠진 갈비탕이 손님을 모은다. 경남 밀양시 창밀로 3569-3 매일 09:00~20:30

단장면커피로스터스 단장 천변에 우뚝 서있는 커피 전문점. 깊고 풍부한 향의 커피와 수제 디저트가 인상적이다. 경남 밀양시 단장면 표충로 679 매일 10:00~19:00(라스트 오더 18:00)

카페그로브 산과 저수지를 품어 훌륭한 전망을 갖췄다. 제철 과일로 만드는 케이크도 구미를 당긴다.
경남 밀양시 부북면 퇴로로 326-13 매일 11:00~21:00

005 Gyeongnam

진주시

아로새겨진 진주대첩의 역사

❶ 진주성

반론의 여지 없는 진주의 얼굴이자 상징이다. 토성이었던 것을 고려 말에 석성으로 중수했다. 이후 임진왜란이 발발하자 김시민 장군이 성을 강화해 왜군과 맞섰다. 김 장군이 3,800명의 병력으로 2만의 왜구를 격퇴한 것은 진주성의 전설로 남아있다. 이 진주대첩은 한산도대첩, 행주대첩과 함께 임란 3대첩으로 꼽힌다. 논개가 왜장을 끌어안고 남강으로 투신한 바위 의암도 성 안에 있다. 전시엔 본부로, 평시엔 고시장으로 쓰인 영남 제일의 누각 촉석루도 곁에 있다. 촉석문과 공북문을 통해 성 내로 들어서면 역사의 현장을 모두 확인할 수 있다.

◎ 경남 진주시 본성동

◷ 매일 09:00~18:00

₩ 성인 2,000원, 청소년 1,000원, 어린이 600원

❷ 경상남도수목원

압도적 규모를 자랑한다. 수목원이 아닌 잘 정돈된 숲처럼 보이기까지 한다. 100만 제곱미터에 달하는 녹지에 3,600여 종의 식물을 주제별로 수집해 놓았다. 난대식물원, 수생식물원, 선인장원, 약용식물원 등 그 주제도 다양하다. 한겨울에도 푸른빛이 가득한 돔형 온실, 열대식물원에선 월계수와 커피나무처럼 국내에선 보기 힘든 식물도 눈에 띈다. 임업과 산림에 초점을 맞춘 산림박물관도 실속 있다. 자연 표본실과 화석전시실이 볼 만하다. 많은 볼거리가 있음에도 서두르지 않고 차근차근 자연과 호흡하는 것이 이곳을 제대로 즐기는 법이다.

◎ 경남 진주시 이반성면 수목원로 386

◷ 화~일 09:00~18:00(11월~2월은 17시까지, 월 휴무)

₩ 성인 1,500원, 청소년 1,000원, 어린이 500원

❸ 진양호동물원

진양호 공원 내에서 가장 많은 발걸음이 이어지는 곳은 호랑이와 강렬한 만남을 가질 수 있는 동물원이다. 규모가 제법 커서 많은 동물을 보유하고 있다. 호랑이를 필두로 물개와 라마, 곰의 인기가 좋다. 더욱이 옛 분위기가 남아있어 은은한 향수에 젖어 들게 되는 곳이다.

경남 진주시 남강로1번길 130

화~일 09:00~18:00(11월~2월은 17시까지, 월 휴무)

₩ 성인 1,000원, 청소년 800원, 어린이 500원

❹ 국립진주박물관

진주성 안쪽에 자리 잡았다. 임진왜란에 주안점을 두고 조선과 명이 왜구에 맞선 역사를 상세히 다룬다. 전투 당시 사용된 무기류와 이충무공 전서, 김시민 장군의 선무공신교서 등은 귀한 자료다. 진주대첩을 구현한 3D 입체영상관과 어린이를 위한 체험실도 운영하고 있다.

경남 진주시 남강로 626-35

화~일 09:00~18:00(월 휴무)

₩ 무료

❺ 진양호호반전망대

진양호는 1970년 남강댐 건설로 형성되었으며 물이 맑고 호수 경관이 빼어나 진주 시민의 사랑을 듬뿍 받는다. 이 진양호를 조망하기 가장 좋은 곳은 진양호 공원 정상부에 있는 3층 전망대다. 호수가 한눈에 담기며 그 앞이 탁 트여 있어 멀리 지리산의 산세까지 확인된다.

경남 진주시 남강로1번길 146

24시간

₩ 무료

❻ 금호지

청룡과 황룡이 싸움을 벌이다 목에 비수가 꽂힌 청룡이 떨어지며 땅을 꼬리로 치자 생겨난 큰 못이 금호지라는 전설이 전해진다. 둘레가 5킬로미터나 되어 산책 코스로 각광받고 있다. 특히 진주의 깜찍 발랄한 관광 캐릭터 수달 '하모'의 인형이 있어 SNS 명소로 유명해졌다.

경남 진주시 금산면 용아리 1102-1

24시간

₩ 무료

❼ 월아산숲속의진주

월아산 자락에 크게 들어선 복합 산림문화시설이다. 목공예 체험이 이뤄지는 우드랜드와 숙박 시설을 갖춘 자연휴양림, 여러 가지 액티비티를 제공하는 산림레포츠 공간 등 세 부분으로 나뉜다. 숲과 정원도 빼어나 가족 단위 여행객에게 행복한 한나절을 선물하는 곳이다.

◎ 경남 진주시 진성면 달음산로 313

◷ 수~월 09:00~18:00(휴게시간 12:00~13:00, 화 휴무)

₩ 체험별 상이

❽ 강주연못

진주에서 사천으로 향하는 길에 아담하지만 싱그러운 분위기가 감도는 강주연못이 있다. 강주는 진주의 옛 지명. 봄에는 호숫가에 벚꽃이 피고 여름이면 호수 위에 연꽃이 만개한다. 가을 단풍까지 완벽하다. 주위로 카페와 쉼터가 있어 일상 속 쉼표를 찍어 가기에 그만이다.

◎ 경남 진주시 강남로 320

◷ 24시간

₩ 무료

❾ 망진산봉수대

유유히 흐르는 남강과 진주 시내의 모습이 한 프레임 안에 모두 담긴다. 나무 사이로 어렴풋이 진주성도 보인다. 망진산 봉수대는 고종 때까지 사용되던 전통 통신 수단으로 1996년 폐지 후 100년 만에 옛 모습이 복원되었다. 등정이 만만치 않으나 전망이 모든 걸 보상한다.

◎ 경남 진주시 봉수대길 116

◷ 24시간

₩ 무료

❿ 토지주택박물관

진주에 위치한 한국토지주택공사(LH) 본사에 국내 유일의 토지주택 전문 박물관이 있다. 선사 시대부터 현재에 이르기까지 인류의 토지 이용 변천사를 정리했다. 함께 운영되는 주택도시역사관에선 토지주택공사가 건설한 시대별 아파트의 모습을 만날 수 있어 흥미롭다.

◎ 경남 진주시 충의로 19

◷ 매일 10:00~17:00(법정 공휴일 휴무)

₩ 무료

진주의 맛집과 카페

하연옥

천황식당

로스팅웨어

하연옥 진주의 특미는 메밀국수에 육전을 고명으로 얹는 진주냉면. 이 집이 지역 최고로 꼽힌다.
경남 진주시 진주대로 1317-20 매일 10:00~20:30

천황식당 1915년에 문을 연 100년 역사의 진주비빔밥 식당이다. 차원이 다른 육회비빔밥을 판다.
경남 진주시 촉석로207번길 3 매일 06:00~21:00(라스트 오더 20:00)

안의갈비탕 큼직한 갈비가 들어간 갈비탕과 매콤짭짤한 갈비찜이 두루두루 맛이 좋다. 살도 부드럽다. 경남 진주시 비봉로 6-2 매일 10:00~21:30(브레이크 타임 15:00~16:30, 라스트 오더 21:00, 매달 2·4번째 화요일 휴무)

수복빵집 단팥소스를 뿌려 먹는 독특한 찐빵으로 진주를 주름잡았다. 한참 줄 설 각오하고 가자.
경남 진주시 촉석로201번길 12-1 매일 12:00~17:00(재료 소진시 마감, 매달 2·4번째 화요일 휴무)

로스팅웨어 마치 커다란 갤러리 같은 공간에서 품질과 향이 모두 훌륭한 커피를 내린다.
경남 진주시 가호방아길 51-8 매일 09:00~22:00

진주시 여행 지도

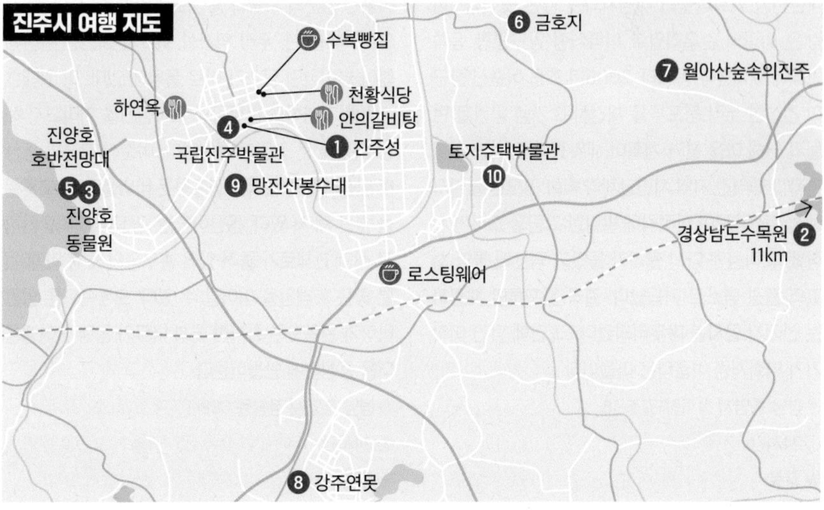

006 Gyeongnam

통영시

역사와 문화, 예술과 체험, 없는 게 없다

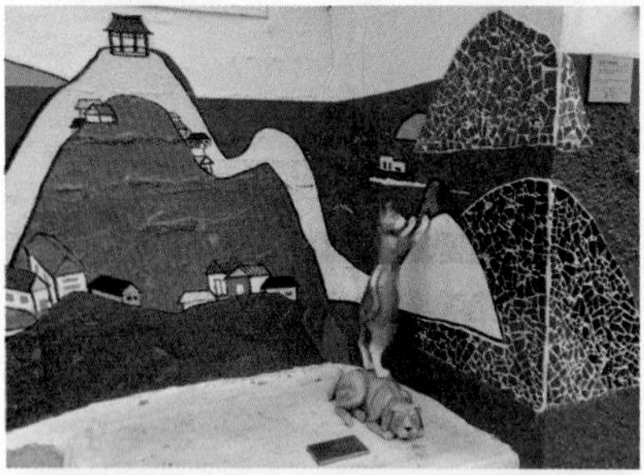

❶ 동피랑벽화마을

대한민국 벽화마을의 대명사와도 같은 곳이다. '피랑'은 벼랑의 순우리말로 이름처럼 강구안항 동쪽 언덕에 위치한 산동네다. 2006년 즈음 이순신 장군이 건설한 누각 동포루를 재건하고 기념 공원을 만들기 위해 마을 철거 계획이 세워졌다. 하지만 이를 안타깝게 여긴 지역 시민단체가 벽화 공모전을 열자 예술가들이 모여 담벼락에 발랄한 그림을 그리기 시작했다. 마을엔 다시 활기가 돌았고 덕분에 통영 최고의 관광 명소로 거듭났다. 결국 동포루만 재건하는 선에서 공사는 마무리되었다. 그 안에 담긴 이야기가 벽화처럼 아름다운 마을이다.

◎ 경남 통영시 동피랑1길 6-18

ⓒ 24시간

₩ 무료

❷ 이순신공원

이순신 장군의 지략과 용맹으로 일본 수군을 압도적으로 격파했던, 우리 역사상 최고의 해전인 한산대첩이 벌어졌던 장소가 바로 통영에 있다. 이 위대한 승리를 기념하고 충무공의 호국정신을 기리고자 해당 지점에 큰 공원이 들어섰다. 이순신 장군의 동상이 한산대첩의 승리를 선포하듯 바다를 향해 오른손을 뻗은 채 서 있다. 동상이 있는 광장에서 바닷가까지 해안 산책로가 뚫려 있어 충무공의 호위 아래 기분 좋은 트레킹을 이어갈 수 있다. 오른쪽으론 맑은 바다가 왼쪽으론 화사한 꽃과 나무가 동행해 여정을 더욱 풍성하게 만들어준다.

◎ 경남 통영시 정량동 688-1

ⓒ 24시간

₩ 무료

❸ 스카이라인루지통영

대한민국 '루지'의 원조는 통영이다. 2017년 국내 최초로 개장한 이후 통영 여행자의 필수 코스로 자리매김했다. 3.8킬로미터나 되는 긴 트랙을 따라 달리는 내내 짜릿한 속도감이 느껴진다. 급커브가 이어지고 회전 구간도 지나는 등 코스도 변화무쌍해 재미를 더한다. ◎ 경남 통영시 발개로 178

◷ 평일 10:00~18:00, 주말·공휴일 10:00~19:00

₩ 루지-스카이라이드 콤보 3회권 30,000원, 어린이(85cm~110cm) 동반권 12,000원

❹ 통영케이블카

통영의 땅 위를 루지가 지배한다면 하늘은 케이블카가 담당한다. 도남동 시내에서 미륵산 정상 부근까지 케이블카가 쉼 없이 관광객을 실어 나른다. 운행거리도 2킬로미터에 가까워 탑승 시간도 넉넉하다. 내친 김에 미륵산 정상으로 향하면 한려해상의 절경이 드러난다. ◎ 경남 통영시 발개로 205

◷ 평일 10:00~17:30, 주말·공휴일 09:30~18:00(격주 월요일 휴무, 홈페이지 공지)

₩ 왕복 성인·청소년 14,000원, 어린이 10,000원

❺ 소매물도

통영은 150여 개의 크고 작은 섬을 포함하고 있어 섬 탐방 역시 큰 즐거움을 준다. 소매물도는 그중 인기가 높은 편이다. 수십여 종의 자생식물이 섬을 뒤덮고 있으며 침식으로 탄생한 해식애와 해식동굴이 대단한 풍경을 이룬다. 흰 등대가 우뚝 선 등대섬도 꿈결 같다.

◎ 경남 통영시 한산면 매죽리

◷ 통영항에서 하루 3~5회 출항

₩ 무료

❻ 통영중앙전통시장 강구안

수조 안에서 펄떡이는 활어처럼 생생한 활기가 넘친다. 이제 막 뭍으로 올라온 해산물이 넘쳐나고 지역 특산물이 쉴 새 없이 거래된다. 통영 제일의 시장답게 매일매일 상인과 현지인, 관광객이 교차하며 많은 이야기를 만든다. 시장 앞 강구안항에선 문화 행사가 자주 열린다.

◎ 경남 통영시 중앙동 233

◷ 업체별 상이

₩ 무료

❼ 통영해저터널

일제강점기에 건설된 동양 최초 해저터널이다. 1932년 다리가 없던 시절, 통영 시내와 미륵도를 걸어서 왕래할 수 있도록 480여 미터 길이의 터널을 뚫었다. 충무교와 통영대교가 생긴 뒤엔 사실상 기능을 상실했지만 여전히 일반에 개방되어 통영의 역사를 일깨우고 있다.

◎ 경남 통영시 도천길 1

◷ 24시간

₩ 무료

❽ 달아공원

통영에 늦은 밤까지 머물거나 하루 묵어간다면 일몰 시점엔 이곳으로 달려가자. 미륵도의 드라이브 코스 산양일주로를 따라 남쪽으로 달리면 자타공인 통영 최고의 일몰 명소 달아공원이 나타난다. 통영 앞바다의 섬 사이로 뛰어드는 붉은 태양은 강렬한 인상을 남긴다.

◎ 경남 통영시 산양읍 연화리 114-2

◷ 24시간

₩ 무료

❾ 박경리기념관

통영이 낳은 근대 문학의 거장, 소설가 박경리의 삶을 빼곡하게 담아냈다. 역작 <토지>의 육필원고가 있으며 <김약국의 딸들> 및 대표작의 자료와 유품도 자리한다. 기념관 뒤로 바다가 보이는 곳엔 묘소가 있다. 시내에 위치한 서피랑 마을에서도 소설가의 흔적을 만날 수 있다.

◎ 경남 통영시 산양읍 산양중앙로 173

◷ 화~일 09:00~18:00(월 휴무)

₩ 무료

❿ 통영삼도수군통제영

조선 후기 경상도와 전라도, 충청도 3도의 수군을 총괄하던 사령부였다. 통영의 이름이 통제영에서 비롯되었다. 이순신 장군이 부임했던 곳이라 뜻깊다. 일제강점기에 건물 대다수가 파괴된 뒤 일부 재건을 거쳐 현재에 이른다. 원형이 보존된 중심 건물 세병관은 국보다.

◎ 경남 통영시 태평동

◷ 매일 09:00~18:00(11월~2월은 17시까지)

₩ 성인 3,000원, 청소년 2,000원, 어린이 1,000원

통영의 맛집과 카페

뚱보할매김밥집

다찌

뚱보할매김밥집 통영 하면 떠오는 충무김밥의 원조집으로 알려졌다. 오징어무침과 무김치를 곁들여 먹는다. ⓞ 경남 통영시 통영해안로 325 ⓒ 매일 06:00~22:00

다찌 인원수만큼 돈을 내면 술과 함께 불특정한 안주가 제공된다. 술을 추가할 때마다 안주 역시 색다르게 추가된다. 통영의 독자적인 안주 문화 다찌는 꼭 경험해 보자.

대풍관 통영 굴을 기반으로 한 다양한 세트 메뉴가 찬사를 받는다. 멍게비빔밥도 선호도가 높다.
ⓞ 경남 통영시 해송정2길 29 ⓒ 매일 09:30~21:00(라스트 오더 20:00)

꿀빵 통영에서 만큼은 디저트는 꿀빵으로 정하자. 팥소를 넣어 튀긴 빵에 물엿과 통깨를 발라 달콤함과 고소함을 모두 갖췄다. 통영 시내 어디에서나 쉽게 맛볼 수 있다.

카페배양장 멍게를 배양하고 양식하던 곳이 카페로 변신했다. 지역색이 뚜렷한 흥미로운 공간이다.
ⓞ 경남 통영시 산양읍 함박길 51 ⓒ 수~월 10:00~19:00(라스트 오더 18:30, 화 휴무)

007 Gyeongnam

거제시

여행 천국으로 통하는 거대한 섬

❶ 외도보타니아

천상의 정원이라는 찬사가 아깝지 않다. 섬 자체가 하나의 거대한 꽃처럼 보인다. 그리스 신전을 연상케 하는 조각과 남국의 정취를 뿜어내는 열대 식물이 한데 어우러졌다. 더구나 한려해상의 푸른 바다와 절경이 섬의 배경이 되어준다. 1970년대부터 본격적으로 섬을 개척하고 농원을 가꾸기 시작한 부부의 노력이 결실을 맺었다. 시선이 닿는 곳마다 원색의 꽃과 희귀 식물이 나타나고 편백숲으로 덮인 천국의 계단과 유럽의 정원을 재현한 비너스 가든은 여행자의 혼을 쏙 빼놓는다. 수백 종의 수목 사이로 발을 내딛는 모든 순간이 꿈만 같다. ⓞ 경남 거제시 일운면 외도길 17 ⓒ 하절기 08:00~19:00, 동절기 08:30~17:00 ₩ 성인 11,000원, 청소년 8,000원, 어린이 5,000원(승선비 별도)

❷ 거제해금강

긴 설명이 필요 없다. 바다의 금강산이라 하여 해금강이다. 해금강은 거제 남쪽 남부면 갈곶에서 500미터 가량 떨어진 무인도인 갈도를 지칭한다. 헤아릴 수 없는 긴 시간 동안 침식되고 풍화되어 생겨난 바위섬의 천차만별 형상이 큰 감흥을 이끌어낸다. 유람선을 타고 그 비경을 하나하나 마주할 수 있다. 사자바위와 미륵바위 같은 기암이 줄을 잇고 이름 지어지지 않은 해안 절벽조차 말문이 막힌다. 모든 풍경이 신이 잠시 지상에 내려와 쓱쓱 만든 작품 같다. 해금강의 절정은 십자동굴이 담당한다. 그 안에 들어가 환상의 절벽을 올려다보는 건 축복이다.

ⓞ 경남 거제시 남부면 해금강로 270
ⓒ 유람선 매일 08:00~16:00
₩ 50분 코스 성인·청소년 15,000원, 어린이 9,000원

❸ 바람의언덕

아담한 어촌 마을의 언덕 위로 바람이 불면 풍차가 힘차게 돌아간다. 그 낭만적 풍경을 쫓아 풍차 곁에 도착하면 바다의 전경은 물론 거제도 동쪽의 해안선이 훤히 드러나 가슴이 뻥 뚫린다. 바람의 언덕길로 불리는 수려한 걷기 길이 이어지니 여유가 된다면 걸음을 해보자.

◎ 경남 거제시 남부면 갈곶리 산14-47

◷ 24시간

₩ 무료

❹ 신선대

바람의 언덕 건너편엔 신선이 노닐다 갔다는 커다란 바위가 있다. 과연 신선이 아니더라도 누구나 머물다 갈 법한 명소다. 삐뚤빼뚤 불규칙한 바위가 이어지고 그 끄트머리에 닿으면 아래로 절벽이 쭉쭉 이어진다. 해안 절벽을 들이받고 공중에서 부서지는 파도도 인상 깊다.

◎ 경남 거제시 남부면 갈곶리 산21-23

◷ 24시간

₩ 무료

❺ 매미성

2003년 남해안을 쑥대밭으로 만든 태풍 매미는 거제 역시 할퀴고 지나갔다. 이때 자신의 터전을 잃은 한 시민이 재해로부터 작물을 지키기 위해 수년간 바닷가에 홀로 거대한 성을 쌓았다. 개인의 정성이 담긴 기묘한 공간이 입소문이 나며 이젠 거제 주요 관광지가 되었다.

◎ 경남 거제시 장목면 복항길

◷ 24시간

₩ 무료

❻ 거제포로수용소유적공원

한국전 당시 국군과 UN군에 붙잡힌 북한군과 중공군 포로를 수용하기 위해 거제에 수용소를 건설했다. 한때 17만의 포로가 생활했던 공간에 유적 공원을 설치해 아픈 역사를 조명하고 있다. 수용소의 모습과 국군의 활약을 전시하고 있으며 규모가 커 모노레일도 운행된다.

◎ 경남 거제시 계룡로 61

◷ 수~월 09:00~18:00(11월~2월은 17시까지, 화 휴무)

₩ 성인 7,000원, 청소년 5,000원, 어린이 3,000원

❼ 지심도

장승포에서 배를 타고 20분이면 닿는 섬이다. 섬 전역에 동백나무가 빼곡해 동백섬이라 불린다. 동백꽃의 붉은빛이 최고조에 달하는 늦겨울에서 초봄까지는 배표 구하기 전쟁이 벌어진다. 일본군이 요충지로 주둔했던 곳이라 섬 구석구석에 그 흔적이 배어있기도 하다.

◎ 경남 거제시 일운면 옥림리

◷ 하루 5회 출항

₩ 무료

❽ 학동흑진주몽돌해수욕장

거제엔 유난히 몽돌 해변이 많다. 파도와 몽돌이 만들어내는 자연의 소리는 거제를 상징하는 소리다. 학동흑진주몽돌해변에 가장 많은 사람이 몰린다. 해안선이 학이 비상하는 모습을 닮아 학동이라 불리는 이곳엔 흑진주색 몽돌이 1.2킬로미터 이어져 소소한 힐링을 안긴다.

◎ 경남 거제시 동부면 학동리

◷ 24시간

₩ 무료

❾ 거제맹종죽테마파크

맹종죽은 지름만 약 20센티미터로 대나무 중 가장 굵은 종이다. 국내 맹종죽의 대부분은 따뜻한 거제에서 자란다. 이를 관광자원으로 활용해 죽림욕 공원을 만들었다. 육중한 대나무 사이로 산책로가 이어진다. 고요한 분위기와 평화로운 풍경에 빠져 정처 없이 걷게 된다.

◎ 경남 거제시 하청면 거제북로 700

◷ 매일 09:00~18:00(11월~2월은 17:30까지)

₩ 성인 4,000원, 청소년 3,000원, 어린이 2,000원

❿ 옥포대첩기념공원

원균의 구원 요청을 받고 출격한 이순신 장군이 거제 앞바다에서 임진왜란 첫 승전보를 울린 옥포대첩을 기념한다. 역사의 현장인 옥포만이 한눈에 담기는 산 중턱에 위치한다. 30미터 높이의 기념탑과 이순신 장군을 기리는 참배단 등이 있다. 뛰어난 전망대 역할도 한다.

◎ 경남 거제시 팔랑포2길 87

◷ 24시간

₩ 무료

거제의 맛집과 카페

거제도싱싱게장

바릇

외도널서리

거제도싱싱게장 오랜 시간 거제 게장의 훌륭함을 전하고 있다. 게장 정식의 가성비도 뛰어나다.
경남 거제시 장승포로 10 매일 09:00~21:00

해뜨는집 가자미, 조기, 고등어 등을 바싹하게 구워 한 접시에 내어준다. 정식에 돌솥밥까지 제공된다.
경남 거제시 일운면 지세포해안로 182 목~화 09:30~20:30(수 휴무)

바릇 이토록 호사스러운 라면이 또 있을까. 돌문어와 전복, 딱새우와 꽃게가 면 위에 올라탔다. 경남 거제시 일운면 거제대로 1806 수~월 10:00~19:00(브레이크 타임 15:00~16:00, 라스트 오더 18:30, 화 휴무)

외도널서리 외도보타니아에서 운영하니 믿을 만하다. 보타니아처럼 카페도 온통 수목으로 채웠다.
경남 거제시 일운면 구조라로4길 21 월~금 11:00~18:30, 토~일 10:00~19:00

온더선셋 이름에서 유추할 수 있듯 환상적인 일몰이 펼쳐지는 카페다. 선셋 브런치를 즐겨보자.
경남 거제시 사등면 성포로 65 매일 10:00~22:00(라스트 오더 21:30)

008 사천시

Gyeongnam

바다에서 우주까지 이어지는 길

❶ 사천바다케이블카

육지와 바다, 섬과 산을 모두 잇는 특색이 뚜렷한 케이블카다. 삼천포 대교 앞에서 출발해 바다를 가로지른 뒤 초양도를 찍고 각산을 경유한 뒤 돌아온다. 총 2.43킬로미터 구간을 약 25분간 비행한다. 바다와 산을 두루 오가며 공중에서 즐기는 경치도 뛰어나지만, 각산 정류장의 전망대에서 내려다보는 삼천포 대교와 사천 앞바다의 풍광은 여행의 설렘을 한껏 부풀린다. 여느 케이블카와 마찬가지로 크리스탈 캐빈을 도입해 담력 있는 여행자들의 지지를 받는다. 통상 사천 여행이 시작되는 삼천포항 인근이라 공중에서 지리를 파악하기도 좋다. ◎ 경남 사천시 사천대로 18 ◷ 월~목 09:30~18:00, 금 09:30~20:00, 토 09:00~20:00, 일 09:00~18:00 ₩ **일반 캐빈** 왕복 성인·청소년 15,000원, 어린이 12,000원 **크리스탈 캐빈** 왕복 성인·청소년 20,000원, 어린이 17,000원

❷ 아라마루아쿠아리움

사천바다케이블카가 처음 멈춰서는 초양도에 동물원까지 갖춘 대형 아쿠아리움이 2021년 문을 열었다. 각각 바다와 하늘을 뜻하는 순우리말 '아라'와 '마루'를 합친 이름부터 예쁘다. 대규모 수조에 각양각색의 물고기가 헤엄치고 수달과 물범도 관찰된다. 대형 하마는 아쿠아리움 최고의 스타이며, 공룡의 후예라 불리는 희귀 조류 슈빌의 인기도 만만치 않다. 약 400종의 포유류와 파충류, 어류를 보유하고 있다. 단순한 구경의 개념을 넘어 동물의 복지와 교감에 초점을 맞춘 점도 인상적이다. 동물들이 자연광을 받게 설계된 점도 그 일환이다.

◎ 경남 사천시 사천대로 18

◷ 월~금 10:00~18:00, 토~일, 공휴일 09:30~18:00

₩ 성인·청소년 25,000원, 어린이 23,000원

❸ 항공우주박물관

사천공항과 방산업체 한국항공우주산업을 품은 사천은 대한민국 항공우주 분야의 터줏대감이다. 항공우주박물관에서 그 자부심을 드러낸다. 한국전에 사용된 공군기와 전쟁 관련 유물부터 최첨단 우주 관련 자료까지 범위가 넓다. 각종 비행기 실물도 야외에 전시되어 있다.

◎ 경남 사천시 사남면 공단1로 78
◷ 매일 09:00~18:00(11월~2월은 17시까지)
₩ 성인 3,000원, 청소년·어린이 2,000원

❹ 삼천포대교공원

대방동에서 모개섬을 잇는 436미터의 삼천포 대교는 사천시에서 남해군까지 이어지는 연륙교의 첫 관문이다. 그 근처에서 보이는 바다 풍광이 뛰어나 공원이 생겼다. 특히 화려한 조명을 내뿜는 삼천포 대교의 야경이 훌륭해 밤이면 많은 사람이 몰려들어 사진기를 꺼낸다.

◎ 경남 사천시 사천대로 35
◷ 24시간
₩ 무료

❺ 남일대해수욕장

맑고 선명한 바다가 고운 모래와 초록빛 숲에 둘러싸였다. 신라의 문장가 최치원 선생도 이 조합이 마음에 들었는지 남녘의 절경이라 하여 남일대라는 이름을 지었다. 해변 동쪽의 산책로를 따라 들어가면 명물 코끼리 바위도 만날 수 있다. 긴 코를 바다에 늘어뜨리고 있다.

◎ 경남 사천시 모례2길 11-19
◷ 24시간
₩ 무료

❻ 선진리성

우리의 선조가 아닌 왜군에 의해 축조된 특이한 이력의 성이다. 왜군 '모리'가 1597년 퇴군의 거점을 삼으려고 급히 쌓았고 나중엔 이순신 장군에 의해 파괴되기도 했다. 국내에 얼마 남지 않은 왜식산성이다. 역사와는 별개로 현재는 벚꽃 명소로 알려져 봄이면 인산인해를 이룬다.

◎ 경남 사천시 용현면 선진리 770
◷ 24시간
₩ 무료

❼ 삼천포항

사천시는 1995년 사천군과 삼천포시가 합쳐져 탄생했다. 사천시로 통합된 뒤에도 지역을 대표하는 항구는 삼천포항이다. 1966년에 이미 무역항으로 지정되어 경남 수출입의 관문 역할을 했다. 지금도 많은 무역선과 어선이 항구를 오가고 횟집과 맛집이 늘어서 활기가 넘친다.

◎ 경남 사천시 어시장길 34-10

◷ 24시간

₩ 무료

❽ 사천케이블카자연휴양림

케이블카 정류소가 있는 각산 자락에 자연휴양림이 숨어있다. 울창한 편백숲으로 유명하다. 피톤치드가 실시간으로 흡수되는 기분이 들 정도로 규모가 크고 울창하다. 그 사이로 산책로를 잘 형성했으며 캠핑을 위한 야영데크는 물론 숙박시설도 넉넉히 마련해 놨다.

◎ 경남 사천시 실안길 242-45

◷ 수~월 09:00~18:00(화 휴무)

₩ 성인 1,000원, 청소년 700원, 어린이 400원

❾ 비토섬

토끼와 거북이, 그리고 용왕. 비토섬은 우리에게 친숙한 별주부전의 무대가 되었던 섬으로 알려졌다. 섬 남쪽 별주부전 테마파크에서 숨겨진 이야기를 들어볼 수 있다. 섬 자체도 매력적이다. 너른 갯벌이 드러나 여러 체험이 가능하며 해양낚시공원에서 낚시도 즐길 수 있다.

◎ 경남 사천시 서포면 비토리

◷ 24시간

₩ 무료

❿ 거북선마을 부잔교갯벌탐방로

임진왜란 때 거북선이 최초로 출격한 지점에 위치해 거북선 마을이라 이름 지었다. 농업과 어업을 병행하는 마을 특성에 맞춰 갯벌 체험과 텃밭 체험을 제공하고 캠핑장도 운영한다. 마을 옆 부잔교갯벌탐방로를 따라 무지개색 방호벽이 길게 이어져 많은 여행객이 몰린다.

◎ 경남 사천시 용현면 사천대교로 75-61

◷ 24시간

₩ 무료

사천의 맛집과 카페

삼다도전복죽

하주옥진주냉면

원조부자손짜장송포동본점

삼다도전복죽 삼천포항에서 이름을 날리는 전복 요리 전문점이다. 전복죽이 메인이고 구이와 회도 판다.
경남 사천시 팔포3길 2 목~화 10:00~20:00(브레이크 타임 15:40~17:00, 라스트 오더 19:20, 수 휴무)

하주옥진주냉면 육전을 얹은 정통 진주식 냉면을 이웃 도시 사천에서도 즐길 수 있다. 이 집 덕분이다.
경남 사천시 사남면 하동길 8-11 매일 10:30~21:00

원조부자손짜장송포동본점 줄 서서 먹는 지역 명물 중식집이다. 일반 짜장도, 화끈한 맛의 불짜장도 맛있다. 경남 사천시 진삼로 158 매일 11:00~20:30

씨맨스 사천 앞바다에 섬처럼 떠 있는 카페다. 환상적인 일몰이 방문객을 기다린다.
경남 사천시 해안관광로 381-5 매일 11:00~21:00

드베이지 창 너머로 삼천포 대교가 보이고 카페 위로는 케이블카가 오간다. 음료 종류도 다양하다.
경남 사천시 사천대로 26 매일 10:00~23:00

009 Gyeongnam

고성군

누구나 공룡 찾아 삼만리

① 고성공룡박물관

군 전역에서 5,000여 개의 공룡 발자국이 발견되고 공룡 관련 화석이 줄줄이 출토된 고성은 긴 설명 필요 없는 진정한 공룡의 성지다. 국내 최초의 공룡 전문 박물관 역시 고성의 차지다. 총 4층 규모로 매우 크고 전시도 체계적이다. 실물 크기의 공룡 골격 화석과 공룡의 계통을 알려주는 1전시실을 시작으로 시대별 공룡의 모습과 관련 자료가 5전시실까지 빈틈없이 이어진다. 3D 입체영상관과 트릭아트 존은 공룡과의 친밀감을 더욱 높여 준다. 실외에 전시된 대형 공룡 모형도 그냥 지나쳐선 안 된다. 여러 종의 공룡을 완벽하게 만들어 놓았다.

◎ 경남 고성군 하이면 자란만로 618

◷ 화~일 09:00~18:00(11월~2월은 17시까지, 월 휴무)

₩ 성인 3,000원, 청소년 2,000원, 어린이 1,500원

② 상족암군립공원

파도에 침식된 해안 절벽이 구불구불 수 킬로미터에 걸쳐 이어져 웅대한 비경을 만든다. 풍경도 풍경이지만 백악기 시대에 다양한 종의 공룡이 뛰놀던 곳으로 더욱 유명하다. 1982년에 한 연구팀이 해안가를 탐사하다 우연히 그 증거를 발견했다. 많은 물웅덩이가 알고 보니 공룡의 발자국이었던 것. 이후 2,000여 개의 공룡 발자국이 차례로 발견되며 세계적인 공룡 유적지로 발돋움했다. 바닷가 기암을 끼고 조성된 산책로를 쫓다 보면 굳이 자세히 들여다보지 않아도 또렷하게 보이는 대형 발자국이 가득하다. 시대를 뛰어넘는 공룡과의 동행이다.

◎ 경남 고성군 하이면 덕명5길 42-23

◷ 24시간

₩ 무료

❸ 그레이스정원

백암산 기슭에서 총천연색으로 반짝이는 정원이다. 개인이 20여 년간 척박한 산을 개간하고 갖가지 수목과 꽃을 심었다. 30여만 주의 수국이 만발하는 여름이 최성수기이며 그 시기엔 구름 인파가 몰린다. 힐링을 안기는 메타세콰이아길과 편백나무숲도 늘 많은 관심을 받는다.

◎ 경남 고성군 상리면 삼상로 1312-71
◷ 매일 09:00~18:00(겨울철 휴장)
₩ 성인 5,000원, 청소년 4,000원, 어린이 3,000원

❹ 고성송학동고분군

도심 복잡한 길가에 가야의 고분 7기가 모여있다. 무기산으로 불렸던 낮은 언덕 꼭대기에 길이가 66미터나 되는 커다란 1호분이 있고 비탈을 따라 나머지 봉분이 흩어져 있다. 발굴 결과 유물이 출토되고 많은 이론이 등장했는데 남쪽 고성박물관에서 그 이야기가 펼쳐진다.

◎ 경남 고성군 고성읍 송학리 470
◷ 24시간
₩ 무료

❺ 당항포관광지

임진왜란 당시 이순신 장군이 두 차례에 걸쳐 왜선 50척 이상을 격침시켰던 당항포 해전을 기념하고자 만들었다. 그러나 고성이 공룡의 고장이라는 특성상 공룡테마파크에 가깝다. 수많은 공룡 모형과 관련 전시관, 놀이시설이 밀집되어 있다. 공룡엑스포도 이곳에서 열린다.

◎ 경남 고성군 회화면 당항만로 1116
◷ 화~일 09:00~18:00(11월~2월은 17시까지, 월 휴무)
₩ 성인 7,000원, 청소년 5,000원, 어린이 4,000원

❻ 옥천사

신라 문무왕 10년인 670년에 의상대사가 창건했다. 이후 진각국사와 혜심과 같은 저명한 고승들이 중창했다. 개축되고 재건된 건축물도 대부분 수백 년의 역사를 가지고 있어 긴 세월이 들어앉은 사찰의 모습이 중후하다. 성보박물관에서 사찰의 주요 유물을 정리해 보여준다.

◎ 경남 고성군 개천면 연화산1로 471-9
◷ 24시간
₩ 무료

❼ 상리연꽃공원

여름이 되면 때를 기다렸던 많은 연꽃이 동시다발적으로 꽃을 피우며 아담한 저수지와 그 인근의 연못을 분홍빛으로 물들인다. 고성의 숨겨진 꽃놀이 명소다. 연꽃을 더 가까이서 볼 수 있도록 만들어 놓은 돌다리가 운치를 더해준다. 정자와 쉼터도 있으니 서두를 필요 없다.

◎ 경남 고성군 상리면 척번정리 125-3

◷ 24시간

₩ 무료

❽ 고성장산숲

퇴계 이황 선생의 제자였던 호은 허기 선생이 풍수지리상 마을의 부족한 부분을 보완하기 위해 가꾼 숲이다. 조성 당시엔 숲이 1킬로미터가 넘었다고 전해지나 현재는 10분의 1 정도만 남았다. 그럼에도 여전히 여러 종의 고목과 연못이 어우러진 경관이 감탄을 부른다.

◎ 경남 고성군 마암면 장산리 230-2

◷ 24시간

₩ 무료

❾ 고성학동마을옛담장

마을 인근 수태산에서 공수한 납작한 돌과 황토를 결합해 담을 쌓았다. 학동마을에서만 볼 수 있는 특별한 전통이다. 세월의 흐름에도 견고하게 버티고 있어 등록문화재가 되었다. 전주 최씨가 모여 사는 이 마을엔 200년 된 최필간 고택을 비롯해 전통 가옥이 넘실댄다.

◎ 경남 고성군 하일면 학림리

◷ 24시간

₩ 무료

❿ 갈모봉산림욕장

해발 368미터의 갈모봉은 갈씨 성을 가진 의적의 묘가 있다 해 갈묘봉으로 부르다가 시간이 지나 갈모봉이 되었다. 시선을 한참 높게 두어야 끝이 보이는 30~50년 수령의 편백나무가 숲을 형성해 걷기만 해도 콧노래가 절로 나온다. 24시간 개방되어 언제든 방문이 가능하다.

◎ 경남 고성군 고성읍 이당리 산146-1

◷ 24시간

₩ 무료

고성의 맛집과 카페

본토대가

수양식당

카페도어스

본토대가 각종 해물 장류로 유명하다. 간장게장, 전복장, 가리비장 모두 잘 나간다. 덜 짜고 깔끔하다.
경남 고성군 고성읍 성내로144번길 17 매일 11:00~18:00(라스트 오더 17:00)

수양식당 말도 안 되는 저렴한 가격에 말도 안 되게 풍성한 백반을 제공한다. 이래서 남나 싶다.
경남 고성군 동해면 동해로 1590 매일 11:30~18:30

통영짬뽕 가리비까지 올려진 시원한 해물짬뽕이 최고다. 볶음 짬뽕 양념이 없어진 중화짜장도 별미이다. 경남 고성군 회화면 당항길 154-12 월~금 11:00~16:00, 토~일 11:00~19:00(브레이크 타임 토~일 15:40~16:30, 라스트 오더 15:00/18:00)

카페도어스 그리스 산토리니를 떠올리게 하는 지중해풍의 카페이다. 바다 앞이니 전망까지 좋다.
경남 고성군 고성읍 신월로 166 매일 11:00~22:00

고옥정 옛 기와집의 외관을 그대로 살린 분위기가 고풍스러운 카페. 2층 테라스는 바다가 지척이다.
경남 고성군 거류면 당동5길 54-7 화~일 11:00~22:00(라스트 오더 21:30)

010
Gyeongnam

남해군

푸른 바다를 감싸는 이국적인 풍광

❶ 남해독일마을

단언컨대 대한민국에서 가장 이국적인 분위기와 풍광을 가진 곳이다. 마을 내에 옹기종기 모여있는 주택은 모두 독일식이다. 지붕도 주황색으로 통일했다. 독일 맥주와 독일 소시지까지 판매되니 독일의 한 부분을 통째로 옮겨온 것 같다. 그 너머엔 우리가 힘들던 시절, 자신을 희생한 산업 역군의 역사가 담겼다. 1960년대 국가 경제를 위해 독일로 떠났던 광부와 간호사들이 귀향한 뒤 잘 정착할 수 있도록 국가에서 조성한 마을이다. 남해가 훤히 보이는 낭만적인 마을 거리는 모두 포토존이나 마찬가지다. 남해파독전시관도 꼭 둘러보자.

경남 남해군 삼동면 물건리 1074-2

24시간

₩ 무료

❷ 가천다랭이마을

바닷가에 있으나 온통 해안 절벽뿐이라 항구는커녕 배 한 척 띄우기 어렵다. 어업이 불가했던 마을 주민들은 울며 겨자 먹기로 척박한 산비탈에 농사를 짓기 시작했다. 한 뼘이라도 땅을 더 내려고 석축까지 쌓았다. 그렇게 살아남았다. 다랭이는 비탈에 있는 계단식 좁은 논을 뜻한다. 여전히 100여 층이나 되는 계단식 논이 해안가에서 산 중턱까지 층층이 이어져 입을 다물지 못하게 한다. 이 귀하고 특별한 광경을 보러 많은 여행자가 기꺼이 발걸음한다. 논 틈에서 바라보는 진남색 바다와 해안 절벽의 조합도 이 마을을 찾아야 할 이유가 된다.

경남 남해군 남면 남면로 702

24시간

₩ 무료

❸ 보리암
683년 원효대사가 금산의 산자락에 창건한 작은 암자다. 남해의 바다가 한눈에 가득 담기는 지점에 위치해 전망이 완벽하다. 국내의 주요 일출 명소로도 이름이 나 새벽 댓바람부터 금산을 타는 사람이 많다. 암자 한쪽엔 해수관음상이 온화한 표정으로 바다를 향해 서 있다.

◎ 경남 남해군 상주면 보리암로 665
◷ 24시간
₩ 성인 1,000원, 청소년·어린이 무료

❹ 원예예술촌
독일 마을 건너에 위치한 마을이다. 원예 전문가들이 자신의 집과 정원을 꽃과 나무, 조각으로 어여쁘게 꾸몄다. 20여 세대가 참여했으며 각기 다른 주제를 가진 정원도 넓게 흩어져 있다. 건물들마저 유럽의 감성이 묻어 있다. 포토존도 넘쳐나 잠시도 따분할 틈이 없다.

◎ 경남 남해군 삼동면 예술길 39
◷ 화~일 09:00~18:00(월 휴무)
₩ 성인 6,000원, 청소년 3,000원, 어린이 2,000원

❺ 남해보물섬전망대
등대를 본 따 만든 원통형 전망대로 360도 파노라마 바다 조망이 가능하다. 본래의 전망대 역할도 훌륭히 수행하지만 아뜩한 액티비티를 체험하는 장소로 더욱 인기를 높여가고 있다. 유리로 된 전망대 야외 난간을 따라 걷는 '스카이 워크'는 보는 사람도 손에 땀을 쥐게 한다.

◎ 경남 남해군 삼동면 동부대로 720
◷ 매일 09:00~19:00
₩ 무료

❻ 남해양떼목장양모리학교
바다가 보이는 양떼목장이다. 복슬복슬 귀여운 양을 보는 것도 즐겁지만 주말엔 양몰이 견의 훈련 장면을 직접 볼 수 있는 것이 장점이다. 훈련사의 구호에 맞춰 반응하는 개의 모습이 신기하다. 숲속 놀이터가 위치하고 깡통기차도 운행되어 아이와 함께하면 더 좋은 곳이다.

◎ 경남 남해군 설천면 설천로775번길 256-17
◷ 금~월 09:00~18:00(화~목 휴무)
₩ 성인 5,000원, 청소년·어린이 3,000원

❼ 국립남해편백자연휴양림

압도적인 규모의 편백나무 숲에 둘러싸인 채 한려해상의 기막힌 풍광을 바라보는 기분은 이루 다 설명할 수 없다. 개인적으로 둘러보는 것도 좋지만 숲 해설 프로그램이나 산림치유 프로그램도 참가해보기를 추천한다. 하룻밤 묵어간다면 밤새도록 피톤치드를 흡수할 수 있다.

◎ 경남 남해군 삼동면 금암로 658

◷ 수~월 09:00~18:00(화 휴무)

₩ 성인 1,000원, 청소년 600원, 어린이 300원

❽ 설리스카이워크

남해군 남쪽 끄트머리에 있는 설리 마을에 설치된 스카이워크다. 2020년 말 개장 후 단숨에 남해의 관광 명소로 등극했다. 총 길이는 79미터로 36미터 높이의 공중에서 바다를 향해 거침없이 나아갈 수 있다. 스카이워크 끝 지점에서 타는 공중그네는 심장을 벌렁이게 만든다.

◎ 경남 남해군 미조면 미송로303번길 176

◷ 매일 10:00~20:00

₩ 성인 2,000원, 청소년·어린이 1,000원

❾ 상주은모래비치

백사장이 유난히 더 하얗게 빛나 은모래라 불린다. 남해에서 가장 많은 인파가 찾는 해변으로 뒤로는 곰솔 숲이 있고, 금산이 병풍을 두르고 있어 해수욕이 더욱 신난다. 수심이 깊지 않고 경사도 완만해 아이들과 함께하기에도 무리가 없다. 일출이 멋진 해변으로도 꼽힌다.

◎ 경남 남해군 상주면 상주로 17-4

◷ 24시간

₩ 무료

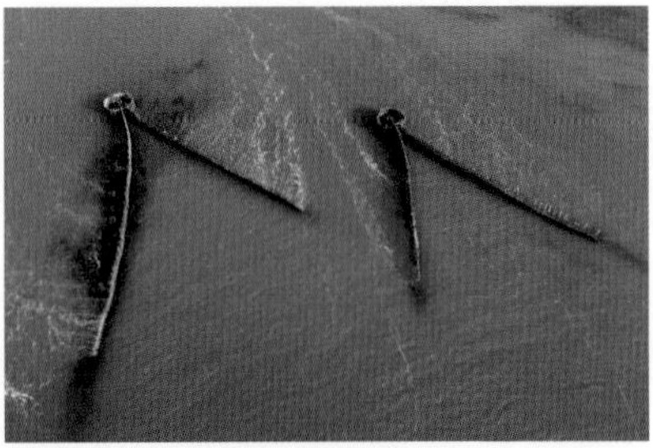

❿ 지족해협죽방렴

죽방렴은 참나무 말뚝을 갯벌에 V자 형태로 박은 뒤 그 사이를 대나무로 엮은 일종의 그물이다. 물고기가 이 안에 들어오면 거꾸로 빠져나가기 힘든 점을 이용했다. 여전히 행해지는 이 어업 형태 자체가 명승으로 지정됐으며 이렇게 잡힌 죽방 멸치는 최상품으로 거래된다.

◎ 경남 남해군 삼동면 지족리

◷ 24시간

₩ 무료

남해 맛집과 카페

우리식당 죽방 멸치를 칼칼하게 끓여 먹는 멸치쌈밥은 남해의 일미. 이 집이 잘하기로 소문났다.
경남 남해군 삼동면 동부대로1876번길 7 매일 08:30~20:00

부어스트라덴 정통 독일식 요리를 다양하게 맛볼 수 있다. 독일 가정식 플래터가 꾸준하게 잘 팔린다.
경남 남해군 삼동면 독일로 33 2동 매일 09:00~21:00

시골할매막걸리 다랭이마을 최고 맛집으로 통한다. 술집 같은 이름과 달리 다양한 한식 요리를 제공한다. 경남 남해군 남면 남면로679번길 17-37 매일 08:00~20:00(라스트 오더 19:00)

쿤스트라운지 독일마을과 남해를 동시에 즐기며 여행자들이 카페 라운지에 자유롭게 널브러져 있다.
경남 남해군 삼동면 독일로 34 일~목 10:00~21:00, 금~토 10:00~22:00(라스트 오더 20:00/21:00)

남해촌집화소반 근대로 시간을 역행한 한옥 카페. 자개장과 옛 소품이 가득하다. '고종의 커피'를 마셔보자. 경남 남해군 상주면 상주로74번길 6 매일 11:00~18:00

남해군 여행 지도

011
Gyeongnam

하동군

벚꽃이 안내하는 지리산 길목

❶ 최참판댁

박경리 작가의 대하소설 <토지>는 한국 문학사에 영원히 회자될 명작이다. 작품 속에서 서희와 길상의 이야기가 펼쳐지는 곳의 배경은 하동 악양면이다. 이에 해당 지점에 소설 속에 등장하는 최참판댁을 건립했다. 사랑채와 행랑채, 중문채 등 10여 동의 한옥 건물이 옹기종기 모여있고 마당엔 커다란 나무가 1그루 서 있다. 평사리 사람들의 초가와 마을도 재현해 놓아 잠시나마 소설의 인물이 된 기분이다. 최참판댁에선 멀리 평사리의 너른 논밭도 보인다. 이 모든 것을 가능케 한 창조주 박경리 선생의 문학관이 동쪽에 있으니 함께 둘러보자.

경남 하동군 악양면 평사리길 66-7

매일 09:00~18:00

₩ 성인 2,000원, 청소년 1,500원, 어린이 1,000원

❷ 쌍계사

오랜 시간 지리산 남쪽을 지키는 하동 제일의 사찰이다. 성덕왕 23년인 723년에 의상대사의 제자로 알려진 삼법이 창건했다. 삼법이 당나라에서 모셔온 육조 혜능의 정상(머리)을 매장한 성지이기도 하다. 일주문의 대나무숲을 지나 경내로 들어서면 높다란 구층석탑이 순례객을 반긴다. 이어 국보로 지정된 거대한 진감선사탑비가 자리한다. 탑비에 빼곡하게 적힌 글씨는 고운 최치원 선생의 작품이다. 그 뒤로 보물 대웅전을 비롯 많은 옛 건물이 지리산의 넓은 품에 안겨있다. 자연과 교감하며 천년고찰을 여유로이 걷는 것 자체가 큰 힐링이다.

경남 하동군 화개면 쌍계사길 59

매일 08:00~17:30

₩ 무료

❸ 배달성전삼성궁

청학동 인근에 자리한 기이한 분위기의 선원으로, 삼성을 모시는 곳이다. 삼성은 건국 신화에 등장하는 환인과 환웅, 단군을 뜻한다. 깊은 숲에 감춰진 비밀의 공간에 들어서면 1,000개가 넘는 돌탑과 돌을 빼곡하게 쌓아 올린 거대한 성채, 옥색 연못 등 이국적인 풍광이 줄줄 등장한다.

◎ 경남 하동군 청암면 삼성궁길 2

◷ 매일 08:30~17:00(12월~3월은 16:30까지)

₩ 성인 8,000원, 청소년 5,000원, 어린이 4,000원

❹ 하동십리벚꽃길

봄이면 전국에 수많은 벚꽃 명소가 치열히 자웅을 겨루는 가운데 여기도 그 경쟁에서 결코 뒤쳐지지 않는다. 화개장터에서 쌍계사까지 수 킬로미터에 걸쳐 벚꽃이 정말 비가 쏟아지듯 흩날린다. 그 아래서 낭만을 즐기는 모두가 이야기꽃도 함께 피운다. 야경 역시 황홀하다.

◎ 경남 하동군 화개면 화개로 142

◷ 24시간

₩ 무료

❺ 화개장터

설사 이 시장을 가본 적은 없더라도 모르는 사람은 없을 것이다. 동명의 유행가로 잘 알려진 화개장터는 노래 가사처럼 전라도와 경상도 경계의 섬진강에 위치한다. 명성에 비해 규모는 작지만 유쾌한 상인들이 밀려드는 관광객을 맞이하며 익살스러운 각설이 공연도 열린다.

◎ 경남 하동군 화개면 탑리

◷ 업체별 상이

₩ 무료

❻ 스타웨이하동

150미터 높이의 상공에서 하동의 주인이 된 것처럼 섬진강과 주변의 산과 들을 모두 눈에 넣을 수 있다. 카페와 함께 운영되는 스카이워크로 유리로 된 바닥 구간이 있어 다리가 후들거릴 수 있다. 카페의 통창으로도 사방의 풍경이 쏟아지니 차 한 잔의 여유도 부리자.

◎ 경남 하동군 악양면 섬진강대로 3358-110

◷ 매일 09:30~20:00

₩ 성인 3,000원, 청소년·어린이 2,000원

❼ 하동송림공원

섬진강가의 평지에 위치하지만, 소나무가 얼마나 빼곡한지 숲 안에 들어서면 깊은 산속에 들어온 듯하다. 1745년 하동 도호부사 전천상이 모래와 바람을 막고자 소나무를 심은 것이 시작이다. 1,000여 그루의 소나무가 2킬로미터에 걸쳐 계속돼 한국화 속의 한 장면을 연출한다.

◎ 경남 하동군 하동읍 광평리 440-5

◷ 24시간

₩ 무료

❽ 동정호

악양면의 평사리는 하동 농촌의 정답고 포근한 풍경을 한데 모아 보여준다. 마을에 물을 공급하던 작은 저수지 동정호엔 생태공원까지 가꾸었다. 하트모양 다리, 수변 데크, 포토존이 들어서 감성 사진의 배경이 되어 준다. 호수 동쪽 평사리 부부 소나무도 웃음을 짓게 한다.

◎ 경남 하동군 악양면 평사리 305-2

◷ 24시간

₩ 무료

❾ 하동케이블카

하동에서도 전망 좋기로 소문난 금오산 정상까지 케이블카가 15분 만에 데려다준다. 상부 탑승장에 내려 스카이워크 전망대에 서면 반짝이는 한려해상의 파노라마가 펼쳐진다. 남해와 사천, 여수와 광양까지 보인다. 하부 탑승장을 꼭 껴안은 거대한 지리산 곰도 볼거리다. ◎ 경남 하동군 금남면 경충로 461-7

◷ 월~금 09:30~17:30, 토~일 09:00~17:30 ₩ **일반 캐빈** 왕복 성인·청소년 20,000원, 어린이 15,000원 **크리스탈 캐빈** 왕복 성인·청소년 27,000원, 어린이 20,000원

❿ 도심다원

하동 야생차는 1,200년의 역사를 가진 명차다. 그를 증명하듯 화개천 일대에 다원이 많이 자리한다. 그 중 도심다원은 1,000년 수령의, 국내에서 가장 오래된 차나무가 있던 장소다. 수 대에 걸쳐 우직하게 가꾼 차밭이 길게 이어진다. 찻집도 운영해 바로 다도를 즐길 수 있다.

◎ 경남 하동군 화개면 신촌도심길 43-22

◷ 매일 10:00~18:00

₩ 음료 주문으로 대체

하동의 맛집과 카페

청운식당

혜성식당

더로드101

청운식당 쌍계사 길목에 위치한다. 재첩국정식이나 더덕구이정식을 한 상 푸짐하게 받을 수 있다.
경남 하동군 화개면 쌍계사길 6 매일 08:30~20:00(라스트 오더 19:30)

혜성식당 칼칼한 참게탕과 시원한 재첩국이 대표 메뉴다. 섬진강에서만 난다는 '벚굴'도 맛보자.
경남 하동군 화개면 화개로 48 매일 09:00~20:00

여명가든 먹는 즉시 기력을 샘솟게 만드는 오리 구이를 전문으로 한다. 기왕이면 녹차 오리다.
경남 하동군 악양면 성두길 11-3 매일 11:30~20:30(브레이크 타임 15:00~17:30, 라스트 오더 14:00/19:30)

더로드101 분수가 샘솟고 각종 꽃이 만발한 정원에 먼저 시선을 뺏긴다. 음료와 빵까지 마음에 든다.
경남 하동군 화개면 화개로 357 월~금 10:00~19:00, 토~일 10:00~20:00(라스트 오더 18:30/19:30)

쌍계명차 하동의 야생차를 제대로 음미하고자 한다면 꼭 방문해야 할 곳이다.
경남 하동군 화개면 화개로 30 매일 09:00~20:00(라스트 오더 18:00)

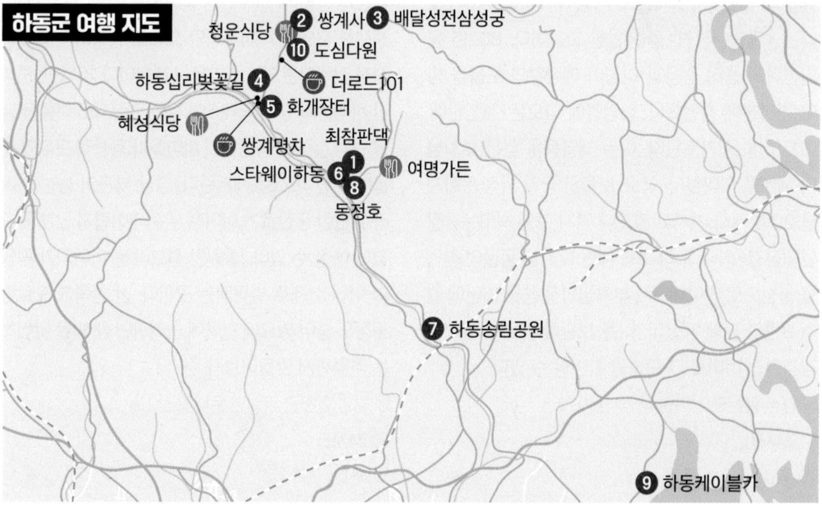

012 Gyeongnam 합천군

수려한 산수 안에 반짝이는 문화유산

❶ 해인사

불멸의 국보이자 유네스코 지정 세계기록유산에 빛나는 <팔만대장경>을 봉안한 고찰이다. 802년 통일신라의 승려 순응과 이정이 애장왕의 도움을 받아 가야산에 창건했다. 화엄경에 나오는 '해인산매'에서 이름을 가져왔다. 이는 깨달음을 얻은 부처님의 세계를 의미한다. 국보, 보물급 국가 지정 문화재를 20여 개나 가지고 있으나 역시 그중 최고는 <팔만대장경>이다. 고려 고종 때인 1237년 몽골의 침입을 불심으로 막아내고자 부처님의 말씀을 16년에 걸쳐 8만여 판에 새겼다. 이를 보관하기 위해 설치된 장경판전 너머로 그 모습을 확인할 수 있다.

◎ 경남 합천군 가야면 해인사길 122

ⓒ 24시간

₩ 무료

❷ 황매산

합천과 산청에 걸쳐 있는 황매산은 언제나 변함없이 생생한 자연을 내어주지만 그래도 철쭉의 분홍빛이 점점 진해지는 5월 초 즈음이 제철이다. 소백산, 지리산 바래봉과 함께 국내 3대 철쭉 군락지로 이름을 날릴 만큼 철쭉이 풍성하게 피어올라 등산객 모두의 얼굴에 환한 미소를 새겨준다. 정상 부근의 능선을 따라 완만한 등산로가 이어져 누구나 어렵지 않게 꽃구경에 빠질 수 있다. '꽃길만 걸으라'는 이야기가 덕담이 아닌 실제로 벌어지는 곳이다. 산 한쪽에 오토캠핑장도 숨어 있으니 철쭉에 둘러싸인 채 밤을 맞이하는 추억까지 만들어보자.

◎ 경남 합천군 가회면 둔내리 산219

ⓒ 24시간

₩ 무료

③ 합천영상테마파크

일제강점기부터 근대에 이르기까지 옛 모습을 완벽하게 재현해 놓은 세트장이다. 전차가 오가는 경성거리와 양장점, 살롱 등 이젠 볼 수 없는 추억의 풍경이 차례로 나타난다. 모노레일을 타고 안쪽으로 들어가면 청와대 세트도 있다. 수많은 인기 영화와 드라마가 촬영됐다.

◎ 경남 합천군 용주면 합천호수로 757

◷ 화~일 09:00~18:00(월 휴무)

₩ 성인 5,000원, 청소년·어린이 3,000원

④ 대장경테마파크

<팔만대장경>은 보호를 위해 사실상 일반에게 공개되진 않는다. 그 아쉬움을 여기서 달래보자. 몽골의 침입으로 불탄 <고려대장경>부터 새로 만든 <팔만대장경>까지 그 정교한 제작 과정과 문화적 성취를 꼼꼼하게 알려준다. 물론 대장경에 어떤 내용이 담겼는지도 확인할 수 있다.

◎ 경남 합천군 가야면 가야산로 1160

◷ 화~일 09:00~18:00(11월~2월은 17시까지, 월 휴무)

₩ 성인 5,000원, 청소년 3,000원, 어린이 2,500원

⑤ 합천호

합천댐 건설로 생겨난 큰 호수다. 호수 둘레를 따라 40여 킬로미터의 호반 도로가 형성되어 있다. 산수의 조화를 감상하며 이 도로 위를 드라이브하는 것은 합천 여행의 핵심 중 하나다. 자연경관이 뛰어나 호숫가엔 전망대와 카페가 늘어서 있어 여행자의 방문이 늘고 있다.

◎ 경남 합천군 대병면

◷ 24시간

₩ 무료

⑥ 정양늪생태공원

정양늪은 약 1만 년 전 빙하기 이후에 낙동강의 한 줄기인 황강이 넘쳐 흐르다 퇴적되며 생겨난 늪이다. 현재는 도심 속에서 인간을 비롯해 많은 생명체의 쉼터와 보금자리 역할을 하고 있다. 수변 데크를 잘 꾸며놔 산책이 용이하고 남생이나 수달 등 멸종위기종이 종종 발견된다.

◎ 경남 합천군 대양면 정양리 151

◷ 생태전시관 화~일 09:00~18:00(월 휴무)

₩ 무료

❼ 정양레포츠공원 황강

황강은 넓은 백사장을 가지고 있어 마치 해변처럼 보이기도 한다. 합천 시민들이 강수욕장이라 부르는 이유다. 이런 특성을 살려 강가에 초대형 오토캠핑장이 들어섰으며 여름엔 물놀이장도 설치된다. 카누에 몸을 싣고 강 너머 고려 시대의 정자 함벽루까지 갈 수도 있다.

◎ 경남 합천군 대양면 정양리 613

◷ 24시간

₩ 무료

❽ 합천패러글라이딩파크

합천엔 국내 유일 운석 충돌구가 있다. 적중면과 초계면 사이의 적중-초계 분지는 약 5만 년 전, 운석 충돌로 생겨났다. 대암산 활공장에서 패러글라이딩을 하면 그 신기한 모습이 확인된다. 전문가와 동행하니 경험이 없어도 문제없다. 극한의 짜릿함이 덤처럼 따라온다.

◎ 경남 합천군 초계면 우회로 179

◷ 월~금 10:00~18:00, 주말 09:00~18:00

W 10분~20분 기준 130,000원~150,000원

❾ 황계폭포

절벽과 암반이 숲처럼 빼곡하게 들어선 비밀스러운 공간에 20미터 높이의 폭포가 통쾌하게 쏟아져 내린다. 2단 폭포라 더욱 역동적인 모습이며 수량도 풍부해 언제나 비슷한 풍광을 마주할 수 있다. 물소리를 감상하며 폭포 아래 자리를 잡으면 시 한 수를 읊어야 할 듯하다.

◎ 경남 합천군 용주면 황계2길 30

◷ 24시간

₩ 무료

❿ 합천항공스쿨

국내에서 경비행기를 타는 건 흔치 않은 경험이지만 합천에서라면 어렵지 않다. 합천항공스쿨은 국토부 지정 조종사 과정 교육기관이다. 관광객을 위한 체험 비행까지 제공하는 덕분에 누구나 창공에서 황강과 합천호, 황매산과 가야산 등 합천 명소를 내려다볼 수 있다.

◎ 경남 합천군 용주면 황계폭포로 1239

◷ 화~금 09:00~15:00, 토~일 09:00~17:00

₩ 10분 체험 비행 65,000원부터

합천의 맛집과 카페

적사부

3.3국밥전문점

로우풀

적사부 중식 4대문파 적림길 셰프가 운영한다. 일단 쇠고기탕면과 탕수육부터 주문하자. ◎ 경남 합천군 합천읍 동서로 74 ⓒ 화~금 11:00~20:00, 토~일 11:00~19:00(월 휴무)

순할머니손칼국수 직접 손으로 반죽하고 밀어 만든 칼국수다. 인지도 1위는 엄나무닭칼국수. 국물이 끝내준다. ◎ 경남 합천군 합천읍 충효로 113 ⓒ 수~일 10:30~17:00(라스트 오더 16:30, 월~화 휴무)

3.3국밥전문점 돼지국밥도 평균을 훨씬 웃돌지만 수육비빔국수가 이곳만의 특별 메뉴다. ◎ 경남 합천군 합천읍 문화로 7 ⓒ 화~일 10:30~21:00(브레이크 타임 15:00~16:30, 라스트 오더 20:00, 월 휴무)

로우풀 합천호에 개장하자마자 SNS 핫플이 되었다. 핑크색 외벽과 늘어선 야자수가 이국적이다. ◎ 경남 합천군 대병면 회양관광단지길 28-10 ⓒ 매일 10:30~20:00(라스트 오더 19:00)

카페모토라드합천 황강을 달리는 라이더들은 반드시 거쳐 가는 라이더 카페다. 각종 바이크도 전시 중이다. ◎ 경남 합천군 대병면 합천호수로 525 ⓒ 화~금 09:00~18:00, 토~일 09:00~21:00(라스트 오더 17:30/20:30, 월 휴무)

합천군 여행 지도

013 Gyeongnam

거창군
풍성한 자연을 누비며 얻는 힐링

❶ 거창항노화힐링랜드

우두산의 풍부한 산림 자원을 활용해 치유의 공간을 정성들여 가꿨다. 그 이름처럼 걷기만 해도 스트레스 지수가 낮아지고 노화가 억제될 것 같은 푸른 숲을 누비며 산 중턱에 오르면 이곳의 주인공이 특별한 모습을 드러낸다. 국내 최초의 교각이 없는 Y자형 출렁다리다. 세 방향으로 갈라지는 다리는 600미터 상공에 뜬 채 흔들거려 손에 땀을 쥐게 한다. 공포를 이겨내고 전망대까지 오르면 그 아래로 장쾌한 용소 폭포와 주변의 기암이 보인다. 경사가 낮은 무장애 데크 길을 조성하여 노약자나 휠체어 이용자도 산림욕을 마음껏 즐길 수 있다.

◎ 경남 거창군 가조면 수월리 산19

◷ 화~일 09:00~17:00(월 휴무)

₩ 3,000원

❷ 수승대

원학동 계곡의 투명한 물길을 따라 자연이 만들어낸 명승이 끝날 기미가 보이지 않는다. 예나 지금이나 거창의 자랑으로 여겨지는 수승대엔 솔숲과 기암, 맑은 물이 엉겨 붙었다. 누구도 토를 달 수 없을 정도로 거북이를 꼭 닮은 거북 바위를 대표 삼아 많은 볼거리가 산재해 있다. 울창한 숲에 들어앉은 요수정의 모습도 감탄을 부른다. 거창 출신의 유학자 요수 신권 선생이 노닐던 정자다. 북쪽으로 이동하면 2022년에 개통된 노란 출렁다리가 나타난다. 수승대 전경을 공중에서 바라보는 호사를 안겨준다. 여름엔 수승대에서 국제연극제가 열린다.

◎ 경남 거창군 위천면 은하리길 2

◷ 24시간

₩ 무료

❸ 거창창포원

거창의 젖줄 황강의 생태를 보존하고자 수질 정화 식물인 창포를 심기 시작한 것이 축구장 66배 규모의 수변생태공원이 되었다. 봄이면 꽃창포 100만여 송이가 황강변을 보랏빛 세상으로 만든다. 여름엔 연꽃, 가을엔 국화가 만개한다. 자전거를 타며 즐기는 것이 효율적이다.

경남 거창군 남상면 창포원길 21-1

화~일 09:00~18:00(월 휴무)

₩ 무료

❹ 거창사과테마파크

이곳에선 거창의 특산물 사과가 주연이다. 거창한 사과 조형물을 지나 언덕을 오르면 과수원에서 각종 사과나무가 실제로 자라나고 있다. 전시관도 마련해 사과의 역사와 품종 등 정보를 꼼꼼하게 담아냈다. 아이들에게 즐거운 추억을 안겨줄 사과 요리 교실도 운영하고 있다.

경남 거창군 거창읍 거함대로 3372-60

전시관 화~일 10:00~17:00(월 휴무)

₩ 무료

❺ 거창월성우주창의과학관

재미는 물론 창의적 사고까지 키워준다. 우주 공간을 주제로 한 다양한 체험이 기다린다. 중력의 변화를 느낄 수 있는 가변중력체험, 우주 공간에서 평형감각을 유지하는 데 필요한 무한 회전 체험이 제일 인기가 높다. 음악에 맞춰 칼 군무를 추는 똑똑한 로봇도 등장한다. 경남 거창군 북상면 덕유월성로 1312-96 화~일 09:30~17:30(휴게시간 12:00~13:00, 월 휴무) ₩ 성인 3,000원, 청소년·어린이 2,000원(각 체험별 비용 별도)

❻ 거창허브빌리지

오래전에 폐교된 초등학교에서 허브 향기가 나기 시작했다. 라벤더가 그 중심에 있다. 여름이면 운동장을 메운 라벤더가 진한 보라색을 머금은 채 하늘거린다. 많은 종의 허브와 나무가 교차하며 싱그러운 분위기를 뿜어낸다. 그 사이로는 깜찍한 포토존이 내내 등장한다.

경남 거창군 가조면 지산로 1242

수~월 10:00~20:30(화 휴무)

₩ 무료

❼ 금원산자연휴양림

금원산엔 흥미로운 전설이 내려온다. 산속에 금빛 원숭이가 활개를 치고 다녀 한 도사가 바위 속에 가둬버렸다는 이야기. 금원산 자연휴양림에서 그 전설을 따라 산림욕을 즐겨보자. 옥빛의 물이 달리는 계곡과 쏟아지는 폭포도 시원하다. 보물인 마애삼존불상도 숨겨져 있다.

◎ 경남 거창군 위천면 금원산길 471-27

⏲ 매일 09:00~18:00

₩ 성인 1,000원, 청소년 600원, 어린이 300원

❽ 월성계곡

남덕유산의 동쪽을 흐르는 월성천을 따라 5킬로미터 넘게 이어지는 계곡이다. 거울처럼 맑은 물은 수량까지 풍부해 나무랄 데가 없고 곁으로 아담한 협곡과 숲이 쉼 없이 합세한다. 여름철마다 물놀이객이 몰려드는 건 당연지사. 경치가 유독 훌륭한 곳마다 정자가 나타난다.

◎ 경남 거창군 북상면 월성리

⏲ 24시간

₩ 무료

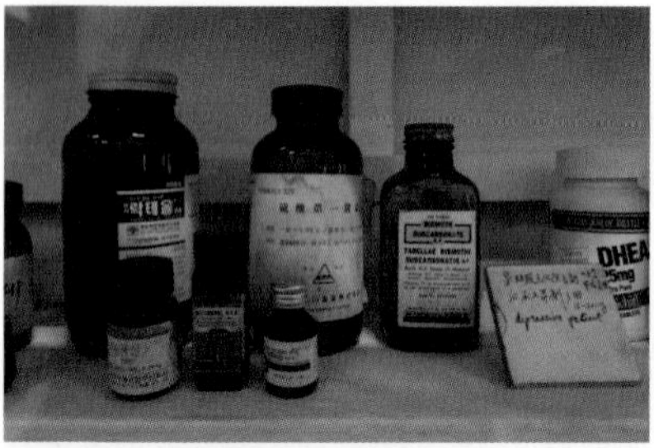

❾ 거창근대의료박물관

1954년에 개관한 거창 최초의 근대 의료 시설 자생의원이 2006년 문을 닫았다. 50년간 아픈 이들을 돌본, 지역의 역사가 사라지는 것이 안타까워 원장의 유족이 시설을 기부했고 거창군이 의료박물관으로 재탄생시켰다. 옛 의료기구와 약품, 치료 시설이 그대로 남아있다.

◎ 경남 거창군 거창읍 시장1길 32

⏲ 화~일 10:00~17:00(월 휴무)

₩ 무료

❿ 거열산성군립공원

상림리 산속에 자리한 거열산성 일대가 군립공원으로 지정되었다. 거열산성은 백제가 멸망한 후 신라에 끝까지 항전하던 백제 충신들이 축조했다. 끝내 신라에 함락되었지만 산성의 일부가 여전히 남아있다. 산 아래로는 백로가 날아드는 훌륭한 경관의 계곡이 쭉 이어진다.

◎ 경남 거창군 거창읍 상림리 산36

⏲ 24시간

₩ 무료

거창의 맛집과 카페

창성

동바리해장국설렁탕

민들레울

창성 매콤한 짬뽕 양념과 달걀 프라이를 넣고 비벼 먹는 비빔짬뽕이 매우 중독적이다. ◎ 경남 거창군 거창읍 죽전4길 132-15 ◷ 화~금 11:10~20:00, 토~일 11:10~19:00(브레이크 타임 화~금 15:30~17:00, 라스트 오더 화~금 19:30/토~일 18:30, 월 휴무)

다우리밥상 수승대 입구에 있다. 소쿠리에 풍성하게 담겨 나오는 건강한 반상이 인상적이다.
◎ 경남 거창군 위천면 은하리길 2 ◷ 화~일 11:30~19:00(브레이크 타임 15:00~17:00, 월 휴무)

동바리해장국설렁탕 현지인에게 더욱 인정받는 탕집이다. 선지해장국, 뼈해장국, 설렁탕의 인기가 거의 동일하다. ◎ 경남 거창군 거창읍 강남로 196 ◷ 매일 07:30~22:00(브레이크 타임 15:00~17:00, 라스트 오더 14:30/21:00, 화 휴무)

민들레울 월성계곡에 터를 잡은 근사한 허브 정원 카페. 유기농 허브티와 수제 맥주도 판매한다.
◎ 경남 거창군 북상면 덕유월성로 2188 ◷ 일~금 10:00~20:30, 토 10:00~21:00(라스트 오더 20:00/20:30)

더무그 거창 읍내 중심에 있는 지역 인기 빵집이다. 소금빵은 시간을 놓치면 구하기 어렵다.
◎ 경남 거창군 거창읍 강변로 127 ◷ 화~일 10:00~22:00(월 휴무)

거창군 여행 지도

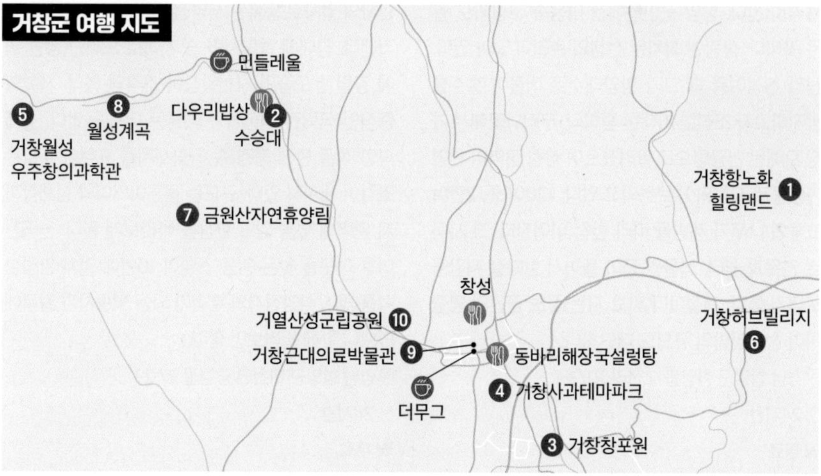

014 Gyeongnam

함양군

끊임없이 이어지는 환상적인 계곡

❶ 상림공원

1년 내내 아침, 저녁 할 것 없이 주민들이 공원 산책을 이어간다. 함양 군민들에겐 마음속 고향과도 같은 곳이다. 상림엔 최치원 선생의 손길이 닿아 있다. 신라 진성여왕 때 그가 함양태수로 머물며 홍수를 방지하고자 조성한 거대한 숲이다. 우리나라에서 가장 오래된 인공림으로 알려졌으며 상림 전역이 천연기념물로 지정되어 보호되고 있다. 120여 종, 2만여 그루의 나무가 제방을 따라 한참 이어진다. 그 사이로 연못과 쉼터, 식물원 등이 들어서 한나절 시간을 보내기 좋다. 계절마다 피고 지는 꽃도 공원의 명물이며 청보리밭의 규모도 대단하다.

◎ 경남 함양군 함양읍 교산리 1073-1

◷ 24시간

₩ 무료

❷ 서암정사

지리산 칠선계곡의 깊은 골짜기를 따라 들어가면 해인사의 말사로 등록된 서암정사가 신비한 모습을 드러낸다. 경내에 들어서면 숲 사이로 드러난 암반 위에 강렬한 모습의 사천왕상이 조각돼 있다. 사찰의 중심인 극락전 석굴법당 내부는 더욱 놀랍다. 깊게 파인 석굴 안에 불경 속 극락세계를 표현한 수많은 조각이 새겨져 있다. 규모는 물론이거니와 섬세함까지 완벽해 넋을 잃고 한참을 바라보게 된다. 한국전 이후 이곳을 찾은 원응 스님이 10년에 걸쳐 완성한 작품이다. 서암정사의 뿌리가 되는 벽송사가 길목에 있으니 함께 둘러보면 좋다.

◎ 경남 함양군 마천면 광점길 27-79

◷ 24시간

₩ 무료

❸ 함양대봉산휴양밸리

산삼이 많이 나는 것으로 유명한 대봉산에 휴양 단지를 조성했다. 크게 두 구역으로 나뉜다. 스카이랜드에선 대봉산 정상까지 왕복 약 4킬로미터를 오가는 모노레일이 운행되고 짚라인 체험도 가능하다. 캠핑랜드에서 자연 속에 완벽히 둘러싸여 캠핑의 낭만을 즐길 수 있다.

◎ 경남 함양군 병곡면 병곡지곡로 331
◷ 수~월 08:00~16:00(화 휴무) ₩ 모노레일 성인 15,000원, 청소년 12,000원, 어린이 10,000원

❹ 남계서원

1552년, 조선 전기의 성리학자 일두 정여창을 모신 서원으로 영주 소수서원에 이어 우리나라에서 두 번째로 건립된 서원이라 역사적 의미와 가치가 매우 크다. 1566년에 사액서원으로 승격되었고 소수서원 등 다른 8개의 서원과 함께 유네스코 세계문화유산에 등재되었다.

◎ 경남 함양군 수동면 남계서원길 8-11
◷ 24시간
₩ 무료

❺ 거연정

함양의 남강을 따라 달리면 유난히 많은 정자가 보인다. 거연정도 그중 하나로 오랜 역사를 가졌다. 조선 동지중추부사였던 전시서가 1640년 억새로 만든 누정이 시초이며 1901년 그의 후손이 중수했다. 암반 위에 고고하게 자리한 정자에 오르면 그 앞의 산수가 훤하다.

◎ 경남 함양군 서하면 봉전리
◷ 24시간
₩ 무료

❻ 지안재

전망대에서 내려다보기만 해도 살짝 멀미가 올라온다. 극도로 휘어지는 S자형 도로가 물길처럼 산비탈에 굽이친다. 운전자를 골탕 먹이려고 만든 길처럼 보여도 사실 함양에서 지리산으로 가는 지름길이니 아주 고마운 길. 부디 초보 운전자는 다른 길로 돌아가시길 바란다.

◎ 경남 함양군 함양읍 구룡리
◷ 24시간
₩ 무료

❼ 용추폭포

기백산군립공원에 숨겨진 15미터 높이의 폭포다. 깊은 소를 향해 곤두박질치는 물줄기가 가슴을 후련하게 해주며 물소리 역시 포효하듯 우렁차다. 폭포까지 뚫린 계곡은 예부터 명성이 자자했다. 깊은 계곡의 아름다움 덕에 진리 삼매경에 빠졌다 하여 '심진동'이라 불렸다.

◎ 경남 함양군 안의면 상원리

ⓒ 24시간

₩ 무료

❽ 개평마을

많은 유학자를 배출한 함양의 대표적 선비 마을이다. 100년 이상의 역사를 아로새긴 한옥 60여 채가 고색창연하다. 옛 모습이 놀라울 만치 잘 보존되어 시간 여행을 떠나온 기분이다. 남계서원에 모셔진 성리학자 정여창의 일두 고택을 중심으로 문화재급 고가가 지천이다.

◎ 경남 함양군 지곡면 개평길 35-9

ⓒ 24시간

₩ 무료

❾ 농월정국민관광지

함양이 자랑하는 자연 절경, 화림동 계곡의 핵심이 되는 곳이다. 널찍한 정자 농월정이 한쪽에 우뚝 서 있고 계곡의 거친 물길과 함께 시원시원한 너럭바위가 계속해서 이어 달린다. 이 멋진 풍광을 밤늦게까지 즐길 수 있도록 오토캠핑장이 들어섰고 식당과 카페도 곁에 있다.

◎ 경남 함양군 안의면 월림리 1472

ⓒ 24시간

₩ 무료

❿ 연암물레방아공원

용추폭포를 보러 가는 길에 부록처럼 주어진 공원이다. 안의마을은 물레방아가 처음 들어선 곳으로 알려졌다. 현재도 큼직한 물레방아가 뱅글뱅글 돌아가고 물레방앗간과 돌탑도 장단을 맞춘다. 연암 박지원 선생이 획기적 농기구 물레방아를 소개했다 해 그의 동상도 보인다.

◎ 경남 함양군 안의면 용추계곡로 361

ⓒ 24시간

₩ 무료

함양의 맛집과 카페

청학산

케빈커피로스터스

늘봄가든 실제 다섯 가지 찰밥과 나오는 오곡 정식이 이 집의 자랑. 반찬 하나하나에도 정성이 담겼다.
경남 함양군 함양읍 필봉산길 65 매일 11:00~21:00(브레이크 타임 토~일 15:00~16:30, 라스트 오더 19:30)

청학산 진한 사골곰국에 콩잎을 곁들여 끓인 콩잎곰국을 기본으로 풍성한 정식을 제공한다.
경남 함양군 함양읍 함양로 619-6 매일 10:00~20:00(브레이크 타임 15:00~17:00)

조샌집 어탕국수 맛집이다. 뼈를 발라 진하게 우린 국물이 진국이다. 민물고기 튀김도 있다.
경남 함양군 함양읍 학사루길 36 매일 11:00~20:00(브레이크 타임 15:00~17:00, 매달 2·4번째 목요일 휴무)

케빈커피로스터스 상림공원에 있는 함양 최고 인기의 커피숍. 제대로 뽑은 세계 각국의 커피를 맛볼 수 있다. 경남 함양군 함양읍 상림1길 26 매일 08:00~23:00

로드44 붉은 벽돌이 인상적인 카페다. 음료와 빵, 디저트의 종류가 너무 많아 고르기 힘들 정도.
경남 함양군 함양읍 운림길 44 매일 09:00~22:00

015 산청군

Gyeongnam

지리산이 내뿜는 자연의 정취

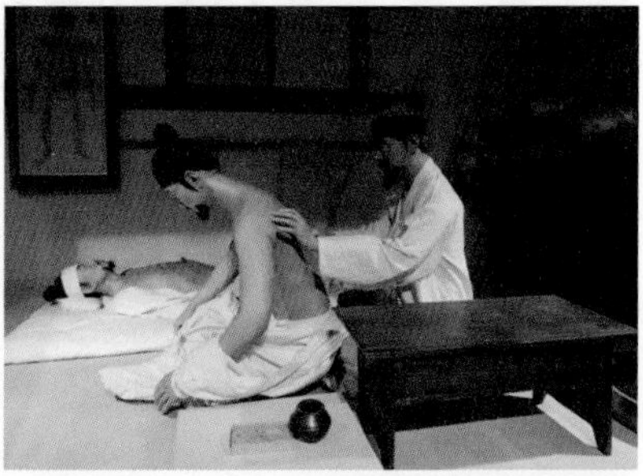

❶ 지리산

대한민국 국립공원 제1호이자 민족의 영산이며 1,915미터 내륙 최고봉을 가진 산이다. 경남 산청-하동-함양, 전북 남원, 전남 구례 등 3개 도, 5개 시군에 걸쳐 있다. 천왕봉의 행정 구역인 산청군에서 다루기로 한다. 산 자체가 워낙 광대하고 등산로도 지역별로 다양하게 이어져 즐기는 법 역시 나열하기 힘들 정도로 많다. 기왕이면 몇 날 며칠 둘레길을 걷고 산장에 묵어가며 천왕봉을 찍는 지리산 종주가 제일이다. 물론 지역별 명소까지 가볍게 산행하는 것도 괜찮다. 남원의 반야봉과 뱀사골, 구례의 피아골과 노고단 등은 지리산 주요 명소다.

◎ 경남 산청군 시천면 지리산대로 345

◷ 24시간

₩ 무료

❷ 동의보감촌

지리산의 건강한 기운을 가득 담았다. 동의보감과 한방을 주제로 여러 가지 시설이 밀집된 테마공원이며 산청한방약초축제와 전통의약 관련 엑스포의 무대이기도 하다. 국내 첫 번째 한의학 전문 박물관인 한의학박물관과 엑스포주제관에서 우리 전통 의학에 대한 각종 전시와 체험이 진행된다. <동의보감>도 볼 수 있다. 한방기체험장에서 좋은 기를 받고 산청약초관에서 많은 약초의 효능을 체험하는 것도 건너뛰어선 안 된다. 아이들이 박수 칠 공간도 있다. 초대형 거북이, 곰, 호랑이 조형물이 위치한 한방테마공원과 알쏭달쏭 미로공원이 그것이다.

◎ 경남 산청군 금서면 동의보감로555번길 61

◷ 주제관·박물관 화~일 09:00~18:00(월 휴무)

₩ 성인 2,000원, 청소년 1,500원, 어린이 1,000원

❸ 남사예담촌

담쟁이 넝쿨이 뻗은 정겨운 담장 너머로 푸른 기와의 전통 가옥이 빼꼼 드러난다. 안동 하회마을과 어깨를 나란히 하는 경상권의 대표 양반 한옥 마을이다. 문화재로 지정된 수많은 고택이 자리하며 토담과 돌담도 등록문화재로 지정됐다. 민속 체험과 한옥 숙박은 기본이다.

◎ 경남 산청군 단성면 지리산대로2897번길 10

◷ 24시간

₩ 무료

❹ 생초국제조각공원

산 좋고 물 맑은 생초면에 조각 공원이 자리 잡았다. 국내외 작가가 다듬은 조각 20여 점이 언덕에서 꽃과 함께 빛을 발한다. 봄에는 분홍빛 꽃잔디가 공원을 뒤덮는다. 가야 시대의 고분군 2기가 발견된 지점이라 그 흔적도 남아있고 한쪽엔 산청박물관도 있어 볼거리가 많다.

◎ 경남 산청군 생초면 산수로 1064

◷ 24시간

₩ 무료

❺ 대원사계곡

신라 때 창건된 대원사는 비구니 참선도량으로 이름이 높다. 지리산에 폭 안긴 사찰의 전경도 훌륭하지만, 그 앞의 맑은 계곡에 반해 멈추는 사람이 많다. 천왕봉에서 시작된 물줄기가 이곳까지 닿아 입이 떡 벌어질 만한 풍경을 만든다. 너른 반석과 기암, 울창한 숲이 서로 경쟁한다.

◎ 경남 산청군 삼장면 평촌리

◷ 24시간

₩ 무료

❻ 전구형왕릉

국내의 많은 왕릉 중 가장 독특한 형태를 가졌다. 얼핏 석성처럼 보인다. 김유신 장군의 조부 구형왕의 무덤으로 그는 532년 신라 법흥왕에게 영토를 넘길 때까지 11년간 가야의 왕이었다. 경사진 언덕에 7미터가 넘는 기단식 석단으로 이뤄져 있다. 주변으로 돌담도 쌓았다.

◎ 경남 산청군 금서면 구형왕릉로 92-12

◷ 24시간

₩ 무료

❼ 정취암

대체 이런 곳에 누가 암자를 들였을까 했더니 역시 의상대사다. 그에 의해 창건된 것으로 알려진 정취암은 아득한 절벽 끄트머리에 매달린 듯하다. 고요한 산사 아래로 드넓게 펼쳐지는 들판을 바라보면 잠시나마 모든 근심이 사라진다. 쌍거북 바위 앞에서 소원도 꼭 빌고 가자.

◎ 경남 산청군 신등면 둔철산로 675-87

🕓 24시간

₩ 무료

❽ 목면시배유지

고려 말 문익점이 사신으로 원나라에 갔다가 몰래 목화씨를 들여온 뒤 그의 장인인 정천익과 함께 연구한 후 우리 역사상 처음으로 목화를 재배한 역사적인 장소다. 사적으로 지정되었으며 전시관이 있어 문익점 선생의 시절부터 지금까지 목화의 숨은 이야기를 공개한다.

◎ 경남 산청군 단성면 목화로 887

🕓 화~일 09:00~18:00(월 휴무)

₩ 성인 500원, 청소년 400원, 어린이 300원

❾ 남명조식유적

조선 중기의 위대한 학자 남명 조식 선생의 유산이 시천면에 흩어져 있다. 후학에게 학문을 전하고 노년을 보냈던 산천재와 남명의 뜻을 기리는 덕천서원이 중심이다. 그의 탄생 500주년을 기념해 건립된 남명기념관에선 남명이 저술한 책과 귀중한 자료를 살펴볼 수 있다.

◎ 경남 산청군 시천면 남명로 311

🕓 10:00~18:00(월 휴무)

₩ 무료

❿ 경호강

함양에서 시작해 산청을 충분히 적신 뒤 진주로 흘러드는 강이다. 물이 맑고 폭도 제법 커 여름철 피서지로 인기가 좋다. 유속이 빨라지는 지점에선 래프팅에 도전해볼 수 있다. 은어를 낚는 명소로도 알려졌다. 매년 봄, 여름 은어 낚시가 허가된 기간엔 강태공이 몰린다.

◎ 경남 산청군 생초면 갈전리

🕓 24시간

₩ 무료

산청의 맛집과 카페

열매랑뿌리랑약초산나물뷔페

원조우정식당

산청맥주

돌담 흑돼지소라찜이라고 하는 기묘한 메뉴를 맛보기 위해 항상 문전성시를 이룬다. ◎ 경남 산청군 단성면 호암로 806-5 ⓒ 월~금 10:45~19:30, 토~일 10:45~19:00(라스트 오더 19:00/18:30)

열매랑뿌리랑약초산나물뷔페 수십여 가지 약초 나물이 제공되는 뷔페다. 밖에 산나물을 말리고 있어 더 신뢰가 간다. ◎ 경남 산청군 시천면 남명로 228 ⓒ 매일 10:00~20:00

원조우정식당 생초면 일대는 싱싱한 민물 생선으로 만든 어탕국수와 매운탕이 지역 특산이다. ◎ 경남 산청군 생초면 생초로 25-6 ⓒ 매일 08:00~20:00

산청맥주 산청에서 생산된 진한 풍미의 수제 맥주를 판매한다. 바이젠, 둔켈, IPA, 필스너를 준비했다. ◎ 경남 산청군 단성면 목화로 910 ⓒ 매일 10:00~21:00(매달 2·4번째 화요일 휴무)

플래닛커피산청 시골 하천가에 위치해 정겹고 아늑한 분위기의 카페다. 블루베리 메뉴를 추천한다. ◎ 경남 산청군 금서면 경호로 27 ⓒ 월~목 11:00~19:00, 금~일 11:00~21:00(라스트 오더 18:30/20:30)

산청군 여행 지도

016 Gyeongnam 창녕군
우포늪 위로 따오기 날아드는 생명의 무대

❶ 우포늪

전체 면적이 2.5제곱킬로미터에 이르는 국내 최대의 자연 내륙습지다. 1억 4,000만 년 전 중생대 백악기에 내려앉은 지반에 강물이 스며들며 형성됐다. 전역이 천연기념물로 보존되고 있으며 1998년 이미 람사르 보존 습지로 인정받을 만큼 1,200여 종의 동식물이 살아가는 절대적으로 소중한 생명의 공간이다. 생태 탐방로가 구석구석 이어지고 전망대가 나타난다. 백로과 새는 쉽게 관찰된다. 큰고니와 저어새, 수달 같은 희귀 조류와 포유류도 서식한다. 무엇보다 절멸된 따오기를 복원해 자연에 복귀시키는 센터가 우포늪에 자리해 창녕은 따오기의 고장으로 불린다.

◎ 경남 창녕군 유어면 대대리
Ⓛ 화~일 09:00~18:00(월 휴무)
₩ 무료

❷ 화왕산

사계절 내내 빼어난 아름다움을 뽐내는 창녕의 주산으로 봄의 진달래와 가을의 억새는 특히 더 유명하다. 동서로 낙동강과 밀양강이 흐른다. 757미터 정상까지 다양한 코스의 등산로가 이어지며 평균 서너 시간의 산행이 필요하다. 정상 부근엔 삼국 시대에 건설된 뒤 홍의장군 곽재우가 활약했던 화왕산성이 원형을 잘 유지하고 있다. 화왕산 중턱에 숨겨진 관룡사도 방문할 가치가 충분하다. 대좌의 높이까지 3.2미터나 되는 웅장한 석조여래좌상을 비롯해 많은 보물과 문화재를 품었다. 산속에서 하루 머물고 싶다면 화왕산자연휴양림으로 향하자.

◎ 경남 창녕군 창녕읍
Ⓛ 24시간
₩ 무료

③ 산토끼노래동산

그 어떤 동요보단 친숙한 <산토끼>를 재해석한 체험 시설로 이방초등학교 인근에 자리한다. 이방초등학교에서 재직하던 이일래 선생이 1928년 산토끼를 작사, 작곡했기 때문이다. 산토끼동요관과 놀이터, 레일썰매장 등으로 구성된다. 당연히 토끼가 있는 작은 동물원도 있다.

◎ 경남 창녕군 이방면 이방로 623

◷ 화~일 09:00~18:00(월 휴무)

₩ 성인 2,000원, 청소년 1,500원, 어린이 1,000원

④ 창녕생태곤충원

우포잠자리나라가 2022년 창녕생태곤충원이란 이름으로 재개관했다. 우포늪에만 70여 종의 잠자리가 서식하고 있는 점에 주안점을 두고 잠자리를 중심으로 각종 곤충의 표본을 전시하고 있다. 체험동에 있는 잠자리 유충 먹이 사육장엔 언제나 호기심 많은 아이가 몰린다.

◎ 경남 창녕군 대합면 우포2로 333

◷ 화~일 10:00~17:00(월 휴무)

₩ 성인·청소년 8,000원, 어린이 5,000원

⑤ 남지체육공원

말이 체육공원이지 주변이 온통 꽃밭이라 정원이라 불러도 되겠다. 계절마다 여러 종의 꽃이 낙동강변의 공원 위로 고개를 내민다. 봄에 피는 유채와 가을을 장식하는 백일홍은 큰 인기를 누린다. 물론 축구장과 농구장 등의 시설이 있어 여가를 즐기는 시민도 많이 찾는다.

◎ 경남 창녕군 남지읍 남지리 835-25

◷ 24시간

₩ 무료

⑥ 창녕교동고분군

도심에서 멀지 않은 곳에 위치한 가야 시대의 고분군이다. 도굴과 개간으로 다수 파괴되었으나 여전히 언덕 위에 수십 기의 봉분이 솟아있다. 인접해있는 송현동 고분군과 함께 사적으로 지정돼 보호받고 있다. 그 사이의 창녕박물관에서 출토 유물과 자료가 전시 중이다.

◎ 경남 창녕군 창녕읍 교리

◷ 24시간

₩ 무료

❼ 창녕영산만년교

조선 후기에 건설된 무지개 형태의 돌다리다. 영원히 무너지지 말라는 의미로 만년교란 이름을 얻었다. 시작은 1780년 한 석공이 지은 다리였으나, 홍수로 유실된 뒤 고종 때인 1892년에 재건되었다. 옛 다리가 현대적인 건물과 나란히 있는 모습이 독특하다. 보물로 지정됐다.

◎ 경남 창녕군 영산면 동리

🕓 24시간

₩ 무료

❽ 만옥정공원

창녕 읍내에 있는 작은 공원으로 중요한 문화재를 다수 간직해 답사 여행객이 많이 찾는다. 국내에서 가장 오래된 비인 국보 신라진흥왕경척왕비를 화왕산 인근에서 옮겨왔으며 조선 관아의 일부였던 창녕 객사와 통일신라 때 건설된 토천 삼층석탑, 창녕 척화비가 있다.

◎ 경남 창녕군 창녕읍 교상리 28-34

🕓 24시간

₩ 무료

❾ 연지못

벼루의 모양을 닮아서 '벼루 연' 자를 쓴다. 유사시 화재의 예방용으로 또 농업용수 공급을 위해 만들어진 작은 연못이다. 그 위에 5개의 작은 섬이 떠 있어 예쁜 풍경을 만든다. 중앙에 위치한 고즈넉한 향미정까지는 다리로 이어져 있으니 걸어 들어가 풍류를 즐겨보자.

◎ 경남 창녕군 영산면 서리

🕓 24시간

₩ 무료

❿ 창녕석빙고

선조의 슬기를 엿볼 수 있는 야외 냉장고다. 돌을 쌓아 올려 축조해 마치 무덤처럼 생긴 창고로 겨울에 얼음을 보관했다가 여름에 꺼내쓰곤 했다. 18세기에 건설된 것으로 추정되며 국내에 몇 남지 않은 원형 그대로의 석빙고라 중요한 자료로 통해 보물로 지정이 되었다.

◎ 경남 창녕군 창녕읍 송현리 261-26

🕓 24시간

₩ 무료

창녕의 맛집과 카페

대중분식당

김숙녀시래기밥상

오시우연

대중분식당 새콤달콤한 메밀막국수의 묘한 매력 덕에 창녕에서 가장 붐비는 식당 중 하나가 되었다.
경남 창녕군 창녕읍 창녕대로 27 매일 10:00~21:00

도천진짜순대본점 왕순대, 소창순대, 김말이순대 모두 훌륭하니 모듬순대를 권한다. 순대전골도 준수하다. 경남 창녕군 도천면 일리새긴길 8 매일 11:30~20:00(브레이크 타임 월~금 15:00~17:00)

김숙녀시래기밥상 창녕 향토 음식 선발대회에서 대상을 차지한 집이다. 시래기 된장 정식이 대표 메뉴다.
경남 창녕군 영산면 온천로 63 수~월 10:30~20:00(라스트 오더 19:30, 화 휴무)

오시우연 연지못의 전경이 한눈에 보이는 카페다. 커피와 더불어 크로플과 빵을 곁들이기 좋다.
경남 창녕군 영산면 연지길 26-6 월~화 11:00~20:00, 수~일 10:30~21:00(라스트 오더 19:30/20:30)

산과구름아래 화왕산으로 올라가는 길목에 위치한다. 이름에 걸맞은 멋진 풍광 속에서 샌드위치를 즐기자. 경남 창녕군 창녕읍 자하곡길 25 수~일 10:00~20:00(월~화 휴무)

창녕군 여행 지도

017 Gyeongnam

의령군

홍의장군이 탄생한 의병의 요람

❶ 한우산

해발 836미터의 한우산은 산골이 깊고 수목이 우거져 그 시원함이 겨울에 내리는 찬비와 같다 해 찰비산으로 불렸다. 이후 그 뜻을 이어받아 '찰 한(寒)'에 '비 우(雨)'자를 써 한우산으로 바뀌었다. 산 아래에 있는 계곡은 여전히 찰비계곡이란 이름을 쓴다. 보통 산 북쪽의 벽계저수지에서 등산이 시작된다. 정상으로 향하는 동안 조각 작품 같은 암석군이 계속 등장한다. 땀을 식혀주는 맑은 계곡은 덤이다. 산등성이를 따라 철쭉 군락이 길게 이어져 기왕이면 봄에 찾으면 더욱 좋다. 정상까지 철쭉으로 붉게 물든 장면은 한우산의 대표 이미지다.

경남 의령군 대의면 신전리

24시간

₩ 무료

❷ 충익사와 의병박물관

의령 출신의 곽재우는 임진왜란 때 전국 최초로 의병을 일으킨 뒤 탁월한 전술을 발휘하며 끊임없이 왜군을 무찔렀다. 붉은 옷을 입고 백마를 타고 다녀 우리에겐 '홍의장군'으로 더 친숙하다. 충익사는 곽재우 장군과 그 휘하에 있던 17명의 장군의 위패를 모신 사당이다. 충익사당과 의병탑, 기념관 등이 들어서 있으며 매년 이곳에서 곽 장군의 추모행사가 열린다. 의병의 활약상과 전략이 궁금하다면 사당 바로 옆에 자리한 의병박물관으로 향하자. 늠름한 곽재우 기마상이 반기는 가운데 의병과 관련된 유물과 자료를 소장한 전시실이 이어진다.

경남 의령군 의령읍 충익로 1-25

화~일 09:00~18:00(월 휴무)

₩ 무료

❸ 일붕사

대한불교 일붕 법왕종의 총본산이다. 주상절리를 연상케 하는 봉황대 아래에 자리를 잡았다. 많이 알려진 사찰은 아니지만, 관광객이 계속 몰리는 건 기네스북에 등재된 세계 최대의 동굴법당 덕분이다. 깊고 넓게 동굴을 판 뒤 그 안에 조성한 법당은 분위기가 무척 특별하다.

◎ 경남 의령군 궁류면 청정로 1202-15

◷ 24시간

₩ 무료

❹ 호암이병철생가 정곡부자마을

의령은 부자를 많이 배출한 고장으로 이름이 났다. 삼성의 창업주인 호암 이병철 전 회장이 정곡면에서 태어난 것이 그 사실을 단번에 대변한다. 호암의 생가가 있는 마을을 부자 마을로 지정해 관광객을 유혹한다. 부자의 기를 받고 싶다면 방문해 황금 두꺼비를 만나고 오자.

◎ 경남 의령군 정곡면 호암길 22-4

◷ 화~일 10:00~17:00(월 휴무)

₩ 무료

❺ 정암루 솥바위

의령 동쪽 남강 위에 정암이란 이름의 바위가 솟아 있다. 뜻을 풀면 '솥바위'로 딱 봐도 솥처럼 생겨 신기할 따름이다. 그 바위 곁에 강과 산을 두루 전망할 수 있는 멋스러운 정자가 하나 세워져 여행자의 발걸음을 붙잡는다. 곽재우 장군이 왜군을 물리쳤던 지점이기도 하다.

◎ 경남 의령군 의령읍 남강로 686

◷ 24시간

₩ 무료

❻ 설화원

한우산에 깃든 전설을 바탕으로 산등성이에 익살스러운 공원을 꾸몄다. 짧게 요약하자면 한우 도령과 응봉 낭자가 사랑에 빠졌는데 도깨비가 훼방을 놓았다는 내용이다. 주인공이 도깨비이다 보니 여기저기서 커다란 도깨비 조형물이 나타난다. 밤에 보면 깜짝 놀랄 수도 있겠다.

◎ 경남 의령군 대의면 한우산길 774

◷ 24시간

₩ 무료

❼ 의령구름다리

맑고 깨끗한 의령천 위로 구름다리가 하나 놓였다. 일반적인 다리의 모습이 아닌 Y자형이라 개성 있다. 45미터 높이의 주탑을 중심으로 다리가 세 방향으로 갈라져 각각 의령천, 충익사, 산림욕장으로 이어진다. 홍의장군 곽재우 장군을 기리고자 다리를 붉은색으로 건설했다.

◎ 경남 의령군 의령읍 서동리 644-1

◷ 24시간

₩ 무료

❽ 전통농경문화테마파크

농경 문화를 주제로 만들어진 공원으로 농경문화홍보관과 곤충생태학습관이 들어서 있다. 홍보관에선 점점 사라져가는 전통 농업 방식을 소개하고 학습관에선 700여 종의 곤충 표본을 전시하고 있다. 소싸움이 열리는 민속경기장도 한쪽에 있어 대기 중인 소도 눈에 띈다.

◎ 경남 의령군 의령읍 무전리 122-4

◷ 24시간

₩ 무료

❾ 탑바위

의령구경 중 하나인 신묘한 형상의 바위다. 큼직한 바위가 아랫부분을 떠받치고 그 위로 평평한 돌층이 겹겹이 쌓였다. 높이는 8미터가량 되며 중간 부분이 잘록하게 들어가 있어 더욱 신기하다. 예부터 바람을 들어주는 바위라고 알려져 그 앞에서 소원을 비는 이가 많다.

◎ 경남 의령군 정곡면 죽전리

◷ 24시간

₩ 무료

❿ 설뫼충효테마파크

다양한 시설과 체험, 전시가 어우러진 공간이다. 의령 출신의 독립운동가 백산 안희제 선생의 기념관이 있고 그와 관련해 항일고난체험장도 마련해 놨다. 충효를 주제로 한 체험과 민속놀이도 가능하며 놀이터와 수영장, 캠핑장이 있어 가족 단위 여행객이 머물기 좋다.

◎ 경남 의령군 부림면 입산로 178

◷ 24시간

₩ 무료

의령의 맛집과 카페

의령소바

종로식당

의령망개떡

의령소바 의령의 자랑 의령소바를 맛보자. 직접 손으로 뽑은 쫄깃한 메밀 국수의 종류가 다양하다.
경남 의령군 의령읍 의병로18길 3-5 매일 10:00~20:00(라스트 오더 19:30)

재건식육식당 메뉴는 단 하나뿐. 불 향이 가득한 연탄 불고기다. 매콤하니 구미를 당긴다.
경남 의령군 봉수면 청계로 8 매일 10:00~15:00

종로식당 의령 읍내엔 유난히 소고기 국밥 맛집이 많다. 이곳도 그중 하나로 맛이 깊고 구수하다.
경남 의령군 의령읍 충익로 47-6 매일 07:00~19:00

의령망개떡 멥쌀가루를 쪄 팥소를 넣고 다시 망개잎 사이에 넣어 찐 망개떡은 의령만의 토속 음식이다.
경남 의령군 의령읍 의병로18길 3-4 매일 08:00~18:00

헬리오 소나무가 우거진 숲 앞에 위치한 카페다. 비건 음료와 비건 디저트 메뉴를 갖췄다.
경남 의령군 칠곡면 진의로8길 24-4 화~일 10:00~18:00, 토~일 10:00~20:00(월 휴무)

의령군 여행 지도

018 함안군

Gyeongnam

지리산이 호위하는 아라가야의 땅

① 무진정

조선 시대의 문신인 무진 조삼 선생이 후학을 가르치고 노년을 보내던 곳이다. 1567년 후손들이 그의 덕을 기리고자 정자를 지은 뒤 선생의 호를 따서 무진정이라 하였다. 아담한 연못 충노담의 낮은 언덕에 자리한 모습이 더없이 우아하다. 연못 둘레를 따라 고목이 늘어서 있어 전체적인 풍경이 더욱 아름답다. 연못 안으로 돌다리도 이어지고 주변에 산책로와 쉼터를 조성해 누구나 한 폭의 동양화 속으로 들어서 행복감 충만한 시간을 보낼 수 있다. 지역의 주요 축제인 함안 낙화놀이가 벌어지는 장소라 석가탄신일 즈음엔 발 디딜 틈이 없다.

◎ 경남 함안군 함안면 괴산리

⏱ 24시간

₩ 무료

② 함안연꽃테마파크

2009년 함안의 한 산성에서 연꽃 씨앗이 출토되었다. 조사 결과 700년 전 고려의 것으로 밝혀졌다. 이후 함안박물관과 농업기술센터의 긴 노력 끝에 세 알의 싹을 틔우는 데 성공했다. 700년 동안 잠들었던 연꽃이 극적으로 다시 태어난 것이다. 함안이 아라가야의 땅이었던 점에 착안하여 아라홍련이란 이름을 붙이고 이를 기념하기 위해 초대형 연꽃 공원을 조성했다. 여름이면 웬만한 수박보다 큰 연꽃이 연쇄적으로 피어나 엄청난 장관을 연출한다. 물론 함안에서만 볼 수 있는 아라홍련도 한 자리를 차지한다. 포토존, 분수대, 전망대도 설치됐다.

◎ 경남 함안군 가야읍 왕궁1길 38-20

⏱ 24시간

₩ 무료

❸ 입곡군립공원

농업용수 공급을 위해 축조된 입곡저수지 일대에 넓게 펼쳐진 공원이다. 자연의 생태를 그대로 활용해 꾸며 놓아 더욱 푸르다. 저수지 곁에서 멋진 경치를 이루는 절벽 너머로 솔숲 산책로가 이어지고 이곳저곳 편의시설이 많다. 봄에는 벚꽃이 가을엔 단풍이 압권이다.

◎ 경남 함안군 산인면 입곡리 산59

⏱ 24시간

₩ 무료

❹ 악양생태공원 악양루

조선 철종 때 건립된 것으로 알려진 정자, 악양루는 아찔한 절벽 위에 매달려 있다. 그만큼 탁 트인 풍광을 마주할 수 있는 곳이다. 악양루 북쪽으로는 생태공원이 자리한다. 정자 아래로 흐르는 남강과 조화를 이루며 야생화와 핑크뮬리가 군락을 이뤄 많은 여행객이 찾는다.

◎ 경남 함안군 대산면 서촌리 1418

⏱ 24시간

₩ 무료

❺ 강주해바라기마을

늦은 여름이면 함안에서 해바라기 축제가 열린다. 함안 북서쪽에 자리한 강주마을이 주요 무대다. 마을 주민들이 손수 가꾼 해바라기가 큰 밭이 되어 끝이 보이지 않는다. 100만 송이 이상이 식재된 것으로 알려졌다. 마을 담벼락마다 여행자를 환영하는 해바라기가 그려져 있다.

◎ 경남 함안군 법수면 강주4길 37

⏱ 24시간

₩ 무료

❻ 고려동유적지

고려가 멸망하고 조선이 건국되자 성균관 진사 이오 선생은 고려에 대한 충의를 지키기 위해 이곳에 터를 잡고 고려의 땅임을 뜻하는 '고려동학' 표비를 세우고 자손들과 논밭을 일구며 살았다. 마을 한쪽에 그 기개를 보여주는 600년 수령의 배롱나무가 묵묵히 자리한다.

◎ 경남 함안군 산인면 모곡2길 53

⏱ 24시간

₩ 무료

❼ 함안말이산고분군

가야 연맹체의 한 국가였던 아라가야가 남긴 것으로 말이산 구릉에 넓게 퍼져 있다. 확인된 봉분만 총 113기. 가야 고분 유적으론 최대 규모다. 토기와 철기, 장신구 등 8,000여 점의 유물도 출토됐다. 고분전시관과 함안박물관이 앞에 있어 관련 유물과 자료를 확인할 수 있다.

◎ 경남 함안군 가야읍 고분길 153-31

⏱ 24시간

₩ 무료

❽ 서산서원

수양대군이 조카 단종의 왕위를 찬탈하자 벼슬을 버리고 절개를 지킨 생육신을 기리기 위해 건립됐다. 1713년엔 숙종으로부터 현판을 하사받아 사액서원이 되었다. 함안 출신의 어계 조려 선생을 비롯해 이맹전, 원호, 김시습, 성담수, 남효온 등 생육신의 위패가 모셔져 있다.

◎ 경경남 함안군 군북면 사군로 1235

⏱ 24시간

₩ 무료

❾ 헤이리치타조농장

시골길을 타고 달리다 보면 놀랍게도 십수 마리의 타조가 등장한다. 국내에선 매운 드문 체험형 타조 농장이다. 키다리 타조와 함께 걸어보고 먹이를 줄 수 있을 뿐 아니라 타조알을 직접 만져보고 관찰하는 등 색다른 경험이 기다린다. 사전에 예약해야 방문할 수 있다.

◎ 경남 함안군 법수면 윤내리 478-2

⏱ 토·공휴일 10:00~17:00, 일 13:30~16:30(사전 예약 필수) ₩ 10,000원

❿ 대평늪

천연기념물로 지정된 늪지대다. 광주 안씨가 이곳에 정착한 뒤 풍수지리에 의거해 잘 보존해 왔기에 여전히 훌륭한 생물 다양성이 유지된다. 멸종위기종인 가시연꽃을 비롯해 각종 연꽃과 수생식물로 덮여있으며 기러기, 남생이 등 철새와 희귀 동물의 보금자리가 되어준다.

◎ 경남 함안군 법수면 대송리 883-1

⏱ 24시간

₩ 무료

함안의 맛집과 카페

대구식당 한우와 선지를 담뿍 넣은 한우국밥이 개운하다. 국수와 밥을 함께 말은 짬뽕도 잘 나간다.
경남 함안군 함안면 북촌2길 50-27 화~일 08:30~20:00(월 휴무)

황포냉면전문점 천연재료로 만든 냉면 육수가 깔끔해 식초나 겨자는 안 넣는 게 좋다. 육전도 곁들이자.
경남 함안군 가야읍 함마대로 1423 월~금 11:00~15:00, 토~일 11:00~19:00

국보반상 보리굴비 한 상, 코다리 한 상, 꼬막비빔밥 한 상. 푸짐하고 정갈한 정식을 제공한다.
경남 함안군 산인면 산인로 331 화~일 11:30~20:00(브레이크 타임 15:00~17:00, 라스트 오더 19:00, 월 휴무)

뜬 시골 마을 한가운데 섬처럼 떠 있는 카페다. 자연 친화적 공간에서 음료와 디저트를 즐기자. 경남 함안군 법수면 부남1길 24-15 월~금 10:30~20:00, 토~일 10:30~21:00(라스트 오더 19:30/20:30)

무진 무진정이 한눈에 담기는 곳에 위치한다. 미술관 같은 공간도, 제공되는 음료도 훌륭하다. 경남 함안군 함안면 함안대로 257 화~금 11:00~20:00, 토~일 11:00~21:00(라스트 오더 19:30/20:30, 월 휴무)

대한민국 161개 시군 체크리스트

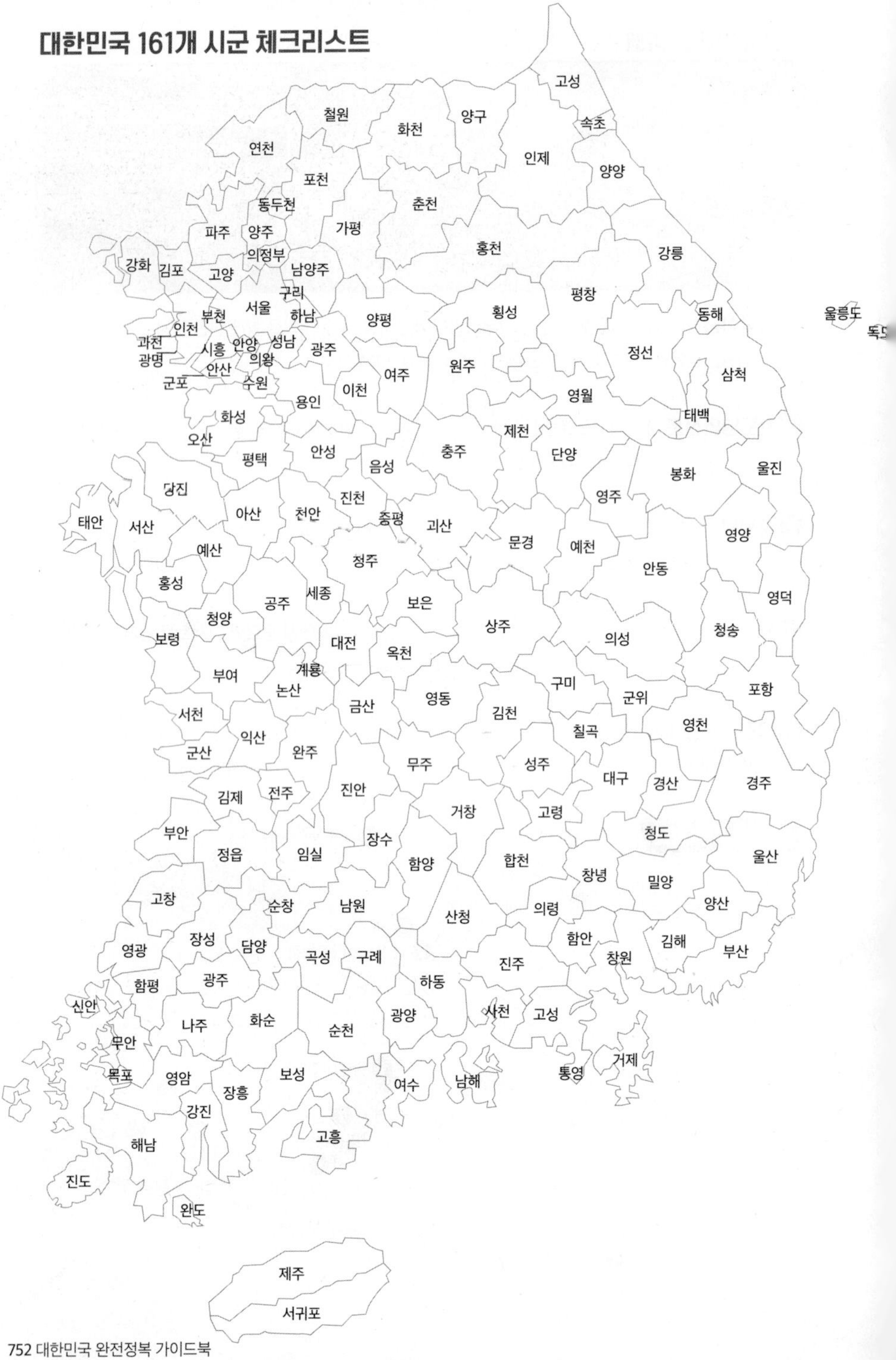